Springer-Lehrbuch

Karl-Heinz Goldhorn · Hans-Peter Heinz
Margarita Kraus

Moderne mathematische Methoden der Physik

Band 1

Dr. Karl-Heinz Goldhorn
Johannes Gutenberg-Universität Mainz
FB 08, Institut für Mathematik
Staudingerweg 9
55099 Mainz
Deutschland

Prof. Dr. Hans-Peter Heinz
Universität Mainz
FB 08, Institut für Mathematik
Staudingerweg 9
55099 Mainz
Deutschland
heinz@mathematik.uni-mainz.de

PD Dr. Margarita Kraus
Universität Mainz
FB 08, Institut für Mathematik
Staudingerweg 9
55099 Mainz
Deutschland

ISSN 0937-7433
ISBN 978-3-540-88543-6 e-ISBN 978-3-540-88544-3
DOI 10.1007/978-3-540-88544-3
Springer Dordrecht Heidelberg London New York

Die Deutsche Nationalbibliothek verzeichnet diese Publikation in der Deutschen Nationalbibliografie; detaillierte bibliografische Daten sind im Internet über http://dnb.d-nb.de abrufbar.

Satz und Herstellung: le-tex publishing services GmbH, Leipzig
Einbandentwurf: WMXDesign GmbH, Heidelberg

Gedruckt auf säurefreiem Papier

Springer ist Teil der Fachverlagsgruppe Springer Science+Business Media (www.springer.de)

Für Christel und Lin und Bernhard, ohne deren Geduld und Unterstützung dies nicht möglich gewesen wäre.

Vorwort

In der Literatur über das mathematische Handwerkszeug des theoretischen Physikers scheint eine Lücke zu klaffen: Einerseits gibt es eine Reihe von hervorragenden Lehrbüchern zum Thema „Mathematik für Physiker" für das Grundstudium, andererseits gibt es eine Fülle von ausgezeichneten Monographien über die mathematischen Grundlagen diverser physikalischer Theorien, meist verfasst von bekannten Fachvertretern aus der mathematischen Physik. Wir denken hier an Werke wie etwa [2,7,12,18,26,31,34,38,53,63–66,73–76,94,95] oder auch Klassiker wie [61,98] oder [105]. Was uns aber zu fehlen scheint, ist ein Verbindungsstück zwischen diesen beiden Extremen, also ein Aufbaukurs, der es Studierenden im Hauptstudium oder graduierten Theoretikern erlaubt, mit begrenztem Aufwand einen fundierten Einstieg in die mathematischen Grundlagen der fortgeschrittenen Theorien zu gewinnen.

Das zweibändige Werk, dessen erster Band hier vorliegt, versucht, diese Lücke zu schließen. Es beruht zum größten Teil auf Vorlesungen, die die Autoren in Mainz und Regensburg für Studierende der Physik im Hauptstudium gehalten haben. Als potentiellen Leserkreis haben wir aber nicht nur diese im Auge, sondern auch Studierende von Master-, Aufbau-, Graduierten- und Promotionsstudiengängen im Bereich der Physik, außerdem angehende mathematische Physiker, die von der Physik herkommen und möglichst zügig den Einstieg in die rigoros mathematische Behandlung der Probleme gewinnen möchten, und nicht zuletzt alle diejenigen unter den aktiven theoretischen Physikern, die das Bedürfnis verspüren, ein tieferes und klareres Verständnis ihrer mathematischen Werkzeuge zu gewinnen, dabei aber (verständlicherweise!) weder Zeit noch Muße finden, sich mit der mathematischen Fachliteratur und all ihren Beweisdetails ausführlich auseinanderzusetzen.

Bei der großen und ständig wachsenden Vielfalt mathematischer Hilfsmittel, die in der modernen Physik Verwendung finden, war es natürlich nicht möglich, alle wichtigen Themen vollständig abzudecken, und, wie immer, bleibt die Stoffauswahl etwas subjektiv geprägt und ist von den Interessen und der wissenschaftlichen Ausrichtung der Autoren mitbestimmt. So wurden z. B. die statistische Physik und die nichtlineare Dynamik zugegebenermaßen stiefmütterlich behandelt. Im ersten Teil geben wir eine Einführung in die Differentialgeometrie – und damit auch in die moderne Formulierung der Tensorrechnung – als mathematische Grundlage für die klassische Mechanik, die klassische Feldtheorie und vor allem für die Relativitätstheorie. Die Präsentation ist hier insofern elementar gehalten, als dass affine Zusammenhänge nur in Gestalt ihrer kovarianten Ableitungsoperatoren auftreten und dass allgemeine Bündeltheorie und Prinzipalzusammenhänge gänzlich außen vor bleiben. Trotzdem reicht diese Einführung aus, um darauf aufbauend einen zwanglosen Einstieg in die moderne Gravitationsphysik oder die aktuellen Eichtheorien zu ermöglichen.

Der zweite Teil befasst sich mit mathematischen Grundlagen der Quantenmechanik, die der Funktionalanalysis, der Integrationstheorie und der Distributionstheorie entstammen. Wiederum sind wir überzeugt, dass die Beschäftigung mit den hier vorgestellten Grundlagen einen leichten Zugang zu verschiedenen weiterführenden Themen ermöglicht, z. B. zur algebraischen Quantenfeldtheorie, zur Theorie der Pfadintegrale oder zur Verwendung von C^*-Algebren in der statistischen Physik.

Allerdings mussten zwei der wichtigsten funktionalanalytischen Themen aus Platzgründen in den zweiten Band verlegt werden, nämlich die unbeschränkten Operatoren und die Spektralzerlegung von HERMITEschen Operatoren. Den Abschluss des zweiten Bandes wird dann eine gründliche, doch recht elementare Diskussion von Gruppen und ihren Darstellungen im Hinblick auf ihre Rolle als mathematische Beschreibung von Symmetrien und Invarianzen in der Quantenphysik bilden.

Den Schluss dieses ersten Bandes bildet ein Anhang, den Prof. V. Bach (Mainz) dankenswerterweise beigesteuert hat und in dem an einem konkreten Beispiel aufgezeigt wird, wie gewisse weiterführende Konzepte der allgemeinen Maß- und Integrationstheorie in der statistischen Physik Verwendung finden. Ferner behandeln wir im ersten Teil als Anwendung des dort entwickelten differentialgeometrischen Kalküls koordinatenfreie Formulierungen der klassischen Mechanik, der MAXWELLgleichungen und der EINSTEINschen Feldgleichungen. In den Teilen II bis IV verzichten wir jedoch weitgehend auf konkrete physikalische Beispiele und beschränken uns hier auf Andeutungen. Wir gehen vielmehr davon aus, dass die behandelten mathematischen Themen dem Leser schon in irgendeiner Form bei seiner Beschäftigung mit Physik untergekommen sind (oder noch unterkommen werden) und betrachten es als unsere Aufgabe, die uns Mathematikern antrainierte rigorose Denkweise dazu zu nutzen, von den entsprechenden Begriffen und Resultaten ein klares, unzweideutiges Bild zu geben. Der Bezug zur Physik spiegelt sich hier vorwiegend in der Stoffauswahl wieder – so stehen z. B. bei unserer Einführung in die Funktionalanalysis die HILBERTräume deutlich im Vordergrund, da sie in der Physik eine ungleich größere Rolle spielen als andere topologische Vektorräume, und in Teil IV werden wir uns selbstverständlich auf diejenigen konkreten Gruppen konzentrieren, die für die Betrachtung von Symmetrien und Invarianzen in der Physik relevant sind.

Die gerade angesprochene streng mathematische Denkweise darf natürlich nicht dazu verleiten, alles detailliert beweisen zu wollen, wie man das bei einem Lehrbuch für angehende Mathematiker tun würde. Vielmehr haben wir uns – ähnlich wie bei unserem Grundkurs [36], in dem das hier vorliegende Buch auch schon angekündigt wurde – von dem Gedanken leiten lassen, dass ein mathematischer Beweis nur dann angebracht ist, wenn er gleichzeitig eine Rechentechnik demonstriert und einüben hilft, die bei den physikalischen Anwendungen wirklich vorkommt. Häufig ist die Beweistechnik, die für ein tieferliegendes mathematisches Resultat benötigt wird, jedoch von ganz anderem Charakter als die Technik seiner Anwendung, und in solchen Fällen beschränken wir uns auf eine bloße Skizze der maßgeblichen Ideen oder sogar auf ein Literaturzitat, das als Quellennachweis zu verstehen ist und nicht unbedingt als eine Aufforderung, sich mit der betreffenden Literatur aktiv auseinanderzusetzen. Auch im Übrigen verfolgen wir ähnliche didaktische Prinzipien wie sie schon in [36] zugrunde gelegt wurden, versuchen also, uns auf das Wesentliche zu konzentrieren, Langatmigkeit zu vermeiden und in wenigen wohlgesetzten Worten ein klares Bild von den Dingen zu vermitteln. Unterstützt wird dieses Bemühen durch eine große Zahl von Übungsaufgaben. Sie dienen teilweise dem Einüben von Rechentechniken, der Gewöhnung an abstrakte Begriffe, indem man diese an konkreten Beispielen diskutiert, und hier und da auch der kurzgefassten Behandlung von zusätzlichem Stoff. Zahlreiche Hinweise unterstützen die Lösung der Übungsaufgaben, so dass die erfolgreiche Behandlung einer Aufgabe nicht daran scheitern sollte, dass einem ein bestimmter raffinierter Trick gerade nicht eingefallen ist.

Trotz der vielen verschiedenen mathematischen Sachgebiete (und trotz dreier verschiedener Autoren) haben wir versucht, generell einheitliche Notationen durchzuhalten, und die meisten dieser Bezeichnungen sind in einem vorbereitenden Abschnitt zusammengefasst und mit kurzen Erläuterungen versehen. Dies hat uns auch Gelegenheit gegeben, einige der benötigten Vorkenntnisse anzusprechen. Grundsätzlich sollte das Buch für alle zugänglich sein, die einen dreisemestrigen mathematischen Grundkurs für Physiker absolviert haben, wie er in Deutschland weitgehend üblich ist. Man wird uns nachsehen, dass wir bei Verweisen auf solche Vorkenntnisse unser eigenes Lehrbuch [36] zitieren, und wir sind überzeugt, dass niemandem, der seine Vorkenntnisse aus anderer Quelle bezieht, hieraus ein Nachteil erwächst.

Schließlich möchten wir Professor Volker Bach unseren gebührenden Dank aussprechen, nicht nur für den von ihm beigesteuerten Artikel über unendliche Produkte von Maßen und statistische Mechanik, sondern auch für viele hilfreiche, interessante und bereichernde Gespräche. Unser Dank gilt überdies Professor Florian Scheck, der die Entstehung auch dieses Werkes mit Unterstützung und Ermutigung begleitet hat. Martin Huber hat kompetent und zuverlässig die Zeichnungen angefertigt, und das Umsetzen der Manuskripte in LaTeX-Quelltext wurde in ebenso kompetenter und zuverlässiger Weise von Renate Emerenziani und Ulrike Jacobi besorgt. Ihnen allen gilt unser aufrichtiger Dank.

Mainz,
Mai 2009

Karl-Heinz Goldhorn
Hans-Peter Heinz
Margarita Kraus

Inhaltsverzeichnis

Inhalt des zweiten Bandes

Teil III: Unbeschränkte Operatoren und Spektralzerlegung

Teil IV: Gruppen und Darstellungen

Vorkenntnisse und generell verwendete Bezeichnungen

Wir erinnern hier an einige Begriffe Bezeichnungen und einfache Tatsachen, die Ihnen aus Ihrer bisherigen Beschäftigung mit Mathematik vertraut sein sollten und die im gesamten Buch durchweg benutzt werden. Die verwendeten Bezeichnungen stimmen mit der in unserem Lehrbuch [36] verwendeten Notation überein, sind jedoch auch sonst in der mathematischen Analysis und mathematischen Physik allgemein verbreitet.

Logische Verknüpfungen

Für logische Zusammenhänge werden wir hier und da die gängigen Zeichen $\Longrightarrow$, $\Longleftarrow$ und $\Longleftrightarrow$ benutzen. Sind $\mathfrak{A}$, $\mathfrak{B}$ Aussagen, so bedeutet also

$\mathfrak{A} \Longrightarrow \mathfrak{B}$	Aus $\mathfrak{A}$ folgt $\mathfrak{B}$,
$\mathfrak{A} \Longleftarrow \mathfrak{B}$	$\mathfrak{A}$ folgt aus $\mathfrak{B}$,
$\mathfrak{A} \Longleftrightarrow \mathfrak{B}$	$\mathfrak{A}$ genau dann, wenn $\mathfrak{B}$.

Logische Quantoren

Die Ausdrücke „für alle“ und „es gibt“, mit denen mathematische Aussagen häufig qualifiziert werden, nennt man *logische Quantoren*. Zuweilen werden wir für sie die abkürzenden Schreibweisen

$\forall$ statt „für alle“,
$\exists$ statt „es gibt“

verwenden.

Zahlbereiche

Es bezeichnet

$\mathbb{N}$	die Menge der natürlichen Zahlen (ohne die Null)
$\mathbb{N}_0$	die Menge der natürlichen Zahlen mit Null

$\mathbb{Z}$	die Menge der ganzen Zahlen
$\mathbb{Q}$	die Menge der rationalen Zahlen
$\mathbb{R}$	die Menge der reellen Zahlen
$\mathbb{C}$	die Menge der komplexen Zahlen

Der Skalarbereich $\mathbb{K}$

Da wir zumeist Situationen betrachten, in denen reelle und komplexe Skalare gleichberechtigt nebeneinander stehen, verwenden wir die übliche Bezeichnung $\mathbb{K}$ für den Skalarenkörper. Es ist also $\mathbb{K} = \mathbb{R}$ oder $= \mathbb{C}$, und ein $\mathbb{K}$-Vektorraum ist ein reeller oder ein komplexer Vektorraum.

Mengentheoretische Operationen

Für Mengen A, B benutzen wir die üblichen Zeichen:

$A \cup B$	Vereinigung
$A \cap B$	Schnittmenge
$A \setminus B$	A ohne B
$A \times B$	kartesisches Produkt
$A \subseteq B$	A ist Teilmenge von B
$A \supseteq B$	A umfasst B

Hat man mehrere (eventuell unendlich viele) Mengen, so kann man diese als *Familie* $(A_i)_{i\in I}$ schreiben, wobei der Index i eine geeignete (endliche oder unendliche) Indexmenge durchläuft. Besonders beliebt sind die Indexmengen $I = \{1, 2, \ldots, n\}$ und $I = \mathbb{N}$. Dann schreibt man

$$\bigcup_{i\in I} A_i \quad \text{bzw.} \quad \bigcup_{i=1}^{n} A_i \quad \text{bzw.} \quad \bigcup_{i=1}^{\infty} A_i$$

für die Vereinigung von allen Mengen aus der Familie. Analog für den Durchschnitt oder das kartesische Produkt.

Intervalle

Wir geben Intervalle auf der (erweiterten) reellen Geraden grundsätzlich mittels eckiger Klammern an. Für $-\infty \leq a \leq b \leq +\infty$ ist also

$$\begin{aligned}
[a,b] &= \{x \mid a \leq x \leq b\}\,,\\
[a,b[&= \{x \mid a \leq x < b\}\,,\\
]a,b] &= \{x \mid a < x \leq b\}\,,\\
]a,b[&= \{x \mid a < x < b\}\,.
\end{aligned}$$

Abbildungen

Abbildungen – und damit auch Funktionen, Funktionale, Transformationen, Substitutionen, Operatoren usw., die ja eigentlich alle Abbildungen sind – werden durch Gleichungen der Gestalt $y = f(x)$ wiedergegeben oder auch in der Form

$$f : A \longrightarrow B : x \longmapsto y$$

oder

$$f : A \longrightarrow B\,,\ x \longmapsto y\,.$$

Die *Einschränkung* einer Abbildung $f : A \longrightarrow B$ auf eine Teilmenge $C \subseteq A$ wird mit $f|_C$ bezeichnet. Die *Komposition* (= Zusammensetzung = Hintereinanderausführung) zweier Abbildungen f, g schreiben wir manchmal als $g \circ f$. Dies bedeutet, dass man zuerst f ausführt und dann g auf das Ergebnis anwendet. Die *identische Abbildung*, die zur Menge A gehört, wird mit $\mathrm{id} \equiv \mathrm{id}_A$ bezeichnet, also

$$\mathrm{id}_A : A \longrightarrow A : x \longmapsto x\,.$$

Inklusionen

Für $A \subseteq B$ bezeichnen wir mit $i : A \hookrightarrow B$ oder $j : A \hookrightarrow B$ die Abbildung $A \longrightarrow B$, die jedes $x \in A$ unverändert lässt und es nur als Element von B auffasst. Solche Abbildungen nennt man *Inklusionen*. Obwohl sie trivial sind, sind solche Inklusionen oft ein guter bezeichnungstechnischer Trick.

Abzählbare Mengen

Man bezeichnet eine beliebige Menge M als *abzählbar*, wenn sie als Folge

$$M = \{x_1, x_2, \ldots\} = \{x_n \mid n \in \mathbb{N}\}$$

geschrieben werden kann. Die Menge $\mathbb{Q}$ der rationalen Zahlen ist abzählbar, die Menge $\mathbb{R}$ aller reellen Zahlen jedoch nicht ([36], Ergänzungen zu Kap. 28).

Fast überall

Bei Aussagen, in denen ein Punkt $x \in \mathbb{R}^n$ vorkommt, sagt man, die Aussage gelte *fast überall* (abgekürzt „f. ü.“), wenn die Menge der Punkte, wo sie *nicht* gilt, eine n-dimensionale LEBESGUEsche Nullmenge ist (vgl. etwa [36], Kap. 28). Zum Beispiel ist eine Funktion fast überall stetig, wenn die Menge ihrer Unstetigkeitsstellen eine Nullmenge ist.

Komplexe Zahlen

Ein Querstrich über einer komplexen Zahl bezeichnet die konjugiert komplexe Größe: $\overline{a+ib} = a - ib$ für $a, b \in \mathbb{R}$. Real- und Imaginärteil werden mit

$$\operatorname{Re} z \quad \text{bzw.} \quad \operatorname{Im} z$$

bezeichnet.

Die Standardbasis

Die Standardbasis (= kanonische Basis) von $\mathbb{R}^n$ oder $\mathbb{C}^n$ wird mit $(\boldsymbol{e}_1, \ldots, \boldsymbol{e}_n)$ bezeichnet. Der Vektor $\boldsymbol{e}_k$ ist also das n-Tupel, das an der k-ten Stelle eine Eins und sonst Nullen hat.

Lineare Hülle

Ist B eine Teilmenge eines $\mathbb{K}$-Vektorraums V, so bezeichnen wir mit $\mathrm{LH}(B)$ die *lineare Hülle* von B, d. h. die Menge aller (endlichen) Linearkombinationen von Elementen von B. Ein Vektor $x \in V$ gehört also genau dann zu $\mathrm{LH}(B)$, wenn er in der Form

$$x = \sum_{j=1}^{N} \lambda_j b_j$$

geschrieben werden kann, wobei $N \in \mathbb{N}$, $\lambda_1, \ldots, \lambda_N \in \mathbb{K}$ sind und wobei $b_1, \ldots, b_N \in B$ sein müssen. Die lineare Hülle ist ein linearer Teilraum (= Teilvektorraum) von V, und man nennt sie auch das *lineare Erzeugnis* von B oder den von B *aufgespannten* linearen Teilraum. Sind die Elemente von B aufgelistet, etwa in der Form

$$B = \{b_1, \ldots, b_m\},$$

so schreibt man auch $\mathrm{LH}(b_1, \ldots, b_m)$ für die lineare Hülle von B.

Matrizen

Mit $\mathbb{K}_{m \times n}$ bezeichnen wir den $\mathbb{K}$-Vektorraum der Matrizen mit m Zeilen und n Spalten, deren Einträge Skalare aus $\mathbb{K}$ sind. Mit E oder E_n bezeichnen wir die n-reihige Einheitsmatrix.

Lineare Abbildungen

Sind V, W zwei $\mathbb{K}$-Vektorräume, so bezeichnen wir die Menge der linearen Abbildungen (= linearen Operatoren = $\mathbb{K}$-Homomorphismen) $T : V \longrightarrow W$ mit $\mathrm{Hom}_{\mathbb{K}}(V, W)$ oder mit $\mathcal{L}_{\mathbb{K}}(V, W)$. Bekanntlich bilden diese ebenfalls einen $\mathbb{K}$-Vektorraum. Im Fall $V = W$ schreiben wir auch $\mathrm{End}_{\mathbb{K}}(V)$ oder $\mathcal{L}_{\mathbb{K}}(V)$ für $\mathrm{Hom}_{\mathbb{K}}(V, V)$ und bezeichnen die linearen Abbildungen $V \longrightarrow V$ auch als *Endomorphismen* von V. Dazu gehört insbesondere die *identische Abbildung* $I = \mathrm{id}_V$.

Der Index $\mathbb{K}$ wird normalerweise bei all dem entfallen. Nur wenn der Skalarbereich spezifiziert werden muss, wird $\mathbb{R}$ oder $\mathbb{C}$ als Index eingesetzt.

Normen und Skalarprodukte

Skalarprodukte schreiben wir als $\langle x|y\rangle$ oder $\boldsymbol{x} \cdot \boldsymbol{y}$, das letztere aber nur, wenn es sich um das euklidische Skalarprodukt in $\mathbb{R}^n$ handelt, also $\boldsymbol{x} \cdot \boldsymbol{y} = \sum_{k=1}^{n} x_k y_k$. Im komplexen Fall ist das Skalarprodukt in der rechten Variablen linear, in der linken antilinear, wie in der Physik üblich. Für die euklidische Norm schreiben wir $|\boldsymbol{x}| = (\boldsymbol{x} \cdot \boldsymbol{x})^{1/2}$, während andere (oder nicht näher spezifizierte) Normen mit $\|\cdot\|$ bezeichnet werden.

Kugeln

Die abgeschlossene Kugel um den Punkt a mit dem Radius r bezeichnen wir mit $B_r(a)$ („Ball"), die offene mit $U_r(a)$ oder $\mathcal{U}_r(a)$ („Umgebung"). Wir verwenden diese Bezeichnungen in jedem metrischen Raum, insbesondere in jedem normierten Raum. Speziell für $\mathbb{R}^n$ oder $\mathbb{C}^n$ beziehen sie sich, sofern nichts anderes gesagt ist, auf die euklidische Metrik.

Differential und Jacobi-Matrix

Sei $U \subseteq \mathbb{R}^n$ offen und $F = (f_1, \ldots, f_n) : U \longrightarrow \mathbb{R}^m$ eine differenzierbare Abbildung. Wir schreiben

$$J_F(x) \equiv JF(x) := \left(\frac{\partial f_j}{\partial x_k}(x)\right)_{jk}$$

für die Jacobimatrix an der Stelle $x \in U$. Die durch diese Matrix vermittelte lineare Abbildung $\mathbb{R}^n \longrightarrow \mathbb{R}^m$ ist bekanntlich die *totale Ableitung* oder das *totale Differential* von F an der Stelle x und wird ebenfalls mit $J_F(x)$ oder $JF(x)$ bezeichnet. Weitere Schreibweisen hierfür sind

$$DF(x) \equiv \mathrm{d}F(x) \equiv \mathrm{d}F_x \,.$$

Teil I
Tensoranalysis und Differentialformen

Kapitel 1
Mannigfaltigkeiten

Die Anfangsgründe der Differentialgeometrie, die unter Physikern und Ingenieuren meist mit dem Etikett „Tensorrechnung" oder „Tensoranalysis" versehen werden, bilden eines der wichtigsten mathematischen Werkzeuge für die klassische Mechanik, die Kontinuumsmechanik (Elastizitätstheorie, Strömungsmechanik) und die klassische Feldtheorie. In der Allgemeinen Relativitätstheorie und der modernen Gravitationsphysik wird die Tensoranalysis sogar zum fundamentalen mathematischen Ausdrucksmittel der ganzen Theorie. Schließlich führen gewisse Weiterentwicklungen der Tensoranalysis zu den *Eichtheorien*, die für die heutige Elementarteilchenphysik eine zentrale Rolle spielen.

Bei unserer Einführung in diese Thematik legen wir Wert auf saubere Begriffsbildungen in einer modernen koordinatenfreien Sprache, die von Physikern und Mathematikern gleichermaßen verstanden werden kann. Die Regeln für das explizite Rechnen in Koordinaten ergeben sich dann als leichte Folgerungen und werden keineswegs vernachlässigt werden, doch gilt auch hier der Grundsatz, dass man sich eine sichere Rechentechnik eher durch praktisches Üben erwirbt als durch langatmige Erörterungen. Im Übrigen werden Sie sehen, dass man in vielen Fällen sehr gut direkt mit den geometrisch definierten mathematischen Objekten rechnen kann, ohne auf Koordinaten zurückgreifen zu müssen, und dass dieses direkte Rechnen meist viel schneller und bequemer verläuft als der Weg durch den Koordinatendschungel. Der wichtigste Grund aber, warum man sich auch als Physiker auf die – zugegebenermaßen etwas abstrakten – Begriffe der modernen Differentialgeometrie einlassen sollte, besteht darin, dass sie die korrekten geometrischen und kinematischen Interpretationen unmittelbar einfangen, die für die physikalischen Anwendungen entscheidend sind.

Als ersten Grundpfeiler der Differentialgeometrie benötigt man die Diskussion des Begriffs der *Mannigfaltigkeit* und die Klärung der Frage, wann und wie Funktionen auf Mannigfaltigkeiten bzw. Abbildungen zwischen Mannigfaltigkeiten differenziert werden können. Diese geometrischen Grundlagen sollen jetzt zur Sprache kommen.

Eine differenzierbare Mannigfaltigkeit ist, grob gesprochen, ein geometrisches Gebilde, auf dem sich Differentialrechnung betreiben lässt, weil in der Nähe jedes

K.-H. Goldhorn, H.-P. Heinz, M. Kraus, *Moderne mathematische Methoden der Physik*
DOI 10.1007/978-3-540-88544-3, © Springer 2009

beliebigen Punktes Koordinaten eingeführt werden können und weil die Ergebnisse von sinnvollen Rechnungen, die man mit diesen Koordinaten anstellt, beim Übergang zu einem anderen zugelassenen Koordinatensystem erhalten bleiben. Insbesondere muss auf einer Mannigfaltigkeit auch klar sein, wann eine Folge von Punkten konvergiert, welche Funktionen stetig sind, was der Rand einer Teilmenge ist usw. Die grundlegenden Begriffe und Resultate zu diesem Thema, die man für Mannigfaltigkeiten braucht, sind in Abschn. A zusammengefasst. Für den Mathematiker gehören sie in das Teilgebiet der *Allgemeinen Topologie* (= *mengentheoretischen Topologie*). In Abschn. B definieren wir dann die Mannigfaltigkeiten sowie die Differenzierbarkeit von Funktionen auf und Abbildungen zwischen ihnen, leiten einige ihrer Eigenschaften her und geben erste Beispiele.

Im dritten und letzten Abschnitt schließlich wenden wir uns der Frage zu, wie man differenzierbare Funktionen und Abbildungen tatsächlich differenziert und wie ihre Ableitungen als eigenständige mathematische Objekte aufgefasst werden können, unabhängig von der Willkür, die durch die Wahl von lokalen Koordinatensystemen ins Spiel gebracht wird. Als Definitions- und Wertebereiche der Ableitungen werden hier die *Tangentialräume* eingeführt, die an die Punkte der Mannigfaltigkeit angehängt werden. Die Ableitung einer Abbildung F an einem Punkt p erscheint dann als linearer Operator, der den Tangentialraum an p in den Tangentialraum an $F(p)$ abbildet. Um den Zusammenhang dieser Konstruktion mit der vertrauten Differentialrechnung richtig zu verstehen, sollte man sich an den Begriff der *totalen Ableitung* einer Funktion $F : U \longrightarrow V$ erinnern, wo $U \subseteq \mathbb{R}^n$ und $V \subseteq \mathbb{R}^m$ offene Teilmengen der jeweiligen euklidischen Räume sind: Für $p \in U$ ist die (totale) Ableitung $DF(p) = \mathrm{d}F_p$ derjenige lineare Operator $\mathbb{R}^n \longrightarrow \mathbb{R}^m$, der die gegebene Funktion F in der Nähe von p gut approximiert in dem Sinne, dass

$$F(p + \boldsymbol{h}) - F(p) = \mathrm{d}F_p \cdot \boldsymbol{h} + o(|\boldsymbol{h}|) \quad \text{für} \quad \boldsymbol{h} \longrightarrow 0$$

ist. Die JACOBImatrix, die diese lineare Abbildung beschreibt, hängt vom gewählten Koordinatensystem ab, die lineare Abbildung selbst jedoch nicht. Das Problem besteht aber darin, dass sich die Vektoren $\boldsymbol{h}$, auf die der Operator $\mathrm{d}F_p$ wirkt, im Allgemeinen nicht innerhalb der Mannigfaltigkeit realisieren lassen, und um diesem Problem beizukommen, werden die Tangentialräume konstruiert, wie wir es in Abschn. C sehen werden.

A Grundlagen aus der Topologie

Um über Konvergenz von Folgen in einer Menge X oder von Stetigkeit von Funktionen auf X sprechen zu können, ist es nach unseren bisherigen Kenntnissen erforderlich, dass definiert ist, was der „Abstand“ zwischen zwei Punkten in X ist. Mit anderen Worten: Auf X muss eine Metrik gegeben sein (vgl. [36], Kap. 13 und 14).

Eine solche Metrik ist aber nicht immer in natürlicher Weise auf allen Räumen gegeben, die in der Physik von Interesse sind, beispielsweise auf Konfigurationsräumen physikalischer Systeme, auch wenn es oft möglich ist eine Metrik zu wählen. Man stellt aber fest, dass es an vielen Stellen der Analysis bereits genügt, anstelle vom Abstand von einem Punkt von den Umgebungen eines Punktes zu sprechen. Um dies deutlich zu machen, erinnern wir zunächst an einige bekannte Definitionen und Sätze:

Definitionen 1.1. Sei (X, d) ein metrischer Raum, $x_0 \in X$ und $\varepsilon > 0$.

a. Die Menge
$$\mathcal{U}_\varepsilon(x_0) := \{x \in X \mid d(x, x_0) < \varepsilon\}$$
heißt die *ε-Umgebung* von x_0.
b. Eine Teilmenge $\mathcal{U} \subseteq X$ heißt *Umgebung* von $x_0 \in X$, wenn es ein $\varepsilon > 0$ gibt mit $\mathcal{U}_\varepsilon(x_0) \subseteq \mathcal{U}$.
c. Eine Teilmenge $\mathcal{U} \subseteq X$ heißt *offen*, wenn $\mathcal{U}$ Umgebung von jedem $x_0 \in \mathcal{U}$ ist.

Mit Hilfe dieser Begriffe kann man nun vieles, was wir in metrischen Räumen kennen gelernt haben, auch ohne Metrik formulieren. Die folgenden Sätze geben zwei Beispiele.

Satz 1.2. *Sei (X, d) ein metrischer Raum und $(x_n)_{n\in\mathbb{N}}$ eine Folge in X. Die Folge $(x_n)_{n\in\mathbb{N}}$ konvergiert genau dann gegen $a \in X$, wenn es zu jeder Umgebung $\mathcal{U}$ von a ein $n_0 \in \mathbb{N}$ gibt mit $x_n \in \mathcal{U}$ für alle $n \geq n_0$.*

Der Beweis ist eine leichte Übungsaufgabe. Ebenso leicht kann „Stetigkeit" mit Hilfe der Begriffe in Definition 1.1 beschrieben werden:

Satz 1.3. *Eine Abbildung*
$$f : X \longrightarrow Y$$
zwischen metrischen Räumen X, Y ist genau dann stetig bei $x_0 \in X$, wenn für jede Umgebung $\mathcal{U}$ von $f(x_0)$ das Urbild $f^{-1}(\mathcal{U})$ eine Umgebung von x_0 ist.

Topologische Räume sind nun Räume, in denen zwar nicht vom Abstand zweier Punkte gesprochen werden kann, aber doch von Umgebungen eines Punktes.

Definitionen 1.4. Sei X eine Menge und $\mathcal{T}$ eine Menge von Teilmengen von X. Dann heißt $\mathcal{T}$ eine *Topologie* auf X falls gilt:

(i) $\emptyset, X \in \mathcal{T}$.
(ii) Ist $U \in \mathcal{T}$, $V \in \mathcal{T}$, so ist $U \cap V \in \mathcal{T}$.
(iii) Ist $(U_i)_{i\in I}$ eine Familie von Teilmengen mit $U_i \in \mathcal{T}$, so ist $\bigcup_{i\in I} U_i \in \mathcal{T}$.

Die Mengen $U \in \mathcal{T}$ heißen dann die *offenen Mengen* in X, und $(X, \mathcal{T})$ heißt *topologischer Raum*.

Beispiele 1.5.

a. Ist (X, d) ein metrischer Raum und $\mathcal{T}_d \subseteq \mathcal{P}(X)$ definiert durch $U \in \mathcal{T}_d :\Leftrightarrow U$ ist offen bezüglich d, wie in 1.1 definiert, so ist durch $\mathcal{T}_d$ eine Topologie auf (X, d) gegeben.

b. Sei X eine Menge, $\mathcal{T}_K = \{\emptyset, X\}$. Dann ist $\mathcal{T}_K$ eine Topologie. Wir werden sehen, dass diese Topologie *nicht* durch eine Metrik gegeben ist. $\mathcal{T}_K$ heißt die *Klumpentopologie* auf X.
c. Ist X eine Menge, $\mathcal{T} = \mathcal{P}(X)$ die Menge aller Teilmengen von X, so heißt $\mathcal{T}$ die *diskrete Topologie*.
d. Sind $(X, \mathcal{T}_X)$ und $(Y, \mathcal{T}_Y)$ topologische Räume, so nennt man $U \subseteq X \times Y$ offen, falls für alle $(x, y) \in U$ offene Umgebungen U_x von x in X und U_y von y in Y existieren mit $U_x \times U_y \subseteq U$.
In Aufgabe 1.2 wird gezeigt, dass auf diese Weise eine Topologie auf $X \times Y$ gegeben ist, die *Produkttopologie*.

Auch Teilmengen topologischer Räume sind topologische Räume:

Definition 1.6. Ist $(X, \mathcal{T})$ ein topologischer Raum, $Y \subseteq X$ eine Teilmenge, so heißt

$$\mathcal{T}_Y := \{V \subseteq Y \mid \exists U \in \mathcal{T} : V = U \cap Y\}$$

die *Teilraumtopologie* auf Y.

Die offenen Mengen im Sinne der Teilraumtopologie sind also einfach die Schnitte von Y mit den offenen Mengen des gegebenen topologischen Raums $(X, \mathcal{T})$.

Dass durch die Teilraumtopologie eine Topologie auf Y gegeben ist, prüft man leicht nach. Weitere wichtige Beispiele sind durch *Quotientenbildung* gegeben (vgl. [49]). Wir gehen darauf nicht allgemein ein, sondern geben nur die beiden wichtigsten Beispiele an:

Beispiele 1.7.

a. Der *reelle projektive Raum* $\mathbb{RP}^n$ ist die Menge aller Geraden in $\mathbb{R}^{n+1}$ durch den Ursprung. Jede dieser Geraden schneidet die n-dimensionale Sphäre

$$\mathbf{S}^n = \left\{(x_0, \ldots, x_n) \in \mathbb{R}^{n+1} \mid x_0^2 + \cdots + x_n^2 = 1\right\}$$

in zwei Punkten x und $-x$. Man kann also den reellen projektiven Raum auch auffassen als

$$\mathbb{RP}^n = \{\{x, -x\} \mid x \in \mathbf{S}^n\}$$

oder

$$\mathbb{RP}^n = \{\mathbb{R}x \mid x \in \mathbb{R}^{n+1} \setminus \{0\}\} .$$

Für $x = (x_0, \ldots, x_n) \in \mathbb{R}^{n+1} \setminus \{0\}$ benutzt man auch die Notation

$$\mathbb{R}x = [x_0 : \ldots : x_n] = [x] \in \mathbb{RP}^n .$$

Die Abbildung

$$\pi : \mathbf{S}^n \longrightarrow \mathbb{RP}^n , \quad x \longmapsto [x]$$

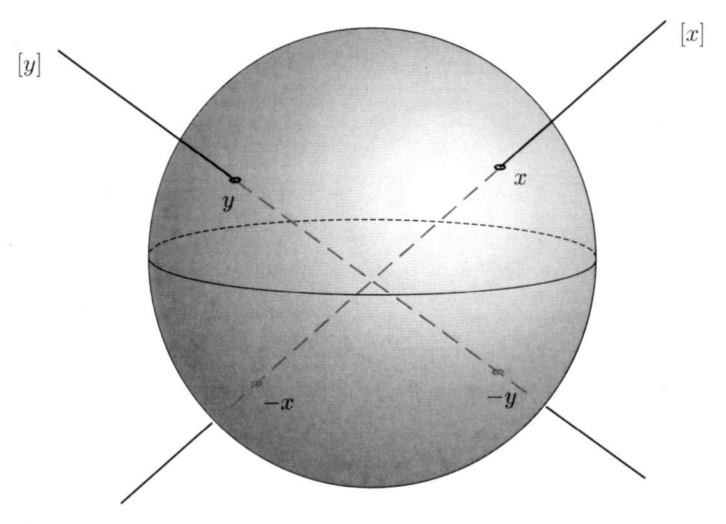

Abb. 1.1 Projektiver Raum $\mathbb{R}\mathbf{P}^2$ und zwei Punkte daraus

ist offenbar surjektiv, und es gilt

$$\pi^{-1}([x]) = \left\{ \frac{x}{|x|}, -\frac{x}{|x|} \right\}$$

für jedes $[x] \in \mathbb{R}\mathbf{P}^n$.

Bisher ist $\mathbb{R}\mathbf{P}^n$ nur als Menge definiert. Jetzt wird diese Menge mit einer Topologie versehen: Eine Teilmenge $U \subseteq \mathbb{R}\mathbf{P}^n$ heiße offen, wenn $\pi^{-1}(U) \subseteq \mathbf{S}^n$ offen ist. Man überprüft leicht, dass damit eine Topologie auf $\mathbb{R}\mathbf{P}^n$ wohldefiniert ist.

b. Ebenso ist der *komplexe projektive Raum* $\mathbb{C}\mathbf{P}^n$ als Menge aller komplexen Geraden in $\mathbb{C}^{n+1}$ definiert. Ist also $\xi = (z_0, \ldots, z_n) \in \mathbb{C}^{n+1} \setminus \{0\}$, so ist

$$[\xi] = [z_0 : z_1 : \ldots : z_n] := \{\lambda\xi \mid \lambda \in \mathbb{C}\} \in \mathbb{C}\mathbf{P}^n .$$

Man erhält $\mathbb{C}\mathbf{P}^n$ aus

$$\mathbf{S}^{2n+1} = \{(z_0, \ldots, z_n) \in \mathbb{C}^{n+1} \mid |z_0|^2 + \cdots + |z_n|^2 = 1\}$$

durch Identifizieren aller Punkte, die sich nur um einen Faktor $\mathrm{e}^{i\theta} \in \mathbf{S}^1$ unterscheiden. Die Abbildung

$$\pi : \mathbf{S}^{2n+1} \longrightarrow \mathbb{C}\mathbf{P}^n , \quad z \longmapsto [z]$$

ist surjektiv und

$$\pi^{-1}([z]) = \left\{ \mathrm{e}^{\mathrm{i}\theta} \frac{z}{|z|} \,\middle|\, \theta \in \mathbb{R} \right\} .$$

Eine Teilmenge $U \subseteq \mathbb{C}\mathbf{P}^n$ heißt offen, wenn $\pi^{-1}(U) \subseteq \mathbf{S}^{2n+1}$ offen ist. Damit ist $\mathbb{C}\mathbf{P}^n$ ein topologischer Raum.
Dieser Raum tritt in der Quantenmechanik auf. Zustandsvektoren in der Quantenmechanik werden als Elemente der Norm 1 des Zustandsraumes – eines HILBERTraumes – betrachtet, von denen alle, die sich nur um eine Phase $e^{i\theta}$ unterscheiden, identifiziert werden. Meist ist der Zustandsraum unendlichdimensional. Die Zustandsvektoren sind also Elemente eines unendlichdimensionalen projektiven Raums. Lässt das System aber nur endlich viele Messwerte zu, so sind die Zustandsvektoren Elemente eines endlichdimensionalen komplexen projektiven Raums.

Viele Begriffe, die man von metrischen Räumen her kennt, können auf topologische Räume übertragen werden.

Definitionen 1.8. Sei $(X, \mathcal{T})$ ein topologischer Raum.

a. $A \subseteq X$ heißt *abgeschlossen* $\Longleftrightarrow$ $X \setminus A$ offen ist.
b. Ein Element $p \in X$ heißt *innerer Punkt* von $A \subseteq X$, wenn es eine offene Teilmenge $U \subseteq X$ gibt mit $p \in U \subseteq A$.
   $\overset{\circ}{A}$ bezeichnet die Menge der inneren Punkte von A.
c. Ist $p \in X$, so heißt $U \subseteq X$ *Umgebung* von p, falls $p \in \overset{\circ}{U}$ ist.
d. Ist $A \subseteq X$, so heißt $x \in X$ *Berührpunkt* von A $\Longleftrightarrow$ für jede Umgebung U von x gilt: $U \cap A \neq \emptyset$.
e. Ist $A \subseteq X$, so heißt $x \in X$ *Randpunkt* von A $\Longleftrightarrow$ für jede Umgebung U von x gilt: $U \cap A \neq \emptyset$ und $U \cap (X \setminus A) \neq \emptyset$. Die Menge der Randpunkte bezeichnet man mit $\partial A = \{x \in X \mid x \text{ Randpunkt von } A\}$. $\overline{A} := A \cup \partial A$ heißt der *Abschluss* von A.
f. Eine Folge $(x_n)_{n \geq 1}$ in einem topologischen Raum $(X, \mathcal{T})$ *konvergiert* gegen $a \in X$ $\Longleftrightarrow$ für jede Umgebung U von a gibt es ein $N \in \mathbb{N}$, so dass $x_n \in U$ für alle $n > N$.

Ist (X, d) ein metrischer Raum und $(X, \mathcal{T}_d)$ der dadurch definierte topologische Raum, so stimmen diese Begriffe für den metrischen und topologischen Raum überein. Viele Sätze, die man über Konvergenz von Folgen kennt, übertragen sich leicht von metrischen auf topologische Räume. Es gibt aber eine wichtige Ausnahme: Eine Folge in einem topologischen Raum kann gegen mehrere Grenzwerte konvergieren. Ist beispielsweise $(X, \mathcal{T}_K)$ ein Klumpenraum, so konvergiert *jede* Folge in X gegen *jedes* $x \in X$, da die einzige Umgebung von $x \in X$ ganz X ist. Wollen wir solche Phänomene ausschließen, so müssen wir eine Zusatzforderung an den topologischen Raum X stellen:

Definition 1.9. Ein topologischer Raum $(X, \mathcal{T})$ heißt *hausdorffsch* oder HAUSDORFF-*Raum*, wenn es zu $x, y \in X$ mit $x \neq y$ stets Umgebungen $U(x)$ und $U(y)$ von x bzw. y gibt mit $U(x) \cap U(y) = \emptyset$.

Jeder metrische Raum (X, d) ist hausdorffsch, denn ist $d(x, y) = r > 0$, so folgt $\mathcal{U}_{r/2}(x) \cap \mathcal{U}_{r/2}(y) = \emptyset$ wegen der Dreiecksungleichung. Teilräume von

HAUSDORFF-Räumen sind wieder hausdorffsch und auch $\mathbb{R}\mathbf{P}^n$ und $\mathbb{C}\mathbf{P}^n$ sind hausdorffsch. Sind nämlich $[x] \in \mathbb{R}\mathbf{P}^n$ und $[y] \in \mathbb{R}\mathbf{P}^n$, $[x] \neq [y]$ und $x \in \pi^{-1}([x])$, $y \in \pi^{-1}([y])$ Urbilder in $\mathbf{S}^n$, so gibt es offene Umgebungen U_x und U_y von x bzw. y in $\mathbf{S}^n$, so dass $(U_x \cup (-U_x)) \cap (U_y \cup (-U_y)) = \emptyset$ ist. Dann sind $\pi(U_x)$ und $\pi(U_y)$ die gesuchten disjunkten offenen Umgebungen in $\mathbb{R}\mathbf{P}^n$. Ebenso folgt, dass $\mathbb{C}\mathbf{P}^n$ ein HAUSDORFFraum ist.

Bemerkung: In HAUSDORFFräumen ist der Grenzwert einer Folge (sofern er existiert) stets eindeutig.

Beweis. Würde $(x_n)_{n\in\mathbb{N}}$ sowohl gegen $a \in X$ als auch gegen $b \in X$ konvergieren, so gäbe es offene Umgebungen $U(a)$, $U(b)$ von a bzw. b mit $U(a) \cap U(b) = \emptyset$, so dass alle Folgenglieder bis auf endlich viele sowohl in $U(a)$ als auch in $U(b)$ wären, was offenbar ein Widerspruch ist. □

Stetigkeit

Stetigkeit wird für Abbildungen zwischen topologischen Räumen analog zu 1.3 definiert:

Definition 1.10. Seien X und Y topologische Räume. Eine Abbildung $f : X \longrightarrow Y$ heißt *stetig* bei $a \in X$, wenn für jede Umgebung U von $f(a)$ gilt: $f^{-1}(U)$ ist Umgebung von a. Eine Abbildung f heißt stetig, falls f bei jedem $a \in X$ stetig ist.

Meistens werden wir die folgende Charakterisierung stetiger Funktionen benutzen:

Satz 1.11. *f ist genau dann stetig, wenn für alle offenen Teilmengen $U \subseteq Y$ gilt: $f^{-1}(U)$ ist offen in X.*

Beweis.

„$\Rightarrow$“ Sei f stetig, $U \subseteq Y$ offen, $x \in f^{-1}(U)$ und $y = f(x) \in U$. Dann ist U Umgebung von y, also $f^{-1}(U)$ Umgebung von x. Somit enthält $f^{-1}(U)$ eine offene Teilmenge $V \subseteq X$ mit $x \in V \subseteq f^{-1}(U)$, d. h. x ist innerer Punkt von $f^{-1}(U)$. Dies zeigt, dass $f^{-1}(U)$ offen ist.

„$\Leftarrow$“ Sei $f : X \longrightarrow Y$ so, dass $f^{-1}(U) \subseteq X$ offen, falls $U \subseteq Y$ offen. Sei $x \in X$, $y = f(x)$ und U Umgebung von y. Dann gibt es eine offene Teilmenge $\widetilde{U} \subseteq U$ mit $y \in \widetilde{U}$, also ist $f^{-1}(\widetilde{U})$ offen und $x \in f^{-1}(\widetilde{U})$. Weiter ist $f^{-1}(\widetilde{U}) \subseteq f^{-1}(U)$, also ist $f^{-1}(U)$ eine Umgebung von x. Dies zeigt die Stetigkeit von f in dem beliebigen Punkt x.

□

Bemerkung: Sind (X, d_1) und (Y, d_2) metrische Räume, so ist $f : X \longrightarrow Y$ offenbar genau dann stetig als Abbildung zwischen den metrischen Räumen, wenn f als Abbildung zwischen den topologischen Räumen $(X, \mathcal{T}_{d_1})$ und $(Y, \mathcal{T}_{d_2})$ stetig ist.

Beispiel: Sei Y ein beliebiger topologischer Raum. Nach Definition der Topologie auf $\mathbb{R}\mathbf{P}^n$ folgt, dass $f : \mathbb{R}\mathbf{P}^n \longrightarrow Y$ genau dann stetig ist, wenn $f \circ \pi : \mathbf{S}^n \longrightarrow Y$ stetig ist, analog für $\mathbb{C}\mathbf{P}^n$.

Ebenso wie für stetige Abbildungen auf metrischen Räumen folgt auch, dass Summe, Produkt und Komposition stetiger Abbildungen auf topologischen Räumen wieder stetig sind. Die Umkehrfunktion einer stetigen Abbildung muss aber nicht stetig sein, wie das Beispiel der Abbildung

$$f : [0,1[\longmapsto \mathbf{S}^1 = \left\{(x,y) \in \mathbb{R}^2 \mid x^2 + y^2 = 1\right\}\ ,\ f(t) = (\cos 2\pi t \quad \sin 2\pi t)$$

zeigt, deren Umkehrabbildung am Punkt $(1,0) \in \mathbf{S}^1$ nicht stetig ist. Darum definiert man:

Definition 1.12. Eine stetige Bijektion zwischen topologischen Räumen, deren Umkehrung f^{-1} ebenfalls stetig ist, heißt ein *Homöomorphismus.*

Kompaktheit

Eine beschränkte und abgeschlossene Teilmenge im $\mathbb{R}^n$ heißt auch eine *kompakte* Teilmenge, und diese Mengen sind für die Analysis von fundamentaler Bedeutung, z. B. weil jede in einer solchen Menge verlaufende Folge eine konvergente Teilfolge besitzt oder weil jede stetige Funktion darauf ihr Maximum und ihr Minimum annimmt. Grob gesprochen sind die kompakten Räume für die Topologie das, was die endlichen Mengen für die Mengenlehre sind. Aber schon in metrischen Räumen hat nicht jede abgeschlossene beschränkte Teilmenge diese erwünschten Eigenschaften, und in allgemeinen topologischen Räumen kann gar nicht von Beschränktheit gesprochen werden, weil man keine Abstände messen kann. Der klassische *Überdeckungssatz von* HEINE-BOREL liefert jedoch eine Beschreibung der Kompaktheit, die sich auch in allgemeinstem Rahmen als tragfähig erwiesen hat. Man definiert:

Definition 1.13. Eine Teilmenge K eines topologischen Raums X heißt *kompakt*, wenn jede offene Überdeckung von K eine endliche Teilüberdeckung besitzt. Eine *offene Überdeckung* ist dabei ein System von offenen Teilmengen, dessen Vereinigung ganz K umfasst.

Ausführlich bedeutet diese Bedingung: Ist $K \subseteq \bigcup_{i \in I} U_i$ mit offenen Mengen U_i (wobei i eine beliebige Indexmenge I durchlaufen kann), so gibt es endlich viele dieser Mengen, etwa $U_{i_1}, \ldots, U_{i_N}$, so dass diese schon für sich alleine eine Überdeckung bilden, so dass also

$$K \subseteq U_{i_1} \cup \ldots U_{i_N}$$

ist.

Für metrische Räume fällt dieser Kompaktheitsbegriff mit dem dort eingeführten zusammen. Insbesondere sind in metrischen Räumen kompakte Mengen stets beschränkt und abgeschlossen und im $\mathbb{R}^n$ und $\mathbb{C}^n$ mit der Standardtopologie gilt auch, dass die beschränkten und abgeschlossenen Teilmengen im Sinne der obigen Definition kompakt sind. Das ist gerade die Aussage des Satzes von HEINE-BOREL.

Wir überzeugen uns nun, dass kompakte Teilmengen von topologischen Räumen (oder zumindest von HAUSDORFFräumen) die aus der Analysis vertrauten Besonderheiten aufweisen:

Lemma. *Kompakte Teilmengen von* HAUSDORFF*-Räumen sind abgeschlossen.*

Beweis. Ist $K \subseteq X$ kompakt, $y \in X \setminus K$, so gibt es zu jedem $x \in K$ offene Umgebungen U_x von x und V_x von y mit $U_x \cap V_x = \emptyset$. Da K kompakt ist, genügen endlich viele, etwa $x_1, \ldots, x_n$, so dass $K \subset \bigcup_{i=1}^{n} U_{x_i}$ gilt. Also ist $K \cap \left(\bigcap_{i=1}^{n} V_{x_i} \right) = \emptyset$, und $\bigcap_{i=1}^{n} V_{x_i}$ ist eine offene Umgebung von y. Das bedeutet, dass $X \setminus K$ offen ist, K also abgeschlossen. □

Stetige Abbildungen auf kompakten topologischen Räumen haben nun die für $\mathbb{R}^n$ oder für metrische Räume bekannten Eigenschaften (vgl. etwa [36], Kap. 14). Sie lassen sich überraschend einfach aus Definition 1.13 herleiten, wofür wir jedoch auf die Lehrbuchliteratur über Allgemeine Topologie verweisen, etwa auf [49]. Dort wird u. a. bewiesen:

Theorem 1.14.

a. *Ist X kompakt und $f : X \longrightarrow Y$ stetig, so ist das Bild $f(X)$ kompakt. Insbesondere nimmt jede stetige reelle Funktion auf einem kompakten Raum ihr Maximum und ihr Minimum an.*
b. *Eine stetige Bijektion eines kompakten Raums auf einen* HAUSDORFF*raum ist stets ein Homöomorphismus.*

Beispiel: Die Sphären $\mathbf{S}^n$ sind kompakt als beschränkte abgeschlossene Teilmengen von $\mathbb{R}^{n+1}$. Die Projektiven Räume sind nach Theorem 1.14a. dann ebenfalls kompakt, denn

$$\mathbb{R}\mathbf{P}^n = \pi(\mathbf{S}^n) \quad \text{und} \quad \mathbb{C}\mathbf{P}^n = \pi(\mathbf{S}^{2n+1}) \ ,$$

und die jeweilige Abbildung π ist stetig, wie sofort aus der Definition der Topologien auf den projektiven Räumen folgt.

B Mannigfaltigkeiten

Mannigfaltigkeiten sind topologische Räume, die „lokal aussehen“ wie $\mathbb{R}^n$. Global kann eine Mannigfaltigkeit jedoch ein ganz anderes Aussehen haben. So ist z. B. die Erdoberfläche ein gutes Beispiel für eine Mannigfaltigkeit. Kleine Gebiete können mittels Karten auf die Seiten eines Atlasses abgebildet werden, also auf Stücke aus der Ebene $\mathbb{R}^2$. Will man aber die ganze Erdoberfläche abbilden, so ist dies nicht auf stetige Weise möglich.

Sie kennen dies wahrscheinlich bereits von Untermannigfaltigkeiten des $\mathbb{R}^n$, wie sie z. B. in [36], Kap. 21 betrachtet werden. Mannigfaltigkeiten sind jedoch nicht notwendig Teilmengen eines euklidischen Raumes. Ein Beispiel ist etwa der Projektive Raum, dessen Punkte zwar Geraden im $\mathbb{R}^{n+1}$ sind, der als Menge jedoch keine Teilmenge des $\mathbb{R}^{n+1}$ ist.

Ein Grund, allgemeine Mannigfaltigkeiten und nicht nur Teilmannigfaltigkeiten des $\mathbb{R}^n$ zu betrachten, liegt in der allgemeinen Relativitätstheorie. Die physikalische Raumzeit wird als 4-dimensionale Mannigfaltigkeit modelliert. Es macht aber keinen Sinn, sie als Teilmenge eines euklidischen Raumes aufzufassen, da sich alle physikalischen Beobachtungen nur auf Gegebenheiten innerhalb der Raumzeit beziehen. Insbesondere ist kein physikalischer Mechanismus denkbar, durch den die beobachtete Metrik von der Geometrie eines umgebenden euklidischen Raumes erzeugt würde. Eine abstraktere Definition ist daher unumgänglich.

Definitionen 1.15.

a. Ein topologischer Raum M heißt *lokal euklidisch* der Dimension n, wenn es zu jedem $p \in M$ eine offene Umgebung $U \subseteq M$ und einen Homöomorphismus $h : U \longrightarrow U'$ auf eine offene Teilmenge $U' \subseteq \mathbb{R}^n$ gibt.
b. Das Paar (U, h) oder auch nur h heißt dann *Karte*, *Kartenabbildung* oder *Koordinatenabbildung*, $\varphi = h^{-1}$ *lokale Parametrisierung* um p. Der Definitionsbereich U der Karte heißt *Kartengebiet* oder *Koordinatengebiet*. Schreiben wir h in Komponenten $h = (h^1, \ldots, h^n)$, so heißen $x^j = h^j(q)$ die *Koordinaten* des Punktes $q \in U$ in Bezug auf die betrachtete Karte.
c. Eine Familie von Karten $(U_\lambda, h_\lambda)_{\lambda \in \Lambda}$ heißt *Atlas* für M, falls $\bigcup\limits_{\lambda \in \Lambda} U_\lambda = M$ gilt.

   Sind h_1 und h_2 Karten für M, so heißt der Homöomorphismus

$$w_{12} = h_2 \circ h_1^{-1}\Big|_{h_1(U_1 \cap U_2)} : h_1(U_1 \cap U_2) \longrightarrow h_2(U_1 \cap U_2)$$

   der *Kartenwechsel*.

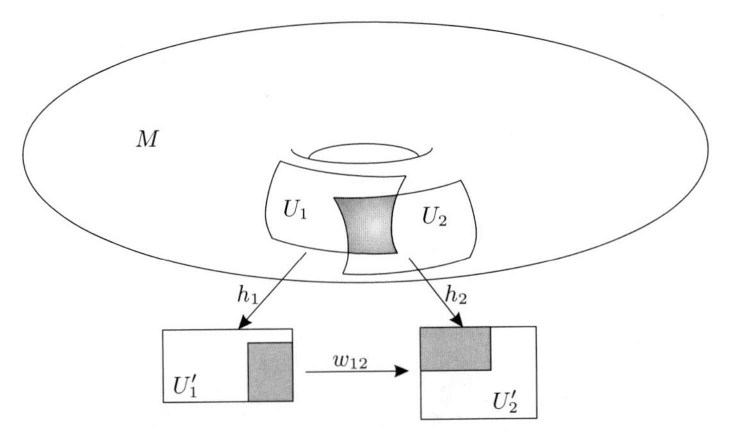

Abb. 1.2 Kartenwechsel

d. Ist M lokal euklidisch der Dimension n und sind (U_i, h_i) und (U_j, h_j) Karten für M, so sagt man h_i und h_j wechseln $(C^k$-)differenzierbar, wenn der Kartenwechsel w_{ij} ein $(C^k$-)Diffeomorphismus ist.
e. Ein C^k*-differenzierbarer Atlas* ist ein Atlas, dessen Karten alle C^k-differenzierbar wechseln.
f. Atlanten $\mathcal{A}$ und $\mathcal{B}$ heißen C^k-äquivalent, wenn alle Kartenwechsel der Karten von $\mathcal{A}$ mit den Karten aus $\mathcal{B}$ wieder C^k-Diffeomorphismen sind.

Sind $\mathcal{A}$ und $\mathcal{B}$ C^k-äquivalente Atlanten, so ist $\mathcal{A} \cup \mathcal{B} = \{(U_\lambda, h_\lambda) \mid (U_\lambda, h_\lambda) \in \mathcal{A}$ oder $(U_\lambda, h_\lambda) \in \mathcal{B}\}$ wieder ein C^k-differenzierbarer Atlas. Im Allgemeinen interessiert uns ein Atlas, in dem alle äquivalenten enthalten sind, und diesen benutzt man, um einem lokal euklidischen Raum die Struktur einer differenzierbaren Mannigfaltigkeit zu verleihen. Genauer:

Definitionen 1.16.

a. Unter einer C^k*-differenzierbaren Struktur* auf dem lokal euklidischen Raum M versteht man einen maximalen C^k-differenzierbaren Atlas, d. h.
einen Atlas, der schon alle Karten enthält, die mit den Karten des Atlasses C^k-differenzierbar wechseln.
b. Unter einer n-dimensionalen C^k-differenzierbaren *Mannigfaltigkeit* versteht man einen lokal euklidischen HAUSDORFF-Raum, der als Vereinigung von abzählbar vielen kompakten Teilmengen geschrieben werden kann, zusammen mit einer C^k-differenzierbaren Struktur.

Mit einer (differenzierbaren) Mannigfaltigkeit ist in diesem Buch stets eine C^∞-differenzierbare Mannigfaltigkeit gemeint. Die topologischen Forderungen, dass M hausdorffsch ist und dass

$$M = \bigcup_{j=1}^{\infty} K_j\,, \qquad K_j \text{ kompakt}\,, \tag{1.1}$$

ist für Teilmannigfaltigkeiten des $\mathbb{R}^n$ offenbar erfüllt, da man $\mathbb{R}^n$ selbst als Vereinigung der kompakten Kugeln $B_m(0)$, $m \in \mathbb{N}$, schreiben kann. Im Falle der allgemeinen Mannigfaltigkeiten folgen sie aber nicht etwa schon aus der Eigenschaft „lokal euklidisch“, sondern müssen gesondert gefordert werden.

Über den Vorteil, wenn ein topologischer Raum hausdorffsch ist, wurde im letzten Abschnitt schon gesprochen. Die Eigenschaft (1.1) ist auch in den meisten Räumen, die wir betrachten, also z. B. Konfigurationsräumen, anschaulich ganz klar. Viele wichtige Mannigfaltigkeiten sind sogar selber kompakt, z. B. die Sphären $\mathbf{S}^n$ und die projektiven Räume, wie wir am Schluss des vorigen Abschnitts gesehen haben.

Jedenfalls hat es große technische Vorteile, (1.1) zu fordern. So folgt aus dieser Eigenschaft zum Beispiel, dass jede Mannigfaltigkeit einen *abzählbaren* Atlas besitzt. Wir werden (1.1) sowie die HAUSDORFF-Eigenschaft oft benutzen aber selten explizit nachprüfen, und Sie können sich auf den Standpunkt stellen, dass die Räume, die Ihnen begegnen diese Eigenschaften haben.

Beispiele 1.17.

a. Als Wiederholung für ein Beispiel einer Untermannigfaltigkeit geben wir zuerst einen Atlas für $\mathbf{S}^n = \{x \in \mathbb{R}^{n+1} \mid |x|^2 = 1\}$ an: Die Mengen

$$\begin{aligned} &(U_{i,+}, U_{i,-})_{i=0,\dots,n} \text{ mit} \\ U_{i,+} &= \{(x_0,\dots,x_n) \in \mathbf{S}^n \mid x_i > 0\}, \\ U_{i,-} &= \{(x_0,\dots,x_n) \in \mathbf{S}^n \mid x_i < 0\} \end{aligned}$$

bilden eine offene Überdeckung von $\mathbf{S}^n$. Durch

$$h_{i,\pm} : U_{i,\pm} \longrightarrow \mathcal{U}_1(0), \quad \begin{pmatrix} x_0 \\ \vdots \\ x_n \end{pmatrix} \longmapsto \begin{pmatrix} x_0 \\ \vdots \\ \hat{x}_i \\ \vdots \\ x_n \end{pmatrix} =: \begin{pmatrix} x'_1 \\ \vdots \\ x'_n \end{pmatrix} \tag{1.2}$$

sind Kartenabbildungen gegeben. Die Kartenwechsel zwischen $h_{i,+}$ und $h_{j,+}$ sind für $i < j$ durch

$$x' = \begin{pmatrix} x'_1 \\ \vdots \\ x'_n \end{pmatrix} \longmapsto \begin{pmatrix} x'_1 \\ \vdots \\ x'_i \\ \sqrt{1 - |x'|^2} \\ x'_{i+1} \\ \vdots \\ \hat{x}'_j \\ \vdots \\ x'_n \end{pmatrix}$$

gegeben, und analog für die anderen auftretenden Fälle. Offenbar sind diese Abbildungen Diffeomorphismen.

b. Ist M eine abzählbare Menge mit der diskreten Topologie, so ist M eine 0-dimensionale Mannigfaltigkeit.

c. Der Raum $\mathbb{R}^n$ selbst ist natürlich eine n-dimensionale Mannigfaltigkeit. Dabei kommt man mit der einzigen Karte $(\mathbb{R}^n, \mathrm{id})$ aus.

d. Ist M eine differenzierbare Mannigfaltigkeit der Dimension n, $\Omega \subseteq M$ eine offene Teilmenge, so ist Ω ebenfalls eine differenzierbare Mannigfaltigkeit der Dimension n. Ist nämlich (U, h) eine Karte um $p \in M$ von M, und ist $p \in \Omega$, so ist $(U \cap \Omega, h|_{U\cap\Omega})$ eine Karte für Ω um p.

e. Sind M und N Mannigfaltigkeiten der Dimension m bzw. n, so ist $M \times N$ eine Mannigfaltigkeit der Dimension $m + n$.

Ist $(p,q) \in M \times N$, (U,h) eine Karte von M um p, (V,k) eine Karte von N um q, so ist $U \times V \subseteq M \times N$ eine offene Umgebung von (p,q) und

$$h \times k : U \times V \longrightarrow U' \times V' \,, \; (x,y) \longmapsto (h(x), k(y))$$

die gesuchte Kartenabbildung. Die entsprechenden Kartenwechsel sind offenbar differenzierbar.

Zum Beispiel ist $\mathbf{S}^m \times \mathbf{S}^n \subseteq \mathbb{R}^{m+n+2}$ eine Mannigfaltigkeit der Dimension $m+n$.

f. $\mathbb{R}\mathbf{P}^n$ und $\mathbb{C}\mathbf{P}^n$ sind Mannigfaltigkeiten. Wir behandeln wieder nur den reellen Fall – der komplexe geht ganz analog. Eine offene Überdeckung von $\mathbb{R}\mathbf{P}^n$ ist durch

$$V_i = \{[x_0 : \cdots : x_n] \in \mathbb{R}\mathbf{P}^n \mid x_i \neq 0\}$$

gegeben. Diese Teilmengen sind offen, denn $\pi^{-1}(V_i) = U_{i,+} \cup U_{i,-}$ mit $U_{i,\pm} \subseteq \mathbf{S}^n$ wie in a. Kartenabbildungen $h_i : V_i \longrightarrow V_i' = \mathbb{R}^n$ sind dann durch

$$h_i : [x_0 : \cdots : x_n] \longmapsto \left(\frac{x_0}{x_i}, \ldots, \frac{x_{i-1}}{x_i}, \frac{x_{i+1}}{x_i}, \ldots, \frac{x_n}{x_i} \right) \tag{1.3}$$

gegeben. Sie sind wohldefinierte stetige Abbildungen mit der stetigen Umkehrung

$$h_i^{-1} : \left(x_1', \cdots, x_n'\right) \longmapsto \left[x_1' : \cdots : x_i' : 1 : x_{i+1}' : \cdots : x_n'\right] .$$

Damit ist der Kartenwechsel $w_{ij} = h_j \circ h_i^{-1}$ für $i < j$ durch

$$\{(x_1, \ldots, x_n) \in \mathbb{R}^n \mid x_j \neq 0\} \longrightarrow \{(x_1, \ldots, x_n) \in \mathbb{R}^n \mid x_{i+1} \neq 0\} ,$$

$$(x_1, \ldots, x_n) \longmapsto \left(\frac{x_1}{x_j}, \ldots, \frac{x_{i-1}}{x_j}, \frac{x_i}{x_j} \cdots \frac{\hat{x}_j}{x_j}, \ldots, \frac{x_n}{x_j} \right)$$

gegeben.

Analog zu den Teilmannigfaltigkeiten des $\mathbb{R}^n$ kann man auch für beliebige Mannigfaltigkeiten M diejenigen Teilmengen charakterisieren, die innerhalb von M so glatt verlaufen, dass sie (mit der Teilraumtopologie) schon für sich Mannigfaltigkeiten bilden:

Definition 1.18. Sei M eine n-dimensionale Mannigfaltigkeit. $M_0 \subseteq M$ heißt eine k-dimensionale *Untermannigfaltigkeit* (= *Teilmannigfaltigkeit*) von M, wenn um jedes $p \in M_0$ eine Karte (W, H) von M existiert, so dass

$$H(W \cap M_0) = (\mathbb{R}^k \times \{0\}) \cap W'$$

ist, wobei $H : W \xrightarrow{\cong} W'$. Das Paar (W, H) (oder auch H alleine) heißt dann *Flachmacher* oder *Untermannigfaltigkeitskarte* für M_0 um $p \in M_0$.

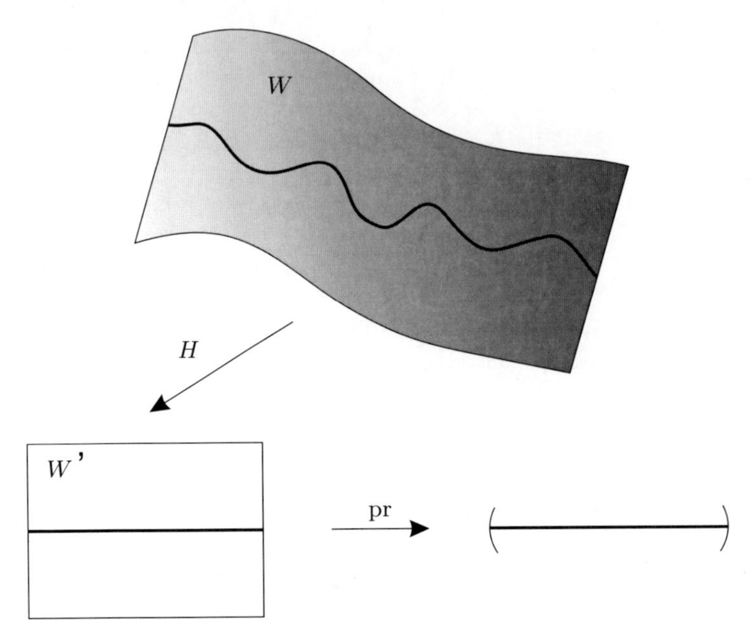

Abb. 1.3 Ein Flachmacher

Ist $M_0 \subseteq M$ eine k-dimensionale Untermannigfaltigkeit von M, so ist M_0 tatsächlich eine k-dimensionale Mannigfaltigkeit im Sinne unserer Definition 1.16b. Ist nämlich (W, H) eine Untermannigfaltigkeitskarte für M_0 um p, so ist $(W \cap M_0, \mathrm{pr}_k \circ H\big|_{W \cap M_0})$, wobei $\mathrm{pr}_k : \mathbb{R}^n \longrightarrow \mathbb{R}^k$ die Projektion auf die ersten k Koordinaten bezeichnet, eine Karte um p von M_0. Dass die entstehenden Kartenwechsel differenzierbar sind, rechnet man mühelos nach (Übung!).

Teilmannigfaltigkeiten des $\mathbb{R}^n$ sind offenbar Untermannigfaltigkeiten im hier definierten Sinn, wenn man $\mathbb{R}^n$ wie in Bsp. 1.17c. als Mannigfaltigkeit betrachtet. Ferner sind $\mathbf{S}^n \subseteq \mathbf{S}^{n+m}$ und $\mathbb{R}\mathbf{P}^n \subseteq \mathbb{R}\mathbf{P}^{n+1}$ ebenfalls Untermannigfaltigkeiten.

Ein wichtiges Hilfsmittel um Teilmengen von $\mathbb{R}^n$ als Teilmannigfaltigkeiten zu erkennen, ist der *Satz vom regulären Wert*. Damit ist die bekannte Folgerung aus dem Satz über implizite Funktionen gemeint, die besagt, dass die Lösungsmenge eines (nichtlinearen) Gleichungssystems

$$f_j(x_1, \ldots, x_n) = p_j\,, \quad j = 1, \ldots, m$$

eine Teilmannigfaltigkeit der Dimension $n - m$ von $\mathbb{R}^n$ bildet, wenn die JACOBImatrix $(\partial f_j / \partial x_k)_{jk}$ überall auf der Lösungsmenge den Höchstrang hat (vgl. etwa [36], Kap. 21). Der Satz gilt sinngemäß genauso für Untermannigfaltigkeiten beliebiger Mannigfaltigkeiten. Bevor er aber formuliert werden kann, muss zunächst geklärt werden, was man unter differenzierbaren Abbildungen auf einer Mannigfaltigkeit versteht.

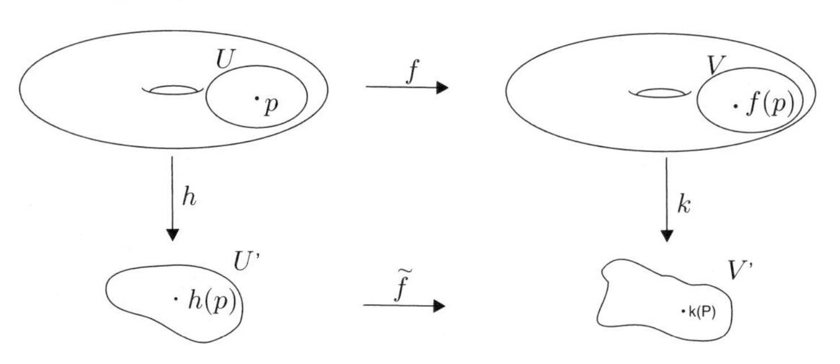

Abb. 1.4 Differenzierbarkeit einer Abbildung f

Definitionen 1.19. Sei $r' \geq r$.

a. Sei M eine n-dimensionale $C^{r'}$-differenzierbare Mannigfaltigkeit. Eine stetige Abbildung $f : M \longrightarrow \mathbb{R}^k$ heißt C^r-*differenzierbar* bei $p \in M$, wenn für eine (dann auch jede) Karte (U, h) um p gilt:

$$\tilde{f} = f \circ h^{-1} \text{ ist } C^r\text{-differenzierbar bei } h(p).$$

b. Seien M und N zwei $C^{r'}$-differenzierbare Mannigfaltigkeiten. Eine stetige Abbildung $f : M \longrightarrow N$ heißt C^r-*differenzierbar* bei $p \in M$, wenn für ein (und dann jedes) Paar von Karten (U, h) von M mit $p \in U$ und (V, k) von N mit $f(p) \in V$ und $f(U) \subseteq V$ die Abbildung

$$\tilde{f} := k \circ f \circ h^{-1}$$

C^r-differenzierbar bei $h(p)$ ist (vgl. Abb. 1.4).

c. Eine Abbildung $f : M \longrightarrow N$ heißt C^r-*Diffeomorphismus*, falls f bijektiv und f sowie f^{-1} C^r-differenzierbar sind. Falls ein C^∞-Diffeomorphismus $f : M \longrightarrow N$ existiert, so sagt man, M und N seien *diffeomorph*. Eine Abbildung $f : M \longrightarrow N$ heißt *lokaler Diffeomorphismus* bei p, falls es offene Teilmengen $U \subseteq M$ mit $p \in U$ und $V \subseteq N$ mit $f(p) \in V$ gibt, so dass $f\big|_U : U \longrightarrow V$ ein Diffeomorphismus ist. f heißt *lokaler Diffeomorphismus*, falls f bei jedem $p \in M$ ein lokaler Diffeomorphismus ist.

d. Ist $f : M \longrightarrow N$ eine differenzierbare Abbildung zwischen differenzierbaren Mannigfaltigkeiten M und N, so ist für $x \in M$ der *Rang* von f bei x durch

$$\operatorname{rang}_x f \equiv \operatorname{rang} f(x) := \operatorname{rang} J_{\tilde{f}}(h(x))$$

mit $\tilde{f} = k \circ f \circ h^{-1}$ wie in b. wohldefiniert, da die Kartenwechsel alle Diffeomorphismen, ihre JACOBImatrizen also regulär sind.

Die Kartenabbildungen $h : U \longrightarrow U'$ einer C^r-Mannigfaltigkeit sind damit also genau die Diffeomorphismen $h : U \longrightarrow U'$.

Mit diesen Definitionen kann nun die Analysis in mehreren Variablen auf Mannigfaltigkeiten übertragen werden. Die Komposition differenzierbarer Abbildungen zwischen Mannigfaltigkeiten ist wieder differenzierbar. Dies folgt daraus, dass die Komposition differenzierbarer Abbildungen auf $\mathbb{R}^n$ differenzierbar ist (Kettenregel!). Aus dem Satz über inverse Funktionen folgt sofort auch der entsprechende Satz für Mannigfaltigkeiten:

Theorem 1.20. *Ist $f : M \longrightarrow N$ eine differenzierbare Abbildung zwischen Mannigfaltigkeiten der Dimension n und ist* $\operatorname{rang}_p f = n$, *so ist f lokaler Diffeomorphismus bei p.*

Nun können wir auch den Satz vom regulären Wert für Mannigfaltigkeiten formulieren und beweisen:

Theorem 1.21 (Satz vom regulären Wert). *Seien M, N differenzierbare Mannigfaltigkeiten, $f : M \longrightarrow N$ differenzierbar, $p \in N$* regulärer Wert *(d. h. für alle $q \in f^{-1}(p)$ ist* $\operatorname{rang}_q f = \dim N$*). Dann ist $f^{-1}(p) \subseteq M$ eine Untermannigfaltigkeit von M der Dimension* $\dim M - \dim N$.

Beweis. Sei $q \in f^{-1}(p)$, (W_1, H_1) Karte um q und (W_2, H_2) Karte um p mit $f(W_1) \subseteq W_2$. Dann ist $H_2(p)$ regulärer Wert von $\tilde{f} = H_2 \circ f \circ H_1^{-1}$. Also existiert nach dem Satz vom regulären Wert im $\mathbb{R}^n$ ein Flachmacher $K_1 : H_1(W_1) \longrightarrow W'$ von $\tilde{f}^{-1}(H_2(p))$. Dann ist $K_1 \circ H_1 : W_1 \longrightarrow W'$ der gesuchte Flachmacher um q. □

Dieser Beweis ist ein typisches Beispiel dafür wie sich im $\mathbb{R}^n$ bekannte Sachverhalte auf Mannigfaltigkeiten übertragen. In Kurzform lautet der Beweis: Das Problem ist *lokal*, d. h. mittels Karten zu zeigen. Damit folgt der Satz aus der $\mathbb{R}^n$-Version, die wir vor Definition 1.19 besprochen haben. „Lokale" Eigenschaften lassen sich immer nach diesem Schema vom $\mathbb{R}^n$ auf Mannigfaltigkeiten übertragen. Bald werden wir auch globale (d. h. nichtlokale) Fragestellungen kennen lernen.

Die meisten Beispiele, die man konkret berechnet, sind Untermannigfaltigkeiten des $\mathbb{R}^n$. Wir geben daher hier noch ein Beispiel an, wie der Satz vom regulären Wert dort angewandt wird.

Beispiel: Die *orthogonale Gruppe*

$$\mathbf{O}(n) = \{A \in \operatorname{End}(\mathbb{R}^n) = \mathbb{R}_{n\times n} \mid A^T A = E_n\}$$

ist eine Untermannigfaltigkeit des $\mathbb{R}^{n^2} = \mathbb{R}_{n\times n}$ der Dimension $\frac{1}{2}n(n-1)$.

Beweis. Es sei $\operatorname{Sym}(n)$ der Vektorraum aller symmetrischen reellen $n\times n$-Matrizen. Dann ist durch

$$\begin{aligned} F : \mathbf{GL}(n, \mathbb{R}) &\longrightarrow \operatorname{Sym}(n) \\ A &\longmapsto A^T A \end{aligned} \tag{1.4}$$

eine differenzierbare Abbildung gegeben. Wegen $\mathbf{O}(n) = F^{-1}(E_n)$ genügt es zu zeigen, dass E_n regulärer Wert von F ist. Die Gruppe $\mathbf{GL}(n, \mathbb{R}) \subseteq \mathbb{R}_{n\times n}$ der invertierbaren Matrizen ist eine offene Teilmenge. Wir können also für $A \in \mathbf{O}(n) \subseteq$

$\mathbf{GL}(n, \mathbb{R})$ das Differential $\mathrm{d}F_A$ mit Hilfe der Richtungsableitungen berechnen. Für $X \in \mathbb{R}_{n \times n}$ ist

$$\begin{aligned}\mathrm{d}F_A(X) &= \frac{\mathrm{d}}{\mathrm{d}t}\Big|_{t=0} F(A + tX) \\ &= \frac{\mathrm{d}}{\mathrm{d}t}\Big|_{t=0} (A + tX)^T (A + tX) \\ &= A^T X + X^T A\,.\end{aligned}$$

Sei $B \in \mathrm{Sym}(n)$, also $B = \frac{1}{2}(B^T + B)$. Setze $X = \frac{1}{2} AB$. Dann ist wegen $A \in \mathbf{O}(n)$

$$\begin{aligned}\mathrm{d}F_A(X) &= \tfrac{1}{2}(A^T AB + B^T A^T A) \\ &= \tfrac{1}{2}(B + B^T) = B\,.\end{aligned}$$

Also ist für $A \in \mathbf{O}(n)$ das Differential $\mathrm{d}F_A$ surjektiv, und damit ist E_n regulärer Wert von F, wie gewünscht. Die Dimension errechnet sich zu $n^2 - \dim \mathrm{Sym}(n) = n^2 - \frac{1}{2}n(n+1) = \frac{1}{2}n(n-1)$. □

Zu Beginn des Kapitels wurde argumentiert, dass wir uns nicht auf Untermannigfaltigkeiten des euklidischen Raums beschränken wollen. Der folgende Satz scheint unsere Argumentation zunächst einmal zunichte zu machen:

Satz 1.22. *Sei M eine n-dimensionale Mannigfaltigkeit. Dann gibt es für geeignetes $m > n$ eine Untermannigfaltigkeit M' des $\mathbb{R}^m$ und einen Diffeomorphismus $f : M \longrightarrow M'$. Die Abbildung f heißt dann eine* Einbettung *von M.*

Ein Beweis findet sich in [13]. In Satz 4.5 wird eine schwächere Version für kompakte Mannigfaltigkeiten bewiesen werden.

Aufgrund dieses Satzes kann man sich auf den Standpunkt stellen, dass man statt einer Mannigfaltigkeit M stets eine dazu diffeomorphe Untermannigfaltigkeit M' des euklidischen Raums betrachten kann. Dies ist in gewissen Grenzen möglich, aber da die Einbettung $f : M \longrightarrow M'$ nicht eindeutig ist, muss dann bei jeder Aussage untersucht werden, wie sie von der Wahl von Einbettungen f abhängt. So kann man zum Beispiel den Abstand zwischen zwei Punkten p und q in M nicht etwa definieren als Abstand zwischen $f(p)$ und $f(q)$, denn dieser würde ja offenbar von der Wahl von f abhängen. Daher wird im nächsten Abschnitt auch der Tangentialraum für differenzierbare Mannigfaltigkeiten definiert, auch wenn dies etwas technischer ist als der Begriff des Tangentialraums an eine Untermannigfaltigkeit.

C Tangentialraum und Differential

Ab jetzt bezeichnet M immer eine n-dimensionale C^∞-Mannigfaltigkeit, sofern nichts anderes gesagt wird. Bei glatten Kurven $\alpha :]-\varepsilon, \varepsilon[\longrightarrow \mathbb{R}^N$ bezeichnen wir die Ableitung (= Geschwindigkeitsvektor) wahlweise mit

$$\frac{\mathrm{d}}{\mathrm{d}t}\alpha(t) = \dot{\alpha}(t) = \alpha'(t)\,.$$

(Den Strich $'$ erlauben wir uns, wenn die Kurve eine komplizierte Bezeichnung hat.)

Ist $M \subseteq \mathbb{R}^N$ eine n-dimensionale Untermannigfaltigkeit, so gibt es verschiedene Möglichkeiten, den Tangentialraum zu definieren (vgl. [36], Kap. 21). Eine Möglichkeit ist, den Untermannigfaltigkeitstangentialraum von M an der Stelle p durch

$$T_p^{\mathrm{unt}}M := \{\dot{\gamma}(0) \mid \gamma :]-\varepsilon, \varepsilon[\longrightarrow M, \text{ glatte Kurve mit } \gamma(0) = p\}$$

zu definieren. Dies ist ein n-dimensionaler Untervektorraum des $\mathbb{R}^N$. Offenbar ist es nicht möglich, diese Definition auf abstrakte Mannigfaltigkeiten zu übertragen, da für C^∞-Abbildungen $\gamma :]-\varepsilon, \varepsilon[\longrightarrow M$ die Größe $\dot{\gamma}(0)$ nicht definiert ist, sondern nur für jede Karte (U, h) um p die Größe $(h \circ \gamma)'(0) \in \mathbb{R}^n$. Dieser Vektor ist aber abhängig von der Wahl der Karte. Wir können also $(h \circ \gamma)'(0)$ nicht als Tangentialvektor an M auffassen. Die Anschauung sagt aber, dass zwei Kurven mit Startpunkt p dieselbe Geschwindigkeit bei 0 haben, also denselben Tangentialvektor bei p definieren sollten, wenn ihre Geschwindigkeitsvektoren in Karten übereinstimmen. Dies ist die Motivation für die folgenden Definitionen:

Definitionen 1.23. Sei $p \in M$ ein Punkt.

a. $K_p(M)$ sei die Menge aller differenzierbaren Abbildungen $\gamma :]-\varepsilon, \varepsilon[\longrightarrow M$ mit $\gamma(0) = p$. Zwei Kurven $\alpha, \beta \in K_p(M)$ heißen *tangential äquivalent*, wenn für eine – und dann für jede – Karte $h : U \longrightarrow U'$ mit $p \in U$ gilt

$$(h \circ \alpha)'(0) = (h \circ \beta)'(0)\,.$$

Wir schreiben dann $\alpha \sim_p \beta$.

b. Die Äquivalenzklasse

$$[\alpha] := \{\gamma \in K_p(M) \mid \gamma \sim_p \alpha\} \tag{1.5}$$

heißt *Tangentialvektor* von M an der Stelle p,

$$T_pM = \{[\alpha] \mid \alpha \in K_pM\}$$

heißt *Tangentialraum* von M an der Stelle p. Ist

$$v_p = [\alpha] \in T_pM$$

so heißt α eine den Vektor v_p *repräsentierende Kurve*.

Offenbar gibt es also zu einem Tangentialvektor mehrere repräsentierende Kurven, wie schon im Fall des Untermannigfaltigkeitstangentialraums. Die Ableitungen dieser Kurven in einer Karte stimmen jedoch alle überein. Die Definition (1.5) des Tangentialvektors als einer Menge ist dabei nur ein logischer Trick – eigentlich stellt man sich einen Tangentialvektor als einen Pfeil vor, der am Punkt p angehängt ist,

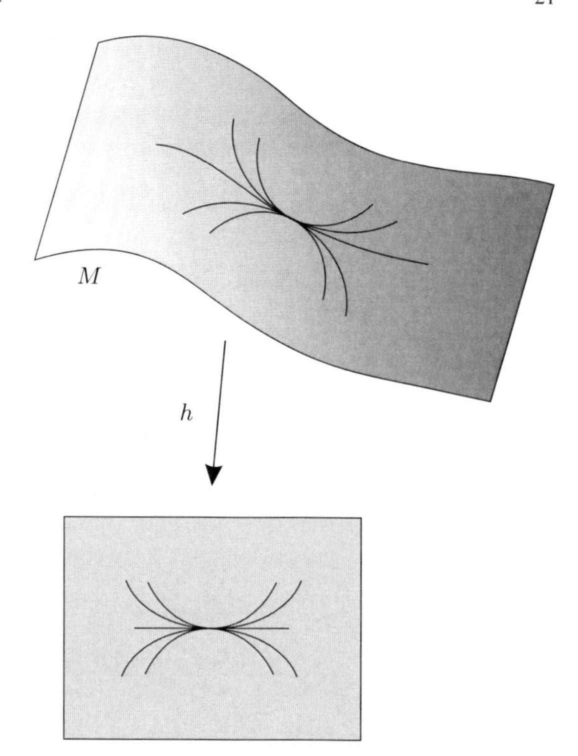

Abb. 1.5 Tangential äquivalente Kurven

oder als die Geschwindigkeit eines Teilchens, das sich innerhalb der Mannigfaltigkeit bewegt und dabei zur Zeit $t = 0$ den Punkt p passiert. Aber für eine rigorose mathematische Theorie benötigt man eben ein konkretes Objekt, in dem diese Vorstellung kodiert ist, und dafür eignet sich hier die Menge aller Kurven, die gerade das, was kodiert werden soll, gemeinsam haben, und das ist die Menge (1.5).

Anmerkung 1.24. Die Bildung von Äquivalenzklassen, die bei der Konstruktion der Tangentialräume eine entscheidende Rolle gespielt hat, kommt in der Mathematik in den unterschiedlichsten Zusammenhängen vor und gehört gewissermaßen zu den fundamentalen Prozeduren der modernen Mathematik. Es handelt sich dabei um die folgende Grundsituation: Gegeben ist eine Menge S sowie eine *Relation* „$\sim$" zwischen den Elementen von S, d. h. für jedes Paar $(x, y) \in S \times S$ muss eindeutig feststehen, ob die Aussage „$x \sim y$" wahr oder falsch ist. Was diese Aussage im Einzelnen bedeutet, ist natürlich von Fall zu Fall verschieden, doch sollen dabei die folgenden drei Bedingungen erfüllt sein:

(A1) $x \sim x$,
(A2) $x \sim y \Longrightarrow y \sim x$,
(A3) $x \sim y$ und $y \sim z \Longrightarrow x \sim z$

für alle $x, y, z \in S$. Dann bezeichnet man die betreffende Relation als eine *Äquivalenzrelation*, und man spricht „$x \sim y$" auch aus als „x äquivalent zu y". Man kann sich vorstellen, dass zwei äquivalente Elemente von S sich nur in gewissen, für die gerade vorliegende Situation unwesentlichen Details unterscheiden, also im Wesentlichen als gleich betrachtet und daher miteinander identifiziert werden können. Um diese Identifikation mathematisch sauber durchzuführen, geht man über zur Menge $\tilde{S} \equiv S/\sim$ der *Äquivalenzklassen*

$$[x] := \{y \in S \mid x \sim y\} .$$

Die Bedingungen (A1) – (A3) stellen sicher, dass $x \in [x]$ und

$$x \sim y \Longleftrightarrow [x] = [y] .$$

Es ist sogar $[x] \cap [y] = \emptyset$, wenn x, y nicht äquivalent sind. (Beweise als Übung!) Die Elemente einer Äquivalenzklasse $\xi \in S/\sim$ werden wieder als deren *Repräsentanten* oder *Vertreter* bezeichnet, und man stellt sich solch eine Klasse ξ meist nicht als Menge von Elementen von S vor, sondern als einen typischen Vertreter $x \in S$, wobei aber der Übergang zu einem äquivalenten Element (also einem Vertreter derselben Klasse) eine vernachlässigbare Abänderung darstellt.

Ist $M \subseteq \mathbb{R}^N$ eine Untermannigfaltigkeit, so ist die Abbildung

$$T_pM \longrightarrow T_p^{\text{unt}}M,\ [\alpha] \longmapsto \dot{\alpha}(0) \tag{1.6}$$

wohldefiniert und bijektiv, denn ist $[\alpha] = [\beta]$, so ist $(h \circ \alpha)'(0) = (h \circ \beta)'(0)$ für jede Karte h um p, insbesondere für einen Flachmacher H. Anwenden von H^{-1} ergibt mit der Kettenregel also $\dot{\alpha}(0) = \dot{\beta}(0)$.

Wir werden vorläufig in der Notation $T_p^{\text{unt}}M$ und T_pM unterscheiden.

Einen wichtigen Unterschied gibt es zwischen $T_p^{\text{unt}}M$ und T_pM: Für alle $p, p' \in M$ mit $p \neq p'$ ist $K_p(M) \neq K_{p'}(M)$, also ist $T_pM \cap T_{p'}M = \emptyset$. Jedoch $T_p^{\text{unt}}M \cap T_{p'}^{\text{unt}}M \supseteq \{0\}$, und manchmal gilt sogar $T_p^{\text{unt}}M = T_{p'}^{\text{unt}}M$ für $p \neq p'$, z. B. $T_{(1,0)}^{\text{unt}}\mathbf{S}^1 = T_{(-1,0)}^{\text{unt}}\mathbf{S}^1 = \{0\} \times \mathbb{R}$.

Ist $U \subseteq \mathbb{R}^n$ eine offene Teilmenge, so ist für $p \in U$ der Tangentialraum an der Stelle p durch $T_p^{\text{unt}}U = \mathbb{R}^n$ gegeben. Eine repräsentierende Kurve für $v \in \mathbb{R}^n$ ist

$$\gamma_{v,p} :]-\varepsilon, \varepsilon[\longrightarrow M\ ,\ \gamma_{v,p}(t) = p + tv \tag{1.7}$$

für ε so klein, dass das Bild der Kurve in U enthalten ist. Kombiniert man das mit (1.6), so ist also für offenes $U \subseteq \mathbb{R}^n$

$$T_pU \cong \mathbb{R}^n\ ,\ [\gamma_{v,p}] \longmapsto v$$

eine bijektive Abbildung. Man betrachtet nun T_pU mit Hilfe dieser Abbildung als Vektorraum, d. h. für $[\alpha], [\beta] \in T_pU$ setzt man

$$\lambda \cdot [\alpha] := [\gamma_{\lambda\dot{\alpha}(0),p}] \quad \text{für } \lambda \in \mathbb{R}\ ,$$

$$[\alpha] + [\beta] := [\gamma_{\dot{\alpha}(0)+\dot{\beta}(0),p}]\ .$$

Entsprechend verfährt man auch für beliebige Mannigfaltigkeiten M, um T_pM als Vektorraum aufzufassen:

Definition 1.25. Sei (U, h) eine Karte von M um p und $v_p \in T_pM$ ein Tangentialvektor. Man definiert $h_p(v_p)$ als den gemeinsamen Wert von $(h \circ \alpha)'(0)$, wenn α die v_p repräsentierenden Kurven durchläuft. Dies ergibt die Abbildung

$$h_p : T_pM \longrightarrow \mathbb{R}^n\ ,\ [\alpha] \longmapsto (h \circ \alpha)'(0)\ . \tag{1.8}$$

Satz 1.26. *Sei (U, h) eine Karte von M um p.*

a. *Die Abbildung h_p ist bijektiv, und ihre Inverse ist gegeben durch*

$$\varphi_p : \mathbb{R}^n \longrightarrow T_pM\ ,\ v \longmapsto [\gamma_{v,h}]\ , \tag{1.9}$$

wobei $\gamma_{v,h}(t) = h^{-1}(\gamma_{v,h(p)}(t))$ mit $\gamma_{v,h(p)}$ wie in (1.7) ist. Die Abbildung φ_p hängt also nur von der Parametrisierung $\varphi = h^{-1}$ ab.

b. *Auf T_pM ist eine Vektorraum-Struktur durch*

$$[\alpha] + \lambda[\beta] := \varphi_p\Big(h_p([\alpha]) + \lambda h_p([\beta])\Big)$$

definiert, für die h_p und φ_p Isomorphismen sind. Diese Struktur hängt nicht von der betrachteten Karte ab.

Beweis.

a. Man rechnet anhand der Definitionen sofort nach, dass $h_p(\varphi_p(v)) = v$ für alle $v \in \mathbb{R}^n$ und $\varphi_p(h_p(v_p)) = v_p$ für alle $v_p \in T_pM$.

b. Nur die Unabhängigkeit von der betrachteten Karte ist nicht völlig trivial. Ist (V, k) eine weitere Karte um p und $w = k \circ h^{-1}|_{h(U \cap V)}$, so ist

$$k_p([\alpha]) = \frac{\mathrm{d}}{\mathrm{d}t}\Big|_{t=0}(k \circ \alpha) = \frac{\mathrm{d}}{\mathrm{d}t}\Big|_{t=0}(k \circ h^{-1}) \circ (h \circ \alpha) = J_w(h(p))h_p([\alpha])\ . \tag{1.10}$$

Die Wohldefiniertheit der Vektorraumstruktur folgt nun sofort aus der Linearität von $J_w(h(p))$, denn ist ψ_p durch (1.9) definiert, jedoch mit k^{-1} statt h^{-1}, so folgt aus (1.10)

$$\begin{aligned}\psi_p(v) &= \varphi_p((J_w(h(p)))^{-1}(v))\\ &= \varphi_p(J_{w^{-1}}(k(p))(v))\end{aligned}$$ □

Ist $M \subseteq \mathbb{R}^N$ eine Untermannigfaltigkeit, $\varphi : U' \longrightarrow M \subseteq \mathbb{R}^N$ eine lokale Parametrisierung mit $\varphi(p') = p$, so ergibt (1.6) kombiniert mit φ_p das Differential

$$\mathbb{R}^n \longrightarrow T_p^{\text{unt}}M\ ,\ v \longmapsto \dot{\gamma}_{v,h}(0) = J_\varphi(p')v\ .$$

In analoger Weise erzeugt auch bei allgemeinen Mannigfaltigkeiten eine lokale Parametrisierung eine spezielle Basis für den Tangentialraum:

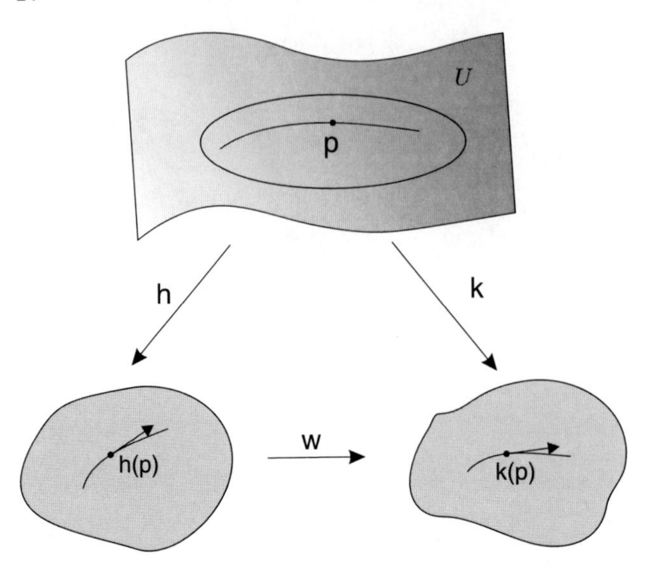

Abb. 1.6 Wirkung eines Kartenwechsels auf den Tangentialraum

Definition 1.27. Ist (U, h) eine Karte von M um p und $\varphi = h^{-1}$, so heißt

$$\mathcal{D}_p^{(h)} = \left(\partial_1^{(h)}(p), \ldots, \partial_n^{(h)}(p)\right) \text{ mit } \partial_j^{(h)}(p) := \varphi_p(\boldsymbol{e}_j) \text{ und } p \in U$$

die (durch (U, h) gegebene) *Koordinatenbasis* von T_pM. Ist klar von welcher Karte die Rede ist, so schreibt man auch $\partial_j(p)$ statt $\partial_j^{(h)}(p)$. Man benutzt auch die Notation $\partial_{i,p} := \partial_i(p)$.

Da φ_p ein Isomorphismus ist, bilden die Vektoren $\partial_j^{(h)}(p)$ tatsächlich eine Basis von T_pM.

Dass die Symbole für die Koordinatenbasis denen für die partiellen Ableitungen so ähnlich sehen, ist kein Zufall. Tangentialvektoren erlauben nämlich die Definition von entsprechenden *Richtungsableitungen*:

Satz 1.28. *Ist $v_p \in T_pM$, $p \in U \subseteq M$ offen, $f, g \in C^\infty(U)$ und α eine v_p repräsentierende Kurve, so ist*

$$v_p f := \frac{\mathrm{d}}{\mathrm{d}t}\Big|_{t=0} f \circ \alpha \tag{1.11}$$

wohldefiniert (also unabhängig vom Repräsentanten α), und es gilt:

(i) $(\lambda v_p + \mu w_p) f = \lambda v_p f + \mu w_p f$ *sowie* $v_p(\lambda f + \mu g) = \lambda v_p f + \mu v_p g$ *für* $v_p, w_p \in T_pM$, λ, $\mu \in \mathbb{R}$ (Linearität),

(ii) $v_p(f \cdot g) = (v_p f) g(p) + f(p)(v_p g)$ (Derivations-Eigenschaft).

Der Wert $v_p f$ heißt Richtungsableitung *von f in Richtung v_p.*

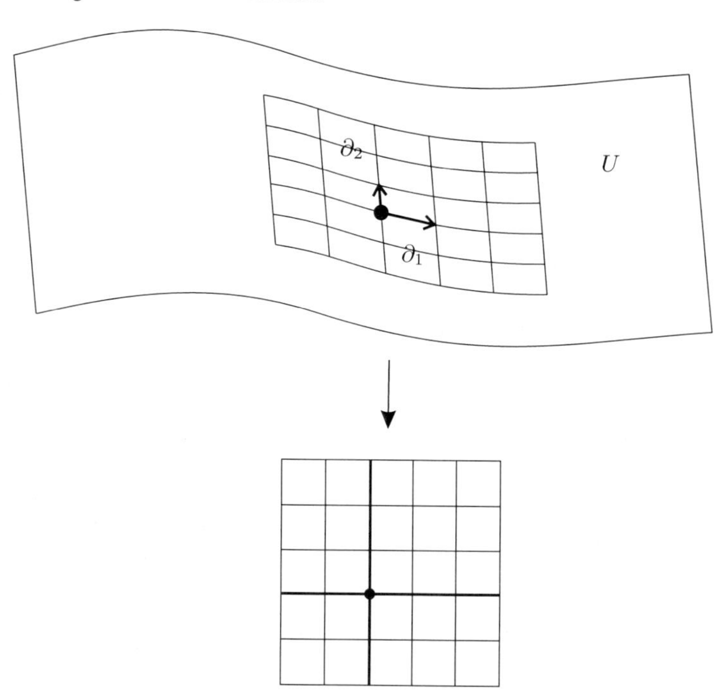

Abb. 1.7 Koordinatenbasis

Beweis (der Wohldefiniertheit). Ist $[\alpha] = [\beta]$, so ist $(h \circ \beta)'(0) = (h \circ \alpha)'(0)$ für jede Karte um $p = \alpha(0) = \beta(0)$, also

$$\begin{aligned}\frac{\mathrm{d}}{\mathrm{d}t}\Big|_{t=0}(f \circ \alpha) &= \frac{\mathrm{d}}{\mathrm{d}t}\Big|_{t=0}(f \circ h^{-1} \circ h \circ \alpha)\\ &= J_{f \circ h^{-1}}(h(p))((h \circ \alpha)'(0)) = J_{f \circ h^{-1}}(h(p))(h \circ \beta)'(0)\\ &= \frac{\mathrm{d}}{\mathrm{d}t}\Big|_{t=0}(f \circ \beta)\,.\end{aligned}$$

□

Der Zusammenhang mit partiellen Ableitungen wird nun ganz deutlich, wenn man speziell $v_p = \partial_{i,p}^{(h)}$ betrachtet. Ist nämlich (U, h) Karte um $p \in M$, so ist

$$\begin{aligned}\partial_{i,p}^{(h)} f &= \frac{\mathrm{d}}{\mathrm{d}t}\Big|_{t=0} f(h^{-1}(h(p) + t\boldsymbol{e}_i)) =\\ &= \frac{\partial}{\partial x_i}(f \circ h^{-1})(h(p))\,.\end{aligned}$$

(∗)

Ist insbesondere $M \subseteq \mathbb{R}^n$ offen, so ist $\partial_{i,p}^{(\mathrm{id})} f = \frac{\partial f}{\partial x_i}(p)$. !

Als Nächstes werden wir das Differential einer differenzierbaren Abbildung $f : M \longrightarrow N$ definieren. An jeder Stelle $x \in M$ wird dies eine lineare Approximation von f sein, also $\mathrm{d}f_x \in \mathrm{Hom}\,(T_x M, T_{f(x)} N)$.

Definitionen 1.29.

a. Ist $f : M \longrightarrow N$ eine bei $p \in M$ differenzierbare Abbildung zwischen zwei differenzierbaren Mannigfaltigkeiten, so ist das *Differential* von f an der Stelle p durch die lineare Abbildung

$$\mathrm{d}f_p : T_pM \longrightarrow T_{f(p)}N\,,\ [\alpha] \longmapsto [f \circ \alpha]$$

gegeben.

b. Das Differential von f ist durch

$$\mathrm{d}f : M \longrightarrow \mathrm{Hom}\,(TM, f^*TN)\,,\ x \longmapsto \mathrm{d}f_x$$

mit $\mathrm{Hom}\,(TM, f^*TN) := \bigcup_{x\in M} \mathrm{Hom}\,(T_xM, T_{f(x)}N)$ definiert.

Die Linearität des Differentials, die wir hier behauptet haben, wird erst in Korollar 1.31 gezeigt werden. Zuerst einmal wollen wir sehen, was diese Definition in den Spezialfällen bedeutet, wo $N \subseteq \mathbb{R}^k$ eine Untermannigfaltigkeit oder $M \subseteq \mathbb{R}^k$ eine offene Teilmenge ist.

Ist $N \subseteq \mathbb{R}^k$, so unterscheidet man nicht zwischen $\mathrm{d}f_p : T_pM \longrightarrow T_{f(p)}N$ und der Zusammensetzung

$$T_pM \longrightarrow T_{f(p)}N \longrightarrow T^{\mathrm{unt}}_{f(p)}N \subseteq \mathbb{R}^k\,,\ [\alpha] \longmapsto (f \circ \alpha)'(0)\,,$$

also gilt im Fall $N = \mathbb{R}$

$$\mathrm{d}f_p(v_p) = v_p f\ . \tag{1.12}$$

Ist $M \subseteq \mathbb{R}^k$ offen, so wird nicht zwischen $\mathrm{d}f_p : T_pM \longrightarrow T_{f(p)}N$ und der Zusammensetzung

$$\mathbb{R}^k \cong T_pM \longrightarrow T_{f(p)}N\,,\ v \longmapsto [f(p + tv)]$$

unterschieden. Damit erhalten die Abbildungen aus 1.25 und 1.26 eine neue Bedeutung: Für eine Karte h und die entsprechende Parametrisierung $\varphi := h^{-1}$ ist

$$\varphi_p = \mathrm{d}\varphi_p \in \mathrm{Hom}\,(\mathbb{R}^n, T_pM)\,, \tag{1.13}$$
$$h_p = \mathrm{d}h_p \in \mathrm{Hom}\,(T_pM, \mathbb{R}^n)\,. \tag{1.14}$$

Nun überlegen wir uns, wie das Differential aussieht, wenn man die Abbildung f lokal durch Karten beschreibt:

Satz 1.30. *Sei $f : M \longrightarrow N$ eine differenzierbare Abbildung zwischen differenzierbaren Mannigfaltigkeiten. Sei $p \in M$, (U, h) eine Karte von M um p und (V, k) eine Karte von N um $f(p)$ mit $f(U) \subseteq V$. Sei $\psi = k^{-1}$. Dann ist*

$$\mathrm{d}f_p(v) = \mathrm{d}\psi_{k(f(p))}\Big(J_{\tilde f}(h(p))\,(\mathrm{d}h_p(v))\Big)$$

für alle $v \in T_pM$. Dabei bezeichnet wie üblich $\tilde f$ die Beschreibung von f durch Karten: $\tilde f := k \circ f \circ h^{-1} : U' \longrightarrow V'$.

Beweis. Sei $v \in T_pM$, $\alpha :]-\varepsilon, \varepsilon[\longrightarrow U$ eine v repräsentierende Kurve. Dann gilt nach der Kettenregel:

$$\begin{aligned} \mathrm{d}k_{f(p)}(\mathrm{d}f_p(v)) &= \frac{\mathrm{d}}{\mathrm{d}t}\Big|_{t=0}(k \circ f \circ \alpha(t)) \\ &= \frac{\mathrm{d}}{\mathrm{d}t}\Big|_{t=0}(\tilde{f} \circ h \circ \alpha(t)) = J_{\tilde{f}}(h(p))(h \circ \alpha)'(0) \\ &= J_{\tilde{f}}(h(p))\, \mathrm{d}h_p(v)\ . \end{aligned}$$

□

Damit können nun leicht die wichtigsten Eigenschaften des Differentials einer Abbildung zwischen Mannigfaltigkeiten aus den Eigenschaften des Differentials einer Abbildung zwischen offenen Teilmengen des $\mathbb{R}^k$ hergeleitet werden.

Korollar 1.31.

a. *Das Differential* $\mathrm{d}f_p$ *ist linear für jedes* $p \in M$.
b. *Das Differential der Identität ist die Identität* $\mathrm{d}(\mathrm{id}_M)_p = \mathrm{id}_{T_pM}$.
c. *Es gilt die Kettenregel: Ist* $f : M \longrightarrow N$ *differenzierbar bei* p *und* $g : N \longrightarrow L$ *differenzierbar bei* $f(p)$, *so ist* $g \circ f : M \longrightarrow L$ *differenzierbar bei* p *und es gilt:*
$$\mathrm{d}(g \circ f)_p = \mathrm{d}g_{f(p)} \circ \mathrm{d}f_p\ .$$

Für Untermannigfaltigkeiten, die als Urbilder eines regulären Wertes gegeben sind, ist der Tangentialraum mit Hilfe des Differentials leicht zu berechnen:

Satz 1.32. *Ist* $f : M \longrightarrow N$ *differenzierbar,* $p \in N$ *regulärer Wert und* $M_0 = f^{-1}(p)$, *so ist für* $q \in M_0$
$$T_qM_0 = \mathrm{Kern}\ \mathrm{d}f_q\ .$$

Beweis. Aus Dimensionsgründen genügt es, $T_qM_0 \subseteq \mathrm{Kern}\ \mathrm{d}f_q$ zu zeigen. Ist aber $v = [\alpha] \in T_qM_0$, so ist

$$\mathrm{d}f_q(v) = [f \circ \alpha] = 0 \text{ wegen } (f \circ \alpha)(t) \equiv p.$$

□

Beispiele:

a. Zur Berechnung des Tangentialraums der Sphäre benutzt man $T_p\mathbf{S}^n = \mathrm{Kern}\ \mathrm{d}F_p$, wobei $F : \mathbb{R}^{n+1} \longrightarrow \mathbb{R}$, $x \longmapsto |x|^2$ also $\mathrm{d}F_p(v) = 2\langle p \mid v\rangle$ ist. Damit ist $T_p\mathbf{S}^n = \{v \in \mathbb{R}^{n+1} \mid \langle p \mid v\rangle = 0\}$.
b. Für den Tangentialraum der orthogonalen Gruppe gilt $T_{\mathrm{id}}\mathbf{O}(n) = \mathfrak{so}(n) := \{X \in \mathbb{R}_{n\times n} \mid X^T = -X\}$. Wir benutzen zum Beweis die Abbildung (1.4). Dann ist $T_{\mathrm{id}}\mathbf{O}(n) = \mathrm{Kern}\ \mathrm{d}F_{\mathrm{id}}$ mit $F(A) := A^TA$, also $\mathrm{d}F_A(X) = A^TX + X^TA$. Damit ist $\mathrm{d}F_{\mathrm{id}}(X) = X + X^T$ und folglich $\mathrm{Kern}\ \mathrm{d}F_{\mathrm{id}} = \mathfrak{so}(n)$.

Aufgaben zu Kap. 1

1.1. a. Sei K der Doppelkegel

$$K := \{(x, y, z) \in \mathbb{R}^3 \mid z^2 = x^2 + y^2\} \subseteq \mathbb{R}^3 .$$

Zeigen Sie, dass K nicht lokal euklidisch ist. (*Hinweis*: Man betrachte den Rand einer offenen Umgebung des Punktes $(0, 0, 0)$ in K.)

b. Wir betrachten auf $X := \mathbb{R}^2 \setminus \{0\}$ die Relation:

$$(x, y) \sim (x, y') \text{ falls } x \neq 0; \quad (0, y) \sim (0, y') \text{ falls } \operatorname{sign} y = \operatorname{sign} y'.$$

(i) Man zeige $\sim$ ist eine Äquivalenzrelation. Vermöge $\sim$ zerfällt X also in disjunkte Äquivalenzklassen

$$X = \bigcup_{v \in X} K(v), \quad \text{wobei } K(v) := \{v' \mid v' \in X, v' \sim v\} ,$$

und wir haben eine Abbildung $\pi : X \longrightarrow X/\!\sim;\ v \longmapsto K(v)$. Wir definieren

$$U \subseteq X \text{ ist offen} \Longleftrightarrow \pi^{-1}(U) \text{ ist offen in } \mathbb{R}^2.$$

und bezeichnen das zugehörige Mengensystem mit τ_π.

(ii) Man zeige: (X, τ_π) ist ein topologischer Raum, der lokal euklidisch aber nicht HAUSDORFFsch ist. (*Hinweis:* Man mache sich klar, dass man sich $X/\!\sim$ vorstellen kann wie $(\mathbb{R} \setminus \{0\}) \cup \{0^+, 0^-\}$, wobei jede Umgebung von $0^\pm$ eine Menge der Form $]-\delta, 0[\cup \{0^\pm\} \cup]0, \delta[$ enthält.)

c. Ist die Oberfläche des Einheitswürfels lokal euklidisch? Ist sie eine Untermannigfaltigkeit des $\mathbb{R}^3$?

1.2. Seien X und Y topologische Räume.

a. Verifizieren Sie, dass durch die in 1.5d gegebene Definition eine Topologie auf $X \times Y$ definiert wird (die sogenannte *Produkttopologie*).

b. Zeigen Sie: Sind X und Y HAUSDORFF-Räume, so ist auch $X \times Y$ mit der Produkttopologie aus a. ein HAUSDORFF-Raum.

c. Zeigen Sie: Genau dann ist ein topologischer Raum X ein HAUSDORFF-Raum, wenn die Diagonale $\triangle_X := \{(x, x) : x \in X\} \subseteq X \times X$ abgeschlossen in $X \times X$ (bezüglich der Produkttopologie) ist.

1.3. a. Es sei $P_+ = (0, \ldots, 0, 1)^T$ der „Nordpol" und $P_- = (0, \ldots, 0, -1)^T$ der „Südpol" der *n-Sphäre*

$$\mathbf{S}^n := \left\{ x = (x_1, \ldots, x_{n+1}) \in \mathbb{R}^{n+1} : |x| \right.$$
$$\left. = \sqrt{x_1^2 + \cdots + x_{n+1}^2} = 1 \right\} \subseteq \mathbb{R}^{n+1} .$$

Wir definieren eine Abbildung $\varphi_+ : \mathbf{S}^n \setminus \{P_+\} \longrightarrow \mathbb{R}^n$ wie folgt: für jeden Punkt $P \in \mathbf{S}^n \setminus \{P_+\}$ sei $\varphi_+(P)$ derjenige Punkt in $\mathbb{R}^n$, so dass $(\varphi_+(P), 0) \in \mathbb{R}^n \times \{0\}$ der Schnittpunkt der Geraden durch P_+ und P mit der Äquatorialebene $\{(x, 0)^T \mid x \in \mathbb{R}^n\} \subseteq \mathbb{R}^{n+1}$ ist. [Am besten veranschaulichen Sie sich die Definition zunächst anhand der $\mathbf{S}^2$.] Ersetzt man in dieser Definition den Nordpol durch den Südpol P_-, so erhält man analog eine Abbildung $\varphi_- : \mathbf{S}^n \setminus \{P_-\} \longrightarrow \mathbb{R}^n$. Die Abbildungen φ_+ und φ_- heißen *stereographische Projektionen*. Geben Sie explizite Formeln für sie an und zeigen Sie, dass durch die stereographischen Projektionen ein differenzierbarer Atlas gegeben ist.

b. Gibt es einen Atlas für $\mathbf{S}^n$, der aus genau einer Karte besteht?

c. **(Kugelkoordinaten)** Wir betrachten die Sphäre $\mathbf{S}^2$. Sei $U :=]0, 2\pi[\times]0, \pi[$ und

$$\psi : U \longrightarrow \mathbf{S}^2 , \quad \psi(\varphi, \vartheta) := \begin{pmatrix} \cos\varphi \sin\vartheta \\ \sin\varphi \sin\vartheta \\ \cos\vartheta \end{pmatrix}$$

Zeigen Sie, dass $\psi : U \longrightarrow \psi(U)$ ein Homöomorphismus ist. Folglich ist ψ eine lokale Parametrisierung der $\mathbf{S}^2$ und $(\psi(U), \psi^{-1})$ eine Karte. Was ist das Koordinatengebiet? Wie kann man diese Karte zu einem differenzierbaren Atlas der Sphäre ergänzen, der genau zwei Karten enthält?

d. Bestimmen Sie den Tangentialraum am Punkt $p = \left(\frac{1}{2}, \frac{1}{2}, \frac{1}{\sqrt{2}}\right)$ für die Sphäre $\mathbf{S}^2$.

1.4. Seien $R, r \in \mathbb{R}, 0 < r < R$. Unter einem Rotationstorus $T_{r,R}$ verstehen wir die 2-dimensionale Fläche im $\mathbb{R}^3$, die durch Rotation des Kreises

$$\{(x, y, z) \in \mathbb{R}^3 \mid (x - R)^2 + z^2 = r^2, y = 0\}$$

um die z-Achse entsteht.

a. Beweisen Sie mit Hilfe des Satzes vom regulären Wert, dass $T_{r,R}$ eine 2-dimensionale Fläche ist.

b. Geben Sie einen Atlas für $T_{r,R}$ an, indem Sie zeigen, dass durch

$$\Psi :]0, 2\pi[\times]0, 2\pi[\longrightarrow T_{r,R} ,$$
$$\Psi(\varphi, \vartheta) := \begin{pmatrix} (R + r\cos\vartheta)\cos\varphi \\ (R + r\cos\vartheta)\sin\varphi \\ r\sin\vartheta \end{pmatrix}$$

eine lokale Parametrisierung gegeben ist und die dadurch gegebene Kartenabbildung geeignet zu einem Atlas ergänzen.

c. Zeigen Sie, dass $\mathbf{S}^1 \times \mathbf{S}^1$ diffeomorph zu $T_{r,R}$ ist.

d. Bestimmen Sie den Tangentialraum von $T_{r,R}$ im Punkt

$$\left(\frac{\sqrt{3}R}{2} + \frac{\sqrt{6}r}{4}, \frac{R}{2} + \frac{\sqrt{2}r}{4}, \frac{\sqrt{2}r}{2}\right).$$

1.5. Die beiden Endpunkte x und y eines Stabes der Länge l sollen sich auf der Einheitssphäre $\mathbf{S}^2$ in $\mathbb{R}^3$ befinden. Man zeige, dass die Menge M_l der möglichen Endpunkte (x, y) des Stabes eine Untermannigfaltigkeit von $\mathbb{R}^6$ bildet. Was ist die Dimension von M_l?
Hinweis: Es ist hilfreich, die Fälle $l \in]0, 2[$ und $l = 2$ zu unterscheiden.

1.6. Sei $\rho \in \mathbb{R} \setminus \mathbb{Q}$, $\gamma : \mathbb{R} \longrightarrow \mathbb{R}^4$, $t \longmapsto (\cos(t), \sin(t), \cos(\rho t), \sin(\rho t))$. $B := \{\gamma(t) \mid t \in \mathbb{R}\} \subseteq \mathbf{S}^1 \times \mathbf{S}^1$. Man zeige, dass γ stetig differenzierbar und injektiv ist und $\dot{\gamma}(t) \neq 0$ für alle $t \in \mathbb{R}$. Ist B eine Untermannigfaltigkeit von $\mathbb{R}^4$?

1.7. Zeigen Sie: $\mathbb{R}\mathbf{P}^1$ ist diffeomorph zu $\mathbf{S}^1$. (*Hinweis:* Man betrachte die Abbildung $f : \mathbb{R}\mathbf{P}^1 \longrightarrow \mathbf{S}^1$, $[(\cos\theta, \sin\theta)] \longmapsto (\cos 2\theta, \sin 2\theta)$.)

1.8. Es sei $SL(n) = \{A \in \mathbb{R}_{n\times n} \mid \det(A) = 1\}$ die Gruppe der reellen $n \times n$-Matrizen mit Determinante 1. Man zeige:

a. $SL(n)$ ist eine $(n^2 - 1)$-dimensionale Untermannigfaltigkeit von $\mathbb{R}_{n\times n}$.
b. Ist $A \in \mathfrak{sl}(n) := \{A \in \mathbb{R}_{n\times n} \mid \mathrm{Spur}(A) = 0\}$ eine Matrix mit Spur 0, so definiert $\gamma(t) := \mathrm{e}^{tA}$, $t \in \mathbb{R}$ eine Kurve in $SL(n)$ mit $\gamma(0) = E$ und $\dot{\gamma}(0) = A$.
c. $T_E SL(n) = \mathfrak{sl}(n)$.

1.9. Seien M_1, M_2 differenzierbare Mannigfaltigkeiten und $M := M_1 \times M_2$ die Produktmannigfaltigkeit, wie sie in Beispiel 1.17e. beschrieben wurde. Seien $\pi_k : M \longrightarrow M_k$, $k = 1, 2$ die kanonischen Projektionen. Zeigen Sie:

a. Für $p_1 \in M_1$, $p_2 \in M_2$ ist die Abbildung

$$T_{(p_1,p_2)}M \longrightarrow T_{p_1}M_1 \times T_{p_2}M_2\,,\ v \longmapsto \big((\mathrm{d}\pi_1)_{(p_1,p_2)}(v), (\mathrm{d}\pi_2)_{(p_1,p_2)}(v)\big)$$

stets ein Isomorphismus. In diesem Sinne kann also $T_{(p_1,p_2)}M$ mit $T_{p_1}M_1 \times T_{p_2}M_2$ oder mit $T_{p_1}M_1 \oplus T_{p_2}M_2$ identifiziert werden.
b. Sei N eine weitere Mannigfaltigkeit und $f : M_1 \times M_2 \longrightarrow N$ differenzierbar. Dann gilt mit der Identifizierung aus a. für $v_1 \in T_{p_1}M_1$, $v_2 \in T_{p_2}M_2$

$$\mathrm{d}f_{(p_1,p_2)}(v_1, v_2) = \mathrm{d}^{(1)} f_{(p_1,p_2)}(v_1) + \mathrm{d}^{(2)} f_{(p_1,p_2)}(v_2)$$

mit den „partiellen Differentialen" $\mathrm{d}^{(1)} f_{(p_1,p_2)} := \mathrm{d}f(\cdot, p_2)_{p_1} : T_{p_1}M_1 \longrightarrow T_qN$ und $\mathrm{d}^{(2)} f_{(p_1,p_2)} := \mathrm{d}f(p_1, \cdot)_{p_2} : T_{p_2}M_2 \longrightarrow T_qN$ $(q := f(p_1, p_2))$.

1.10. Unter einer LIEgruppe G versteht man eine differenzierbare Mannigfaltigkeit mit kompatibler Gruppenstruktur, d. h. G ist gleichzeitig eine Gruppe, und die Inversen-Abbildung

$$i : G \longrightarrow G,\ g \longmapsto g^{-1}$$

und die Multiplikationsabbildung

$$m : G \times G \longrightarrow G,\ (g_1, g_2) \longmapsto g_1 g_2$$

sind differenzierbar. Zeigen Sie, dass die Differentiale von i und m an der Einheit $1 \in G$ durch

$$(\mathrm{d}i)_1 : T_1G \longrightarrow T_1G, \; x \longmapsto -x$$

und

$$(\mathrm{d}m)_{(1,1)} : T_1G \oplus T_1G \longrightarrow T_1G, \; (x, y) \longmapsto x + y$$

gegeben sind.

Kapitel 2
Multilineare Algebra

Um die angestrebte begriffliche Klarheit zu fördern, haben wir die algebraischen – also die rein rechnerischen – Aspekte der Differentialgeometrie von den geometrischen abgekoppelt und in diesem Kapitel versammelt. Dieses Kapitel ist damit eine Fortführung der linearen Algebra. Insbesondere wird der Begriff des Tensors eingeführt, der eine Verallgemeinerung sowohl des Begriffs des Vektors als auch der linearen Abbildung ist. Im letzten Abschnitt widmen wir zwei speziellen Typen, nämlich den symmetrischen und den alternierenden Tensoren, besondere Aufmerksamkeit. Die alternierenden Tensoren eröffnen insbesondere die Möglichkeit, die geometrischen Begriffe von *Orientierung* und *orientiertem Volumen* präzis zu definieren, was wir am Schluss kurz erläutern werden.

Hier sollte vor einem Missverständnis gewarnt werden: Unter Physikern (teilweise auch unter Mathematikern) ist es üblich, die Begriffe „Tensor" und „Tensorfeld" synonym zu verwenden. Die in diesem Kapitel betrachteten Tensoren sind jedoch definitiv keine Tensorfelder. Vielmehr ist ein Tensorfeld eine Abbildung, die jedem Punkt einer Mannigfaltigkeit einen Tensor im Sinne dieses Kapitels zuordnet, und diese Felder werden uns ab dem nächsten Kapitel noch sehr beschäftigen.

Die Bezeichnungen werden in diesem Kapitel leider etwas aufwendig, weil man für die Komponenten der betrachteten Tensoren beliebig viele obere und untere Indizes zulassen muss. Es mag ein Trost sein, dass in der Praxis nur selten mehr als vier Indizes gebraucht werden. Trotzdem müssen wir die grundlegenden Definitionen für den Fall beliebig vieler Indizes formulieren, da nur so ihre begriffliche Klarheit gewährleistet werden kann. In diesem Punkt müssen wir also auf Ihre Geduld vertrauen.

A Dualität bei endlich dimensionalen Vektorräumen

Als Vorbereitung skizzieren wir in diesem Abschnitt die Dualitätstheorie für endlichdimensionale Vektorräume. Sie ist eigentlich nur eine Neuformulierung von ge-

K.-H. Goldhorn, H.-P. Heinz, M. Kraus, *Moderne mathematische Methoden der Physik*
DOI 10.1007/978-3-540-88544-3, © Springer 2009

wissen einfachen Resultaten über lineare Abbildungen in einem Spezialfall, und möglicherweise ist sie Ihnen wohlbekannt (vgl. etwa [36], Kap. 7 und 21).

Stets sei V ein n-dimensionaler $\mathbb{K}$-Vektorraum.

Definitionen 2.1. Eine lineare Abbildung $V \longrightarrow \mathbb{K}$ heißt ein *lineares Funktional* oder eine *Linearform*. Der Raum aller Linearformen auf V wird mit V^* bezeichnet und heißt der *Dualraum* zu V. Die Elemente von V^* werden auch als *Kovektoren* bezeichnet.

Satz 2.2.

a. *Der Raum V^* der Linearformen auf V bildet zusammen mit der üblichen Addition von Abbildungen und Multiplikation mit Skalaren einen n-dimensionalen Vektorraum.*
b. *Ist $\mathfrak{A} = (a_1, \ldots, a_n)$ eine Basis von V, so ist $\mathfrak{A}^* := (\alpha^1, \ldots, \alpha^n)$, wobei $\alpha^i \in V^*$ durch*

$$\alpha^i(a_j) = \delta^i_j, \quad 1 \leq i, j \leq n \tag{2.1}$$

gegeben ist, eine Basis von V^*. Diese Basis heißt die zu $\mathfrak{A}$ duale Basis.

Beweis. Wie aus der Linearen Algebra bekannt, ist $\dim \operatorname{Hom}_{\mathbb{K}}(V, W) = \dim V \cdot \dim W$, insbesondere $\dim V^* = n$. Es bleibt also nur die lineare Unabhängigkeit von $\{\alpha^1, \ldots, \alpha^n\}$ zu prüfen. Dies geschieht durch Einsetzen der Basis $\mathfrak{A}$ in die Gleichung $\lambda_1 \alpha^1 + \cdots + \lambda_n \alpha^n = 0$. □

Ist in V eine Basis $\mathfrak{A}$ gegeben, so kann man bekanntlich V^* mit $\mathbb{K}_{1 \times n}$ identifizieren, indem man jeder Linearform $\varphi \in V^*$ die Matrix $\varphi_{\mathfrak{A}} \in \mathbb{K}_{1 \times n}$ zuordnet (vgl. z. B. [36], Kap. 7). Insbesondere ist dann $\mathfrak{A}^* = (\alpha^1, \ldots, \alpha^n)$ durch

$$\alpha^1_{\mathfrak{A}} = (1, 0, \ldots, 0),$$
$$\vdots$$
$$\alpha^n_{\mathfrak{A}} = (0, \ldots, 1)$$

gegeben.

Ist $\mathfrak{A} = (a_1, \ldots, a_n)$ eine fest vorgegebene Basis von V, $\mathfrak{A}^* = (\alpha^1, \ldots, \alpha^n)$ die duale Basis, so kann man den Index $\mathfrak{A}$ auch weglassen, schreibt also für $v \in V$, $\varphi \in V^*$

$$v = (v^1, \ldots, v^n) \quad \text{für } v = \sum_{i=1}^n v^i a_i,$$

$$\varphi = (\varphi_1, \ldots, \varphi_n) \quad \text{für } \varphi = \sum_{i=1}^n \varphi_i \alpha^i.$$

Die Zahlen $v^i \in \mathbb{K}$ und $\varphi_i \in \mathbb{K}$ heißen die *Komponenten* von v und φ bezüglich $\mathfrak{A}$ und $\mathfrak{A}^*$.

Es ist dann

$$\begin{aligned}\varphi(v) &= \sum_{i=1}^{n} \varphi_i \alpha^i(v) \\ &= \sum_{i=1}^{n} \varphi_i \alpha^i \left(\sum_{j=1}^{n} v^j a_j \right) \\ &= \sum_{i,j=1}^{n} \varphi_i v^j \alpha^i(a_j) = \sum_{i,j=1}^{n} \varphi_i v^j \delta^i_j \\ &= \sum_{i=1}^{n} \varphi_i v^i ,\end{aligned}$$

insbesondere also auch $\varphi(a_i) = \varphi_i$.

Satz 2.3. *Sind $\mathfrak{A} = (a_1, \ldots, a_n)$ und $\mathfrak{B} = (b_1, \ldots, b_n)$ Basen von V und $C = \left(c^i_k\right)_{k,i=1,\ldots,n}$ die Transformationsmatrix, also*

$$b_k = \sum_{i=1}^{n} c^i_k a_i ,$$

so ist die Transformationsmatrix zwischen den dualen Basen $\mathfrak{A}^* = (\alpha^1, \ldots, \alpha^n)$ und $\mathfrak{B}^* = (\beta^1, \ldots, \beta^n)$ durch die transponierte inverse Matrix, also durch

$$\alpha^i = \sum_{k=1}^{n} c^i_k \beta^k$$

gegeben.

Der Beweis ist eine leichte Übungsaufgabe.

Ist $(V, \langle \cdot \mid \cdot \rangle)$ ein endlich dimensionaler *Prähilbertraum*, also $\langle \cdot \mid \cdot \rangle$ ein Skalarprodukt auf V, so sind V und V^* nicht nur isomorph, sondern können sogar miteinander identifiziert werden, d. h. es existiert ein *kanonischer* Isomorphismus zwischen V und V^*:

Satz 2.4. *Ist $(V, \langle \cdot \mid \cdot \rangle)$ ein Prähilbertraum, so ist durch*

$$V \longrightarrow V^* , \; v \longmapsto v^b$$

mit $v^b : w \longmapsto \langle v \mid w \rangle$ ein Isomorphismus gegeben. Die Umkehrung bezeichnen wir mit

$$V^* \longrightarrow V , \quad \varphi \longmapsto \varphi^\# .$$

Beweis. Die angegebene Abbildung ist offenbar linear nach Definition eines Skalarprodukts. Sie ist injektiv, denn aus $\langle v \mid w \rangle = 0$ für alle $w \in V$, also insbesondere für $w = v$, folgt auch $v = 0$. Damit folgt die Isomorphie aus Dimensionsgründen. □

Ist

$$\mathfrak{A} = (a_1, \dots, a_n)\,,\ v = \sum_{i=1}^{n} v^i a_i \text{ und } \langle a_i \mid a_j \rangle = g_{ij}\,,$$

so ist

$$(v^b)_i = v^b(a_i) = \langle v \mid a_i \rangle = \left\langle \sum_{j=1}^{n} v^j a_j \mid a_i \right\rangle = \sum_{j=1}^{n} v^j g_{ji}\,.$$

Die Matrix (g_{ij}) beschreibt also den Isomorphismus aus Satz 2.4 in Bezug auf die Basen $\mathfrak{A}$ und $\mathfrak{A}^*$.

Ist $\mathfrak{A} = (a_1, \dots, a_n)$ speziell eine Orthonormalbasis von $(V, \langle\cdot \mid \cdot\rangle)$, so ist offenbar $\mathfrak{A}^* = \left(a_1^b, \dots, a_n^b\right)$.

Ist also auf V ein Skalarprodukt gegeben, so induziert dies einen Isomorphismus $V \longrightarrow V^*$, der unabhängig von der Wahl einer Basis ist. Im allgemeinen Fall eines $\mathbb{K}$-Vektorraums ist ein Isomorphismus $V \longrightarrow V^*$ aber erst durch die Wahl einer Basis festgelegt. Da die Wahl einer Basis willkürlich ist – zum Beispiel im physikalischen Raum –, muss oft sorgfältig zwischen V und V^* unterschieden werden. Andererseits kann ein Vektor $v \in V$ durch das Einsetzen $i_v : V^* \longrightarrow \mathbb{R}$, $\varphi \longmapsto \varphi(v)$ als Linearform auf V^* aufgefasst werden. Dies werden wir im weiteren Verlauf ausnutzen, um Dinge, die man mit Kovektoren (= Linearformen) leicht tun kann, auch mit Vektoren zu tun.

Definition 2.5. $(V^*)^* = V^{**}$ heißt der *Bidualraum* von V.

Satz 2.6. *Durch*

$$j : V \longrightarrow V^{**}\,, \quad v \longmapsto i_v \tag{2.2}$$

ist ein kanonischer Isomorphismus gegeben. Ist $\mathfrak{A} = (a_1, \dots, a_n)$ *eine Basis von* V, *so ist* $\mathfrak{A}^{**} = (i_{a_1}, \dots, i_{a_n})$ *die duale Basis der dualen Basis.*

Wieder ist der Beweis eine leichte Übung.

Bisher wurden Vektorräumen Dualräume zugeordnet. Auch Abbildungen $A \in \mathrm{Hom}_{\mathbb{K}}(V, W)$ zwischen Vektorräumen werden nun duale Abbildungen, jedoch in umgekehrter Richtung, zugeordnet.

Definition 2.7. Sind V und W $\mathbb{K}$-Vektorräume, $A \in \mathrm{Hom}_{\mathbb{K}}(V, W)$, so ist die *duale Abbildung* $A^* \in \mathrm{Hom}_{\mathbb{K}}(W^*, V^*)$ durch

$$A^*(\varphi) := \varphi \circ A$$

definiert.

Man rechnet leicht nach, dass $(\mathrm{id}_V)^* = \mathrm{id}_{V^*}$ gilt und $(A \circ B)^* = B^* \circ A^*$ für $A \in \mathrm{Hom}_{\mathbb{K}}(V, W)$ und $B \in \mathrm{Hom}_{\mathbb{K}}(U, V)$. Ist schließlich $C = (c^i_j)$ die Matrix, die die lineare Abbildung A in Bezug auf die Basen $\mathfrak{A} = \{a_1, \dots, a_n\}$ von V, $\mathfrak{B} = \{b_1, \dots, b_m\}$ von W beschreibt, so wird die duale Abbildung bzgl. der dualen Basen durch die *transponierte* Matrix $C^T = (c_j{}^i)$ beschrieben. Auch dies bestätigt man durch eine leichte Rechnung.

B Multilineare Abbildungen und Tensoren

In der Physik werden Tensoren meist als Zahlensysteme $c_{i_1\dots i_p}^{j_1\dots j_q}$ mit unteren und oberen Indizes angesehen, die sich jedoch auf ein gegebenes Koordinatensystem beziehen und daher bei Koordinatenwechsel auf eine ganz bestimmte Art transformiert werden müssen. Diese Beschreibung lässt natürlich offen, was ein Tensor eigentlich ist, und außerdem verbaut sie von vornherein jede Möglichkeit, Rechnungen ohne den Rückgriff auf Koordinaten durchzuführen. Die multilineare Algebra, die wir jetzt erklären wollen, eröffnet die Möglichkeit, Ausdrücken der Form

$$v_1 \otimes v_2 \otimes \cdots \otimes v_q \otimes \varphi^1 \otimes \varphi^2 \otimes \cdots \otimes \varphi^p \tag{2.3}$$

(und auch endlichem Summen von solchen Ausdrücken) einen konkreten mathematischen Sinn zu verleihen. Dabei sind $v_1, \dots, v_q$ gegebene Vektoren aus einem Vektorraum V und $\varphi^1, \dots, \varphi^p \in V^*$ entsprechende Kovektoren, und das Zeichen „$\otimes$“ (*Tensorprodukt*) soll sich wie eine Multiplikation verhalten, also insbesondere die üblichen Klammerregeln erfüllen. Die Festlegung eines Koordinatensystems entspricht der Wahl einer Basis $\{a_1, \dots, a_n\}$ von V und der dualen Basis $\alpha^1, \dots, \alpha^n$ in V^*. Entwickelt man nun die v_j und die φ^i nach diesen Basen, setzt die Entwicklungen in (2.3) ein und distribuiert alles aus, so ergibt sich eine Summe von Termen der Gestalt

$$c_{i_1\dots i_p}^{j_1\dots j_q} a_{j_1} \otimes \cdots \otimes a_{j_q} \otimes \alpha^{i_1} \otimes \cdots \otimes \alpha^{i_p} .$$

Auf diese Weise beschreibt das Zahlensystem der $c_{i_1\dots i_p}^{j_1\dots j_q}$ tatsächlich den Tensor (2.3), und es ist prinzipiell auch klar, wie man diese Koeffizienten beim Übergang zu einer anderen Basis von V – und damit auch zu einer neuen dualen Basis von V^* – umzurechnen hat, wenn das im Einzelnen auch kompliziert sein mag. Die Ausdehnung auf endliche Summen von Ausdrücken der Form (2.3) ist trivial.

Wir werden mit dem Tensorprodukt von *Kovektoren* beginnen, da dieses am leichtesten mathematisch exakt eingeführt werden kann. Vektoren werden dann mittels (2.2) als Linearformen auf V^* aufgefasst, so dass man das vorher für Linearformen eingeführte Tensorprodukt auch für sie nutzbar machen kann. Am Schluss betrachten wir „gemischte Tensoren“, bei denen sowohl Vektoren als auch Kovektoren vorkommen.

Im Folgenden seien $V, V_1, \dots, V_p$ $\mathbb{R}$-Vektorräume der Dimensionen $n, n_1, \dots, n_p$ und W ein k-dimensionaler $\mathbb{R}$-Vektorraum.

Lineare Abbildungen und Linearformen werden nun verallgemeinert:

Definitionen 2.8.

a. Unter einer *p-linearen* oder *multilinearen Abbildung* auf $V_1 \times \cdots \times V_p$ mit Werten in W versteht man eine Abbildung $\varphi : V_1 \times \cdots \times V_p \longrightarrow W$, die in jeder Variablen bei Festhalten der übrigen linear ist, also

$$\begin{aligned}\varphi(v_1, \dots, \kappa v_j + \lambda v_j', \dots, v_p) = \kappa \varphi(v_1, \dots, v_j, \dots, v_p)\\ + \lambda \varphi(v_1, \dots, v_j', \dots, v_p)\end{aligned}$$

für $v_k \in V_k$, $k = 1, \ldots, p$, $v'_j \in V_j$, $\kappa, \lambda \in \mathbb{R}$ erfüllt.
Ist $W = \mathbb{K}$, so spricht man von einer *Multilinearform.*

b. Den Raum der p-linearen Abbildungen auf $V_1 \times \cdots \times V_p$ mit Werten in W bezeichnet man mit $\mathrm{Mult}^p(V_1, \ldots, V_p; W)$. Für $V = V_1 = \cdots = V_p$ schreibt man auch $\mathrm{Mult}^p(V; W)$ und für $W = \mathbb{R}$ auch

$$\mathrm{Mult}^p(V_1, \ldots, V_p) =: V_1^* \otimes \cdots \otimes V_p^* \text{ bzw. } \mathrm{Mult}^p(V) =: \bigotimes^p V^* .$$

$V_1^* \otimes \cdots \otimes V_p^*$ heißt auch das *Tensorprodukt* von $V_1^*, \ldots, V_p^*$, und Elemente aus $V_1^* \otimes \cdots \otimes V_p^*$ heißen p-fach *kovariante Tensoren.*

c. Statt von 2-linear spricht man auch von *bilinear*, statt von 3-linear von *trilinear*.

Offenbar bildet $\mathrm{Mult}^p(V_1, \ldots, V_p; W)$ mit der üblichen Addition von Abbildungen und der skalaren Multiplikation einen Vektorraum. Ein Beispiel für eine n-Multilinearform auf $\mathbb{R}^n$ ist die Determinante, für eine Bilinearform ein Skalarprodukt und für eine bilineare Abbildung auf $\mathbb{R}^3$ mit Werten in $\mathbb{R}^3$ das Vektorprodukt auf $\mathbb{R}^3$.

Sind in Vektorräumen V und W Basen gewählt, so werden lineare Abbildungen $A \in \mathrm{Hom}_{\mathbb{K}}\mathbb{R}(V, W)$ bekanntlich durch Matrizen beschrieben. Ganz ähnlich kann man auch multilineare Abbildungen durch Systeme von Zahlen beschreiben:

Definition 2.9. Ist $\varphi \in \mathrm{Mult}^p(V_1, \ldots, V_p; W)$

$$\begin{aligned} \mathfrak{A}^{(j)} &= \left(a_1^{(j)}, \ldots, a_{n_j}^{(j)}\right), \; j = 1, \ldots, p \text{ Basen der } V_j , \\ \mathfrak{B} &= (b_1, \ldots, b_k) \qquad \text{eine Basis von } W , \end{aligned}$$

so werden die *Komponenten*

$$\varphi^j_{i_1 \ldots i_p}, \qquad \begin{cases} 1 \le i_r \le n_r , \; 1 \le r \le p , \\ 1 \le j \le k \end{cases}$$

von φ durch

$$\varphi\left(a_{i_1}^{(1)}, \ldots, a_{i_p}^{(p)}\right) = \sum_{j=1}^{k} \varphi^j_{i_1 \ldots i_p} b_j \tag{2.4}$$

definiert.

Für $W = \mathbb{R}$ werden die Komponenten mit $(\varphi_{i_1 \ldots i_p})_{1 \le i_1 \le n_1, \ldots, 1 \le i_p \le n_p}$ bezeichnet.

Beispiele:

(i) Die Komponenten der Determinante im $\mathbb{R}^n$ sind durch

$$(\det)_{i_1 \ldots i_n} = \begin{cases} 0 & \text{falls } i_r = i_s \text{ für ein } r \ne s \\ \mathrm{sgn}\,(\tau) & \text{sonst} \end{cases}$$

gegeben, wobei τ die Permutation $\binom{1 \ldots n}{i_1 \ldots i_n}$ ist, d. h. die Permutation, die j auf i_j abbildet.

(ii) Die Komponenten des Kreuzprodukts auf $\mathbb{R}^3$ sind

$$\varphi_{ij}^k = \begin{cases} 1\,, & \text{falls } (ijk) \text{ eine zyklische Vertauschung von } (1,2,3) \text{ ist,} \\ -1\,, & \text{falls } (ijk) \text{ eine zyklische Vertauschung von } (2,1,3) \text{ ist,} \\ 0 & \text{sonst.} \end{cases}$$

Bemerkung: Das System der Komponenten des Kreuzprodukts wird in der Physik als der „Epsilon-Tensor" bezeichnet und ε_{ij}^k geschrieben.

Wir haben gerade einer gegebenen multilinearen Abbildung ein System von Komponenten zugeordnet. Umgekehrt ist bei gegebenen Basen von $V_1, \ldots, V_p$ und W eine multilineare Abbildung durch $n_1 \cdots n_p \cdot k$ reelle Zahlen $\varphi_{i_1 \ldots i_p}^j \in \mathbb{R}$ vermittels (2.4) definiert.

Die Darstellung durch Komponenten gestattet es, die Dimension des Raums der multilinearen Abbildungen zu berechnen:

Satz 2.10. $\mathrm{Mult}^p(V_1, \ldots, V_p, W)$ *ist ein reeller Vektorraum der Dimension* $n_1 \cdots n_p k$.

Beweis. Sind $\mathfrak{A}^{(j)}$ und $\mathfrak{B}$ Basen von V_j und W, so ist ein Isomorphismus $\mathrm{Mult}^p \cdot (V_1, \ldots, V_p; W) \longrightarrow \mathbb{R}^{n_1 \cdots n_p k}$ durch die Abbildung auf die Komponenten gegeben. □

Wir definieren nun eine Art Multiplikation, durch die gegebenen Linearformen ein kovarianter Tensor zugeordnet wird. Ist nämlich $\varphi^j \in V_j^*$ so ist durch

$$(\varphi^1 \otimes \cdots \otimes \varphi^p)(v_1, \ldots, v_p) := \varphi^1(v_1) \cdots \varphi^p(v_p)\,, \quad v_j \in V_j \tag{2.5}$$

eine multilineare Abbildung definiert, die man als das *Tensorprodukt* der φ^j bezeichnet. Dabei gilt

$$\mathrm{Mult}^p(V_1, \ldots, V_p) = \mathrm{LH}\left\{\varphi^1 \otimes \cdots \otimes \varphi^p \mid \varphi^j \in V_j^*\right\}.$$

Eine Basis von $\mathrm{Mult}^p(V_1, \ldots, V_p)$ ist durch

$$\varepsilon^{i_1 \ldots i_p} := \left(\alpha_{(1)}^{i_1} \otimes \cdots \otimes \alpha_{(p)}^{i_p}\right), \quad 1 \le i_j \le n_j\,,\ j = 1, \ldots, p$$

gegeben mit $(\mathfrak{A}_{(j)})^* = \left(\alpha_{(j)}^1, \ldots, \alpha_{(j)}^{n_j}\right)$ Basis von V_j^*, also

$$(\varepsilon^{i_1 \ldots i_p})_{j_1 \ldots j_p} = \begin{cases} 1\,, & i_r = j_r\,,\ r = 1, \ldots, p \\ 0 & \text{sonst.} \end{cases}$$

Kovariante Tensoren stellen eine Verallgemeinerung der Linearformen dar. Vektoren werden jetzt durch *kontravariante Tensoren* verallgemeinert.

Erinnert man sich daran, dass man mittels des Isomorphismus j aus Satz 2.6 die Elemente von V als Linearformen auf V^* auffassen kann, so liegt nahe, wie das Tensorprodukt von p Vektorräumen zu definieren ist:

Definitionen 2.11.

a. Das Tensorprodukt von $V_1 \otimes \cdots \otimes V_p$ ist der Vektorraum der p-Linearformen auf $V_1^* \times \cdots \times V_p^*$. Elemente aus $V_1 \otimes \cdots \otimes V_p$ nennt man *kontravariante* Tensoren vom Rang p.
b. Das Tensorprodukt von $V_1 \otimes \cdots \otimes V_r \otimes V_{r+1}^* \otimes \cdots \otimes V_p^*$ ist der Vektorraum der p-Linearformen auf $V_1^* \times \cdots \times V_r^* \times V_{r+1} \times \cdots \times V_p$. Elemente aus $V_1 \otimes \cdots \otimes V_r \otimes V_{r+1}^* \otimes \cdots \otimes V_p^*$ nennt man r-fach kontra- und $(p-r)$-fach kovariante Tensoren.
c. Sind $v_r \in V_r$ Vektoren, $r = 1, \ldots, p$, so ist durch

$$\begin{aligned} v_1 \otimes \cdots \otimes v_p : V_1^* \times \cdots \times V_p^* &\longrightarrow \mathbb{R} \\ (\varphi^{(1)}, \ldots, \varphi^{(p)}) &\longmapsto \varphi^{(1)}(v_1) \cdots \varphi^{(p)}(v_p) \end{aligned}$$

ein p-fach kontravarianter Tensor gegeben. Diesen bezeichnet man als das *Tensorprodukt* der Vektoren $v_1, \ldots, v_p$.

Insbesondere ist für Basen $\left(a_1^{(r)}, \ldots, a_{n_r}^{(r)}\right) = \mathfrak{A}^{(r)}$ von V_r, $r = 1, \ldots, p$ durch

$$\left(a_{i_1}^{(1)} \otimes \cdots \otimes a_{i_p}^{(p)}\right)_{1 \le i_1 \le n_1, \ldots, 1 \le i_p \le n_p}$$

eine Basis von $V_1 \otimes \cdots \otimes V_p$ gegeben, und durch

$$\left(a_{i_1}^{(1)} \otimes \cdots \otimes a_{i_r}^{(r)} \otimes \alpha_{(r+1)}^{i_{r+1}} \otimes \cdots \otimes \alpha_{(p)}^{i_p}\right)_{\substack{1 \le i_1 \le n_1 \\ 1 \le i_p \le n_p}}$$

ist eine Basis von $V_1 \otimes \cdots \otimes V_r \otimes V_{r+1}^* \otimes \cdots \otimes V_p^*$ gegeben, wobei $\mathfrak{A}^{(r)*} = \left(\alpha_{(r)}^1, \ldots, \alpha_{(r)}^{n_r}\right)$ ist.

Die Komponenten eines r-fach kontra- und $(p-r)$-fach kovarianten Tensors φ sind durch

$$\varphi_{i_{r+1} \ldots i_p}^{i_1 \ldots i_r} = \varphi\left(\alpha_{(1)}^{i_1}, \ldots, \alpha_{(r)}^{i_r}, a_{i_{r+1}}^{(r+1)} \ldots a_{i_p}^{(p)}\right)$$

gegeben. Natürlich sind auch Tensorprodukte wie $V_1 \otimes V_2^* \otimes V_3 \otimes \cdots \otimes V_p^*$ definiert, wobei die Komponenten eines Tensors aus diesem Raum dann als

$$\varphi^{i_1}{}_{i_2}{}^{i_r \ldots}{}_{i_p}$$

notiert werden.

Offenbar kann dabei die Reihenfolge der Faktoren im Tensorprodukt nicht beliebig vertauscht werden, d. h. das Tensorprodukt ist nicht kommutativ.

Es wurde bereits in (2.4) beschrieben wie die Anwendung einer Multilinearform auf Vektoren in Komponenten berechnet wird. Ähnlich kann man für r-fach ko- und $p-r$-fach kontravariante Tensoren $\varphi \in V_1^* \otimes \cdots \otimes V_r^* \otimes V_{r+1} \otimes \cdots \otimes V_p$ vorgehen:

Ist

$$\begin{aligned} \eta^j &= \left(\eta_1^j, \ldots, \eta_{n_j}^j\right) \in V_j^* , \quad j = 1, \ldots, r , \\ v_j &= \left(v_j^1, \ldots, v_j^{n_j}\right) \in V_j , \quad j = r+1, \ldots, p , \end{aligned}$$

so ist

$$\varphi\left(\eta^1,\ldots,\eta^r\,,\ v_{r+1},\ldots,v_p\right) = \sum_{\substack{1\le i_1\le n_1\ldots\\ 1\le i_p\le n_p}} \varphi^{i_1\ldots i_r}_{i_{r+1}\ldots i_p}\,\eta^1_{i_1}\cdots\eta^r_{i_r}\,v^{i_{r+1}}_{r+1}\cdots v^{i_p}_p\,. \tag{2.6}$$

Die Stellung der Indizes oben und unten, wie sie hier benutzt wird, ist Teil des sogenannten RICCI-*Kalküls*. Aus der Stellung der Indizes ersieht man das Transformationsverhalten bei Basiswechsel. Beschreibt eine Verknüpfung von Tensoren einen Skalar, wie z. B. in (2.6), so treten in der Beschreibung im RICCI-Kalkül die Indizes jeweils paarweise oben und unten auf. In der physikalischen Literatur wird oft die EINSTEIN*sche Summenkonvention* benutzt: Über gegenüberstehende gleiche Indizes wird immer summiert, das Summenzeichen wird weggelassen. Wir verwenden diese Konvention hier jedoch nicht.

Das Verhalten der Komponenten bei Basiswechsel wird in Aufgabe 2.4 behandelt.

Ist $v\in V$, $\varphi\in\mathrm{Mult}^p(V)$, so wird als Verallgemeinerung von (2.2) das *innere Produkt* $i_v\varphi\in\mathrm{Mult}^{p-1}(V)$ von v und φ durch

$$(i_v\varphi)(v_1,\ldots,v_{p-1}) := \varphi(v,v_1,\ldots,v_{p-1}) \quad \text{für } v_j\in V,\ j=1,\ldots,p-1 \tag{2.7}$$

definiert. Ist bezüglich einer Basis $\mathfrak{A}$ von V

$$v=(v^1,\ldots,v^n)\,,\ \varphi=(\varphi_{i_1\ldots i_p})_{i_j=1\ldots n}\,,$$

so ist

$$(i_v\varphi)_{i_1\ldots i_{p-1}} = \sum_{j=1}^n v^j\,\varphi_{ji_1\ldots i_{p-1}}\,.$$

Lineare Abbildungen $A_j\in\mathrm{Hom}\,(V_j,W_j)$ und ihre dualen $A_j^*\in\mathrm{Hom}\,(W_j^*,V_j^*)$ setzen sich in natürlicher Weise fort zu linearen Abbildungen

$$A_1\otimes\cdots\otimes A_r\otimes A^*_{r+1}\otimes\cdots\otimes A^*_p : V_1\otimes\cdots\otimes V_r\otimes W^*_{r+1}\otimes\cdots\otimes W^*_p \longrightarrow W_1\otimes\cdots\otimes W_r\otimes V^*_{r+1}\otimes\cdots\otimes V^*_p\,.$$

Diese Abbildung ist durch die Forderung

$$(A_1\otimes\cdots\otimes A_r\otimes A^*_{r+1}\otimes\cdots\otimes A^*_p)(v_1\otimes\cdots\otimes v_r\otimes\varphi^{r+1}\otimes\cdots\otimes\varphi^p) = Av_1\otimes\cdots\otimes Av_r\otimes A^*\varphi^{r+1}\otimes\cdots\otimes A^*\varphi^p \tag{2.8}$$

eindeutig festgelegt, da jeder Tensor als Summe von Termen der Form $v_1\otimes\cdots\otimes v_r\otimes\varphi^{r+1}\otimes\cdots\otimes\varphi^p$ geschrieben werden kann. Allerdings ist diese Darstellung nicht eindeutig, so dass man nachrechnen muss, dass (2.8) bei verschiedenen Darstellungen desselben Tensors immer den gleichen Wert liefert. Das ist aber nicht schwer und wird hier übergangen.

Ist $r = 0$ und $V_j = V, W_j = W, A_j = A$ für $j = 1, \ldots, p$, so schreibt man für diese Abbildung auch

$$\bigotimes^p A^* \equiv \mathrm{Mult}^p A \equiv A^{*p} .$$

Im nächsten Satz stellen wir die wichtigsten Rechenregeln für ko- und kontravariante Tensoren zusammen.

Satz 2.12.

a. $(V_1 \otimes V_2) \otimes V_3 = V_1 \otimes (V_2 \otimes V_3)$,
b. $(V_1 \oplus V_2) \otimes V_3 = (V_1 \otimes V_3) \oplus (V_2 \otimes V_3)$,
c. $\mathrm{Hom}_{\mathbb{R}} (V, W) = V^* \otimes W$,
d. $\mathrm{Mult}^p (V, W) = \bigotimes^p V^* \otimes W$,
e. $(V_1 \otimes V_2)^* = V_1^* \otimes V_2^*$.

Die Beweise sind jeweils leichte Übungsaufgaben. Wir geben hier nur die Identifizierung aus c. exemplarisch an:

Ein $A \in \mathrm{Hom}_{\mathbb{R}}(V, W)$ fasst man als bilineare Abbildung α_A auf, indem man $\alpha_A(v, \varphi) := \varphi(A(v))$ setzt. Umgekehrt ist $\alpha \in \mathrm{Mult}^2 (V, W^*)$ als Homomorphismus $A_\alpha \in \mathrm{Hom}\,(V, W)$ aufzufassen, indem man setzt:

$$A_\alpha(v) := \alpha(v, \cdot) \in W^{**} \equiv W .$$

Dem Tensor $\alpha = \varphi \otimes w \in V^* \otimes W$ entspricht dabei die lineare Abbildung

$$A_\alpha v = \varphi(v) w , \qquad v \in V .$$

Bemerkung: Der Identifikation aus c. verdanken die Tensoren ihren Namen, der sich von dem lateinischen Wort für „spannen" ableitet. Im 19. Jahrhundert bezeichnete man so nämlich u. a. die lineare Abbildung, die einem Verzerrungsvektor (in erster Näherung) den Kraftvektor zuordnet, den ein elastisches Material als Antwort auf die Verzerrung erzeugt. Erst EINSTEIN erkannte, dass diese Tensorrechnung aus der Elastizitätslehre zu dem RICCI-Kalkül äquivalent ist, der kurz zuvor von italienischen Differentialgeometern eingeführt worden war.

C Alternierende und symmetrische Abbildungen und Tensoren

Als besonders wichtig erweisen sich zwei spezielle Typen von multilinearen Abbildungen bzw. Tensoren, die sich dadurch auszeichnen, dass sie auf das Vertauschen von Argumenten entweder gar nicht oder durch Vorzeichenwechsel reagieren:

Definitionen 2.13.

a. Eine multilineare Abbildung $\varphi \in \mathrm{Mult}^p (V; W)$ heißt *symmetrisch*, falls für $1 \leq i, j \leq p$ stets

$$\varphi(v_1, \ldots, v_i, \ldots, v_j, \ldots, v_p) = \varphi(v_1, \ldots, v_j, \ldots, v_i, \ldots, v_p)$$

gilt. Den Raum der symmetrischen p-linearen Abbildungen mit Werten in W bezeichnet man mit $\mathrm{Sym}^p\,(V;W)$. Ferner schreibt man

$$\mathrm{Sym}^p\,(V;\mathbb{R}) =: \mathrm{Sym}^p\,(V) =: S^p V^*\,.$$

b. Eine multilineare Abbildung $\varphi \in \mathrm{Mult}^p\,(V;W)$ heißt *antisymmetrisch* oder *alternierend*, falls für $1 \leq i < j \leq p$ stets

$$\varphi(v_1,\ldots,v_i,\ldots,v_j,\ldots,v_p) = -\varphi(v_1,\ldots,v_j,\ldots,v_i,\ldots,v_p)$$

gilt. Den Raum der p-linearen alternierenden Abbildungen mit Werten in W bezeichnet man mit $\mathrm{Alt}^p\,(V;W)$. Ferner schreibt man

$$\mathrm{Alt}^p(V;\mathbb{R}) =: \mathrm{Alt}^p(V) =: \bigwedge^p V^*\,.$$

c. Den Vektorraum der p-linearen alternierenden Abbildungen auf V^* bezeichnet man mit

$$\mathrm{Alt}^p\,(V^*) = \bigwedge^p V$$

und nennt ihn auch die p-te *äußere Potenz* von V.

d. den Vektorraum der symmetrischen Abbildungen auf V^* bezeichnet man mit

$$\mathrm{Sym}^p\,(V^*) = S^p V\,.$$

Offenbar sind $\mathrm{Sym}^p\,(V) \subseteq \mathrm{Mult}^p\,(V)$ und $\mathrm{Alt}^p\,(V) \subseteq \mathrm{Mult}^p\,(V)$ Untervektorräume.

Die Determinante im $\mathbb{R}^n$ ist ein Element in $\mathrm{Alt}^n\,(\mathbb{R}^n)$, Skalarprodukte auf einem reellen Vektorraum V sind Elemente in $\mathrm{Sym}^2\,(V)$ und das Vektorprodukt ist ein Element aus $\mathrm{Alt}^2\,(\mathbb{R}^3;\mathbb{R}^3)$.

In den nächsten Kapiteln werden für uns vor allem alternierende Multilinearformen wichtig werden. Der nun folgende Satz zeigt verschiedene äquivalente Möglichkeiten sie zu charakterisieren. Hier – und auch im weiteren Verlauf – bezeichnen wir mit $S(p)$ die Menge aller *Permutationen* der Zahlen $(1,2,\ldots,p)$.

Satz 2.14. *Für $\varphi \in \mathrm{Mult}^p\,(V)$ sind äquivalent:*

(i) $\varphi \in \mathrm{Alt}^p\,(V)$, *d. h.* $\varphi(v_1,\ldots,v_j,\ldots,v_i,\ldots,v_p) = -\varphi(v_1,\ldots,v_i,\ldots,v_j,\ldots,v_p)$, $1 \leq i < j \leq p$.

(ii) $\varphi(v_1,\ldots,v_p) = \mathrm{sgn}\,(\tau)\varphi(v_{\tau(1)},\ldots,v_{\tau(p)})$ *für* $v_1,\ldots,v_p \in V$ *und jede Permutation* $\tau \in S(p)$.

(iii) $\varphi(v_1,\ldots,v_i,\ldots,v_j,\ldots,v_p) = 0$, *falls* $v_i = v_j$ *für ein* $i \neq j$.

(iv) $\varphi(v_1,\ldots,v_p) = 0$, *falls* $\{v_1,\ldots,v_p\}$ *linear abhängig sind.*

Beweis. Wir führen hier nur den Beweis für die Folgerung $(iii) \Longrightarrow (i)$; die übrigen folgen dem Muster von Rechnungen, die aus der Determinantentheorie wohlbekannt sind, und sie seien dem Leser als Übungsaufgabe überlassen:

$$\begin{aligned}
&\varphi(v_1,\ldots,v_i,\ldots,v_j,\ldots,v_p) + \varphi(v_1,\ldots,v_j,\ldots,v_i,\ldots,v_p) = \\
&= \varphi(v_1,\ldots,v_i,\ldots,v_j,\ldots,v_p) + \varphi(v_1,\ldots,v_i,\ldots,v_i,\ldots,v_p) \\
&\quad + \varphi(v_1,\ldots,v_j,\ldots,v_i,\ldots,v_p) + \varphi(v_1,\ldots,v_j,\ldots,v_j,\ldots,v_p) = \\
&= \varphi(v_1,\ldots,v_i,\ldots,v_i + v_j,\ldots,v_p) + \varphi(v_1,\ldots,v_j,\ldots,v_i + v_j,\ldots,v_p) = \\
&= \varphi(v_1,\ldots,v_i + v_j,\ldots,v_i + v_j,\ldots,v_p) \overset{(iii)}{=} 0\,.
\end{aligned}$$

□

Aus der Charakterisierung (iv) des Satzes ist auch sofort ersichtlich, dass

$$\mathrm{Alt}^p(V) = 0 \quad \text{für } p > \dim V$$

gilt.

Die Komponenten der alternierenden Multilinearformen sind natürlich alternierend, d. h. für Multiindizes

$$i = (i_1,\ldots,i_p) \in \{1,\ldots,n\}^p$$

gilt

$$\varphi_{i_1\ldots i_r\ldots i_s\ldots i_p} = -\varphi_{i_1\ldots i_s\ldots i_r\ldots i_p}\,,$$

falls φ alternierend ist, und Analoges gilt für die symmetrischen Multilinearformen. Damit kann nun auch die Dimension der beiden Räume bestimmt werden:

Satz 2.15. *Ist $(a_1,\ldots,a_n)$ eine Basis von V und bezeichnet*

$$\varphi_{i_1\ldots i_p} := \varphi(a_{i_1},\ldots,a_{i_p})\,,\ 1 \le i_j \le n$$

die Komponenten von $\varphi \in \mathrm{Mult}^p(V)$ bezüglich dieser Basis, so sind durch

$$\begin{aligned}
\Phi_A : \mathrm{Alt}^p(V) &\longrightarrow \mathbb{R}^{\binom{n}{p}} : \\
\varphi &\longmapsto (\varphi_{i_1\ldots i_p})_{1\le i_1<\cdots<i_p\le n}\,, \\
\Phi_S : \mathrm{Sym}^p(V) &\longrightarrow \mathbb{R}^{\binom{n+p-1}{p}} : \\
\varphi &\longmapsto (\varphi_{i_1\ldots i_p})_{1\le i_1\le\cdots\le i_p\le n}
\end{aligned}$$

Isomorphismen gegeben.

Insbesondere ist also

$$\begin{aligned}
\dim \mathrm{Alt}^p(V) &= \binom{n}{p}\,, \\
\dim \mathrm{Sym}^p(V) &= \binom{n+p-1}{p}\,.
\end{aligned}$$

Beweis. Wir führen den Beweis hier nur für Φ_A, für Φ_S folgt er völlig analog. Offenbar sind die Abbildungen Φ_A und Φ_S linear. Φ_A ist injektiv, denn aus der Antisymmetrie von φ folgt sofort

$$\Phi_A(\varphi) = 0 \Longleftrightarrow \varphi(a_{i_1}, \ldots, a_{i_p}) = 0 \quad \text{für alle } (i_1, \ldots, i_p) \in \{1, \ldots, n\}^p .$$

Dies ist aber aufgrund der Multilinearität von φ gleichbedeutend mit $\varphi \equiv 0$.

Die Abbildung Φ_A ist surjektiv, denn ist

$$\omega \in \mathbb{R}^{\binom{n}{p}}, \quad \omega = (\omega_{i_1,\ldots,i_p})_{1 \le i_1 < \cdots < i_p \le n} ,$$

so definiere für $(j_1, \ldots, j_p) \in \{1, \ldots, n\}^p$

$$\omega_{j_1 \ldots j_p} = \begin{cases} 0 \text{ falls } j_r = j_s & \text{für ein } r \neq s , \\ \operatorname{sgn}(\tau)\omega_{j_{\tau(1)} \cdots j_{\tau(p)}} & \text{für } j_{\tau(1)} < \cdots < j_{\tau(p)}. \end{cases}$$

Dann ist $\varphi \in \operatorname{Alt}^p(V)$ mit $\Phi_A^{-1}(\omega) = \varphi$ durch

$$\varphi(v_1, \ldots, v_p) := \sum_{j_1,\ldots,j_p=1}^{n} v_1^{j_1} \cdots v_p^{j_p} \omega_{j_1 \ldots j_p}$$

wohldefiniert. (Hier ist $v_r^{j_r}$ natürlich die j_r-te Komponente des Vektors v_r, nicht etwa eine Potenz!) □

Eine lineare Abbildung $A \in \operatorname{Hom}(V, W)$ induziert, wie im letzten Abschnitt gezeigt, auch eine lineare Abbildung

$$\otimes^p A^* : \operatorname{Mult}^p(W) \longrightarrow \operatorname{Mult}^p(V) .$$

Einschränkung dieser Abbildung ergibt lineare Abbildungen

$$\bigwedge^p A^* : \bigwedge^p W^* \longrightarrow \bigwedge^p V^* ,$$
$$S^p A^* : S^p W^* \longrightarrow S^p V^* .$$

Ebenso überträgt sich auch das innere Produkt (2.7) auf $\wedge^p V^*$ und $S^p V^*$, d. h. für $v \in V$ und $\varphi \in \wedge^p V^*$ ist $i_v\varphi \in \wedge^{p-1} V^*$, und für $\psi \in S^p V^*$ ist $i_v\psi \in S^{p-1} V^*$ wohldefiniert.

Anders verhält es sich mit dem Produkt. Durch

$$\operatorname{Mult}^p(V) \times \operatorname{Mult}^q(V) \longrightarrow \operatorname{Mult}^{p+q}(V) :$$
$$(\varphi, \psi) \longmapsto \varphi \otimes \psi =: \chi$$

mit

$$\chi(v_1, \ldots, v_{p+q}) := \varphi(v_1, \ldots, v_p)\psi(v_{p+1} \ldots v_{p+q})$$

ist ein Produkt multilinearer Abbildungen, das *Tensorprodukt* der Abbildungen definiert. Das Tensorprodukt zweier alternierender bzw. symmetrischer Abbildungen ist jedoch nicht alternierend bzw. symmetrisch, und daher muss das Produkt zweier alternierender Abbildungen auf andere Weise definiert werden:

Definition 2.16. Ist $\varphi \in \mathrm{Alt}^p(V)$, $\psi \in \mathrm{Alt}^q(V)$, so ist $\varphi \wedge \psi \in \mathrm{Alt}^{p+q}(V)$ durch

$$\begin{aligned}
&(\varphi \wedge \psi)(v_1, \ldots, v_{p+q}) := \\
&\sum_{\tau \in S(p;q)} \mathrm{sgn}(\tau)\varphi(v_{\tau(1)}, \ldots, v_{\tau(p)})\psi(v_{\tau(p+1)}, \ldots, v_{\tau(p+q)}) \\
&= \frac{1}{p!q!} \sum_{\tau \in S(p+q)} \mathrm{sgn}\,(\tau)\varphi(v_{\tau(1)}, \ldots, v_{\tau(p)})\psi(v_{\tau(p+1)}, \ldots, v_{\tau(p+q)})
\end{aligned}$$

definiert, wobei $S(p;q) \subseteq S(p+q)$ die Menge aller Permutationen ist, für die $\tau(1) < \tau(2) < \cdots < \tau(p)$ und $\tau(p+1) < \tau(p+2) < \cdots < \tau(p+q)$ gilt. Man nennt $\wedge$ das *äußere Produkt* von φ und ψ.

Hat also φ die Komponenten $(\varphi_{i_1 \ldots i_p})_{i_1 < \cdots < i_p}$ und ψ die Komponenten $(\psi_{j_1 \ldots j_q})_{j_1 < \cdots < j_q}$, so sind die Komponenten von $\varphi \wedge \psi$ durch

$$(\varphi \wedge \psi)_{i_1 \ldots i_{p+q}} = \sum_{\tau \in S(p,q)} \mathrm{sgn}\,(\tau)\varphi_{i_{\tau(1)} \cdots i_{\tau(p)}} \cdot \psi_{i_{\tau(p+1)} \cdots i_{\tau(p+q)}}$$

gegeben.

Beispiele:

a. $p = q = 1$, also $\varphi \in V^*$, $\psi \in V^*$. Dann ist

$$(\varphi \wedge \psi)(u, v) = \varphi(u)\psi(v) - \varphi(v)\psi(u)\,.$$

Sind also $(\varphi_i)_{i=1,\ldots,n}$ und $(\psi_k)_{k=1,\ldots,n}$ die Komponenten von φ und ψ, so sind $(\varphi_i\psi_j - \varphi_j\psi_i)_{1 \le i < j \le n}$ die Komponenten von $\varphi \wedge \psi$.

b. $p = 2, q = 1$, $\varphi \in \mathrm{Alt}^2(V)$, $\psi \in \mathrm{Alt}^1(V)$. Dann ist

$$(\varphi \wedge \psi)(v_1, v_2, v_3) = \varphi(v_1, v_2)\psi(v_3) + \varphi(v_2, v_3)\psi(v_1) - \varphi(v_1, v_3)\psi(v_2)\,.$$

Sind also $(\varphi_{ij})_{1 \le i < j \le n}$ und $(\psi_i)_{1 \le i \le n}$ die Komponenten von φ und ψ, so sind die Komponenten von $\varphi \wedge \psi$ durch

$$(\varphi_{ij}\psi_k + \varphi_{jk}\psi_i - \varphi_{ik}\psi_j)_{1 \le i < j < k \le n}$$

gegeben.

Im folgenden Satz werden die wichtigsten Eigenschaften des äußeren Produkts zusammengestellt.

Satz 2.17. *Seien* $\varphi, \psi \in \mathrm{Alt}^r(V)$, $\eta \in \mathrm{Alt}^p(V)$, $\xi \in \mathrm{Alt}^q(V)$. *Dann gilt:*

a. $\wedge$ *ist schiefsymmetrisch, d. h.*

$$\varphi \wedge \eta = (-1)^{pr}\eta \wedge \varphi\,.$$

b. $\wedge$ ist bilinear, also

$$(\varphi + \psi) \wedge \eta = \varphi \wedge \eta + \psi \wedge \eta ,$$
$$(\lambda\varphi) \wedge \eta = \lambda(\varphi \wedge \eta) \quad \text{für alle } \lambda \in \mathbb{R} ,$$

c. $\wedge$ ist assoziativ, d. h.

$$(\varphi \wedge \eta) \wedge \xi = \varphi \wedge (\eta \wedge \xi) ,$$

d. $\wedge$ ist natürlich, d. h.

$$A^*(\varphi \wedge \eta) = A^*\varphi \wedge A^*\eta \in \mathrm{Alt}^{r+p}(W)$$

für alle linearen Abbildungen $A \in \mathrm{Hom}(W; V)$.

Beweis. b. und d. sind klar.

a. Sei $\sigma \equiv \sigma_{r,p} \in S(r+p)$ durch $\sigma = \begin{pmatrix} 1 & \dots & p & p+1 \dots r+p \\ r+1 \dots r+p & & 1 & \dots & r \end{pmatrix}$ gegeben. Dann ist $\mathrm{sgn}\,(\sigma_{r,p}) = (-1)^{rp}$. Also ist

$$\begin{aligned}
(\varphi \wedge \eta)(v_1, \dots, v_{r+p}) &= \frac{1}{r!p!} \sum_{\tau \in S(r+p)} \mathrm{sgn}\,(\tau)\varphi(v_{\tau(1)}, \dots, v_{\tau(r)}) \\
&\quad \cdot \eta(v_{\tau(r+1)}, \dots, v_{\tau(r+p)}) \\
&= \frac{1}{r!p!} \sum_{\tau \in S(r+p)} \mathrm{sgn}\,(\tau)\eta\left(v_{(\tau\circ\sigma_{r,p})(1)}, \dots, v_{(\tau\circ\sigma_{r,p})(p)}\right) \\
&\quad \cdot \varphi(v_{(\tau\circ\sigma_{r,p})(p+1)}, \dots, v_{(\tau\circ\sigma_{r,p})(p+\tau)}) \\
&= \frac{1}{r!p!} \sum_{\tilde\tau \in S(r+p)} (-1)^{rp}\mathrm{sgn}\,(\tilde\tau)\eta(v_{\tilde\tau(1)}, \dots, v_{\tilde\tau(p)}) \\
&\quad \cdot \varphi(v_{\tilde\tau(p+1)}, \dots, v_{\tilde\tau(p+r)}) \\
&= (-1)^{rp}(\eta \wedge \varphi)(v_1, \dots, v_{r+p}) .
\end{aligned}$$

b. Eine ähnliche Rechnung wie in a. zeigt, dass

$$\begin{aligned}
(\varphi \wedge \eta) \wedge \xi = \varphi \wedge (\eta \wedge \xi) &= \sum_{\tau \in S(r,p,q)} \varphi(v_{\tau(1)}, \dots, v_{\tau(p)}) \\
&\cdot \eta(v_{\tau(p+1)}, \dots, v_{\tau(p+r)}) \cdot \xi(v_{\tau(p+r+1)}, \dots, v_{\tau(p+r+q)}) ,
\end{aligned}$$

wobei $S(r, p, q) \subseteq S(r+p+q)$ die Menge aller Permutationen τ mit

$$\tau(1) < \dots < \tau(r) ,$$
$$\tau(r+1) < \dots < \tau(r+p) ,$$
$$\tau(r+p+1) < \dots < \tau(r+p+q) .$$

Genauer findet man den Beweis in [17]. □

Auf Grund der Assoziativität kann man mehrfache äußere Produkte $\varphi_1 \wedge \cdots \wedge \varphi_m$ bilden, ohne sich auf eine bestimmte Klammerung festzulegen. Diese mehrfachen Produkte sind besonders wichtig, wenn es sich bei den φ_i um Linearformen handelt. Es gilt nämlich:

Satz 2.18.

a. Sind $v_1, \ldots, v_p \in V$ *und* $\varphi^1, \ldots, \varphi^p \in V^*$, *so gilt*

$$(\varphi^1 \wedge \cdots \wedge \varphi^p)(v_1, \ldots, v_p) = \det \begin{pmatrix} \varphi^1(v_1) & \cdots & \varphi^p(v_1) \\ \vdots & & \vdots \\ \varphi^1(v_p) & \cdots & \varphi^p(v_p) \end{pmatrix}. \tag{2.9}$$

b. Ist $\mathfrak{A} = (a_1, \ldots, a_n)$ *eine Basis von* V, $\mathfrak{A}^* = (\alpha^1, \ldots, \alpha^n)$ *die dazu duale, so ist*

$$\begin{aligned}&(\alpha^{\mu_1} \wedge \cdots \wedge \alpha^{\mu_p})(a_{\nu_1}, \ldots, a_{\nu_p}) \\ &\quad = \begin{cases} 0 & \textit{falls } \{\mu_1, \ldots, \mu_p\} \neq \{\nu_1, \ldots, \nu_p\} \\ & \textit{oder } \nu_i = \nu_j \textit{ für ein } i \neq j\,, \\ \operatorname{sgn}(\tau) & \textit{falls } \nu_j = \tau(\mu_j) \textit{ für alle } j \in \{1, \ldots, p\}\,. \end{cases}\end{aligned} \tag{2.10}$$

Beweis.

a. Die zur Behauptung äquivalente Gleichung

$$(\varphi^1 \wedge \cdots \wedge \varphi^p)(v_1, \ldots, v_p) = \sum_{\tau \in S(p)} \operatorname{sgn}(\tau) \prod_{i=1}^{p} \varphi^i(v_{\tau(i)})$$

folgt sofort durch Induktion nach p, wenn man $\varphi^1 \wedge \cdots \wedge \varphi^p = (\varphi^1 \wedge \cdots \wedge \varphi^{p-1}) \wedge \varphi^p$ schreibt und die Definition des äußeren Produkts anwendet.

b. folgt mittels Determinantentheorie aus a., kann aber auch leicht durch Induktion nach p direkt bewiesen werden: Da $\alpha^{\mu_1} \wedge \cdots \wedge \alpha^{\mu_p}$ alternierend ist, genügt es, die Behauptung für $\mu_1 < \cdots < \mu_p$ und $\nu_1 < \cdots < \nu_p$ nachzuweisen. Es ist

$$\begin{aligned}&((\alpha^{\mu_1} \wedge \cdots \wedge \alpha^{\mu_p}) \wedge \alpha^{\mu_{p+1}})(a_{\nu_1}, \ldots, a_{\nu_{p+1}}) = \\ &= \sum_{\tau \in S(p,1)} \operatorname{sgn}(\tau)(\alpha^{\mu_1} \wedge \cdots \wedge \alpha^{\mu_p})(a_{\nu_{\tau(1)}}, \ldots, a_{\nu_{\tau(p)}}) \cdot \alpha^{\mu_{p+1}}(a_{\nu_{\tau(p+1)}}) \\ &= \begin{cases} 0\,, & \text{falls kein } \nu_j \text{ mit } \nu_j = \mu_{p+1} \text{ existiert}\,, \\ \operatorname{sign}(\tau)(\alpha^{\mu_1} \wedge \cdots \wedge \alpha^{\mu_p})(a_{\nu_1}, \ldots, \hat{a}_{\nu_j}, \ldots, a_{\nu_{p+1}})\,, & \text{falls } \nu_j = \mu_{p+1}\,. \end{cases}\end{aligned}$$

Dabei bedeutet $\hat{a}_{\nu_j}$, dass der Vektor a_{ν_j} in der Aufzählung ausgelassen ist. Die Behauptung folgt jetzt aus der Induktionsannahme.

□

Satz 2.19. *Sei* $\mathfrak{A} = (a_1, \ldots, a_n)$ *eine Basis von* V *und* $\mathfrak{A}^* = (\alpha^1, \ldots, \alpha^n)$ *die duale Basis.*

a. Dann ist $(\alpha^{i_1} \wedge \cdots \wedge \alpha^{i_p})_{i_1 < \cdots < i_p}$ *eine Basis von* $\mathrm{Alt}^p(V)$, *die durch* $\mathfrak{A}$ *gegebene Basis.*

b. Für $\varphi \in \mathrm{Alt}^p(V)$ *gilt dann also*

$$\varphi = \sum_{1 \le i_1 < \cdots < i_p \le n} \varphi_{i_1 \ldots i_p} \alpha^{i_1} \wedge \cdots \wedge \alpha^{i_p} , \tag{2.11}$$

wobei $(\varphi_{i_1 \ldots i_p})_{1 \le i_1 < \cdots < i_p \le n}$ *die Komponenten von* φ *bezüglich* $\mathfrak{A}$ *sind.*

Beweis. Dass die alternierenden Multilinearformen $(\alpha^{i_1} \wedge \cdots \wedge \alpha^{i_p})_{1 \le i_1 < \cdots < i_p \le n}$ linear unabhängig sind, folgt sofort aus (2.10). Damit bilden sie nach Satz 2.15 eine Basis von $\mathrm{Alt}^p(V)$. Die Gl. (2.11) folgt durch Einsetzen der Basisvektoren auf beiden Seiten. □

Orientierung und orientiertes Volumen

Die n-te äußere Potenz $\mathrm{Alt}^n(V)$ ist nach 2.15 ein eindimensionaler Vektorraum. Ist $\mathfrak{A} = (a_1, \ldots, a_n)$ eine Basis von V, $\mathfrak{A}^* = (\alpha^1, \ldots, \alpha^n)$ die duale Basis, so ist die durch $\mathfrak{A}$ gegebene Basis von $\mathrm{Alt}^n(V)$

$$\alpha^1 \wedge \cdots \wedge \alpha^n .$$

In Aufgabe 2.3 wird gezeigt, dass für $\eta \in \mathrm{Alt}^n(V)$ und $A \in \mathrm{End}(V)$ gilt

$$A^* \eta = \det A \cdot \eta . \tag{2.12}$$

Ist also $V = \mathbb{R}^n$ und $\mathfrak{A}$ die *Standardbasis*, d. h. $a_i = \boldsymbol{e}_i$, so ist $\alpha^1 \wedge \cdots \wedge \alpha^n$ die *Determinante*.

Wir erinnern daran, dass zwei Basen $\mathfrak{A}$ und $\mathfrak{B}$ eines Vektorraums *gleichorientiert* heißen, falls für die Transformationsmatrix C, die $\mathfrak{A} = (a_1, \ldots, a_n)$ in $\mathfrak{B} = (b_1, \ldots, b_n)$ überführt, $\det C > 0$ gilt. Aus (2.12) folgt nun, dass zwei Basen genau dann gleichorientiert sind, wenn für eine beliebige alternierende n-Form $\eta \neq 0$ auf V

$$\mathrm{sgn}\,(\eta(a_1, \ldots, a_n)) = \mathrm{sgn}\,(\eta(b_1, \ldots, b_n))$$

gilt. Ein Vektorraum V heißt *orientiert*, wenn eine seiner beiden möglichen Orientierungen „ausgezeichnet" ist. Die Basen, die diese ausgezeichnete Orientierung repräsentieren, heißen *positiv* orientiert. Ist V ein orientierter Vektorraum, so heißt $\eta \in \mathrm{Alt}^n(V)$ *positiv orientiert*, falls $\eta(a_1, \ldots, a_n) > 0$ für eine (und dann jede) positiv orientierte Basis von V.

Bemerkung: Die beiden Orientierungen eines n-dimensionalen reellen Vektorraums V sind wieder ein Beispiel für *Äquivalenzklassen* im Sinne der Anmerkung 1.24. Hier ist S die Menge aller Basen von V (jede Basis als n-Tupel aufgefasst, nicht nur als Menge!), und die Äquivalenzrelation ist gegeben durch

$\mathfrak{B}_1 \sim \mathfrak{B}_2 \Longleftrightarrow$ die Transformationsmatrix, die $\mathfrak{B}_1$ in $\mathfrak{B}_2$ überführt, hat positive Determinante.

Aber niemand stellt sich eine Orientierung wirklich als eine Menge von Basen vor, sondern als den „Drehsinn“ oder „Schraubsinn“, den gleichorientierte Basen gemeinsam haben.

Ist V schließlich ein orientierter *euklidischer* Vektorraum, so heißt die eindeutig bestimmte alternierende n-Form $\eta \in \mathrm{Alt}^n(V)$ mit

$$\eta(e_1, \ldots, e_n) = 1$$

für eine (und dann jede) positiv orientierte Orthonormalbasis $(e_1, \ldots, e_n)$ die *Volumenform* auf V. Wie wir noch sehen werden (vgl. 4.10 und die Bemerkung danach), ist die Zahl $\eta(a_1, \ldots, a_n)$ dann nämlich das *orientierte Volumen* des von den Vektoren $a_1, \ldots, a_n$ aufgespannten Parallelepipeds, also das Volumen, versehen mit einem Vorzeichen, das angibt, ob das Vektorsystem $(a_1, \ldots, a_n)$ positiv oder negativ orientiert ist.

Die Volumenform führt zu wichtigen Isomorphismen:

Satz 2.20. *Sei η die Volumenform auf dem n-dimensionalen euklidischen Raum V.*

a. *Dann sind durch*

$$\mathrm{Alt}^n(V) \cong \mathbb{R}, \quad c \cdot \eta \longmapsto c$$

und

$$V \cong \mathrm{Alt}^{n-1}(V), \quad v \longmapsto i_v\eta \tag{2.13}$$

kanonische Isomorphismen gegeben.

b. *Ist $\mathfrak{A} = (a_1, \ldots, a_n)$ eine positiv orientierte Orthonormalbasis, so ist der Isomorphismus aus (2.13) durch*

$$\sum_{i=1}^{n} v^i a_i \longmapsto \sum_{i=1}^{n} (-1)^{i-1} v^i \alpha^1 \wedge \cdots \wedge \hat{\alpha^i} \wedge \cdots \wedge \alpha^n \tag{2.14}$$

gegeben. Dabei ist wieder $(\alpha^1, \ldots, \alpha^n)$ die duale Basis, und $\hat{\alpha^i}$ bedeutet, dass dieser Faktor weggelassen wird.

Beweis.

a. Nur für die Abbildung aus (2.13) ist die Behauptung nicht trivial. Wegen

$$\dim \mathrm{Alt}^{n-1}(V) = \binom{n}{n-1} = n = \dim \mathbb{R}^n$$

genügt es aber, die Injektivität nachzuweisen. Ist nun $v \neq 0$, so kann man den Einheitsvektor $v/\|v\|$ zu einer positiv orientierten Orthonormalbasis ergänzen, etwa durch $w_2, \ldots, w_n$, und dann ist

$$(i_v\eta)(w_2, \ldots, w_n) = \eta(v, w_2, \ldots, w_n) = \|v\| \neq 0$$

nach Definition der Volumenform.

b. Es genügt, die Behauptung für die Basisvektoren $v = a_i$ zu beweisen. Dafür folgt sie aber direkt aus (2.10), wenn man beachtet, dass die Volumenform in der Gestalt

$$\eta = \alpha^1 \wedge \cdots \wedge \alpha^n$$

geschrieben werden kann.

□

Aufgaben zu Kap. 2

2.1. Beweisen Sie Satz 2.3: Die Transformationsmatrix der dualen Basen ist die Transponierte der Transformationsmatrix.

2.2. Sei $\alpha \in \mathrm{Alt}^k V$. Zeigen Sie, dass dann gilt: Sind $v_1, \ldots, v_k$ linear abhängig, so ist $\alpha(v_1, \ldots, v_k) = 0$.

2.3. Zeigen Sie: Ist $A \in \mathrm{End}(V)$ und $\eta \in \mathrm{Alt}^n V$, so ist $A^*\eta = \det A \cdot \eta$.
Hinweis: Beweisen Sie dies zunächst für $V = \mathbb{R}^n$ und $\eta = \det$, indem Sie die Standardbasis auf beiden Seiten einsetzen.

2.4. Seien $\mathfrak{A}^{(j)}$ und $\mathfrak{B}^{(j)}$ Basen von V_j und $(c^{(j)k}{}_i)$ die zugehörigen Transformationsmatrizen, also $a_i^{(j)} = \sum\limits_{k=1}^{n} c^{(j)k}{}_i b_k$. Sei

$$\omega \in V_1 \otimes \cdots \otimes V_r \otimes V_{r+1}^* \otimes \cdots \otimes V_{r+s}^* .$$

Wie berechnet man die Komponenten von ω bezüglich der Basen $\mathfrak{A}$ aus denen bezüglich der Basis $\mathfrak{B}$? (*Hinweis:* Benutzen Sie Satz 2.3.)

2.5. Sei $V = \mathbb{R}^3$, $\{e_1, e_2, e_3\}$ eine positiv orientierte Orthonormalbasis und $\{\delta_1, \delta_2, \delta_3\}$ die duale Basis von $V^* = \mathrm{Alt}^1 V$.

a. Wir setzen

$$\gamma_1 := \delta_2 \wedge \delta_3, \quad \gamma_2 := \delta_3 \wedge \delta_1, \quad \gamma_3 := \delta_1 \wedge \delta_2.$$

Dann ist $\{\gamma_1, \gamma_2, \gamma_3\}$ eine Basis von $\mathrm{Alt}^2 V$. Seien nun $\alpha, \beta \in V^*$ 1-Formen, $\alpha = \sum\limits_{i=1}^{3} \alpha_i \delta_i$, $\beta = \sum\limits_{j=1}^{3} \beta_j \delta_j$. Welcher Zusammenhang besteht dann zwischen $\alpha \wedge \beta$ und dem Vektorprodukt der Vektoren $(\alpha_1, \alpha_2, \alpha_3)^T$ und $(\beta_1, \beta_2, \beta_3)^T$?

b. Seien nun $\omega = \sum\limits_{i=1}^{3} \omega_i \delta_i \in V^*$ eine 1-Form und $\mu = \sum\limits_{k=1}^{3} \mu_k \gamma_k \in \mathrm{Alt}^2 V$ eine 2-Form. Welcher Zusammenhang besteht zwischen $\omega \wedge \mu$ und dem Skalarprodukt der Vektoren $(\omega_1, \omega_2, \omega_3)^T$ und $(\mu_1, \mu_2, \mu_3)^T$?

2.6. Die lineare Abbildung $A : \mathbb{R}^2 \longrightarrow \mathbb{R}^3$ sei bezüglich der Standardbasen gegeben durch die Matrix $\begin{pmatrix} 4 & 7 \\ 2 & 1 \\ 7 & 8 \end{pmatrix}$. Sei $(\delta_1, \delta_2, \delta_3)$ die Standardbasis von $\mathbb{R}^{3*}$. Berechnen Sie $A^*\omega$ für

(i) $\omega := \delta_1 + \delta_2 + \delta_3$;
(ii) $\omega := \delta_1 \wedge \delta_2 + \delta_2 \wedge \delta_3 + \delta_3 \wedge \delta_1$;
(iii) $\omega := \delta_1 \wedge \delta_2 \wedge \delta_3$.

2.7. Zeigen Sie: Für die kanonische Volumenform vol auf einem orientierten euklidischen Vektorraum $(V, \langle\cdot|\cdot\rangle)$ der Dimension n gilt:

$$\mathrm{vol}(v_1, \ldots, v_n) = \det \begin{pmatrix} \langle v_1|e_1\rangle & \cdots & \langle v_1|e_n\rangle \\ \vdots & \ddots & \vdots \\ \langle v_n|e_1\rangle & \cdots & \langle v_n|e_n\rangle \end{pmatrix}$$

wobei det die Determinante in $\mathbb{R}^n$ bezeichnet, und $(e_1, \ldots, e_n)$ eine positiv orientierte Orthonormalbasis von V ist.

2.8. Zeigen Sie, dass k Linearformen $\sigma_1, \ldots, \sigma_k \in V^*$ genau dann linear unabhängig sind, wenn $\sigma_1 \wedge \cdots \wedge \sigma_k \neq 0$ gilt.

2.9. Sei V ein n-dimensionaler Vektorraum.

a. Zeigen Sie, dass es für jede 2-Form $\omega \in \mathrm{Alt}^2 V$ eine Basis $\{\sigma_1, \ldots, \sigma_n\}$ von V^* gibt, so dass
$$\omega = \sigma_1 \wedge \sigma_2 + \cdots + \sigma_{2r-1} \wedge \sigma_{2r}\,.$$
gilt. (*Hinweis:* Man imitiere das GRAM-SCHMIDTsche Orthogonalisierungsverfahren.)
b. Zeigen Sie weiterhin, dass die Zahl r von der Wahl der Basis unabhängig ist und durch die Bedingung
$$\omega^r \neq 0, \ \omega^{r+1} = 0$$
charakterisiert wird.

Kapitel 3
Tensorfelder und Differentialformen

Analysis auf Mannigfaltigkeiten und Differentialgeometrie werden in der heutigen Physik immer wichtiger, beispielsweise in Eichtheorien oder auch in der allgemeinen Relativitätstheorie. Nach den algebraischen und topologischen Vorbereitungen aus den ersten beiden Kapiteln sind wir nun soweit, dass wir in diese Theorie einsteigen können, beginnend mit der Behandlung von *Tensorfeldern* – und speziell *Vektorfeldern* – auf einer Mannigfaltigkeit in Abschn. A.

Besonders wichtig wird dabei der Spezialfall der *Differentialformen*. Das sind Abbildungen, die jedem Punkt der Mannigfaltigkeit eine alternierende k-Form zuordnen. Wir besprechen sie in Abschn. B und gehen dabei auch auf eine erste Anwendung ein, nämlich die Einführung einer *Orientierung* auf einer differenzierbaren Mannigfaltigkeit. In Abschn. C geht es dann um einen weiteren Typ von speziellen Tensorfeldern, nämlich RIEMANNsche Metriken und ihre Varianten, besonders die LORENTZschen Metriken. Ist eine RIEMANNsche Metrik gegeben, so kann man in jedem Tangentialraum Längen und Winkel messen, und zwar so, dass die Gesetze der euklidischen Geometrie erfüllt sind. Eine LORENTZsche Metrik hingegen überträgt die Geometrie des MINKOWSKIraums der Speziellen Relativitätstheorie auf die Tangentialräume. Wie diese auf den Tangentialräumen gegebenen Geometrien schließlich dazu führen, dass man auf der Mannigfaltigkeit selbst zusätzliche geometrische Informationen hat, das wird uns allerdings erst später in Kap. 5 beschäftigen.

Bei all dem betreiben wir aber noch keine echte Analysis, denn wir versehen eigentlich nur die aus Kap. 2 bekannten algebraischen Objekte mit einem zusätzlichen Parameter p, der in der Mannigfaltigkeit läuft und als Grundpunkt dient, an dem die betrachteten Objekte angeheftet sind. Alle Operationen, die wir bis dahin mit unseren Tensorfeldern vorgenommen haben, sind denn auch nichts anderes als die punktweise Durchführung der aus Kap. 2 bekannten algebraischen Operationen. Das wird sich erst in Abschn. D ändern, wo wir diskutieren, wie ein gegebenes Vektorfeld v einen *Fluss* sowie *Differentialoperatoren* $\mathcal{L}_v$ für Tensorfelder erzeugt, die man als LIE-*Ableitungen* bezeichnet und die die *Richtungsableitung* einer Funktion in geeigneter Weise verallgemeinern. Einen Fluss kann man sich als eine Strömung auf der Mannigfaltigkeit vorstellen, deren Geschwindigkeitsfeld gerade das gegebe-

K.-H. Goldhorn, H.-P. Heinz, M. Kraus, *Moderne mathematische Methoden der Physik*
DOI 10.1007/978-3-540-88544-3, © Springer 2009

ne Vektorfeld ist. Die Flüsse bilden ein fundamentales Werkzeug für die moderne mathematische Beschreibung von nichtlinearen Phänomenen aller Art, doch können wir hierauf nicht näher eingehen. Wir verwenden sie lediglich zur Konstruktion der LIE-Ableitungen.

A Tensorfelder auf Mannigfaltigkeiten

In diesem Abschnitt übertragen wir die lineare Algebra aus Kap. 2 auf Mannigfaltigkeiten. Da für jeden Punkt p einer Mannigfaltigkeit M der Tangentialraum T_pM ein Vektorraum ist, können die Objekte aus Kap. 2 also sofort an jeder Stelle $p \in M$ definiert werden. Zum Beispiel ist $\bigotimes^r T_p^*M$ der Vektorraum der r Linearformen auf T_pM. Dabei ist $T_p^*M := (T_pM)^*$. Ein kontra- bzw. kovariantes Tensorfeld wird dann eine Abbildung sein, die jedem Punkt p aus M einen kontra- bzw. kovarianten Tensor in T_pM zuordnet, und zwar in einer „glatten" Weise, die in diesem Abschnitt noch näher definiert werden muss. Für Vektorfelder, also einfach kontravariante Tensorfelder, kann man sich dabei gut von der Vorstellung, die man bei Untermannigfaltigkeiten gewonnen hat, leiten lassen, und wir werden unsere Diskussion der Einzelheiten mit Vektorfeldern beginnen. Für die allgemeineren Tensorfelder werden die Definitionen dann analog aussehen.

Definition 3.1. Die disjunkte Vereinigung

$$TM := \bigcup_{p \in M} T_pM$$

heißt das *Tangentialbündel* von M.

Ist $M \subseteq \mathbb{R}^N$ eine Untermannigfaltigkeit und benützt man (1.6), um T_pM mit $T_p^{\text{unt}}M$ zu identifizieren, so ergibt sich die injektive Abbildung

$$i : TM \hookrightarrow M \times \mathbb{R}^N \,, \; [\gamma] \longmapsto (\gamma(0), \dot{\gamma}(0)) \,.$$

Sie erlaubt es, das Tangentialbündel von M als Teilmenge von $M \times \mathbb{R}^n$ aufzufassen.

Ist $M \subseteq \mathbb{R}^n$ offen, so ist

$$i : TM \longrightarrow M \times \mathbb{R}^n$$

sogar bijektiv. Die Einschränkung auf T_pM ist für jedes $p \in M$ ein Isomorphismus $i_p := i\big|_{T_pM} : T_pM \longrightarrow \{p\} \times \mathbb{R}^n$.

Analoge Schreibweisen benutzen wir auch für alle anderen in Kap. 2 eingeführten Vektorräume, die ausgehend von $V = T_pM$ gebildet werden können:

$$T^*M = \bigcup_{p \in M} T_p^*M \,,$$

$$\bigotimes^r T^*M = \bigcup_{p\in M} \bigotimes^r T_p^*M ,$$

$$\mathrm{Alt}^k\, TM = \bigcup_{p\in M} \mathrm{Alt}^k\, T_pM .$$

Ist $M \subseteq \mathbb{R}^n$ offen, so ist $T^*M = M \times (\mathbb{R}^n)^*$,

$$\bigotimes^r T^*M = M \times \bigotimes^r (\mathbb{R}^n)^* \text{ und } \mathrm{Alt}^k TM = M \times \mathrm{Alt}^k \mathbb{R}^n .$$

Für allgemeine Mannigfaltigkeiten haben diese Räume keine Produktstruktur, jedoch sind sie alle von der Form

$$\bigcup_{p\in M} V_p ,$$

wobei V_p ein Vektorraum ist, der immer auf dieselbe Weise aus T_pM gebildet wird und den man sich gewissermaßen im Punkt p an M angeheftet denken kann. Daher gibt es stets eine natürliche surjektive Abbildung nach M, die wir mit π bezeichnen und die durch $\pi\big|_{V_p} \equiv p$ definiert ist. Für $p \in M$ heißt dann $\pi^{-1}(p)$ die *Faser* über p. Also: Für $\pi : TM \longrightarrow M$ ist die Faser über p durch T_pM gegeben, für $\pi : \mathrm{Alt}^k\, TM \longrightarrow M$ ist die Faser über $p \in M$ durch $\mathrm{Alt}^k\, T_pM$ gegeben usw.

Definition 3.2. Unter einem *Schnitt* einer surjektiven Abbildung $f : X \longrightarrow Y$ versteht man eine Abbildung $s : Y \longrightarrow X$ mit $f \circ s = \mathrm{id}_X$.

Ein Schnitt von $\pi : TM \longrightarrow M$ ist also eine Abbildung, die jedem $p \in M$ einen Tangentialvektor $v(p) \in T_pM$ an der Stelle $p \in M$ zuordnet, ein Schnitt von $\pi : T^*M \longrightarrow M$ ist eine Abbildung, die jedem $p \in M$ eine Linearform auf T_pM zuordnet, und ein Schnitt von $\mathrm{Alt}^k TM$ ordnet jedem $p \in M$ eine alternierende k-Form auf T_pM zu. Da TM, $\mathrm{Alt}^k TM$ etc. bisher keine Topologie und erst recht keine differenzierbare Struktur haben, kann man nicht davon sprechen, ob ein Schnitt stetig oder differenzierbar ist. Es ist möglich, auf all diesen Räumen eine differenzierbare Struktur einzuführen und dann zu definieren: Ein differenzierbares r-fach ko- und s-fach kontravariantes Tensorfeld ist ein differenzierbarer Schnitt in $\bigotimes_s^r TM$. Wir werden aber einen etwas anschaulicheren und elementareren Weg gehen.

Ist (U, h) eine Karte von M, so ist für jedes $p \in U$ eine Basis von T_pM durch $\mathcal{D}_p^{(h)} = \left(\partial_1^{(h)}(p), \ldots, \partial_n^{(h)}(p)\right)$ gegeben. Ist also $v_p \in T_pM$, und bezeichnet $(v^1(p), \ldots, v^n(p)) \in \mathbb{R}^n$ die Komponenten von v_p bezüglich $\mathcal{D}_p^{(h)}$, so ist

S. 25

$$v_p = \sum_{i=1}^n v^i(p)\partial_i^{(h)}(p)$$

Die Abbildungen $v^j : U \longrightarrow \mathbb{R}$, $j = 1, \ldots, n$ bezeichnet man dann als *Komponentenfunktionen* bezüglich $\mathcal{D}^{(h)}$ oder h.

Sind $(v^1(p), \ldots, v^n(p))$ die Komponenten von v_p bezüglich $\mathcal{D}_p^{(h)}$, so ist

$$dh_p(v_p) = (v^1(p), \ldots, v^n(p)) \,,$$

da nach Definition der Koordinatenbasis $dh_p\left(\partial_i^{(h)}(p)\right) = \boldsymbol{e}_i$ gilt.

Ist $(\widetilde{U}, \tilde{h})$ eine weitere Karte um p, und $w = \tilde{h} \circ h^{-1}$, so sind also nach (1.10) die Komponenten von v_p bezüglich $\mathcal{D}_p^{(\tilde{h})}$ durch $(\tilde{v}^1(p), \ldots, \tilde{v}^n(p))$ mit

$$\tilde{v}^j(p) = \sum_{i=1}^{n} v^i(p) \cdot \frac{\partial w^j}{\partial x_i}(h(p)) \tag{3.1}$$

gegeben. Wir definieren nun:

Definitionen 3.3. Ein *Vektorfeld* ist ein Schnitt in TM. Ein Vektorfeld v heißt *stetig* (bzw. C^r*-differenzierbar*) bei $p \in M$, wenn für eine (und dann jede) Karte (U, h) mit $p \in U$ die Komponentenfunktionen $v^1, \ldots, v^n : U \longrightarrow \mathbb{R}$ bezüglich $\mathcal{D}^{(h)}$ stetig (bzw. C^r-differenzierbar) sind. Die Menge aller differenzierbaren Vektorfelder auf M bezeichnen wir mit ΓTM.

Dass diese Definition tatsächlich unabhängig von der Wahl der Karte ist, folgt sofort aus (3.1), denn die Kartenwechsel sind ja C^∞-Abbildungen.

Zu beachten ist noch, dass man Vektorfelder punktweise linear kombinieren kann, da ihre Werte an einem Punkt $p \in M$ alle im Vektorraum T_pM liegen. Auf diese Weise wird ΓTM selbst zu einem reellen Vektorraum.

Ein Vektorfeld ist also genau dann differenzierbar, wenn seine Beschreibung bezüglich Karten differenzierbar ist. Ist nun (U, h) eine Karte und $\boldsymbol{v} : h(U) \longrightarrow \mathbb{R}^n$ eine (differenzierbare) Abbildung, so ist durch $U \longrightarrow TM$, $p \longmapsto (dh_p)^{-1}(\boldsymbol{v}(h(p)))$ jedenfalls ein (differenzierbares) Vektorfeld auf U gegeben. Auf diese Weise können Vektorfelder auch auf ganz M definiert werden – es müssen nur die Beschreibungen bezüglich der Karten zusammenpassen:

Satz 3.4. *Sei $\{(U_\lambda, h_\lambda) \mid \lambda \in \Lambda\}$ ein Atlas für M, $U'_\lambda := h_\lambda(U_\lambda) \subseteq \mathbb{R}^n$. Für jedes $\lambda \in \Lambda$ sei eine (differenzierbare) Abbildung*

$$\boldsymbol{v}_\lambda := \left(v_\lambda^1, \ldots, v_\lambda^n\right) : U'_\lambda \longrightarrow \mathbb{R}^n$$

gegeben. Dann definiert die Familie $(\boldsymbol{v}_\lambda)_{\lambda \in \Lambda}$ genau dann ein (differenzierbares) Vektorfeld auf M, wenn für alle $\lambda, \tilde{\lambda} \in \Lambda$ gilt:

$$v_\lambda^j(x) = \sum_{i=1}^{n} v_{\tilde{\lambda}}^i(\tilde{x}) \frac{\partial w_{\lambda\tilde{\lambda}}^j}{\partial x_i}(\tilde{x}) \,, \; x \in h_\lambda(U_\lambda \cap U_{\tilde{\lambda}})$$

mit $w_{\lambda\tilde{\lambda}} = h_\lambda \circ h_{\tilde{\lambda}}^{-1}\Big|_{h_{\tilde{\lambda}}(U_\lambda \cap U_{\tilde{\lambda}})}$ und $\tilde{x} = w_{\lambda\tilde{\lambda}}^{-1}(x)$.

Soviel zu den Vektorfeldern. Ebenso werden nun (differenzierbare) r-fach kontravariante Tensorfelder auf M definiert:

Definitionen 3.5.

a. Ein *r-fach kontravariantes Tensorfeld* ist ein Schnitt α in $\underbrace{TM \otimes \cdots \otimes TM}_{r\text{-mal}}$.

b. Ist α ein kontravariantes Tensorfeld, d. h. für $p \in M$ ist $\alpha(p) \in \otimes^r T_pM$, und ist (U, h) eine Karte von M, so gibt es nach (2.2) für jedes $p \in U$ Komponenten $\alpha^{i_1 \dots i_r}(p) \in \mathbb{R}$, so dass

$$\alpha(p) = \sum_{i_1 \dots i_r = 1}^{n} \alpha^{i_1 \dots i_r}(p)\, \partial_{i_1}^{(h)}(p) \otimes \cdots \otimes \partial_{i_r}^{(h)}(p)\,.$$

Die Funktionen $\alpha^{i_1 \dots i_r} : U \longrightarrow \mathbb{R}$ heißen die *Komponentenfunktionen* von α bezüglich h.

c. α heißt nun wieder *stetig* (bzw. *differenzierbar*) bei $p \in U$ falls alle Komponentenfunktionen $\alpha^{i_1 \dots i_r} : U \longrightarrow \mathbb{R}$ bezüglich einer (und dann jeder) Karte stetig (bzw. differenzierbar) bei p sind.

Die Wohldefiniertheit folgt wie in (3.1), vgl. Übungsaufgabe.

Analog kann man mit kovarianten Tensorfeldern verfahren. Ist $p \in M$, (U, h) eine Karte um p, so bezeichnet $\left(\mathrm{d}x_{1,p}^{(h)}, \dots, \mathrm{d}x_{n,p}^{(h)}\right) \in \left(T_p^*M\right)^n$ die zu $\left(\partial_1^{(h)}(p), \dots, \partial_n^{(n)}(p)\right)$ duale Basis. Ist $h = (h^1, \dots, h^n)$ mit $h^i \in C^\infty(U)$, so ist offenbar $\mathrm{d}x_{i,p}^{(h)} = \mathrm{d}h_p^i$, denn mit $\varphi := h^{-1}$ haben wir

$$\begin{aligned}
\mathrm{d}h_p^i(\partial_j(p)) &= \mathrm{d}h_p^i(\mathrm{d}\varphi_{h(p)}(\boldsymbol{e}_j)) \\
&= \mathrm{pr}_i \circ \mathrm{d}h_p(\mathrm{d}\varphi_{h(p)}(\boldsymbol{e}_j)) \\
&= \mathrm{pr}_i(\boldsymbol{e}_j) = \delta_{ij}\,,
\end{aligned}$$

wobei $\boldsymbol{e}_j \in \mathbb{R}^n$, wie immer, den j-ten Standardbasisvektor und pr_i die Projektion auf die i-te Koordinate bezeichnet.

Definitionen 3.6.

a. Unter einer *differenzierbaren* 1-*Form* α auf M oder *Differentialform* versteht man einen Schnitt in T^*M, so dass für eine (und dann jede) Karte (U, h) von M die durch

$$\alpha(p) \equiv \alpha_p = \sum_{i=1}^{n} \alpha_i(p)\, \mathrm{d}x_{i,p}^{(h)}\,, \quad p \in U$$

definierten Abbildungen $\alpha_i : U \longrightarrow \mathbb{R}$, $i = 1, \dots, n$, die *Komponentenfunktionen* bezüglich h, differenzierbar sind.

b. Unter einem *stetigen* (bzw. *differenzierbaren*) *r-fach, ko- und s-fach kontravarianten Tensorfeld* versteht man einen Schnitt in

$$\underbrace{T^*M \otimes \cdots \otimes T^*M}_{r\text{-mal}} \otimes \underbrace{TM \otimes \cdots \otimes TM}_{s\text{-mal}} =: \bigotimes_s^r T^*M\,,$$

so dass für eine (und dann jede) Karte (U, h) von M die durch

$$\alpha(p) = \sum \alpha_{i_1 \dots i_r}^{j_1 \dots j_s}(p)\,\mathrm{d}x_p^{i_1} \otimes \dots \otimes \mathrm{d}x_p^{i_r} \otimes \partial_{j_1}(p) \otimes \dots \otimes \partial_{j_s}(p)$$

definierten Funktionen $\alpha_{i_1 \dots i_r}^{j_1 \dots j_s} : U \longrightarrow \mathbb{R}$ stetig bzw. differenzierbar sind. Diese Funktionen heißen wieder *Komponentenfunktionen* von α bezüglich h.

Mit anderen Worten: Ein r-fach kovariantes Tensorfeld auf M ordnet r Vektorfeldern eine Funktion auf M zu, und diese Zuordnung ist an jedem Punkt von M multilinear.

Ist α ein r-fach kovariantes Tensorfeld auf M und sind $v_1, \dots, v_r$ Vektorfelder auf M, so ist also $\alpha(v_1, \dots, v_r)$ eine Funktion auf M. Ist (U, h) eine Karte für M und sind

$$\alpha_{i_1 \dots i_r} : U \longrightarrow \mathbb{R} \text{ und } v_j^i : U \longrightarrow \mathbb{R}\,,\ j = 1, \dots, r\,,\ i = 1, \dots, n$$

die Komponenten von α bzw. von v_j, $j = 1, \dots, r$ bezüglich h, so ist für $p \in U$

$$(\alpha(v_1, \dots, v_r))(p) = \sum_{i_1 \dots i_r = 1}^{n} \alpha_{i_1 \dots i_r}(p) v_1^{i_1}(p) \cdots v_r^{i_r}(p)\,. \tag{3.2}$$

Insbesondere ist also auch auf U

$$\alpha_{i_1 \dots i_r} = \alpha(\partial_{i_1}, \dots, \partial_{i_r})\,. \tag{3.3}$$

Um die Unabhängigkeit der Definition der Differenzierbarkeit von der Wahl der Karte zu prüfen, rechnet man nach, wie sich die Komponentenfunktionen bei Kartenwechsel verhalten: Sind (U, h), $(\widetilde{U}, \tilde{h})$ Karten für M, so gilt für die Komponentenfunktionen $\alpha_{i_1 \dots i_r}^{j_1 \dots j_s}$ und $\tilde{\alpha}_{i_1 \dots i_r}^{j_1 \dots j_s}$ eines r-fach ko- und s-fach kontravarianten Tensorfeldes für jedes $p \in U \cap \widetilde{U}$

$$\tilde{a}_{i_1 \dots i_r}^{j_1 \dots j_s}(p) = \sum_{\substack{k_1, \dots, k_r, \\ j_1, \dots, j_s = 1}}^{n} \tilde{w}_{i_1}^{k_1} \cdots \tilde{w}_{i_r}^{k_r} w_{l_1}^{j_1} \cdots w_{l_s}^{j_s} a_{k_1 \dots k_r}^{l_1 \dots l_s}(p) \tag{3.4}$$

mit

$$\begin{aligned} w_l^j &= \frac{\partial(\tilde{h} \circ h^{-1})_j}{\partial x_l}(h(p)) \quad \text{und} \quad & \tilde{w}_i^k &= \frac{\partial(h \circ \tilde{h}^{-1})_k}{\partial x_i}(\tilde{h}(p)) \\ &= \frac{\partial \tilde{x}_j}{\partial x_l}(h(p)) & &= \frac{\partial x_k}{\partial \tilde{x}_i}(\tilde{h}(p))\,. \end{aligned} \tag{3.5}$$

Umgekehrt können ebenso wie Vektorfelder auch Tensorfelder nur durch ihre Komponenten bezüglich Karten beschrieben werden.

Satz 3.7. *Sei $(U_\lambda, h_\lambda)_{\lambda \in \Lambda}$ ein Atlas für M, und für jedes $\lambda \in \Lambda$ seien*

$$a_{i_1 \dots i_r}^{j_1 \dots j_s} \in C^\infty(U_\lambda)$$

gegeben. Dann beschreiben diese Funktionen ein differenzierbares Tensorfeld α auf M mit

$$\alpha\Big|_U = \sum \alpha_{i_1 \dots i_r}^{j_1 \dots j_s} \, \mathrm{d}x^{i_1} \otimes \cdots \otimes \mathrm{d}x^{i_r} \otimes \partial_{j_1} \otimes \cdots \otimes \partial_{j_s} \, ,$$

genau dann, wenn sie sich bei Kartenwechsel wie in (3.4) und (3.5) beschrieben verhalten.

B Alternierende k-Formen und Orientierungen

Die kovarianten Tensorfelder, die an jedem Punkt $p \in M$ eine *alternierende* Multilinearform auf T_pM liefern, spielen eine besonders wichtige Rolle. Diesen wenden wir uns nun zu:

Definitionen 3.8.

a. Unter einer k-Form auf M versteht man einen Schnitt ω in $\mathrm{Alt}^k\, TM$, also eine Abbildung $M \longrightarrow \mathrm{Alt}^k\, TM$ mit $\omega(p) \equiv \omega_p \in \mathrm{Alt}^k(T_pM)$.
b. Ist ω eine k-Form auf M, η eine r-Form auf M, so ist eine $(k+r)$-Form auf M durch

$$(\omega \wedge \eta)_p := \omega_p \wedge \eta_p$$

gegeben. Sie heißt das *äußere Produkt* von ω und η.

Die Bilinearität, Assoziativität und Antikommutativität (= Schiefsymmetrie) des äußeren Produkts zwischen Formen auf Vektorräumen überträgt sich sofort auf das äußere Produkt zwischen Formen auf Mannigfaltigkeiten. Aus Satz 2.19a. wissen wir bereits, wie wir eine Basis von $\mathrm{Alt}^k\, T_pM$ erhalten.

Satz 3.9. *Ist (U, h) eine Karte für M, $(\mathrm{d}x_p^i \equiv \mathrm{d}h_p^i)_{i=1,\dots,n}$, die durch h gegebene Koordinatenbasis von* $\mathrm{Alt}^1 T_pM = T_p^*M$ *für $p \in U$, so ist*

$$(\mathrm{d}x_p^{\mu_1} \wedge \cdots \wedge \mathrm{d}\, x_p^{\mu_k})_{\mu_1 < \cdots < \mu_k}$$

eine Basis von $\mathrm{Alt}^k T_pM$ *gegeben, die wir wieder die durch (U, h) definierte* Koordinatenbasis *nennen.*

Ist also ω eine k-Form auf M, so gibt es eindeutig bestimmte Funktionen $\omega_{\mu_1,\dots,\mu_k} : U \longrightarrow \mathbb{R}$, so dass für $p \in U$ gilt

$$\omega(p) = \sum_{\mu_1 < \cdots < \mu_k} \omega_{\mu_1,\dots,\mu_k}(p)\, \mathrm{d}x_p^{\mu_1} \wedge \cdots \wedge \mathrm{d}x_p^{\mu_k} \, .$$

Die Funktionen $\omega_{\mu_1,\dots,\mu_k}$ heißen die durch (U, h) gegebenen *Komponenten*(-Funktionen) von ω. Wieder wird die Differenzierbarkeit anhand dieser Komponentenfunktionen definiert:

Definitionen 3.10.

a. Eine k-Form ω heißt differenzierbar bei $p \in M$, wenn für eine (und dann jede) Karte (U, h) die durch (U, h) gegebenen Komponentenfunktionen $\omega_{\mu_1,\ldots,\mu_k}$ bei $p \in M$ differenzierbar sind.
b. Ist $\omega \in \operatorname{Alt}^k TM$ bei jedem $p \in M$ differenzierbar, so heißt ω (k-) *Differentialform* auf M. Den Vektorraum der k-Differentialformen bezeichnet man mit $\Omega^k(M)$. Ferner setzt man

$$\bigoplus_{k=0}^{n} \Omega^k(M) =: \Omega(M) .$$

Dabei ist $\Omega^0(M) = C^\infty(M)$, d. h. 0-Formen sind einfach skalarwertige Funktionen.

Ist $U \subseteq \mathbb{R}^n$ offen, also $T_pU = \mathbb{R}^n$ für jedes $p \in U$ und $\operatorname{Alt}^k U = U \times \operatorname{Alt}^k \mathbb{R}^n$, so kann jede Multilinearform $\alpha \in \operatorname{Alt}^k \mathbb{R}^n$ als *konstante* Differentialform auf U aufgefasst werden, nämlich

$$\alpha(x) := \alpha \in \operatorname{Alt}^k T_pU = \operatorname{Alt}^k \mathbb{R}^n \qquad \forall\, x \in U .$$

Insbesondere tun wir dies für die Kovektoren

$$\mathrm{d}x^j \equiv \mathrm{d}x^{\mathrm{id}}_{j,p} =: \delta^j = (0, \ldots, 1, \ldots, 0) \in (\mathbb{R}^n)^* ,$$

die die zur Standardbasis duale Basis bilden. Die kanonische Koordinatenbasis auf $\operatorname{Alt}^k TU$ ist also durch $(\delta^{i_1} \wedge \cdots \wedge \delta^{i_k})_{i_1<\cdots<i_k}$ gegeben. Insbesondere für $k = n$ besteht die Koordinatenbasis nur aus dem einzigen Element $\det = \delta^1 \wedge \cdots \wedge \delta^n$ (vgl. die Bemerkung hinter (2.12)), und jedes $\alpha \in \Omega^n U$ ist daher durch $\alpha = f \cdot \det$ für ein $f \in C^\infty(U)$ gegeben.

Definitionen 3.11.

a. Ist v ein Vektorfeld auf M, ω eine k-Form auf M, so ist $i_v\omega$ die $(k-1)$-Form, die durch
$$(i_v\omega)_p = i_{v(p)}\omega_p$$
definiert ist.
b. Ist $\omega \in \Omega^k M$, $f : N \longrightarrow M$ eine differenzierbare Abbildung zwischen Mannigfaltigkeiten, so ist
$$f^*\omega \in \Omega^k N$$
durch
$$(f^*\omega)_p(v_1, \ldots, v_k) := \omega_{f(p)}(\mathrm{d}f_p(v_1), \ldots, \mathrm{d}f_p(v_k)) \text{ für } v_i \in T_pN ,$$
definiert.

Aus Satz 2.17d. folgt sofort, dass für $\omega \in \Omega^r M$, $\eta \in \Omega^s M$

$$f^*\omega \wedge f^*\eta = f^*(\omega \wedge \eta) \tag{3.6}$$

gilt. Diese Eigenschaft heißt die *Natürlichkeit des äußeren Produkts.*

Beispiel: Sei

$$\begin{aligned} \phi : \mathbb{R}^+ \times]0, 2\pi[&\longrightarrow \mathbb{R}^2 \setminus \{(x, y) \mid y = 0\,,\ x \geq 0\} =: U\ , \\ (r, \varphi) &\longmapsto (r \cos\varphi\ ,\ r \sin\varphi) \end{aligned}$$

die Polarkoordinatenabbildung, $h = \phi^{-1}$. Die Karte h führt dann auf U die Koordinaten $\xi^1 = r$, $\xi^2 = \varphi$ ein. Die durch h gegebene Koordinatenbasis auf U bezeichnen wir daher mit

$$\mathrm{d}r := \mathrm{d}\xi^1 \text{ und } \mathrm{d}\varphi := \mathrm{d}\xi^2\ .$$

Da $U \subseteq \mathbb{R}^2$ offen ist, können wir auf U auch die duale Standardbasis, bestehend aus $\mathrm{d}x = \delta^1 = (1, 0)$ und $\mathrm{d}y = \delta^2 = (0, 1)$, verwenden. Berechnet man die Komponentenfunktionen von $\mathrm{d}r$ und $\mathrm{d}\varphi$ bezüglich der Standardbasis mittels

$$\begin{aligned} \mathrm{d}r_{(x,y)}(\boldsymbol{e}_1) &= \frac{\partial}{\partial x}\left(\sqrt{x^2 + y^2}\right) = \frac{x}{\sqrt{x^2 + y^2}}\ , \\ \mathrm{d}r_{(x,y)}(\boldsymbol{e}_2) &= \frac{\partial}{\partial y}\left(\sqrt{x^2 + y^2}\right) = \frac{y}{\sqrt{x^2 + y^2}}\ , \\ \mathrm{d}\varphi_{(x,y)}(\boldsymbol{e}_1) &= \frac{\partial}{\partial x}\left(\operatorname{arccot}\frac{x}{y}\right) = -\frac{y}{x^2 + y^2}\ , \\ \mathrm{d}\varphi_{(x,y)}(\boldsymbol{e}_2) &= \frac{\partial}{\partial y}\left(\operatorname{arctg}\frac{y}{x}\right) = \frac{x}{x^2 + y^2}\ , \end{aligned}$$

So erhält man

$$\begin{aligned} \mathrm{d}r_{(x,y)} &= \frac{1}{\sqrt{x^2 + y^2}}\,(x\delta^1 + y\delta^2) \in \Omega^1 U\ , \\ \mathrm{d}\varphi_{(x,y)} &= \frac{1}{x^2 + y^2}\,(-y\delta^1 + x\delta^2) \in \Omega^1 U\ . \end{aligned}$$

Wir sehen also, dass $\mathrm{d}r$ und $\mathrm{d}\varphi$ eine differenzierbare Fortsetzung auf $\mathbb{R}^2 \setminus \{0\}$ haben und dass

$$r\ \mathrm{d}r \wedge \mathrm{d}\varphi = \delta^1 \wedge \delta^2 = \det \in \Omega^2(\mathbb{R}^2)$$

auf ganz U wohldefiniert ist.

Orientierungen von Mannigfaltigkeiten

Mit Hilfe von (2.12) wurde gezeigt, dass in einem n-dimensionalen Vektorraum durch $\omega \in \mathrm{Alt}^n V$ mit $\omega \neq 0$ eine Orientierung auf V definiert werden kann.

Eine Orientierung für M ist durch Orientierungen der Tangentialräume gegeben, die stetig vom Punkt abhängen. Genauer:

Definitionen 3.12.

a. Eine Familie von Orientierungen $\mathrm{or} = \{\mathrm{or}_x\}_{x \in M}$, wobei or_x eine Orientierung von $T_x M$ ist, heißt *lokal verträglich*, wenn es um jedes $p \in M$ eine Karte (U, h) gibt, so dass $\mathrm{d}h_x : T_x M \longrightarrow \mathbb{R}^n$ für jedes $x \in U$ orientierungserhaltend ist. Dabei nennt man einen Isomorphismus $A : V \to W$ von orientierten Vektorräumen V, W *orientierungserhaltend* (= *orientierungstreu*), wenn die Matrix, die ihn bezüglich zweier positiv orientierter Basen beschreibt, positive Determinante hat. Anderenfalls heißt er *orientierungsumkehrend*.
b. Eine *Orientierung* von M ist eine lokal verträgliche Familie von Orientierungen $\{\mathrm{or}_x\}_{x \in M}$.

Ist $\mathrm{or} = \{\mathrm{or}_x\}_{x \in M}$ eine lokal verträgliche Familie auf M, so ist auch $-\mathrm{or} := \{-\mathrm{or}_x\}_{x \in M}$ eine lokal verträgliche Familie von Orientierungen auf M, denn ist $\mathrm{d}h_x : T_x M \longrightarrow \mathbb{R}^n$ orientierungserhaltend für die Orientierung or_x, so ist $(U, \tilde{h})$ mit $\tilde{h} = (-h^1, h^2, \ldots, h^n)$ orientierungserhaltend für die Orientierung $-\mathrm{or}_x$.

Bisher konnten wir einfach alle Definitionen direkt von den Vektorräumen auf Tangentialräume übertragen und zusätzlich fordern, dass die Objekte differenzierbar von den Punkten in M abhängen. Hier tritt nun eine neue Art Fragestellung auf, nämlich die, ob auf einer Mannigfaltigkeit überhaupt stets eine Orientierung existiert. Offenbar existiert auf jedem Koordinatengebiet eine Orientierung, jedoch gibt es Mannigfaltigkeiten, auf denen man keine Orientierung wählen kann (vgl. Aufgabe 3.6).

Definition 3.13. Eine differenzierbare Mannigfaltigkeit heißt *orientierbar*, wenn eine der drei folgenden äquivalenten Bedingungen erfüllt ist:

a. Auf M gibt es eine Orientierung.
b. M besitzt einen Atlas, für dessen sämtliche Kartenwechsel w_{ij} gilt: $\det J_{w_{ij}}(x) > 0$.
c. Auf M gibt es eine n-Form $\omega \in \Omega^n M$ mit $\omega_x \neq 0$ für alle $x \in M$.

Beweis (der Äquivalenz). Die Äquivalenz von a. und b. ist eine leichte Übungsaufgabe. Wir zeigen noch c. $\Rightarrow$ a. – Die Implikation a. $\Rightarrow$ c. werden wir erst im nächsten Kapitel beweisen (vgl. Abschn. 4A).

Sei $\omega \in \Omega^n M$ mit $\omega(x) \neq 0$ für alle $x \in M$ gegeben. Definiere eine Basis $(v_1, \ldots, v_n)$ von $T_x M$ als positiv orientiert genau dann, wenn $\omega(x)(v_1, \ldots, v_n) > 0$. Dies definiert auf jedem $T_x M$ eine Orientierung (vgl. (2.12)). Diese Familie von Orientierungen ist lokal verträglich, denn ist (U, h) eine Karte mit zusammen hängendem Definitionsbereich U und $\omega\big|_U = a \, \mathrm{d}x^1 \wedge \cdots \wedge \mathrm{d}x^n$ mit $a \in C^\infty(U)$ und $\mathrm{d}x^1, \ldots, \mathrm{d}x^n$ die durch h gegebene Koordinatenbasis, so ist $a(x) > 0$ für alle $x \in U$, also h eine orientierungserhaltende Karte, oder $a(x) < 0$ für alle $x \in U$, also $\tilde{h} = (-h^1, h^2, \ldots, h^n)$ eine orientierungserhaltende Karte. □

Abb. 3.1 MÖBIUSband

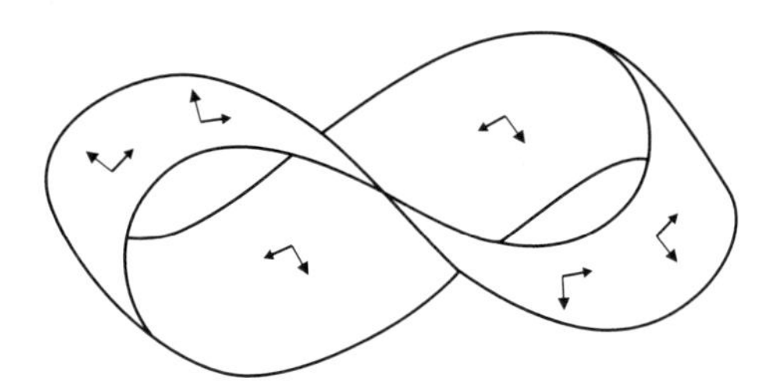

Eine nichtorientierbare Mannigfaltigkeit ist beispielsweise das MÖBIUSband, das wir in Übungsaufgabe 3.6 behandeln werden (Abb. 3.1).

Eine orientierbare Mannigfaltigkeit besitzt stets mindestens zwei mögliche Orientierungen. Ist sie zusammenhängend, so besitzt sie genau zwei mögliche Orientierungen. Eine Mannigfaltigkeit zusammen mit einer Orientierung auf ihr heißt *orientierte* Mannigfaltigkeit. Auf $\mathbb{R}^n$ ist eine kanonische Orientierung gegeben, nämlich die, bei der die Standardbasis $(\boldsymbol{e}_1, \ldots, \boldsymbol{e}_n)$ positiv orientiert ist. Auf diese Weise betrachten wir $\mathbb{R}^n$ stets als orientierte Mannigfaltigkeit.

Definitionen 3.14. Eine differenzierbare Abbildung f zwischen orientierten Mannigfaltigkeiten M und N heißt *orientierungserhaltend*, falls $\mathrm{d}f_x : T_x M \longrightarrow T_{f(x)}N$ orientierungserhaltend ist für jedes $x \in M$, *orientierungsumkehrend*, falls $\mathrm{d}f_x$ orientierungsumkehrend ist für jedes $x \in M$.

Für n-dimensionale Untermannigfaltigkeiten des $\mathbb{R}^{n+1}$ gibt es noch eine anschaulichere Bedeutung von Orientierung: Ein stetiges *Normalenfeld* auf $M \subseteq \mathbb{R}^{n+1}$ ist eine stetige Abbildung $N : M \longrightarrow \mathbb{R}^{n+1}$ mit $N(x) \in (T_x^{\text{unt}} M)^\perp$. Erfüllt N zugleich $|N(x)| = 1$ für alle $x \in M$, so heißt N ein stetiges *Normaleneinheitsfeld*. Ist $M = F^{-1}(p)$ Urbild eines regulären Wertes, so ist durch

$$N(x) = \frac{\operatorname{grad} F(x)}{|\operatorname{grad} F(x)|}$$

ein stetiges Normaleneinheitsfeld auf M gegeben.

Satz 3.15. *Eine n-dimensionale Untermannigfaltigkeit des $\mathbb{R}^{n+1}$ ist genau dann orientierbar, wenn es ein stetiges Normaleneinheitsfeld auf M gibt.*

Beweis. Wir zeigen hier nur die Richtung „$\Leftarrow$", die andere ist dem Leser als Übungsaufgabe überlassen.

Sei N ein stetiges Normaleneinheitsfeld. Eine Basis $(v_1, \ldots, v_n) \in (T_x M)^n$ heiße positiv orientiert, falls $\det(N(x), v_1, \ldots, v_n) > 0$. Dadurch ist eine Orientierung auf $T_x M$ wohldefiniert.

Diese Orientierungen sind lokal verträglich, denn ist (U, h) eine Karte und ist U o. B. d. A. zusammenhängend, so ist wegen der Stetigkeit der Determinante $\det\left(N(x), \partial_1^{(h)}(x), \ldots, \partial_n^{(h)}(x)\right) > 0$ für alle $x \in U$ oder $\det\left(N(x), \partial_1^{(h)}(x), \ldots, \partial_n^{(h)}(x)\right) < 0$ für alle $x \in U$. Im ersten Fall ist h orientierungserhaltend, im zweiten orientierungsumkehrend, und dann benutzt man auf U die Karte $\tilde{h}$ wie in dem Beweis hinter Definition 3.13. □

Definitionen 3.16. Ist M eine n-dimensionale orientierte Untermannigfaltigkeit des $\mathbb{R}^{n+1}$, $N : M \longrightarrow \mathbb{R}^{n+1}$ ein stetiges Normaleneinheitsfeld auf M mit $\det(N(x), v_1, \ldots, v_n) > 0$ für jede positiv orientierte Basis von $T_x M$ für jedes $x \in M$, so heißt N *orientierungsdefinierendes* Normaleneinheitsfeld.

Eine nichtverschwindende n-Form $\omega \in \Omega^n M$ für eine n-dimensionale orientierte Untermannigfaltigkeit $M \subseteq \mathbb{R}^{n+1}$ mit orientierungsdefinierendem Normaleneinheitsfeld N ist durch

$$\omega_M := j^*(i_N \det) \tag{3.7}$$

gegeben, wobei $j : M \longrightarrow \mathbb{R}^{n+1}, x \mapsto x$ die Inklusion bezeichnet. Ausführlich heißt das

$$\omega_{M,x}(v_1, \ldots, v_n) = \det(N(x), \mathrm{d}j_x(v_1), \ldots, \mathrm{d}j_x(v_n)) ,$$

und dabei ist $\mathrm{d}j_x$ gerade der durch (1.6) gegebene Isomorphismus.

Ist zum Beispiel $M = \mathbf{S}^n \subseteq \mathbb{R}^{n+1}$, so ist $N(x) = x$ ein stetiges Normaleneinheitsfeld auf $\mathbf{S}^n$, also nach Satz 2.20

$$i_{N(x)} \det = \sum_{j=1}^{n+1} (-1)^{j-1} x_j \delta^1 \wedge \cdots \wedge \widehat{\delta^j} \wedge \cdots \wedge \delta^{n+1} ,$$

denn $\eta = \delta^1 \wedge \ldots \wedge \delta^{n+1} = \det$ ist ja die Volumenform auf $\mathbb{R}^{n+1}$. Dabei bezeichnet $(\delta^1, \ldots, \delta^{n+1})$ die Standardbasis in $\mathbb{R}^{n+1*}$.

C RIEMANNsche und LORENTZsche Metriken

Nach den alternierenden Tensorfeldern betrachten wir nun noch einige spezielle symmetrische kovariante Tensorfelder.

Erinnern wir uns dazu zuerst an einige Begriffe aus der linearen Algebra: Eine symmetrische Bilinearform g auf einem n-dimensionalen Vektorraum V heißt *nichtentartet*, falls gilt:

$$g(v, w) = 0 \quad \text{für alle } w \in V \Longrightarrow v = 0 .$$

In diesem Fall folgt aus dem Trägheitssatz von SYLVESTER (vgl. z. B. [50]), dass es eine Basis $(b_1, \ldots, b_n)$ von V gibt, bezüglich der g von der Form

$$g(x, y) = \xi^1 \eta^1 + \cdots + \xi^r \eta^r - \xi^{r+1} \eta^{r+1} - \cdots - \xi^n \eta^n \quad \text{für}$$

$$x = \sum_{j=1}^{n} \xi^j b_j , \quad y = \sum_{j=1}^{n} \eta^j b_j$$

ist. Die Zahl r ist dabei eindeutig bestimmt, und $s := n - r$ heißt der *Index* von g. Ist $s = 0$, so ist g ein Skalarprodukt.

Definitionen 3.17. Eine *Pseudo*-RIEMANN*sche Metrik* auf M ist ein differenzierbares zweifach kovariantes Tensorfeld g, so dass $g(x)$ für jedes $x \in M$ eine nichtentartete symmetrische Bilinearform auf $T_x M$ ist. Ist g sogar ein Skalarprodukt auf $T_x M$, so heißt g eine RIEMANN*sche Metrik* auf M.

Ist M eine Mannigfaltigkeit mit RIEMANNscher Metrik g und $N \subseteq M$ eine Untermannigfaltigkeit, so ist durch Einschränken des Skalarprodukts von $T_x M$ auf $T_x N$ ebenfalls eine Metrik auf N gegeben. Ist speziell $M \subseteq \mathbb{R}^N$ eine n-dimensionale Untermannigfaltigkeit, $\langle\,|\,\rangle$ das Standardskalarprodukt auf $\mathbb{R}^N$, so ist durch $g(x) := \langle\,|\,\rangle|_{T_x M \times T_x M}$ eine RIEMANNsche Metrik auf M gegeben, die sog. *kanonische Metrik*. (Hier wurde $T_x M$ mittels des Isomorphismus aus (1.6) mit $T_x^{\text{unt}} M$ identifiziert.)

Wie durch eine RIEMANNsche Metrik auf einer Mannigfaltigkeit M tatsächlich eine Metrik auf M gegeben ist, d. h. der Abstand zwischen zwei Punkten auf M definiert wird, ist nicht offensichtlich. In Kap. 5F wird dies näher erörtert werden. Zunächst macht eine RIEMANNsche Metrik es möglich, von *Geschwindigkeiten* von Kurven in M zu sprechen:

Ist $\gamma : I \longrightarrow M$ eine differenzierbare Kurve, so heißt $(g(\dot\gamma(t), \dot\gamma(t)))^{1/2} = |\dot\gamma(t)|$ ihre Geschwindigkeit an der Stelle t. Auch was der Winkel φ zwischen zwei sich schneidenden Kurven auf einer Mannigfaltigkeit mit RIEMANNscher Metrik ist, ist durch $\cos\varphi = \frac{g(\dot\gamma_1(t), \dot\gamma_2(t))}{|\dot\gamma_1(t)|\cdot|\dot\gamma_2(t)|}$ wohldefiniert.

In der allgemeinen Relativitätstheorie wird die Raumzeit als vierdimensionale Mannigfaltigkeit und das Gravitationspotential als ihre pseudo-RIEMANNsche Metrik interpretiert. Hier wird es sich um eine Metrik vom Index 1 handeln. Genauer:

Definitionen 3.18. Eine LORENTZ*metrik* auf einer Mannigfaltigkeit ist ein differenzierbares zweifach kovariantes Tensorfeld g, so dass $g(x)$ eine symmetrische Bilinearform auf $T_x M$ vom Index 1 ist.

Eine Mannigfaltigkeit zusammen mit einer (Pseudo-)RIEMANNschen Metrik heißt (Pseudo-)RIEMANNsche Mannigfaltigkeit, mit einer LORENTZmetrik LORENTZ-Mannigfaltigkeit.

Die Determinante $\det \in \mathrm{Alt}^n\mathbb{R}^n$ ist die eindeutig bestimmte alternierende n-Form mit $\det(b_1, \ldots, b_n) = 1$ für jede positiv orientierte Orthonormalbasis. Dies wird nun auf Mannigfaltigkeiten übertragen.

Definitionen 3.19. Ist M eine n-dimensionale orientierte RIEMANNsche Mannigfaltigkeit, so versteht man unter der *Volumenform* auf M die eindeutig bestimmte n-Form mit

$$\omega_{M,x}(v_1, \ldots, v_n) = 1$$

für jede positiv orientierte Orthonormalbasis $(v_1, \ldots, v_n)$ von $T_x M$.

Die hier behauptete Eindeutigkeit folgt aus der Tatsache, dass jede n-Form durch den Wert, den sie auf einer Basis annimmt, festgelegt ist. Beschreibt man die Volumenform mittels lokaler Karten, so erkennt man auch, dass sie *differenzierbar* ist.

Wir betrachten dazu eine orientierungserhaltende Karte (U,h). Wendet man auf die (positiv orientierte!) Koordinatenbasis Felder $(\partial_1,\ldots,\partial_n)$ an jedem Punkt $p \in U$ das GRAM-SCHMIDT-Orthonormalisierungsverfahren an, so erhält man für jedes $p \in U$ eine positiv orientierte Orthonormalbasis $(e_1(p),\ldots,e_n(p))$, so dass die Vektorfelder e_j differenzierbar sind. Die durch

$$\omega_U := \frac{h^* \det}{h^* \det(e_1,\ldots,e_n)} \in \Omega^n U$$

definierte differenzierbare n-Form erfüllt offenbar die definierende Bedingung für eine Volumenform auf U, ist also nichts anderes als die Einschränkung der Volumenform auf U.

Beispiele:

a. Ist $M \subseteq \mathbb{R}^n$ offen, so ist

$$\det = \delta^1 \wedge \cdots \wedge \delta^n \in \Omega^n M$$

die Volumenform auf M, wenn als RIEMANNsche Metrik an jedem $x \in M$ das Standard-Skalarprodukt genommen wird.

b. Sei $M \subseteq \mathbb{R}^{n+1}$ eine n-dimensionale Untermannigfaltigkeit mit der kanonischen Metrik, und sei N das orientierungsdefinierende Normaleneinheitsfeld auf M. Dann ist

$$\omega_M := j^*(i_N \det) \text{ mit } j : M \hookrightarrow \mathbb{R}^{n+1}$$

die kanonische Volumenform auf M, denn ist $v_1,\ldots,v_n$ eine positiv orientierte Orthonormalbasis von T_xM, so ist $N(x), v_1,\ldots,v_n$ eine positiv orientierte Orthonormalbasis von $\mathbb{R}^{n+1}$, also $\det(N(x), v_1,\ldots,v_n) = 1$.

Satz 3.20. *Sei (M,g) eine orientierte* RIEMANN*sche Mannigfaltigkeit, (U,h) eine orientierungserhaltende Karte, $\partial_1(x),\ldots,\partial_n(x)$ die dadurch gegebene Koordinatenbasis von T_xM und $\mathrm{d}x^1,\ldots,\mathrm{d}x^n \in \Omega^1 U$ die dazu dualen 1-Formen. Dann gilt*

$$\omega_M\Big|_U = \sqrt{G}\,\mathrm{d}x^1 \wedge \cdots \wedge \mathrm{d}x^n\ ,$$

wobei $G := \det(g(\partial_i,\partial_j))_{i,j}$ die sog. GRAM*sche Determinante der* RIEMANN*schen Metrik ist.*

Beweis. Sei $X_1,\ldots,X_n$ eine positiv orientierte Orthonormalbasis von T_xM, $A : T_xM \longrightarrow T_xM$ der durch $AX_i = \partial_i(x)$ gegebene Endomorphismus. Nach (2.12) ist dann

$$\omega_{M,x}(\partial_1(x),\ldots,\partial_n(x)) = \det A\,\omega_{M,x}(X_1,\ldots,X_n) = \det A\ ,$$

also

$$\omega_{M,x} = \det A\,\mathrm{d}x^1 \wedge \cdots \wedge \mathrm{d}x^n\ .$$

Weiter ist

$$C := (g(\partial_i, \partial_j))_{i,j} = (g(AX_i, AX_j))_{i,j} = A^T A\,,$$

da $X_1, \ldots, X_n$ Orthonormalbasis ist. Also ist $\det C = (\det A)^2$, und damit $\det A = \sqrt{\det C}$, da A orientierungserhaltend ist. □

Die hier auftretende GRAM*sche Determinante* G ist für Untermannigfaltigkeiten des $\mathbb{R}^n$ ausführlich in [36], Kap. 22 behandelt worden, weil sie eine wichtige Rolle bei der Integration spielt.

Beispiel: Sei $M \subseteq \mathbb{R}^n$ offen, $\Phi : U \longrightarrow M$ ein orientierungstreuer Diffeomorphismus, $\partial_i = J_\Phi(\boldsymbol{e}_i)$. Dann ist

$$\omega_M = \det J_\Phi(x)\, \mathrm{d}x^1 \wedge \cdots \wedge \mathrm{d}x^n\,.$$

D Flüsse und LIE-Ableitungen

20.31 2. S. 151

Die LIE-Ableitung gibt die Änderung eines Tensors entlang eines *Vektorfelds* an. In gewisser Weise verallgemeinert sie damit den Begriff der Richtungsableitung in Richtung eines Vektors v. Um diese zu definieren, musste der Vektor durch eine Kurve γ repräsentiert werden. Nun steht man vor der Aufgabe, alle Vektoren eines Vektorfeldes „gleichzeitig" durch Kurven zu repräsentieren. Dazu werden nun Integralkurven und Flüsse auf Mannigfaltigkeiten definiert.

Definitionen 3.21.

a. Sei M eine differenzierbare Mannigfaltigkeit und v ein differenzierbares Vektorfeld auf M, dann heißt $\gamma\ :]a,b[\longrightarrow M$ eine *Integralkurve* von v zum Anfangspunkt $x \in M$, falls gilt:

   (i) $\gamma(0) = x$,
   (ii) $\dot\gamma(t) = v(\gamma(t))$ für alle $t \in]a,b[$.

b. Eine Integralkurve $\alpha_x\ :]a_x, b_x[\longrightarrow M$ von v zum Anfangspunkt x heißt *maximal*, falls für jede weitere Integralkurve $\gamma\ :]a,b[\longrightarrow M$ von v zum Anfangspunkt x gilt $]a,b[\subseteq]a_x,b_x[$. Das Bild einer maximalen Integralkurve heißt *Bahn*.

c. Die Abbildung

$$\Phi^{(v)} : \bigcup_{x\in M} \Big( ]a_x, b_x[\times\{x\} \Big) \longrightarrow M\,,\ (t,x) \longmapsto \alpha_x(t) =: \Phi^{(v)}(t,x)$$

   heißt der *Fluss* zu v. Dabei bezeichnet α_x die maximale Integralkurve zum Anfangspunkt $x \in M$.

2. 150

d. Ist $a_x = -\infty$ und $b_x = +\infty$ für alle $x \in M$, also $\mathbb{R}\times M$ der Definitionsbereich von $\Phi^{(v)}$, so nennt man den Fluss *global* oder auch ein *dynamisches System* auf M.

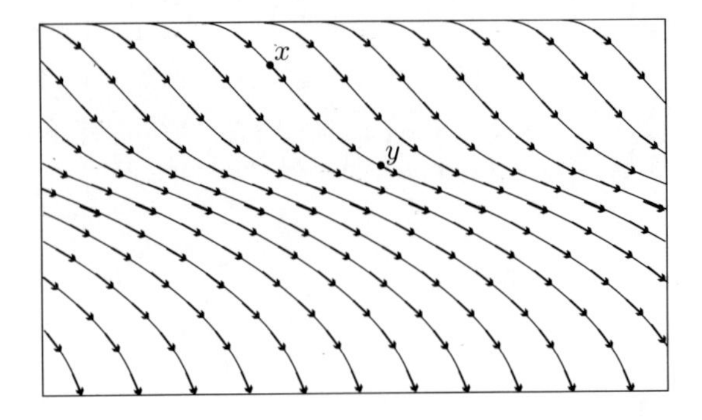

Abb. 3.2 Integralkurven und Fluss eines Vektorfelds. Dabei $y = \Phi(t, x)$

Natürlich stellt sich hier sofort die Frage nach der Existenz und Eindeutigkeit der maximalen Integralkurven sowie nach der Differenzierbarkeit des Flusses. Dies sind jedoch alles „lokale" Fragestellungen, also mittels Karten im $\mathbb{R}^n$ zu beantworten. Für den $\mathbb{R}^n$ greift hier aber die klassische Theorie der gewöhnlichen Differentialgleichungen: Aus dem Existenz- und Eindeutigkeitssatz von PICARD-LINDELÖF (vgl. z. B. [36], Kap. 20) und dem Satz über die differenzierbare Abhängigkeit der Lösungen vom Anfangswert folgt:

Theorem 3.22.

a. *Ist v ein stetig differenzierbares Vektorfeld, so gibt es zu jedem $x \in M$ genau eine maximale Integralkurve mit Anfangspunkt x.*
b. *Ist $b_x < \infty$ (bzw. $a_x > -\infty$), so ist die positive Bahn $\alpha_x([0, b_x[)$ (bzw. die negative Bahn $\alpha_x(]a_x, 0])$) in keiner kompakten Teilmenge von M enthalten. Insbesondere ist der Fluss eines differenzierbaren Vektorfelds auf einer* kompakten *Mannigfaltigkeit stets global.*
c. *Der Definitionsbereich des Flusses Φ eines stetig differenzierbaren Vektorfelds ist offen, und Φ ist differenzierbar.*

Aus der Eindeutigkeit der maximalen Integralkurven folgt auch, dass die maximalen Integralkurven zu verschiedenen Anfangswerten, die auf einer Bahn liegen, nur durch Verschiebung des Definitionsbereichs auseinander hervorgehen, wie man das von Lösungen von autonomen Differentialgleichungen ja kennt. Genauer gilt:

$$\alpha_x(t + t_0) = \alpha_y(t) \quad \text{mit} \quad y = \alpha_x(t_0) ,$$

da beide Seiten für $t = 0$ den Wert $\alpha_x(t_0)$ ergeben und

$$\frac{\mathrm{d}}{\mathrm{d}t}\alpha_x(t + t_0) = v(\alpha_x(t + t_0))$$

gilt. Also ist tatsächlich $\alpha_y(t) = \alpha_x(t + t_0)$ und

$$]a_y, \; b_y[=]a_x - t_0, \; b_x - t_0[\, .$$

Das bedeutet für den Fluss:

$$\Phi(t, \Phi(s, x)) = \Phi(t + s, x) , \tag{3.8}$$

falls $(t+s,x)$ im Definitionsbereich von Φ liegt. Ist $t \in]a_x, b_x[$ für jedes $x \in M$, so ist durch

$$\Phi_t : M \longrightarrow M\ ,\ x \longmapsto \Phi(t,x) \tag{3.9}$$

ein Diffeomorphismus gegeben, den man auch als einen *Flussdiffeomorphismus* zu v bezeichnet. Bei *globalen* Flüssen ist dies für alle $t \in \mathbb{R}$ möglich, und dann bedeutet (3.8) einfach

$$\Phi_t \circ \Phi_s = \Phi_{t+s} \qquad \forall\, s,t \in \mathbb{R} \tag{3.10}$$

und insbesondere

$$(\Phi_t)^{-1} = \Phi_{-t}\ . \tag{3.11}$$

Die Eigenschaft (3.8) bzw. (3.10) ist für Flüsse charakteristisch, worauf wir jedoch nicht näher eingehen wollen.

Nach Definition der Richtungsableitung einer Funktion $f \in C^\infty(M)$ ist

$$\begin{aligned}(vf)(x) := v(x)f &= \mathrm{d}f_x(v(x)) \\ &= \left.\frac{\mathrm{d}}{\mathrm{d}t}\right|_{t=0} (f \circ \alpha_x) \\ &= \lim_{t\longrightarrow 0} \frac{f(\alpha_x(t)) - f(x)}{t}\ ,\end{aligned}$$

da ja α_x insbesondere eine $v(x)$ repräsentierende Kurve ist. Dies ist der Ansatz, mit dem die LIE-Ableitung von kovarianten Tensorfeldern definiert wird. Allerdings genügt es dafür nicht, einzelne Integralkurven zu betrachten. Ist nämlich ω ein kovariantes Tensorfeld auf M, so kann man den Differenzenquotienten $t^{-1}(\omega(\alpha_x(t)) - \omega(x))$ – und erst recht die Ableitung $\frac{\mathrm{d}}{\mathrm{d}t}\omega(\alpha_x(t))$ – gar nicht bilden, weil für verschiedene Punkte $x_1 = \alpha_x(t_1) \neq \alpha_x(t_2) = x_2$ die Werte $\omega(x_1)$, $\omega(x_2)$ Multilinearformen auf *verschiedenen* Vektorräumen sind, nämlich auf $T_{x_1}M$ bzw. $T_{x_2}M$. Hier schafft der Einsatz von geeigneten (lokalen) *Flussdiffeomorphismen* Abhilfe.

Sei also Φ der Fluss eines differenzierbaren Vektorfeldes v. Da ja der Definitionsbereich eines Flusses stets offen ist, gibt es zu jedem $x \in M$ eine Umgebung U_x und ein $\delta > 0$, so dass für alle $x' \in U_x$ und alle $|t| < \delta$ jedenfalls (t,x') im Definitionsbereich von Φ liegt, also

$$\Phi_t : U_x \longrightarrow \Phi_t(U_x)$$

ein Diffeomorphismus ist.

Ist nun ω ein r-fach kovariantes Tensorfeld, so ist der Tensor $(\Phi_t^*\omega)_x$ jedenfalls für kleine t und „geeignete" x wieder wohldefiniert, und die LIE-Ableitung gibt nun an, wie sich ω „infinitesimal" bei dieser Transformation verändert. Dies formulieren wir nun im Einzelnen:

Definition 3.23. Ist ω ein r-fach kovariantes differenzierbares Tensorfeld und v ein differenzierbares Vektorfeld, so ist die LIE-*Ableitung* von ω längs v durch

$$\mathcal{L}_v\omega := \left.\frac{\mathrm{d}}{\mathrm{d}t}\right|_{t=0} \left(\Phi_t^{(v)*}\omega\right)$$

gegeben. Dabei bedeutet $\Phi_t^{(v)*}$ die in Definition 3.11b. eingeführte Operation der Abbildung $f = \Phi_t^{(v)}$ auf kovarianten Tensorfeldern.

Es gilt also

$$(\mathcal{L}_v\omega)_x(w_1,\ldots,w_r) := \tag{3.12}$$
$$\lim_{t\longrightarrow 0}\frac{\omega_{\Phi^{(v)}(t,x)}\left(\left(\mathrm{d}\Phi_t^{(v)}\right)_x(w_1),\ldots,\left(\mathrm{d}\Phi_t^{(v)}\right)_x(w_r)\right) - \omega_x(w_1,\ldots,w_r)}{t}$$

für $w_1,\ldots,w_r \in T_xM$. Dadurch ist offenbar wieder ein r-fach kovariantes Tensorfeld gegeben.

Für $\omega \in \Omega^r M$ ist damit auch $\mathcal{L}_v\omega \in \Omega^r M$ für jedes differenzierbare Vektorfeld. Da das äußere Produkt und die linearen Operationen natürlich sind (d. h. da (3.6) und die analoge Rechenregel für Linearkombinationen gilt), folgt sofort:

Satz 3.24. *Ist v ein differenzierbares Vektorfeld auf M, $\omega \in \Omega^r M$, $\eta \in \Omega^s M$ und $c_1, c_2 \in \mathbb{R}$, so gilt*

a. $\mathcal{L}_v(\omega\wedge\eta) = \mathcal{L}_v(\omega)\wedge\eta + \omega\wedge\mathcal{L}_v(\eta)$,
b. $\mathcal{L}_v(c_1\omega + c_2\eta) = c_1\mathcal{L}_v\omega + c_2\mathcal{L}_v\eta$, *falls* $r = s$.

Ähnlich können wir nun für Vektorfelder die LIE-Ableitung längs eines gegebenen Vektorfeldes v definieren. Allerdings müssen wir zunächst klären, wie sich Vektorfelder unter Diffeomorphismen transformieren.

Definition 3.25. Sei $g : M \longrightarrow N$ ein Diffeomorphismus. Zu jedem Vektorfeld $v \in \Gamma TM$ definieren wir dann das *transformierte* Vektorfeld $w \equiv g_*v \in \Gamma TN$ durch

$$w(y) := \mathrm{d}g_x(v(x)) \quad \text{mit } x = g^{-1}(y)\,, \quad y \in N\,.$$

Ist nun $\Phi_t^{(v)}$ ein Flussdiffeomorphismus zu v, definiert in einer offenen Umgebung eines Punktes $p \in M$, so ist für jedes Vektorfeld w und t klein genug durch $w^t := \left(\Phi_{-t}^{(v)}\right)_* w$ bzw. ausführlich:

$$w^t(x) := \left(\mathrm{d}\Phi_{-t}^{(v)}\right)_y(w(y)) \quad \text{mit } y = \Phi_t^{(v)}(x) \tag{3.13}$$

ein neues Vektorfeld w^t gegeben, das ebenfalls in einer offenen Umgebung von p definiert ist (hier ist die lokale Version von (3.11) zu beachten!). Die LIE-Ableitung gibt nun wieder die infinitesimale Änderung des Vektorfeldes unter dieser Wirkung der Flussdiffeomorphismen an.

Definition 3.26. Sind v und w differenzierbare Vektorfelder auf M, so heißt das durch

$$(\mathcal{L}_v w)(x) := \frac{\mathrm{d}}{\mathrm{d}t}w^t(x)\bigg|_{t=0}$$

wohldefinierte Vektorfeld die LIE-Ableitung von w längs v. Dabei ist $w^t(x)$ durch (3.13) gegeben. Man schreibt auch

$$\mathcal{L}_v w =: [v, w]\,.$$

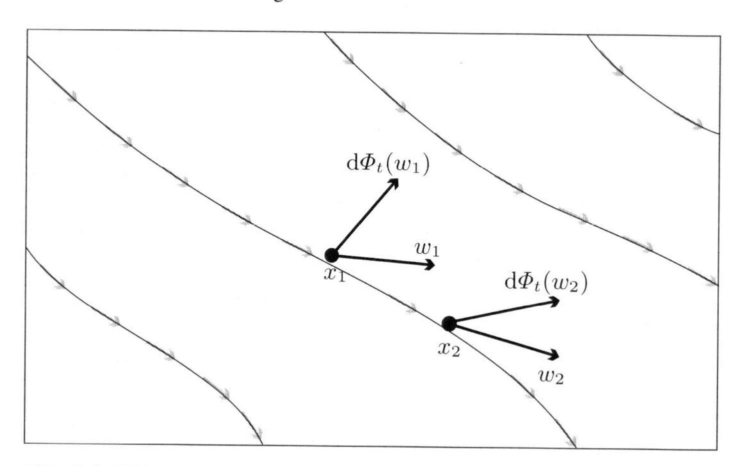

Abb. 3.3 Wirkung eines Flussdiffeomorphismus auf ein Vektorfeld

Das Vektorfeld $[v, w]$ heißt auch die LIE*klammer* oder der *Kommutator* von v und w.

Die LIEklammer zweier Vektorfelder v und w verschwindet also genau dann, wenn der Fluss von v das Vektorfeld w in sich überführt. Ganz ähnlich kann auch die LIE-Ableitung von r-fach kontravarianten Tensorfeldern definiert werden. In [54] ist dies ausgeführt. Dort, oder auch in [32], S. 126 wird auch der folgende Satz bewiesen, der für das praktische Rechnen mit der LIEklammer von Bedeutung ist.

Satz 3.27. *Sind v und w zwei Vektorfelder auf M, so gilt für $f \in C^\infty(M)$*

$$[v, w]f = v(wf) - w(vf) . \tag{3.14}$$

Dabei ist $(vf)(x) = \mathrm{d}f_x(v(x))$ die in (1.11) und (1.12) beschriebene Richtungsableitung von f längs v.

Wir werden in Satz 4.19 eine Verallgemeinerung dieser Formel sehen.

Nun wollen wir die LIE-Klammer in lokalen Koordinaten beschreiben. Sind in (3.14) v und w Koordinatenbasis-Felder, etwa $v = \partial_i = \mathrm{d}\varphi(\boldsymbol{e}_i)$, $w = \partial_j = \mathrm{d}\varphi(\boldsymbol{e}_j)$ für eine lokale Parametrisierung φ von $U \subseteq M$, so folgt mit (3.14)

$$\begin{aligned} [\partial_i, \partial_j]f &= \partial_i \left(\frac{\partial(f \circ \varphi)}{\partial x_j} \right) - \partial_j \left(\frac{\partial f \circ \varphi}{\partial x_i} \right) \\ &= \frac{\partial^2(f \circ \varphi)}{\partial x_i \partial x_j} - \frac{\partial^2(f \circ \varphi)}{\partial x_j \partial x_i} = 0 \end{aligned}$$

für jedes $f \in C^\infty(U)$. Allgemeiner gilt:

Satz 3.28. *Seien v, w Vektorfelder, (U, h) eine Karte von M und $(\partial_1, \ldots, \partial_n)$ die entsprechende Koordinatenbasis. Sei $v\Big|_U = \sum_{i=1}^n v^i \partial_i$, $w\Big|_U = \sum_{i=1}^n w^i \partial_i$, dann ist*

$$[v, w]|_U = \sum_{i=1}^n \left(\sum_{j=1}^n v^j \frac{\partial w^i}{\partial x_j} - w^j \frac{\partial v^i}{\partial x_j} \right) \partial_i \, . \tag{3.15}$$

Beweis. Wir wenden (3.14) im Fall $f = x^i$ an. Dann ist

$$\begin{aligned} \mathrm{d}x^i([v|_U, w|_U]) &= v(\mathrm{d}x^i(w)) - w(\mathrm{d}x^i(v)) \\ &= v(w^i) - w(v^i) \\ &= \sum_{j=1}^n \left(v^j \frac{\partial w^i}{\partial x_j} - w^j \frac{\partial v^i}{\partial x_j} \right) . \end{aligned}$$

□

Mit dieser Formel lassen sich nun auch leicht die folgenden Eigenschaften der LIEklammer nachrechnen.

Satz 3.29. *Seien $u, v, w \in \Gamma TM$, $f \in C^\infty(M)$. Dann gilt*

a. $[u + v, w] = [u, w] + [v, w]$
b. $[v, w] = -[w, v]$ *(Schiefsymmetrie)*
c. $[u, [v, w]] + [v, [w, u]] + [w, [u, v]] = 0$ *(JACOBI-Identität)*
d. $[fv, w] = f[v, w] - (wf)v$
e. $g_*([v, w]) = [g_* v, g_* w]$ *für jeden Diffeomorphismus* $g : M \longrightarrow N$.

Der Beweis des Satzes sei dem Leser als Übungsaufgabe überlassen. Die Eigenschaften a.–c. bedeuten, dass die differenzierbaren Vektorfelder auf M zusammen mit der LIEklammer eine LIE*algebra* bilden. Auf den allgemeinen Begriff der LIEalgebra und seine Bedeutung für die Diskussion von Symmetrien und Invarianzen werden wir im zweiten Band eingehen.

Aufgaben zu Kap. 3

3.1. Seien (M, g), $(\tilde{M}, \tilde{g})$ zwei pseudo-RIEMANNsche Mannigfaltigkeiten und $F : M \longrightarrow \tilde{M}$ eine differenzierbare Abbildung. Man nennt F eine *lokale Isometrie*, wenn für alle $x \in M$ und alle $v, w \in T_x M$ gilt:

$$\tilde{g}_{F(x)}(\mathrm{d}F_x(v), \mathrm{d}F_x(w)) = g_x(v, w) \, .$$

Zeigen Sie: Ist $\dim M = \dim \tilde{M}$ und ist F eine lokale Isometrie, so ist F auch ein lokaler Diffeomorphismus.

3.2. Sind die folgenden Abbildungen lokale Isometrien? Sind sie Diffeomorphismen?

a.

$$\begin{aligned} f : \mathbb{R}^2 &\longrightarrow \mathbf{S}^1 \times \mathbb{R} \\ (x, y) &\longmapsto (\cos x,\ \sin x,\ y) \end{aligned}$$

b.

$$\begin{aligned} f : \mathbf{S}^1 \times \mathbf{S}^1 &\longrightarrow T_{1,2}\,, \\ (\mathrm{e}^{\mathrm{i}\varphi}, \mathrm{e}^{\mathrm{i}\vartheta}) &\longmapsto ((2+\cos\varphi)\cos\vartheta,\ (2+\cos\varphi)\sin\vartheta,\ \sin\varphi) \end{aligned}$$

Dabei bezeichnet $T_{r,R}$ den Rotationstorus wie in Aufgabe 1.4.

3.3. a. Sei $\omega = xy\,\mathrm{d}x + x^2\,\mathrm{d}y$, und sei $\varphi : \mathbb{R}^3 \longrightarrow \mathbb{R}^2$ gegeben durch

$$\varphi(u, v, w) := (u^2, v + w)\,.$$

Stellen Sie $\varphi^*\omega$ durch $\mathrm{d}u$, $\mathrm{d}v$, $\mathrm{d}w$ dar.

b. Für $\alpha = x\,\mathrm{d}z + 3xy\,\mathrm{d}y$ und $\beta = \sin z\,\mathrm{d}x \wedge \mathrm{d}y$ berechnen Sie $\alpha \wedge \beta$.

3.4. Betrachten Sie auf $U := \mathbb{R}^3 \setminus \{(x, y, z)^T \in \mathbb{R}^3 \mid y = 0, x \geq 0\}$ die durch die Kugelkoordinaten gegebene Karte

$$h = (r, \varphi, \vartheta) : U \longrightarrow]0, \infty[\times]0, 2\pi[\times]0, \pi[$$

mit

$$h^{-1}(r, \varphi, \vartheta) = \begin{pmatrix} r\cos\varphi\sin\vartheta \\ r\sin\varphi\sin\vartheta \\ r\cos\vartheta \end{pmatrix}.$$

a. Berechnen Sie die Komponentenfunktionen von $\mathrm{d}r$, $\mathrm{d}\varphi$ und $\mathrm{d}\vartheta$ bezüglich der Basis $(\mathrm{d}x, \mathrm{d}y, \mathrm{d}z)$. Was ist der maximale Definitionsbereich von $\mathrm{d}r$, $\mathrm{d}\varphi$, $\mathrm{d}\vartheta$?

b. Betrachten Sie nun die zur Karte aus a. gehörende Koordinatenbasis von $T_p\mathbf{S}^2$ und die zugehörige duale Basis von $\mathrm{Alt}^1(T_p\mathbf{S}^2)$. Geben Sie für die Inklusionsabbildung $j : \mathbf{S}^2 \hookrightarrow \mathbb{R}^3$ die Differentialformen

$$j^*\mathrm{d}r,\quad j^*\mathrm{d}\varphi,\quad j^*\mathrm{d}\vartheta,\quad j^*\mathrm{d}x,\quad j^*\mathrm{d}y,\quad j^*\mathrm{d}z,\quad j^*(\mathrm{d}x \wedge \mathrm{d}y)$$

bezüglich dieser Basis an.

c. Sei $v(x) = x$. Drücken Sie $i_v \det$ und $\omega_{\mathbf{S}^2} := j^*(i_v \det)$ durch $\mathrm{d}r$, $\mathrm{d}\varphi$, $\mathrm{d}\vartheta$ und durch $\mathrm{d}x$, $\mathrm{d}y$, $\mathrm{d}z$ aus.

d. Zeigen Sie, dass die kanonische Volumenform auf $\mathbf{S}^{n-1}$ in kartesischen Koordinaten durch

$$j^*\left(\sum_{i=1}^{n}(-1)^{i-1}x^i\,\mathrm{d}x^1 \wedge \cdots \wedge \widehat{\mathrm{d}x^i} \wedge \cdots \wedge \mathrm{d}x^n\right)$$

gegeben ist, wobei $j : \mathbf{S}^{n-1} \longrightarrow \mathbb{R}^n$ die Inklusion ist.

3.5. Zeigen Sie: Ist $\omega \in \Omega^r M$, $\eta \in \Omega^s M$, so ist für $v \in \Gamma TM$

$$i_v(\omega \wedge \eta) = (i_v\omega) \wedge \eta + (-1)^r \omega \wedge i_v\eta\,.$$

Hinweis: Man arbeite in lokalen Koordinaten und verwende (2.10).

3.6. Sei

$$M := \{((\cos 2\varphi)(2{+}u\cos\varphi),\ (\sin 2\varphi)(2{+}u\cos\varphi),\ u\sin\varphi) \mid \psi \in \mathbb{R},\ u \in]-1,1[\}$$

das MÖBIUSband. Zeigen Sie: M ist eine nichtorientierbare Fläche. *Hinweis:* Geben Sie ein stetiges Normaleneinheitsfeld längs

$$\gamma :]0,\pi[\longrightarrow M,\ \gamma(t) := (2\cos(2t),\ 2\sin(2t),\ 0)$$

an. Kann dies als stetiges Normalenfeld auf M fortgesetzt werden?

3.7. Betrachten Sie den Rotationstorus $T_{r,R}$ mit der durch die Parametrisierung

$$\Psi(\varphi,\vartheta) = \begin{pmatrix} (R + r\cos\vartheta)\cos\varphi \\ (R + r\cos\vartheta)\sin\varphi \\ r\sin\vartheta \end{pmatrix}$$

induzierten Orientierung.

a. Berechnen Sie das Normaleneinheitsfeld $\mathcal{N} : T_{r,R} \longrightarrow \mathbb{R}^3$ mit

$$\det(\mathcal{N}(x), \partial_\varphi(x), \partial_\vartheta(x)) > 0$$

für alle $x \in T_{r,R}$.

b. Mit $j : T_{r,R} \hookrightarrow \mathbb{R}^3$ ist

$$\omega_{T_{r,R}} := j^*(i_{\mathcal{N}} \det) \in \Omega^2(T_{r,R})\,.$$

Geben Sie $\omega_{T_{r,R}}$ in der Basis $d\varphi$, $d\vartheta$ an.

3.8. Es sei $M \subseteq \mathbb{R}^3$ eine orientierte Fläche, d. h. $\dim M = 2$ und ω_M die Volumenform. Sei N das Normaleneinheitsfeld, das so gewählt ist, dass (N,u,v) in $\mathbb{R}^3$ positiv orientiert ist für jede positiv orientierte Basis (u,v) von T_pM.

a. Zeigen Sie, dass die Gleichung

$$\omega_M(u,v)N(p) = u \times v, \text{ für } u,v \in T_pM$$

gilt.

b. Sei $U \subseteq M$ eine offene Teilmenge mit einer orientierungserhaltenden Parametrisierung

$$\phi : \mathbb{R}^2 \supseteq U' \longrightarrow U\,.$$

Folgern Sie aus a., dass die Gleichung

$$\omega_M\big|_U = \left|\frac{\partial\phi}{\partial x} \times \frac{\partial\phi}{\partial y}\right| \, \mathrm{d}x \wedge \mathrm{d}y$$

gilt. Dabei ist $\{\mathrm{d}x, \mathrm{d}y\}$ die durch ϕ gegebene Koordinatenbasis von T^*M.

c. Berechnen Sie damit $vol\,(T_{r,R})$ für den Rotationstorus $T_{r,R}$ der wie in Aufgabe 1.4 definiert wird.

d. Sei f eine differenzierbare Funktion

$$f = (f_1, \ldots, f_k) : \mathbb{R}^n \longrightarrow \mathbb{R}^k$$

mit dem regulären Wert 0. Zeigen Sie, dass die Volumenform auf der Untermannigfaltigkeit $M = f^{-1}(0) \subseteq \mathbb{R}^n$ durch

$$\omega_M = \frac{\det_n(\mathrm{grad}\,(f_1), \ldots, \mathrm{grad}\,(f_k), \ldots)}{(\det_k(\langle \mathrm{grad}\,(f_i) | \,\mathrm{grad}\,(f_j)\rangle_{i,j=1,\ldots,k}))^{1/2}}$$

gegeben ist. Dabei ist $\det_j$ die Determinante im $\mathbb{R}^j$, $j = n, k$.

3.9. Wir definieren drei RIEMANNsche Mannigfaltigkeiten wie folgt:

a. 2-MINKOWSKI*sche Sphäre*

$$\mathbf{S}^2_M := \{(x, y, z) \in \mathbb{R}^3 \mid z^2 - x^2 - y^2 = 1, z < 0\}$$

mit der induzierten Metrik g^1 von $(\mathbb{R}^3, \langle\cdot \mid \cdot\rangle_M)$. Dabei wird die MINKOWSKI Metrik $\langle\cdot \mid \cdot\rangle_M$ auf $\mathbb{R}^3$ durch das MINKOWSKI-*Skalarprodukt*

$$\langle (x, y, z)^T \,|\, (x', y', z')^T \rangle_M := xx' + yy' - zz'$$

definiert.

b. *Hyperbolische Ebene*

$$H_+ := \{(x, y) \in \mathbb{R}^2 \mid y > 0\}$$

mit der Metrik $g^2_{(x,y)}(u, v) = \frac{1}{y^2}\,\langle u|v\rangle$.

c. POINCARÉ *Scheibe*

$$D := \{(x, y) \in \mathbb{R}^2 \mid x^2 + y^2 < 1\}$$

mit der Metrik $g^3_{(x,y)}(u, v) = \frac{4}{(1-x^2-y^2)^2}\,\langle u|v\rangle$.

Zeigen Sie, dass $(\mathbf{S}^2_M, g^1)$, (H_+, g^2) und (D, g^3) isometrisch zueinander sind und geben Sie die Volumenformen an. Dabei nennt man zwei pseudo-RIEMANNsche Mannigfaltigkeiten $M, \tilde{M}$ *isometrisch*, wenn es einen Diffeomorphismus $f : M \to \tilde{M}$ gibt, der gleichzeitig eine lokale Isometrie im Sinne von Aufgabe 3.1 ist.

3.10. Sei M eine Pseudo-RIEMANNsche Mannigfaltigkeit.
Zeigen Sie: Sind $\partial_1, \ldots, \partial_n$ und $\tilde{\partial}_1, \ldots, \tilde{\partial}_n$ zwei Koordinatenbasisfelder auf $U \subseteq M$,

$$\tilde{\partial}_i = \sum_k a_i^k \partial_k \quad \text{und} \quad \tilde{g}_{ij} = g\left(\tilde{\partial}_i, \tilde{\partial}_j\right)$$

$$g_{ij} = g\left(\partial_i, \partial_j\right) ,$$

so gilt

$$\tilde{g}_{ij} = \sum_{k,l} a_i^k \, a_j^l \, g_{kl} \,.$$

3.11. Sei $M = \mathbb{R}^4$, versehen mit dem MINKOWSKI-Skalarprodukt

$$\langle x | y \rangle_M = x_1 y_1 + x_2 y_2 + x_3 y_3 - x_4 y_4 \,.$$

Für welche der folgenden Untermannigfaltigkeiten N ist durch die Einschränkung von $\langle \cdot \mid \cdot \rangle_M$ auf N eine Metrik gegeben? Wenn ja, von welchem Index?

a. $N = \mathbb{R}^3 \times 0$,
b. $N = 0 \times \mathbb{R}^3$,
c. $N = \{(t, 0, 0, t) \mid t \in \mathbb{R}\}$,
d. $N = \{x \in \mathbb{R}^4 \mid \langle x | x \rangle_M = 1\}$.

3.12 (DE SITTER Raumzeit). Sie ist definiert durch

$$\mathbf{S}_1^4 := \{x \in \mathbb{R}^5 \mid \langle x | x \rangle_M = r^2\}$$

mit $\langle x | y \rangle_M = x_1 y_1 + \cdots + x_4 y_4 - x_5 y_5$.
Zeigen Sie: $\mathbf{S}_1^4$ ist eine 4-dimensionale LORENTZ-Mannigfaltigkeit.

Kapitel 4
Integration und Differentiation von Differentialformen

Mit Hilfe von Differentialformen kann die Integration auf Mannigfaltigkeiten einfach und elegant definiert werden, und das bekannte Flächenintegral tritt dabei als Spezialfall wieder auf. Auch die GREENsche Formel, den Satz von GAUSS und den klassischen Satz von STOKES kann man nun als Spezialfälle eines einzigen Satzes, des allgemeinen Satzes von STOKES auffassen. Eine erste Anwendung in der Physik ist, dass die MAXWELLschen Gleichungen mit Hilfe der Differentialformen überraschend klar und einfach formuliert werden können.

Wir beginnen dieses Kapitel mit zwei technischen Vorbereitungen: In Abschn. A besprechen wir ein wichtiges mathematisches Werkzeug aus der modernen Analysis, das nicht nur für die Integration auf Mannigfaltigkeiten, sondern später auch für die allgemeine Integrationstheorie und die Distributionstheorie gebraucht wird, und in Abschn. B führen wir *berandete* Mannigfaltigkeiten ein, da diese für die Formulierung des fundamentalen STOKESschen Integralsatzes benötigt werden. Die Integration von Differentialformen ist das Thema von Abschn. C, und in den darauf folgenden drei Abschnitten besprechen wir den berühmten CARTANschen Ableitungsoperator d, seine Beziehungen zur klassischen Vektoranalysis und seine Anwendung auf die geschlossene differentielle Formulierung der MAXWELLschen Gleichungen. Abschn. G stellt mit dem allgemeinen Satz von STOKES dann den Höhepunkt des Kapitels dar. Wir beweisen den Satz, leiten seine wichtigsten Folgerungen ab und illustrieren ihn durch einige Anwendungen aus der Elektrodynamik. Im abschließenden Abschn. H schließlich zeigen wir, wie die klassischen Konzepte von Potentialen und Vektorpotentialen in der Sprache der Differentialformen neu formuliert und in fundamentaler Weise verallgemeinert werden können.

A Zerlegung der Einheit

Zerlegungen der Einheit sind ein wichtiges Hilfsmittel, um Objekte, die „lokal", also in einem Kartengebiet definiert sind, „zusammenzukleben" zu Objekten, die auf der ganzen Mannigfaltigkeit definiert sind. Das „Zusammenkleben" verschiedener Dinge, bei dem es oft sehr schwierig ist, die Grenzflächen, an denen verklebt werden

DOI 10.1007/978-3-540-88544-3,

kann, korrekt festzulegen, wird durch den „glatten Übergang“, den die Zerlegungen der Eins ermöglichen, ungemein erleichtert.

Um dies besser zu verstehen, betrachten wir das Beispiel der nullstellenfreien n-Formen: In Definition 3.13 wurde die Orientierbarkeit einer Mannigfaltigkeit durch drei äquivalente Bedingungen beschrieben, und wir hatten den Beweis, dass die Existenz einer nullstellenfreien n-Form auf der Mannigfaltigkeit aus einer der anderen Bedingungen folgt, auf später verschoben. Jetzt versuchen wir, diesen Beweis zu führen:

Ist auf M eine Orientierung gegeben, so können wir lokal sofort nullstellenfreie n-Formen angeben: Ist (U, h) eine orientierungserhaltende Karte auf M, so ist $\omega_U := h^* \det \in \Omega^n U$ jedenfalls eine n-Form, die auf U nicht verschwindet – sie liefert auf jeder positiv orientierten Basis von $T_x M$ $(x \in U)$ nämlich einen *positiven* Wert. Dabei ist det die Determinante auf $\mathbb{R}^n$.

Die so auf verschiedenen Koordinatengebieten U_1 und U_2 konstruierten nullstellenfreien n-Formen stimmen auf dem Schnitt $U_1 \cap U_2$ i. a. aber nicht überein. Sie können also nicht einfach zu einer differenzierbaren nullstellenfreien n-Form auf ganz M zusammengefügt werden. Hier kommen die Zerlegungen der Eins ins Spiel:

Bevor wir sie definieren, erinnern wir an den Begriff des *Trägers* einer stetigen Funktion: Ist X ein topologischer Raum (insbes. eine Mannigfaltigkeit) und $\varphi : X \longrightarrow \mathbb{K}$ stetig, so setzt man

$$\operatorname{Tr}\varphi := \overline{N(\varphi)} \quad \text{mit} \quad N(\varphi) := \{x \in X \mid \varphi(x) \neq 0\}$$

und nennt diese Menge den *Träger* von φ. Man kann den Träger auch beschreiben als das Komplement der größten offenen Menge, in der φ verschwindet.

Definitionen 4.1. Sei M eine Mannigfaltigkeit, $(U_i)_{i \in I}$ eine offene Überdeckung von M. Unter einer differenzierbaren, der Überdeckung $(U_i)_{i \in I}$ untergeordneten *Zerlegung der Eins* versteht man eine Familie $\{\tau_\alpha\}_{\alpha \in A}$ von C^∞-Funktionen $\tau_\alpha : M \longrightarrow [0, 1]$ mit den Eigenschaften

a. Für jedes $\alpha \in A$ existiert ein $i_\alpha \in I$ mit $\operatorname{Tr}\tau_\alpha \subseteq U_{i_\alpha}$.
b. Die Familie $\{\tau_\alpha\}$ ist lokal endlich, d. h. für jedes p aus M existiert eine offene Umgebung V_p und eine endliche Teilmenge $A_0 \subseteq A$, so dass $\tau_\alpha(p') = 0$ für alle $p' \in V_p$ und alle $\alpha \notin A_0$.
c. Für alle $p \in M$ gilt $\sum_{\alpha \in A} \tau_\alpha(p) = 1$.

Man beachte hier, dass die Summe in c. auf Grund der Bedingung b. lokal immer nur endlich viele nichtverschwindende Terme hat.

Theorem 4.2. *Auf einer differenzierbaren Mannigfaltigkeit gibt es zu jeder offenen Überdeckung eine untergeordnete abzählbare differenzierbare Zerlegung der Einheit.*

Den Beweis dieses Satzes kann man z. B. in [48] nachlesen. Wir werden ihn nur für kompakte Mannigfaltigkeiten führen. Zuvor aber fahren wir mit unserem Beispiel fort:

Ist $(U_i)_{i\in I}$ eine Überdeckung von M durch Kartengebiete, $(\tau_\alpha)_{\alpha\in A}$ eine untergeordnete Zerlegung der Einheit, so ist für jedes $\alpha \in A$ durch

$$\omega_\alpha(p) := \begin{cases} \tau_\alpha(p)\omega_{U_\alpha}(p) & p \in U_\alpha\,, \\ 0 & \text{sonst} \end{cases}$$

eine Differentialform $\omega_\alpha \in \Omega^n M$ definiert, da Tr $\tau_\alpha \subseteq U_\alpha$. Dabei ist $\omega_\alpha(p)(v_1,\ldots,v_n) > 0$, wenn $\tau_\alpha(p) > 0$ und wenn $(v_1,\ldots,v_n)$ eine positiv orientierte Basis von T_pM ist. Definiere jetzt

$$\omega_0 := \sum_{\alpha\in A} \omega_\alpha\,.$$

Die Summe ist an jeder Stelle $p \in M$ endlich, da die Familie $(\tau_\alpha)_\alpha$ lokal endlich ist. Ist $p \in M$ und $(v_1,\ldots,v_n)$ eine positiv orientierte Basis von T_pM, so folgt

$$\omega_{0,p}(v_1,\ldots,v_n) = \sum_{\alpha\in A} \tau_\alpha(p)\omega_{U_\alpha,p}(v_1,\ldots,v_n) > 0\,.$$

Damit haben wir für die Bedingungen aus Definition 3.13 die Implikation a. $\Longrightarrow$ c. gezeigt.

Ebenso zeigt man:

Satz 4.3. *Auf einer differenzierbaren Mannigfaltigkeit gibt es stets eine* RIEMANN*sche Metrik.*

Der Beweis sei dem Leser als Übungsaufgabe überlassen.

Im folgenden Lemma werden als Vorbereitung zum Beweis von Theorem 4.2 kleine „Buckelfunktionen" auf M konstruiert, die ihren Träger in einer vorgegebenen offenen Menge haben.

Lemma 4.4. *Sei $V \subseteq M$ offen, $p \in V$. Dann gibt es $\eta \in C^\infty(M,[0,1])$ mit $\eta(p) > 0$ und Tr $\eta \subseteq V$.*

Beweis. Sei (U,h) eine Karte um p mit $U \subseteq V$, $h(p) = 0$ und $B_1(0) \subseteq U'$. Definiere $\tilde\eta \in C^\infty(U')$ durch

$$\tilde\eta(x) := \lambda(1-|x|^2) \quad \text{mit } \lambda(t) := \begin{cases} e^{-1/t} & \text{für } t > 0\,, \\ 0 & \text{für } t \le 0\,. \end{cases} \tag{4.1}$$

Dass λ und damit $\tilde\eta$ tatsächlich C^∞ ist, folgt mit Methoden der Differentialrechnung in einer Variablen und wird meistens als Beispiel für eine Funktion behandelt, die lokal bei 0 nicht verschwindet, obwohl dort alle Ableitungen Null sind, und die daher nicht mit ihrer TAYLORentwicklung übereinstimmt (vgl. etwa [36], Kap. 17).

Das gesuchte $\eta \in C^\infty(M)$ ist nun durch

$$\eta(x) := \begin{cases} \tilde\eta(h(x)) & x \in U\,, \\ 0 & \text{sonst} \end{cases}$$

gegeben. □

Beweis (von Theorem 4.2 für kompakte Mannigfaltigkeiten). Sei $(U_i)_{i\in I}$ eine offene Überdeckung von M. Für jedes $p \in M$ wähle eine offene Umgebung $U_{i(p)}$ von p, die zu dieser Überdeckung gehört, und ein $\eta_p \in C^\infty(M, [0,1])$ mit $\eta_p(p) > 0$ und $\operatorname{Tr}\eta_p \subseteq U_{i(p)}$. Sei $V_p \subseteq \operatorname{Tr}\eta_p \subseteq M$ eine offene Umgebung von p (z. B. $V_p := \{x \mid \eta_p(x) > \frac{1}{2}\eta_p(p)\}$). Da M kompakt ist, gibt es endlich viele Punkte $p_1, \ldots, p_r$ mit $\bigcup_{j=1}^{r} V_{p_j} = M$. Setze $\zeta_j := \eta_{p_j}$, also $\zeta_j \in C^\infty(M, [0,\infty[)$ und $\operatorname{Tr}\zeta_j \subseteq U_{i(p_j)}$. Definiere

$$\tau_j(x) := \frac{\zeta_j(x)}{\zeta_1(x) + \cdots + \zeta_r(x)} \in C^\infty(M, [0,\infty[) .$$

Der Nenner ist tatsächlich nirgends null, denn für jedes x existiert mindestens ein $j \in \{1,\ldots,r\}$ mit $x \in V_{p_j}$, also $\zeta_j(x) > 0$. Ferner gilt $\operatorname{Tr}\tau_j = \operatorname{Tr}\zeta_j \subseteq U_{i(p_j)}$ und $\sum_{j=1}^{r} \tau_j(x) = 1$. □

Die Beispiele, die wir für die Anwendung zur Zerlegung der Einheit angeführt haben, dürfen nicht dazu verleiten, anzunehmen, dass man ab jetzt stets argumentieren kann: Ein Objekt X existiert auf offenen Teilmengen des $\mathbb{R}^n$ und folglich auch auf Mannigfaltigkeiten, denn wir können es mittels Zerlegung der Einheit aus lokalen Teilen zusammenkleben. Manchmal gehen nämlich die interessanten Eigenschaften beim „Verkleben" verloren. Um dies einzusehen, betrachten wir folgendes Beispiel: Auf einer offenen Teilmenge $U \subseteq \mathbb{R}^n$ existiert stets ein differenzierbares Vektorfeld $v : U \longrightarrow \mathbb{R}^n$ mit $v(x) \neq 0$ für alle $x \in U$, z. B. $v(x) = \begin{pmatrix} 1 \\ 0 \\ \vdots \\ 0 \end{pmatrix}$ für alle $x \in U$. Wir können nicht argumentieren: „Durch Zerlegung der Einheit ist folglich auf einer Mannigfaltigkeit stets ein Vektorfeld gegeben, das nirgends verschwindet", denn sind $U_1, U_2 \subseteq M$ offen und ist v_i ein nullstellenfreies Vektorfeld auf U_i, so ist nicht notwendig $\tau_1(x)v_1(x) + \tau_2(x)v_2(x) \neq 0$ für alle $x \in U_1 \cap U_2$.

In der Tat existiert auch nicht auf jeder Mannigfaltigkeit ein Vektorfeld, das nirgends verschwindet, und die Frage, ob und wie viele punktweise linear unabhängige Vektorfelder auf einer Mannigfaltigkeit existieren, ist eine wichtige „globale" Problemstellung, d. h. sie ist ein typisches Beispiel für ein Problem, das nicht durch Betrachtung von Koordinatengebieten alleine gelöst werden kann.

In den Übungen werden wir sehen, dass die Fragestellung nach dem Nicht-Verschwinden von Vektorfeldern eng verknüpft ist mit der Frage, auf welchen Mannigfaltigkeiten es eine LORENTZmetrik gibt. Für den Fall der Dimension $n = 4$ läuft dies auf das grundlegende Problem hinaus, welche Mannigfaltigkeiten als Modell für die physikalische Raumzeit in Frage kommen.

Zum Abschluss des Abschnitts zeigen wir noch als eine weitere Anwendung der Zerlegung der Einheit eine schwächere Version des Einbettungssatzes 1.22.

Satz 4.5. *Ist M eine kompakte n-dimensionale Mannigfaltigkeit, so gibt es ein $N \in \mathbb{N}$, eine Untermanigfaltigkeit $M' \subseteq \mathbb{R}^N$ und einen Diffeomorphismus $f : M \longrightarrow M'$.*

Beweis. Sei $\mathcal{A} = \{(U_i, h_i) \mid i \in I\}$ ein Atlas für M, $\{\tau_j \mid j = 1, \ldots, m\}$ eine $(U_i)_{i \in I}$ untergeordnete Zerlegung der Einheit mit $\operatorname{Tr} \tau_j \subseteq U_{i_j}$. Sei $\tilde{h}_j \in C^\infty(M, \mathbb{R}^n)$ durch

$$\tilde{h}_j(x) := \begin{cases} \tau_j(x) h_{i_j}(x) & x \in U_{i_j}, \\ 0 & \text{sonst} \end{cases}$$

für $j = 1, \ldots, m$ gegeben. Dann ist

$$f : M \longrightarrow \mathbb{R}^{m+n\cdot m}, \; x \longmapsto (\tau_1(x), \ldots, \tau_m(x), \tilde{h}_1(x), \ldots, \tilde{h}_m(x))$$

die gesuchte Abbildung, wie wir jetzt nachprüfen:

f ist injektiv, denn ist $f(x) = f(y)$, so ist $\tau_j(x) = \tau_j(y)$ für alle j, also gibt es ein $j \in \{1, \ldots, m\}$ mit $x, y \in \operatorname{Tr} \tau_j \subseteq U_{i_j}$. Also ist auch $h_j(x) = h_j(y)$ und somit $x = y$. Nach Theorem 1.14b. ist $f : M \longrightarrow f(M)$ ein Homöomorphismus. Eine ähnliche Rechnung zeigt, dass $\mathrm{d} f_x$ für alle $x \in M$ injektiv ist. Dann ist $M' := f(M) \subseteq \mathbb{R}^N$, $N := m + nm$, eine Untermannigfaltigkeit und $f : M \to M'$ ein Diffeomorphismus. Ist nämlich $y \in M'$ beliebig, etwa $y = f(x)$, $x \in U_{i_j}$, so wählen wir linear unabhängige Vektoren $v_{n+1}, \ldots, v_N \in \mathbb{R}^N$, die nicht in dem n-dimensionalen Raum $\mathrm{d} f_x(T_x M)$ liegen, und betrachten die Abbildung

$$g(\xi_1, \ldots, \xi_N) := \left(f\left(h_{i_j}^{-1}(\xi_1, \ldots, \xi_n)\right), \sum_{k=n+1}^{N} \xi_k v_k \right),$$

die eine offene Umgebung $V \subseteq \mathbb{R}^N$ von $(h_{i_j}(x), 0)$ auf eine offene Umgebung $W \subseteq \mathbb{R}^N$ von y abbildet. Sie ist nach dem Satz über inverse Funktionen ein Diffeomorphismus, und da f ein Homöomorphismus ist, ist $W \cap M'$ eine Umgebung von y in M'. Also ist $H := g^{-1}$ ein Flachmacher von M' bei y, und f ist bei x ein lokaler Diffeomorphismus. Hieraus folgen alle Behauptungen. □

B Mannigfaltigkeiten mit Rand

In diesem Abschnitt wollen wir den Begriff der Mannigfaltigkeit ein wenig erweitern. Die n-dimensionalen Teilmannigfaltigkeiten des $\mathbb{R}^n$ sind genau die *offenen* Teilmengen des $\mathbb{R}^n$. So ist also z. B. die abgeschlossene Kugel $B_r^n := \{x \in \mathbb{R}^n \mid |x| \leq r\}$ keine Mannigfaltigkeit, denn B_r^n ist nicht lokal diffeomorph zu $\mathbb{R}^n$, sondern sie sieht lokal aus wie eine Teilmenge des Halbraums

$$\mathbb{R}^n_- := \{x \in \mathbb{R}^n \mid x_1 \leq 0\} \subseteq \mathbb{R}^n .$$

Wir wollen dies nun präzisieren.

Definitionen 4.6.

a. Sei $U \subseteq \mathbb{R}^n_-$ offen in $\mathbb{R}^n_-$. Eine stetige Abbildung

$$f : U \longrightarrow \mathbb{R}^k$$

heißt differenzierbar bei $p \in U$, wenn es eine in $\mathbb{R}^n$ offene Teilmenge $\widetilde{U} \subseteq \mathbb{R}^n$ gibt mit $p \in \widetilde{U}$ und eine differenzierbare Abbildung

$$\tilde{f} : \widetilde{U} \longrightarrow \mathbb{R}^k$$

mit $\tilde{f}|_{U \cap \widetilde{U}} = f|_{U \cap \widetilde{U}}$.

b. Eine bijektive Abbildung $f : U \longrightarrow V$ zwischen offenen Teilmengen des $\mathbb{R}^n_-$ heißt *Diffeomorphismus*, falls f und f^{-1} differenzierbar sind.

c. Ist $U \subseteq \mathbb{R}^n_-$, so heißt

$$\partial U := \{(x_1, \ldots, x_n) \in U \mid x_1 = 0\}$$

der *Rand* von U.

Diese Definition des Randes stimmt i. a. nicht mit der Definition des Randes überein, die in der Topologie benutzt wird (siehe Abschn. 1A). Die Abbildung $\tilde{f}$ aus Definition 4.6 ist natürlich nicht eindeutig bestimmt, aber die partiellen Ableitungen von $\tilde{f}$ bei $p \in U$ sind alle eindeutig durch f festgelegt, denn

$$\lim_{t \longrightarrow 0+} \left(\frac{\tilde{f}(p + t\boldsymbol{e}_1) - \tilde{f}(p)}{t} \right) = \lim_{t \longrightarrow 0-} \left(\frac{\tilde{f}(p + t\boldsymbol{e}_1) - \tilde{f}(p)}{t} \right),$$

da $\tilde{f}$ differenzierbar ist.

Lemma. *Ist $f : U \longrightarrow V$ ein Diffeomorphismus zwischen Teilmengen des $\mathbb{R}^n_-$, so ist $f(\partial U) = \partial V$ und es gilt*

$$\frac{\partial f_1}{\partial x_1}(p) > 0, \; \frac{\partial f_1}{\partial x_j}(p) = 0 \quad \text{für } j = 2, \ldots, n, \; p \in \partial U .$$

Beweis. Die erste Behauptung folgt, da Diffeomorphismen zwischen offenen Teilmengen im $\mathbb{R}^n$ offene Teilmengen auf offene abbilden (Details etwa in [48]). Die Behauptung über die partiellen Ableitungen folgt aus der Tatsache, dass für $p \in \partial U$ gilt

$$\operatorname{sign}(f_1(p + t\boldsymbol{e}_1)) = \operatorname{sign}(t) \text{ und } f_1(p + t\boldsymbol{e}_j) = 0 \text{ für } j \neq 1 .$$

□

Definitionen 4.7.

a. Unter einem differenzierbaren *berandeten Atlas* für einen topologischen Raum M verstehen wir eine offene Überdeckung $(U_\lambda)_{\lambda \in \Lambda}$ von M, zusammen mit

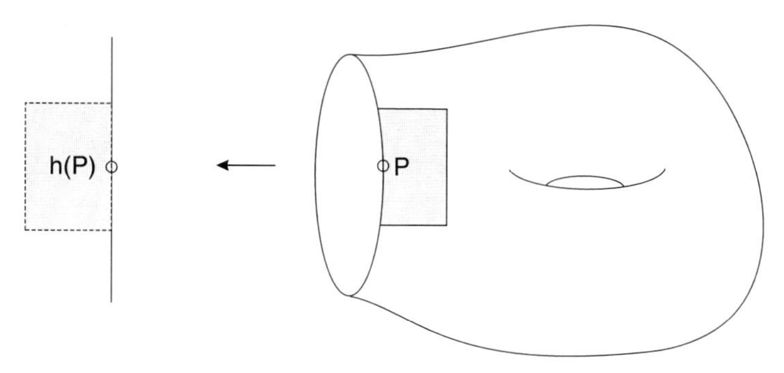

Abb. 4.1 Karte für eine berandete Mannigfaltigkeit

Homöomorphismen

$$h_\lambda : U_\lambda \longrightarrow U'_\lambda\,,\ U'_\lambda \subseteq \mathbb{R}^n_- \text{ oder } U'_\lambda \subseteq \mathbb{R}^n \text{ offen}\,,$$

so dass alle Kartenwechsel

$$w_{\lambda\mu} := h_\lambda \circ h_\mu^{-1}|_{h_\mu(U_\lambda \cap U_\mu)} : h_\mu(U_\lambda \cap U_\mu) \longrightarrow h_\lambda(U_\lambda \cap U_\mu)$$

Diffeomorphismen sind. Die Paare (U_λ, h_λ) heißen dann *berandete Karten*. Ist $(U_\lambda, h_\lambda)_{\lambda\in\wedge}$ so, dass $\cup_{\lambda\in\wedge} U_\lambda = M$, so heißt $(U_\lambda, h_\lambda)_{\lambda\in\wedge}$ *berandeter Atlas*. Ein maximaler berandeter Atlas heißt eine *differenzierbare Struktur*. Ein topologischer HAUSDORFF-Raum, der als Vereinigung von abzählbar vielen kompakten Teilmengen geschrieben werden kann, zusammen mit einer berandeten differenzierbaren Struktur heißt eine *berandete (differenzierbare) Mannigfaltigkeit*.

b. Ist M eine berandete Mannigfaltigkeit, so heißt $p \in M$ Randpunkt, falls für eine (und dann jede) Karte (U, h) mit $p \in U$ gilt: $h(p) \in \partial U'$. Die Menge der *Randpunkte* von M bezeichnet man als *Rand* ∂M von M.

Offenbar ist der Rand einer berandeten n-dimensionalen Mannigfaltigkeit eine unberandete Mannigfaltigkeit der Dimension $n-1$.

Mannigfaltigkeiten sind oft als Nullstellen von Gleichungen durch den Satz vom regulären Wert gegeben. Berandete Mannigfaltigkeiten hingegen werden oft durch *Ungleichungen* beschrieben. Dies wird durch den folgenden Satz ermöglicht:

Satz 4.8. *Sei $B \subseteq \mathbb{R}^n$ offen, $F \in C^\infty(B, \mathbb{R}^m)$ und $f \in C^\infty(B, \mathbb{R})$. Sei $C \in \mathbb{R}^m$ regulärer Wert von F und $(C, c) \in \mathbb{R}^{m+1}$ regulärer Wert von (F, f). Dann ist*

$$\{x \in B \mid F(x) = C\,,\ f(x) \leq c\}$$

eine $(n-m)$-dimensionale berandete Untermannigfaltigkeit des $\mathbb{R}^n$.

Der Beweis ist völlig analog zum Beweis des Satzes vom regulären Wert. Natürlich bleibt die Aussage ebenso richtig, wenn statt $f(x) \leq c$ die Ungleichung $f(x) \geq c$ gegeben ist.

Beispiel:

$$M = \{(x, y, z) \in \mathbb{R}^3 \mid x^2 + y^2 + z^2 = 1\,,\ z \geq 0\}$$

ist eine berandete Mannigfaltigkeit und

$$\partial M = \{(x, y, z) \in \mathbb{R}^3 \mid x^2 + y^2 = 1\,,\ z = 0\} \cong \mathbf{S}^1\,.$$

Die meisten Begriffe lassen sich sofort von Mannigfaltigkeiten auf berandete Mannigfaltigkeiten übertragen. Differenzierbarkeit ist wieder mittels Karten definiert. Zur Definition des Tangentialraums setzen wir für $p \in \partial M$

$$\begin{aligned} K_p(M) := \quad & \{\gamma : [0, \varepsilon) \longrightarrow M\,,\ \text{differenzierbar}\ \gamma(0) = p\} \cup \\ & \{\gamma : (-\varepsilon, 0] \longrightarrow M\,,\ \text{differenzierbar}\ \gamma(0) = p\}\,. \end{aligned}$$

Für $\gamma \in K_p(M)$ und eine Karte (U, h) um p sind $h(\gamma(0)) \in \partial U'$ und $\frac{\mathrm{d}}{\mathrm{d}t}\big|_{t=0} h \circ \gamma \in \mathbb{R}^n$ wohldefiniert. Auf $K_p(M)$ ist daher eine Äquivalenzrelation $\sim$ wie in Abschn. 1C definiert und wir setzen wieder

$$T_p M = K_p(M)/\!\sim\,,$$

d. h. die Elemente von $T_p M$ sind die Äquivalenzklassen von Kurven aus $K_p(M)$. Die Abbildungen φ_p, h_p sind wie in (1.8) bzw. (1.9) aus Abschn. 1C definiert. Damit ist $T_p M$ auch für $p \in \partial M$ ein n-dimensionaler Vektorraum, und

$$T_p(\partial M) \subseteq T_p M$$

ist ein $(n-1)$-dimensionaler Untervektorraum. Das Differential ist wieder mittels Karten wie in Definition 1.29 definiert und wir setzen für $p \in \partial M$

$$T_p^{\text{innen}} M := \mathrm{d}\varphi_{h(p)}(\mathbb{R}^n_- \setminus \partial\mathbb{R}^n_-)\,, \tag{4.2}$$

$$T_p^{\text{außen}} M := \mathrm{d}\varphi_{h(p)}(\mathbb{R}^n \setminus \mathbb{R}^n_-)\,, \tag{4.3}$$

wobei φ eine lokale Parametrisierung um p ist. Für $p \in \partial M$ ist $T_p M$ also die disjunkte Vereinigung von $T_p^{\text{innen}} M$, $T_p^{\text{außen}} M$ und $T_p \partial M$. Differentialformen und Metriken sind auf berandeten Mannigfaltigkeiten ebenso wie auf unberandeten definiert. Ist M RIEMANNsche Mannigfaltigkeit, so ist auch auf ∂M durch Einschränkung der Metrik auf $T\partial M$ eine RIEMANNsche Metrik gegeben. Ist M nur pseudo-RIEMANNsch (z. B. eine LORENTZsche Mannigfaltigkeit), so ist die Bilinearform, die durch Einschränkung auf $T\partial M$ entsteht, jedoch möglicherweise entartet, definiert also eventuell keine pseudo-RIEMANNsche Metrik auf ∂M.

Ist M eine RIEMANN*sche Mannigfaltigkeit*, so heißt die durch

$$\begin{aligned} N : \partial M \longrightarrow TM\,,\ \ & N(p) \in T_p^{\text{außen}} M\,,\ |N(p)| = 1 \\ & N(p) \in (T_p(\partial M))^{\perp} \end{aligned} \tag{4.4}$$

eindeutig definierte Abbildung das *nach außen weisende Normaleneinheitsfeld* auf ∂M.

Ist M orientierte berandete Mannigfaltigkeit, so ist ∂M ebenfalls orientiert, und zwar durch folgende Konvention.

Definition 4.9. Eine Basis $(v_1, \ldots, v_{n-1})$ von $T_p\partial M$ heiße *positiv orientiert*, falls für jeden nach außen weisenden Vektor $V \in T_p^{\text{außen}} M$ die Basis $(V, v_1, \ldots, v_{n-1})$ von $T_p M$ positiv orientiert ist.

Ist ω_M die Volumenform auf einer orientierten RIEMANNschen Mannigfaltigkeit und N das nach außen weisende Normaleneinheitsfeld, so ist die *kanonische Volumenform* auf ∂M durch

$$\omega_{\partial M} := i_N \omega_M \tag{4.5}$$

gegeben. Offenbar ist sie die zu der in 4.9 definierten Orientierung passende Volumenform auf ∂M.

C Integration auf Mannigfaltigkeiten

In diesem Abschnitt verstehen wir unter Mannigfaltigkeiten sowohl berandete als auch unberandete Mannigfaltigkeiten.

Spricht man über Integration auf Mannigfaltigkeiten, so muss als erstes geklärt werden, welches Objekt denn integriert werden soll. Erinnern wir uns zunächst an die Integration über n-dimensionale Flächenstücke $M \subseteq \mathbb{R}^N$ $(N \geq n)$ mit Parametrisierung $\varphi : U' \longrightarrow U \subseteq M$, wie sie z. B. in [36], Kap. 22, eingeführt wurde. Für stetiges $f : M \to \mathbb{R}$ ist

$$\int_U f \, \mathrm{d}\sigma := \int_{U'} (f \circ \varphi)\sqrt{G} \, \mathrm{d}^n x \,, \tag{4.6}$$

wobei $G := \det(g_{ij})$ die GRAM*sche Determinante* ist, d. h. die Determinante des *metrischen Tensors* $g_{ij} := \langle \partial_i \varphi, \partial_j \varphi \rangle$. Vergleicht man dies mit der in Satz 3.20 gegebenen Beschreibung der Volumenform ω_M, so sieht man, dass auf der rechten Seite von (4.6)

$$\int_{U'} (\varphi^*(f\,\omega_M))(\boldsymbol{e}_1, \ldots, \boldsymbol{e}_n) \, \mathrm{d}^n x$$

steht, wobei $\mathrm{d}^n x$ die gewöhnliche Integration bezüglich des LEBESGUEmaßes im $\mathbb{R}^n$ bezeichnet. Für $\eta \in \Omega^n \mathbb{R}^n$ und messbares $M \subseteq \mathbb{R}^n$ liegt es daher nahe,

$$\int_M \eta := \int_M \eta(\boldsymbol{e}_1, \ldots, \boldsymbol{e}_n) \, \mathrm{d}^n x \tag{4.7}$$

zu setzen. Ist nämlich $\eta := f \cdot \delta^1 \wedge \cdots \wedge \delta^n$ mit $f \in C^\infty(\mathbb{R}^n)$ (Bezeichnungen wie in Abschn. 3B), so ergibt sich aus dieser Definition

$$\int_M \eta = \int_M f \, \mathrm{d}^n x \,.$$

Die rechte Seite von (4.6) ist dann gleichbedeutend mit $\int_{U'} \varphi^*(f \cdot \omega_M)$. Dies führt zu dem Ansatz, dass man auf einer n-dimensionalen Mannigfaltigkeit die n-Formen integriert, und zwar mit der Definition, die in dem nachfolgenden Satz gerechtfertigt wird. Allerdings bekommt man dabei ein Vorzeichenproblem, da sich unter einem Kartenwechsel w die n-Formen gemäß 2.12 mit dem Faktor $\det J_w$ transformieren, die Integrale aber mit $|\det J_w|$. Daher geht man von *orientierten* Mannigfaltigkeiten M aus und legt eine Orientierung fest, bevor man n-Formen auf M integriert.

Satz und Definition 4.10. *Sei M eine orientierte n-dimensionale Mannigfaltigkeit, $\eta \in \Omega^n M$ und $\operatorname{Tr} \eta \subseteq U$ kompakt, wobei (U, h) eine orientierungserhaltende Karte von M ist. Dann ist*

$$\int_M \eta := \int_{U'} \varphi^* \eta \equiv \int_{U'} (\varphi^* \eta)(\boldsymbol{e}_1, \ldots, \boldsymbol{e}_n) \, \mathrm{d}^n x$$

mit $\varphi = h^{-1} : U' \longrightarrow U$ unabhängig von der Wahl der Karte und daher wohldefiniert.

Beweis. Sei (V, k) eine weitere orientierungserhaltende Karte mit $\operatorname{Tr} \eta \subseteq V$, und sei $\psi := k^{-1} : V' \longrightarrow V$, $w := k \circ \varphi : U' \longrightarrow V'$. Dann ist

$$\begin{aligned} \varphi^* \eta &= (\psi \circ k \circ \varphi)^* \eta \\ &= w^* \psi^* \eta \,. \end{aligned}$$

Zu zeigen ist also, dass

$$\int_{U'} w^* \psi^* \eta = \int_{V'} \psi^* \eta \,. \tag{4.8}$$

Nach (2.12) ist $w^*(\psi^* \eta) = \det J_w \cdot (\psi^* \eta)$. Also folgt (4.8) aus der Transformationsformel für das LEBESGUE-Integral, denn da beide Karten orientierungserhaltend sind, ist überall $\det J_w > 0$. □

Bemerkung: Ist $\varphi = h^{-1}$ mit einer *orientierungsumkehrenden* Karte (U, h), so ergibt eine analoge Rechnung:

$$\int_M \eta = -\int_{U'} \varphi^* \eta \,.$$

Um nun die Integration von beliebigen n-Formen zu definieren, verfährt man genauso wie bei Teilmannigfaltigkeiten des $\mathbb{R}^n$: Die Mannigfaltigkeit wird in einzelne Stücke zerlegt, die jeweils in Kartengebieten enthalten sind, und die Integrale über diese einzelnen Stücke werden summiert. Dies könnte mittels einer Zerlegung der Einheit geschehen, doch ziehen wir eine Definition vor, die dem praktischen Vorgehen bei der Berechnung von Integralen entspricht.

Definitionen 4.11. Eine Teilmenge A einer n-dimensionalen differenzierbaren Mannigfaltigkeit M heißt *messbar* (bzw. *Nullmenge*), falls für eine (und dann jede) Überdeckung von A durch Karten $(U_i, h_i)_{i \in I}$ die Teilmengen $h_i(U_i \cap A) \subseteq \mathbb{R}^n$ messbar (bzw. Nullmengen) sind für alle $i \in I$.

Lemma. *Jede Mannigfaltigkeit M hat eine Zerlegung in abzählbar viele disjunkte messbare Teilmengen $(A_i)_{i \in \mathbb{N}}$, so dass jedes A_i ganz in einem Kartengebiet enthalten ist, d. h. es gilt*

a. $\bigcup\limits_{i \in \mathbb{N}} A_i = M$ *und* $A_i \cap A_j = \emptyset$ *für* $i \neq j$,

b. für jedes $i \in \mathbb{N}$ *existiert eine Karte* (U_i, h_i) *mit* $A_i \subseteq U_i$.

Beweis. Die Mannigfaltigkeit M besitzt einen abzählbaren Atlas $(U_i, h_i)_{i \in \mathbb{N}}$, denn sie kann als Vereinigung von abzählbar vielen kompakten Teilmengen geschrieben werden (Definition 1.16b.), und jede dieser kompakten Teilmengen kann durch endlich viele Kartengebiete überdeckt werden. Man erreicht nun das Gewünschte, indem man setzt:

$$A_1 := U_1\,,\; A_2 := U_2 \setminus A_1, \ldots, A_{i+1} = U_{i+1} \setminus \bigcup_{j=1}^{i} A_j\,.$$

□

Satz und Definition 4.12.

a. Eine n-Form ω auf einer orientierten n-dimensionalen Mannigfaltigkeit M heißt integrierbar, *wenn für eine – und dann jede – Zerlegung $(A_i)_{i \in \mathbb{N}}$ von M wie in obigem Lemma und eine – und dann jede – Folge $(U_i, h_i)_{i \in \mathbb{N}}$ von orientierungserhaltenden Karten mit $A_i \subseteq U_i$ und $\varphi_i = h_i^{-1}$ gilt:*
Für jedes i ist die lokale Koeffizientenfunktion

$$a_i : U_i' = h_i(U_i) \longrightarrow \mathbb{R} :$$
$$x \longmapsto \omega_{\varphi_i(x)}(\partial_1(x), \ldots, \partial_n(x)) = (\varphi_i^* \omega)(\boldsymbol{e}_1, \ldots, \boldsymbol{e}_n)$$

mit $\partial_j(x) := \partial_j^{(h_i)}(x)$ über $h_i(A_i) = A_i'$ integrierbar, und es gilt

$$\sum_{i=1}^{\infty} \int_{A_i'} |a_i(x)| \, \mathrm{d}^n x < \infty\,.$$

b. Das Integral von ω über M ist dann durch

$$\int_M \omega := \sum_{i=1}^{\infty} \int_{h_i(A_i)} a_i(x) \, \mathrm{d}x$$

wohldefiniert.

c. *Ist M eine kompakte orientierte* RIEMANN*sche Mannigfaltigkeit mit Volumenform ω_M, so ist das* Volumen *von M durch*

$$vol\, M = \int_M \omega_M$$

definiert.

d. *Für den Spezialfall einer nulldimensionalen Mannigfaltigkeit $M = \bigcup_{i\in I}\{p_i\}$ heißt $f \in C^\infty(M)$ integrierbar, falls $\sum_{i\in I} |f(p_i)| < \infty$, und man schreibt dann $\int_M f = \sum_{i\in I} f(p_i)$.*

Beweis. Es ist zu zeigen, dass die definierten Eigenschaften und Größen unabhängig von der Wahl der Zerlegungen und Karten sind.

Seien also $(A_i)_{i\in\mathbb{N}}$ und $(B_j)_{j\in\mathbb{N}}$ Zerlegungen wie im Lemma und $(U_i, h_i)_{i\in\mathbb{N}}$, $(V_j, k_j)_{j\in\mathbb{N}}$ orientierungserhaltende Karten mit $A_i \subseteq U_i$, $B_j \subseteq V_j$, $\varphi_i = h_i^{-1}$ und $\psi_j = k_j^{-1}$, sowie

$$\begin{aligned} a_i &= \left(\varphi_i^*\omega\right)(\boldsymbol{e}_1,\dots,\boldsymbol{e}_n) \\ b_j &= \left(\psi_j^*\omega\right)(\boldsymbol{e}_1,\dots,\boldsymbol{e}_n)\,. \end{aligned}$$

Dann gilt nach Definition

$$\int\limits_{h_i(A_i\cap B_j)} a_i(x)\,\mathrm{d}^n x = \int\limits_{k_j(A_i\cap B_j)} b_j(x)\,\mathrm{d}^n x = \int\limits_{A_i\cap B_j} \omega$$

und analog für die Integranden $|a_i|$,$|b_j|$. Also ist nach dem Satz über monotone Konvergenz

$$\int\limits_{h_i(A_i)} |a_i(x)|\,\mathrm{d}x = \sum_{j=1}^{\infty} \int\limits_{h_i(A_i\cap B_j)} |a_i(x)|\,\mathrm{d}x = \sum_{j=1}^{\infty} \int\limits_{k_j(A_i\cap B_j)} |b_j(x)|\,\mathrm{d}x$$

und damit $\sum_{ij} \int_{k_j(A_i\cap B_j)} |b_j(x)|\,\mathrm{d}x < \infty$. Folglich sind $|b_j|$ und b_j über $k_j(B_j)$ integrierbar, und es gilt nach dem Satz von der dominierten Konvergenz

$$\int\limits_{k_j(B_j)} b_j(x)\,\mathrm{d}x = \sum_{i=1}^{\infty} \int\limits_{k_j(A_i\cap B_j)} b_j(x)\,\mathrm{d}x = \sum_{i=1}^{\infty} \int\limits_{h_i(A_i\cap B_j)} a_i(x)\,\mathrm{d}x\,,$$

also

$$\begin{aligned} \sum_{j=1}^{\infty} \int\limits_{k_j(B_j)} b_j(x)\,\mathrm{d}x &= \sum_{i,j=1}^{\infty} \int\limits_{h_i(A_i\cap B_j)} a_i(x)\,\mathrm{d}x = \sum_{i=1}^{\infty} \int\limits_{h_i(A_i)} a_i(x)\,\mathrm{d}x \\ &= \int_M \omega\,. \end{aligned}$$

□

Bemerkung: Für die Berechnung von Integralen genügt es, die zerlegenden Mengen A_i so zu wählen, dass $A_i \cap A_j$ für $i \neq j$ stets eine Nullmenge ist. Das ist meist leichter zu erreichen als die völlige Disjunktheit.

Ein wichtiges Hilfsmittel, um Integrale auszurechnen, ist in der Analysis in mehreren Veränderlichen die Transformationsformel. Für die Integration auf Mannigfaltigkeiten hat sie eine besonders einfache Form:

Korollar 4.13 (Transformationsformel). *Ist $f : N \longrightarrow M$ ein orientierungserhaltender Diffeomorphismus zwischen orientierten Mannigfaltigkeiten der Dimension n und ist $\omega \in \Omega^n M$ integrierbar, so ist*

$$\int_N f^*\omega = \int_M \omega .$$

Ist f orientierungsumkehrend, so ist

$$\int_N f^*\omega = -\int_M \omega .$$

Beweis. Seien $(A_i)_{i\in\mathbb{N}}$ disjunkte messbare Teilmengen von N mit $\bigcup_{i\in\mathbb{N}} A_i = N$ und (U_i, h_i) Karten mit $A_i \subseteq U_i$. Dann sind $B_i := f(A_i) \subseteq f(U_i) =: V_i \subseteq M$ messbare Teilmengen von M und $(V_i, h_i \circ f^{-1})$ Karten für M. Sind h_i und f orientierungserhaltend so auch $k_i = h_i \circ f^{-1}$. Sei ω eine integrierbare n-Form, $\psi_i = k_i^{-1}$, $\varphi_i = h_i^{-1}$. Dann ist

$$\begin{aligned}\psi_i^*(\omega|_{B_i}) &= (f \circ \varphi_i)^*(\omega|_{B_i}) = \\ &= \varphi_i^*(f^*(\omega|_{B_i})) = \\ &= \varphi_i^*(f^*\omega|_{f^{-1}(B_i)}) = \\ &= \varphi_i^*(f^*\omega|_{A_i}) .\end{aligned}$$

Also ist

$$\int_M \omega = \sum_i \int_{k_i(B_i)} \psi_i^*\omega = \sum_i \int_{h_i(A_i)} \varphi_i^*(f^*\omega) = \int_N f^*\omega .$$

□

Bemerkung: Wir haben hier nur die Integration über berandete Mannigfaltigkeiten definiert. In der Physik treten oft Mannigfaltigkeiten mit „Ecken“ und „Kanten“ auf, und oft ist es in der Praxis möglich, dort genauso zu rechnen wie mit Mannigfaltigkeiten. In [4] wird die hierbei verwendete „Integration über Zykel“ genauer behandelt.

D Die CARTANsche Ableitung

Einer der wichtigsten Sätze der Analysis in einer Veränderlichen ist der Hauptsatz der Differential- und Integralrechnung:

$$\int_a^b \dot{f}(t)\,\mathrm{d}t = f(b) - f(a)\,. \tag{4.9}$$

Fasst man $[a, b]$ als 1-dimensionale berandete Mannigfaltigkeit auf, so ist (4.9) auch zu lesen als

$$\int_M \mathrm{d}f = \int_{\partial M} f\,. \tag{4.10}$$

Die CARTANsche Ableitung ist nun eine Verallgemeinerung des Differentials zu einer linearen Abbildung

$$\mathrm{d}^{(j)} : \Omega^j M \longrightarrow \Omega^{j+1} M\,,$$

so dass (4.10) auch für kompakte n-dimensionale Mannigfaltigkeiten und $f \in \Omega^{n-1}(M)$ gültig bleibt.

Satz und Definition 4.14. *Sei M eine n-dimensionale Mannigfaltigkeit. Dann gibt es genau eine Möglichkeit eine Folge linearer Abbildungen* $\mathrm{d}^{(j)}$

$$\Omega^0 M \xrightarrow{\mathrm{d}^{(0)}} \Omega^1 M \xrightarrow{\mathrm{d}^{(1)}} \Omega^2 M \xrightarrow{\mathrm{d}^{(2)}} \cdots \xrightarrow{\mathrm{d}^{(n-1)}} \Omega^n M \xrightarrow{\mathrm{d}^{(n)}} 0$$

zu definieren, so dass gilt

a. $\mathrm{d}^{(0)} f = \mathrm{d} f$ *für* $f \in C^\infty M$,

b. $(\mathrm{d}^{(j+1)} \circ \mathrm{d}^{(j)})\omega \equiv \mathrm{d}^{(j+1)}\mathrm{d}^{(j)}\omega \equiv \mathrm{d}^2\omega = 0$ *für* $\omega \in \Omega^j M$ *und* $j \in \{0, \ldots, n-1\}$ (Komplexeigenschaft),

c. $\mathrm{d}^{(r+s)}(\omega \wedge \eta) = \mathrm{d}^{(r)}\omega \wedge \eta + (-1)^r \omega \wedge \mathrm{d}^{(s)}\eta$ *für* $\omega \in \Omega^r M$, $\eta \in \Omega^s M$ (Produktregel) .

Die Abbildung $\mathrm{d}^{(j)}$ *heißt* CARTANsche Ableitung *oder* äußere Ableitung.

Wir werden im Weiteren meist d statt $\mathrm{d}^{(j)}$ schreiben.

Ist die Definition von $\mathrm{d}^{(j)}$ durch (4.10) motiviert, so liegt es auch nahe Eigenschaft b. zu fordern, da für jede berandete Mannigfaltigkeit M auch $\partial\partial M = \emptyset$ gilt, also stets

$$\int_M \mathrm{d}\,\mathrm{d}\omega = \int_{\partial M} \mathrm{d}\omega = \int_{\partial\partial M} \omega = 0\,.$$

Die Produktregel ist eine natürliche Verallgemeinerung der bekannten Produktregel für $\omega, \eta \in C^\infty M$. Das Vorzeichen dabei ist eine notwendige Folgerung aus der

Antikommutativität des äußeren Produkts. Eine ausführliche und sehr anschauliche Motivation der Definition der CARTANschen Ableitung findet sich in [48].

Beweis. (i) Wir behandeln zuerst den Fall, dass $M \subseteq \mathbb{R}^n$ offen ist. In diesem Fall ist $\omega \in \Omega^j M$ durch

$$\omega = \sum_{\mu_1 < \cdots < \mu_j} \omega_{\mu_1,\ldots,\mu_j} \, \mathrm{d}x^{\mu_1} \wedge \cdots \wedge \mathrm{d}x^{\mu_j} \tag{4.11}$$

gegeben.

Wir zeigen zuerst, dass es höchstens eine Folge linearer Abbildungen $\mathrm{d}^{(j)}$, $j \in \{0, \ldots, n\}$ gibt, so dass a.–c. erfüllt sind.

Sei also ω durch (4.11) gegeben und $\mathrm{d}^{(j)}$ erfülle a.–c. Dann folgt aus der Linearität

$$\begin{aligned} \mathrm{d}\omega &= \sum_{\mu_1 < \cdots < \mu_j} \mathrm{d}^{(j)}(\omega_{\mu_1,\ldots,\mu_j} \, \mathrm{d}x^{\mu_1} \wedge \cdots \wedge \mathrm{d}x^{\mu_j}) \\ &\overset{\text{c.}, r=0}{=} \sum_{\mu_1 < \cdots < \mu_j} \mathrm{d}^{(0)}\omega_{\mu_1,\ldots,\mu_j} \wedge \mathrm{d}x^{\mu_1} \wedge \cdots \wedge \mathrm{d}x^{\mu_j} + \\ &\quad \sum_{\mu_1 < \cdots < \mu_j} \omega_{\mu_1,\ldots,\mu_j} \wedge \mathrm{d}^{(j)}(\mathrm{d}x^{\mu_1} \wedge \cdots \wedge \mathrm{d}x^{\mu_j}) \,. \end{aligned}$$

Der zweite Summand verschwindet nach der Produktregel und b., da $\mathrm{d}x^j = \mathrm{d}^{(0)}\mathrm{pr}_j$, wobei pr_j die Projektion auf die j-te Komponente ist, also $\mathrm{d}^{(1)}\,\mathrm{d}x^j = 0$ für $j = 1, \ldots, n$. Damit folgt nun aus a.

$$\mathrm{d}\omega = \sum_{\mu_1 < \cdots < \mu_j} \sum_{r=1}^{n} \frac{\partial \omega_{\mu_1,\ldots,\mu_j}}{\partial x_r} \, \mathrm{d}x^r \wedge \mathrm{d}x^{\mu_1} \wedge \cdots \wedge \mathrm{d}x^{\mu_j} \,. \tag{4.12}$$

Die Existenz ist nun leicht zu zeigen: Wir definieren für ω wie in (4.11) $\mathrm{d}^{(j)}\omega$ durch (4.12). Die so definierte Abbildung $\Omega^j M \longrightarrow \Omega^{j+1} M$ ist offenbar linear und erfüllt a. Es bleibt zu zeigen, dass sie b. und c. erfüllt. Wegen der Linearität genügt es $\omega = f \, \mathrm{d}x^{\mu_1} \wedge \cdots \wedge \mathrm{d}x^{\mu_j}$ zu betrachten. Dann ist

$$\mathrm{d}^{(j)}\omega = \sum_{i=1}^{n} \frac{\partial f}{\partial x^i} \, \mathrm{d}x^i \wedge \mathrm{d}x^{\mu_1} \wedge \cdots \wedge \mathrm{d}x^{\mu_j} \,,$$

also

$$\begin{aligned} \mathrm{d}^{(j+1)}\,\mathrm{d}^{(j)}\omega &= \sum_{i,r=1}^{n} \frac{\partial^2 f}{\partial x^i \partial x^r} \, \mathrm{d}x^r \wedge \mathrm{d}x^i \wedge \mathrm{d}x^{\mu_1} \wedge \cdots \wedge \mathrm{d}x^{\mu_j} \\ &= \sum_{1 \leq i < r \leq n} \frac{\partial^2 f}{\partial x^i \partial x^r} \, (\mathrm{d}x^r \wedge \mathrm{d}x^i + \mathrm{d}x^i \wedge \mathrm{d}x^r) \wedge \mathrm{d}x^{\mu_1} \wedge \cdots \wedge \mathrm{d}x^{\mu_j} \\ &= 0 \,. \end{aligned}$$

Das vorletzte Gleichheitszeichen folgt, da

$$\frac{\partial^2 f}{\partial x^i \partial x^r} = \frac{\partial^2 f}{\partial x^r \partial x^i}$$

für $f \in C^\infty M$ gilt.
Damit ist gezeigt, dass das durch (4.12) definierte d die Komplexeigenschaft hat. Zu zeigen bleibt noch, dass es der Produktregel genügt:
Sei

$$\begin{aligned}\omega &= f\, \mathrm{d}x^{\mu_1} \wedge \cdots \wedge \mathrm{d}x^{\mu_r}\\ \eta &= g\, \mathrm{d}x^{\nu_1} \wedge \cdots \wedge \mathrm{d}x^{\nu_s}\ .\end{aligned}$$

Dann ist

$$\begin{aligned}\mathrm{d}(\omega \wedge \eta) &= \mathrm{d}(fg\, \mathrm{d}x^{\mu_1} \wedge \cdots \wedge \mathrm{d}x^{\mu_r} \wedge \mathrm{d}x^{\nu_1} \wedge \cdots \wedge \mathrm{d}x^{\nu_s})\\ &= \sum_{j=1}^{n} \frac{\partial(fg)}{\partial x_j}\, \mathrm{d}x^j \wedge \mathrm{d}x^{\mu_1} \wedge \cdots \wedge \mathrm{d}x^{\mu_r} \wedge \mathrm{d}x^{\nu_1} \wedge \cdots \wedge \mathrm{d}x^{\nu_s}\\ &= \sum_{j=1}^{n} \frac{\partial f}{\partial x_j}\, \mathrm{d}x^j \wedge \mathrm{d}x^{\mu_1} \wedge \cdots \wedge \mathrm{d}x^{\mu_r} \wedge g\, \mathrm{d}x^{\nu_1} \wedge \cdots \wedge \mathrm{d}x^{\nu_s}\\ &\quad + f\, \mathrm{d}x^{\mu_1} \wedge \cdots \wedge \mathrm{d}x^{\mu_r} \wedge (-1)^r \cdot \sum_{j=1}^{n} \frac{\partial g}{\partial x_j}\, \mathrm{d}x^j \wedge \mathrm{d}x^{\nu_1} \wedge \cdots \wedge \mathrm{d}x^{\nu_s}\\ &= \mathrm{d}\omega \wedge \eta + (-1)^r \omega \wedge \mathrm{d}\eta\ .\end{aligned}$$

Wegen der Linearität der CARTANschen Ableitung ist also die Produktregel erfüllt. Damit ist der Satz für offene Teilmengen $M \subseteq \mathbb{R}^n$ gezeigt.

(ii) Jetzt kommen wir zum allgemeinen Fall einer n-dimensionalen Mannigfaltigkeit M. Sei $\omega \in \Omega^j M$. Im Allgemeinen hat dann ω auf ganz M keine Darstellung der Form (4.11). Ist aber $p \in M$ und (U, h) eine Karte mit $p \in U$, so hat $\omega|_U$ eine Darstellung wie in (4.11) und man kann die CARTANsche Ableitung d_U auf U in Koordinaten durch (4.12) definieren. Setzt man dann

$$\left(\mathrm{d}^{(j)}\omega\right)_p := \left(\mathrm{d}_U^{(j)}\omega|_U\right)_p\ ,$$

so bleibt zu zeigen, dass diese Definition unabhängig von der Darstellung von ω in einer Koordinatenbasis ist. Dies folgt aber schon aus der unter 1. gezeigten Eindeutigkeit:
Ist (V, k) eine weitere Karte mit $p \in V$, so folgt wie in 1.

$$\left(\mathrm{d}_U^{(j)}\omega|_U\right)_p = \left(\mathrm{d}_{U\cap V}^{(j)}\omega|_{U\cap V}\right)_p = \left(\mathrm{d}_V^{(j)}\omega|_V\right)_p\ .$$

Damit ist also gezeigt, dass durch (4.12) in lokalen Koordinaten lineare Abbildungen $\Omega^j M \longrightarrow \Omega^{j+1}M$ definiert sind, die a.–c. erfüllen. Es bleibt zu zeigen, dass es keine weitere solche Folge von Abbildungen gibt. Der Beweis aus 1. kann nicht ohne Weiteres übertragen werden, da $\omega \in \Omega^j M$ i. a. nicht von der Form (4.11) ist. Wir zeigen zuerst:

Behauptung. Ist $\mathrm{d}^{(j)} : \Omega^j M \longrightarrow \Omega^{j+1}M$ eine Familie linearer Abbildungen, die a.–c. aus 4.14 erfüllen, so ist jedes $\mathrm{d}^{(j)}$ ein *lokaler* Operator, d. h. sind $\omega, \tilde{\omega} \in \Omega^j M$, $U \subseteq M$ offen und $\omega\big|_U = \tilde{\omega}\big|_U$, so gilt $(\mathrm{d}^{(j)}\omega)\big|_U = (\mathrm{d}^{(j)}\tilde{\omega})\big|_U$.

Beweis (der Behauptung). Wegen der Linearität genügt es, zu zeigen: Ist $\omega\big|_U = 0$, so ist $(\mathrm{d}\omega)\big|_U = 0$. Sei $f \in C^\infty(M)$, $p \in U$ und $f(p) = 1$, $f(M \setminus U) = \{0\}$. Dann ist $f\omega = 0$, also wegen der Linearität von d auch $\mathrm{d}(f\omega) = 0$. Andererseits folgt aus der Produktregel

$$\begin{aligned} \mathrm{d}^{(j)}(f\omega)_p &= \mathrm{d}f_p \wedge \omega_p + f(p)\mathrm{d}^{(j)}\omega_p \\ &= 0 + (\mathrm{d}^{(j)}\omega)_p , \end{aligned}$$

also

$$\mathrm{d}^{(j)}\omega_p = 0 .$$

□

Zurück zum Beweis der Eindeutigkeit!

Sei $p \in M$, (U, h) eine Karte von M um p mit $h(p) = 0$ und $B_2(0) \subseteq h(U) =: U'$. Sei $\zeta \in C^\infty(U)$ eine Funktion mit

$$\zeta(x) = \begin{cases} 1 & \text{für } x \in h^{-1}(B_1(0)) , \\ 0 & \text{für } x \in U \setminus h^{-1}(\mathcal{U}_2(0)) \end{cases} .$$

Um solch eine Funktion zu gewinnen, betrachtet man die im Beweis von Lemma 4.4 angegebene Hilfsfunktion λ, setzt

$$\tilde{\zeta}(x) := \frac{\lambda(2 - |x|^2)}{\lambda(2 - |x|^2) + \lambda(|x|^2 - 1)}$$

für $x \in U'$ und schließlich $\zeta\big|_U := \tilde{\zeta} \circ h$, $\zeta\big|_{M \setminus U} \equiv 0$.

Sei jetzt $\omega \in \Omega^j M$ und $\omega|_U$ in einer dualen Koordinatenbasis $(\mathrm{d}x^{(i)})_{i=1,\dots,n}$ durch 4.11) gegeben. Definiere $\tilde{\omega} \in \Omega^j M$ durch

$$\tilde{\omega} := \sum_{\mu_1 < \dots < \mu_j} \tilde{\omega}_{\mu_1,\dots,\mu_j} \, \mathrm{d}\tilde{x}^{\mu_1} \wedge \dots \wedge \mathrm{d}\tilde{x}^{\mu_j} ,$$

wobei

$$\tilde{\omega}_{\mu_1,\dots,\mu_j}(x) := \begin{cases} \zeta(x)\omega_{\mu_1,\dots,\mu_j}(x) & \text{für } x \in U , \\ 0 & \text{sonst} \end{cases}$$

und wobei die Funktionen $\tilde{x}^j$ in analoger Weise aus den Koordinatenfunktionen x^j gebildet werden. Dann folgt wie in (i), dass $\mathrm{d}\tilde{\omega}$ eindeutig durch a.–c. bestimmt ist, und aus der obigen Behauptung folgt, dass $(\mathrm{d}\omega)_p = \mathrm{d}\tilde{\omega}_p$, also ebenfalls eindeutig bestimmt ist. □

Wie das äußere Produkt, so ist auch die CARTANsche Ableitung natürlich:

Theorem 4.15. *Ist $f : M \longrightarrow N$ eine differenzierbare Abbildung zwischen Mannigfaltigkeiten und $\omega \in \Omega^r N$, so ist*

$$\mathrm{d}(f^*\omega) = f^*\,\mathrm{d}\omega\ .$$

Beweis. Ist $g \in C^\infty(N) = \Omega^0 N$, so ist

$$f^*g = g \circ f\ , \quad \text{also } \mathrm{d}(f^*g) = \mathrm{d}g_{f(x)} \circ \mathrm{d}f_x = f^*\mathrm{d}g$$

nach der Kettenregel. Wegen der Linearität genügt es die Behauptung lokal für $\omega = g\,\mathrm{d}x^{\mu_1} \wedge \cdots \wedge \mathrm{d}x^{\mu_r}$ zu zeigen. Dazu rechnen wir:

$$\begin{aligned} f^*(\mathrm{d}\omega) &= f^*(\mathrm{d}g \wedge \mathrm{d}x^{\mu_1} \wedge \cdots \wedge \mathrm{d}x^{\mu_r}) = f^*\mathrm{d}g \wedge f^*(\mathrm{d}x^{\mu_1} \wedge \cdots \wedge \mathrm{d}x^{\mu_r}) \\ &= \mathrm{d}(f^*g) \wedge f^*(\mathrm{d}x^{\mu_1} \wedge \cdots \wedge \mathrm{d}x^{\mu_r}) \\ &= \mathrm{d}(f^*g) \wedge (f^*\mathrm{d}x^{\mu_1}) \wedge \cdots \wedge (f^*\mathrm{d}x^{\mu_r}) \\ &= \mathrm{d}f^*\omega\ . \end{aligned}$$

□

In Abschn. 3D haben wir die LIE-Ableitung als geometrisch motivierte Möglichkeit der Ableitung einer Differentialform eingeführt. Verwenden wir nun die gerade ausgesprochene Natürlichkeit von d für einen Flussdiffeomorphismus $\Phi_t^{(v)}$ als Abbildung f, so folgt aus der Definition der LIE-Ableitung sofort:

Satz 4.16. *Ist $\omega \in \Omega^r M$ und v ein differenzierbares Vektorfeld auf M, so ist*

$$\mathcal{L}_v(\mathrm{d}\,\omega) = \mathrm{d}\,(\mathcal{L}_v\omega)\ .$$

Daraus ergibt sich die folgende Formel, die oft zur konkreten Berechnung der LIE-Ableitung benutzt wird.

Korollar 4.17. *Ist $v \in \Gamma TM$ und $\omega \in \Omega^r M$, so ist*

$$\mathcal{L}_v\omega = \mathrm{d}(i_v\omega) + i_v(\mathrm{d}\omega)\ . \tag{4.13}$$

Insbesondere ist für $\omega \in \Omega^n M$

$$\mathcal{L}_v\omega = \mathrm{d}(i_v\omega)\ .$$

Beweis. Für $\omega \in \Omega^r M$, $\eta \in \Omega^s M$ gilt nach Aufgabe 3.5

$$i_v(\omega \wedge \eta) = (i_v\omega) \wedge \eta + (-1)^r \omega \wedge (i_v\eta)\ ,$$

also

$$\begin{aligned}
&\mathrm{d}(i_v(\omega\wedge\eta)) + i_v\,\mathrm{d}(\omega\wedge\eta) = \\
&= \mathrm{d}(i_v\omega)\wedge\eta + (i_v\,\mathrm{d}\omega)\wedge\eta + (-1)^{r+1}\,\mathrm{d}\omega\wedge(i_v\eta) \\
&\quad + (-1)^{r-1}(i_v\omega)\wedge\mathrm{d}\eta + (-1)^r\,\mathrm{d}\omega\wedge(i_v\eta) \\
&\quad + \omega\wedge\mathrm{d}(i_v\eta) + (-1)^r(i_v\omega)\wedge\mathrm{d}\eta + \omega\wedge(i_v\,\mathrm{d}\eta) \\
&= ((\mathrm{d}i_v + i_v\,\mathrm{d})\omega)\wedge\eta + \omega\wedge(\mathrm{d}i_v + i_v\,\mathrm{d})\eta\ ,
\end{aligned}$$

d. h. der Operator $\mathrm{d}i_v + i_v\,\mathrm{d}$ erfüllt dieselbe Produktregel wie $\mathcal{L}_v$ (vgl. Satz 3.24a.). Da nun $\mathcal{L}_v f = i_v\,\mathrm{d}f$ nach Definition gilt und wegen Satz 4.16

$$\begin{aligned}
\mathrm{d}(i_v\,\mathrm{d}f) + i_v\,\mathrm{d}\mathrm{d}f &= \mathrm{d}(i_v\,\mathrm{d}f) \\
&= \mathrm{d}\mathcal{L}_v f \\
&= \mathcal{L}_v(\mathrm{d}f)
\end{aligned}$$

ist, ist (4.13) richtig für alle $\omega = f\,\mathrm{d}g_1\wedge\cdots\wedge\mathrm{d}g_r$ (Induktion nach r!), und damit folgt sie für beliebige $\omega\in\Omega^r M$ aus der Linearität beider Seiten der Gleichung mit Hilfe einer Zerlegung der Eins. □

Anmerkung 4.18. Sei v ein Vektorfeld auf der offenen Menge $U\subseteq M$. Bei den Beweisen von Satz 3.24, Satz 4.16 und Korollar 4.17 wird die Flusseigenschaft (3.10) gar nicht benutzt. Geht man also von einer differenzierbaren Abbildung $\Psi :]-\varepsilon,\varepsilon[\times U\to U$ aus, für die die Abbildungen $\Psi_t := \Psi(t,\cdot)$ Diffeomorphismen sind und für die

$$\Psi_0 = \mathrm{id}\,,\qquad \left.\frac{\mathrm{d}}{\mathrm{d}t}\right|_{t=0}\Psi_t = v$$

gilt, so wird durch

$$L_v\eta := \left.\frac{\mathrm{d}}{\mathrm{d}t}\right|_{t=0}\Psi_t^*\eta\quad \text{für } \eta\in\Omega^r(U)$$

ein Differentialoperator L_v definiert, für den die Aussagen dieser Sätze ebenfalls gelten. Dann ist aber insbesondere

$$L_v\eta = \mathrm{d}i_v\eta + i_v\,\mathrm{d}\eta = \mathcal{L}_v\eta\ ,$$

d. h. L_v ist ebenfalls die LIE-Ableitung. Diese flexiblere Beschreibung der LIE-Ableitung ist manchmal nützlich, und wir werden in Kapitel 6 darauf zurückkommen.

In Satz 3.27 haben wir schon bemerkt, dass für $f\in C^\infty(M)$ gilt

$$\mathrm{d}f([v,w]) = v(w(f)) - w(v(f))\ . \tag{4.14}$$

Dies kann nun auf beliebige Differentialformen verallgemeinert werden.

Satz 4.19. *Sei $\omega \in \Omega^r M$ und $v_0, \ldots, v_r$ Vektorfelder auf M. Dann gilt*

$$\begin{aligned} d\omega(v_0, \ldots, v_r) &= \sum_{i=0}^{r} (-1)^i v_i(\omega(v_0, \ldots, \widehat{v}_i, \ldots, v_r)) \\ &+ \sum_{0 \le i < j \le r} (-1)^{i+j} \omega([v_i, v_j], v_0, \ldots, \widehat{v}_i, \ldots, \widehat{v}_j, \ldots, v_r) . \end{aligned} \tag{4.15}$$

Der Beweis findet sich z. B. in [54], Kap. 1. Ein wichtiger Spezialfall von (4.15) ist der Fall $r = 1$, in dem (4.15) zu

$$d\omega(v, w) = v(\omega(w)) - w(\omega(v)) - \omega([v, w]) \tag{4.16}$$

wird. Im Fall $\omega = df$ ergibt sich daraus dann auch schon oben zitierte Formel (4.14), wenn man $ddf = 0$ beachtet.

E Cartan-Kalkül auf Riemannschen Mannigfaltigkeiten und klassische Vektoranalysis

In diesem Abschnitt sei M stets eine n-dimensionale orientierte Riemannsche Mannigfaltigkeit und ω_M ihre Volumenform. Dann kann man Satz 2.4 auf jeden Tangentialraum $T_p M$ anwenden und erhält so einen Isomorphismus

$$\Gamma TM \xrightarrow{\cong} \Omega^1 M, \quad v \longmapsto v^b , \tag{4.17}$$

dessen Umkehrabbildung wir wieder als $\omega \longmapsto \omega^\#$ schreiben. Ebenso stiften die in Satz 2.20 angegebenen Isomorphismen bijektive Korrespondenzen zwischen Funktionen und n-Formen sowie zwischen Vektorfeldern und $(n-1)$-Formen gemäß

$$C^\infty(M) \xrightarrow{\cong} \Omega^n M, \quad f \longmapsto f\omega_M , \tag{4.18}$$

$$\Gamma TM \xrightarrow{\cong} \Omega^{n-1} M, \quad v \longmapsto i_v \omega_M . \tag{4.19}$$

Damit definiert die Cartansche Ableitung $d^{(0)} : \Omega^0 M \to \Omega^1 M$ einen Differentialoperator grad : $C^\infty(M) \to \Gamma TM$, und $d^{(n-1)} : \Omega^{n-1} M \to \Omega^n M$ definiert einen Differentialoperator div : $\Gamma TM \to C^\infty(M)$. Genauer:

Definitionen 4.20. Sei M eine orientierte Riemannsche Mannigfaltigkeit mit Volumenform ω_M.

a. Für jede Funktion $f \in C^1(M)$ ist der *Gradient* grad $f \equiv \nabla f$ das durch $\nabla f(x) := (df_x)^\#$ definierte Vektorfeld. Der Gradient ist also durch die Forderung
$$\langle \nabla f(x) | h \rangle = df_x(h) \quad \text{für alle } x \in M , \ h \in T_x M \tag{4.20}$$
eindeutig festgelegt.

b. Für jedes Vektorfeld $v \in \Gamma TM$ ist die *Divergenz* von v durch

$$\operatorname{div} v \cdot \omega_M = \mathrm{d}\,(i_v \omega_M) \tag{4.21}$$

definiert.

In Koordinaten kann man Gradient und Divergenz leicht berechnen. Wir tun dies für die Divergenz. Ist $v = \sum_j v^j \partial_j$ und $\omega_M = \sqrt{G}\,\mathrm{d}x^1 \wedge \cdots \wedge \mathrm{d}x^n$ (vgl. Satz 3.20), so ist nach Satz 2.20

$$\begin{aligned}
\mathrm{d}\,(i_v \omega_M) &= \mathrm{d}\left(\sum_{j=1}^{n} (-1)^{j-1} \sqrt{G} v^j \,\mathrm{d}x^1 \wedge \cdots \wedge \widehat{\mathrm{d}x^j} \wedge \cdots \wedge \mathrm{d}x^n\right) \\
&= \sum_{j=1}^{n} \frac{\partial}{\partial x_j} \left(\sqrt{G} v^j\right) \mathrm{d}x^1 \wedge \cdots \wedge \mathrm{d}x^n ,
\end{aligned}$$

also

$$\operatorname{div}(v) = \frac{1}{\sqrt{G}} \sum_{j=1}^{n} \frac{\partial}{\partial x_j} \left(\sqrt{G} v^j\right) . \tag{4.22}$$

Ist $M \subseteq \mathbb{R}^n$ offen, also $G \equiv 1$, so ergibt sich die bekannte Formel für die Divergenz von $v = (v^1, \ldots, v^n)$, nämlich

$$\operatorname{div} v = \sum_{j=1}^{n} \frac{\partial}{\partial x_j} v^j .$$

Aus Korollar 4.17 folgt dann auch die anschauliche Bedeutung der Divergenz als infinitesimale Änderung der Volumenform entlang des Flusses:

Korollar 4.21. *Ist ω_M die Volumenform einer orientierten* RIEMANN*schen Mannigfaltigkeit, so ist*

$$\mathcal{L}_v \omega_M = (\operatorname{div} v) \cdot \omega_M .$$

Ist M eine 3-dimensionale orientierte RIEMANNsche Mannigfaltigkeit, so kann man die Differentialformen aller vorkommenden Grade durch Vektorfelder ersetzen. Die CARTANsche Ableitung $\mathrm{d}^{(1)}$ induziert dann einen Differentialoperator $\Gamma TM \longrightarrow \Gamma TM$, und dieser ist die aus der Physik bekannte *Rotation*:

Definition 4.22. Ist M eine 3-dimensionale orientierte RIEMANNsche Mannigfaltigkeit, so ist die *Rotation* $\operatorname{rot} : \Gamma TM \longrightarrow \Gamma TM$ durch

$$\mathrm{d}(v^b) = i_{\operatorname{rot} v} \omega_M \tag{4.23}$$

definiert.

Auch die Rotation kann leicht in lokalen Koordinaten berechnet werden: Ist $v = \sum_{j=1}^{3} v^j \partial_j$, so ist

$$\begin{aligned}
\mathrm{d}(v^b) &= \mathrm{d}\Big(\sum_{i,j} g_{ij} v^j \,\mathrm{d}x^i\Big) = \\
&= \sum_{j=1}^{3} \bigg(\Big(\frac{\partial}{\partial x_2}\,(g_{3j} v^j) - \frac{\partial}{\partial x_3}\,(g_{2j} v^j)\Big)\,\mathrm{d}x^2 \wedge \mathrm{d}x^3 \\
&\quad + \Big(\frac{\partial}{\partial x_3}\,(g_{1j} v^j) - \frac{\partial}{\partial x_1}\,(g_{3j} v^j)\Big)\,\mathrm{d}x^3 \wedge \mathrm{d}x^1 \\
&\quad + \Big(\frac{\partial}{\partial x_1}\,(g_{2j} v^j) - \frac{\partial}{\partial x_2}\,(g_{1j} v^j)\Big)\,\mathrm{d}x^1 \wedge \mathrm{d}x^2\bigg)\,,
\end{aligned}$$

also ist $\operatorname{rot} v = \sum_j w^j \partial_j$ mit

$$\left.\begin{aligned}
w^1 &= \tfrac{1}{\sqrt{G}} \sum_{j=1}^{3} \Big(\tfrac{\partial}{\partial x_2}\,(g_{3j} v^j) - \tfrac{\partial}{\partial x_3}\,(g_{2j} v^j)\Big)\,, \\
w^2 &= \tfrac{1}{\sqrt{G}} \sum_{j=1}^{3} \Big(\tfrac{\partial}{\partial x_3}\,(g_{1j} v^j) - \tfrac{\partial}{\partial x_1}\,(g_{3j} v^j)\Big)\,, \\
w^3 &= \tfrac{1}{\sqrt{G}} \sum_{j=1}^{3} \Big(\tfrac{\partial}{\partial x_1}\,(g_{2j} v^j) - \tfrac{\partial}{\partial x_2}\,(g_{1j} v^j)\Big)\,.
\end{aligned}\right\} \tag{4.24}$$

Für offenes $M \subseteq \mathbb{R}^3$, also $G \equiv 1$, ergibt sich wieder die übliche Formel für die Rotation. Für $v = (v^1, v^2, v^3)$ ist $v^b = \sum_{i=1}^{3} v^i \,\mathrm{d}x^i$, also $\mathrm{d}v^b = w_3 \,\mathrm{d}x_1 \wedge \mathrm{d}x_2 + w_2 \,\mathrm{d}x_3 \wedge \mathrm{d}x_1 + w_1 \,\mathrm{d}x_2 \wedge \mathrm{d}x_3$ mit $w = \operatorname{rot} v$, wobei

$$\operatorname{rot} v = \begin{pmatrix} \frac{\partial}{\partial x_2}\, v_3 - \frac{\partial}{\partial x_3}\, v_2 \\ \frac{\partial}{\partial x_3}\, v_1 - \frac{\partial}{\partial x_1}\, v_3 \\ \frac{\partial}{\partial x_1}\, v_2 - \frac{\partial}{\partial x_2}\, v_1 \end{pmatrix}.$$

Aus der Komplexeigenschaft der CARTANschen Ableitung folgt nun sofort auch für die Differentialoperatoren auf Vektorfeldern:

$$\operatorname{rot} \operatorname{grad} f = 0 \tag{4.25}$$

$$\operatorname{div} \operatorname{rot} v = 0\,. \tag{4.26}$$

Aus der Produktregel für d lassen sich auch entsprechende Produktregeln für rot, grad und div herleiten (vgl. Übungen).

Ein weiterer wichtiger Differentialoperator, der mittels der CARTANschen Ableitung definiert ist, ist der LAPLACEoperator:

Definition 4.23. Der LAPLACEoperator Δ auf einer orientierten RIEMANNschen Mannigfaltigkeit M ist durch

$$\Delta f := \operatorname{div} \operatorname{grad} f$$

für $f \in C^2(M)$ gegeben.

Da in lokalen Koordinaten $\operatorname{grad} f = \sum_{i,j} g^{ij}(\partial_i f)\partial_j$ gilt (vgl. die Diskussion hinter Satz 2.4), ist

$$\operatorname{div}\operatorname{grad} f = \frac{1}{\sqrt{G}} \sum_{i,j} \partial_j \left(\sqrt{G}\, g^{ij}\, \partial_i f\right) \tag{4.27}$$

mit $(g^{ij}) = (g_{ij})^{-1}$.

Beispiel: In Kugelkoordinaten auf $M := \mathbb{R}^3 \setminus \{0\}$ ist also

$$\Delta f = \tfrac{1}{r^2 \sin\theta} \left(\tfrac{\partial}{\partial r} \left(r^2 \sin\theta \tfrac{\partial f}{\partial r} \right) + \tfrac{\partial}{\partial \theta} \left(\sin\theta \tfrac{\partial f}{\partial \theta} \right) + \tfrac{\partial}{\partial \varphi} \left(\tfrac{1}{\sin\theta} \tfrac{\partial f}{\partial \varphi} \right) \right).$$

F Die MAXWELLschen Gleichungen

Die MAXWELLschen Gleichungen beschreiben bekanntlich die Wechselwirkung zwischen elektrischem und magnetischem Feld. Sie werden in differentieller oder integraler Form angegeben, wobei die integrale Form leichter durch physikalische Interpretation motiviert werden kann, die differentielle Form hingegen leichter mathematisch zu handhaben ist. Im nächsten Abschnitt werden wir kurz auf die Beziehung zwischen beiden Formen eingehen. In diesem Abschnitt beschäftigen wir uns nur mit der differentiellen Form. Diese lautet in SI-Einheiten

$$\begin{aligned} \operatorname{rot} E &= -\dot{B} && \text{FARADAYsches Gesetz} \\ \operatorname{div} B &= 0 && \text{Nichtexistenz magnetischer Ladungen} \\ \operatorname{rot} H &= J + \dot{D} && \text{AMPÈREsches Gesetz} \\ \operatorname{div} D &= \rho && \text{GAUSSsches Gesetz} \end{aligned} \tag{4.28}$$

$$\left.\begin{aligned} D &= \varepsilon_0 E\,, \\ H &= \frac{1}{\mu_0} B \end{aligned}\right\} \text{Verknüpfungsregeln.} \tag{4.29}$$

Dabei sind das elektrische Feld E, die magnetische Induktion B, die magnetische Feldstärke H, die dielektrische Verschiebung D, die Stromdichte J zeitabhängige Vektorfelder und die Ladungsdichte ρ eine zeitabhängige skalare Funktion auf dem physikalischen Raum, den wir uns als 3-dimensionale Mannigfaltigkeit M vorstellen. Hier sind zeitabhängige Vektorfelder auf M als Abbildungen $v : \mathbb{R} \to \Gamma TM$ zu verstehen. Die Beziehung zum GAUSSschen Einheitensystem ist z. B. in [84] dargestellt.

Eine zeitabhängige Funktion auf M ist einfach eine Funktion auf $\mathbb{R} \times M$. Die weiteren Größen sind Konstanten, nämlich die Dielektrizitätskonstante ε_0 und die magnetische Permeabilität μ_0. Im Vakuum ist $\varepsilon_0 = \frac{1}{\mu_0}$. Wollen wir die MAX-

WELLschen Gleichungen mit dem CARTAN-Kalkül formulieren, so müssen wir zuerst definieren, was eine zeitabhängige Differentialform ist.

Definitionen 4.24.

a. Unter einer zeitabhängigen Differentialform $\alpha \in \Omega^k_{\text{Zeit}}(M)$ auf einer Mannigfaltigkeit M verstehen wir eine Abbildung

$$\alpha : \mathbb{R} \longrightarrow \Omega^k(M)\,,$$

so dass für jedes $x \in M$ die Abbildung

$$\alpha_x : \mathbb{R} \longrightarrow \operatorname{Alt}^k(T_x M)\,,\ t \longmapsto (\alpha(t))_x$$

beliebig oft differenzierbar ist.

b. Ist $\alpha \in \Omega^k_{\text{Zeit}}(M)$, so ist $\dot\alpha \in \Omega^k_{\text{Zeit}}(M)$ durch $\dot\alpha_x = \frac{\mathrm{d}}{\mathrm{d}t}(\alpha_x)$ definiert.

Offenbar ist eine zeitabhängige Differentialform α in lokalen Koordinaten auf $U \subseteq M$ durch

$$\alpha := \sum \alpha_{i_1,\dots,i_k}\, \mathrm{d}x^{i_1} \cdots \mathrm{d}x^{i_k}$$

mit $\alpha_{i_1,\dots,i_k} \in C^\infty(\mathbb{R} \times U)$ gegeben.

Ist M eine 3-dimensionale orientierte RIEMANNsche Mannigfaltigkeit mit Volumenform ω_M, so können Vektorfelder als 1- bzw. 2-Formen interpretiert werden, wie wir im vorigen Abschnitt gesehen haben. Da die Rotation die „Übersetzung“ der CARTANschen Ableitung von 1-Formen und die Divergenz die der von 2-Formen ist, betrachten wir die nach (4.17) und(4.19) durch E, B, H, D und J gegebenen Differentialformen $\mathcal{E} \in \Omega^1_{\text{Zeit}}(M)$, $\mathcal{B} \in \Omega^2_{\text{Zeit}}(M)$, $\mathcal{H} \in \Omega^1_{\text{Zeit}}(M)$, $\mathcal{D} \in \Omega^2_{\text{Zeit}}(M)$, $j \in \Omega^2_{\text{Zeit}}(M)$ und setzen schließlich $r := \rho\omega_M$. Damit sind die ersten vier MAXWELLschen Gleichungen nach (4.21) und (4.23) durch

$$\begin{aligned} \mathrm{d}\mathcal{E} &= -\dot{\mathcal{B}}\,,\\ \mathrm{d}\mathcal{B} &= 0\,,\\ \mathrm{d}\mathcal{H} &= \dot{\mathcal{D}} + j\,,\\ \mathrm{d}\mathcal{D} &= r \end{aligned} \tag{4.30}$$

gegeben.

Es bleibt die Frage, wie die Verknüpfungsregeln zu interpretieren sind. Dazu muss ein Zusammenhang zwischen 1- und 2-Formen hergestellt werden. Erinnert man sich daran wie beide nach (4.17) bzw. (4.19) als Vektorfelder interpretiert werden, so liegt nahe, wie dieser Isomorphismus zu definieren ist.

Satz und Definition 4.25. *Ist M eine 3-dimensionale orientierte RIEMANNsche Mannigfaltigkeit, so ist durch*

$$* : \Omega^1 M \longrightarrow \Omega^2 M\,,\ *\alpha := i_v\omega_M \ \textit{mit}\ v := \alpha^\#$$

ein Isomorphismus gegeben.

Ist (e_1, e_2, e_3) eine positive Orthonormalbasis von $T_x M$, so ist

$$(*\alpha)(e_{\tau(1)}, e_{\tau(2)}) = (\operatorname{sign} \tau)\alpha(e_{\tau(3)})$$

für jede Permutation τ von $(1, 2, 3)$. Damit entsprechen den Verknüpfungsregeln die Gleichungen

$$\begin{aligned} \mathcal{D} &= \varepsilon_0 * \mathcal{E} , \\ \mathcal{B} &= \mu_0 * \mathcal{H} , \end{aligned} \tag{4.31}$$

und die MAXWELLschen Gleichungen können als

$$\begin{aligned} \mathrm{d}\mathcal{B} = 0 , \quad \mathrm{d}\mathcal{E} &= -\dot{\mathcal{B}} , \\ \frac{1}{\mu_0} \mathrm{d} *^{-1} \mathcal{B} &= \varepsilon_0 * \dot{\mathcal{E}} + j , \\ \varepsilon_0 \mathrm{d} * \mathcal{E} &= r \end{aligned}$$

gelesen werden.

Wir werden jetzt sehen, dass die MAXWELLschen Gleichungen eine noch einfachere Gestalt erhalten, wenn man die darin enthaltenen Felder nicht als zeitabhängige Differentialformen auf dem 3-dimensionalen physikalischen Raum, sondern als gewöhnliche Differentialformen auf der 4-dimensionalen Raumzeit interpretiert.

In der speziellen Relativitätstheorie geht man davon aus, dass die Raumzeit durch eine zu $\mathbb{R}^4$ diffeomorphe Mannigfaltigkeit X beschrieben wird. Genauer ist durch ein Inertialsystem I auf X eine Karte $h_I : X \longrightarrow \mathbb{R}^4$ gegeben. Ist I' ein weiteres Inertialsystem, so sind die Kartenwechsel

$$h_I \circ h_{I'}^{-1} : \mathbb{R}^4 \longrightarrow \mathbb{R}^4$$

durch eine POINCARÉ-*Transformation* gegeben, d. h.

$$h_I \circ h_{I'}^{-1} : \mathbb{R}^4 \longrightarrow \mathbb{R}^4 , \; x \longmapsto \Lambda x + v$$

mit $v \in \mathbb{R}^4$, $\Lambda \in \mathcal{L}_+^{\uparrow}$, wobei

$$\mathcal{L} = \left\{ A \in \mathbb{R}_{4\times 4} \mid A^T I_{1,3} A = I_{1,3} \right\}$$

mit $I_{1,3} = \begin{pmatrix} -1 & 0 & 0 & 0 \\ 0 & 1 & 0 & 0 \\ 0 & 0 & 1 & 0 \\ 0 & 0 & 0 & 1 \end{pmatrix}$ die LORENTZgruppe und

$$\mathcal{L}_+^{\uparrow} := \{ A \in \mathcal{L} \mid \det A > 0 , \; a_{11} > 0 \}$$

ihre zeit- und raumorientierungserhaltende Komponente ist.

Ist $\langle x|y\rangle_M := x^T I_{1,3} y$ das MINKOWSKI Skalarprodukt auf $\mathbb{R}^4$, so ist durch

$$g(v, w) = \langle \mathrm{d}h_I(v) | \mathrm{d}h_I(w) \rangle_M$$

eine LORENTZmetrik auf X unabhängig von der Wahl des Inertialsystems, gegeben, das heißt eine symmetrische Bilinearform, die in geeigneten Koordinaten durch die

Matrix $I_{1,3}$ dargestellt ist (vgl. Definition 3.18). Ferner ist auf X eine Orientierung dadurch definiert, dass die Karten h_I orientierungserhaltend sein sollen.

Wir können zeitabhängige Differentialformen auf M nun als Differentialformen auf $X = \mathbb{R} \times M$ auffassen. Wir formulieren dies der größeren Übersichtlichkeit halber für allgemeines n, obwohl man es für die Zwecke der Relativitätstheorie nur im Fall $n = 3$ benötigt:

Notationen:

a. Ist X eine $n+1$-dimensionale Mannigfaltigkeit und $h : X \longrightarrow \mathbb{R} \times M$ ein Diffeomorphismus, so ist $\Omega^k_{\text{Zeit}}(M)$ als Teilmenge von $\Omega^k(X)$ aufzufassen durch die Inklusion

$$\Omega^k_{\text{Zeit}}(M) \longrightarrow \Omega^k(X)\,,\ \alpha \longmapsto \tilde{\alpha} \tag{4.32}$$

mit

$$\tilde{\alpha}_{h^{-1}(t,p)}(v_1,\ldots,v_k) := \alpha_p(t)(\mathrm{pr}_M\, \mathrm{d}h_{h^{-1}(p,t)}(v_1),\ldots,\mathrm{pr}_M\, \mathrm{d}h_{h^{-1}(p,t)}(v_k))$$

mit der Projektion

$$\mathrm{pr}_M : T_{(t,p)}(\mathbb{R} \times M) = \mathbb{R} \times T_pM \longrightarrow T_pM\ .$$

b. Mit $\mathrm{d}t \in \Omega^1(X)$ bezeichnen wir die 1-Form $\mathrm{d}h^0$ mit $h = (h^0, h^1, \ldots, h^n)$.

Damit können wir die k-Formen auf der 4-dimensionalen Raumzeit der speziellen Relativitätstheorie mit Hilfe eines Inertialsystems als zeitabhängige Differentialformen auf dem 3-dimensionalen physikalischen Raum lesen, genauer (und für allgemeines n):

Lemma 4.26. *Ist X eine $n+1$-dimensionale Mannigfaltigkeit und $h : X \longrightarrow \mathbb{R}\times M$ ein Diffeomorphismus, so ist durch*

$$\begin{aligned}\Omega^{k-1}_{\text{Zeit}}(M) \oplus \Omega^k_{\text{Zeit}}(M) &\longrightarrow \Omega^k(X)\\ (\beta,\alpha) &\longmapsto \mathrm{d}t \wedge \tilde{\beta} + \tilde{\alpha}\end{aligned}$$

ein Isomorphismus gegeben.

Beweis. Lokale Koordinaten von M definieren via h auch lokale Koordinaten von X. In lokalen Koordinaten $(x^1, \ldots, x^n)$ von M ist jede Differentialform $\eta \in \Omega^r_{\text{Zeit}}(M)$ lokal von der Form

$$\eta_{(t,p)} = \sum \eta_{i_1,\ldots,i_r}(t,p)\, \mathrm{d}x^{i_1} \wedge \cdots \wedge \mathrm{d}x^{i_r}$$

und $\xi \in \Omega^r(X)$ lokal von der Form

$$\begin{aligned}\xi_{(t,p)} &= \sum f_{i_1,\ldots,i_{r-1}}(t,p)\, \mathrm{d}t \wedge \mathrm{d}x^{i_1} \wedge \cdots \wedge \mathrm{d}x^{i_{r-1}} + \\ &\quad + \sum g_{i_1,\ldots,i_r}(t,p) \wedge \mathrm{d}x^{i_1} \wedge \cdots \wedge \mathrm{d}x^{i_r}\\ &=: \mathrm{d}t \wedge \tilde{\beta}_{(t,p)} + \tilde{\alpha}_{(t,p)}\,.\end{aligned}$$

□

Als letzten Schritt, bevor wir wieder zu den MAXWELL-Gleichungen zurückkehren, halten wir noch fest, wie sich die CARTANsche Ableitung aufspaltet.

Notation:
Ist $h : X \longrightarrow \mathbb{R} \times M$, so bezeichnen wir mit $\mathrm{d}^{(k)}_{\text{Raum}}$ und $\mathrm{d}^{(k)}_{\text{Zeit}}$ die durch die folgende Formel gegebene Aufspaltung der CARTANschen Ableitung $\mathrm{d}^{(k)}$ auf X:

$$\mathrm{d}^{(k)}\big|_{\Omega^k_{\text{Zeit}}M} : \Omega^k X \supseteq \Omega^k_{\text{Zeit}} M \longrightarrow \Omega^{k+1}_{\text{Zeit}} M \oplus \Omega^k_{\text{Zeit}} M = \Omega^{k+1} X$$
$$\tilde{\eta} \longmapsto \mathrm{d}_{\text{Raum}}\tilde{\eta} + \mathrm{d}t \wedge \mathrm{d}_{\text{Zeit}}\tilde{\eta} := \mathrm{d}\tilde{\eta}$$

für $\eta \in \Omega^k_{\text{Zeit}} M \subseteq \Omega^k X$.

In Koordinaten sind diese beiden Anteile der CARTANschen Ableitung also durch

$$\mathrm{d}_{\text{Raum}}(\alpha\, \mathrm{d}x^{i_1} \wedge \cdots \wedge \mathrm{d}x^{i_k}) = \sum_{j=1}^{n} \frac{\partial}{\partial x_j} \alpha\, \mathrm{d}x^j \wedge \mathrm{d}x^{i_1} \wedge \cdots \wedge \mathrm{d}x^{i_k}$$

und

$$\mathrm{d}_{\text{Zeit}}(\alpha\, \mathrm{d}x^{i_1} \wedge \cdots \wedge \mathrm{d}x^{i_k}) = \dot{\alpha} \wedge \mathrm{d}x^{i_1} \wedge \cdots \wedge \mathrm{d}x^{i_k}$$

für $\alpha \in C^\infty(\mathbb{R} \times U)$ gegeben.

Insgesamt ist also die CARTANsche Ableitung auf $\Omega^k X$ die Summe

$$\mathrm{d}^{(k)} : \Omega^{k-1}_{\text{Zeit}} M \oplus \Omega^k_{\text{Zeit}} M \longrightarrow \Omega^k_{\text{Zeit}} M \oplus \Omega^{k+1}_{\text{Zeit}} M$$
$$\beta + \alpha \longmapsto \left(-\mathrm{d}^{(k-1)}_{\text{Raum}}\beta + \mathrm{d}^{(k)}_{\text{Zeit}}\alpha\right) + \mathrm{d}^{(k)}_{\text{Raum}}\alpha\,,$$

denn ist $\beta \in \Omega^{k-1}_{\text{Zeit}} M$, also $\mathrm{d}t \wedge \tilde{\beta} \in \Omega^k X$, so ist

$$\mathrm{d}^{(k)}(\mathrm{d}t \wedge \tilde{\beta}) = -\mathrm{d}t \wedge \mathrm{d}^{(k)}\tilde{\beta} = -\mathrm{d}t \wedge \mathrm{d}^{(k-1)}_{\text{Raum}}\tilde{\beta}\,.$$

Dabei haben wir mit dem oberen Index $\mathrm{d}^{(j)}$ ausnahmsweise angezeigt, dass die CARTANsche Ableitung auf Differentialformen vom Grad j gemeint ist. Fassen wir jetzt die durch die magnetische Induktion und das elektrische Feld definierten Formen $\mathcal{B}$ und $\mathcal{E}$ mit der Notation (4.32) als eine einzige Form $\mathcal{F} \in \Omega^2(X)$ auf $X \cong \mathbb{R} \times M$, nämlich

$$\mathcal{F} = (\mathcal{E}, \mathcal{B}) = -\mathrm{d}t \wedge \tilde{\mathcal{E}} + \tilde{\mathcal{B}}$$

also in lokalen Koordinaten

$$\mathcal{F} = -\sum_{i=1}^{3} E_i\, \mathrm{d}t \wedge \mathrm{d}x^i + B_1\, \mathrm{d}x^2 \wedge \mathrm{d}x^3 + B_2\, \mathrm{d}x^3 \wedge \mathrm{d}x^1 + B_3\, \mathrm{d}x^1 \wedge \mathrm{d}x^2$$

auf, dann ist

$$\mathrm{d}\mathcal{F} = 0$$

gleichbedeutend mit den ersten beiden MAXWELLschen Gleichungen. Denn

$$\mathrm{d}^{(1)}_{\text{Raum}}\mathcal{E} + \mathrm{d}t \wedge \mathrm{d}_{\text{Zeit}}\mathcal{B} = 0 \Longleftrightarrow \mathrm{d}\mathcal{E} = -\dot{\mathcal{B}} \text{ sowie}$$
$$\mathrm{d}^{(2)}_{\text{Raum}}\mathcal{B} = 0 \Longleftrightarrow \mathrm{d}\mathcal{B} = 0\,.$$

Die Matrixdarstellung der 2-Form $\mathcal{F}$

$$(F_{\mu\nu}) = \begin{pmatrix} 0 & -E^1 & -E^2 & -E^3 \\ E^1 & 0 & B^3 & -B^2 \\ E^2 & -B^3 & 0 & B^1 \\ E^3 & B^2 & -B^1 & 0 \end{pmatrix}$$

wird als *Feldstärketensor* oder FARADAYtensor bezeichnet.

Um die Verknüpfungsregeln zu vereinfachen, muss nun die Abbildung $* : \Omega^1 M \longrightarrow \Omega^2 M$ für die 3-dimensionale RIEMANNsche Mannigfaltigkeit durch

$$* : \Omega^2 X \longrightarrow \Omega^2 X$$

für die 4-dimensionale LORENTZ-Mannigfaltigkeit $X = \mathbb{R} \times M$ ersetzt werden.

In der Tat ist die hier definierte Abbildung $*$ nur ein Spezialfall des HODGEschen Stern-Operators $* : \Omega^k M \longrightarrow \Omega^{n-k} M$ auf n-dimensionalen pseudo-RIEMANNschen orientierten Mannigfaltigkeiten M. Dieser wird zum Beispiel in [48] ausführlich behandelt. Wir besprechen wieder nur den hier auftretenden Spezialfall:

Definitionen 4.27. Ist M eine 3-dimensionale orientierte RIEMANNsche Mannigfaltigkeit und $X = \mathbb{R} \times M$, versehen mit der durch die Produktstruktur gegebenen LORENTZmetrik, so definieren wir

$$\begin{aligned} * : \Omega^2 X = \Omega^1_{\text{Zeit}} M \oplus \Omega^2_{\text{Zeit}} M &\longrightarrow \Omega^2 X \\ \mathrm{d}t \wedge \beta + \alpha &\longmapsto \mathrm{d}t \wedge *_M^{-1} \alpha - *_M \beta \,. \end{aligned}$$

Dabei ist $*_M$ der in 4.25 definierte Stern-Operator auf M.

Damit ist mit (4.31) im Vakuum

$$\begin{aligned} *\mathcal{F} &= \mathrm{d}t \wedge *_M^{-1} \mathcal{B} + *_M \mathcal{E} \\ &= \mu_0 (\mathrm{d}t \wedge \mathcal{H} + \mathcal{D}) \,, \end{aligned}$$

also $\mathrm{d} * \mathcal{F} = \mu_0(\mathrm{d}t \wedge (-\mathrm{d}_{\text{Raum}} \mathcal{H} + \dot{\mathcal{D}}) + \mathrm{d}_{\text{Raum}} \mathcal{D})$.

Die zweite Gruppe der MAXWELLschen Gleichungen ist also äquivalent zu

$$\mathrm{d} * \mathcal{F} = \mathcal{J}$$

mit $\mathcal{J} = \mu_0 (r - \mathrm{d}t \wedge j)$. Da $\mathrm{d}\,\mathrm{d} = 0$ gilt, folgt dann auch sofort $\mathrm{d}\mathcal{J} = 0$, also

$$\begin{aligned} \dot{r} + \mathrm{d}_{\text{Raum}} j &= 0 \\ \Longleftrightarrow (\dot{\varrho} + \operatorname{div} J) \omega_M &= 0 \,, \end{aligned}$$

also die *Kontinuitätsgleichung*

$$\dot{\varrho} = -\operatorname{div} J \,. \tag{4.33}$$

Bisher haben wir stets eine feste Karte $h : X \longrightarrow \mathbb{R} \times M$ benutzt. In einem anderen Inertialsystem $\tilde{h}$ werden andere Werte für das elektrische Feld und die magnetische Induktion gemessen. Dies entspricht gerade der Tatsache, dass der FARADAYtensor bezüglich einer anderen Karte durch andere Komponenten beschrieben wird. Der Kartenwechsel ist durch eine POINCARÉtransformation $\Lambda + v$ gegeben, und der Tensor $(F_{\mu\nu})$ transformiert sich gerade so, dass gemäß Satz 3.7 eine 2-Form auf der Raumzeit X wohldefiniert ist, also

$$F_{\mu\nu} = \sum_{\rho\sigma} \Lambda_\mu{}^\rho \Lambda_\nu{}^\sigma \widetilde{F_{\rho\sigma}} .$$

G Der allgemeine Satz von STOKES

In diesem Abschnitt formulieren wir die schon erwähnte Verallgemeinerung des Hauptsatzes der Differential- und Integralrechnung, den Satz von STOKES, beweisen ihn und geben einige Anwendungen an.

Theorem 4.28 (Integralsatz von STOKES). *Sei M eine orientierte Mannigfaltigkeit der Dimension n mit Rand ∂M, $\omega \in \Omega^{n-1}M$ eine $(n-1)$-Form mit* kompaktem Träger, *d. h.*

$$\mathrm{Tr}\,(\omega) = \overline{\{x \in M \,|\, \omega_x \neq 0\}}$$

ist kompakt. Dann gilt

$$\int_M \mathrm{d}\omega = \int_{\partial M} \omega .$$

Bevor wir zum Beweis des Satzes kommen, geben wir einige wichtige Anwendungen und Spezialfälle an. Offenbar ist für $M = [0, 1]$ dieser Satz genau der Hauptsatz der Differential- und Integralrechnung. Aber auch weitere schon bekannte Integralsätze finden wir als Spezialfälle wieder.

Korollar 4.29 (Satz von GAUSS). *Sei $M \subset \mathbb{R}^n$ eine kompakte n-dimensionale Untermannigfaltigkeit, N das nach außen weisende Normaleneinheitsfeld auf ∂M. Dann ist für jedes differenzierbare Vektorfeld v auf M*

$$\int_M \mathrm{div}(v)\,\mathrm{d}^n x = \int_{\partial M} \langle v|N\rangle \,\mathrm{d}F ,$$

mit $\mathrm{d}F := \omega_{\partial M}$ („Flächenelement“).

Beweis. Sei $j : \partial M \to M$ die Inklusion. Für $x \in \partial M$ können wir v in eine zu ∂M normale Komponente $\langle v|N\rangle N = v_n$ und eine zu ∂M tangentiale Komponente $v_t = v - v_n$ zerlegen. Wegen $\omega_{\partial M} = j^*(i_N \omega_M)$ (vgl. Gl. (4.5)) gilt dann

$$j^*(i_v \omega_M)_x = j^*(i_{v_t}\omega_M + \langle v|N\rangle \omega_{\partial M})_x \quad \text{für } x \in \partial M .$$

Es ist $j^*(i_{v_t}\omega_M) = 0$, also

$$j^*(i_v \omega_M) = \langle v|N\rangle \omega_{\partial M} \tag{4.34}$$

und damit

$$\int_M \operatorname{div}(v)\, \mathrm{d}^n x = \int_M \mathrm{d}(i_v \omega_M) = \int_{\partial M} \langle v|N\rangle\, \mathrm{d}F .$$

□

Anschaulich bedeutet dieser Satz, dass die „*Durchflussrate*“ durch die Oberfläche eines Bereichs durch die eingeschlossenen Quellen gegeben ist. Betrachten wir dazu ein aus der Physik bekanntes Beispiel.

Beispiel 4.30. (Elektrisches Feld einer Punktladung)

Sei $M \subseteq \mathbb{R}^3$ kompakte 3-dimensionale Untermannigfaltigkeit mit $0 \notin \partial M$ und $v(x) := \frac{x}{|x|^3}$ für $x \neq 0$. Dann ist

$$\int_{\partial M} \langle v|N\rangle \omega_{\partial M} = \begin{cases} 4\pi & \text{falls } 0 \in M\,, \\ 0 & \text{sonst} \end{cases} .$$

Beweis. Es ist $\operatorname{div}(v(x)) = 0$. Ist $0 \notin M$, dann ist v ein Vektorfeld auf M, also nach dem Satz von Gauss

$$\int_{\partial M} \langle v|N\rangle \omega_{\partial M} = \int_M \operatorname{div}(v)\, \mathrm{d}^3 x = 0 .$$

Sei nun $0 \in M \setminus \partial M$. Da $M \setminus \{0\}$ nicht kompakt ist, ist der Satz von Gauss nicht auf $M \setminus \{0\}$ anwendbar. Sei $\varepsilon > 0$ so, dass $B_\varepsilon(0) \subseteq M \setminus \partial M$. Dann ist $\widetilde{M} = M \setminus \mathcal{U}_\varepsilon(0)$ kompakt. Sei $S_\varepsilon^2 := \partial B_\varepsilon(0)$, also $\partial \widetilde{M} = \partial M \cup S_\varepsilon^2$. Folglich ist

$$\begin{aligned} 0 = \int_{\partial \widetilde{M}} \langle v|N\rangle\, \mathrm{d}F &= \int_{\partial M} \langle v|N\rangle\, \mathrm{d}F - \int_{S_\varepsilon^2} \left\langle v \,\middle|\, \frac{x}{|x|} \right\rangle \mathrm{d}F \\ &= \int_{\partial M} \langle v|N\rangle\, \mathrm{d}F - 4\pi . \end{aligned}$$

Das Vorzeichen nach dem zweiten Gleichheitszeichen rührt davon her, dass das nach außen weisende Normalenfeld auf $S_\varepsilon^2 \subseteq \partial \widetilde{M}$ gerade $-\frac{x}{|x|}$ ist. □

Im nächsten Beispiel sehen wir, dass der Satz von Gauss auch bei der praktischen Berechnung von Integralen oft hilfreich ist.

Beispiel 4.31. Für die n-dimensionale Einheitskugel $D^n := B_1(0) \subseteq \mathbb{R}^n$ gilt $\operatorname{vol}(\mathbf{S}^{n-1}) = n \operatorname{vol}(D^n)$. Betrachte nämlich auf $\mathbb{R}^n$ das Vektorfeld $v(x) = x$. Für $x \in \mathbf{S}^{n-1}$ ist $\langle v(x)|N\rangle = 1$. Außerdem gilt $\operatorname{div} v = n$. Damit folgt aus dem Satz von Gauss

$$\operatorname{vol}(\mathbf{S}^{n-1}) = \int_{\mathbf{S}^{n-1}} \langle v(x)|N\rangle \omega_{\mathbf{S}^{n-1}} = \int_{D^n} \operatorname{div} v\, \mathrm{d}^n x = n \operatorname{vol}(D^n) .$$

Korollar 4.32 (klassischer Satz von Stokes).

a. *Ist $M \subseteq \mathbb{R}^3$ eine 2-dimensionale kompakte orientierte berandete Mannigfaltigkeit und v ein differenzierbares Vektorfeld auf einer offenen Umgebung von M, so ist*

$$\int_M \langle \operatorname{rot} v | N \rangle \omega_M = \int_{\partial M} \langle v | T \rangle \, \mathrm{d}s ,$$

wobei $\mathrm{d}s = \omega_{\partial M}$, *N das orientierungsdefinierende Normaleneinheitsfeld auf M und T das positiv orientierte tangentiale Einheitsfeld an* ∂M *ist.*

b. Ist M eine geschlossene 2-dimensionale Fläche (d. h. $\partial M = \emptyset$*), so ist*

$$\int_M \langle \operatorname{rot} v | N \rangle \omega_M = 0 .$$

Beweis. Es ist $i_{\operatorname{rot} v} \det = \mathrm{d}v^b$. Ist $j_1 : M \to \mathbb{R}^3$ die Inklusion, so ist

$$j_1^*(i_{\operatorname{rot} v} \det) = j_1^* \left(i_{\langle \operatorname{rot} v | N \rangle N} \det + i_{(\operatorname{rot} v)_t} \det \right) = \langle \operatorname{rot} v | N \rangle \cdot \omega_M ,$$

wobei $(\operatorname{rot} v)_t = -\langle \operatorname{rot} v | N \rangle N + \operatorname{rot} v$ der tangentiale Anteil von $\operatorname{rot} v$ ist und damit $j_1^*(i_{(\operatorname{rot} v)_t} \det) = 0$. Ferner ist $i_N \det = \omega_M$ die Volumenform auf M. Also ist

$$\langle \operatorname{rot} v | N \rangle \omega_M = j_1^* \mathrm{d}v^b = \mathrm{d} \left(j_1^* v^b \right) .$$

Ist $j_2 : \partial M \to \mathbb{R}^3$ die Inklusion, so ist

$$\left(j_2^* v^b \right) (T) = \langle v | T \rangle ,$$

also

$$j_2^* v^b = \langle v | T \rangle \omega_{\partial M}$$

und damit

$$\int_M \langle \operatorname{rot} v | N \rangle \omega_M = \int_{\partial M} j_2^* v^b = \int_{\partial M} \langle v | T \rangle \omega_{\partial M} .$$

□

Da $\partial \partial M = \emptyset$ ist für jede Mannigfaltigkeit M, folgt aus Teil b. des Korollars 4.6 und dem Beispiel 4.30 auch, dass es kein Vektorfeld $w : \mathbb{R}^3 \setminus \{0\} \to \mathbb{R}^3$ gibt mit $\operatorname{rot} w(x) = \frac{x}{|x|^3}$.

Beispiel 4.33. (magnetisches Feld eines stromdurchflossenen Leiters)

Sei $v(x) = \frac{1}{x_1^2 + x_2^2} \begin{pmatrix} -x_2 \\ x_1 \\ 0 \end{pmatrix}$ für $(x_1, x_2, x_3) \in \mathbb{R}^3 \setminus (\{0\} \times \{0\} \times \mathbb{R})$. Es ist $\operatorname{rot} v = 0$.

Ist $M \subseteq \mathbb{R}^3$ eine kompakte 2-dimensionale Fläche mit $(\{0\} \times \{0\} \times \mathbb{R}) \cap M = \emptyset$, so ist

$$\int_{\partial M} \langle \boldsymbol{v} | \boldsymbol{T} \rangle \, \mathrm{d}s = 0 .$$

Nun sei $M \cap (\{0\} \times \{0\} \times \mathbb{R}) = (0,0,a)$ für ein $a \in \mathbb{R}$ und $(0,0,a) \notin \partial M$. Ferner soll M die z-Achse in $(0,0,a)$ *transversal* schneiden, d.h. der Vektor $\boldsymbol{e}_3$ soll nicht zu $T_{(0,0,a)}M$ gehören. Dann gilt mit demselben Argument wie in Beispiel (4.30)

$$\int_{\partial M} \langle \boldsymbol{v} | \boldsymbol{T} \rangle \, \mathrm{d}s = \int_{S^1} \langle \boldsymbol{v} | \boldsymbol{T} \rangle \, \mathrm{d}s = 2\pi .$$

(Genau genommen, muss man, um das Argument aus Beispiel 4.30 anwenden zu können, die Fläche M zunächst so verbiegen, dass eine kleine Scheibe $\{(x, y, a) \mid x^2 + y^2 \leq \varepsilon^2\}$ in M liegt. Das ist aber wegen der angenommenen Transversalität möglich, ohne dass M in einer Umgebung von ∂M verändert wird.)

Als Letztes behandeln wir noch den Spezialfall von eindimensionalen Untermannigfaltigkeiten.

Korollar 4.34. *Sei $M \subseteq \mathbb{R}^n$ eine kompakte eindimensionale Mannigfaltigkeit und $\gamma : [0, L] \to M$ eine Parametrisierung von M. Sei $f \in C^\infty(M)$. Dann ist*

$$\int_0^L \langle \nabla f(\gamma(t)) | \dot{\gamma}(t) \rangle \, \mathrm{d}t = f(\gamma(L)) - f(\gamma(0)) .$$

Beweis. Dies folgt sofort aus

$$\int_M \mathrm{d}f = \int_0^L \langle \nabla f(\gamma(t)) | \dot{\gamma}(t) \rangle \, \mathrm{d}t .$$

□

Insbesondere gilt: Ist M geschlossen, so ist $\int_0^L \langle \operatorname{grad} f(\gamma(t)) | \dot{\gamma}(t) \rangle \, \mathrm{d}t = 0$. Wieder folgt aus $\partial\partial M = 0$ mit Beispiel (4.33): Es gibt keine differenzierbare Funktion $f \in C^\infty(\mathbb{R}^3 \setminus (\{0\} \times \{0\} \times \mathbb{R}))$ mit $\operatorname{grad} f = \frac{1}{x_1^2 + x_2^2} \begin{pmatrix} -x_2 \\ x_1 \\ 0 \end{pmatrix}$, d. h. es gibt kein Potential für das magnetische Feld.

Korollar 4.35. *Ist M eine kompakte n-dimensionale orientierte Riemannsche Mannigfaltigkeit und $f \in C^\infty(M)$, so ist*

$$\int_M \Delta f \, \omega_M = \int_{\partial M} \langle \operatorname{grad} f | \boldsymbol{N} \rangle \omega_{\partial M} .$$

Beweis. Nach Definition ist

$$\Delta f \, \omega_M = \mathrm{d} \left(i_{\operatorname{grad} f} \, \omega_M \right) .$$

Damit folgt die Behauptung aus dem Satz von STOKES und

$$j^* \left(i_{\operatorname{grad} f} \, \omega_M \right) = \langle \operatorname{grad} f | N \rangle i_N \omega_{\partial M} ,$$

wobei $j : \partial M \to M$ die Inklusion ist. □

Aus den Produktregeln für die klassischen Differentialoperatoren (vgl. Aufgabe 4.3) folgen nun auch die GREEN*schen Formeln* für den LAPLACEoperator auf einer RIEMANNschen Mannigfaltigkeit:

Korollar 4.36.

a. $\int_M (\langle \operatorname{grad} f | \operatorname{grad} g \rangle + g \Delta f) \omega_M = \int_{\partial M} g \cdot \langle \operatorname{grad} f | N \rangle \omega_{\partial M}$.

b. $\int_M (g \Delta f - f \Delta g) \omega_M = \int_{\partial M} \langle g \operatorname{grad} f - f \operatorname{grad} g | N \rangle \omega_{\partial M}$, *also für* $f|_{\partial M} = g|_{\partial M} = 0$

$$\int_M (g \Delta f)\, \omega_M = \int_M (f \Delta g)\, \omega_M \,.$$

Bevor wir zum Beweis des STOKESschen Satzes kommen, zeigen wir noch an Hand der MAXWELLschen Gleichungen, wie mit Hilfe des Satzes von STOKES „differentielle" Gleichungen aus „integralen" Gleichungen gewonnen werden können.

Wir betrachten dazu eine 3-dimensionale Mannigfaltigkeit M und Differentialformen $\mathcal{E} \in \Omega^1_{\text{Zeit}} M$ (das *elektrische Feld*) und $\mathcal{B} \in \Omega^2_{\text{Zeit}} M$ (das *magnetische Feld*). Auf $\mathbb{R} \times M$ ist dann durch $\mathcal{F} := \tilde{\mathcal{E}} \wedge \mathrm{d}t + \tilde{\mathcal{B}} \in \Omega^2(\mathbb{R} \times M)$ mit den Bezeichnungen aus 4F die Feldstärke-Form gegeben. Wir postulieren nun, dass für jede kompakte berandete 3-dimensionale Untermannigfaltigkeit N von $\mathbb{R} \times M$ gilt

$$\int_{\partial N} \mathcal{F} = 0 \,. \tag{4.35}$$

Nach dem Satz von STOKES ist dies gleichbedeutend damit, dass

$$\int_N \mathrm{d}\mathcal{F} = 0$$

für jede kompakte 3-dimensionale Untermannigfaltigkeit gilt, also

$$\mathrm{d}\mathcal{F} = 0 \,,$$

was bekanntlich den ersten beiden MAXWELLschen Gleichungen (4.30) entspricht. Umgekehrt folgt natürlich auch (4.35) aus $\mathrm{d}\mathcal{F} = 0$. Ebenso können die letzten beiden MAXWELLschen Gleichungen (4.30) aus der „Ladungserhaltung" hergeleitet werden, nämlich aus

$$\int_{\partial N} *\mathcal{F} = 4\pi \int_N \mathcal{J}$$

mit den Bezeichnungen aus Abschn. F. Ebenso entsprechen die MAXWELLschen Gesetze in ihrer klassischen Form Integralgleichungen. Die Integralgleichungen haben den Vorteil, dass ihre physikalische Bedeutung klarer ist als die der entsprechenden Gleichungen in differentieller Form. Wir führen dies nur an einer der vier Gleichungen vor. Postuliert man, dass die gesamte Flussrate des magnetischen Feldes B durch die Oberfläche jedes kompakten 3-dimensionalen räumlichen Bereichs V null ist, so bedeutet dies

$$\int_{\partial V} \langle B | N \rangle \,\mathrm{d}F = 0 \,,$$

also mit dem Satz von GAUSS

$$\int_V \operatorname{div} B \, \mathrm{d}V = 0$$

und damit $\operatorname{div} B = 0$, also die Quellenfreiheit des magnetischen Feldes.

Kommen wir zum Schluss dieses Abschnittes noch zum Beweis des Satzes von STOKES.

Satz 4.37 (Spezialfall des Satzes von STOKES). *Sei (U, h) eine berandete Karte für M, o.B.d.A. orientierungserhaltend. Ist* $\operatorname{Tr} \omega \subseteq U$ *kompakt, so gilt*

$$\int_M \mathrm{d}\omega = \int_{\partial M} \omega .$$

Beweis (des Spezialfalls).

$$\int_M \mathrm{d}\omega = \int_U \mathrm{d}\omega = \int_{U'} \varphi^* \mathrm{d}\omega = \int_{U'} \mathrm{d}(\varphi^* \omega) ,$$

wobei $h^{-1} := \varphi : U' \xrightarrow{\simeq} U$ und $\operatorname{Tr}(\varphi^* \omega) \subseteq U'$. Mit Übungsaufgabe 4.12 gilt aber

$$\int\limits_{U'} \mathrm{d}(\varphi^* \omega) = \int_{\partial U'} \varphi^* \omega = \int_{\partial U} \omega = \int_{\partial M} \omega .$$

□

Um den allgemeinen Fall zu beweisen benutzen wir eine Zerlegung der Einheit.

Beweis (des Satzes von STOKES*).* Sei $\omega \in \Omega^{n-1} M$ und $\operatorname{Tr} \omega$ kompakt. Sei $\mathcal{A} = (U_i)_{i \in I}$ ein Atlas für die berandete Mannigfaltigkeit M, $(\tau_\alpha)_{\alpha \in A}$ eine untergeordnete Zerlegung der 1 mit $\operatorname{Tr} \tau_\alpha \subseteq U_{i_\alpha}$ für ein $i_\alpha \in I$. Dann ist $\omega = \sum_{\alpha \in A} \tau_\alpha \omega$. Da $\operatorname{Tr} \omega$ kompakt ist, kann A so gewählt werden, dass nur endlich viele Summanden nicht verschwinden. Auf jeden Summanden ist der Spezialfall anwendbar, also gilt

$$\int_M \mathrm{d}\omega = \int_M \mathrm{d}\Big(\sum_\alpha \omega_\alpha\Big) = \sum_\alpha \int_{U_{i_\alpha}} \mathrm{d}\omega_\alpha = \sum_\alpha \int_{\partial U_{i_\alpha}} \omega_\alpha = \int_{\partial M} \omega .$$

□

H Das POINCARÉ Lemma. Potentiale und Vektorpotentiale

Kompakte Mannigfaltigkeiten ohne Rand werden auch als *geschlossene* Mannigfaltigkeiten bezeichnet (man denke nur an Sphären oder Tori). Ist M solch eine geschlossene n-dimensionale Mannigfaltigkeit $\omega, \omega' \in \Omega^n M$ mit $\omega = \omega' + \mathrm{d}\eta$ für ein $\eta \in \Omega^{n-1} M$, so ist $\int_M \omega = \int_M \omega'$ nach dem Satz von STOKES. Dies zeigt, dass man die Form ω um einen Term der Gestalt $\mathrm{d}\eta$ abändern kann, sofern man sich nur für das Integral über ω interessiert. Ist insbesondere $\omega = \mathrm{d}\eta$, so folgt dann $\int_M \omega = 0$. Dies legt nahe, für die Formen aus Kern und Bild der CARTAN-Ableitung besondere Bezeichnungen einzuführen:

Definitionen 4.38. Sei $0 \leq k \leq n$ und $\omega \in \Omega^k M$. Ist $\mathrm{d}\omega = 0$, so nennt man die Differentialform ω *geschlossen* oder einen *Kozykel*. Ist $\omega = \mathrm{d}\eta$ für ein $\eta \in \Omega^{k-1}$, so heißt ω *exakt* oder ein *Korand*.[1]

Da aus $\omega = \mathrm{d}\eta$ sofort $\mathrm{d}\omega = 0$ folgt, führt dies zu der Frage, welche Kozykel zugleich Koränder sind. Da man auf 3-dimensionalen RIEMANNschen Mannigfaltigkeiten Differentialformen stets mit Vektorfeldern identifizieren kann, können wir auch diese Fragestellung in die Sprache der Vektorfelder übersetzen.

Definitionen 4.39. Sei v ein differenzierbares Vektorfeld auf einer dreidimensionalen RIEMANNschen Mannigfaltigkeit M. Dann heißt ein Vektorfeld w auf M ein *Vektorpotential* von v, falls $\operatorname{rot} w = v$ gilt. Eine Funktion $\varphi \in C^\infty(M)$ heißt *Potential* von v falls $\operatorname{grad} \varphi = v$ gilt.

Die Frage: „Welche Kozykel sind Koränder?" bedeutet in diesem Kontext: Welche rotationsfreien Vektorfelder besitzen ein Potential und welche divergenzfreien Vektorfelder ein Vektorpotential?

Kommen wir zur allgemeineren Frage der Kozykel und Koränder auf einer Mannigfaltigkeit beliebiger Dimension zurück! In der mathematischen Literatur wird hierzu die „DE RHAM-Kohomologie" studiert, auf die in dieser Einführung nicht näher eingegangen werden kann. Wir stellen hier nur einige einfache Resultate zusammen, deren Konsequenzen für Potentiale und Vektorpotentiale offensichtlich sind.

Definition 4.40. Sind $f, g : M \to N$ differenzierbare Abbildungen zwischen Mannigfaltigkeiten, so heißen f und g *differenzierbar homotop*, falls es eine (differenzierbare) Abbildung $H : [0,1] \times M \to N$ gibt mit $H(0,x) = f(x)$ und $H(1,x) = g(x)$. Man schreibt $f \simeq g$.

Anschaulich bedeutet dies, dass f differenzierbar in g deformiert werden kann.

Satz 4.41. *Ist $\omega \in \Omega^k N$ ein Kozykel und sind $f \simeq g : M \to N$, so ist $f^*\omega - g^*\omega$ ein Korand. Insbesondere ist für geschlossene Mannigfaltigkeiten M im Fall $k = \dim M$*

$$\int_M f^*\omega = \int_M g^*\omega .$$

Beweis. Seien $f, g : M \to N$ differenzierbare Abbildungen und $f \simeq g$. Sei $\omega \in \Omega^k N$ mit $\mathrm{d}\omega = 0$. Zu zeigen ist: Es existiert ein $\alpha \in \Omega^{k-1} M$ so, dass

$$f^*\omega - g^*\omega = \mathrm{d}\alpha .$$

[1] Man spricht das wie „Ko-Rand". In dem Teil der Topologie, den man als *Homologietheorie* bezeichnet, werden Zykel und Ränder eingeführt. Da die Differentialformen eine Art spiegelbildliche Variante einer Homologietheorie liefern, benutzt man dieselben Ausdrücke zusammen mit der Vorsilbe „Ko".

Sei $H : [0,1]\times M \to N$ eine Homotopie zwischen f und g, also $H_0 = f, H_1 = g$, wobei $H_t(x) = H(t,x)$. Auf der berandeten Mannigfaltigkeit $[0,1] \times M$ gibt es ein ausgezeichnetes Vektorfeld ∂_t, das am Punkt $(t_0, p_0) \in [0,1] \times M$ durch die Kurve $\tau \mapsto (t_0 + \tau, p_0)$ repräsentiert wird. Sind $(x^1, \ldots, x^n)$ lokale Koordinaten auf einer offenen Menge $U \subseteq M$, so sind $(x^0 = t, x^1, \ldots, x^n)$ lokale Koordinaten auf $[0,1] \times U$, das entsprechende Koordinatenbasisfeld ist $(\partial_t, \partial_1, \ldots, \partial_n)$, und das duale Basisfeld ist $(\mathrm{d}t, \mathrm{d}x^1, \ldots, \mathrm{d}x^n)$.

Wir zeigen nun, dass der *Prismenoperator*

$$P : \Omega^k([0,1] \times M) \longrightarrow \Omega^{k-1}M \qquad (4.36)$$
$$\eta \mapsto \int_0^1 i_{\partial_t}\eta \, \mathrm{d}t$$

die Gleichung

$$P(\mathrm{d}\eta) = j_1^*\eta - j_0^*\eta - \mathrm{d}P(\eta) \qquad (4.37)$$

erfüllt, wobei $j_t : M \to [0,1] \times M$, $x \mapsto (t,x)$. Ist dies bewiesen, so folgt

$$\mathrm{d}P(H^*\omega) = -P(\mathrm{d}H^*\omega) + g^*\omega - f^*\omega = g^*\omega - f^*\omega ,$$

da $\mathrm{d}\omega = 0$. Also ist $P(H^*\omega) \in \Omega^{k-1}M$ die gesuchte Form α.

Beweis von (4.37). Es genügt offenbar $\eta = a\,\mathrm{d}x^{\nu_1} \wedge \cdots \wedge \mathrm{d}x^{\nu_k}, 0 \le \nu_1 < \cdots < \nu_k \le n$ zu betrachten, wobei (U,h) eine Karte für M, $(\mathrm{d}x^0, \mathrm{d}x^1, \ldots, \mathrm{d}x^n)$ die dadurch gegebene Koordinatenbasis auf $[0,1] \times U$ ist und $\mathrm{d}x^0 \equiv \mathrm{d}t$.

1. Fall: $\nu_1 \ge 1$. Dann ist $P(\eta) = 0$ sowie

$$\begin{aligned} P(\mathrm{d}\eta) &= P\left(\dot{a}\ \mathrm{d}t \wedge \mathrm{d}x^{\nu_1} \wedge \cdots \wedge \mathrm{d}x^{\nu_k} + \sum_i \frac{\partial a}{\partial x^i}\,\mathrm{d}x^i \wedge \mathrm{d}x^{\nu_1} \wedge \cdots \wedge \mathrm{d}x^{\nu_k}\right) \\ &= \left(\int_0^1 \dot{a}(t,x)\ \mathrm{d}t\right) \mathrm{d}x^{\nu_1} \wedge \cdots \wedge \mathrm{d}x^{\nu_k} \\ &= (a(1,x) - a(0,x))\,\mathrm{d}x^{\nu_1} \wedge \cdots \wedge \mathrm{d}x^{\nu_k} \\ &= j_1^*\eta - j_0^*\eta\,. \end{aligned}$$

2. Fall: Ist $\nu_1 = 0$, so ist $j_t^*\eta = 0$, da $j_t^*\,\mathrm{d}t = 0$. Weiter ist

$$P(\mathrm{d}\eta) = -\sum_{i=1}^n \left(\int_0^1 \frac{\partial a}{\partial x_i}(t,x)\ \mathrm{d}t\right) \mathrm{d}x^i \wedge \mathrm{d}x^{\nu_1} \wedge \cdots \wedge \mathrm{d}x^{\nu_k} \qquad \text{und}$$

$$\mathrm{d}(P(\eta)) = \sum_{i=1}^n \frac{\partial}{\partial x_i}\left(\int_0^1 a(t,x)\ \mathrm{d}t\right) \mathrm{d}x^i \wedge \mathrm{d}x^{\nu_1} \wedge \cdots \wedge \mathrm{d}x^{\nu_k}\,.$$

□

Abb. 4.2 Zusammenziehbares Gebiet

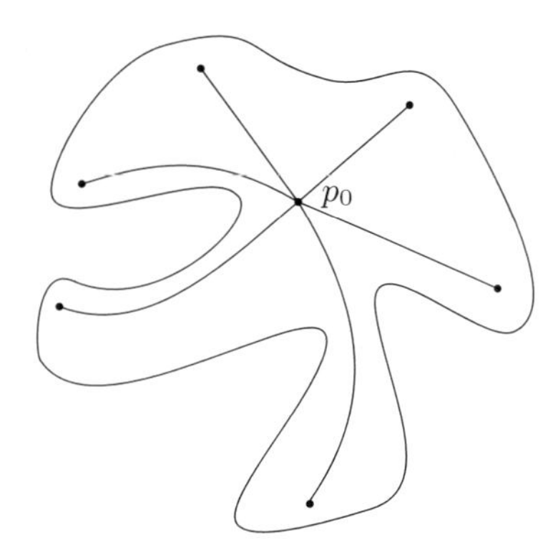

In manchen Fällen entscheidet nun schon das Aussehen von M darüber, ob geschlossene Differentialformen exakt sind:

Korollar 4.42 (POINCARÉ *Lemma*).

a. *Ist* M zusammenziehbar, *d.h.* id_M *homotop zu einer konstanten Abbildung* $p : M \to M$, $p(x) \equiv p_0$ *für ein festes* $p_0 \in M$, *so gibt es für jedes* $\omega \in \Omega^k M$ *mit* $\mathrm{d}\omega = 0$ *ein* $\alpha \in \Omega^{k-1} M$ *mit* $\mathrm{d}\alpha = \omega$.
b. *Insbesondere gibt es auf jeder beliebigen Mannigfaltigkeit* M *zu jedem* $p \in M$ *eine offene Umgebung* U, *so dass für jeden Kozykel* ω *auf* M *gilt:* $\omega|_U$ *ist ein Korand auf* U.

So sichert die Bedingung $\mathrm{d}\mathcal{F} = 0$ für den Feldstärketensor $\mathcal{F} \in \Omega^2(X)$ lokal die Existenz von $\mathcal{A} \in \Omega^1(U)$ mit $\mathrm{d}\mathcal{A} = \mathcal{F}$. Diese Differentialform entspricht dem *Viererpotential*.

Wie wir in den Beispielen 4.31 und 4.33 in Abschnitt G gesehen haben, ist im Allgemeinen aber nicht jeder Kozykel ein Korand.

Ist $M \subseteq \mathbb{R}^n$ sogar *sternförmig* bezüglich p_0 (d. h. für jedes $p \in M$ ist die Strecke $\overline{pp_0} := \{tp + (1-t)p_0 \mid t \in [0,1]\} \subseteq M$), so kann die „Stammform“ dieses Korands explizit berechnet werden.

Korollar 4.43 (*Stammformel*). *Sei* $X \subseteq \mathbb{R}^n$ *eine bezüglich* $x_0 = 0$ *sternförmige Umgebung von* 0, $\omega \in \Omega^k X$ *ein Kozykel, also* $\mathrm{d}\omega = 0$. *Dann ist* $\alpha \in \Omega^{k-1}$ *mit* $\mathrm{d}\alpha = \omega$ *durch*

$$\alpha := \sum_{\mu_1 < \cdots < \mu_k} \sum_{i=1}^{k} (-1)^{i-1} \int_0^1 t^{k-1} \omega_{\mu_1,\ldots,\mu_k}(tx)\, \mathrm{d}t\, x^{\mu_i}\, \mathrm{d}x^{\mu_1} \wedge \cdots \wedge \widehat{\mathrm{d}x^{\mu_i}} \wedge \cdots \wedge \mathrm{d}x^{\mu_k} \tag{4.38}$$

gegeben.

Beweis. Für den Prismenoperator (4.36) gilt nach (4.37) stets

$$P(\mathrm{d}\eta) = -\mathrm{d}P(\eta) + j_1^*\eta - j_0^*\eta .$$

Sei $H(t,x) := tx$ und $\eta := H^*\omega$, also $j_1^*\eta = \omega,\ j_0^*\eta = 0$ und $\mathrm{d}\eta = \mathrm{d}H^*\omega = H^*\,\mathrm{d}\omega = 0$. Folglich gilt

$$\mathrm{d}P(\eta) = \omega\,.$$

Zu zeigen bleibt also, dass $\alpha := P(H^*\omega)$ durch (4.38) gegeben ist. Es genügt, dies für $\omega = \omega_{\mu_1,\dots,\mu_k}\,\mathrm{d}x^{\mu_1}\wedge\cdots\wedge\mathrm{d}x^{\mu_k}$ zu zeigen. Es ist $(H^*\,\mathrm{d}x^{\mu})_{(t,x)} = t\,\mathrm{d}x^{\mu} + x^{\mu}\,\mathrm{d}t$, also

$$(H^*\omega)_{(t,x)} = \omega_{\mu_1,\dots,\mu_k}(tx)\left(t^k\,\mathrm{d}x^{\mu_1}\wedge\cdots\wedge\mathrm{d}x^{\mu_k} + \sum_{i=1}^{k}(-1)^{i-1}t^{k-1}\,\mathrm{d}t\wedge\mathrm{d}x^{\mu_1}\wedge\cdots\wedge\widehat{\mathrm{d}x^i}\wedge\cdots\wedge\mathrm{d}x^{\mu_k}\right)$$

und damit

$$i_{\partial_t}(H^*\omega) = t^{k-1}\omega_{\mu_1,\dots,\mu_k}(tx)\sum_{i=1}^{k}(-1)^{i-1}\,\mathrm{d}x^{\mu_1}\wedge\cdots\wedge\widehat{\mathrm{d}x^i}\wedge\cdots\wedge\mathrm{d}x^{\mu_k}\,.$$

Also erhält man (4.38) mittels Integration. □

Aufgaben zu Kap. 4

4.1. Berechnen Sie den Flächeninhalt des Rotationstorus $T_{r,R}$ aus Aufgabe 1.4.

4.2. Sei M eine n-dimensionale Mannigfaltigkeit.

a. Ist $U \subseteq \mathbb{R}^n$ offen und $f : U \longrightarrow \mathbb{R}$ eine differenzierbare Funktion, so ist der *Graph* von f

$$G_f := \{(x, f(x))^T\,|x \in U\} \subseteq \mathbb{R}^{n+1}$$

eine n-dimensionale Untermannigfaltigkeit von $\mathbb{R}^{n+1}$. Geben Sie eine Parametrisierung von G_f an und berechnen Sie die kanonische Volumenform ω_{G_f} sowie (unter der Voraussetzung, dass ω_{G_f} integrierbar ist) das Volumen $\mathrm{vol}\,(G_f)$ des Graphen. (*Hinweis:* Die Berechnung der auftretenden GRAMschen Determinante kann z. B. wie in [36], Ergänzungen zu Kapitel 22, erfolgen.)

b. Berechnen Sie den Flächeninhalt des Graphen der Funktion

$$F : \left\{(x,y)^T \in \mathbb{R}^2 | x^2 + y^2 < 1\right\} \longrightarrow \mathbb{R}, \quad F(x,y) = xy\,.$$

4.3. Es seien $f \in C^{\infty}(\mathbb{R}^3)$ und w und v Vektorfelder auf $\mathbb{R}^3$. Leiten Sie aus

$$\mathrm{d}(\omega\wedge\eta) = \mathrm{d}\omega\wedge\eta + (-1)^r\omega\wedge\mathrm{d}\eta$$

Produktformeln für $\mathrm{rot}\,(f\cdot v)$, $\mathrm{div}\,(f\cdot v)$ und $\mathrm{div}\,(u\times v)$ her.

4.4. Betrachten Sie die Zweisphäre $\mathbf{S}^2 := \{x \in \mathbb{R}^3 : |x| = 1\}$ in $\mathbb{R}^3$. Auf $\mathbf{S}^2$ sei die reellwertige Funktion

$$f(x,y,z) := \begin{cases} \frac{1}{\sqrt{x^2+y^2}} & \text{falls } z > 0, \quad x^2+y^2 \neq 0 \\ 0 & \text{sonst} \end{cases}$$

definiert. Berechnen Sie das Integral $\int\limits_{\mathbf{S}^2} f \, \mathrm{d}F$ von f über die Mannigfaltigkeit $\mathbf{S}^2$.

4.5. Wir betrachten auf $\mathbb{R}^2 \setminus \{0\}$ die *Windungsform*

$$\omega = \frac{1}{x^2+y^2}(-y \, \mathrm{d}x + x \, \mathrm{d}y) \, .$$

a. Berechnen Sie für die Kurven

$$\gamma_n : [0, 2\pi] \longrightarrow \mathbb{R}^2 \setminus \{0\} \, , \quad \gamma_n(t) := (\cos(nt), \sin(nt))^T \, , \; n \in \mathbb{N}$$

das Integral $\int\limits_{\gamma_n} \omega := \int\limits_0^{2\pi} \gamma_n^* \omega$.

b. Zeigen Sie, dass ω geschlossen, aber nicht exakt ist.

c. Zeigen Sie, dass γ_n nicht homotop zu γ_m ist, falls $n \neq m$.

4.6. Sei (M,g) eine RIEMANNsche Mannigfaltigkeit. Ist $f : M \longrightarrow]0,\infty[$ eine differenzierbare nichtnegative Funktion, so definieren wir eine neue Metrik $\tilde{g}$ auf M durch

$$\tilde{g}_p := f^2(p) \cdot g_p \, , \; p \in M.$$

Drücken Sie die kanonische Volumenform $\tilde{\omega}_M$ bezüglich $\tilde{g}$ durch die kanonische Volumenform ω_M bezüglich g aus. Wie ändert sich das Volumen von M beim Übergang von g zu $\tilde{g}$, wenn speziell $f \equiv c$ konstant ist?

4.7. Sei ω die Volumenform auf der Sphäre $\mathbf{S}^{n-1}$ und $f : \mathbb{R}^n \setminus \{0\} \longrightarrow \mathbf{S}^{n-1}$, gegeben durch $f(x) := \frac{x}{|x|}$. Man definiert das *n-dimensionale Raumwinkelelement* σ durch

$$\sigma := f^* \omega \, .$$

a. Berechnen Sie $\mathrm{d}\sigma$.

b. Beweisen Sie, dass σ in kartesischen Koordinaten gegeben ist durch

$$\sigma = \frac{1}{|x|^n} \sum_{i=1}^{n} (-1)^{i-1} x_i \, \mathrm{d}x_1 \wedge \cdots \wedge \widehat{\mathrm{d}x_i} \wedge \cdots \wedge \mathrm{d}x_n \, .$$

4.8. Es sei $f : \mathbb{R}^2 \longrightarrow \mathbb{R}^3$ gegeben durch

$$f(u,v) = (u^2, uv, v^2) \, .$$

Wir bezeichnen die kartesischen Koordinaten in $\mathbb{R}^2$ durch (u, v), in $\mathbb{R}^3$ durch (x, y, z). Seien

$$\omega_1 = x\,\mathrm{d}x + y\,\mathrm{d}y + z\,\mathrm{d}z, \quad \omega_2 = z\,\mathrm{d}x + x\,\mathrm{d}y + y\,\mathrm{d}z$$

sowie

$$\omega_3 = \mathrm{e}^x \cos y\,\mathrm{d}x \wedge \mathrm{d}y + \sin(yz)\,\mathrm{d}y \wedge \mathrm{d}z$$

Differentialformen auf $\mathbb{R}^3$.

a. Berechnen Sie $\mathrm{d}\omega_2$ und $\mathrm{d}\omega_3$.
b. Berechnen Sie $f^*(\omega_1 \wedge \omega_2 + \omega_2 \wedge \omega_3)$ und $f^*\mathrm{d}(\omega_1 \wedge \omega_2 + \omega_2 \wedge \omega_3)$.
c. Entscheiden Sie, ob es eine 1-Form η gibt mit

$$\mathrm{d}\eta = f^*(\omega_1 \wedge \omega_2 + \omega_2 \wedge \omega_3)\,.$$

Geben Sie eine solche gegebenenfalls an.

4.9. Seien M und N Mannigfaltigkeiten der Dimensionen m bzw. n.

a. Seien ω eine integrierbare m-Form auf M, η eine integrierbare n-Form auf N sowie p_M bzw. p_N die Projektionen von $M \times N$ auf M bzw. N. Dann ist offenbar $\xi := (p_M^*\omega) \wedge (p_N^*\eta)$ eine $(m+n)$-Form auf $M \times N$. Zeigen Sie: ξ ist integrierbar und

$$\int_{M\times N} \xi = \int_M \omega \cdot \int_N \eta\,.$$

b. (Satz von Fubini für Mannigfaltigkeiten) Sei nun ξ eine integrierbare $(m+n)$-Form auf $M \times N$. Für feste $p \in M$ und $v_1, \ldots, v_m \in T_pM$ ist offenbar $(i_{v_m} i_{v_{m-1}} \cdots i_{v_1}\xi)_{(p,q)} \in \mathrm{Alt}^n\, T_qN$ für jedes $q \in N$, also ist die Abbildung $q \longmapsto (i_{v_m} i_{v_{m-1}} \cdots i_{v_1}\xi)_{(p,q)}$ eine (integrierbare) n-Form auf N. Wir setzen

$$\omega_p(v_1, \ldots, v_m) := \int_N (i_{v_m} i_{v_{m-1}} \cdots i_{v_1}\xi)_{(p,\cdot)}$$

für $p \in M$, $v_1, \ldots, v_m \in T_pM$.
Zeigen Sie: ω ist eine integrierbare m-Form auf M, und es gilt

$$\int_{M\times N} \xi = \int_M \omega\,.$$

c. Seien M und N Mannigfaltigkeiten der Dimensionen m bzw. n und $\pi : M \longrightarrow N$ eine surjektive reguläre Abbildung. Seien $\omega \in \Omega^{m-n}M$ und $\eta \in \Omega^n N$ Differentialformen mit kompaktem Träger, und sei $f \in C^\infty(M)$.
Sei $F(x) := \int_{\pi^{-1}(x)} f \cdot j^*\omega$, wobei $j : \pi^{-1}(x) \longrightarrow M$ die Inklusion bezeichnet.

Dann gilt

$$\int_M f \cdot (\omega \wedge \pi^* \eta) = \int_N F \eta .$$

(*Hinweis:* Zerlegung der Einheit und Satz von FUBINI in $\mathbb{R}^m$.)

4.10. Sei f eine differenzierbare Funktion auf der Mannigfaltigkeit M und c ein regulärer Wert von f. Zeigen Sie, dass die Teilmenge

$$\{x \in M \mid f(x) \leq c\}$$

in kanonischer Weise eine berandete Untermannigfaltigkeit ist.

4.11. Sei M eine berandete Mannigfaltigkeit. Zeigen Sie die folgenden Aussagen:

a. Der Rand ∂M von M ist abgeschlossen in M. Was ist $\partial(\partial M)$, der Rand von ∂M?
b. Sei nun M kompakt mit Rand und $f : M \longrightarrow \mathbb{R}$ eine überall reguläre differenzierbare Funktion. Dann nimmt f seine Extremwerte auf ∂M an.

4.12. Es seien $Q =]a_1, b_1[\times \cdots \times]a_n, b_n[\subseteq \mathbb{R}^n$ ein offener Quader in $\mathbb{R}^n$ und f eine positive differenzierbare Funktion auf Q. $M(f)$ sei gegeben durch

$$M(f) = \{(x, x_{n+1}) \in \mathbb{R}^n \times \mathbb{R}^1 = \mathbb{R}^{n+1} \mid x \in Q,\ 0 \leq x_{n+1} \leq f(x)\} .$$

a. Zeigen Sie, dass $M(f)$ eine berandete Mannigfaltigkeit ist und geben Sie $\partial M(f)$ an.
b. Sei $\omega \in \Omega^n(\mathbb{R}^{n+1})$, so dass $\omega_{(x,x_{n+1})} = 0$ für $x \notin Q$, d. h.

$$\omega = \sum_{i=1}^{n+1} \omega_i \, \mathrm{d}x_1 \wedge \cdots \wedge \widehat{\mathrm{d}x_i} \wedge \cdots \wedge \mathrm{d}x_{n+1}$$

mit $\omega_i((x_1, \ldots, x_n), x_{n+1}) = 0$ für $(x_1, \ldots, x_n) \notin Q$. Zeigen Sie, ohne den Satz von STOKES zu benutzen, dass die Gleichung

$$\int_{M(f)} \mathrm{d}\omega = \int_{\partial M(f)} j^* \omega$$

gilt. Dabei ist $j : \partial M \longrightarrow M(f)$ die Inklusion.
c. Schließen Sie aus b. (mit dem Spezialfall $f \equiv 1$), dass für jedes offene $U' \subseteq \mathbb{R}^{n+1}_-$ und $\omega \in \Omega^n(\mathbb{R}^{n+1}_-)$ mit $\operatorname{Tr} \eta \subseteq U'$ gilt: $\int_{U'} \mathrm{d}\eta = \int_{\partial U'} j^* \eta$.
d. Benutzen Sie b., um zu zeigen: Ist $\omega \in \Omega^n \mathbb{R}^{n+1}$ wie in b. und $\mathrm{d}\omega = 0$, so ist

$$\int_Q i_1^* \omega = \int_{G_f} i_2^* \omega ,$$

wobei $i_1 : Q \longrightarrow \mathbb{R}^{n+1}$, $x \longmapsto (x,0)$ und $i_2 : G_f \longrightarrow \mathbb{R}^{n+1}$ die kanonischen Inklusionen sind und

$$G_f := \{(x,y) \in \mathbb{R}^n \times \mathbb{R} \mid y = f(x)\}.$$

4.13. a. Es sei M eine kompakte berandete n-dimensionale Mannigfaltigkeit mit Rand ∂M. Sei $f \in C^\infty(\partial M)$ eine differenzierbare Funktion auf ∂M. Zeigen Sie, dass eine differenzierbare Funktion $\tilde{f} \in C^\infty(M)$ auf M existiert, so dass $\tilde{f}\big|_{\partial M} = f$ gilt.
(*Hinweis:* Betrachtet man statt M die (nichtkompakte) Mannigfaltigkeit $\mathbb{R}^n_-$ und $f : \partial\mathbb{R}^n_- \longrightarrow \mathbb{R}$, so ist $\tilde{f} : \mathbb{R}^n_- \longrightarrow \mathbb{R}$ mit $\tilde{f}\big|_{\partial\mathbb{R}^n_-} = f$ durch $\tilde{f}(x,y) = f(0,y)$ gegeben.)

b. Sei f und $\tilde{f}$ wie in a. und $\omega \in \Omega^{n-1}(M)$ eine geschlossene Differentialform (d. h. $d\omega = 0$).
Zeigen Sie, dass das Integral $\int_M (d\tilde{f}) \wedge \omega$ nicht von der Wahl von $\tilde{f}$ mit $\tilde{f}\big|_{\partial M} = f$ abhängt.

4.14. Zeigen Sie:

a. Auf jeder Mannigfaltigkeit gibt es eine RIEMANNsche Metrik (also Satz 4.3).
b. Auf einer orientierbaren Mannigfaltigkeit M existiert genau dann eine LORENTZmetrik, wenn auf M ein nicht verschwindendes Vektorfeld v existiert.
(*Hinweis:* Bedenken Sie, dass Sie auf M auf jeden Fall eine RIEMANNsche Metrik wählen können. Mit Hilfe von v kann daraus leicht eine LORENTZmetrik konstruiert werden. Andererseits hat der Homomorphismus $T_xM \longrightarrow T_xM$, der sich durch Kombination der Operatoren $\flat$ und $\#$ zu einer gegebenen LORENTZ-Metrik und einer RIEMANNschen Metrik ergibt, für jedes $x \in M$ genau einen eindimensionalen Eigenraum zu negativem Eigenwert. Benutzen Sie diesen und eine Zerlegung der Einheit, um das gesuchte Vektorfeld zu konstruieren.)

4.15. Für eine RIEMANNsche Mannigfaltigkeit M ist bekanntlich der LAPLACEoperator $\Delta^M : C^\infty(M) \longrightarrow C^\infty(M)$ definiert durch $\Delta^M f := \operatorname{div}\operatorname{grad} f$.

a. Sei M geschlossen (d. h. kompakt und ohne Rand, also $\partial M = \emptyset$). Eine Funktion $f \in C^\infty(M)$ heißt *Eigenfunktion* des LAPLACEoperators zum Eigenwert $\lambda \in \mathbb{R}$, falls $\Delta^M f = \lambda f$ gilt.
Zeigen Sie: Sind f_1 und f_2 Eigenfunktionen zu verschiedenen Eigenwerten $\lambda_1 \neq \lambda_2$, so gilt $\int\limits_M f_1 \cdot f_2 \, dV = 0$. (Hier ist $dV = \omega_M$ die Volumenform.)
Hinweis: GREENsche Formeln.

b. Sei $P : \mathbb{R}^3 \longrightarrow \mathbb{R}$ homogen vom Grad m (d. h. $P(tx) = t^m P(x)$ für $x \in \mathbb{R}^3$, $t \in \mathbb{R}$) und *harmonisch* (d. h. $\Delta^{\mathbb{R}^3} P = 0$).
Zeigen Sie, dass $P\big|_{\mathbf{S}^2}$ eine Eigenfunktion des LAPLACEoperators von $\mathbf{S}^2$ ist, und bestimmen Sie den Eigenwert λ.
Hinweis: Mittels (4.27) kann man die LAPLACEoperatoren in $\mathbb{R}^3$ und auf S^2 leicht vergleichen, wenn man Kugelkoordinaten einführt.

4.16. Sei $X \subseteq \mathbb{R}^3$ offen, und E, B zeitabhängige Vektorfelder auf X mit $\dot{E} = \operatorname{rot} B$ und $\dot{B} = -\operatorname{rot} E$. Sei $\mathcal{E} = E^b$ und $\mathcal{B} = B^b$. Sei weiter $\mathcal{S} := \mathcal{E} \wedge \mathcal{B} \in \Omega^2_{\text{Zeit}} X$, also $\boldsymbol{S} := \mathcal{S}^\#$ der POYNTING-Vektor.
Zeigen Sie: Ist $M \subseteq X$ eine 3-dimensionale kompakte berandete Untermannigfaltigkeit, so ist

$$\int\limits_{\partial M} \mathcal{S} = -\int\limits_{M} \frac{\partial}{\partial t} u\, \omega_M$$

mit der Energiedichte $u = \frac{1}{2}(|E|^2 + |B|^2)$.

Kapitel 5
Geodätische und Krümmung

Die Geraden in der Ebene haben zwei wichtige Eigenschaften: Einerseits sind sie dadurch charakterisiert, dass die kürzeste Verbindung zwischen zwei Punkten in der Ebene ein Geradenstück ist, andererseits sind Geraden genau die Bahnkurven von Massenpunkten, die sich ohne äußere Krafteinwirkung auf der Ebene bewegen. Wir werden sehen, dass geodätische Kurven auf RIEMANNschen Mannigfaltigkeiten auch diese beiden Eigenschaften haben, also in diesem Sinn die Verallgemeinerung der Geraden sind. Ihre physikalische Bedeutung liegt damit auf der Hand.

Natürlich lassen sich nicht alle Eigenschaften von Geraden in der Ebene auf geodätische Kurven übertragen. Auf der Kugeloberfläche z. B. bilden die Großkreise die Geodätischen. Betrachtet man nun auf der Kugeloberfläche ein Dreieck, dessen Kanten aus Geodätischen bestehen (ein „geodätisches Dreieck“) so ist die Summe der Innenwinkel *größer* als π. Diese Abweichung wird bewirkt durch die *Krümmung* der Fläche. Dies ist der zweite wichtige Begriff, den wir in diesem Kapitel behandeln werden. Genauer gesagt, geht es um verschiedene Krümmungsbegriffe, die wir erklären werden. Der wichtigste Krümmungsbegriff ist für Physiker sicher der des RIEMANNschen Krümmungstensors, der in der allgemeinen Relativitätstheorie eine fundamentale Rolle spielt.

A Krümmung von Kurven in Untermannigfaltigkeiten des $\mathbb{R}^n$

Um die anschauliche Bedeutung der Krümmungsbegriffe klarzumachen, werden in den Abschnitten A und B Untermannigfaltigkeiten des $\mathbb{R}^n$ behandelt. Wir beginnen mit eindimensionalen Untermannigfaltigkeiten oder, etwas allgemeiner, mit *Kurven* (vgl. [36], Kap. 9).

Definitionen 5.1.

a. Unter einer *regulär parametrisierten Kurve* versteht man eine C^∞-Abbildung

$$\gamma :]a,b[\longrightarrow \mathbb{R}^n$$

K.-H. Goldhorn, H.-P. Heinz, M. Kraus, *Moderne mathematische Methoden der Physik*
DOI 10.1007/978-3-540-88544-3, © Springer 2009

mit $\dot{\gamma}(t) \neq 0$ für alle $t \in]a,b[$.

b. Ist $\varphi :]a',b'[\to]a,b[$ eine bijektive C^∞-Abbildung mit $\dot{\varphi}(t) \neq 0$ für alle $t \in]a',b'[$, so heißt

$$\tilde{\gamma} := \gamma \circ \varphi :]a',b'[\longrightarrow \mathbb{R}^n$$

eine *Umparametrisierung* von γ.

Ist $\dot{\varphi}(t) > 0$, für alle t, so heißt φ *orientierungserhaltend*, sonst *orientierungsumkehrend*.

c. $L[\gamma] := \int_a^b |\dot{\gamma}(t)|\, \mathrm{d}t$ heißt die *Länge* von γ.

d. Ist $\gamma :]a,b[\to \mathbb{R}^n$ eine regulär parametrisierte Kurve mit $|\dot{\gamma}(t)| = 1$ für alle $t \in]a,b[$, so heißt γ *auf Bogenlänge parametrisiert.*

e. Ist $|\dot{\gamma}(t)| = c \neq 0$ konstant, so heißt γ *proportional zur Bogenlänge* parametrisiert.

Ist $\gamma :]a,b[\to \mathbb{R}^n$ auf Bogenlänge parametrisiert, so ist offenbar $L[\gamma] = b - a$.

Wir werden uns hauptsächlich mit auf Bogenlänge parametrisierten Kurven beschäftigen.

Lemma 5.2. *Ist $\gamma :]a,b[\to \mathbb{R}^n$ eine regulär parametrisierte Kurve, so gibt es eine Umparametrisierung von γ auf Bogenlänge, d. h. es gibt einen Diffeomorphismus*

$$\varphi :]a',b'[\longrightarrow]a,b[,$$

so dass $\gamma \circ \varphi$ auf Bogenlänge parametrisiert ist. Dabei ist $]a',b'[\subseteq \mathbb{R}$ ein Intervall der Länge $L[\gamma]$.

Beweis. Für ein $t_0 \in]a,b[$ definieren wir $\psi :]a,b[\to]s_0, s_0 + L[\gamma]\,[$ durch

$$\psi(s) = \int_{t_0}^{s} |\dot{\gamma}(t)|\, \mathrm{d}t \qquad \text{und insbesondere}$$

$$s_0 = \int_{t_0}^{a} |\dot{\gamma}(t)|\, \mathrm{d}t\,.$$

Dann ist $\psi'(s) = |\dot{\gamma}(s)| > 0$. Folglich ist $\tilde{\gamma} = \gamma \circ \psi^{-1}$ die gesuchte Umparametrisierung auf Bogenlänge, denn

$$\begin{aligned}\tilde{\gamma}'(s) &= \left(\gamma \circ \psi^{-1}\right)'(s) = \dot{\gamma}\left(\psi^{-1}(s)\right) \cdot \frac{1}{\psi'(\psi^{-1}(s))} \\ &= \frac{1}{|\dot{\gamma}(\psi^{-1}(s))|} \cdot \dot{\gamma}(\psi^{-1}(s))\,,\end{aligned}$$

also $|\tilde{\gamma}'(s)| = 1$ für alle $s \in]s_0, s_0 + L[\gamma]\,[$. □

Die Umparametrisierung einer regulär parametrisierten Kurve auf Bogenlänge ist bis auf Verschiebung eindeutig. Genauer gilt

Lemma 5.3. *Sind γ_1 und γ_2 zwei orientierungserhaltende Umparametrisierungen von γ auf Bogenlänge, so gibt es ein $t_0 \in \mathbb{R}$, so dass $\gamma_2(t) = \gamma_1(t + t_0)$ gilt.*

Der Beweis ist eine leichte Übungsaufgabe.

Die Krümmung einer regulär parametrisierten Kurve wird nun unabhängig von der Parametrisierung definiert.

Definitionen 5.4.

a. Ist γ eine auf Bogenlänge parametrisierte Kurve, so ist die *Krümmung* κ_γ von γ an der Stelle t durch
$$\kappa_\gamma(t) := |\ddot{\gamma}(t)|$$
definiert.

b. Ist $\tilde{\gamma}$ eine regulär parametrisierte Kurve und $\gamma := \tilde{\gamma} \circ \varphi$ eine Umparametrisierung auf Bogenlänge, so ist die Krümmung von $\tilde{\gamma}$ durch
$$\kappa_{\tilde{\gamma}}(t) := \kappa_\gamma(\varphi^{-1}(t))$$
definiert.

Wir wollen die Bedeutung der Krümmung an zwei Beispielen veranschaulichen:

Beispiele 5.5.

a. Ist γ eine auf Bogenlänge parametrisierte Kurve mit $\kappa_\gamma \equiv 0$, so gibt es ein $x_0 \in \mathbb{R}^n$ und ein $v \in \mathbf{S}^{n-1}$ mit $\gamma(t) = x_0 + tv$, d. h. das Bild von γ ist eine Gerade. Denn ist $\ddot{\gamma}(t) = 0$ für alle t, so ist $\dot{\gamma}$ konstant, also $\dot{\gamma}(t) = v \in \mathbf{S}^{n-1}$, da γ auf Bogenlänge parametrisiert ist.

b. Ist $\tilde{\gamma}(t) = \binom{R\ \cos t}{R\ \sin t}$, so ist $\kappa_{\tilde{\gamma}}(t) = \frac{1}{R}$.
Um dies zu errechnen, muss $\tilde{\gamma}$ zuerst auf Bogenlänge parametrisiert werden. Wegen $|\tilde{\gamma}'(t)| = R$ ist $\gamma(t) = \binom{R\ \cos(t/R)}{R\ \sin(t/R)}$ eine Parametrisierung von $\tilde{\gamma}$ auf Bogenlänge. Damit ist $\ddot{\gamma}(t) = -\frac{1}{R}\binom{\cos(t/R)}{\sin(t/R)}$, und die Behauptung folgt.

Ist γ eine Kurve in der Ebene $\mathbb{R}^2$, so kann auch die „Richtung" der Krümmung in die Definition mit einbezogen werden.

Definition 5.6. Ist $\gamma : I \to \mathbb{R}^2$ auf Bogenlänge parametrisiert, so heißt
$$\kappa_\gamma(t)_{\text{or}} := \langle \ddot{\gamma}(t) \mid U(t) \rangle$$
mit $U(t) := \begin{pmatrix} 0 & -1 \\ 1 & 0 \end{pmatrix} \dot{\gamma}(t)$ die *orientierte Krümmung* von γ.

Ist $|\dot{\gamma}(t)| = 1$, so ist $\langle \ddot{\gamma}(t) \mid \dot{\gamma}(t) \rangle = 0$, also $\ddot{\gamma}(t) = \kappa_\gamma(t)_{\text{or}} \cdot U(t)$. Daher ist $\kappa_\gamma(t) = |\kappa_\gamma(t)_{\text{or}}|$. In obigem Beispiel b. wäre $\kappa_\gamma(t)_{\text{or}} = \kappa_\gamma(t)$. Eine orientierungsumkehrende Umparametrisierung ändert offenbar das Vorzeichen der orientierten Krümmung.

Beschreibt γ die Bahnkurve eines Massenpunktes, so ist nach dem NEWTONschen Gesetz $\ddot{\gamma}$ proportional zu der Kraft, die auf den Massenpunkt einwirkt. Bewegt sich der Punkt auf einer Fläche, so spielen die Zwangskräfte, die senkrecht zur Fläche stehen, eine besondere Rolle. Es liegt also nahe, in diesem Falle die Krümmung in zwei Anteile aufzuspalten.

Definitionen 5.7. Sei $M \subseteq \mathbb{R}^n$ eine m-dimensionale Fläche (= Untermannigfaltigkeit), $\gamma : I \to M$ eine auf Bogenlänge parametrisierte Kurve. Für jedes $x \in M$ bezeichne

$$pr_{M,x} : \mathbb{R}^n \longrightarrow T_x M \,,$$
$$pr_{\perp,x} : \mathbb{R}^n \longrightarrow T_x^{\perp} M$$

die beiden Orthogonalprojektionen.

a. Dann heißt

$$|pr_{M,\gamma(t)}\, \ddot{\gamma}(t)| \; =: \; \overline{g}_\gamma(t)$$

die *(absolute) geodätische Krümmung* von γ an der Stelle t und

$$|pr_{\perp,\gamma(t)}\, \ddot{\gamma}(t)| \; =: \; \overline{k}_\gamma(t)$$

die *(absolute) Normalkrümmung* von γ an der Stelle t.

b. Ist $\overline{g}_\gamma(t) = 0$ für alle t, so heißt γ *geodätische Kurve* oder kurz *Geodätische*.

c. Ist $m = n - 1$ und M durch ein Normaleneinheitsfeld U orientiert, so heißt

$$k_\gamma(t) \; := \; \langle \ddot{\gamma}(t) \mid U(\gamma(t)) \rangle$$

die *(orientierte) Normalkrümmung* von γ an der Stelle t.

d. Ist $\dim M = 2$ und M orientiert, so bezeichnet

$$V : I \longrightarrow \mathbb{R}^n$$

die Abbildung, für die $(\dot{\gamma}(t), V(t))$ eine positiv orientierte Orthonormalbasis von $T_{\gamma(t)}M$ für alle $t \in I$ ist. Die Größe

$$g_\gamma(t) \; := \; \langle \ddot{\gamma}(t) \mid V(t) \rangle$$

heißt dann die *orientierte geodätische Krümmung* von γ an der Stelle t.

Eine auf Bogenlänge parametrisierte Kurve $\gamma : I \to M$ ist also genau dann geodätische Kurve, wenn $\ddot{\gamma}(t) \perp T_{\gamma(t)}M$ für alle $t \in I$ gilt. Denkt man sich γ wieder als Bahnkurve eines Teilchens, so heißt das, dass die Zwangskräfte, die das Teilchen auf der Fläche halten, die einzigen Kräfte sind, die auf das Teilchen wirken.

Mit dem Satz von PYTHAGORAS folgt sofort, dass

$$\kappa_\gamma^2(t) \; = \; (\overline{g}_\gamma(t))^2 + (\overline{k}_\gamma(t))^2 \,.$$

Wegen $|\dot{\gamma}(t)| \equiv 1$ folgt weiterhin $\langle \ddot{\gamma}(t) \mid \dot{\gamma}(t) \rangle = 0$, also im Fall von $\dim M = 2$

$$\ddot{\gamma}(t) \; = \; pr_{\perp,\gamma(t)}\, \ddot{\gamma}(t) + \langle \ddot{\gamma}(t) \mid V(t) \rangle V(t)$$

und damit

$$\overline{g}_\gamma(t) = |g_\gamma(t)| \,.$$

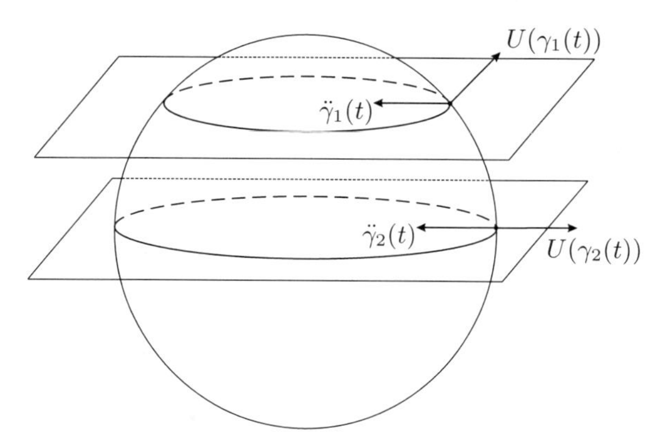

Abb. 5.1 Breitenkreise auf der zweidimensionalen Sphäre

Ist $\dim M = n - 1$ und U ein Normaleneinheitsfeld auf M, so ist

$$pr_{\perp,\gamma(t)}\, \ddot{\gamma}(t) = \langle \ddot{\gamma}(t) \mid U(\gamma(t)) \rangle\, U(\gamma(t)) ,$$

also

$$\overline{k}_\gamma(t) = |k_\gamma(t)| .$$

Beispiel 5.8. Wir betrachten Kurven auf $M = \mathbf{S}^2$, die entlang der Breitenkreise verlaufen (vgl. Abb. 5.1), also

$$\gamma(t) = \begin{pmatrix} c\, \cos(t/c) \\ c\, \sin(t/c) \\ \sqrt{1 - c^2} \end{pmatrix} \quad \text{für } c \in [0, 1] .$$

Dann ist $U(\gamma(t)) = \gamma(t)$ und

$$\ddot{\gamma}(t) = -\frac{1}{c} \begin{pmatrix} \cos(t/c) \\ \sin(t/c) \\ 0 \end{pmatrix} ,$$

also

$$g_\gamma(t) = \sqrt{\frac{1 - c^2}{c^2}}$$

und $k_\gamma(t) = -1$. Also ist nur der Äquator geodätisch. Ein beliebiger Kreis auf der Sphäre ist aber bezüglich eines gedrehten Koordinatensystems ein Breitenkreis, und die Krümmungen sind unter Drehungen invariant, wie man leicht nachrechnet (vgl. Aufgabe 5.3). Damit sind genau die Großkreise die Geodätischen auf $\mathbf{S}^2$.

Das folgende Lemma zeigt, dass die Normalkrümmung einer Kurve an einem Punkt auf einer Fläche von ihrer Geschwindigkeit *an dieser Stelle* und dem Normaleneinheitsfeld der Fläche abhängt.

Lemma 5.9. *Ist M eine $(n-1)$-dimensionale orientierte Untermannigfaltigkeit des $\mathbb{R}^n$ mit orientierungsdefinierendem Normaleneinheitsfeld U und $\gamma : I \to M$ eine auf Bogenlänge parametrisierte Kurve, so ist*

$$k_\gamma(t) = -\langle \mathrm{d}U_{\gamma(t)}(\dot\gamma(t)) \mid \dot\gamma(t)\rangle . \tag{5.1}$$

Beweis. Wegen $\langle \dot\gamma(t) \mid U(\gamma(t))\rangle = 0$ für alle t folgt mittels Ableiten

$$\langle \ddot\gamma(t) \mid U(\gamma(t))\rangle = -\langle \mathrm{d}U_{\gamma(t)}(\dot\gamma(t)) \mid \dot\gamma(t)\rangle .$$

□

Im Fall $n = 2$ stimmt die Normalkrümmung natürlich mit der Krümmung der M parametrisierenden Kurve γ überein und (5.1) liefert eine Möglichkeit, die Krümmung zu berechnen. In diesem Fall ist

$$U(\gamma(t)) = \begin{pmatrix} 0 & -1 \\ 1 & 0 \end{pmatrix} \dot\gamma(t) .$$

B Krümmung von Hyperflächen des $\mathbb{R}^n$

In diesem Abschnitt ist M stets eine orientierte $(n-1)$-dimensionale Teilmannigfaltigkeit des $\mathbb{R}^n$, also eine orientierte Hyperfläche. Das orientierungsdefinierende Normaleneinheitsfeld wird mit U bezeichnet. Gleichung (5.1) ist schon ein erster Hinweis darauf, dass die Krümmung einer Fläche durch die Änderung des Normaleneinheitsfeldes beschrieben wird. Offenbar ist

$$\mathrm{d}U_p \in \mathrm{End}\,(T_pM)$$

für jedes $p \in M$, denn ist $v \in T_pM$ und γ repräsentierende Kurve, also

$$\mathrm{d}U_p(v) = \frac{\mathrm{d}}{\mathrm{d}t}\,|_{t=0}\, U(\gamma(t)) ,$$

so ist wegen $|U(\gamma(t))|^2 = 1$ auch

$$2\langle \mathrm{d}U_p(v) \mid U(p)\rangle = 0 ,$$

also $\mathrm{d}U_p(v) \in T_pM$.

Definition 5.10. Die lineare Abbildung

$$S_p := -\mathrm{d}U_p \in \mathrm{End}\,(T_pM)$$

heißt der WEINGARTEN*operator* von M an der Stelle p.

Mit (5.1) kann jetzt die Normalkrümmung einer Kurve in M stets aus dem WEINGARTENoperator berechnet werden. In lokalen Koordinaten ist der WEINGARTENoperator leicht explizit zu bestimmen:

Lemma 5.11. *Ist (V, h) eine Karte von M mit Parametrisierung $h^{-1} = \varphi : V' \to \mathbb{R}^n$ und sind $\partial_1, \ldots, \partial_{n-1}$ die zugehörigen Koordinatenbasisfelder, so ist*

$$\left\langle S_p(\partial_i(p)) \mid \partial_j(p) \right\rangle = \left\langle U(p) \,\Big|\, \frac{\partial^2 \varphi}{\partial x_i \partial x_j}(h(p)) \right\rangle .$$

Beweis. Die Koordinatenbasisfelder sind durch $\partial_i(p) = \frac{\partial \varphi}{\partial x_i}(h(p))$ für $p \in V$ gegeben. Wegen

$$\left\langle (U \circ \varphi)(p') \,\Big|\, \frac{\partial \varphi}{\partial x_j}(p') \right\rangle = 0$$

für alle $p' \in V'$ ist

$$\left\langle \frac{\partial}{\partial x_i}(U \circ \varphi) \,\Big|\, \frac{\partial \varphi}{\partial x_j} \right\rangle = -\left\langle U \circ \varphi \,\Big|\, \frac{\partial^2 \varphi}{\partial x_i \partial x_j} \right\rangle ,$$

also

$$\begin{aligned}\left\langle S_p(\partial_i(p)) \mid \partial_j(p) \right\rangle &= -\left\langle \frac{\partial}{\partial x_i}(U \circ \varphi)(h(p)) \,\Big|\, \frac{\partial \varphi}{\partial x_j}(h(p)) \right\rangle \\ &= \left\langle U(p) \,\Big|\, \frac{\partial^2 \varphi}{\partial x_i \partial x_j}(h(p)) \right\rangle .\end{aligned}$$

□

Wegen $\frac{\partial^2 \varphi}{\partial x_i \partial x_j} = \frac{\partial^2 \varphi}{\partial x_j \partial x_i}$ folgt daraus sofort

Korollar 5.12. *Der* WEINGARTEN*operator ist selbstadjungiert, d. h. es gilt*

$$\langle S_p(v) | w \rangle = \langle v | S_p(w) \rangle$$

für alle $v, w \in T_pM$.

Aus der linearen Algebra ist bekannt, dass symmetrische Matrizen stets eine Orthogonalbasis von Eigenvektoren und reelle Eigenwerte besitzen. Dies ermöglicht die Einführung von wichtigen Krümmungsgrößen:

Definitionen 5.13.

a. Die symmetrische Bilinearform

$$\begin{aligned} \mathrm{II}_p : T_pM \times T_pM &\longrightarrow \mathbb{R} \\ (v, w) &\mapsto \langle S_p(v) \mid w \rangle \end{aligned}$$

heißt die *zweite Grundform* auf M.[1]

[1] Die erste Grundform ist der metrische Tensor $g(v, w) = \langle v \mid w \rangle$.

b. $K(p) := \det S_p$ heißt die GAUSS*sche Krümmung* von M an der Stelle p.
c. $H(p) := \frac{1}{n-1}$ Spur S_p heißt die *mittlere Krümmung* von M an der Stelle p.
d. Die Eigenwerte von S_p heißen die *Hauptkrümmungen* von M an der Stelle p, die Eigenvektoren heißen die *Hauptkrümmungsrichtungen*.

Ist $\gamma : I \to M$ eine auf Bogenlänge parametrisierte Kurve in M, so ist also

$$k_\gamma(t) = \mathrm{II}(\dot\gamma(t), \dot\gamma(t)) .$$

Ist zusätzlich $\dot\gamma(t)$ Hauptkrümmungsrichtung zur Hauptkrümmung λ, so ist

$$k_\gamma(t) = \lambda .$$

Bezüglich einer Karte (U, h) mit zugehöriger Koordinatenbasis $(\partial_1, \ldots, \partial_{n-1})$ wird die zweite Grundform durch die $(n-1)$-reihige Matrix (h_{jk}) mit

$$h_{jk} := \mathrm{II}(\partial_j, \partial_k) \tag{5.2}$$

wiedergegeben. Bezeichnen wir mit $(\sigma^i{}_j)$ die Matrix, die den WEINGARTEN-operator bzgl. dieser Basis wiedergibt, also

$$S\partial_j = \sum_{i=1}^{n-1} \sigma^i{}_j \partial_i ,$$

so erhalten wir $h_{jk}(p) = \langle S_p\partial_j(p)|\partial_k(p)\rangle = g_p\left(\sum_i \sigma^i{}_j(p)\partial_i(p), \partial_k(p)\right) = \sum_i \sigma^i{}_j(p) g_{ik}(p)$ für $p \in U$. Für die Determinanten ergibt sich daher $\det(h_{jk}(p)) = K(p)G(p)$, wo G wieder die GRAMsche Determinante bezeichnet. So erhalten wir eine lokale Formel für die GAUSSsche Krümmung, nämlich

$$K(p) = \frac{\det(\mathrm{II}_p(\partial_j(p), \partial_k(p)))}{G(p)} . \tag{5.3}$$

Betrachten wir nun einige Beispiele, um eine Vorstellung von den Krümmungsbegriffen zu bekommen.

Beispiele 5.14.

a. Ist $M = \mathbb{R}^2 \times \{0\} \subseteq \mathbb{R}^3$, so ist $U(p) = \begin{pmatrix} 0 \\ 0 \\ 1 \end{pmatrix}$, also $S_p = 0$, und somit verschwinden mittlere Krümmung und GAUSSsche Krümmung.
b. Ist $M = \mathbf{S}^2 \subseteq \mathbb{R}^3$, so ist $U(p) = p$, also $S_p = -\mathrm{id}$ und damit $K(p) = 1$ sowie $H(p) = -1$.
c. Sei $V \subseteq \mathbb{R}^2$ offen, $f \in C^\infty(V)$ und $M = \{(x, f(x)) | x \in V\}$ die *Graphenfläche* zu f. Eine Parametrisierung von M ist durch $\varphi : V \to \mathbb{R}^3, x \mapsto (x, f(x))$ gegeben. Ist $p \in V$ mit $\operatorname{grad} f(p) = 0$, so ist $U(p, f(p)) = \begin{pmatrix} 0 \\ 0 \\ 1 \end{pmatrix} = \boldsymbol{e}_3$, also

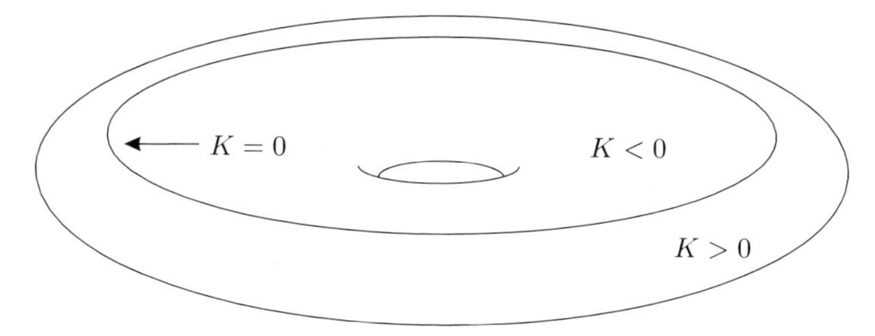

Abb. 5.2 GAUSSsche Krümmung beim Torus

$$\langle S_{(p,f(p))}(\partial_i)|\partial_j\rangle = \left\langle e_3 \,\middle|\, \frac{\partial^2\varphi}{\partial x_i \partial x_j}(p)\right\rangle = \frac{\partial^2 f}{\partial x_i \partial x_j}(p) \,.$$

Hat die Graphenfläche also am Punkt $(p, f(p))$ positive GAUSSsche Krümmung, so hat der Graph an der Stelle p ein lokales Extremum; hat sie negative GAUSSsche Krümmung, so hat der Graph an der Stelle p einen Sattelpunkt.

Legt man die Koordinaten im $\mathbb{R}^3$ entsprechend, so sieht man daraus leicht, dass der in den $\mathbb{R}^3$ eingebettete Torus auf der äußeren Hälfte – wie in Abb. 5.2 gezeigt – positive Krümmung hat, am oberen und unteren Kreis die Krümmung 0 und innen negative Krümmung.

Flächen mit verschwindender mittlerer Krümmung heißen *Minimalflächen*. Obwohl auch sie für die Physik eine wichtige Rolle spielen, ist hier nicht der Platz, näher darauf einzugehen. Eine erste Einführung ist in [9] oder auch [31] gegeben. Im Gegensatz zur mittleren Krümmung kann man zeigen, dass die GAUSS*sche Krümmung* allein durch die Metrik der Fläche, nicht durch ihre Lage im $\mathbb{R}^3$ bestimmt ist. Dies ist der Gegenstand des „Theorema egregium“ von GAUSS. In Abschn. C werden wir wieder darauf zurück kommen.

C Die kovariante Ableitung auf Untermannigfaltigkeiten des $\mathbb{R}^n$

In diesem Abschnitt sei $M \subseteq \mathbb{R}^n$ wieder eine Teilmannigfaltigkeit beliebiger Dimension. In Abschn. A haben wir den tangentialen Anteil der Beschleunigung $\ddot{\gamma}(t) = \frac{\mathrm{d}}{\mathrm{d}t}\dot{\gamma}(t)$ einer mit gleichförmiger Geschwindigkeit durchlaufenen Kurve γ in M als die *geodätische Krümmung* definiert. Es ist nun ein entscheidender Schritt, sich hier von den Geschwindigkeitsvektoren $\dot{\gamma}(t)$ zu lösen und auch für allgemeine Vektorfelder v auf M den tangentialen Anteil der Ableitung als eine wichtige Größe zu erkennen. Man nennt sie die *kovariante Ableitung* ∇v, und ihre systematische Untersuchung führt schließlich auch zu den relevanten Krümmungsgrößen für allgemeine Mannigfaltigkeiten beliebiger Dimension, die die Geometrie solch einer Mannigfaltigkeit wesentlich mitbestimmen und die physikalisch als Feldstärke interpretiert werden können (vgl. Abschn. G und H). Hierbei wird auch die Betrachtung des Normaleneinheitsfeldes oder anderer Größen, die den umgebenden $\mathbb{R}^n$ betreffen, vermieden, und es gelingt, alle entscheidenden Krümmungsgrößen aus der pseudo-RIEMANNschen Metrik g alleine zu berechnen. Erst dadurch wird es möglich, die Krümmungstheorie auch für allgemeine Mannigfaltigkeiten zu entwickeln, bei denen kein umgebender euklidischer Raum mehr vorhanden ist.

Ein Vektorfeld v auf $M \subseteq \mathbb{R}^n$ ist durch eine Abbildung $v : M \to \mathbb{R}^n$ gegeben, so dass $v(x) \in T_x M$ für jedes $x \in M$ gilt. Damit ist dann $\mathrm{d}v_x \in \mathrm{Hom}(T_x M, \mathbb{R}^n)$. Ist w ein weiteres Vektorfeld auf M, so ist $\mathrm{d}v_x(w(x)) \in \mathbb{R}^n$, aber im Allgemeinen kein Tangentialvektor an M. Wir haben in Abschn. 3D mit der LIE-Ableitung bereits eine Möglichkeit kennen gelernt, wie man ein Vektorfeld trotzdem differenzieren kann. Hier lernen wir nun eine weitere kennen. Wir verwenden dabei die schon in Definition 5.7 eingeführte Notation.

Notation: Für $x \in M$ bezeichnen wir in diesem Abschnitt mit $pr_{M,x} : \mathbb{R}^n \to T_x M$ die Orthogonalprojektion.

Die Notation $\Gamma\, TM$ für den Raum der differenzierbaren Vektorfelder wird jetzt etwas verallgemeinert.
Ist M eine differenzierbare Mannigfaltigkeit, $E = \otimes^r_s TM$ oder

$$E = \mathrm{Alt}^r(TM, \otimes^s TM) = \bigcup_{x \in M} \mathrm{Alt}^r(T_x M, \otimes^s T_x M)\,,$$

so bezeichnet man mit ΓE den Raum der differenzierbaren Schnitte in E, d. h. den Raum der Schnitte in E, deren Komponentenfunktionen bezüglich gegebener Koordinatenbasen durch differenzierbare Abbildungen gegeben sind (vgl. Definition 3.2 und die darauf folgenden Erläuterungen). So ist z. B. durch $f \in \Gamma\, \mathrm{End}\,(TM)$ für jedes $x \in M$ ein Endomorphismus $f(x) \in \mathrm{End}\,(T_x M)$ gegeben. Ist U ein Kartengebiet, so ist $f|_U$ bezüglich der Koordinatenbasen $(\partial_1, \ldots, \partial_n)$ in diesem Gebiet durch eine differenzierbare Abbildung

$$U \longrightarrow \mathbb{R}_{n \times n}$$

gegeben.

Definitionen 5.15.

a. Ist v ein differenzierbares Vektorfeld und $w \in T_x M$, so heißt

$$\nabla_w v := pr_{M,x}\, \mathrm{d}v_x(w) \in T_x M$$

die *kovariante Ableitung* von v in Richtung w an der Stelle x. Damit ist $\nabla v \in \Gamma\, \mathrm{End}\,(TM)$ wohldefiniert.

b. Ist $\gamma : I \to M$ differenzierbar und $v : I \to TM$ eine differenzierbare Abbildung mit $v(t) \in T_{\gamma(t)} M$, so heißt

$$\left.\frac{\nabla}{\mathrm{d}t}\right|_{t=t_0} v := pr_{M,\gamma(t_0)}\, \dot{v}(t)$$

die kovariante Ableitung von v in Richtung γ.

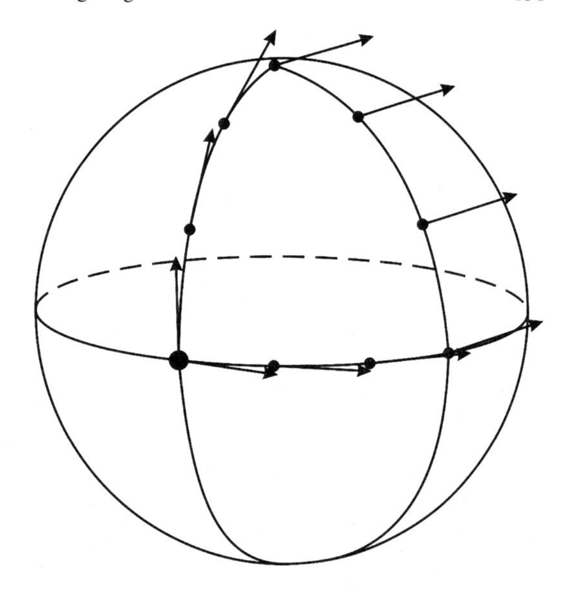

Abb. 5.3 Paralleles Vektorfeld längs Kurve γ

Ist $\tilde{v}$ ein Vektorfeld in einer offenen Umgebung von $\gamma(t_0)$, so dass für $\varepsilon > 0$ gilt $v(t) = \tilde{v}(\gamma(t))$ für alle $t \in]t_0 - \varepsilon, t_0 + \varepsilon[$, so ist offenbar

$$\frac{\nabla}{\mathrm{d}t}\Big|_{t=t_0} v = \nabla_{\dot{\gamma}(t_0)}\, \tilde{v}\,.$$

Insofern ist die Verwendung des selben Symbols und Namens gerechtfertigt. Eine auf Bogenlänge parametrisierte Kurve ist also genau dann geodätische Kurve, wenn $\frac{\nabla}{\mathrm{d}t}\,\dot{\gamma} = 0$ gilt.

Definitionen 5.16.

a. Ein Vektorfeld v heißt *horizontal* oder *parallel*, falls $\nabla v = 0$ gilt.
b. Ist $\gamma : [0, L] \to M$ eine Kurve in M und $v : I \to TM$ eine differenzierbare Abbildung mit $v(t) \in T_{\gamma(t)}M$ und $\frac{\nabla}{\mathrm{d}t}\, v \equiv 0$, so heißt v ein *paralleles Vektorfeld* längs γ.

Eine geodätische Kurve ist also eine auf Bogenlänge parametrisierte Kurve, bei der $\dot{\gamma}$ ein paralleles Vektorfeld längs γ ist.

Wir werden auf diesen Begriff in Abschn. E noch einmal in einem allgemeineren Zusammenhang zurück kommen.

Im folgenden Satz halten wir die wichtigsten Eigenschaften der kovarianten Ableitung fest:

Satz 5.17. *Für die kovariante Ableitung ∇ auf $M \subseteq \mathbb{R}^n$ gilt:*

a. Für jedes $v \in \Gamma\, TM$ ist $\nabla v \in \Gamma\, \mathrm{End}(TM)$, d. h.

$$\nabla_{\lambda w_1 + w_2} v = \lambda \nabla_{w_1} v + \nabla_{w_2} v$$

für alle $x \in M$, $w_1, w_2 \in T_x M$ und $\lambda \in \mathbb{R}$.

b. *Die Abbildung* $\nabla : \Gamma\, TM \to \Gamma\, \mathrm{End}(TM)$ *ist linear, also*

$$\nabla(\lambda v_1 + v_2) = \lambda \nabla v_1 + \nabla v_2\,,$$

falls $v_i \in \Gamma\, TM, i = 1, 2$ *und* $\lambda \in \mathbb{R}$.

c. *Ist* $f \in C^\infty(M)$ *und* $v \in \Gamma\, TM$, *so gilt für jedes* $x \in M$, $w \in T_x M$

$$\nabla_w(fv) = \mathrm{d}f_x(w) \cdot v(x) + f(x) \cdot \nabla_w v$$

(Produktregel).

d. *Für* $v_1, v_2 \in \Gamma\, TM$ *sowie* $x \in M$, $w \in T_x M$ *gilt stets*

$$\mathrm{d}(\langle v_1 | v_2 \rangle)_x(w) = \langle \nabla_w v_1(x) | v_2(x) \rangle + \langle v_1(x) | \nabla_w v_2(x) \rangle$$

(Isometrie).

e. *Für alle Vektorfelder* $v, w \in \Gamma\, TM$ *gilt* $\nabla_v w - \nabla_w v = [v, w]$ *(*Torsionsfreiheit *der kovarianten Ableitung).*

Beweis. Die Eigenschaften a.–d. folgen unmittelbar aus der Definition. Die Formel aus e. folgt sofort für Koordinatenbasisfelder $(\partial_1, \ldots, \partial_n)$ auf $U \subseteq M$, denn

$$\nabla_{\partial_i(x)} \partial_j = pr_{M,x} \frac{\partial^2 \varphi}{\partial x_i \partial x_j}(x) = pr_{M,x} \frac{\partial^2 \varphi}{\partial x_j \partial x_i} = \nabla_{\partial_j(x)} \partial_i$$

für jedes $x \in U$, also

$$\nabla_{\partial_i} \partial_j - \nabla_{\partial_j} \partial_i = 0 = [\partial_i, \partial_j]\,.$$

Damit folgt aus a.–c. für $v = \sum_i v^i \partial_i$ und $w = \sum_j w^j \partial_j$

$$\begin{aligned} \nabla_v w - \nabla_w v &= \sum_{i,j} \left(v^i w^j \left(\nabla_{\partial_i} \partial_j - \nabla_{\partial_j} \partial_i \right) + v^i \left(\partial_i w^j \right) \partial_j - w^i \left(\partial_i v^j \right) \partial_j \right) \\ &= [v, w]\,. \end{aligned}$$

□

Wie wir im Beweis von Satz 5.17e gesehen haben, genügt es auf Grund der Linearität und der Produktregel, die kovariante Ableitung auf den Koordinatenbasisfeldern zu kennen. Dies motiviert die folgende

Definition 5.18. Sind $(\partial_1, \ldots, \partial_m)$ Koordinatenbasisfelder zur Karte (U, h), so heißen die durch

$$\nabla_{\partial_i} \partial_j = \sum_{\kappa=1}^{m} \Gamma_{ij}^{\kappa} \partial_\kappa$$

eindeutig bestimmten Funktionen Γ_{ij}^{κ} auf U die CHRISTOFFEL*symbole* (bezüglich der Karte (U, h)). Sind $v = \sum v^i \partial_i$ und $w = \sum w^j \partial_j$ lokale Vektorfelder, so gilt dann

$$\nabla_v w = \sum_{i,j,\kappa} \left(v^i \cdot \left(w^j \cdot \Gamma_{ij}^{\kappa} + (\partial_i w^\kappa) \right) \partial_\kappa \right) \tag{5.4}$$

Diese Formel wird später hilfreich sein, wenn wir die kovariante Ableitung auf allgemeinen RIEMANNschen Mannigfaltigkeiten definieren. Die CHRISTOFFEL-symbole lassen sich nämlich aus der Metrik alleine berechnen:

Lemma 5.19. *Ist* $(\partial_1, \ldots, \partial_m)$ *eine Koordinatenbasis,* $g_{ij} = \langle \partial_i | \partial_j \rangle$ *und* (g^{ij}) *die zu* (g_{ij}) *inverse Matrix, so gilt*

$$\Gamma_{ij}^{\kappa} = \frac{1}{2} \left(\sum_{\ell} g^{\ell\kappa} \left(\partial_j \, g_{i\ell} + \partial_i \, g_{j\ell} - \partial_\ell \, g_{ij} \right) \right) . \tag{5.5}$$

Beweis. Aus der Isometrie der kovarianten Ableitung folgt

$$\partial_i \, g_{j\kappa} = \sum_{\ell} \left(\Gamma_{ij}^{\ell} \, g_{\ell\kappa} + \Gamma_{i\kappa}^{\ell} \, g_{j\ell} \right) .$$

Nutzt man die Beziehung $\Gamma_{ij}^{\kappa} = \Gamma_{ji}^{\kappa}$ aus, die sofort aus der Torsionsfreiheit folgt, so erhält man daraus

$$\partial_i \, g_{j\ell} + \partial_j \, g_{i\ell} - \partial_\ell \, g_{ij} = 2 \cdot \sum_{r} \Gamma_{ij}^{r} \, g_{r\ell}$$

und daraus schließlich die Formel (5.5). □

Mit Hilfe von (5.4) und (5.5) können Geodätische und horizontale Vektoren aus der Metrik bestimmt werden. Dies werden wir im nächsten Abschnitt benutzen, um diese Begriffe auf allgemeine RIEMANNsche Mannigfaltigkeiten zu übertragen.

Als nächstes soll auch die GAUSSsche Krümmung mit Hilfe der kovarianten Ableitung beschrieben werden.

Ist M eine $(n-1)$-dimensionale Untermannigfaltigkeit des $\mathbb{R}^n$ und U das Normaleneinheitsfeld auf M, so ist wegen $\langle w | U \rangle \equiv 0$ für alle Vektorfelder w auf M

$$\begin{aligned} (\mathrm{d}w)(v) &= \nabla_v w + \langle \mathrm{d}w(v) | U \rangle U \\ &= \nabla_v w + \mathrm{II}(v, w) U \, . \end{aligned} \tag{5.6}$$

Lemma 5.20. *Ist* M *eine* $(n-1)$*-dimensionale Teilmannigfaltigkeit des* $\mathbb{R}^n$ *und* $(\partial_1, \ldots, \partial_{n-1})$ *eine lokale Koordinatenbasis, so gilt*

$$\begin{aligned} & II(\partial_i, \partial_j) \, II(\partial_\ell, \partial_m) - II(\partial_i, \partial_\ell) \, II(\partial_j, \partial_m) \\ & = \left\langle \nabla_{\partial_\ell} \nabla_{\partial_j} \partial_i - \nabla_{\partial_j} \nabla_{\partial_\ell} \partial_i \, \middle| \, \partial_m \right\rangle . \end{aligned} \tag{5.7}$$

Beweis. Aus (5.6) folgt für die Koordinatenbasis zur Parametrisierung φ

$$\nabla_{\partial_j} \partial_i = \frac{\partial^2 \varphi}{\partial x_i \partial x_j} - \mathrm{II}(\partial_i, \partial_j) \, U \, ,$$

also folgt aus $\langle U | \partial_m \rangle = 0$

$$\left\langle \nabla_{\partial_\ell} \nabla_{\partial_j} \partial_i \,\middle|\, \partial_m \right\rangle = \left\langle \frac{\partial^3 \varphi}{\partial x_i \partial x_j \partial x_\ell} \,\middle|\, \frac{\partial \varphi}{\partial x_m} \right\rangle - \mathrm{II}\,(\partial_i, \partial_j) \cdot \left\langle \mathrm{d}U(\partial_\ell) \,\middle|\, \frac{\partial \varphi}{\partial x_m} \right\rangle$$
$$= \left\langle \frac{\partial^3 \varphi}{\partial x_i \partial x_j \partial x_\ell} \,\middle|\, \frac{\partial \varphi}{\partial x_m} \right\rangle + \mathrm{II}(\partial_i, \partial_j)\mathrm{II}(\partial_\ell, \partial_m)\,.$$

Damit folgt die Gleichung, da die Parametrisierung eine C^∞-Abbildung ist. □

Formel (5.7) ist nur für Koordinatenbasisfelder richtig. Wir werden darauf in Abschn. E noch einmal zurück kommen. Im Augenblick kommt es uns darauf an, zu sehen, dass für Flächen im $\mathbb{R}^3$ die GAUSSsche Krümmung durch die kovariante Ableitung beschrieben und als Maß dafür verstanden werden kann, wie weit der Paralleltransport in Richtung verschiedener Koordinatenfelder vertauschbar ist. Insbesondere ist die GAUSSsche Krümmung durch den metrischen Tensor alleine bestimmt, wird also von der Art, wie die Fläche in den $\mathbb{R}^3$ eingebettet ist, nicht beeinflusst. Um genau zu formulieren, was das bedeutet, muss man allerdings die Abbildungen charakterisieren, die die RIEMANNsche Geometrie unverändert lassen. Dazu definieren wir (vgl. Aufgabe 3.1):

Definitionen 5.21. Seien (M, g), $(\tilde{M}, \tilde{g})$ zwei pseudo-RIEMANNsche Mannigfaltigkeiten und $F : M \longrightarrow \tilde{M}$ eine differenzierbare Abbildung.

a. Man nennt F eine *lokale Isometrie*, wenn für alle $x \in M$ und alle $v, w \in T_x M$ gilt:
$$\tilde{g}_{F(x)}(\mathrm{d}F_x(v), \mathrm{d}F_x(w)) = g_x(v, w)\ .$$
b. Eine *Isometrie* ist eine lokale Isometrie, die gleichzeitig ein Diffeomorphismus $M \to \tilde{M}$ ist.
c. Die beiden pseudo-RIEMANNschen Mannigfaltigkeiten heißen *isometrisch*, wenn es eine Isometrie $F : M \to \tilde{M}$ gibt.

Man sieht leicht, dass eine lokale Isometrie zwischen Mannigfaltigkeiten gleicher Dimension auch ein lokaler Diffeomorphismus ist (vgl. Aufgabe 3.1). Eine Isometrie kann daher in diesem Fall auch beschrieben werden als eine *bijektive* lokale Isometrie.

Die Isometrien des $\mathbb{R}^n$ sind die *euklidischen Bewegungen*, d. h. die Abbildungen der Form
$$F(x) := Ax + b$$
mit einem festen Vektor $b \in \mathbb{R}^n$ und einer orthogonalen Transformation $A \in \mathbf{O}(n)$. Ist nun $M \subseteq \mathbb{R}^n$ eine Untermannigfaltigkeit, F eine euklidische Bewegung und $\tilde{M} := F(M)$, so ist offenbar $F\big|_M : M \longrightarrow \tilde{M}$ eine Isometrie (alles in Bezug auf den metrischen Tensor $g(v, w) := \langle v | w \rangle$). Eine lokale Isometrie, die kein Diffeomorphismus ist, entsteht z. B., wenn man die Ebene $\mathbb{R}^2$ auf den Zylinder $\mathbb{R} \times \mathbf{S}^1$ abrollt (vgl. Aufgabe 5.11b.).

Nun zu den angekündigten Eigenschaften der GAUSSschen Krümmung:

Theorem 5.22 (*Theorema egregium*). *Die* GAUSS*sche Krümmung einer Fläche ist eine Isometrie-Invariante. Ist* (∂_1, ∂_2) *eine Koordinatenbasis, so ist*

$$K(p) = \left\langle \nabla_{\partial_2(p)} \nabla_{\partial_1} \partial_1 - \nabla_{\partial_1(p)} \nabla_{\partial_2} \partial_1 \,\middle|\, \partial_2(p) \right\rangle / \, G(p) \tag{5.8}$$

mit $G = \det(g_{ij})$.

Beweis. Formel (5.8) folgt sofort aus der Definition von K, (5.7) und (5.3) in Abschn. B. Damit folgt aber auch, dass K invariant unter Isometrien ist, denn ist $f : M \to \tilde{M}$ eine Isometrie und $\partial_1, \ldots, \partial_n$ eine Koordinatenbasis für M, so ist $\tilde{\partial}_1 = \mathrm{d}f(\partial_1), \ldots, \tilde{\partial}_n = \mathrm{d}f(\partial_n)$ eine Koordinatenbasis für $\tilde{M}$, und bezüglich dieser Koordinatenbasis werden die Metriken auf M und $\tilde{M}$ und damit auch die kovarianten Ableitungen auf M und $\tilde{M}$ durch die selben Matrizen beschrieben. Da auch die kovariante Ableitung nach (5.5) vollständig durch (g_{ij}) bestimmt ist, ist K invariant unter Isometrien. □

Die GAUSSsche Krümmung kann damit vollständig aus den Koeffizienten (g_{ij}) gewonnen werden. Wir werden dies etwas allgemeiner in den Übungen behandeln. Das Theorema egregium macht es in vielen Fällen leicht, zu entscheiden, ob es eine Isometrie zwischen Flächen geben kann. So sieht man sofort, dass es keine isometrische Karte (eines Teiles) der Erdoberfläche gibt, denn die GAUSSsche Krümmung der Sphäre ist 1, die GAUSSsche Krümmung der Ebene ist 0.

D Die kovariante Ableitung auf Mannigfaltigkeiten

In diesem Abschnitt werden wir die Konzepte aus Abschn. A, B und C auf allgemeine Mannigfaltigkeiten übertragen. Bei einer Mannigfaltigkeit, die nicht als Untermannigfaltigkeit des $\mathbb{R}^n$ gegeben ist, können wir nicht von einem „Normalenfeld“ auf der Mannigfaltigkeit sprechen. Die Definitionen 5.7 und 5.13 können also nicht auf Mannigfaltigkeiten übertragen werden. Für die kovariante Ableitung wurde aber in (5.5) eine Formel angegeben, die nur von der Metrik abhängt, also auch auf RIEMANNschen Mannigfaltigkeiten einen Sinn hat. Ein möglicher Weg wäre, die kovariante Ableitung durch (5.4) und (5.5) zu definieren und dann die Unabhängigkeit von der Koordinatenwahl nachzuprüfen. Hier soll allerdings ein anderer Weg eingeschlagen werden.

Zunächst fassen wir den Begriff der kovarianten Ableitung auf dem Tangentialbündel etwas allgemeiner als in Abschn. C.

Definitionen 5.23. Sei M eine Mannigfaltigkeit.

a. Unter einer *allgemeinen kovarianten Ableitung* auf M verstehen wir eine lineare Abbildung

$$\nabla : \Gamma\, TM \longrightarrow \Gamma\, \mathrm{Hom}\,(TM, TM)\,,$$

für die die *Produktregel*

$$\nabla(fv) = \mathrm{d}f \otimes v + f \cdot \nabla v \tag{5.9}$$

für $f \in C^\infty(M)$ und $v \in \Gamma\, TM$ gilt. (Hier ist $\mathrm{d}f_x \otimes v(x)$ gemäß der Identifikation aus Satz 2.12c. als lineare Abbildung aufzufassen.)

b. Statt $(\nabla v)(w)$ schreibt man auch $\nabla_w v$ und

$$(\nabla v)_x(w(x)) =: \nabla_{w(x)} v \in T_x M\,.$$

c. Ein Vektorfeld v auf M heißt *horizontal* oder *parallel* (bezüglich der allgemeinen kovarianten Ableitung ∇), falls $\nabla v \equiv 0$ gilt.

Die Existenz von kovarianten Ableitungen auf beliebigen Mannigfaltigkeiten werden wir im nächsten Abschnitt nachweisen.

Offenbar ist die im letzten Abschnitt für $(n-1)$-dimensionale Untermannigfaltigkeiten des $\mathbb{R}^n$ definierte kovariante Ableitung auch eine allgemeine kovariante Ableitung. Jedoch gibt es viele weitere allgemeine kovariante Ableitungen:
Ist $A \in \Gamma\,\mathrm{Mult}^2(TM;TM)$ und ∇ eine allgemeine kovariante Ableitung, so ist durch

$$(\nabla + A)(v)(w) := \nabla_w v + A(w,v)$$

eine weitere allgemeine kovariante Ableitung gegeben.
Aus der Produktregel folgt, dass kovariante Ableitungen stets in folgendem Sinn *lokal* sind: Sind v_1 und v_2 differenzierbare Vektorfelder und ist $v_1(x) = v_2(x)$ für alle $x \in U$ für eine offene Teilmenge $U \subseteq M$, so ist für alle $x \in U$ auch

$$(\nabla v_1)_x = (\nabla v_2)_x\,.$$

Das beweist man genauso wie die entsprechende Aussage für den CARTAN-Operator d, die im Verlaufe des Beweises von Theorem 4.14 hergeleitet wurde.

Daher ist auch für *lokale* Vektorfelder die kovariante Ableitung wohldefiniert. Für allgemeine kovariante Ableitungen gilt damit – genauso wie für die kovariante Ableitung auf Hyperflächen –, dass sie bereits durch ihre Werte auf den lokalen Koordinatenbasisfeldern wohlbestimmt sind, d. h. ist

$$\nabla_{\partial_i}\partial_j = \sum_k a_{ij}^k \partial_k\,,$$

so ist

$$\nabla_w v = \sum_{i,j,k} \left(w^i \left(v^j a_{ij}^k + \left(\partial_i v^k \right) \right) \partial_k \right)\,. \tag{5.10}$$

Sprechen wir vom *Geschwindigkeitsfeld* $\dot\gamma$ einer Kurve $\gamma : I \to M$, so ist dies natürlich kein Vektorfeld auf der Mannigfaltigkeit M, nicht einmal ein Vektorfeld auf einer offenen Teilmenge von M. Wir müssen daher den Begriff des Vektorfelds jetzt etwas allgemeiner fassen.

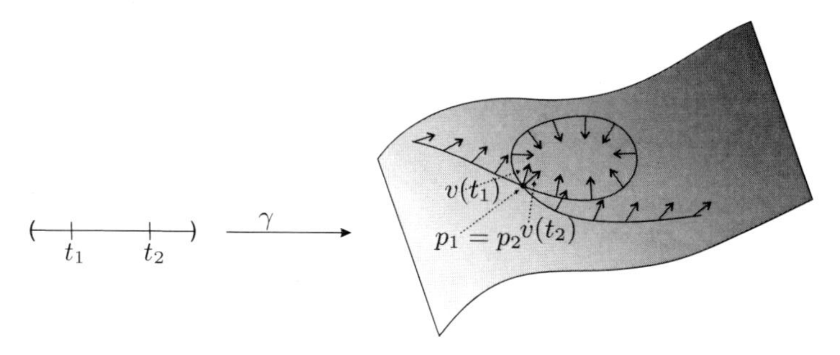

Abb. 5.4 Vektorfeld längs einer Kurve ($p_i := \gamma(t_i)$)

Definition 5.24. Ist $f : N \to M$ eine differenzierbare Abbildung, so versteht man unter einem *Vektorfeld längs* f eine Abbildung $v : N \to TM$ mit $v(x) \in T_{f(x)}M$. Ein Vektorfeld v längs f heißt differenzierbar (bei $x \in N$), falls gilt: Die in einer Umgebung U von x durch

$$v(x') = \sum_i v^i(x')\partial_i(f(x'))$$

durch eine Koordinatenbasis eindeutig definierten Funktionen $v^i : U \to \mathbb{R}$ sind (bei x) differenzierbar.

Die allgemeine kovariante Ableitung von Vektorfeldern längs Kurven auf Mannigfaltigkeiten ist damit genauso wie die kovariante Ableitung von Kurven auf Hyperflächen definiert.

Definition 5.25. Ist $\gamma : I \to M$ eine regulär parametrisierte Kurve in M, $v : I \to TM$ ein differenzierbares Vektorfeld längs γ, $t_0 \in I$ und $\tilde{v}$ ein auf einer offenen Umgebung von $\gamma(t_0)$ definiertes Vektorfeld, so dass es ein $\varepsilon > 0$ gibt mit

$$v(t) = \tilde{v}(\gamma(t)) \quad \text{für alle } t \in]t_0 - \varepsilon, t_0 + \varepsilon[\,,$$

dann ist die kovariante Ableitung von v längs γ bei t_0 durch

$$\left.\frac{\nabla}{\mathrm{d}t}\right|_{t=t_0} = \nabla_{\dot{\gamma}(t_0)}\tilde{v}$$

wohldefiniert.

Die Wohldefiniertheit, d. h. die Unabhängigkeit von der Wahl von $\tilde{v}$ folgt sofort aus (5.10). Die Anwendung der kovarianten Ableitung auf Vektorfelder längs Kurven ist ganz analog zu der auf gewöhnlichen Vektorfeldern, wie der folgende Satz zeigt.

Satz 5.26. *Sei $\gamma : I \to M$ eine regulär parametrisierte Kurve. Dann gilt:*

a. Sind v und w Vektorfelder längs γ, so ist

$$\frac{\nabla}{\mathrm{d}t}(v + w) = \frac{\nabla}{\mathrm{d}t}v + \frac{\nabla}{\mathrm{d}t}w\,.$$

b. *Ist v ein Vektorfeld längs γ und $f \in C^\infty(I)$, so ist*

$$\frac{\nabla}{\mathrm{d}t}(f \cdot v) = f \cdot \frac{\nabla}{\mathrm{d}t} v + \dot{f} v\,.$$

c. *Ist $\varphi : J \to I$ ein Diffeomorphismus, so ist*

$$\frac{\nabla}{\mathrm{d}s}\bigg|_{s=s_0} (v \circ \varphi) = \varphi'(s_0) \cdot \frac{\nabla}{\mathrm{d}t}\bigg|_{t=\varphi(s_0)} v.$$

Damit kann nun auch der Begriff der Parallelität eines Vektorfelds leicht von Hyperflächen auf Mannigfaltigkeiten übertragen werden.

Definitionen 5.27. Sei M eine Mannigfaltigkeit, ∇ eine allgemeine kovariante Ableitung auf M, $\gamma : I \to M$ eine regulär parametrisierte Kurve.

a. Dann heißt ein Vektorfeld längs γ ∇-*parallel* (längs γ), falls

$$\frac{\nabla}{\mathrm{d}t} v = 0$$

gilt.

b. Ein Vektorfeld auf M heißt ∇-parallel längs γ, falls γ injektiv ist und $\nabla_{\dot{\gamma}(t)} v = 0$ gilt für alle $t \in I$.

Ist die kovariante Ableitung ∇ lokal bezüglich Koordinaten durch $\nabla_{\partial_i} \partial_j = \sum_{k=1}^n a_{ij}^k \partial_k$ gegeben, so ist $v(t) = \sum_i v^i(t) \partial_i(\gamma(t))$ genau dann ∇-parallel längs γ, wenn gilt (vgl. (5.10)):

$$\sum_{i,j} \left(\dot{\gamma}^i(t) v^j(t) a_{ij}^k(\gamma(t)) + \dot{v}^k(t) \right) = 0$$

für $k = 1, \ldots, n$.

Bei vorgegebener Kurve γ ist dies ein System linearer Differentialgleichungen 1. Ordnung für v. Damit folgt aus dem Existenz- und Eindeutigkeitssatz für Lösungen gewöhnlicher Differentialgleichungen

Satz 5.28. *Sei ∇ eine kovariante Ableitung auf einer Mannigfaltigkeit M, $\gamma : I \to M$ eine regulär parametrisierte Kurve, $t_0 \in I$, $v_0 \in T_{\gamma(t_0)} M$. Dann existiert genau ein ∇-paralleles Vektorfeld v längs γ mit $v(t_0) = v_0$.*

Definition 5.29. Sei $\gamma : I \to M$ eine regulär parametrisierte Kurve, $t_0, t_1 \in I$. Dann heißt die Abbildung

$$P_{t_0,t_1}^{\nabla} : T_{\gamma(t_0)} M \longrightarrow T_{\gamma(t_1)} M\,,$$

die einem Vektor $v_0 \in T_{\gamma(t_0)} M$ den Vektor $v(t_1)$ zuordnet, wobei v das ∇-parallele Vektorfeld mit $v(t_0) = v_0$ ist, die *Parallelverschiebung* längs γ.

Dies ermöglicht bei vorgegebener kovarianter Ableitung, Vektoren an verschiedenen Stellen von M miteinander zu vergleichen. Darauf wird im nächsten Abschnitt noch einmal eingegangen.

Schon im Abschn. 3D wurde mit der LIE-Ableitung eine Möglichkeit vorgestellt, ein Vektorfeld längs eines anderen abzuleiten. Zwischen kovarianter und LIE-Ableitung gibt es allerdings einen fundamentalen Unterschied. Denn ist $f \in C^\infty(M)$, so gilt

$$\mathcal{L}_{fv}(w) = f \cdot \mathcal{L}_v(w) - w(f) \cdot v\,, \tag{5.11}$$

aber

$$\nabla_{fv}(w) = f \cdot \nabla_v w\,. \tag{5.12}$$

Gleichung (5.11) zeigt, dass bei gegebenem Vektorfeld w der Vektor $(\mathcal{L}_v w)(x)$ nicht nur von $v(x)$, sondern auch von der „Änderung" von v in x abhängt, d. h. für gegebenes Vektorfeld w ist die Abbildung $\Gamma\, TM \to \Gamma\, TM$, $v \mapsto \mathcal{L}_v w$ ein Differentialoperator *erster* Ordnung. Im Gegensatz dazu ist ∇w ein einfach ko- und einfach kontravariantes Tensorfeld, denn $(\nabla_v w)_x$ hängt (nach Definition) nur vom Wert $v(x)$ ab. Insbesondere ist $\nabla_{v(x)} w$ eine sinnvolle Schreibweise, $\mathcal{L}_{v(x)} w$ hingegen nicht.

In Abschn. C haben wir gesehen, dass für die kovariante Ableitung auf Hyperflächen gilt:

$$\nabla_v w - \nabla_w v = [v, w]\,.$$

Für allgemeine kovariante Ableitungen gilt dies nicht immer, doch kann die Abweichung durch ein *Tensorfeld* gemessen werden:

Definitionen 5.30. Ist ∇ eine kovariante Ableitung auf TM, so heißt $T_x^\nabla \in \mathrm{Alt}^2(T_x M, T_x M)$ für $x \in M$

$$T_x^\nabla(v, w) := \nabla_v w - \nabla_w v - [v, w]$$

die *Torsion* von ∇. Eine kovariante Ableitung heißt *torsionsfrei*, falls $T^\nabla = 0$ gilt.

Dass durch die Torsion ein Tensorfeld gegeben ist, kann gezeigt werden, indem man $T_x(fv, w) = f(x) T_x(v, w)$ für $f \in C^\infty(U)$ nachprüft (U offene Umgebung von $x \in M$). Sind nämlich $v, \tilde{v}$ zwei Vektorfelder mit $v(x) = \tilde{v}(x)$, so haben wir bezüglich einer lokalen Koordinatenbasis $(\partial_1, \ldots, \partial_n)$

$$v - \tilde{v} = f_1 \partial_1 + \cdots + f_n \partial_n$$

mit $f_1(x) = \cdots = f_n(x) = 0$, also folgt $T_x(v - \tilde{v}, w) = 0$ und somit $T_x(v, w) = T_x(\tilde{v}, w)$, d. h. der Wert von $T_x(v, w)$ hängt nur von $v(x)$ ab, nicht vom gesamten Vektorfeld v. Wegen $T(v, w) = -T(w, v)$ trifft dasselbe auf w zu, also ist tatsächlich $T_x \in \mathrm{Mult}^2(T_x M; T_x M)$.

E Die kovariante Ableitung auf pseudo-RIEMANNschen Mannigfaltigkeiten

Auf Mannigfaltigkeiten gibt es, wie im letzten Abschnitt beschrieben, viele Möglichkeiten, kovariante Ableitungen zu definieren. Für Untermannigfaltigkeiten des $\mathbb{R}^n$ ist eine Möglichkeit besonders naheliegend, wie wir in Abschn. C gesehen haben.

In diesem Abschnitt wird gezeigt, dass auch auf pseudo-RIEMANNschen Mannigfaltigkeiten *eine* kovariante Ableitung besonders ausgezeichnet ist. Dazu werden die wichtigsten Eigenschaften, die die kovariante Ableitung auf Untermannigfaltigkeiten des $\mathbb{R}^n$ besitzt, für die kovariante Ableitung auf einer pseudo-RIEMANNschen Mannigfaltigkeit gefordert, nämlich ihre Verträglichkeit mit dem Skalarprodukt und ihre Torsionsfreiheit. Zunächst präzisieren wir die „Verträglichkeit mit dem Skalarprodukt“:

Definition 5.31. Eine allgemeine kovariante Ableitung auf einer pseudo-RIEMANNschen Mannigfaltigkeit (M, g) heißt *isometrisch*, falls für alle Vektorfelder v_1 und v_2 auf M und jeden Tangentialvektor $w_x \in T_xM$ gilt

$$\mathrm{d}(g(v_1, v_2))_x(w_x) = g\left(\nabla_{w_x} v_1, v_2\right) + g(v_1, \nabla_{w_x} v_2) .$$

Eine allgemeine kovariante Ableitung auf einer Mannigfaltigkeit legt, wie im letzten Abschnitt gezeigt, einen Begriff von Parallelverschiebung fest. Die isometrischen kovarianten Ableitungen verdienen ihren Namen, weil die entsprechenden Parallelverschiebungen tatsächlich Längen und Winkel der verschobenen Vektoren erhalten:

Lemma 5.32. *Die Parallelverschiebung einer isometrischen kovarianten Ableitung ist eine Isometrie.*

Beweis. Ist $\gamma : I \longrightarrow M$ eine regulär parametrisierte Kurve und sind v und w Vektorfelder längs γ, so ist für $t_0 \in I$

$$\begin{aligned}
\left.\frac{\mathrm{d}}{\mathrm{d}t}\right|_{t=t_0} g(v, w) &= \mathrm{d}g(\tilde{v}, \tilde{w})_{\gamma(t_0)}(\dot{\gamma}(t_0)) \\
&= g(\nabla_{\dot{\gamma}(t_0)}\tilde{v}, \tilde{w}) + g(\tilde{v}, \nabla_{\dot{\gamma}(t_0)}\tilde{w}) \\
&= g\left(\left.\frac{\nabla}{\mathrm{d}t}\right|_{t=t_0} v, w\right) + g\left(v, \left.\frac{\nabla}{\mathrm{d}t}\right|_{t=t_0} w\right) ,
\end{aligned}$$

wobei $\tilde{v}$ und $\tilde{w}$ lokal um $\gamma(t_0)$ definierte Vektorfelder mit

$$\tilde{v}(\gamma(t)) = v(t)\,, \ \tilde{w}(\gamma(t)) = w(t)$$

sind. Sind also v und w parallele Vektorfelder, so ist $g(v(t), w(t)) = \text{konst.}$ □

Der eigentliche Ausgangspunkt der RIEMANNschen Geometrie ist nun der folgende fundamentale Satz:

Theorem 5.33. *Sei (M, g) eine pseudo-*RIEMANN*sche Mannigfaltigkeit. Dann gibt es auf M genau eine allgemeine kovariante Ableitung, die* isometrisch *und* torsionsfrei *ist. Diese ist durch die* KOSZUL-Formel

$$\begin{aligned} g(\nabla_v w, u) = \frac{1}{2}\big(&vg(w,u) + wg(u,v) \\ &- ug(v,w) + g(u,[v,w]) \\ &+ g(w,[u,v]) - g(v,[w,u])\big) \end{aligned} \tag{5.13}$$

eindeutig gegeben.

Beweis. Wir zeigen zuerst, dass jede isometrische torsionsfreie kovariante Ableitung (5.13) erfüllt. Damit ist die Eindeutigkeit gezeigt.

Ist ∇ isometrisch, so gilt

$$ug(v,w) = g(\nabla_u v, w) + g(v, \nabla_u w) .$$

Also ist für jede isometrische kovariante Ableitung

$$\begin{aligned} &vg(w,u) + wg(u,v) - ug(v,w) = \\ &g(\nabla_v w, u) + g(\nabla_v u, w) + g(\nabla_w u, v) \\ &+ g(\nabla_w v, u) - g(\nabla_u v, w) - g(\nabla_u w, v) . \end{aligned}$$

Ist ∇ zusätzlich torsionsfrei, so ist dies gleich

$$\begin{aligned} &g(\nabla_v w, u) + g(\nabla_w v, u) - g([u,w],v) \\ &\quad + g([v,u],w) \\ &= 2g(\nabla_v w, u) + g([w,v],u) - g([u,w],v) \\ &\quad + g([v,u],w) \end{aligned}$$

und damit folgt sofort (5.13) für jede isometrische torsionsfreie kovariante Ableitung.

Um die Existenz einer isometrischen torsionsfreien kovarianten Ableitung nachzuweisen, muss nun nachgeprüft werden, dass durch (5.13) tatsächlich eine solche definiert werden kann. Als erstes zeigen wir:

Ist $v_0 \in T_x M$, $u_0 \in T_x M$ und sind v und u Vektorfelder auf M mit $v(x) = v_0$ und $u(x) = u_0$, so ist

$$\begin{aligned} \langle \nabla_{v_0} w | u_0 \rangle := \frac{1}{2}(&vg(w,u) + wg(u,v) - ug(v,w) \\ &+ g(u,[v,w]) + g(w,[u,v]) \\ &- g(v,[w,u]))(x) =: (k[u,v,w])(x) \end{aligned}$$

wohldefiniert, also unabhängig von der Fortsetzung der Vektoren u_0 und v_0 zu Vektorfeldern u und v.

Offenbar ist die rechte Seite linear in u, v und w. Es genügt daher zu zeigen, dass $k[u, v, w](x)$ verschwindet, falls $v(x) = 0$ oder $u(x) = 0$ ist. Dazu genügt es nachzuweisen, dass

$$k[fu, v, w] = f \cdot k[u, v, w] = k[u, fv, w]$$

für jedes $f \in C^\infty(M)$ gilt.

Wir zeigen hier nur die erste Gleichung.

$$\begin{aligned} 2k[fu, v, w] &= vg(w, fu) + wg(fu, v) - (fu)g(v, w) \\ &\quad + g(fu, [v, w]) + g(w, [fu, v]) - g(v, [w, fu]) \\ &= (vf) \cdot g(w, u) + f \cdot (vg(w, u)) + (wf)g(u, v) + f \\ &\quad \cdot (wg(u, v)) - f(ug(v, w)) + fg(u, [v, w]) + fg(w, [u, v]) \\ &\quad -(vf)g(w, u) - (wf)g(v, u) - fg(v, [w, u]) = f \cdot 2k[u, v, w] \,. \end{aligned}$$

Ebenso folgt die zweite Gleichung. Damit ist durch (5.13) eine lineare Abbildung

$$\Gamma TM \longrightarrow \Gamma \mathrm{Hom}\,(TM, TM)$$

wohldefiniert.

Die Produktregel

$$g(\nabla_v fw, u) = fg(\nabla_v w, u) + \mathrm{d}f(v)g(w, u)$$

folgt durch eine ähnliche Rechnung wie die Wohldefiniertheit. Isometrie und Torsionsfreiheit sind eine einfache Übungsaufgabe, wenn man die Symmetrie bzw. Antisymmetrie der einzelnen Terme sorgfältig berücksichtigt. □

Definitionen 5.34.

a. Die eindeutig definierte torsionsfreie isometrische allgemeine kovariante Ableitung auf einer pseudo-RIEMANNschen Mannigfaltigkeit heißt die LEVI-CIVITA-*Ableitung*.
b. Ist $(\partial_1, \ldots, \partial_n)$ eine lokale Koordinatenbasis zur Karte (U, h), so heißen die durch $\nabla_{\partial_i} \partial_j = \sum\limits_k \Gamma_{ij}^k \partial_k$ gegebenen Funktionen $\Gamma_{ij}^k \in C^\infty(U)$, $i, j, k = 1, \ldots, n$ die CHRISTOFFEL-*Symbole* (bezüglich der Karte (U, h)).

Aus Satz 5.17 in Abschn. C folgt sofort, dass die kovariante Ableitung, die für Untermannigfaltigkeiten des $\mathbb{R}^n$ definiert ist, die LEVI-CIVITA-Ableitung ist. Die in (5.4) angegebene lokale Formel für die kovariante Ableitung überträgt sich sofort auf die LEVI-CIVITA-Ableitung, und auch die Formel (5.5) für die Berechnung der CHRISTOFFEL-Symbole aus der Metrik bleibt im allgemeineren Fall der LEVI-CIVITA-Ableitung richtig.

Sprechen wir in Zukunft von einer kovarianten Ableitung ∇ auf einer pseudo-RIEMANNschen Mannigfaltigkeit, so ist immer die LEVI-CIVITA-Ableitung gemeint.

Beispiele:

a. Wir berechnen die CHRISTOFFEL-Symbole der kovarianten Ableitung auf dem $\mathbb{R}^3$ in Zylinderkoordinaten, d. h. bezüglich der Koordinatenbasis

$$\begin{aligned}\partial_1 &= \partial_r = \frac{1}{\sqrt{x^2+y^2}}(x\partial_x + y\partial_y)\\ \partial_2 &= \partial_\varphi = (-y\partial_x + x\partial_y)\\ \partial_3 &= \partial_z\,.\end{aligned}$$

Die Metrik ist bezüglich dieser Basis durch $\begin{pmatrix}1&0&0\\0&r^2&0\\0&0&1\end{pmatrix}$ gegeben, also

$$\Gamma_{ij}^k = \begin{cases}-r & i=j=2,\ k=1\\ 1/r & i=2,\ j=1,\ k=2 \text{ und}\\ & i=1,\ j=2,\ k=2\\ 0 & \text{sonst,}\end{cases}$$

also

$$\begin{aligned}\nabla_{\partial_\varphi}\partial_\varphi &= -r\partial_r\\ \nabla_{\partial_\varphi}\partial_r &= \nabla_{\partial_r}\partial_\varphi = \frac{1}{r}\partial_\varphi\\ \nabla_X\partial_z &= 0 \quad \text{für } X = \partial_r, \partial_\varphi, \partial_z\\ \nabla_{\partial_r}\partial_r &= 0\,.\end{aligned}$$

b. Als zweites Beispiel betrachten wir eine LORENTZmannigfaltigkeit, die uns später als Beispiel eines Modells einer 4-dimensionalen Raumzeit noch weiter beschäftigen wird, die sogenannte SCHWARZSCHILDmannigfaltigkeit zur Masse $m > 0$.
Als differenzierbare Mannigfaltigkeit ist

$$M = \mathbb{R} \times (\mathbb{R}^+ \setminus \{2m\}) \times \mathbf{S}^2\,.$$

Die Koordinate auf $\mathbb{R}$ bezeichnen wir mit t und die auf $\mathbb{R}^+ \setminus \{2m\}$ mit r. Ferner sei $h(r) := 1 - \frac{2m}{r}$, also

$$h(r) > 0 \Longleftrightarrow r > 2m\,.$$

Statt $\mathrm{d}t \otimes \mathrm{d}t$ schreibt man $\mathrm{d}t^2$, ebenso $\mathrm{d}r \otimes \mathrm{d}r = \mathrm{d}r^2$. Die Metrik auf $\mathbf{S}^2$ wird mit $g_{\mathbf{S}^2}$ bezeichnet. Dann ist die SCHWARZSCHILDmetrik auf M durch

$$g = -h\,\mathrm{d}t^2 + \frac{1}{h}\,\mathrm{d}r^2 + r^2 g_{\mathbf{S}^2}$$

(*)

gegeben.

Diese Mannigfaltigkeit kann über die Singularität bei $r = 2m$ isometrisch fortgesetzt werden, vgl. z. B. [80], S. 239. Die physikalische Interpretation, grob gesagt als Raumzeit, die nur einen einzigen kugelsymmetrischen Himmelskörper mit sehr kleiner Ausdehnung enthält, ist ausführlich in der physikalischen Literatur behandelt.
Für die der SCHWARZSCHILDmetrik entsprechende LEVI-CIVITA-Ableitung ergibt sich:

$$\begin{aligned}
\nabla_{\partial_t}\partial_t &= \frac{mh}{r^2}\,\partial_r\,,\\
\nabla_{\partial_r}\partial_r &= -\frac{m}{r^2 h}\,\partial_r\,,\\
\nabla_{\partial_t}\partial_r &= \nabla_{\partial_r}\partial_t = \frac{m}{r^2 h}\,\partial_t\,,\\
\nabla_{\partial_t} v &= \nabla_v \partial_t = 0 \quad \text{für } v \in \Gamma T\mathbf{S}^2,\\
\nabla_{\partial_r} v &= \nabla_v \partial_r = \frac{1}{r} v\,.
\end{aligned} \tag{5.14}$$

Wir führen hier nur eine Rechnung exemplarisch aus:
Da $[\partial_t, \partial_r] = [\partial_t, \partial_t] = g(\partial_r, \partial_t) = 0$ ist, folgt aus der KOSZULformel

$$\begin{aligned}
g(\nabla_{\partial_t}\partial_t, \partial_r) &= -\frac{1}{2}\,\partial_r g(\partial_t, \partial_t)\\
&= +\frac{1}{2}\,\partial_r h(r) = \frac{m}{r^2}\,.
\end{aligned}$$

Auch für jedes $v \in \Gamma T\mathbf{S}^2$ ist

$$[\partial_t, v] = g(\partial_t, v) = 0$$

und auch $v g(\partial_t, \partial_t) = 0$, also

$$g(\nabla_{\partial_t}\partial_t, v) = 0\,.$$

Außerdem ist $0 = \partial_t g(\partial_t, \partial_t) = 2g(\nabla_{\partial_t}\partial_t, \partial_t)$, also $\nabla_{\partial_t}\partial_t = \frac{mh}{r^2}\,\partial_r$.
Die anderen Gleichungen sind eine leichte Übungsaufgabe.

F Geodätische auf pseudo-RIEMANNschen Mannigfaltigkeiten

Schon im Abschn. A wurde erläutert, dass Geodätische eine wichtige Rolle in der Physik spielen. Dies bleibt nicht auf den Fall von Untermannigfaltigkeiten des $\mathbb{R}^n$ beschränkt. Auch in der allgemeinen Relativitätstheorie werden Weltlinien von Teilchen, auf die keine Kräfte außer der Schwerkraft einwirken, durch Geodätische beschrieben.

In Abschn. A haben wir regulär parametrisierte Kurven auf Bogenlänge umparametrisiert. Dabei bedeutet „regulär parametrisierte Kurve“, dass $g(\dot\gamma, \dot\gamma) \neq 0$ ist. Ist (M, g) nicht RIEMANNSCH, so ist jedoch $g(\dot\gamma, \dot\gamma) < 0$ möglich. Wir nennen solche Kurven *zeitartig*. Ist z. B. M die SCHWARZSCHILD-Mannigfaltigkeit, $r > 2m$ und $x \in \mathbf{S}^2$, so ist durch $\gamma : \mathbb{R} \to M, t \longmapsto (t, r, x)$ eine zeitartige Kurve definiert.

Definitionen 5.35. Ist M eine LORENTZmannigfaltigkeit, so heißt eine Kurve mit

$$g(\dot\gamma, \dot\gamma) = -1$$

auf *Eigenzeit* parametrisiert;

$$g(\dot\gamma, \dot\gamma) = 0$$

eine *lichtartige* Kurve;

$$g(\dot\gamma, \dot\gamma) = 1$$

auf *Bogenlänge* parametrisiert.

Weltlinien von Teilchen werden in der allgemeinen Relativitätstheorie durch zeitartige Kurven beschrieben.

Da wir also nicht mehr alle regulären Kurven auf Bogenlänge parametrisieren können, nutzen wir die vor Definition 5.16 gegebene Charakterisierung der Geodätischen, um den Begriff auch für LORENTZ-Mannigfaltigkeiten zu definieren:

Definition 5.36. Unter einer Geodätischen auf einer pseudo-RIEMANNschen Mannigfaltigkeit verstehen wir eine regulär parametrisierte Kurve γ mit

$$\frac{\nabla}{\mathrm{d}t}\dot\gamma = 0\,.$$

Geodätische Kurven sind immer proportional zur Bogenlänge parametrisiert, denn

$$\frac{\mathrm{d}}{\mathrm{d}t}(|\dot\gamma(t)|^2) = 2 \cdot \left\langle \frac{\nabla}{\mathrm{d}t}\dot\gamma, \dot\gamma \right\rangle = 0\,.$$

Wir wollen in diesem Abschnitt auf ihre Rolle als Kurven „kleinster Länge“ und „kleinster Energie“ eingehen.

Auf zusammenhängenden RIEMANNschen Mannigfaltigkeiten ist eine Metrik – also ein Abstandsbegriff im Sinne der metrischen Räume – durch

$$\begin{aligned}\rho(p, q) := \; & \inf\{L[\gamma] \mid \gamma : [0,1] \longrightarrow M \text{ stückweise } C^1 \text{ mit } \gamma(0) = p \\ & \text{und } \gamma(1) = q\}\end{aligned}$$

definiert. (Nachzuprüfen, dass dadurch wirklich eine Metrik gegeben ist, ist eine leichte Übungsaufgabe.) In $\mathbb{R}^n$ ist dies die euklidische Metrik. Das Infimum in der Definition ist in diesem Fall ein Minimum und es gilt

$$\rho(p, q) = L[\gamma_{p,q}] \quad \text{mit } \gamma_{p,q}(t) = tq + (1-t)p\,.$$

Im Allgemeinen ist nicht klar, dass eine Kurve minimaler Länge existiert. Existiert sie aber, so ist ihre Umparametrisierung auf Bogenlänge eine Geodätische. Auf pseudo-RIEMANNschen Mannigfaltigkeiten ist die Länge einer Kurve nicht notwendig definiert, da möglicherweise $|\dot\gamma(t)| = \sqrt{g(\dot\gamma(t), \dot\gamma(t))}$ nicht mehr reell ist. Die *Energie* kann jedoch auch auf pseudo-RIEMANNschen Mannigfaltigkeiten definiert werden, und sie spielt in der allgemeinen Relativitätstheorie eine wichtige Rolle.

Definition 5.37. Ist $\gamma : [a,b] \longrightarrow M$ eine differenzierbare Kurve, so heißt

$$E[\gamma] := \frac{1}{2}\int_a^b |\dot\gamma(t)|^2 \,\mathrm{d}t$$

die *Energie* der Kurve. Dabei steht $|\dot\gamma(t)|^2$ für $g(\dot\gamma(t), \dot\gamma(t))$.

Aus der SCHWARZschen Ungleichung, angewandt auf die Funktion $|\dot\gamma(t)| := g(\dot\gamma(t), \dot\gamma(t))^{1/2}$, erhält man im RIEMANNschen Fall sofort eine Abschätzung der Länge durch die Energie:

Lemma 5.38. *Für eine regulär parametrisierte Kurve $\gamma : [a,b] \longrightarrow M$ in einer* RIEMANN*schen Mannigfaltigkeit gilt stets*

$$L[\gamma]^2 \le 2(b-a)E[\gamma]\,, \tag{5.15}$$

und Gleichheit gilt genau dann, falls $|\dot\gamma(t)| = \text{konst.}$ ist.

Im Gegensatz zur Länge ändert sich die Energie bei Umparametrisierung. Nimmt für $p, q \in M$ das Energiefunktional auf der Menge aller Verbindungskurven von p und q, also auf

$$\mathcal{C}_{p,q}([a,b]) := \{\gamma : [a,b] \longrightarrow M \mid \gamma(a) = p, \gamma(b) = q\,, \\ \gamma \text{ regulär parametrisierte Kurve}\}$$

ein Minimum an, so wird es von einer proportional zur Bogenlänge parametrisierten Kurve minimaler Länge angenommen, und es gilt

$$E[\gamma_{\min}] = \frac{1}{2(b-a)}\left(L[\gamma_{\min}]\right)^2 .$$

Das lässt sich mit elementaren Mitteln beweisen, und es ist z. B. in [36] (erste Ergänzung zu Kap. 23) erläutert.

Um nun ein lokales Extremum des Energie- oder Längenfunktionals zu bestimmen, muss zunächst definiert werden, was man unter einer *Variation* einer gegebenen Kurve γ versteht. Dazu führen wir zunächst für zwei Intervalle $I, J \subseteq \mathbb{R}$ eine Notation für die partiellen Ableitungen einer differenzierbaren Abbildung $f : I \times J \longrightarrow M$, $(s,t) \longrightarrow f(s,t)$ ein. Man bezeichnet mit

$$\frac{\partial}{\partial s} f(s_0, t_0) := \mathrm{d}f_{(s_0,t_0)}(\boldsymbol{e}_1) \in T_{f(s_0,t_0)}M$$

den durch $]-\varepsilon,\varepsilon[\longrightarrow M,\ s\longmapsto f(s+s_0,t_0)$ repräsentierten Vektor. Analog ist auch $\frac{\partial}{\partial t}f(s_0,t_0)\in T_{f(s_0,t_0)}M$ definiert. Man schreibt auch

$$\frac{\partial}{\partial s}f(s,t)=f'(s,t)\,,$$
$$\frac{\partial}{\partial t}f(s,t)=\dot f(s,t)\,,$$

und beide Abbildungen sind offenbar Vektorfelder längs f.

Definitionen 5.39. Sei M eine RIEMANNsche Mannigfaltigkeit, $\gamma:[a,b]\longrightarrow M$ eine regulär parametrisierte Kurve und X ein Vektorfeld längs γ.

a. Unter einer *Variation* von γ in Richtung X versteht man eine differenzierbare Abbildung

$$f:]-\varepsilon,\varepsilon[\times[a,b]\longrightarrow M\,,\ (s,t)\longmapsto f(s,t)$$

mit

(i) $f(0,t)=\gamma(t)$
(ii) $\frac{\partial}{\partial s}f(0,t)=X(t)$.

b. Eine Variation heißt *endpunktfest*, falls $f(s,a)=\gamma(a)$ und $f(s,b)=\gamma(b)$ für alle $s\in]-\varepsilon,\varepsilon[$ gilt.

Jetzt soll untersucht werden, wie sich die Energie bei Variation der Kurve γ ändert.

Satz 5.40. *Sei f eine endpunktfeste Variation von γ in Richtung X. Dann gilt*

$$\frac{\mathrm{d}}{\mathrm{d}s}\bigg|_{s=0}E[f_s]=-\int_a^b g\left(X(t),\frac{\nabla}{\mathrm{d}t}\dot\gamma(t)\right)\mathrm{d}t \tag{5.16}$$

mit $f_s:[a,b]\longrightarrow M,\ f_s(t):=f(s,t)$ für $s\in]-\varepsilon,\varepsilon[$.

Beweis. Aufgrund der Torsionsfreiheit der LEVI-CIVITA-Ableitung ist

$$\frac{\nabla}{\mathrm{d}s}\dot f-\frac{\nabla}{\mathrm{d}t}f'=\nabla_{f'}\dot f-\nabla_{\dot f}f'=[f',\dot f]\,.$$

Die LIEklammer ist hier für die Vektorfelder längs f wie für Vektorfelder definiert. Die Details sind z. B. in [91] ausgeführt. Weiter gilt (auch wenn f *kein* Diffeomorphismus ist), wie man leicht nachrechnet, analog zu $[\partial_i,\partial_j]=0$ auch

$$[f',\dot f]=\mathrm{d}f[\boldsymbol{e}_1,\boldsymbol{e}_2]=0\,,$$

also $\frac{\nabla}{\mathrm{d}s}\dot f=\frac{\nabla}{\mathrm{d}t}f'$. Damit folgt für die Ableitung des Energiefunktionals

$$\frac{\mathrm{d}}{\mathrm{d}s}\bigg|_{s=0}E[f_s]=\frac{1}{2}\int_a^b\frac{\mathrm{d}}{\mathrm{d}s}\bigg|_{s=0}g\left(\dot f_s,\dot f_s\right)\mathrm{d}t$$

$$
\begin{aligned}
&= \int_a^b g\left(\frac{\nabla}{\mathrm{d}s}\bigg|_{s=0} \dot{f}_s, \dot{f}_0\right) \mathrm{d}t \\
&= \int_a^b g\left(\frac{\nabla}{\mathrm{d}t} f'(0,t), \dot{\gamma}(t)\right) \mathrm{d}t \\
&= \int_a^b g\left(\frac{\nabla}{\mathrm{d}t} X(t), \dot{\gamma}(t)\right) \mathrm{d}t \\
&= g(X(t), \dot{\gamma}(t))\big|_{t=a}^{t=b} - \int_a^b g\left(X(t), \frac{\nabla}{\mathrm{d}t}\dot{\gamma}(t)\right) \mathrm{d}t \,.
\end{aligned}
$$

Dabei gilt das dritte Gleichheitszeichen aufgrund der Torsionsfreiheit, und das fünfte Gleichheitszeichen folgt durch partielle Integration. □

Aus (5.16) folgt sofort, dass für jede endpunktfeste Variation einer Geodätischen gilt:

$$
\frac{\mathrm{d}}{\mathrm{d}s}\bigg|_{s=0} E[f_s] = 0 \,.
$$

Die Umkehrung ist genauso richtig. Um dies zu zeigen, muss man nachweisen, dass es zu vorgegebenem γ und vorgegebenem Vektorfeld X längs γ stets eine Variation in Richtung X gibt. Dies ist etwa in [10] ausgeführt. Dort findet sich auch der Beweis des folgenden Satzes:

Theorem 5.41. *Eine Kurve $\gamma : [a,b] \longrightarrow M$ in einer pseudo-*RIEMANN*schen Mannigfaltigkeit ist genau dann geodätisch, wenn für jede endpunktfeste Variation f von γ gilt*

$$
\frac{\mathrm{d}}{\mathrm{d}s}\bigg|_{s=0} E[f_s] = 0 \,.
$$

Insbesondere sind Kurven minimaler Energie stets Geodätische.

Für RIEMANNsche Mannigfaltigkeiten folgt nun sofort, dass die kürzeste Verbindung zwischen zwei Punkten, falls sie existiert, eine Geodätische ist. Allerdings ist nicht jede geodätische Kurve die kürzeste Verbindung zwischen zwei Punkten. Man stelle sich nur vor, man wandert auf dem Äquator (also einer geodätischen Kurve) von einem Punkt p fast um die ganze Erde und stoppt kurz vor dem Punkt p am Punkt q. Dann hat man sicher nicht den kürzesten Weg von p nach q gewählt. Es existiert auch nicht immer eine Geodätische Kurve, die zwei Punkte p und q einer Mannigfaltigkeit verbindet. Ein einfaches Beispiel ist $M = \mathbb{R}^2 \setminus \{0\}$, denn in dieser Mannigfaltigkeit können die Punkte $\binom{1}{0}$ und $\binom{-1}{0}$ nicht durch eine Gerade verbunden werden. Die „lokale“ Existenz von Geodätischen folgt aber sofort aus der Theorie der Differentialgleichungen. Die Gleichung für eine Geodätische ist ja eine (vektorielle) lineare Differentialgleichung zweiter Ordnung, nämlich nach (5.10)

$$\sum_{i,j} \Gamma_{ij}^k(\gamma(t))\dot{\gamma}^j(t)\dot{\gamma}^i(t) + \ddot{\gamma}^k(t) = 0$$

für $k = 1, \ldots, n$. Diese haben bekanntlich zu gegebenem Anfangspunkt und gegebener Anfangsgeschwindigkeit stets eine eindeutige maximale Lösung. Daher ist der folgende Satz nicht überraschend. Die Details sind z. B. in [10] ausgeführt.

Theorem 5.42. *Auf einer pseudo-*RIEMANN*schen Mannigfaltigkeit M gibt es zu jedem $p \in M$ und $v \in T_pM$ genau eine maximale Geodätische γ mit $\gamma(0) = p$ und $\dot{\gamma}(0) = v$.*

Isometrien führen geodätische Kurven offenbar in geodätische Kurven über. Infinitesimal werden Isometrien durch KILLING Vektorfelder beschrieben – genauer kann ein KILLINGvektorfeld definiert werden als ein Vektorfeld dessen Fluss aus Isometrien besteht. Wir wählen hier eine äquivalente Definition, mit der sich besser rechnen lässt (vgl. z. B. [69]).

Definition 5.43. Ein Vektorfeld v auf einer pseudo-RIEMANNschen Mannigfaltigkeit heißt KILLING-*Vektorfeld*, falls für alle Paare (u, w) von Vektorfeldern gilt:

$$g(\nabla_u v, w) + g(\nabla_w v, u) = 0\ .$$

KILLINGvektorfelder können oft hilfreich sein, um Geodätische zu bestimmen:

Theorem 5.44. *Ist v ein* KILLING*vektorfeld und γ eine Geodätische, so ist*

$$g(\dot{\gamma}, v \circ \gamma) = \text{konst.}$$

Beweis.

$$\frac{\mathrm{d}}{\mathrm{d}t} g(\dot{\gamma}, v \circ \gamma) = g(\nabla_{\dot{\gamma}}\dot{\gamma}, v) + g(\dot{\gamma}, \nabla_{\dot{\gamma}} v) = 0\ .$$

Der erste Term verschwindet da γ Geodätische, und der zweite, da v ein KILLINGvektorfeld ist. □

Beispiel: Auf der SCHWARZSCHILDmannigfaltigkeit M sind offenbar ∂_t und ∂_φ KILLINGvektorfelder. Dabei haben wir die Sphäre wie in Aufgabe 1.3c. durch Kugelkoordinaten (φ, ϑ) beschrieben. Ist $\gamma(s) = (t(s), r(s), \varphi(s), \vartheta(s))$ eine Geodätische auf M, so ist also

$$\begin{aligned} g(\gamma'(s), \partial_t(\gamma(s))) &= -t'(s) \cdot h(\gamma(s)) =: E(\gamma(s)) \quad \text{und} \\ g(\gamma'(s), \partial_\varphi(\gamma(s))) &= \varphi'(s) \cdot r^2 =: L(\gamma(s)) \end{aligned}$$

konstant. E heißt die Energie und L der Drehimpuls von γ.

Ist γ lichtartige Geodätische und $\vartheta(s) \equiv \frac{\pi}{2}$, so gilt

$$\begin{aligned} 0 = g(\gamma'(s), \gamma'(s)) &= -t'^2 h + \frac{r'^2}{h} + r^2\varphi'^2 \\ &= -\frac{E^2}{h} + \frac{r'^2}{h} + \frac{L^2}{r^2}\ . \end{aligned}$$

Also ist

$$E^2 = r'^2 + \frac{L^2}{r^2} h$$

(*Energiegleichung für Lichtteilchen*).

Ist γ auf Eigenzeit parametrisierte Geodätische und wieder $\vartheta(s) \equiv \frac{\pi}{2}$, so folgt ebenso

$$E^2 = r'^2 + \left(\frac{L^2}{r^2} + 1\right) h$$

(*Energiegleichung für Masseteilchen*).

G Krümmung von pseudo-RIEMANNschen Mannigfaltigkeiten

In Abschn. C, Gl. (5.8), haben wir gesehen, dass die GAUSSsche Krümmung einer Fläche, die eine Invariante unter Isometrien ist, durch zweimaliges Anwenden der kovarianten Ableitung berechnet werden kann. Dieser Ansatz lässt sich auf höhere Dimensionen verallgemeinern. Die so definierte Krümmung einer pseudo-RIEMANNschen Mannigfaltigkeit ist, grob gesagt, ein Maß dafür, inwieweit Paralleltransport in verschiedenen Richtungen kommutiert oder inwieweit die entsprechenden kovarianten Ableitungen vertauschbar sind.

Zunächst wollen wir definieren, was die zweite kovariante Ableitung ist, denn für $v_p \in T_pM$, $w_p \in T_pM$ ist $\nabla_{v_p}\nabla_{w_p}$ keine wohldefinierte Abbildung.

Satz und Definition 5.45. *Die zweite kovariante Ableitung an der Stelle p ist durch*

$$\nabla^2_{v_p w_p} u := \nabla_{v_p}\nabla_w u - \nabla_{\nabla_{v_p} w} u$$

wohldefiniert, wobei $w \in \Gamma TM$ ein beliebiges Vektorfeld mit $w(p) = w_p$ ist.

Beweis. Die Wohldefiniertheit folgt mit der Methode, die am Schluss von Abschn. D für den Torsionstensor vorgeführt wurde, aus der Linearität in w und aus

$$\begin{aligned}
\nabla_{v_p}\nabla_{fw} u - \nabla_{\nabla_{v_p} fw} u &= \nabla_{v_p}(f\nabla_w u) - \nabla_{f\nabla_{v_p} w} u - \nabla_{v_p(f)w} u \\
&= f(\nabla_{v_p}\nabla_w u) + v_p(f) \\
&\quad \cdot \nabla_w u - f\nabla_{\nabla_{v_p} w} u - v_p(f)\nabla_w u \\
&= f(\nabla_{v_p}\nabla_w u - \nabla_{\nabla_{v_p} w} u)\,.
\end{aligned}$$

□

Für jede torsionsfreie, insbesondere die LEVI-CIVITA-Ableitung gilt also

$$\nabla^2_{v,w} u - \nabla^2_{w,v} u = \nabla_v \nabla_w u - \nabla_w \nabla_v u - \nabla_{[v,w]} u\,.$$

Satz und Definition 5.46.

a. *Sei M eine Mannigfaltigkeit mit kovarianter Ableitung ∇. Dann ist die* Krümmung *von ∇ an der Stelle p durch*

$$F^\nabla(v_p, w_p)u_p := \left(\nabla^2_{v_p,w_p}u - \nabla^2_{w_p,v_p}u + \nabla_{T^\nabla(v_p,w_p)}u\right)_p$$
$$= \left(\nabla_{v_p}\nabla_w u - \nabla_{w_p}\nabla_v u - \nabla_{[v,w]}u\right)_p$$

für $v_p, w_p, u_p \in T_pM$ und v, w, u Vektorfelder mit $v(p) = v_p$, $u(p) = u_p$, $w(p) = w_p$ wohldefiniert.

*b. Ist M eine pseudo-*RIEMANN*sche Mannigfaltigkeit und ∇ die* LEVI-CIVITA-*Ableitung, so heißt F^∇ der* RIEMANNsche Krümmungstensor. *Dieser wird mit*

$$R := F^\nabla$$

bezeichnet.

Zum Beweis, dass es sich wirklich um ein Tensorfeld handelt, rechnet man die Beziehung $(F^\nabla(v,w)(fu))_p = f(p)(F^\nabla(v,w)u)_p$ für Vektorfelder u, v, w und skalare Funktionen f nach und verwendet dann wieder die schon für den Torsionstensor demonstrierte Schlussweise.

Der RIEMANNsche Krümmungstensor ist also ein Schnitt in

$$\mathrm{Alt}^2(T^*M) \otimes \mathrm{End}\,(TM) \subseteq T^*M \otimes T^*M \otimes T^*M \otimes TM\ .$$

Wie üblich werden bezüglich einer Koordinatenbasis $(\partial_1, \ldots, \partial_n)$ von TM die Komponenten von R geschrieben als

$$R(\partial_i, \partial_j)\partial_k = \sum_{l=1}^{n} R^l_{ijk}\partial_l\ ,$$

und aus der Antisymmetrie in den ersten beiden Variablen folgt sofort

$$R^l_{ijk} = -R^l_{jik}\ .$$

Diese Komponenten können aus den CHRISTOFFEL-Symbolen berechnet werden. Einsetzen in die Definitionen ergibt nämlich:

Lemma 5.47.

$$R^l_{ijk} = \partial_i \Gamma^l_{kj} - \partial_j \Gamma^l_{ki} + \sum_m \left(\Gamma^l_{mi}\Gamma^m_{kj} - \Gamma^l_{mj}\Gamma^m_{ki}\right)\ .$$

Die Differenzierbarkeit der Komponentenfunktionen folgt damit sofort aus der Differenzierbarkeit der CHRISTOFFEL-Symbole. Den Raum der im üblichen Sinn differenzierbaren Schnitte in $\mathrm{Alt}^r(TM) \otimes \mathrm{End}(TM)$ bezeichnet man mit $\Omega^r(M, \mathrm{End}\,(TM))$, also gilt insbesondere $R \in \Omega^2(M, \mathrm{End}\,(TM))$. Um den RIEMANNschen Krümmungstensor einer 4-dimensionalen pseudo-RIEMANNschen Mannigfaltigkeit zu berechnen, müsste man 256 Komponenten berechnen. Zum Glück besitzt er einige Symmetrieeigenschaften:

Satz 5.48. *Für den* RIEMANN*schen Krümmungstensor gilt:*

a. $g(R(u,v)w,z) = -g(R(v,u)w,z)$,
b. $g(R(u,v)w,z) = -g(R(u,v)z,w)$,
c. $R(u,v)w + R(v,w)u + R(w,u)v = 0$ *(erste* BIANCHI-*Identität),*
d. $g(R(u,v)w,z) = g(R(w,z)u,v)$ *(Blocksymmetrie).*

Beweis. a. folgt aus der Definition. b.–d. seien dem Leser als Übungsaufgabe überlassen. Es folgt b. aus der Isometrie, c. aus der Torsionsfreiheit von ∇, und d. durch geschickte Kombination von a.–c. □

Beispiel: Wir berechnen als Beispiel den RIEMANNschen Krümmungstensor der SCHWARZSCHILD-*Mannigfaltigkeit*

Es ist mit (5.14)

$$\begin{aligned}
R(\partial_t,\partial_r)\partial_t &= -R(\partial_r,\partial_t)\partial_t \\
&= \nabla_{\partial_t}\nabla_{\partial_r}\partial_t - \nabla_{\partial_r}\nabla_{\partial_t}\partial_t = \nabla_{\partial_t}\left(\frac{m}{r^2 h(r)}\,\partial_t\right) - \nabla_{\partial_r}\left(\frac{mh(r)}{r^2}\,\partial_r\right) \\
&= \frac{m}{r^2 h(r)}\,\frac{mh(r)}{r^2}\,\partial_r - \left(\partial_r\left(\frac{mh(r)}{r^2}\right)\right)\partial_r - \frac{mh(r)}{r^2}\left(\frac{-m}{r^2 h(r)}\right)\partial_r \\
&= \frac{2m^2}{r^4}\,\partial_r + \frac{2m}{r^3}\,\partial_r - \frac{6m^2}{r^4}\,\partial_r \\
&= \frac{2m}{r^3}\,h(r)\partial_r\,.
\end{aligned}$$

Für $v \in \Gamma T\mathbf{S}^2$ ist

$$R(\partial_t,\partial_r)v = \nabla_{\partial_t}\nabla_{\partial_r}v = \nabla_{\partial_t}\left(\frac{1}{r}\,v\right) = 0\,. \tag{5.17}$$

Also ist

$$\begin{aligned}
g(R(\partial_t,\partial_r)\partial_r,\partial_t) &= -g(R(\partial_t,\partial_r)\partial_t,\partial_r) = -\frac{2m}{r^3} \\
g(R(\partial_t,\partial_r)\partial_r,v) &= -g(R(\partial_t,\partial_r)v,\partial_r) = 0
\end{aligned}$$

für $v \in T\mathbf{S}^2$ und damit

$$R(\partial_t,\partial_r)\partial_r = \frac{2m}{hr^3}\,\partial_t\,.$$

Also haben wir insgesamt:

$$R^j_{01i} = \begin{pmatrix} 0 & \frac{2m}{hr^3} & 0 & 0 \\ \frac{2mh}{r^3} & 0 & 0 & 0 \\ 0 & 0 & 0 & 0 \\ 0 & 0 & 0 & 0 \end{pmatrix}.$$

Dabei sind die Komponenten bezüglich der Koordinatenbasis $\partial_0 = \partial_t$, $\partial_1 = \partial_r$, $\partial_2 = \partial_\varphi$, $\partial_3 = \partial_\vartheta$ gegeben.

Die übrigen Rechnungen sind dem Leser als Übungsaufgabe überlassen. Es ergibt sich

$$R^j_{02i} = \begin{pmatrix} 0 & 0 & -\frac{m}{r} & 0 \\ 0 & 0 & 0 & 0 \\ -\frac{mh}{r^3} & 0 & 0 & 0 \\ 0 & 0 & 0 & 0 \end{pmatrix},$$

$$R^j_{03i} = \begin{pmatrix} 0 & 0 & 0 & -\frac{m\sin^2\vartheta}{r} \\ 0 & 0 & 0 & 0 \\ 0 & 0 & 0 & 0 \\ -\frac{mh}{r^3} & 0 & 0 & 0 \end{pmatrix},$$

$$R^j_{12i} = \begin{pmatrix} 0 & 0 & 0 & 0 \\ 0 & 0 & -\frac{m}{r} & 0 \\ 0 & \frac{m}{r^3h} & 0 & 0 \\ 0 & 0 & 0 & 0 \end{pmatrix},$$

$$R^j_{13i} = \begin{pmatrix} 0 & 0 & 0 & 0 \\ 0 & 0 & 0 & -\frac{m\sin^2\vartheta}{r} \\ 0 & 0 & 0 & 0 \\ 0 & \frac{m}{r^3h} & 0 & 0 \end{pmatrix},$$

$$R^j_{13i} = \begin{pmatrix} 0 & 0 & 0 & 0 \\ 0 & 0 & 0 & 0 \\ 0 & 0 & 0 & \frac{2m\sin^2\vartheta}{r} \\ 0 & 0 & -\frac{2m}{r} & 0 \end{pmatrix}.$$

Mit Hilfe des RIEMANNschen Krümmungstensors werden nun weitere Krümmungsbegriffe definiert. Als Erstes führen wir die RIEMANN*sche Schnittkrümmung* ein, um eine Verbindung zur GAUSS*schen Krümmung* herzustellen.

Die RIEMANNsche Schnittkrümmung an der Stelle p ist auf Ebenen (d. h. zweidimensionalen Teilvektorräumen) in T_pM definiert. Dazu nutzt man folgende Beobachtung aus:

Sind E_1, E_2 orthonormale Vektoren und $v = a_1E_1 + b_1E_2$, $w = a_2E_1 + b_2E_2$, so ist

$$\begin{aligned} g(R(v,w)v,w) &= (a_1b_2 - a_2b_1)^2 g(R(E_1,E_2)E_1,E_2) \\ &= (g(v,v)g(w,w) - g(v,w)^2)g(R(E_1,E_2)E_1,E_2), \end{aligned}$$

also ist

$$\frac{g(R(v,w)v,w)}{g(v,v)g(w,w) - (g(v,w))^2}$$

unabhängig von der Wahl der Basis (v,w) in $\mathrm{LH}\{E_1,E_2\}$. Daher kann man definieren:

Definition 5.49. Ist M eine RIEMANNsche Mannigfaltigkeit und $V \subseteq T_pM$ ein 2-dimensionaler Untervektorraum mit Basis (v, w), so ist die *Schnittkrümmung*, angewandt auf V durch

$$K(V) := \frac{g(R(v,w)w,v)}{g(v,v)g(w,w) - (g(v,w))^2}$$

wohldefiniert.

Ist $\dim M = 2$, also $V = T_pM$, so ist nach (5.8) $K(T_pM) = K(p)$ die GAUSSsche Krümmung. Der komplette RIEMANNsche Krümmungstensor kann aus der Schnittkrümmung wiedergewonnen werden, ähnlich wie eine bilineare Abbildung aus der zugehörigen quadratischen Form über die Polarisationsformel wieder gewonnen werden kann. Wir gehen darauf hier nicht näher ein, sondern führen noch zwei weitere Krümmungsbegriffe ein, die in der allgemeinen Relativitätstheorie eine wichtige Rolle spielen.

Dazu müssen wir zuerst auf den Begriff der *Spur* eingehen: Die Spur einer Matrix ist als Summe der Diagonaleinträge definiert. Man zeigt leicht, dass sie ein Koeffizient des charakteristischen Polynoms, also für $A \in \operatorname{End}(V)$ unabhängig von der Basis definiert ist, bezüglich der die Matrix zu A gebildet wird. Ist V ein Vektorraum mit (möglicherweise indefinitem) Skalarprodukt $\langle \cdot \mid \cdot \rangle$ und $E_1, \dots, E_n$ eine Orthonormalbasis, also

$$\langle E_i \mid E_j \rangle = \varepsilon_i \delta_{ij} \quad \text{mit } \varepsilon_i = \pm 1,$$

so ist

$$\operatorname{Spur} A = \sum \varepsilon_i \langle AE_i \mid E_i \rangle \,.$$

Ist nun $A \in \bigotimes^r V^* \otimes V$, so ist für $k \leq r$ die k-te Spur $\operatorname{Spur}_k A \in \bigotimes^{r-1} V^*$ als Spurbildung bezüglich des k-ten Faktors definiert, also

$$\operatorname{Spur}_k A := \sum_i \varepsilon_i \langle A(\dots, E_i, \dots) | E_i \rangle \,,$$

wobei E_i an der k-ten Stelle eingetragen ist. Wir schreiben

$$\operatorname{Spur} A := \operatorname{Spur}_1 A \,.$$

Ist V ein Vektorraum mit nichtentarteter symmetrischer Bilinearform, so ist durch die Zusammensetzung

$$V \otimes V \xrightarrow{b \otimes \mathrm{id}} V^* \otimes V = \operatorname{End}(V) \xrightarrow{\mathrm{Spur}} \mathbb{R}$$

eine Abbildung definiert, die ebenfalls als Spur bezeichnet wird. (Hier wurde das durch (2.8) definierte Tensorprodukt von linearen Abbildungen benutzt.) Für *Tensorfelder* ist die Spur *punktweise* an jeder Stelle $p \in M$ ebenso definiert.

Definitionen 5.50.

a. Die Abbildung

$$\mathrm{ric}_p = \mathrm{Spur}\, R_p : T_pM \times T_pM \longrightarrow \mathbb{R}\,,$$

also

$$\mathrm{ric}_p(v, w) = \mathrm{Spur}\,(R_p(\cdot\,, v)w) = \sum_i \varepsilon_i g_p(R_p(E_i, v)w, E_i)$$

heißt RICCI-*Krümmung*.
Dabei ist $E_1, \ldots, E_n$ eine Orthonormalbasis von T_pM.

b. Die RICCI-*Abbildung* $\mathrm{Ric} \in \Gamma\mathrm{End}(TM)$ ist durch

$$g_p(\mathrm{Ric}_p(v), w) = \mathrm{ric}_p(v, w)$$

gegeben.

c. Die *Skalarkrümmung* ist die Spur der RICCI-Abbildung, also

$$s := \mathrm{Spur}\,\mathrm{Ric} = \mathrm{Spur}\,\mathrm{ric}\,.$$

Beispiel: Für die SCHWARZSCHILDmannigfaltigkeit ist $\mathrm{ric} = 0$ und $s = 0$.

Die Symmetrieeigenschaften des RIEMANNschen Krümmungstensors führen dazu, dass auch die RICCI-Krümmung symmetrisch ist. Wir beweisen:

Satz 5.51. *Die* RICCI-*Krümmung ist symmetrisch.*

Beweis. Wir wählen eine Orthonormalbasis $(E_1, \ldots, E_n)$ von T_pM und rechnen:

$$\begin{aligned}
\mathrm{ric}\,(v, w) &= \sum_{i=1}^{n} \varepsilon_i g(R(E_i, v)w, E_i) \\
&= \sum_{i=1}^{n} \varepsilon_i g(R(w, E_i)E_i, v) \\
&= \sum_{i=1}^{n} \varepsilon_i g(R(E_i, w)v, E_i) \\
&= \mathrm{ric}\,(w, v)\,.
\end{aligned}$$

□

Das folgende Lemma zeigt den Zusammenhang zwischen Schnittkrümmung und RICCI-Krümmung auf:

Lemma 5.52. *Ist M eine* RIEMANN*sche Mannigfaltigkeit, $(E_1, \ldots, E_n)$ eine Orthonormalbasis von T_pM und $V_j := LH\{E_1, E_j\}$ für $j \geq 2$, so ist*

$$\mathrm{ric}\,(E_1, E_1) = \sum_{j=2}^{n} K(V_j)\,.$$

Insbesondere gilt: Ist die Schnittkrümmung K vom gewählten Unterraum V unabhängig, also als eine Funktion $K \in C^\infty(M)$ aufzufassen, so ist $\mathrm{ric} = (n-1)K \cdot g$ *und* $s = n \cdot (n-1)K$.

Beweis.

$$\begin{aligned}\mathrm{ric}\,(E_1, E_1) &= \sum_{j=1}^{n} g(R(E_j, E_1)E_1, E_j) \\ &= \sum_{j=2}^{n} K(V_j)(g(E_j, E_j)g(E_1, E_1) - g(E_1, E_j)^2)\,.\end{aligned}$$

□

Insbesondere ist damit für 2-dimensionale Flächen stets

$$s = 2K\,.$$

In Dimension 3 kann obige Überlegung auch umgekehrt werden: Gilt für die RICCI-Krümmung

$$\mathrm{ric} = \frac{s}{3} g\,,$$

so folgt aus einer leichten linear-algebraischen Überlegung und obigem Lemma, dass die Schnittkrümmung K nur vom Punkt der Mannigfaltigkeit und nicht vom gewählten 2-dimensionalen Untervektorraum abhängt. Es gilt dann

$$K = \frac{s}{6}\,.$$

Im nächsten Abschnitt werden wir sehen, dass dann sogar $s =$ konst. folgt.

Die Komponentenfunktionen von RICCI-Krümmung und -Abbildung sind wie üblich definiert und werden notiert als

$$\begin{aligned}\mathrm{ric}_{ij} &:= \mathrm{ric}\,(\partial_i, \partial_j)\,, \\ \mathrm{Ric}\,(\partial_i) &=: \sum_{j=1}^{n} \mathrm{Ric}_i^j\, \partial_j\,.\end{aligned}$$

Also haben wir:

$$\begin{aligned}\mathrm{ric}_{ik} &= \sum_j \mathrm{Ric}_i^j\, g_{jk}\,, \\ s &= \sum_j \mathrm{Ric}_j^j \\ &= \sum_{j,k} \mathrm{ric}_{jk} g^{jk}\,.\end{aligned}$$

H Die EINSTEINschen Gleichungen

Die EINSTEINschen Gleichungen setzen die Materieverteilung in Beziehung zur Krümmung der Raumzeit. Die Materieverteilung wird dabei durch den *Energie-Impulstensor* T beschrieben. Sowohl Masse als auch Ladungsverteilung tragen zu T bei: Für das elektromagnetische Feld ist T aus dem FARADAYtensor zu berechnen, für ideale Strömungen geht der Strömungsvektor, Druck und Dichte der Strömung ein. In jedem Fall wird T durch eine symmetrische Bilinearform beschrieben und im Vakuum gilt $T = 0$. Die genauere Form von T in einigen Spezialfällen ist der physikalischen Literatur, z. B. [63] zu entnehmen.

Die EINSTEINschen Gleichungen lauten nun

$$\mathrm{ric} - \frac{1}{2} s g = T \tag{5.18}$$

Die SCHWARZSCHILD*mannigfaltigkeit* ist also eine *Vakuumlösung*, d. h. eine Lösung für $T = 0$ der EINSTEINschen Gleichungen. Die Gültigkeit von Gleichung (5.18) kann im mathematischen Sinn nicht bewiesen werden, es gibt aber viele Gründe, dass diese Gleichung die Wechselwirkung zwischen Materie und Krümmung der Raumzeit gut beschreibt. Sie kann auch aus einem Variationsprinzip hergeleitet werden, aber darauf kann hier nicht eingegangen werden.

Wir werden hier einen anderen Aspekt besprechen, warum die Gleichung (5.18) plausibel ist und nicht etwa durch eine „einfachere" Gleichung wie $\mathrm{ric} = T$ ersetzt werden kann. In Abschn. 4G haben wir gesehen, dass Erhaltungssätze aufgrund des STOKESschen Satzes eine „infinitesimale" Form wie z. B. $\operatorname{div} B = 0$ haben. Aus physikalischen Gründen ist es daher sinnvoll anzunehmen, dass die Divergenz des Energieimpulstensors stets verschwindet, denn dies drückt eine Art „lokale Energieerhaltung" aus. (Wie die Divergenz hier definiert ist, wird in diesem Abschnitt geklärt werden.) Die linke Seite $\mathrm{ric} - \frac{1}{2} sg$ der EINSTEINschen Gleichung ist nun gerade so gewählt, dass ihre Divergenz ebenfalls verschwindet. Hingegen wird die Divergenz des RICCItensors i. A. nicht verschwinden.

Wir wollen zuerst erklären, was die Divergenz einer Bilinearform auf M bedeutet.

Für die Divergenz eines Vektorfelds gilt nach Übungsaufgabe 5.15

$$\begin{aligned}\operatorname{div}(v) &= \sum_i \varepsilon_i g(\nabla_{E_i} v, E_i)\\ &= \operatorname{Spur} \nabla v\end{aligned}$$

für eine Orthonormalbasis $(E_1, \ldots, E_n)$ von $T_x M$, also $g(E_i, E_j) = \varepsilon_j \delta_{ij}$.

Die Spur ist im letzten Abschnitt schon in geeigneter Weise verallgemeinert worden. Nun soll noch der Definitionsbereich der *kovarianten Ableitung* von Vektorfeldern auf andere Tensorfelder übertragen werden,und zwar so, dass ∇ stets linear ist und die Produktregel erfüllt. Dies ist ganz allgemein für Schnitte in $\bigotimes_s^r TM$ möglich, aber wir geben nur die hier interessierenden Spezialfälle an.

Mit „Schnitten“ meinen wir dabei stets *differenzierbare* Schnitte, d. h. die Komponentenfunktionen bezüglich einer Koordinatenbasis sind stets als differenzierbar vorausgesetzt. Wir schreiben für den Raum der differenzierbaren Schnitte in $\bigotimes^r_s TM$ dann $\Gamma \bigotimes^r_s TM$.

Für $\phi \in \Gamma \mathrm{End}\,(TM) = \Gamma(T^*M \otimes TM)$ ist durch

$$\nabla\phi \equiv \nabla^{\mathrm{End}}\phi := \nabla \circ \phi - \phi \circ \nabla$$

eine Abbildung

$$\nabla^{\mathrm{End}} : \Gamma \mathrm{End}\,(TM) \longrightarrow \Gamma \mathrm{Hom}\,(TM, \mathrm{End}\,(TM))$$

definiert, die ebenso wie ∇ linear ist und die Produktregel analog zu (5.9)

$$\nabla(f\phi) = f \cdot \nabla\phi + \mathrm{d}f \otimes \phi$$

für $f \in C^\infty(M)$ erfüllt.

Für $\alpha \in \Gamma(T^*M \otimes T^*M)$ ist durch

$$\begin{aligned}(\nabla_X\alpha)(Y, Z) := {} & X(\alpha(Y, Z)) - \\ & \alpha(\nabla_X Y, Z) - \alpha(Y, \nabla_X Z)\end{aligned}$$

wieder eine lineare Abbildung

$$\nabla_X : \Gamma(T^*M \otimes T^*M) \longrightarrow \Gamma(T^*M \otimes T^*M)$$

definiert, die die Produktregel

$$\nabla_X(f\alpha) = f\nabla_X\alpha + \mathrm{d}f(X) \cdot \alpha$$

erfüllt.

Offenbar ist ∇ genau dann isometrisch für g, wenn

$$\nabla g = 0$$

gilt. Damit kann nun die *Divergenz* von Schnitten in $T^*M \otimes T^*M$ definiert werden.

Definition 5.53. Die *Divergenz* von $\alpha \in \Gamma(T^*M \otimes T^*M)$ bezüglich ∇ ist durch

$$\mathrm{div}^\nabla\alpha = \mathrm{Spur}\,\nabla\alpha \in \Gamma T^*M$$

definiert, wobei $(\nabla\alpha)_x \in T^*_xM \otimes T^*_xM \otimes T^*_xM$ zu lesen ist.

Ist ∇ die LEVI-CIVITA-Ableitung, so schreibt man div statt div^∇. Der Energie-Impuls-Tensor wird stets als divergenzfrei vorausgesetzt.

Im Gegensatz zur Divergenz von Vektorfeldern hat die Divergenz von zweifach kovarianten Tensorfeldern keine anschauliche Bedeutung. In der Anfangszeit der allgemeinen Relativitätstheorie war auch die Interpretation der Gleichung $\mathrm{div}\,T = 0$

damit zunächst nicht klar. Erst durch Einsetzen von KILLING-Vektorfeldern kann $\operatorname{div} T = 0$ als Erhaltungssatz interpretiert werden (vgl. [80]).

Wir wenden uns aber jetzt der „geometrischen" Seite $\mathrm{ric} - \frac{1}{2} s g$ der EINSTEINschen Gleichung zu, die ja nun ebenfalls divergenzfrei sein muss. Ihre Divergenzfreiheit folgt aus einer weiteren Symmetrie des RIEMANNschen Krümmungstensors. Um diese zu formulieren, definieren wir für Endomorphismen-wertige r-Formen

$$\alpha \in \Omega^r(M, \operatorname{End}(TM))$$

eine Verallgemeinerung der CARTANschen Ableitung:

Definition 5.54. Ist $\omega \in \Omega^r(M, \operatorname{End}(TM))$, so ist die *äußere kovariante Ableitung* von ω

$$d^\nabla \omega \in \Omega^{r+1}(M, \operatorname{End}(TM))$$

durch

$$\begin{aligned}
&(\mathrm{d}^\nabla \omega)(X_1, \dots, X_{r+1}) \\
&:= \sum_{i=1}^{r+1} (-1)^{i-1} \nabla^{\operatorname{End}}_{X_i}(\omega(X_1, \dots, \widehat{X}_i, \dots, X_{r+1})) \\
&+ \sum_{j<l} (-1)^{j+l} \omega([X_j, X_l], X_1, \dots, \widehat{X}_j, \dots, \widehat{X}_l, \dots, X_{r+1})
\end{aligned}$$

definiert.

Schreibt man dies für $\omega \in \Omega^2(M, \operatorname{End}(TM))$ aus, so erhält man

$$\begin{aligned}
&(\mathrm{d}^\nabla \omega)(X_1, X_2, X_3)(Y) \\
&= \nabla_{X_1}(\omega(X_2, X_3)Y) - \nabla_{X_2}(\omega(X_1, X_3)Y) \\
&\quad + \nabla_{X_3}(\omega(X_1, X_2)Y) \\
&\quad - \omega(X_2, X_3)(\nabla_{X_1} Y) + \omega(X_1, X_3)(\nabla_{X_2} Y) \\
&\quad - \omega(X_1, X_2)(\nabla_{X_3} Y) \\
&\quad - \omega([X_1, X_2], X_3)Y + \omega([X_1, X_3], X_2)Y \\
&\quad - \omega([X_2, X_3], X_1)Y \; .
\end{aligned}$$

Eine längere Rechnung, die die Axiome der LEVI-CIVITA-Ableitung und die Symmetrieeigenschaften des RIEMANNschen Krümmungstensors benutzt, ergibt den folgenden, auch als *zweite* BIANCHI-*Identität* bezeichneten Satz. Der Beweis ist in jedem Buch über Differentialgeometrie zu finden, z. B. [54] oder [56].

Satz 5.55. *Für den* RIEMANN*schen Krümmungstensor und die* LEVI-CIVITA-*Ableitung gilt*

$$\mathrm{d}^\nabla R = 0 \; . \tag{5.19}$$

Aus Isometrie und Torsionsfreiheit der LEVI-CIVITA-Ableitung folgt, dass (5.19) gleichbedeutend mit

$$(\nabla_X R)(Y, Z) + (\nabla_Y R)(Z, X) + (\nabla_Z R)(X, Y) = 0$$

ist, wobei

$$(\nabla_X R)(Y,Z)V = \nabla_X(R(Y,Z)V) - R(\nabla_X Y, Z)V \\ - R(Y, \nabla_X Z)V - R(Y,Z)\nabla_X V$$

ist. Nutzt man nun die Symmetrie des RIEMANNschen Krümmungstensors aus, so folgt durch längere Rechnung (vgl. [56] für den RIEMANNschen, [70] für den allgemeinen Fall).

Satz 5.56.

$$\operatorname{div} \operatorname{ric} = \frac{1}{2} \operatorname{div}(sg) \ .$$

Damit ist die linke Seite der EINSTEINschen Gleichungen, wie erwünscht, divergenzfrei. Da $\operatorname{div} g = 0$ gilt, könnte man die EINSTEINschen Gleichungen auch durch

$$\operatorname{ric} - \frac{1}{2} sg + \Lambda g = T \tag{5.20}$$

für jedes $\Lambda \in \mathbb{R}$ ersetzen. Dies sind die EINSTEINschen Gleichungen mit *kosmologischer Konstante* Λ. Die Relevanz von (5.20) mit $\Lambda \neq 0$ wird in der physikalischen Gemeinschaft immer wieder diskutiert.

Zum Abschluss dieses Abschnitts zeigen wir noch, dass die RICCI-Krümmung einer Mannigfaltigkeit, die Lösung von (5.18) ist, aus dem Energieimpulstensor berechnet werden kann. Insbesondere folgt dann, dass die RICCI-Krümmung für Vakuumlösungen stets verschwindet.

Satz 5.57. *Ist M eine pseudo-*RIEMANN*sche Mannigfaltigkeit der Dimension $n > 2$ mit* $\operatorname{ric} - \frac{1}{2} sg = T$*, so ist*

$$\operatorname{ric} = T - \frac{1}{\dim M - 2} \operatorname{Spur} T \cdot g \ .$$

Insbesondere gilt für jede Lösung der EINSTEIN*-Gleichung:*

$$\operatorname{ric} = 0 \Longleftrightarrow T = 0 \ .$$

Beweis. Gilt (5.18), so ist

$$\operatorname{Spur} T = \operatorname{Spur} \operatorname{ric} - \frac{1}{2} s \cdot \operatorname{Spur} g = \\ = s - \frac{\dim M}{2} \cdot s = \left(1 - \frac{\dim M}{2}\right) \cdot s \ .$$

Also ist

$$T - \frac{1}{\dim M - 2} \operatorname{Spur} T \cdot g = \operatorname{ric} - \frac{1}{2} s \cdot g + \frac{1}{2} s \cdot g \\ = \operatorname{ric} \ .$$

□

Der RIEMANNsche Krümmungstensor einer Vakuumlösung muss jedoch nicht notwendig verschwinden, wie wir am Beispiel der SCHWARZSCHILDmannigfaltigkeit gesehen haben.

Vakuumlösungen sind also RICCI-flache Lösungen. Es liegt nahe, die Fragestellung etwas zu verallgemeinern, indem man anstelle von Mannigfaltigkeiten mit $\text{ric} = \frac{1}{2} sg$ nach Mannigfaltigkeiten mit $\text{ric} = f \cdot g$ für $f \in C^\infty(M)$ sucht.

Definition 5.58. Eine pseudo-RIEMANNsche Mannigfaltigkeit (M, g) mit

$$\text{ric} = f \cdot g$$

für ein $f \in C^\infty(M)$ heißt EINSTEIN-*Mannigfaltigkeit.*

Offenbar ist dann $f = \frac{s}{\dim M}$. Es stellt sich heraus, dass dies für $\dim M \geq 3$ eine sehr starke Forderung ist:

Korollar 5.59. *Ist M EINSTEIN-Mannigfaltigkeit der Dimension $n \geq 3$, so ist die Skalarkrümmung konstant.*

Beweis. Nach Satz 5.56 ist

$$\text{div}\,(\text{ric}) = \frac{1}{2}\,\text{div}\,(sg) = \frac{1}{2}\,\mathrm{d}s\,.$$

Andererseits ist

$$\text{div}\left(\frac{s}{n}\,g\right) = \frac{1}{n}\,\mathrm{d}s\,,$$

also ist für $n > 2$ tatsächlich $\mathrm{d}s = 0$.

Aufgaben zu Kap. 5

5.1. Kann eine (regulär) parametrisierte Kurve in $\mathbb{R}^2$ das Bild

$$\{(x, y) \in \mathbb{R}^2 \mid -1 < x < 1, y = |x|\}$$

haben? (Beispiel oder Gegenbeweis!)

5.2. a. Beweisen Sie die *Krümmungsformel* für reguläre Kurven α in $\mathbb{R}^3$:

$$\kappa_\alpha = \frac{|\dot{\alpha} \times \ddot{\alpha}|}{|\dot{\alpha}^3|}\,.$$

b. Betrachten wir nun als Beispiel die Kurven $\gamma_i, i = 1, 2$. Wir parametrisieren γ_1 durch

$$\gamma_1 : \mathbb{R} \longrightarrow \mathbb{R}^3,\ \gamma_1(t) = \begin{pmatrix} R \cdot \cos(t) \\ R \cdot \sin(t) \\ a \cdot t \end{pmatrix}$$

und γ_2 durch

$$\gamma_2 : \mathbb{R} \longrightarrow \mathbb{R}^3,\ \gamma_2(t) = \begin{pmatrix} t \\ t^2 \\ t^3 \end{pmatrix}.$$

Berechnen Sie die Krümmung κ.

5.3. Sei $f : \mathbb{R}^n \longrightarrow \mathbb{R}^n$, $f(x) = Ax + v$ mit $A \in \mathbf{SO}(n)$, $v \in \mathbb{R}^n$ eine euklidische Bewegung. Sei $M \subseteq \mathbb{R}^n$ eine $(n-1)$-dimensionale orientierte Untermannigfaltigkeit, $\gamma : I \longrightarrow M$ eine Kurve, $\tilde{M} = f(M)$ und $\tilde{\gamma} = f \circ \gamma : I \longrightarrow \tilde{M}$.
Zeigen Sie: $\kappa_{\tilde{\gamma}} = \kappa_\gamma$, $k_{\tilde{\gamma}} = k_\gamma$ und $\overline{g}_\gamma = \overline{g}_{\tilde{\gamma}}$.

5.4. Bestimmen Sie RICCI- und Skalarkrümmung der n-dimensionalen Einheitssphäre.
Hinweis: Benützen Sie Formel (5.7). Die Rechnungen können vereinfacht werden, wenn Sie berücksichtigen, dass die Schnittkrümmung aus Symmetriegründen konstant ist.

5.5. Sei $I \subseteq \mathbb{R}$ ein offenes Intervall, $f \in C^\infty(I)$ und $\gamma : I \longrightarrow \mathbb{R}^2$, $\gamma(t) = (x(t), f(x(t)))$ auf Bogenlänge parametrisiert. Ist $x_0 = x(t_0)$ so, dass $f'(x_0) = 0$, so ist $k(t_0) = f''(x_0)$.

5.6. Sei $\gamma : I \longrightarrow \mathbb{R}^2$ eine auf Bogenlänge parametrisierte Kurve und $\vartheta : I \longrightarrow \mathbb{R}$ so, dass $\dot{\gamma}(t) = (\cos\vartheta(t), \sin\vartheta(t))$. Dann ist

$$\kappa_\gamma(t)_{\mathrm{or}} = \dot{\vartheta}(t)\,.$$

5.7. Sei $G_f \subseteq \mathbb{R}^3$ eine Graphenfläche, also $f \in C^\infty(U)$ für $U \subseteq \mathbb{R}^2$ und $G_f = \{(x, f(x)) \mid x \in U\}$, $x_0 \in U$ ein lokales Extremum von f, also

$$T^{\mathrm{unt}}_{(x_0, f(x_0))} G_f = \mathbb{R}^2 \times 0\,.$$

Sei $\gamma_\vartheta :]-\varepsilon, \varepsilon[\longrightarrow G_f$ eine regulär parametrisierte Kurve mit $\gamma_\vartheta(0) = (x_0, f(x_0))$, $\dot{\gamma}_\vartheta(0) = (\cos\vartheta, \sin\vartheta, 0)$, deren Bild im Schnitt der Ebene $E_\vartheta = (x_0, 0) + \{(\lambda\cos\vartheta, \lambda\sin\vartheta, \mu) \mid \lambda, \mu \in \mathbb{R}\}$ mit G_f liegt. (Warum gibt es eine solche Kurve?) Es ist also etwa $\gamma_\vartheta(t) = (x_0 + (t\cos\vartheta, t\sin\vartheta),\ f(x_0 + (t\cos\vartheta, t\sin\vartheta))$. Sei $\kappa_\vartheta(t) := \kappa_{\gamma_\vartheta}(t)$.

a. Zeigen Sie:

$$\kappa_\vartheta(0) + \kappa_{\vartheta + \frac{\pi}{2}}(0) = \frac{\partial^2 f}{\partial x_1^2}(x_0) + \frac{\partial^2 f}{\partial x_2^2}(x_0)\,.$$

Interpretieren Sie die linke Seite dieser Gleichung durch geeignete Wahl von ϑ als das Doppelte der mittleren Krümmung.

b. Folgern Sie:

$$\frac{1}{2\pi}\int_0^{2\pi} \kappa_\vartheta(0)\,\mathrm{d}\vartheta = H(x_0, f(x_0))$$

5.8. Berechnen Sie die GAUSSsche Krümmung des Rotationstorus $T_{r,R}$ aus Aufgabe 1.3. Gibt es r, R, so dass $T_{r,R}$ isometrisch zu $\mathbf{S}^1 \times \mathbf{S}^1$ ist?

5.9. a. Zeigen Sie: Ist $f : M \longrightarrow \tilde{M}$ eine lokale Isometrie zwischen RIEMANNschen Mannigfaltigkeiten, so ist $L_g[\gamma] = L_{\tilde{g}}[f \circ \gamma]$ für jede reguläre Kurve γ in M.

b. Betrachten Sie den Rotationstorus $T_{r,R}$. Zeigen Sie mit Hilfe von a., dass f aus Aufgabe 3.2b. keine Isometrie ist.

5.10. Sei $0 < r < R$ und $T_{r,R}$ der Rotationstorus mit der durch die Parametrisierung aus Aufgabe 1.4b. gegebenen Orientierung.

a. Betrachten Sie die vier Kurven, die jeweils mit Einsgeschwindigkeit die Ober- bzw. Außen- bzw. Innenseite bzw. einen Meridian des Torus entlanglaufen:

$$\gamma_1(t) = \begin{pmatrix} R\cos(t/R) \\ R\sin(t/R) \\ r \end{pmatrix}, \quad \gamma_2(t) = \begin{pmatrix} (R+r)\cos(t/(R+r)) \\ (R+r)\sin(t/(R+r)) \\ 0 \end{pmatrix},$$

$$\gamma_3(t) = \begin{pmatrix} (R-r)\cos(t/(R-r)) \\ (R-r)\sin(t/(R-r)) \\ 0 \end{pmatrix}, \quad \gamma_4(t) = \begin{pmatrix} R + r\cos(t/r) \\ 0 \\ r\sin(t/r) \end{pmatrix}$$

mit $t \in \mathbb{R}$. Berechnen Sie für $\gamma_i, i = 1, \ldots, 4$, jeweils die orientierte geodätische und die orientierte Normalkrümmung sowie die Krümmung. Welche der Kurven sind Geodätische auf dem Torus?

b. Berechnen Sie für $p \in T_{r,R}$ den WEINGARTENoperator S_p und damit die GAUSSsche Krümmung $K(p)$ sowie die mittlere Krümmung $H(p)$ im Punkt p. Für welche p ist die GAUSSsche Krümmung positiv bzw. negativ bzw. gleich Null?

5.11. a. Seien M, N orientierte (zweidimensionale) Flächen, $\gamma : I \longrightarrow M$ eine auf Bogenlänge parametrisierte Kurve und $f : M \longrightarrow N$ eine lokale Isometrie. Zeigen Sie, dass γ und $f \circ \gamma$ dieselbe orientierte geodätische Krümmung haben, d. h.

$$g_\gamma(t) = g_{f\circ\gamma}(t), \quad t \in I .$$

b. Betrachten Sie den Zylinder $Z := \mathbf{S}^1 \times \mathbb{R} \subseteq \mathbb{R}^3$. Zeigen Sie, dass $f : \mathbb{R}^2 \longrightarrow Z$, $f(x, y) := (\cos x, \sin x, y)^T$ eine lokale Isometrie ist. Was sind die Geodätischen auf $\mathbb{R}^2$? Schließen Sie mit Teil a., dass die Schraubenlinien $\gamma(t) := (\cos at, \sin at, bt)^T$ mit $a^2 + b^2 = 1$ Geodätische auf Z sind.

5.12. Sei (M, g) eine RIEMANNsche Mannigfaltigkeit. Sei $\lambda \in \mathbb{R}^+$. Wie berechnet man die Krümmungsgrößen (RIEMANNscher Krümmungstensor, RICCI- und Skalarkrümmung) von $(M, \lambda \cdot g)$ aus denen von (M, g)?

5.13. Sei $\mathbf{S}^4_1$ die DE-SITTER-Raum-Zeit (vgl. Aufgabe 3.12). Zeigen Sie für die Krümmungsgrößen der DE-SITTER-Raum-Zeit

$$\mathrm{ric} = \frac{3}{r^2}\, g ,$$

$$s = \frac{12}{r^2} .$$

Die DE-SITTER-Raum-Zeit ist also Vakuumlösung mit kosmologischer Konstante $\frac{3}{r^2}$.

Hinweis: Für 4-dimensionale Untermannigfaltigkeiten M des 5-dimensionalen MINKOWSKIraums, die mit der Einschränkung des MINKOWSKI-Skalarproduktes auf M wieder LORENTZ-Mannigfaltigkeiten sind, gilt Formel (5.7) analog, also

$$R(u,v)w = \langle Sv|w\rangle Su - \langle Su|w\rangle Sv\ ,$$

wobei $Sv = -\mathrm{d}N$ ist mit einem Normaleneinheitsfeld N. Diese Tatsache (vgl. etwa das Skript von Ch. Bär auf der Webseite geometrie.math.uni-potsdam.de/documents/baer/skripte/skript-DiffGeo.pdf) dürfen Sie verwenden.

5.14. Sei $M \subseteq \mathbb{R}^3$ eine 2-dimensionale orientierte Fläche, $U : M \longrightarrow \mathbf{S}^2$, $x \longmapsto U(x)$ die durch das Einheitsnormalenfeld gegebene Abbildung.

a. Zeigen Sie
$$K \cdot \omega_M = U^* \omega_{\mathbf{S}^2}\ .$$
Hinweis: Setzen Sie auf beiden Seiten eine Orthonormalbasis von $T_x M$ ein.

b. Sei jetzt $V \subseteq M$ und $U : V \longrightarrow V' \subseteq \mathbf{S}^2$ ein Diffeomorphismus. Dann ist
$$\int_V K\omega_M = \mathrm{Vol}\,(V')$$
der Flächeninhalt von V'.

5.15. Sei (M, g) eine Pseudo-RIEMANNsche Mannigfaltigkeit. Seien $e_1, \ldots, e_n$ lokale Vektorfelder auf $U \subseteq M$, so dass für alle $x \in U$ gilt $\langle e_i(x)|e_j(x)\rangle = \varepsilon_i \delta_{ij}$ mit $\varepsilon_i = \pm 1$. Zeigen Sie: Für alle $x \in U$ ist

$$\mathrm{div}\,(v)(x) = \sum_i \varepsilon_i g(\nabla_{e_i} v, e_i)\ .$$

5.16. Berechnen Sie die CHRISTOFFELsymbole für die Sphäre $\mathbf{S}^2$ in Kugelkoordinaten.

5.17. Zeigen Sie: In lokalen Koordinaten ist

$$R^l_{ijk} = \partial_i \Gamma^l_{kj} - \partial_j \Gamma^l_{ki} + \sum_{m=1}^{n} \left(\Gamma^l_{mi} \Gamma^m_{kj} - \Gamma^l_{mj} \Gamma^m_{ki} \right)\ .$$

5.18. Seien (M_1, g_1) und (M_2, g_2) RIEMANNsche Mannigfaltigkeiten mit RICCI-Krümmung ric_1 und ric_2 und Skalarkrümmung s_1 und s_2. Sei $M := M_1 \times M_2$. Wir schreiben

$$T_{(p_1,p_2)} M = T_{p_1} M_1 \oplus T_{p_2} M_2$$

gemäß Aufgabe 1.9. Sei nun eine Metrik g auf $M_1 \times M_2$ durch

$$g((X_1, X_2), (Y_1, Y_2)) = g_1(X_1, Y_1) + g_2(X_2, Y_2)$$

gegeben, und ric und s seien die RICCI- und Skalarkrümmung von M.
Zeigen Sie:

a.
$$\mathrm{ric}\left((X_1, X_2), (Y_1, Y_2)\right) = \mathrm{ric}_1(X_1, Y_1) + \mathrm{ric}_2(X_2, Y_2) .$$

b.
$$s(p_1, p_2) = s_1(p_1) + s_2(p_2) .$$

c. Sind M_1 und M_2 EINSTEIN-Mannigfaltigkeiten gleicher Dimension und Skalarkrümmung, so ist auch $M_1 \times M_2$ eine EINSTEIN-Mannigfaltigkeit.

Hinweis: Man zeige zunächst, dass $\nabla_X Y = \nabla_Y X = 0$ ist, falls $X(p_1, p_2) \in T_{p_1}M_1 \times \{0\}$ und $Y(p_1, p_2) \in \{0\} \times T_{p_2}M_2$ für alle $(p_1, p_2) \in M$. Man überlege sich die Auswirkungen hiervon auf den Krümmungstensor und dann auf RICCI- und Skalarkrümmung.

5.19. Sei (M, g) eine pseudo-RIEMANNsche Mannigfaltigkeit und $\alpha \in \Gamma(T^*M \otimes T^*M)$. Zeigen Sie:
$$\mathrm{div}^\nabla (f\alpha) = i_{\mathrm{grad}\, f}\alpha + f \,\mathrm{div}^\nabla \alpha$$
für $f \in C^\infty(M)$.

Kapitel 6
Koordinatenfreie Formulierungen der klassischen Mechanik

Der Konfigurationsraum K eines mechanischen Systems, also der Raum der möglichen Positionen seiner Bestandteile, wird oft durch eine Mannigfaltigkeit beschrieben. So ist z. B. die eindimensionale Sphäre $\mathbf{S}^1$ ein Modell für den Konfigurationsraum des ebenen Pendels. Allgemeiner wird ein System von N Massenpunkten, die r unabhängigen holonomen Zwangsbedingungen unterworfen sind, durch eine $3N - r$-dimensionale Untermannigfaltigkeit des $\mathbb{R}^{3N}$ beschrieben. Ein weiteres Beispiel ist die *spezielle orthogonale Gruppe*

$$\mathbf{SO}(3) := \{A \in \mathbf{O}(3) \mid \det A = 1\}$$

(vgl. Abschn. 1B) als Konfigurationsraum eines starren Körpers im Schwerpunktsystem, wobei die Position P des Körpers im Raum mathematisch durch die Drehung $A \in \mathbf{SO}(3)$ beschrieben wird, die ihn aus einer festen Ausgangsposition P_0 in die Position P überführt.

Die tatsächliche Bewegung entspricht dann einer Kurve γ im Konfigurationsraum. Der physikalische Zustand eines mechanischen Systems wird durch Ort und Geschwindigkeit, also durch einen Punkt im Tangentialbündel TK, oder durch Ort und Impuls, d. h. einen Punkt im Kotangentialbündel T^*K beschrieben. Der Lagrangeformalismus der klassischen Mechanik kann koordinatenfrei formuliert werden, indem man die Lagrangefunktion als Funktion auf TK auffasst. Die Bewegungen des Systems werden dann durch ihre Geschwindigkeitskurven $\dot{\gamma} : I \longrightarrow TK$ beschrieben, die Lösungen gewisser Differentialgleichungen sind (vgl. Abschn. B und E). Analog kann der Hamiltonsche Formalismus koordinatenfrei formuliert werden, indem man die Hamilton-Funktion als Funktion auf T^*K auffasst. Das Kotangentialbündel T^*K ist allerdings nur ein Spezialfall einer sog. *symplektischen Mannigfaltigkeit*, deren Einführung es erlaubt, die gesamte Hamiltonsche Mechanik als eine Art modifizierte Geometrie zu deuten (Abschn. C und D). Die Übersetzung der beiden Formalismen ineinander geschieht durch die Legendretransformation, die am Schluss des Kapitels besprochen wird.

K.-H. Goldhorn, H.-P. Heinz, M. Kraus, *Moderne mathematische Methoden der Physik*
DOI 10.1007/978-3-540-88544-3, © Springer 2009

A Tangential- und Kotangentialbündel

In diesem Abschnitt sollen die dem LAGRANGE- und HAMILTONformalismus zugrunde liegenden Räume mit einer Mannigfaltigkeitsstruktur versehen werden. Zunächst sind ja Tangential- und Kotangentialbündel, wie in Abschn. 3A erläutert, die *disjunkte* Vereinigung von Vektorräumen

$$TM = \bigcup_{x\in M} T_x M \quad \text{und } T^*M = \bigcup_{x\in M} T_x^* M .$$

Auf beiden Räumen ist eine Projektion nach M definiert, die wir in beiden Fällen mit π bezeichnen.

Ist M eine n-dimensionale Mannigfaltigkeit und (U, h) eine Karte für M, so ist

$$\tilde{h} : \pi^{-1}(U) \longrightarrow U \times \mathbb{R}^n\,,\ v = \sum_{i=1}^{n} v^i\, \partial_i^{(h)}(x) \longmapsto (x, (v^1, \ldots, v^n)) \tag{6.1}$$

eine *bijektive* Abbildung und $\tilde{h}_x := \mathrm{pr}_2 \circ h\big|_{\pi^{-1}(x)} : \pi^{-1}(x) \longrightarrow \mathbb{R}^n$ ist für jedes $x \in U$ ein Isomorphismus, nämlich der in (1.8) definierte Isomorphismus $h_x : T_x M \to \mathbb{R}^n$.

Die Mannigfaltigkeitsstruktur auf TM soll nun so erklärt werden, dass die Abbildungen

$$H_T := \widehat{h}\circ\tilde{h} : \pi^{-1}(U) \longrightarrow U'\times\mathbb{R}^n \text{ mit } \widehat{h} : U\times\mathbb{R}^n \to U'\times\mathbb{R}^n,\ (x, v) \mapsto (h(x), v) \tag{6.2}$$

einen Atlas für TM bilden.

Bisher ist keine Topologie auf TM definiert, also kann noch nicht die Rede davon sein, dass durch (6.2) ein Homöomorphismus gegeben ist. Nun definieren wir aber die Topologie auf TM in geeigneter Weise:

Definition 6.1. Eine Teilmenge $V \subseteq TM$ heißt *offen*, falls für jede Karte (U_α, h_α) von M und $\tilde{h}_\alpha$ wie in (6.1)

$$\tilde{h}_\alpha \left(V \cap \bigcup_{x\in U_\alpha} T_x M \right) \subseteq U_\alpha \times \mathbb{R}^n$$

offen in $U_\alpha \times \mathbb{R}^n$ ist.

Es ist leicht nachzurechnen, dass auf diese Weise eine Topologie auf TM definiert ist und dass die durch (6.2) gegebenen Abbildungen Homöomorphismen sind. Nun ist noch zu prüfen, dass durch (6.2) eine differenzierbare Struktur gegeben ist.

Sind $h_\alpha : U_\alpha \longrightarrow U'_\alpha$ und $h_\beta : U_\beta \longrightarrow U'_\beta$ zwei Karten für M und $w_{\alpha\beta} := h_\beta \circ h_\alpha^{-1}$, so ist nach (1.10)

$$\begin{aligned} H_{T,\beta} \circ H_{T,\alpha}^{-1}\big|_{(h_\alpha(U_\alpha \cap U_\beta)\times\mathbb{R}^n)} : \\ h_\alpha(U_\alpha \cap U_\beta) \times \mathbb{R}^n &\longrightarrow h_\beta(U_\alpha \cap U_\beta) \times \mathbb{R}^n \\ (x, v) &\longmapsto (w_{\alpha\beta}(x), J_{w_{\alpha\beta}}(x)v) \end{aligned}$$

also ein Diffeomorphismus. Insgesamt erhalten wir:

Satz 6.2. *Das Tangentialbündel TM ist zusammen mit der durch (6.2) definierten differenzierbaren Struktur eine differenzierbare Mannigfaltigkeit der Dimension $2 \cdot \dim M$. Die Bündelprojektion $\pi : TM \longrightarrow M$ ist differenzierbar und die differenzierbaren Schnitte in TM sind genau die differenzierbaren Vektorfelder.*

Beweis. Es bleiben nur die Aussagen über die differenzierbaren Abbildungen zu beweisen. Diese sind aber sofort klar, wenn man sich erinnert, dass eine Abbildung auf einer Mannigfaltigkeit nach Definition differenzierbar bei x ist, wenn $f \circ h$ für eine Karte (U, h) mit $x \in U$ differenzierbar ist. □

Die durch (6.2) gegebenen Koordinaten von $\pi^{-1}(U) \subseteq TM$ werden üblicherweise mit $(q_1, \ldots, q_n, \dot{q}_1, \ldots, \dot{q}_n)$ bezeichnet. Bezeichnen $\partial_1, \ldots, \partial_{2n}$ die zugehörigen Koordinatenbasisfelder, so schreibt man für $f \in C^\infty(TM)$ und $1 \leq k \leq n$

$$\begin{aligned} \partial_k f &= \frac{\partial}{\partial q_k} f , \\ \partial_{n+k} f &= \frac{\partial}{\partial \dot{q}_k} f . \end{aligned} \tag{6.3}$$

Die Mannigfaltigkeitsstruktur auf T^*M wird ganz analog konstruiert. Ist (U, h) eine Karte für M, so definiere

$$\begin{aligned} \overline{h} : \pi^{-1}(U) &\longrightarrow U \times \mathbb{R}^n \\ \alpha = \sum_{i=1}^n a_i(x)\mathrm{d}x^i &\longmapsto (\pi(\alpha), a_1(x), \ldots, a_n(x)) , \end{aligned} \tag{6.4}$$

$$\begin{aligned} H_{T^*} : \pi^{-1}(U) &\longrightarrow U' \times \mathbb{R}^n \\ \alpha = \sum_i a_i(x)\, \mathrm{d}x^i &\longmapsto (h(x), a_1(x), \ldots, a_n(x)) . \end{aligned} \tag{6.5}$$

Die Topologie auf T^*M ist wie die von TM definiert:

Definition 6.3. Eine Teilmenge $V \subseteq T^*M$ heißt offen, wenn für jede Karte (U, h) von M

$$\overline{h}(V \cap \pi^{-1}(U)) \subseteq U \times \mathbb{R}^n$$

offen in $U \times \mathbb{R}^n$ ist.

Die Kartenwechsel der Karten H_{T^*} werden durch Satz 2.3 beschrieben, und zwar mit der JACOBImatrix als Transformationsmatrix C.

Satz 6.4. *Das Kotangentialbündel T^*M bildet zusammen mit der durch (6.5) definierten differenzierbaren Struktur eine $2n$-dimensionale Mannigfaltigkeit. Der Raum der differenzierbaren Schnitte in T^*M ist genau $\Omega^1 M$.*

Die Koordinaten in T^*M werden mit $(q_1, \ldots, q_n, \; p_1, \ldots, p_n)$ bezeichnet, und (6.3) wird sinngemäß ebenso verwendet.

Durch eine *Metrik* auf M sind die bijektiven Abbildungen $\flat$ und $\#$ gegeben, die in Satz 2.4 und Abschn. 4E betrachtet wurden. Für sie gilt:

Satz 6.5. *Ist M eine pseudo-*RIEMANN*sche Mannigfaltigkeit, so sind die Abbildungen $\flat : TM \longrightarrow T^*M$ und $\# : T^*M \longrightarrow TM$ fasertreue Diffeomorphismen, d. h. es sind Diffeomorphismen, für die gilt*

$$\begin{aligned} \flat(T_x M) &= T_x^* M \quad \textit{und} \\ \#(T_x^* M) &= T_x M \ . \end{aligned}$$

Für uns wird ein weiterer Typ von Abbildungen zwischen TM und T^*M interessant werden, die zwischen HAMILTONschem und LAGRANGEschem Formalismus vermitteln. Um sie zu definieren, beachten wir, dass für eine Funktion $f \in C^\infty(TM)$ und $x \in M$ die Ableitung von $f\big|_{T_x M}$ an einer Stelle $v \in T_x M$ eine Linearform auf dem Vektorraum $T_x M$ und somit ein Element von $T_x^* M$ ist. In Zeichen heißt das

$$\mathrm{d}(f\big|_{T_x M})_v \in T_x^* M \ ,$$

und wir können definieren:

Definition 6.6. Ist $f \in C^\infty(TM)$, so heißt

$$\mathrm{d}' f : TM \longrightarrow T^*M \ , \ v \longmapsto \mathrm{d}(f\big|_{T_{\pi(v)} M})_v$$

die *Faserableitung* von f.

In lokalen Koordinaten ist die Faserableitung durch

$$\mathrm{d}' f : TM \longrightarrow T^*M \ , \ (q, \dot{q}) \longmapsto \left(q, \frac{\partial f}{\partial \dot{q}} \right)$$

oder, ausführlicher:

$$(q_1, \ldots, q_n, \dot{q}_1, \ldots, \dot{q}_n) \longmapsto \left(q_1, \ldots, q_n, \frac{\partial f}{\partial \dot{q}_1}, \ldots, \frac{\partial f}{\partial \dot{q}_n} \right)$$

gegeben. Offenbar ist die Faserableitung einer Funktion stets differenzierbar, aber nicht notwendig injektiv oder surjektiv. Man definiert:

Definitionen 6.7. Eine Funktion $f : TM \longrightarrow \mathbb{R}$ heißt *regulär*, wenn ihre Faserableitung $\mathrm{d}' f : TM \longrightarrow T^*M$ ein lokaler Diffeomorphismus ist, *hyperregulär*, wenn sie ein Diffeomorphismus ist.

Eine Abbildung $f \in C^\infty(TM)$ ist also genau dann regulär, wenn in lokalen Koordinaten die Matrix

$$\left(\frac{\partial^2 f}{\partial \dot{q}_i \partial \dot{q}_j}\right)_{i,j=1,\dots,n}$$

regulär ist.

Beispiel: Es sei (M, g) eine RIEMANNsche Mannigfaltigkeit, $U \in C^\infty(M)$ und $m > 0$. Dann ist durch

$$L(v) := \frac{1}{2} m g(v, v) - U(\pi(v))$$

mit der Projektion $\pi : TM \longrightarrow M$ eine hyperreguläre Funktion gegeben, denn

$$(\mathrm{d}'L)(v)(w) = \frac{\mathrm{d}}{\mathrm{d}t}\bigg|_{t=0} \left(\frac{1}{2} m g(v + tw,\ v + tw) - U(\pi(v + tw))\right) = m g(v, w)\,,$$

also $\mathrm{d}'L(v) = m v^\flat$.

In lokalen Koordinaten ist L durch

$$\frac{1}{2} m \sum_{i,j} g_{ij} \dot{q}^i \dot{q}^j - U(q)$$

gegeben, also $\mathrm{d}'L$ durch

$$\left(q^1, \dots, q^n, m \sum_{j=1}^{n} g_{1j} \dot{q}^j, \dots, m \sum_{j=1}^{n} g_{nj} \dot{q}^j\right)$$

und

$$\frac{\partial^2 L}{\partial \dot{q}_i \partial \dot{q}_j} = m g_{ij}\,.$$

Für Funktionen $f \in C^\infty(T^*M)$ kann man ganz analog vorgehen, denn dann ist für $\alpha \in T_x^*M$

$$\mathrm{d}(f\big|_{T_x^*M})_\alpha \in (T_x^*M)^* = T_xM\,,$$

und dann heißt

$$\begin{aligned} \mathrm{d}'f &: T^*M \longrightarrow TM \\ (\mathrm{d}'f)(\alpha) &:= \mathrm{d}(f\big|_{T_{\pi(\alpha)}M})_\alpha \end{aligned}$$

die Faserableitung von f. Die Funktion f heißt *regulär*, falls $\mathrm{d}'f$ ein lokaler Diffeomorphismus und *hyperregulär*, falls $\mathrm{d}'f$ ein Diffeomorphismus ist.

B EULER-LAGRANGEgleichungen

Die LAGRANGE*funktion* eines mechanischen Systems ist durch eine (möglicherweise zeitabhängige) Funktion auf dem „Geschwindigkeitsraum" TM gegeben. Wir gehen dabei davon aus, dass der Konfigurationsraum M zeitunabhängig ist (in [2, 47] z. B. wird auch der zeitabhängige Fall behandelt).

So wird beispielsweise die Bewegung eines Teilchens der Masse $m > 0$ auf einer RIEMANNschen Mannigfaltigkeit, auf das keine äußeren Kräfte wirken, durch $L(v) = \frac{1}{2}m|v|^2$ beschrieben. Ist $U : M \longrightarrow \mathbb{R}$ eine weitere Funktion, die physikalisch als potentielle Energie interpretiert wird, so ist die LAGRANGEfunktion durch

$$L(v) = \frac{1}{2}m|v|^2 - U(\pi(v))$$

definiert.

Die Bewegungsgleichungen ergeben sich dann aus dem HAMILTONschen Prinzip der kleinsten Wirkung, d. h. man ermittelt die Bewegungsgleichungen durch Variation des *Wirkungsfunktionals*

$$W[\gamma] := \int_{t_0}^{t_1} L(\dot{\gamma}(t))\, \mathrm{d}t \ ,$$

d. h. durch die Forderung, dass

$$\frac{\mathrm{d}}{\mathrm{d}s}\bigg|_{s=0} \int_{t_0}^{t_1} L\left(\frac{\mathrm{d}}{\mathrm{d}t} f(s,t)\right) \mathrm{d}t = 0 \tag{6.6}$$

sein möge, wobei

$$\begin{aligned} f :]-\varepsilon, \varepsilon[\times [t_0, t_1] &\longrightarrow M \\ (s,t) \longmapsto f(s,t) &= f_s(t) \end{aligned}$$

eine beliebige Variation von $\gamma = f_0 : [t_0, t_1] \longrightarrow M$ ist, für die die Endpunkte $f_s(t_0)$, $f_s(t_1)$ fest bleiben. In [36], Kapitel 23, wurden Variationsprobleme im Fall, dass $M \subseteq \mathbb{R}^n$ offen, also $TM \subseteq \mathbb{R}^n \times \mathbb{R}^n$ ist, ausführlich behandelt.

Auch in Kap. 5 haben wir bereits ein Variationsproblem gesehen. Dort haben wir festgestellt (Satz 5.41), dass (6.6) mit $L[\gamma] = \frac{1}{2}|\dot{\gamma}|^2$ genau dann für jede endpunktfeste Variation erfüllt ist, wenn $f_0 = \gamma$ eine *Geodätische* ist.

In [36], Band 2, wurde schon bewiesen, dass jedes lokale Minimum des Wirkungsfunktionals

$$I[\varphi] = \int_{t_0}^{t_1} L(t, \varphi, \dot{\varphi})\, \mathrm{d}t$$

für $\varphi \in C^\infty([t_0, t_1])$ das System von EULER-LAGRANGE-Gleichungen

$$\frac{\mathrm{d}}{\mathrm{d}t}\frac{\partial L}{\partial \dot{q}_i} = \frac{\partial L}{\partial q_i}, \qquad i = 1, \ldots, n \tag{6.7}$$

erfüllt. Dieselben Gleichungen gelten auch in lokalen Koordinaten, falls φ eine Kurve auf einer Mannigfaltigkeit und $L \in C^\infty(\mathbb{R} \times TM)$ ist.

Im Folgenden verstehen wir unter einer LAGRANGE*funktion* stets eine differenzierbare Funktion auf $\mathbb{R} \times TM$. In den späteren Abschnitten werden wir dann die explizite Zeitabhängigkeit ausschließen und $L \in C^\infty(TM)$ voraussetzen. Um (6.7) auf Mannigfaltigkeiten anwenden zu können, darf sich die Variation nur in einem Kartengebiet abspielen. Die folgende Definition dient dazu, dies präzise auszudrücken:

Definition 6.8. Ist f eine Variation von $f_0 : [t_0, t_1] \longrightarrow M$, so heißt

$$T_f := \overline{\{t \in [t_0, t_1] \mid f(s, t) \neq f(0, t) \text{ für ein } s \in]-\varepsilon, \varepsilon[\}}$$

der *Träger* der Variation.

Damit kann aus (6.7) und klassischen Methoden der Variationsrechnung (wie etwa den in [36], Band 2, entwickelten) sofort gefolgert werden:

Lemma 6.9. *Ist $L \in C^\infty(TM \times \mathbb{R})$ und*

$$\frac{\mathrm{d}}{\mathrm{d}s}\bigg|_{s=0} \int_{t_0}^{t_1} L(t, \dot{f}_s(t))\,\mathrm{d}t = 0$$

für jede Variation von f, so dass $f(]-\varepsilon, \varepsilon[\times T_f)$ ganz in einem Kartengebiet enthalten ist, so erfüllt f in lokalen Koordinaten die EULER-LAGRANGE*gleichung (6.7).*

Um aber zu beliebigen Variationen übergehen zu können, müssen wir die Bedeutung der EULER-LAGRANGEgleichungen etwas besser verstehen. Dazu benötigen wir die Ableitung unserer Variationen in Bezug auf die s-Variable und verwenden in diesem Zusammenhang die in Definition 5.39 eingeführte Sprechweise.

Satz 6.10. *Ist L eine* LAGRANGE*funktion und $I := [t_0, t_1]$, so gibt es zu jedem $\gamma : I \longrightarrow M$ genau eine stetige Abbildung*

$$\omega_{\mathrm{EUL}} : I \longrightarrow T^*M \ \mathit{mit}\ \omega_{\mathrm{EUL}}(t) \in T^*_{\gamma(t)}M\,,$$

so dass für jedes Vektorfeld X längs γ und jede Variation f mit kompaktem Träger von γ in Richtung X gilt

$$\frac{\mathrm{d}}{\mathrm{d}s}\bigg|_{s=0} \int_{t_0}^{t_1} L[\dot{f}_s]\,\mathrm{d}t = \int_{t_0}^{t_1} \omega_{\mathrm{EUL}}(t)(X(t))\,\mathrm{d}t\,. \tag{6.8}$$

Diese Abbildung nennt man die EULERform *zu L längs γ. In lokalen Koordinaten ist*

$$\omega^i_{\mathrm{EUL}}(t) = \left(\frac{\partial L}{\partial q_i}(t, f_0(t), \dot{f}_0(t))\right) - \frac{\mathrm{d}}{\mathrm{d}t}\frac{\partial L}{\partial \dot{q}_i}(t, f_0(t), \dot{f}_0(t)) . \tag{6.9}$$

Haben wir Satz 6.10 bewiesen, so folgt sofort, dass obiges Lemma für beliebige Variationen richtig bleibt.

Satz 6.11. *Ist L eine* LAGRANGE*funktion, so ist $\gamma : I \longrightarrow M$ genau dann extremal für $W = \int\limits_{t_0}^{t_1} L(t, q, \dot{q})\,\mathrm{d}t$, falls in lokalen Koordinaten für $i = 1, \ldots, n$*

$$\frac{\partial L}{\partial q_i}(t, \gamma(t), \dot{\gamma}(t)) = \frac{\mathrm{d}}{\mathrm{d}t}\frac{\partial L}{\partial \dot{q}_i}(t, \gamma(t), \dot{\gamma}(t))$$

gilt.

Beweis (des Satzes 6.10). Die Eindeutigkeit ist klar, denn wären ω_{EUL} und $\tilde{\omega}_{\mathrm{EUL}}$ zwei Formen wie im Satz, so wäre

$$\int\limits_{t_0}^{t_1} (\omega_{\mathrm{EUL}}(t) - \tilde{\omega}_{\mathrm{EUL}}(t))(X(t))\,\mathrm{d}t = 0$$

für alle Vektorfelder längs γ, und daraus folgt mit dem „Fundamentallemma der Variationsrechnung“ (z. B. Theorem 23.16, in [36], Band 2), dass

$$\omega_{\mathrm{EUL}}(t) = \tilde{\omega}_{\mathrm{EUL}}(t) .$$

Um die Existenz der EULERform zu zeigen, wollen wir die „lokalen“ EULERformen, die durch (6.8) gegeben sind, zusammenfügen. Die Zerlegung der Eins ist sicher ein geeignetes Hilfsmittel hierfür. Um sie anzuwenden, müssen allerdings erst einige Vorarbeiten geleistet werden.

Sind U und $\tilde{U}$ Kartengebiete für M, so sind nach Lemma 6.9 durch (6.9) jedenfalls auf U und $\tilde{U}$ entsprechende EULERformen ω_{EUL} und $\tilde{\omega}_{\mathrm{EUL}}$ gegeben, deren Einschränkungen auf $U \cap \tilde{U}$ wieder EULERformen auf $U \cap \tilde{U}$ sind, also dort übereinstimmen. Damit ist also durch (6.9) eine differenzierbare Abbildung $\omega^{\mathrm{loc}}_{\mathrm{EUL}} : I \longrightarrow T^*M$ gegeben, so dass (6.8) für jede Variation gilt, für die das Bild ihres Trägers ganz in einem Kartengebiet liegt.

Ist jetzt aber f eine beliebige endpunktfeste Variation in Richtung $X(t)$, so zeigt die lokale Rechnung wie im $\mathbb{R}^n$ (vgl. [36], Band 2, Satz 23.12) jedenfalls, dass

$$\left.\frac{\mathrm{d}}{\mathrm{d}s}\right|_{s=0} \int\limits_{t_0}^{t_1} L(t, \dot{f}(t))\,\mathrm{d}t$$

nur von $X(t)$ abhängt, und zwar *linear.*

Mittels einer Zerlegung der Eins schreiben wir jetzt $X(t) = X_1(t) + \cdots + X_n(t)$, wobei der Träger von $X_i(t)$ so gewählt ist, dass sich die Variation in Richtung X_i für genügend kleines ε ganz in einem Kartengebiet abspielt.

Ist $\omega_{\text{EUL}}^{\text{loc}}$ die entsprechende lokale EULERFORM, so ist

$$\frac{\mathrm{d}}{\mathrm{d}s}\bigg|_{s=0} \int_{t_0}^{t_1} L(t, \dot{f}_s(t))\,\mathrm{d}t = \sum_{i=1}^{n} \int_{t_0}^{t_1} \omega_{\text{EUL}}^{\text{loc}}(t)(X_i(t))\,\mathrm{d}t$$

$$= \int_{t_0}^{t_1} \omega_{\text{EUL}}^{\text{loc}}(t)(X(t))\,\mathrm{d}t\,,$$

also hat die oben konstruierte EULERform $\omega_{\text{EUL}}^{\text{loc}}$ tatsächlich die geforderte Eigenschaft, und wir können

$$\omega_{\text{EUL}}^{\text{loc}} = \omega_{\text{EUL}}$$

setzen. □

C Symplektische Mannigfaltigkeiten

Der Zugang zur klassischen Mechanik über die HAMILTONfunktion beruht darauf, dass der Zustand eines mechanischen Systems durch *Ort und Impuls* festgelegt ist und dass die Angabe von Ort und Impuls einem Punkt des Kotangentialbündels (= *Phasenraum*) T^*M entspricht, wobei M der Konfigurationsraum des Systems ist. Die HAMILTONfunktion erscheint hierbei als eine Funktion H auf T^*M. Vom mathematischen Standpunkt aus gesehen, ist der HAMILTONformalismus besonders klar, da er von einer Funktion ausgeht, die auf T^*M definiert ist, und auf T^*M ist eine natürliche 2-Form wohldefiniert, die den Phasenraum zu einer *symplektischen Mannigfaltigkeit* macht. Diesen Begriff wollen wir nun diskutieren.

In Kap. 5 haben wir Mannigfaltigkeiten mit einer Metrik, also einer nichtentarteten symmetrischen Bilinearform, untersucht. Hier haben wir es hingegen mit einer Mannigfaltigkeit zu tun, die eine nichtentartete *antisymmetrische* Bilinearform trägt.

Definitionen 6.12.

a. Unter einer *symplektischen Form* auf einer Mannigfaltigkeit Q versteht man eine Differentialform $\omega \in \Omega^2 Q$, für die gilt

   (i) ω ist *nichtentartet*, d. h. zu jedem $q \in Q$ und jedem $v \in T_q Q$ gibt es ein $w \in T_q Q$ mit $\omega_q(v, w) \neq 0$;

   (ii) ω ist geschlossen, d. h. $\mathrm{d}\omega = 0$.

b. Eine Mannigfaltigkeit mit einer symplektischen Form heißt *symplektische Mannigfaltigkeit*.

Eine symplektische Form kann ähnlich wie eine Metrik benutzt werden, um Tangential- und Kotangentialbündel miteinander zu identifizieren.

Lemma 6.13. *Ist ω eine symplektische Form auf Q, so ist für jedes $q \in Q$*

$$I_q : T_q Q \longrightarrow T_q^* Q, \; v \longmapsto -\omega_q(v, \cdot) = -i_v \omega$$

ein Isomorphismus. Damit ist auch $I : \Gamma TQ \longrightarrow \Omega^1 Q$ ein Isomorphismus.

Beweis. Dass ω nichtentartet ist, bedeutet gerade, dass I_q injektiv ist, und damit ist I_q aus Dimensionsgründen ein Isomorphismus. □

Beispiel 1:

Ist $Q = \mathbb{R}^{2n}$ und bezeichnen wir die Koordinaten mit $(x_1, \ldots, x_n, \, y_1, \ldots, y_n)$, so ist

$$\omega = \sum_{i=1}^{n} \mathrm{d}x_i \wedge \mathrm{d}y_i$$

eine symplektische Form auf $\mathbb{R}^{2n}$ und

$$I_{(x,y)} : \mathbb{R}^{2n} \longrightarrow \mathbb{R}^{2n}, \begin{pmatrix} v \\ w \end{pmatrix} \longmapsto (w^T, -v^T) \,,$$

denn

$$\begin{aligned} -i_{\binom{v}{w}}\omega = &-v_1 \, \mathrm{d}y_1 + w_1 \, \mathrm{d}x_1 + \cdots \\ &-v_n \, \mathrm{d}y_n + w_n \, \mathrm{d}x_n \,. \end{aligned}$$

Beispiel 2: Das Kotangentialbündel

Um eine symplektische Form auf T^*M, also an jeder Stelle $\alpha \in T^*M$ ein Element $\omega_\alpha \in \mathrm{Alt}^2(T_\alpha T^*M)$, zu definieren, nützt man aus, dass das Differential der Projektion $\pi : T^*M \longrightarrow M$ an jeder Stelle $\alpha \in T^*M$ eine Abbildung

$$\mathrm{d}\pi_\alpha : T_\alpha T^*M \longrightarrow T_{\pi(\alpha)}M$$

definiert.

Definition 6.14. Die 1-Form $\theta \in \Omega^1(T^*M)$, die durch

$$\theta_\alpha(v) := \alpha(d\pi_\alpha(v))$$

definiert ist, heißt *kanonische* 1-*Form* auf T^*M.

Bezeichnen wir lokale Koordinaten in T^*M wieder mit (q, p), so ist eine 1-Form $\beta \in \Omega^1(T^*M)$ lokal durch

$$\sum_{i=1}^{n} \beta_i(p, q) \, \mathrm{d}p_i + \sum_{i=1}^{n} b_i(p, q) \, \mathrm{d}q_i$$

mit C^∞-Funktionen β_i, b_i gegeben.

Damit haben die Differentiale $\mathrm{d}q_i$ eine Doppelbedeutung: Einerseits ist $\mathrm{d}q_i$ eine lokale 1-Form auf M, andererseits eine lokale 1-Form auf T^*M. Wir wollen hierfür nur für einen Moment unterschiedliche Notationen einführen, nämlich $\mathrm{d}q_i^M$ und $\mathrm{d}q_i^{T^*M}$. Dann ist

$$\left(\mathrm{d}q_i^{T^*M}\right)_\alpha(w) = \left(\mathrm{d}q_i^M\right)_{\pi(\alpha)}(\mathrm{d}\pi_\alpha(w))$$

für $w \in T_\alpha(T^*M)$.

Im Folgenden benutzen wir wieder die Bezeichnung $\mathrm{d}q_i$ in der Doppelbedeutung wie oben angekündigt. Dann ist die kanonische 1-Form lokal

$$\theta = \sum_{i=1}^n p_i \, \mathrm{d}q_i \, . \tag{6.10}$$

Denn wenn $\alpha \in T_q^*M$ lokal gegeben ist durch $\alpha = (q, p)$, so ist

$$\begin{aligned}\theta_{(q,p)}(w) &= \sum_i p_i \, \mathrm{d}q_i(\mathrm{d}\pi_{(q,p)}(w)) \\ &= \sum_i p_i \, \mathrm{d}(q_i \circ \pi)(w) \\ &= \sum_i p_i \, \mathrm{d}q_i(w) \, .\end{aligned}$$

Beim letzten Gleichheitszeichen wurde Gebrauch von der Doppelbenutzung der Koordinaten q_i gemacht.

Satz 6.15. *Ist θ die kanonische Form auf T^*M, so ist $\omega := \mathrm{d}\theta$ eine symplektische Form auf T^*M.*

Beweis. Es ist $\mathrm{d}\omega = \mathrm{d}\mathrm{d}\theta = 0$. In lokalen Koordinaten ist

$$\omega = -\sum_{i=1}^n \mathrm{d}q_i \wedge \mathrm{d}p_i \, ,$$

also ist ω offenbar nicht entartet. □

Sprechen wir von der *symplektischen Mannigfaltigkeit* T^*M, so bezieht sich das stets auf diese symplektische Form auf T^*M.

Dass die symplektische Form auf T^*M in lokalen Koordinaten dieselbe Form hat wie die symplektische Form aus Beispiel 1, ist kein Zufall. Vielmehr gilt:

Theorem 6.16 (Satz von DARBOUX). *Ist ω eine symplektische Form auf M, dann hat M gerade Dimension $2n$, und um jeden Punkt $x \in M$ gibt es lokale Koordinaten $(U, (q_1, \dots, q_n, p_1, \dots, p_n))$, so dass*

$$\omega\big|_U = -\sum_{i=1}^n \mathrm{d}q_i \wedge \mathrm{d}p_i$$

gilt.

Beweis. Die Behauptung über die Dimension $m = 2n$ der Mannigfaltigkeit folgt mit linear-algebraischen Mitteln: Ist $x \in M$ und $(\partial_1, \ldots, \partial_m)$ eine Koordinatenbasis um x, so ist

$$\Omega := (\omega_{ij})_{i,j=1,\ldots,m} \quad \text{mit } \omega_{ij} = \omega_x(\partial_i(x), \partial_j(x)) \tag{6.11}$$

eine schiefsymmetrische Matrix. Da ω nicht entartet ist, ist diese Matrix regulär, also ist

$$\begin{aligned} 0 \neq \det \Omega &= \det(\Omega^T) \\ &= \det(-\Omega) = (-1)^m \det(\Omega) \,. \end{aligned}$$

Also ist $(-1)^m = 1$ und somit $m = 2n$ gerade.

Sei nun $x \in M$ und (U, h) eine Karte um x mit $h(x) = 0$. Weiter sei $\partial_1^{(h)}, \ldots, \partial_{2n}^{(h)}$ die Koordinatenbasis zu h. Sei Ω durch (6.11) gegeben. Dann gibt es eine Basis $(e'_1, \ldots, e'_{2n})$ von $\mathbb{R}^{2n}$, bezüglich der Ω von der Gestalt $\begin{pmatrix} 0 & E_n \\ -E_n & 0 \end{pmatrix}$ ist.

Auch dieser Teil des Beweises geschieht mit Mitteln der linearen Algebra. Zu zeigen ist, dass eine Basis $e'_1, \ldots, e'_{2n}$ existiert mit

$$e_r'^T \Omega e'_s = \begin{cases} 1\,, & \text{falls } s = r + n\,, \\ 0\,, & \text{falls } r < s \text{ und } s \neq r + n\,. \end{cases} \tag{6.12}$$

Wir zeigen durch Induktion, dass eine solche Basis existiert.

Sei $0 \neq e'_1 \in \mathbb{R}^{2n}$ beliebig und v_1 so, dass $e_1'^T \Omega v_1 \neq 0$. Setze

$$e'_{n+1} := \frac{v_1}{e_1'^T \Omega v_1} \,.$$

Dann ist $e'_1 \Omega e'_{n+1} = 1$.

Angenommen, es sind $2k$ linear unabhängige Vektoren $\{e'_1, \ldots, e'_k, e'_{n+1}, \ldots, e'_{n+k}\}$ schon konstruiert, die (6.12) erfüllen. Sei

$$\begin{aligned} W_k &:= \mathrm{LH}\{e'_1, \ldots, e'_k, e'_{n+1}, \ldots, e'_{n+k}\}\,, \\ V_k &:= \{v \in \mathbb{R}^{2n} \mid v^T \Omega w = 0 \text{ für alle } w \in W_k\}\,. \end{aligned}$$

Dann ist $W_k \cap V_k = 0$ und $V_k \oplus W_k = \mathbb{R}^{2n}$, denn jedes $x \in \mathbb{R}^{2n}$ kann in der Form

$$x = (x - y) + y$$

geschrieben werden, wobei $y \in W_k$ definiert ist durch

$$\begin{aligned} y := &- \left(x^T \Omega e'_1\right) e'_{n+1} - \cdots - \left(x^T \Omega e'_k\right) e'_{n+k} + \left(x^T \Omega e'_{n+1}\right) e'_1 + \cdots \\ &+ \left(x^T \Omega e'_{n+k}\right) e'_k \,, \end{aligned}$$

und dann ist $x - y \in V_k$, denn

$$x^T \Omega e'_j = y^T \Omega e'_j \quad \text{für } 1 \leq j \leq k \text{ und } n+1 \leq j \leq n+k\,.$$

Im Falle $k = n$ ist man also fertig. Für $k < n$ aber folgt $\dim V_k = 2n - 2k > 2k = \dim W_k$, und man wählt $e'_{k+1} \in V_k \setminus W_k$. Dann existiert ein Vektor $v_{k+1} \in V_k$ mit $e'^T_{k+1} \Omega v_{k+1} \neq 0$. Setze $e'_{n+k+1} := \frac{v_{k+1}}{e'^T_{k+1} \Omega v_{k+1}}$, und der Induktionsschritt ist vollzogen.

Bezüglich $(e'_1, \ldots, e'_{2n})$ ist also Ω durch

$$\begin{pmatrix} 0 & E_n \\ -E_n & 0 \end{pmatrix} \tag{6.13}$$

gegeben. Sei $A \in \mathbb{R}_{2n \times 2n}$ die Matrix, die die Standardbasis auf diese Basis abbildet, also $A^{-1} = (e'_1, \ldots, e'_{2n})$ und $\tilde{h} = A \circ h$. Dann hat ω_x in der durch $\tilde{h}$ gegebenen Koordinatenbasis die Matrixdarstellung (6.13).

Nun muss noch gezeigt werden, dass ω in einer ganzen Umgebung U von x in geeigneten Koordinaten durch (6.13) beschrieben wird.

Sei $\omega_0 \in \Omega^2 U$ durch

$$\omega_0 := \tilde{h}^*(\mathrm{d}x_1 \wedge \mathrm{d}x_{n+1} + \cdots + \mathrm{d}x_n \wedge \mathrm{d}x_{2n})$$

definiert und

$$\begin{aligned} \tilde{\omega} &:= \omega\big|_U - \omega_0\,, \quad \text{insbesondere } \tilde{\omega}_x = 0\,, \\ \omega_t &:= \omega_0 + t\tilde{\omega}\,, \end{aligned}$$

also $\omega_1 = \omega\big|_U$ und $(\omega_t)_x = (\omega_0)_x$ für alle t.

Sei $\Omega_t(x') := (\omega_t(\partial_1(x'), \partial_j(x'))_{i,j})$, also

$$\Omega_t(x) = \begin{pmatrix} 0 & E_n \\ -E_n & 0 \end{pmatrix}.$$

Es ist daher $\det \Omega_t(x) = \det \begin{pmatrix} 0 & E_n \\ -E_n & 0 \end{pmatrix} \neq 0$, also existiert eine Umgebung U von x mit $\det \Omega_t(x') \neq 0$ für alle $x' \in U$, $-1 \leq t \leq 1$. In U sind dann alle diese ω_t nichtentartet. O.B.d.A. sei $U = \tilde{h}^{-1}(\mathcal{U}_\varepsilon(0))$ für ein $\varepsilon > 0$. Sei

$$I_t : \Omega^1(U) \xrightarrow{\cong} \Gamma T U$$

der durch ω_t gegebene Isomorphismus. Wegen $\mathrm{d}\tilde{\omega} = 0$ existiert nach dem Lemma von Poincaré ein $\alpha \in \Omega^1 U$ mit $\mathrm{d}\alpha = \tilde{\omega}$ und $\alpha_x = 0$. Setze $X_t := I_t(\alpha)$. Dann ist $X_t(x) = 0$ und nach Korollar 4.17

$$\mathcal{L}_{X_t} \omega_t = -\mathrm{d}\alpha + i_{X_t}\, \mathrm{d}\omega_t = -\tilde{\omega}\,. \tag{6.14}$$

Wir betrachten nun die nichtautonome Differentialgleichung $\dot{\alpha}(t) = X_t(\alpha(t))$. Nach der Theorie der Anfangswertprobleme für solche Differentialgleichungen (vgl. etwa [36], Kapitel 20) gibt es eine differenzierbare Abbildung

$$\Psi : \bigcup_{x \in U}]a_x, b_x[\times U \longrightarrow U \text{ mit } \left.\frac{\mathrm{d}}{\mathrm{d}t}\right|_{t=t_0} \Psi(t, x') = X_{t_0}(\Psi(t_0, x'))$$

und

$$\Psi(0, x') = x' \ .$$

Wir schreiben wieder $\Psi_t : U \longrightarrow M$, $\Psi_t(x') := \Psi(t, x')$. Da $X_t(x) = 0$ gilt, kann (nach etwaiger Verkleinerung von U) angenommen werden, dass $a_{x'} < -1$ und $b'_x > 1$ für alle $x' \in U$ und dass alle Ψ_t, $-1 \leq t \leq 1$ Diffeomorphismen sind.

Nach Anmerkung 4.18, angewandt auf die Diffeomorphismenscharen $\tau \mapsto \tilde{\Psi}_\tau := \Psi_{t+\tau} \circ \Psi_t^{-1}$, ist für jedes $t \in [0, 1]$

$$\frac{\mathrm{d}}{\mathrm{d}t} \Psi_t^* \eta = \Psi_t^* \mathcal{L}_{X_t} \eta \quad \text{für } \eta \in \Omega^r M \ ,$$

also ist mit (6.14)

$$\begin{aligned} \left.\frac{\mathrm{d}}{\mathrm{d}t}\right|_{t=t_0} \Psi_t^* \omega_t &= \Psi_{t_0}^* \tilde{\omega} + \Psi_{t_0}^* \mathcal{L}_{X_{t_0}} \omega_{t_0} \\ &= \Psi_{t_0}^* \tilde{\omega} - \Psi_{t_0}^* \tilde{\omega} = 0 \ , \end{aligned}$$

also

$$\Psi_t^* \omega_t = \Psi_0^* \omega_0 = \omega_0 = \Psi_1^* \omega \ .$$

Damit ist

$$\tilde{h} \circ \Psi_1^{-1}$$

die gesuchte Karte, denn

$$\begin{aligned} &(\tilde{h} \circ \Psi_1^{-1})^* (\mathrm{d}x_1 \wedge \mathrm{d}x_{n+1} + \cdots + \mathrm{d}x_n \wedge \mathrm{d}x_{2n}) \\ &= (\Psi_1^{-1})^* \tilde{h}^* (\mathrm{d}x_1 \wedge \mathrm{d}x_{n+1} + \cdots + \mathrm{d}x_n \wedge \mathrm{d}x_{2n}) \\ &= (\Psi_1^{-1})^* \omega_0 = \omega \ . \end{aligned}$$

□

Definition 6.17. Koordinaten wie im Satz von DARBOUX heißen *symplektische Normalkoordinaten.*

Im Fall der pseudo-RIEMANNschen Mannigfaltigkeiten existiert eine nirgends verschwindende n-Form – die Volumenform – nicht in jedem Fall, sondern nur, falls M orientierbar ist. Im Fall einer symplektischen Mannigfaltigkeit der Dimension $m = 2n$ hingegen existiert stets eine nirgends verschwindende m-Form:

Satz 6.18. *Ist (M, ω) eine symplektische Mannigfaltigkeit der Dimension $2n$, so ist $\omega^n(x) \neq 0$ für alle $x \in M$. Insbesondere ist M orientierbar.*

Beweis. In symplektischen Normalkoordinaten ist lokal

$$\begin{aligned}\omega^n &= (-1)^n(\mathrm{d}q_1 \wedge \mathrm{d}p_1 + \cdots + \mathrm{d}q_n \wedge \mathrm{d}p_n)^n \\ &= (-1)^n n!\, \mathrm{d}q_1 \wedge \mathrm{d}p_1 \wedge \mathrm{d}q_2 \wedge \mathrm{d}p_2 \wedge \cdots \wedge \mathrm{d}q_n \wedge \mathrm{d}p_n \\ &= (-1)^{\left[\frac{n+1}{2}\right]} n!\, \mathrm{d}q_1 \wedge \cdots \wedge \mathrm{d}q_n \wedge \mathrm{d}p_1 \wedge \cdots \wedge \mathrm{d}p_n\,.\end{aligned}$$

□

Definitionen 6.19.

a. Ist (M, ω) *symplektische Mannigfaltigkeit*, so heißt

$$\frac{(-1)^{\left[\frac{n+1}{2}\right]}}{n!}\,\omega^n$$

die *kanonische Volumenform* auf M.

b. Ist M kompakt, so heißt

$$\int\limits_M \omega^n$$

das *symplektische Volumen* von M.

Im Falle RIEMANNscher Mannigfaltigkeiten spielten Isometrien, also Diffeomorphismen, die die Metrik erhalten, eine wichtige Rolle. Diese Rolle übernehmen jetzt Abbildungen, die die symplektische Form erhalten.

Definition 6.20. Seien (M, ω) und (N, η) symplektische Mannigfaltigkeiten. Eine differenzierbare Abbildung $f : M \longrightarrow N$ heißt *symplektisch* oder auch *kanonische Transformation*, falls $f^*\eta = \omega$ gilt.

Symplektische Transformationen haben zwar stets injektives Differential (sonst wäre $f^*\eta$ ja entartet), aber sie sind nicht notwendig regulär, wie man an folgendem Beispiel sieht:

Beispiel:

$$\begin{aligned} f : (\mathbb{R}^2, \mathrm{d}x_1 \wedge \mathrm{d}x_2) &\longrightarrow (\mathbb{R}^4, \mathrm{d}y_1 \wedge \mathrm{d}y_3 + \mathrm{d}y_2 \wedge \mathrm{d}y_4)\,, \\ f(x_1, x_2) &= (x_1, 0, x_2, 0)\end{aligned}$$

ist eine symplektische Transformation, denn

$$\begin{aligned} &f^*(\mathrm{d}y_1 \wedge \mathrm{d}y_3 + \mathrm{d}y_2 \wedge \mathrm{d}y_4)(\boldsymbol{e}_1, \boldsymbol{e}_2) \\ &\quad = (\mathrm{d}y_1 \wedge \mathrm{d}y_3 + \mathrm{d}y_2 \wedge \mathrm{d}y_4)\left(\begin{pmatrix}1\\0\\0\\0\end{pmatrix}, \begin{pmatrix}0\\0\\1\\0\end{pmatrix}\right) \\ &\quad = 1 = (\mathrm{d}x_1 \wedge \mathrm{d}x_2)(\boldsymbol{e}_1, \boldsymbol{e}_2)\end{aligned}$$

Isometrien erhalten das Volumen kompakter Mengen, und für kanonische Transformationen folgt ebenso, dass das symplektische Volumen erhalten bleibt.

Satz 6.21. *Ist $f : M \longrightarrow N$ eine injektive kanonische Transformation zwischen symplektischen Mannigfaltigkeiten (M, ω) und (N, η), und ist $K \subseteq M$ eine $2m$-dimensionale kompakte Untermannigfaltigkeit, so ist*

$$\int_K \omega^m = \int_{f(K)} \eta^m .$$

Beweis. Da f kanonische Transformation ist, gilt $(f^*\eta^m) = \omega^m$ für alle m. Da f injektives Differential hat und K kompakt ist, ist $f : K \longrightarrow f(K)$ ein Diffeomorphismus (Beweis ähnlich wie im Beweis von Satz 4.5). Also folgt die Behauptung aus der Transformationsformel (vgl. Korollar 4.13). □

Symplektische Diffeomorphismen des Kotangentialbündels treten in natürlicher Weise auf:

Satz 6.22. *Ist $f : M \longrightarrow N$ ein Diffeomorphismus, so ist $\tilde{f} : T^*N \longrightarrow T^*M$, $\alpha \longmapsto \alpha \circ \mathrm{d}f_{f^{-1}(\pi(\alpha))}$ ein symplektischer Diffeomorphismus zwischen den Kotangentialbündeln mit den kanonischen symplektischen Formen. Eine Koordinatentransformation des Konfigurationsraums erzeugt also eine kanonische Transformation des Phasenraums.*

Es gilt sogar $\tilde{f}^*\theta_M = \theta_N$ für die kanonischen 1-Formen θ_M und θ_N auf T^*M bzw. T^*N.

Beweis. Sei $\alpha \in T_x^*N$ und $v \in T_\alpha(T^*N)$. Dann ist

$$\begin{aligned}
(\tilde{f}^*\theta_M)_\alpha(v) &= (\theta_M)_{\tilde{f}(\alpha)}(\mathrm{d}\tilde{f}_\alpha(v)) \\
&= \tilde{f}(\alpha)(\mathrm{d}\pi_{\tilde{f}(\alpha)}(\mathrm{d}\tilde{f}_\alpha(v)) \\
&= \tilde{f}(\alpha)(\mathrm{d}(\pi \circ \tilde{f})_\alpha(v)) \\
&= \tilde{f}(\alpha)(\mathrm{d}(f^{-1} \circ \pi)_\alpha(v)) \\
&= \alpha \circ \mathrm{d}f_{f^{-1}(\pi(\alpha))}(\mathrm{d}f^{-1}_{\pi(\alpha)} \circ \mathrm{d}\pi_\alpha(v)) \\
&= \alpha(\mathrm{d}\pi_\alpha(v)) = (\theta_N)_\alpha(v) .
\end{aligned}$$

Dabei gilt das vierte Gleichheitszeichen, da

$$\begin{aligned}
(\pi \circ \tilde{f})(\alpha) &= \pi(\alpha \circ \mathrm{d}f_{f^{-1}(\pi(\alpha))}) = \\
&= (f^{-1} \circ \pi)(\alpha) .
\end{aligned}$$

□

D Der HAMILTONformalismus

Im HAMILTONformalismus wird ein physikalisches System durch eine Funktion H auf dem Kotangentialbündel beschrieben. Die Bewegungsgleichungen sind dann als Integralkurven eines Vektorfelds gegeben. Um dieses Vektorfeld zu definieren, nutzt man die kanonische symplektische Struktur, die auf T^*M gegeben ist.

Auf RIEMANNschen Mannigfaltigkeiten haben wir mittels des Isomorphismus # das Differential einer Funktion in ein Vektorfeld übersetzt. Ähnlich können wir bei symplektischen Mannigfaltigkeiten verfahren, indem wir den Isomorphismus I aus Lemma 6.13 benutzen.

Definitionen 6.23. Ist (M, ω) eine symplektische Mannigfaltigkeit und $H \in C^\infty(M)$, so heißt $I^{-1}\,\mathrm{d}H =: s\text{-grad}\, H$ der *symplektische Gradient* oder das HAMILTON*sche Vektorfeld* zu H.

Beispiel: Ist $H \in C^\infty(\mathbb{R}^{2n})$ und bezeichnen $(q_1, \ldots, q_n,\ p_1, \ldots, p_n)$ die Koordinaten in $\mathbb{R}^{2n}$, so ist bezüglich der kanonischen symplektischen Form $\omega = \sum_i \mathrm{d}p_i \wedge \mathrm{d}q_i$ auf $\mathbb{R}^{2n}$ der symplektische Gradient von H durch

$$s\text{-grad}\, H = \begin{pmatrix} \frac{\partial H}{\partial p_1} \\ \vdots \\ \frac{\partial H}{\partial p_n} \\ -\frac{\partial H}{\partial q_1} \\ \vdots \\ -\frac{\partial H}{\partial q_n} \end{pmatrix} \tag{6.15}$$

gegeben.

Ist

$$H(q, p) = \frac{|p|^2}{2m} + U(q) \quad \text{für } U \in C^\infty(\mathbb{R}^n)$$

so ist

$$s\text{-grad}\, H = \begin{pmatrix} \frac{p}{m} \\ -\text{grad}\, U \end{pmatrix} .$$

Die Integralkurven dieses Vektorfelds erfüllen also die Gleichung

$$\dot{q} = \frac{p}{m} ,$$
$$\dot{p} = -\text{grad}\, U .$$

Dies ist äquivalent zur Differentialgleichung zweiter Ordnung

$$m\ddot{q} = -\text{grad}\, U(q) ,$$

was gerade die NEWTONsche Bewegungsgleichung ist.

Nach dem Satz von DARBOUX können wir auf jeder symplektischen Mannigfaltigkeit lokale Koordinaten (U, q, p) einführen, so dass $\omega|_U = \sum_{i=1}^{n} \mathrm{d}p_i \wedge \mathrm{d}q_i$ ist, und damit

$$s\text{-grad}\, H = \sum_{i=1}^{n} \frac{\partial H}{\partial p_i} \partial_{q_i} - \sum_{i=1}^{n} \frac{\partial H}{\partial q_i} \partial_{p_i}$$

gilt.

Korollar 6.24. *Ist $\alpha : \mathbb{R} \longrightarrow M$ Integralkurve des symplektischen Gradienten s-grad H, so gilt in kanonischen Koordinaten*

$$\dot{p}_i = -\frac{\partial H}{\partial q_i}(p, q),$$
$$\dot{q}_i = \frac{\partial H}{\partial p_i}(p, q).$$

Der Gradient einer Funktion steht immer senkrecht auf den Niveauflächen der Funktion. Der symplektische Gradient verhält sich hier allerdings ganz anders.

Satz 6.25. *Ist H eine differenzierbare Funktion auf einer symplektischen Mannigfaltigkeit M, so lässt der Fluss des Vektorfelds s-grad H die Funktion H invariant, d.h. H ist längs der Integralkurven von s-grad H konstant.*

Beweis. Für jedes $\alpha \in \Omega^1 M$ ist

$$\alpha(I^{-1}\alpha) = \omega(I^{-1}\alpha,\, I^{-1}\alpha) = 0\,.$$

Also ist

$$\mathrm{d}H(s\text{-grad}\, H) = \mathrm{d}H(I^{-1}\mathrm{d}H) = 0\,.$$

Ist nun γ eine Integralkurve, so ergibt die Kettenregel $(\mathrm{d}/\mathrm{d}t)(H \circ \gamma) \equiv 0$ und damit die Behauptung. □

Eine Funktion, die längs der Integralkurven konstant ist, wird auch als *Erhaltungsgröße* oder *Konstante der Bewegung* bezeichnet, wenn klar ist, auf welchen Fluss sich das bezieht. Also ist H selbst eine Konstante der Bewegung in Bezug auf den Fluss ihres symplektischen Gradienten.

Ebenso wie man sich die Frage stellt, wann ein Vektorfeld ein Potential hat, stellt man auch die Frage, wann – zumindest lokal – ein Vektorfeld ein HAMILTONsches Vektorfeld ist.

Definition 6.26. Ein Vektorfeld v auf einer symplektischen Mannigfaltigkeit heißt *lokal* HAMILTON*sch*, falls $\mathrm{d}(Iv) = 0$ gilt.

Ein HAMILTONsches Vektorfeld ist natürlich lokal HAMILTONsch, denn $\mathrm{d}I(I^{-1}\mathrm{d}H) = \mathrm{d}\mathrm{d}H = 0$. Wieder ermöglicht das POINCARÉ-Lemma die lokale Umkehrung dieser Aussage:

Lemma 6.27. *Ist v ein lokal* HAMILTON*sches Vektorfeld, so gibt es um jedes $x \in M$ eine Umgebung U sowie eine Funktion $H \in C^\infty(U)$ mit*

$$v\big|_U = s\text{-grad}\, H\ .$$

Beweis. Aufgrund des POINCARÉ Lemmas gibt es eine Umgebung U sowie $H \in C^\infty(U)$ mit $\mathrm{d}H = I v\big|_U$, also

$$v\big|_U = I^{-1}\mathrm{d}H\ .$$

□

Damit lässt sich die Frage beantworten, für welche Vektorfelder die entsprechenden Flussdiffeomorphismen *kanonische Transformationen* sind:

Theorem 6.28. *Sei (M, ω) eine symplektische Mannigfaltigkeit und v ein Vektorfeld auf M. Dann sind die Flussdiffeomorphismen $\Phi_t : M \longrightarrow M$ zu v genau dann symplektisch, wenn v lokal* HAMILTONSCH *ist. Insbesondere erhält der Fluss eines* HAMILTON*schen Vektorfeldes das symplektische Volumen.*

Beweis. Sei v ein lokal HAMILTONsches Vektorfeld. Dann ist

$$\begin{aligned} \mathcal{L}_v\omega &= i_v\,\mathrm{d}\omega + \mathrm{d}i_v\omega \\ &= -\mathrm{d}I v = 0\ . \end{aligned}$$

Also gilt nach (3.8) und Definition 3.23 für den Fluss zu v

$$\frac{\mathrm{d}}{\mathrm{d}t}\Phi_t^*\omega = \frac{\mathrm{d}}{\mathrm{d}\tau}\bigg|_{\tau=0} \Phi_{t+\tau}^*\omega = \Phi_t^*\mathcal{L}_v\omega = 0$$

und somit $\Phi_t^*\omega = \Phi_0^*\omega = \omega$, für alle t, für die Φ_t definiert ist.

Ist umgekehrt $\Phi_t^*\omega = \omega$ für alle t, so ist $\mathcal{L}_v\omega = 0$, also $\mathrm{d}i_v\omega = -\mathrm{d}I v = 0$. Die Invarianz des symplektischen Volumens ergibt sich nun aus Satz 6.21. □

Bemerkung: Die Tatsache, dass der Fluss eines HAMILTONschen Vektorfelds das symplektische Volumen erhält, ist von grundlegender Bedeutung für die *statistische Mechanik*. Hier werden Systeme betrachtet, bei denen die Dimension des Konfigurationsraums K in der Größenordnung der LOSCHMIDTschen Zahl liegt, und es ist in dieser Situation ein hoffnungsloses Unterfangen, die Bahnen einzelner Teilchen verfolgen zu wollen. Stattdessen betrachtet man die Wahrscheinlichkeit dafür, dass der Zustand des Systems im Phasenraum T^*K in einer gegebenen Region B liegt, sowie die zeitliche Entwicklung dieser Wahrscheinlichkeitsverteilungen. Zum Beipspiel ist diese Wahrscheinlichkeit im thermischen Gleichgewicht bei der Temperatur $T > 0$ gegeben durch

$$\mathcal{P}(B) := Z^{-1} \int_B \mathrm{e}^{-\beta H}\,\omega^n$$

mit

$$Z := \int \mathrm{e}^{-\beta H} \omega^n ,$$

wobei H die HAMILTONfunktion ist und $\beta := 1/kT$ (k = BOLTZMANNkonstante). Da das System den HAMILTONschen Bewegungsgleichungen folgt, ist seine Dynamik durch den Fluss eines HAMILTONschen Vektorfeldes auf T^*K gegeben, und Theorem 6.28 zusammen mit Satz 6.25 sorgen also dafür, dass diese Wahrscheinlichkeiten unter der Dynamik invariant bleiben. Anders ausgedrückt: Die Flussdiffeomorphismen Φ_t sind in Bezug auf das Wahrscheinlichkeitsmaß $\mathcal{P}$ *maßtreue Abbildungen*, und daher kann man Methoden und Resultate der *Ergodentheorie* für die statistische Mechanik nutzbar machen (vgl. etwa [26, 62]).

POISSONklammern

In Abschn. 3D haben wir gesehen, dass durch die LIEklammer eine schiefsymmetrische bilineare Abbildung auf dem Raum der Vektorfelder gegeben ist. Eine ähnliche Abbildung ist nun auch auf dem Raum der C^∞ Funktionen auf einer symplektischen Mannigfaltigkeit gegeben:

Definition 6.29. Ist (M, ω) eine symplektische Mannigfaltigkeit, so heißt die Abbildung

$$C^\infty(M) \times C^\infty(M) \longrightarrow C^\infty(M)\,,\ (f, g) \longmapsto \{f, g\}$$

mit

$$\{f, g\} := \omega(I^{-1}\mathrm{d}g\,,\ I^{-1}\mathrm{d}f) = \mathrm{d}f(s\text{-grad}\, g)$$

die POISSON*klammer*.

Nach Definition ist also eine Funktion f genau dann konstant entlang des Flusses von s-grad H (also eine Erhaltungsgröße), wenn $\{f, H\} = 0$ ist.

Satz 6.30. *Durch die* POISSON*klammer ist eine schiefsymmetrische bilineare Abbildung auf* $C^\infty(M)$ *gegeben. Genauer gilt für alle* $f_1, f_2, f, g \in C^\infty(M)$ *und* $\lambda \in \mathbb{R}$

a. $\{f, g\} = -\{g, f\}$,
b. $\{\lambda f_1 + f_2, g\} = \lambda\{f_1, g\} + \{f_2, g\}$.

Beweis. a. folgt aus der Schiefsymmetrie von ω. b. folgt aus der Linearität des Differentials. □

In kanonischen Koordinaten ist wegen (6.15)

$$\begin{aligned}\{f, g\} &= \mathrm{d}f(s\text{-grad}\, g)\\ &= \sum_{i=1}^{n}\left(-\frac{\partial f}{\partial p_i}\frac{\partial g}{\partial q_i} + \frac{\partial f}{\partial q_i}\frac{\partial g}{\partial p_i}\right),\end{aligned} \tag{6.16}$$

also insbesondere

$$\{q_i, q_j\} = \{p_i, p_j\} = 0 \quad \text{für alle } i, j \in \{1, \ldots, n\} ,$$
$$\{q_i, p_j\} = 0 \quad \text{für } i \neq j ,$$
$$\{q_i, p_i\} = +1 ,$$
$$\{q_i, H\} = +\frac{\partial H}{\partial p_i} \quad \{p_i, H\} = -\frac{\partial H}{\partial q_i} .$$

Die POISSONklammer zweier Funktionen steht tatsächlich in enger Beziehung zur LIEklammer der entsprechenden HAMILTONschen Vektorfelder.

Lemma 6.31. *Sind $f, g \in C^\infty(M)$, so ist*

$$[s\text{-grad}\, f\ ,\ s\text{-grad}\, g] = s\text{-grad}\, \{g, f\} . \tag{6.17}$$

Beweis. Die Gleichung $d\omega = 0$ ist nach (4.15) gleichbedeutend damit, dass für beliebige Vektorfelder u, v, w gilt:

$$u(\omega(v,w)) + v(\omega(w,u)) + w(\omega(u,v))$$
$$+\omega(u,[v,w]) + \omega(v,[w,u]) + \omega(w,[u,v]) = 0 .$$

Ist nun

$$v = s\text{-grad}\, g,\ w = s\text{-grad}\, f, \text{ so folgt}$$

$$\begin{aligned} 0 &= u\{f,g\} - (s\text{-grad}\, g)u(f) + (s\text{-grad}\, f)u(g) \\ &\quad +\omega(u, [s\text{-grad}\, g,\ s\text{-grad}\, f]) - dg([w,u]] - df([u,v]) \\ &= u\{f,g\} + (u(s\text{-grad}\, f))(g) - (u(s\text{-grad}\, g))(f) \\ &\quad +\omega(u, [s\text{-grad}\, g,\ s\text{-grad}\, f]) \\ &= -u\{f,g\} + \omega(u, [s\text{-grad}\, g,\ s\text{-grad}\, f]) , \end{aligned}$$

also $s\text{-grad}\{f,g\} = [s\text{-grad}\, g,\ s\text{-grad}\, f]$. □

Damit folgt sofort, dass die POISSONklammer $C^\infty(M)$ zu einer LIEalgebra macht:

Korollar 6.32. *Für die* POISSON*klammer gilt die* JACOBI*-Identität*

$$\{f, \{g,h\}\} + \{g, \{h,f\}\} + \{h, \{f,g\}\} = 0 .$$

Den Beweis kann man in lokalen Koordinaten führen, indem man (6.16) benutzt, oder (was eleganter ist) man führt mittels (6.17) die JACOBI-Identität der POISSONklammer auf die schon bekannte JACOBI-Identität für die LIEklammer zurück. Die Ausführung ist dem Leser als Übungsaufgabe überlassen.

E Der LAGRANGEformalismus und die LEGENDREtransformation

Im LAGRANGEformalismus wird das physikalische System durch eine Funktion $L \in C^{\infty}(TM)$ beschrieben. In Abschn. B wurden schon die Bewegungsgleichungen aus dem Prinzip der kleinsten Wirkung hergeleitet. Hier wollen wir die Lösungen dieser Gleichung wieder als Integralkurven eines Vektorfeldes beschreiben und über die LEGENDREtransformation den Zusammenhang zum HAMILTONformalismus herstellen.

Mittels des Faserdifferentials von L können wir die symplektische Struktur von T^*M auf TM zurück holen:

Definitionen 6.33. Sei θ die kanonische 1-Form auf T^*M und $L \in C^{\infty}(TM)$.

a. Die 1-Form

$$\theta_L := (\mathrm{d}'L)^*\theta \in \Omega^1(TM)$$

heißt LAGRANGE 1-Form.

b. Die 2-Form

$$\omega_L = \mathrm{d}\theta_L$$

heißt LAGRANGE 2-Form.

Die LAGRANGE-2-Form ist offenbar geschlossen. Ist L regulär, so ist sie auch nichtentartet, da sie ja von der kanonischen symplektischen Form auf T^*M induziert ist. Für $v \in TM$ und $w \in T_v(TM)$ ist

$$\begin{aligned}(\theta_L)_v(w) &= \theta_{(\mathrm{d}'L)(v)}(\mathrm{d}(\mathrm{d}'L)_v(w)) \\ &= (\mathrm{d}'L)(v)(\mathrm{d}(\pi \circ \mathrm{d}'L)_v(w)) \\ &= (\mathrm{d}'L)(v)(\mathrm{d}\pi_v(w)),\end{aligned} \tag{6.18}$$

wobei π einmal die Projektion in T^*M und einmal in TM bedeutet.

Damit können θ_L und ω_L leicht in lokalen Koordinaten berechnet werden.

Lemma 6.34. *Bezeichnet man die Koordinaten auf $U \subseteq TM$ mit $(q_1, \ldots, q_n, \dot{q}_1, \ldots, \dot{q}_n)$, so gilt*

a. $$\theta_L\big|_U = \sum_i \frac{\partial L}{\partial \dot{q}_i}\, \mathrm{d}q_i,$$

b. $$\omega_L\big|_U = \sum_{i,j}\left(\frac{\partial^2 L}{\partial \dot{q}_i \partial q_j}\, \mathrm{d}q_j \wedge \mathrm{d}q_i + \frac{\partial^2 L}{\partial \dot{q}_i \partial \dot{q}_j}\, \mathrm{d}\dot{q}_j \wedge \mathrm{d}q_i\right).$$

Beweis. a. liest man sofort von (6.18) ab, und b. folgt dann aus der Formel für die CARTANsche Ableitung. □

Beispiel:
Ist

$$L(v) = \frac{1}{2}m|v|^2 - U(\pi(v)),$$

auf einer RIEMANNschen Mannigfaltigkeit (M, g), so ist

$$(\theta_L)_v(w) = mg(v, \mathrm{d}\pi_v(w)) \ .$$

In lokalen Koordinaten ist θ_L also

$$m \sum_{i,j} \dot{q}_j \, g_{ij} \, \mathrm{d}q_i \ .$$

Die LAGRANGE-2-Form ist damit

$$m \sum_{i,j,s} \left(\frac{\partial}{\partial q_j} g_{is} \right) \dot{q}_s \, \mathrm{d}q_j \wedge \mathrm{d}q_i + m \sum_{i,j} g_{ij} \, \mathrm{d}\dot{q}_j \wedge \mathrm{d}q_i \ .$$

Ist eine LAGRANGEfunktion gegeben, so kann man auch von der Energie sprechen:

Definitionen 6.35. Sei $L : TM \longrightarrow \mathbb{R}$ eine gegebene LAGRANGEfunktion. Dann heißt $A \in C^\infty(TM)$, $A(v) := \mathrm{d}'L(v)(v)$ die *Wirkung* von L und $E = A - L$ die *Energie*.

In lokalen Koordinaten ist

$$A : TM\big|_U \longrightarrow \mathbb{R},\ (q, \dot{q}) \longmapsto \sum \frac{\partial L}{\partial \dot{q}_i} \dot{q}_i \ ,$$
$$E : TM\big|_U \longrightarrow \mathbb{R},\ (q, \dot{q}) \longmapsto \sum \frac{\partial L}{\partial \dot{q}_i} \dot{q}_i - L(q, \dot{q}) \ .$$

Beispiel:
Sind M und L wie im vorigen Beispiel, so ist

$$A(v) = m|v|^2$$

und

$$E = \left(U(\pi(v)) + \frac{m}{2}|v|^2 \right) \ ,$$

wobei offensichtlich der erste Term als potentielle, der zweite als kinetische Energie zu interpretieren ist.

Definition 6.36. Sei $L \in C^\infty(TM)$ und $E = A - L$ die Energiefunktion zu L. Ein Vektorfeld $X_E \in \Gamma(TTM)$ heißt ein LAGRANGE *Vektorfeld*, falls $-i_{X_E}\omega_L = \mathrm{d}E$ gilt. Ist L hyperreguläre LAGRANGEfunktion, so ist also

$$X_E = s\text{-grad}\, E \ .$$

Wir werden jetzt das LAGRANGE Vektorfeld im Fall einer regulären LAGRANGEfunktion in lokalen Koordinaten berechnen.

Ein Vektorfeld X auf TM wird in lokalen Koordinaten durch eine Abbildung

$$U \times \mathbb{R}^n \longrightarrow (U \times \mathbb{R}^n) \times (\mathbb{R}^n \times \mathbb{R}^n)$$

beschrieben, also

$$X(q,\dot{q}) =: (q,\dot{q},\, x_1(q,\dot{q}),\, x_2(q,\dot{q}))\ ,$$

und damit gilt lokal

$$-i_X\omega_L = \sum_i \zeta_i \,\mathrm{d}q_i + \sum_i \xi_i \,\mathrm{d}\dot{q}_i$$

mit

$$\zeta_i = \sum_j \left(-\frac{\partial^2 L}{\partial \dot{q}_i \partial q_j} + \frac{\partial^2 L}{\partial \dot{q}_j \partial q_i}\right) x_1^j - \sum_j \frac{\partial^2 L}{\partial \dot{q}_i \partial \dot{q}_j} x_2^j\ , \tag{6.19}$$

$$\xi_i = +\sum_j \frac{\partial^2 L}{\partial \dot{q}_i \partial \dot{q}_j} x_1^j\ . \tag{6.20}$$

Lokal ist $E : TU \longrightarrow \mathbb{R}$ durch

$$\sum_{i=1}^n \frac{\partial L}{\partial \dot{q}_i}(q,\dot{q})\dot{q}_i - L(q,\dot{q})$$

gegeben. Damit ist

$$\begin{aligned} \mathrm{d}E &= \sum_{i=1}^n \left(\frac{\partial E}{\partial q_i}\,\mathrm{d}q_i + \frac{\partial E}{\partial \dot{q}_i}\,\mathrm{d}\dot{q}_i\right) \\ &=: E_q\,\mathrm{d}q + E_{\dot{q}}\,\mathrm{d}\dot{q} \end{aligned}$$

mit

$$\frac{\partial E}{\partial q_i} = \sum_{j=1}^n \left(\frac{\partial^2 L}{\partial \dot{q}_j \partial q_i}\dot{q}_j\right) - \frac{\partial L}{\partial q_i}\ , \tag{6.21}$$

$$\frac{\partial E}{\partial \dot{q}_i} = \sum_{j=1}^n \frac{\partial^2 L}{\partial \dot{q}_i \partial \dot{q}_j}\dot{q}_j\ . \tag{6.22}$$

Ist $\Lambda = \left(\frac{\partial^2 L}{\partial \dot{q}_i \partial \dot{q}_j}\right)_{i,j}$ invertierbar, so folgt aus $\mathrm{d}E = -i_{X_E}\omega_L$ mit (6.20) und (6.22), dass X_E durch

$$(q,\dot{q},\dot{q},\, x(q,\dot{q})) \tag{6.23}$$

gegeben ist. Aus (6.21) und (6.19) folgt dann

$$x(q,\dot{q}) = \Lambda^{-1}\left(\left(\frac{\partial L}{\partial q_i}\right)_i - B\dot{q}\right) \tag{6.24}$$

wobei

$$B := \left(\frac{\partial^2 L}{\partial q_j \partial \dot{q}_i} \right)_{i,j=1,\ldots,n}$$

ist.

Beispiel:
Wir betrachten

$$L(v) = \frac{1}{2} mg(v, v) - U(\pi(v)) .$$

Dann ist in lokalen Koordinaten das Vektorfeld s-grad E durch $(q, \dot{q}, \dot{q}, x)$ mit

$$x^j(q, \dot{q}) = \frac{1}{m} \sum_{i=1}^{n} g^{ij} \frac{\partial U}{\partial q_i} - \sum_{r,s} \Gamma^j_{rs} \dot{q}^s \dot{q}^r$$

gegeben, wie in den Übungen nachgerechnet wird. Dabei sind Γ^j_{rs} die CHRISTOFFELsymbole und $\sum_j g^{ij} g_{jk} = \delta_{ik}$.

Der symplektische Gradient von E ist also die Summe zweier Vektorfelder X_1 und X_2, wobei $X_1(v) \in T_v(TM)$ der Vektor ist, der durch $v + t\, m^{-1}\mathrm{grad}\, U$ repräsentiert wird, und X_2 das Vektorfeld, dessen Integralkurven gerade Geschwindigkeitskurven von Geodätischen sind.

Die Integralkurven α von X_E sind stets Kurven in TM, längs denen E konstant ist. Es stellt sich nun die Frage, ob eine Integralkurve α von X_E stets eine „Geschwindigkeitskurve“ ist, ob es also eine Kurve $\gamma : I \longrightarrow M$ mit $\alpha = \dot{\gamma}$ gibt, also

$$\ddot{\gamma}(t) = X(\dot{\gamma}(t)) . \tag{6.25}$$

Vektorfelder auf TM, deren Integralkurven diese Eigenschaft haben, werden jetzt eingeführt:

Definitionen 6.37.

a. Eine *Differentialgleichung zweiter Ordnung* auf einer Mannigfaltigkeit M ist ein Vektorfeld X auf TM, so dass

$$\mathrm{d}\pi_v(X(v)) = v . \tag{6.26}$$

Dabei ist $\pi : TM \longrightarrow M$ die kanonische Projektion.
b. Ist X eine Differentialgleichung zweiter Ordnung auf M, so heißt $\gamma : I \longrightarrow M$ eine *Lösungskurve* von X, wenn $\dot{\gamma}$ Integralkurve von X ist.

Der folgende Satz zeigt, dass Lösungskurven von Gleichungen zweiter Ordnung tatsächlich die Eigenschaft (6.25) haben.

Satz 6.38. *Sei X ein Vektorfeld auf TM. Dann ist X genau dann Differentialgleichung zweiter Ordnung auf M, wenn für jede Integralkurve $\alpha : I \longrightarrow TM$ von X gilt*

$$(\pi \circ \alpha)' = \alpha . \tag{6.27}$$

Beweis. Ist X Vektorfeld auf TM, α Integralkurve von X, so gilt

$$\begin{aligned}(\pi \circ \alpha)' = \alpha &\Longleftrightarrow \mathrm{d}\pi_{\alpha(t)}(\dot{\alpha}(t)) = \alpha(t)\\ &\Longleftrightarrow \mathrm{d}\pi_{\alpha(t)}(X(\alpha(t)) = \alpha(t)\ .\end{aligned}$$

Da es durch jeden Punkt von TM eine Integralkurve gibt, folgt hieraus die Behauptung. □

Ob ein Vektorfeld auf TM eine Differentialgleichung zweiter Ordnung ist, ist in lokalen Koordinaten leicht zu entscheiden. Ist $U \subseteq M$ ein Kartengebiet, so ist $TU \cong U \times \mathbb{R}^n \subseteq TM$ offen und $TTU \cong (U \times \mathbb{R}^n) \times (\mathbb{R}^n \times \mathbb{R}^n)$. Nun gilt:

Lemma 6.39. *Ein Vektorfeld X auf TM sei in lokalen Koordinaten durch*

$$X(q, v) = (q, v, w_1(q, v), w_2(q, v))$$

gegeben. Dann ist X genau dann Differentialgleichung zweiter Ordnung auf U, wenn $w_1(q, v) = v$.

Beweis. In lokalen Koordinaten ist $\pi : TU \longrightarrow U$ durch $(q, v) \longmapsto q$ gegeben, also

$$\begin{aligned}\mathrm{d}\pi_{(q,v)} : T_{(q,v)}TU = \{(q, v)\} \times \mathbb{R}^n \times \mathbb{R}^n &\longrightarrow T_qU = \{q\} \times \mathbb{R}^n\\ ((q, v), (w_1, w_2)) &\longmapsto (q, w_1)\ ,\end{aligned}$$

also $\mathrm{d}\pi_{(q,v)}((q, v), (w_1, w_2)) = (q, v) \Longleftrightarrow w_1 = v$. □

Korollar 6.40. *Sei X eine Differentialgleichung zweiter Ordnung auf M. Dann ist γ genau dann Integralkurve von X, wenn in lokalen Koordinaten gilt*

$$X(q, \dot{q}) = (q, \dot{q}, \dot{q}, v(q, \dot{q}))$$

und

$$\ddot{\gamma}_i(t) = v_i(\gamma(t), \dot{\gamma}(t))\ .$$

Die letzte Gleichung stellt offenbar ein System von n Differentialgleichungen zweiter Ordnung im üblichen Sinn dar, woraus die Terminologie sich erklärt.

Aus (6.23) folgt damit sofort:

Satz 6.41.

a. *Ist L eine reguläre* LAGRANGE*funktion, so ist das* LAGRANGE-*Vektorfeld X_E eine Differentialgleichung zweiter Ordnung.*
b. *Ist $\gamma : I \longrightarrow M$ Lösungskurve von X_E, so ist γ Lösung der* EULER-LAGRANGE-*Gleichung, d. h. in lokalen Koordinaten ist*

$$\frac{\mathrm{d}}{\mathrm{d}t}\frac{\partial L}{\partial \dot{q}_i}(q, \dot{q}) - \frac{\partial L}{\partial q_i}(q, \dot{q}) = 0\ .$$

Beweis. Nach (6.24) ist $\alpha : I \to U$ genau dann Lösungskurve von X_E, wenn

$$\ddot{\alpha} = \Lambda^{-1}\left(\left(\frac{\partial L(\alpha,\dot{\alpha})}{\partial q_i}\right)_{i=1,\dots,n} - B\dot{\alpha}\right)$$

gilt. Nach Multiplikation beider Seiten mit Λ ist dies gleichbedeutend zu

$$\begin{aligned}\frac{\partial L}{\partial q_i}(\alpha,\dot{\alpha}) &= \sum_{j=1}^{n}\left(\frac{\partial^2 L(\alpha,\dot{\alpha})}{\partial \dot{q}_i \partial \dot{q}_j}\ddot{\alpha}_j + \frac{\partial^2 L(\alpha,\dot{\alpha})}{\partial q_j \partial \dot{q}_i}\dot{\alpha}_j\right)\\ &= \frac{\mathrm{d}}{\mathrm{d}t}\frac{\partial L}{\partial \dot{q}_i}(\alpha,\dot{\alpha})\ .\end{aligned}$$

□

Im Fall dass $L(v) = \frac{1}{2}mg(v,v) - U(\pi(v))$ ist, sind die Lösungskurven also lokal Lösungen der Differentialgleichungen

$$\ddot{q}^j + \sum_{r,s}\Gamma^j_{rs}\dot{q}^r\dot{q}^s = \frac{1}{m}\sum_i g^{ij}\frac{\partial U}{\partial q_i} \qquad j = 1,\dots,n\ .$$

Im Fall $U = 0$ sind das die Gleichungen für die geodätischen Kurven.

Zum Abschluss stellen wir nun noch den Zusammenhang zum HAMILTONschen Formalismus her.

Satz und Definition 6.42. *Sei M eine Mannigfaltigkeit und $L \in C^\infty(TM)$ eine hyperreguläre* LAGRANGE*funktion. Die Funktion $H = E \circ (\mathrm{d}'L)^{-1}$ auf T^*M heißt dann die* LEGENDRE*transformierte von L. Für sie ist*

$$(\mathrm{d}'L)_* \, s\text{-grad}\, E = s\text{-grad}\, H\ ,$$

wobei der symplektische Gradient in T^*M bezüglich der kanonischen 2-Form $\omega \in \Omega^2(T^*M)$ und der in TM bezüglich der 2-Form

$$\omega_L = (\mathrm{d}'L)^*\omega \in \Omega^2(TM)$$

gebildet wurde.

Beweis. Es ist

$$\mathrm{d}E = -i_{s\text{-grad}\, E}(\mathrm{d}'L)^*\omega\ ,$$

also

$$\begin{aligned}-i_{(\mathrm{d}(\mathrm{d}'L)(s\text{-grad}\, E))}\omega &= \mathrm{d}E \circ \mathrm{d}((\mathrm{d}'L)^{-1})\\ &= \mathrm{d}H\ ,\end{aligned}$$

also s-grad $H = \mathrm{d}(\mathrm{d}'L)(s\text{-grad}\, E)$. □

Korollar 6.43. *Sei L hyperreguläre* LAGRANGE*funktion mit Energie E und $H = E \circ (\mathrm{d}'L)^{-1}$ ihre* LEGENDRE*transformierte. Sei $\gamma : I \longrightarrow M$ Integralkurve des* LAGRANGE*schen Vektorfelds X_E und $\beta : I \longrightarrow T^*M$ Integralkurve von s-grad H. Dann ist*

$$\gamma(t) = \pi \circ \beta(t)\,.$$

Aufgaben zu Kap. 6

6.1. Sei (M, g) eine RIEMANNsche Mannigfaltigkeit. $L \in C^\infty(TM)$ durch

$$L(v) = \frac{1}{2}\, g(v, v)$$

gegeben. Sei E die dadurch definierte Energie. Zeigen Sie:

a. Die LAGRANGE-2-Form ist in lokalen Koordinaten durch

$$\sum_{i,j,s} (g_{ik}\Gamma^k_{js} + g_{jk}\Gamma^k_{is})\, \mathrm{d}q_i \wedge \mathrm{d}q_j + \sum_{i,j} g_{ij}\, \mathrm{d}\dot{q}_s \wedge \mathrm{d}q_i$$

gegeben. *Hinweis:* Benutzen Sie dazu lokale Koordinaten, insbesondere auch Formel (5.5) zur Berechnung der CHRISTOFFEL-Symbole.

b. Die Flusslinien von s-grad E sind genau die Geodätischen auf M.
Hinweis: Formel (5.10).

6.2. Sei $H \in C^\infty(M)$ und Φ der Fluss von s-grad H. Zeigen Sie:

$$\frac{\mathrm{d}}{\mathrm{d}t} f \circ \Phi_t = \{f, H\}$$

6.3. Sei $f : M \longrightarrow N$ ein Diffeomorphismus zwischen symplektischen Mannigfaltigkeiten. Zeigen Sie: Für f ist äquivalent

(i) f ist kanonische Transformation.
(ii) Für alle $H \in C^\infty(M)$ ist $\mathrm{d}f^{-1}$ (s-grad H) $= s$-grad $(H \circ f)$.
(iii) Für alle $g, h \in C^\infty(M)$ ist $\{f^*g, f^*h\} = f^*\{g, h\}$.

6.4. Sei (M, ω) symplektische Mannigfaltigkeit, $X = s$-grad $f = s$-grad g. Zeigen Sie:

$$f - g = \text{konst.}$$

6.5. Sei (M, ω) eine symplektische Mannigfaltigkeit und G eine LIEgruppe (s. Aufgabe 1.10). Sei ferner eine G-Aktion auf M gegeben, d. h. eine differenzierbare Abbildung $m : G \times M \longrightarrow M$ mit $m(1, x) = x$ und $m(g_1, m(g_2, x)) = m(g_1 g_2, x)$. Zu $X \in T_1 G$ ist dann ein Vektorfeld $\tilde{X} \in \Gamma TM$ durch $\tilde{X}(p) := \mathrm{d}(R_p)_1(X)$ mit $R_p : G \longrightarrow M$, $g \longmapsto gp$ definiert. Sei $\omega = \mathrm{d}\theta$ und $\theta \in \Omega^1 M$ G-invariant, also $L_g^*\theta = \theta$ für $L_g : M \longrightarrow M$, $x \longmapsto gx$ für alle $g \in G$. Sei $\varphi(X) \in C^\infty(M)$ durch $(\varphi(X))(p) := (\theta(\tilde{X}))(p)$ gegeben. Zeigen Sie:

a. s-grad $(\varphi(X)) = \tilde{X}$.
b. $\varphi([X, Y]) = \{\varphi(Y), \varphi(X)\}$.
c. Ist $H \in C^\infty(M)$ G-invariant, d. h. $L_g^* H = H$ für alle $g \in G$, so ist $\{H, \varphi(X)\} = 0$, und damit ist $\varphi(X)$ eine *Konstante der Bewegung*.

6.6. Sei $M = T^*K$, wobei der *Konfigurationsraum* K eine n-dimensionale Mannigfaltigkeit ist, und sei G eine LIEgruppe, die aus Diffeomorphismen $g : K \to K$ besteht. Zeigen Sie:

a. Mit den Bezeichnungen aus Satz 6.22 ist durch

$$m(g, \alpha) := \widetilde{g^{-1}}(\alpha), \qquad g \in G, \alpha \in T^*K$$

eine G-Aktion auf M definiert, die in Bezug auf die kanonische symplektische Form die Voraussetzungen aus der vorigen Aufgabe erfüllt. Zu $X \in T_1G$ ist also eine Funktion $\varphi(X)$ definiert, die die dort gezeigten Eigenschaften hat.
b. Ist H eine G-invariante HAMILTONfunktion auf M (d. h. $H \circ \tilde{g} = H$ für alle $g \in G$), so definiert jedes $X \in T_1G$ eine Konstante der Bewegung für den Fluss des symplektischen Gradienten von H.

6.7. Wir verwenden die Bezeichnungen aus den letzten beiden Aufgaben. Sei aber K nun speziell die $3N$-dimensionale Mannigfaltigkeit

$$K := \{(q_1, \ldots, q_N) \in \mathbb{R}^{3N} \mid q_j \neq q_k \text{ für } j \neq k\},$$

und seien $(q_1, \ldots, q_N, p_1, \ldots, p_N)$ die kartesischen Koordinaten in $M = T^*K = K \times (\mathbb{R}^{3N})^*$, wobei $q_k = (x_k, y_k, z_k)$ und $p_k = (\xi_k, \eta_k, \zeta_k)$ gesetzt wurde. Ferner sei G die LIEgruppe der linearen Transformationen von K, die durch die Blockdiagonalmatrizen

$$R^N = \begin{pmatrix} R & 0 & \cdots & 0 \\ 0 & R & \cdots & 0 \\ \vdots & & \ddots & \vdots \\ 0 & \cdots & 0 & R \end{pmatrix} \qquad \text{mit } R \in \mathbf{SO}(3)$$

gegeben sind. Bekanntlich kann man $T_E\mathbf{SO}(3)$ mit dem Vektorraum

$$\mathfrak{so}(3) := \{A \in \mathbb{R}_{3\times 3} \mid A^T = -A\}$$

identifizieren (vgl. Beispiel in 1B). Daher kann man T_1G mit dem Raum der $(3N \times 3N)$-Blockdiagonalmatrizen $A^{(N)}$ identifizieren, die einen sich wiederholenden Block $A \in \mathfrak{so}(3)$ in der Diagonale haben. Für jedes $A \in \mathfrak{so}(3)$ (also jede „infinitesimale Drehung") ist daher eine Funktion $L_A := \varphi(A^{(N)})$ wie in Aufgabe 6.6 definiert.

a. Zeigen Sie: Eine Funktion $H \in C^\infty(T^*K)$ ist genau dann G-invariant, wenn

$$\begin{aligned} &H(Rq_1,\ldots,Rq_N,Rp_1,\ldots,Rp_N) \\ &\quad = H(q_1,\ldots,q_N,p_1,\ldots,p_N) \quad \forall\, R \in \mathbf{SO}(3)\,. \end{aligned}$$

(*drehinvariante* HAMILTON*funktion*)

b. Beweisen Sie, dass für alle $A \in \mathfrak{so}(3)$ gilt:

$$L_A(q_1,\ldots,q_N,p_1,\ldots,p_N) = \sum_{k=1}^{N} \langle q_k | A p_k \rangle\,.$$

c. Fassen Sie K als den Konfigurationsraum für ein System von N Massenpunkten auf und überzeugen Sie sich an Hand von Beispielen, dass $L_A = \boldsymbol{L} \cdot \boldsymbol{e}_A$ ist. Dabei ist $\boldsymbol{L}$ der Gesamtdrehimpuls des Systems und $\boldsymbol{e}_A$ ein Einheitsvektor, der die gemeinsame Achse der Drehungen $R_A(t) := \exp tA$ aufspannt.

Teil II
Funktionalanalysis und Integrationstheorie

Kapitel 7
BANACH- und HILBERTräume

In den ersten drei Kapiteln dieses Teils werden *lineare Operatoren* im Vordergrund stehen, also lineare Abbildungen zwischen reellen oder komplexen Vektorräumen, die im Allgemeinen unendliche Dimension besitzen. Konkret handelt es sich dabei zumeist um Vektorräume, deren Elemente reelle oder komplexe Funktionen auf einem gemeinsamen Definitionsbereich sind (*Funktionenräume*), und die betrachteten Operatoren entstehen durch Anwendung von gängigen Prozeduren aus der Analysis auf diese Funktionen: Differenzieren, Integrieren, Multiplizieren mit einer festen Funktion, Einsetzen einer Koordinatentransformation usw. Die Bedeutung solcher Operatoren für die Physik rührt in erster Linie von den folgenden beiden Tatsachen her: Erstens sind sie das fundamentale begriffliche und rechnerische Hilfsmittel für die mathematische Formulierung der Quantenmechanik, und zweitens liefern sie die wichtigsten und kraftvollsten Werkzeuge für die tiefer gehende Behandlung von linearen partiellen Differentialgleichungen, wie sie überall in der Physik vorkommen. Es ist daher für den angehenden theoretischen Physiker wichtig, sich ein möglichst gründliches Verständnis für die Natur solcher Operatoren und möglichst weitgehende Fertigkeiten im Umgang mit ihnen anzueignen.

Dabei handelt es sich nicht nur um rein algebraische Manipulationen, sondern auch um unterschiedliche Arten von *Grenzübergängen*. Daher ist auf den Vektorräumen, zwischen denen die Operatoren wirken, praktisch immer ein *Konvergenzbegriff* vorgegeben, der zumeist durch eine *Norm* gestiftet wird (vgl. Abschn. A). Diese Situation müssen wir also zuerst diskutieren, obwohl die Vektorräume selbst eigentlich nicht im Zentrum unseres Interesses stehen, sondern lediglich als Definitions- und Wertebereiche für die Operatoren dienen. So gesehen, hat dieses Kapitel vorbereitenden Charakter: Wir definieren BANACH- und HILBERTräume, diskutieren die wichtigsten Beispiele und machen in den Abschn. B–D einige theoretische Aussagen, die später immer wieder benötigt werden. Im Abschn. E schließlich besprechen wir das sog. *Tensorprodukt* von HILBERTRÄUMEN. Tensorprodukte von HILBERTräumen und linearen Operatoren werden nämlich in der Quantenmechanik zur Beschreibung von zusammengesetzten Systemen benötigt. Die eigentliche Diskussion linearer Operatoren wird dann in Kap. 8 beginnen.

K.-H. Goldhorn, H.-P. Heinz, M. Kraus, *Moderne mathematische Methoden der Physik*
DOI 10.1007/978-3-540-88544-3,

A Definitionen und Beispiele

Die folgenden Definitionen sind für Sie höchstwahrscheinlich eine Wiederholung (vgl. etwa [36], Kap. 6):

Definitionen 7.1. Sei V ein $\mathbb{K}$-Vektorraum. Eine Abbildung

$$V \times V \ni (x, y) \longmapsto \langle x \mid y \rangle \in \mathbb{K}$$

heißt ein *Skalarprodukt* und V ein *Prähilbertraum* (PHR), wenn gilt

a. $\langle x \mid \alpha y \rangle = \alpha \langle x \mid y \rangle$,

b. $\langle x \mid y + z \rangle = \langle x \mid y \rangle + \langle x \mid z \rangle$,

c. $\langle y \mid x \rangle = \overline{\langle x \mid y \rangle}$,

d. $\langle x \mid x \rangle > 0$ für $x \neq 0$

für alle $x, y, z \in V$, $\alpha \in \mathbb{K}$.

Im Fall $\mathbb{K} = \mathbb{R}$ bedeutet Forderung c. die Symmetrie $\langle y \mid x \rangle = \langle x \mid y \rangle$.

Satz 7.2. *Sei V ein Prähilbertraum und sei*

$$\|x\| := \sqrt{\langle x \mid x \rangle} \qquad \text{für } x \in V. \tag{7.1}$$

Dann gilt

a. die SCHWARZsche Ungleichung

$$|\langle x \mid y \rangle| \le \|x\| \cdot \|y\| \quad \text{für } x, y \in V. \tag{7.2}$$

b. V ist ein normierter linearer Raum *(NLR) und $\| \cdot \|$ ist eine* Norm *auf V, d. h. für beliebige $x, y \in V$, $\alpha \in \mathbb{K}$ gilt*

(N1) $\|\alpha x\| = |\alpha| \cdot \|x\|$,

(N2) $\|x + y\| \le \|x\| + \|y\|$,

(N3) $\|x\| > 0$ *für* $x \neq 0$.

c. die Parallelogramm-Gleichung

$$\|x + y\|^2 + \|x - y\|^2 = 2\|x\|^2 + 2\|y\|^2 , \qquad x, y \in V . \tag{7.3}$$

Beweis. Wir setzen die Teile a. und b. als bekannt voraus. Teil c. rechnet man nach, indem man die Normquadrate auf der linken Seite ausdistribuiert und erkennt, dass die gemischten Terme einander wegheben. □

Aus Teil b. geht auch hervor, was die allgemeine Definition eines normierten linearen Raumes ist: Ein NLR ist ein (reeller oder komplexer) Vektorraum V, auf dem eine Norm gegeben ist, d. h. eine reelle Funktion $x \longmapsto \|x\|$, für die (N1)–(N3) gelten.

Die Parallelogrammgleichung hingegen gilt für allgemeinere normierte lineare Räume nicht – sie ist charakteristisch für Normen, die von einem Skalarprodukt herrühren.

Definitionen 7.3. Sei V ein NLR und (x_n) eine Folge in V.

a. (x_n) heißt *stark konvergent* (oder einfach *konvergent*) gegen $x \in V$, wenn

$$\lim_{n \longrightarrow \infty} \|x_n - x\| = 0 \,. \tag{7.4}$$

b. (x_n) heißt eine *starke* CAUCHY*folge* (oder einfach eine CAUCHY*folge*), wenn es zu jedem $\varepsilon > 0$ ein $n_0 \in \mathbb{N}$ gibt, so dass

$$\|x_n - x_m\| < \varepsilon \qquad \text{für alle } n, m \geq n_0. \tag{7.5}$$

c. V heißt *vollständig*, wenn jede starke CAUCHYfolge in V stark konvergiert.
   Ein vollständiger NLR heißt BANACH*raum*.
   Ein vollständiger PHR heißt HILBERT*raum*.

Für die Physik sind ohne Zweifel die HILBERTräume der bei weitem wichtigste Typus von solchen abstrakten Räumen. Doch treten im Zusammenhang mit HILBERTräumen immer wieder auch andere Arten von normierten linearen Räumen auf, so dass man diese nicht völlig ignorieren kann.

Für eine Teilmenge A eines normierten linearen Raumes V bezeichnen wir, wie üblich, mit $\bar{A}$ (*Abschluss* von A) die Menge aller Punkte von V, die sich als (starker) Grenzwert einer in A verlaufenden Folge darstellen lassen. Es ist also $x \in \bar{A}$ genau dann, wenn $x = \lim_{n\to\infty} a_n$ ist für eine Folge $(a_n) \subseteq A$. Das ist äquivalent zu der Forderung, dass es zu jedem $\varepsilon > 0$ ein $a \in A$ mit $\|x - a\| < \varepsilon$ gibt. Mit anderen Worten, der Abschluss $\bar{A}$ besteht aus denjenigen $x \in V$, die sich beliebig genau durch Elemente von A approximieren lassen. (Mehr darüber z. B. in [36], Kap. 13 und 14.)

Damit können wir definieren:

Definitionen 7.4. Sei V ein NLR.

a. Eine Teilmenge $S \subseteq V$ heißt *dicht* in V, wenn $\overline{S} = V$, wenn sich also *jedes* Element $x \in V$ beliebig genau durch Elemente von S approximieren lässt.
b. Enthält V eine (endliche oder unendliche) Folge $B = \{b_1, b_2, \ldots\}$, deren lineare Hülle LH(B) dicht ist, so heißt V *separabel*.
c. Eine Teilmenge $K \subseteq V$ heißt *kompakt*, wenn jede Folge $(x_n) \subseteq K$ eine konvergente Teilfolge $x_{n_j} \longrightarrow x_0 \in K$ enthält.

Bemerkung: In der mathematischen Literatur wird die Separabilität eines NLR häufig durch die Forderung definiert, dass er eine *abzählbare dichte* Teilmenge enthalten soll. Dies ist aber zu unserer Definition äquivalent, wie man sich (durch Betrachtung von Linearkombinationen mit *rationalen* Koeffizienten) leicht überlegen kann.

Am wichtigsten ist die Separabilität im Zusammenhang mit Prähilberträumen. Wie üblich, bezeichnen wir eine abzählbare Teilmenge $\mathfrak{B} = \{e_1, e_2, \ldots\}$ eines Prähilbertraums H als *Orthonormalsystem*, wenn

$$\langle e_j \mid e_k \rangle = \delta_{jk}\,, \qquad j,k = 1,2,\ldots\,, \tag{7.6}$$

und in Bezug auf ein gegebenes Orthonormalsystem hat dann jedes $x \in H$ die (formale) FOURIER*reihe*

$$x \sim \sum_{k=1}^{\infty} \langle e_k \mid x \rangle e_k\,. \tag{7.7}$$

Das System $\mathfrak{B}$ wird als *Orthonormalbasis* von H bezeichnet, wenn jedes $x \in H$ die Summe seiner FOURIERreihe ist, d. h. wenn für alle $x \in H$

$$x = \sum_{k=1}^{\infty} \langle e_k \mid x \rangle e_k = \lim_{N\to\infty} \sum_{k=1}^{N} \langle e_k \mid x \rangle e_k \tag{7.8}$$

im Sinne der starken Konvergenz der Partialsummen. All dies sollte aus der Theorie der FOURIERreihen bekannt sein (vgl. z. B. [36], Kap. 29). Nun gilt:

Satz 7.5. *Ein unendlichdimensionaler PHR ist genau dann separabel, wenn er eine abzählbare Orthonormalbasis besitzt.*

Beweis. Eine abzählbare Orthonormalbasis ist offensichtlich eine Folge, die die für die Separabilität geforderte Bedingung erfüllt. Sei umgekehrt $\{b_1, b_2, \ldots\}$ eine Folge in dem gegebenen PHR H, deren lineare Hülle D dicht ist. Wir streichen aus dieser Folge jedes b_m, das in $\mathrm{LH}(b_1, \ldots, b_{m-1})$ enthalten ist, und erhalten so eine Teilfolge, die aus *linear unabhängigen* Vektoren besteht und immer noch die lineare Hülle D hat. Auf diese Teilfolge (die wir wieder mit $\{b_1, b_2, \ldots\}$ bezeichnen, indem wir neu nummerieren) wenden wir rekursiv das bekannte GRAM-SCHMIDT*sche Orthogonalisierungsverfahren* an ([36], Kap. 6). Das ergibt ein Orthonormalsystem $\{e_1, e_2, \ldots\}$ mit der Eigenschaft

$$\mathrm{LH}(e_1, \ldots, e_N) = \mathrm{LH}(b_1, \ldots, b_N) \qquad \text{für alle } N \geq 1$$

und insbesondere $\mathrm{LH}(e_1, e_2, \ldots) = D$. Zu jedem $x \in H$ und jedem $\varepsilon > 0$ gibt es dann $N \geq 1$ sowie Skalare $\zeta_1, \ldots, \zeta_N$ so, dass

$$\left\| x - \sum_{k=1}^{N} \zeta_k e_k \right\| < \varepsilon$$

ist. Wie man aus der Theorie der FOURIERreihen weiß, wird der Ausdruck auf der linken Seite (bei festem N) aber minimal, wenn man für die ζ_k gerade die

FOURIERkoeffizienten $\zeta_k = \langle e_k \mid x \rangle$ wählt. Also ist erst recht

$$\left\| x - \sum_{k=1}^{N} \langle e_k \mid x \rangle e_k \right\| < \varepsilon .$$

Somit gilt (7.8) für unser beliebiges x, d. h. die e_k, $k \in \mathbb{N}$ bilden eine Orthonormalbasis. □

Beispiele 7.6.

a. Der BANACHraum $C^0(K)$:
Sei $K \subseteq \mathbb{R}^n$ eine kompakte Menge (oder allgemeiner irgendein kompakter metrischer Raum), und sei $C(K) \equiv C^0(K)$ der $\mathbb{K}$-Vektorraum der stetigen Funktionen $f : K \longrightarrow \mathbb{K}$. Mit

$$\|f\|_\infty := \sup_{x \in K} |f(x)| = \max_{x \in K} |f(x)| \tag{7.9}$$

wird $C^0(K)$ zu einem BANACHraum, denn die starke Konvergenz in diesem Raum ist gerade die gleichmäßige Konvergenz auf K, und es ist bekannt, dass eine gleichmäßige CAUCHYfolge von stetigen Funktionen auch gleichmäßig gegen eine stetige Funktion konvergiert ([36], Kap. 14).

b. Der Prähilbertraum $\tilde{L}^2([a,b])$:
Sei $[a,b] \subseteq \mathbb{R}$ ein kompaktes Intervall und sei $\tilde{L}^2([a,b])$ der $\mathbb{K}$-Vektorraum der stetigen Funktionen $\varphi : [a,b] \longrightarrow \mathbb{K}$. Mit dem Skalarprodukt

$$\langle \varphi \mid \psi \rangle := \int_a^b \overline{\varphi(x)}\, \psi(x)\, \mathrm{d}x \tag{7.10}$$

wird $\tilde{L}^2([a,b])$ zu einem Prähilbertraum, der allerdings nicht vollständig ist. Um zu einem HILBERTraum zu kommen, benötigt man das LEBESGUE-Integral, wie etwa in [36], Kap. 28, erläutert. Wir wollen die Konstruktion jedoch kurz rekapitulieren:

c. Der HILBERTraum $L^2([a,b])$
Zunächst betrachtet man die Menge $\mathcal{L}^2([a,b])$ der messbaren Funktionen $f : [a,b] \longrightarrow \mathbb{K}$, für die

$$N_2(f) := \int_a^b |f(x)|^2\, \mathrm{d}x < \infty$$

ist (*quadratsummierbare Funktionen*). Wegen

$$|\lambda f(x) + \mu g(x)|^2 \leq 2|\lambda|^2 |f(x)|^2 + 2|\mu|^2 |g(x)|^2$$

$(\lambda, \mu \in \mathbb{K})$ ist $\mathcal{L}^2([a,b])$ ein $\mathbb{K}$-Vektorraum, und in Analogie zum vorigen Beispiel sollte $N_2(f)$ das Normquadrat darstellen. Das Normaxiom (N3) ist

dann aber verletzt, denn wenn f fast überall, jedoch nicht überall verschwindet, so ist $N_2(f) = 0$. Überhaupt sind alle auftretenden Integrale unempfindlich gegenüber Abänderungen der Funktionen auf einer Menge vom Maß Null. Daher geht man über zu einem Vektorraum $L^2([a,b])$, dessen Elemente durch Funktionen $f \in \mathcal{L}^2([a,b])$ repräsentiert werden, wobei zwei Funktionen $f, g \in \mathcal{L}^2([a,b])$ genau dann ein und dasselbe Element von $L^2([a,b])$ repräsentieren, wenn $f(x) = g(x)$ f.ü. Dazu geht man vor wie in Definition 1.23 und Anmerkung 1.24: Für jedes $f \in \mathcal{L}^2([a,b])$ bildet man die Menge $[f]$ aller Funktionen $g \in \mathcal{L}^2([a,b])$, die zu f *äquivalent* sind in dem Sinne, dass $f(x) = g(x)$ f.ü. Diese Menge nennt man die von f repräsentierte *Äquivalenzklasse*, und diese Äquivalenzklassen sind die Elemente von $L^2([a,b])$. Genau genommen, ist ein Vektor $v \in L^2([a,b])$ also eine Menge von Funktionen, nämlich der Funktionen, die die Äquivalenzklasse v repräsentieren. In Wirklichkeit stellt sich aber niemand $v \in L^2([a,b])$ als Menge von Funktionen vor, sondern vielmehr als eine Funktion f, der es nichts ausmacht, auf einer Nullmenge abgeändert zu werden.
Nun müssen wir für die Elemente von $L^2([a,b])$ noch Summen, skalare Vielfache und das Skalarprodukt definieren. Dazu repräsentiert man die einzelnen Elemente durch entsprechende Funktionen und setzt:

$$[f] + [g] := [f + g], \tag{7.11}$$

$$\lambda[f] := [\lambda f], \tag{7.12}$$

$$\langle [f] \mid [g] \rangle := \int_a^b \overline{f(x)} g(x) \, \mathrm{d}x \tag{7.13}$$

für $f, g \in \mathcal{L}^2([a,b])$, $\lambda \in \mathbb{K}$. Dies sind sinnvolle Definitionen, da der Übergang zu anderen Repräsentanten für dieselben Äquivalenzklassen auf der rechten Seite nichts Neues liefert: Ist z. B. $[f] = [f_1]$ und $[g] = [g_1]$, so bedeutet dies, dass $f(x) = f_1(x)$ f.ü. und $g(x) = g_1(x)$ f.ü., also auch $f(x) + g(x) = f_1(x) + g_1(x)$ f.ü. und damit $[f + g] = [f_1 + g_1]$. Noch einfacher sieht man bei (7.12) und (7.13), dass der Wert der rechten Seite nicht von den gewählten Repräsentanten abhängt. Es ist auch eine triviale Übung, nachzurechnen, dass nun alle Axiome für einen PHR erfüllt sind. Insbesondere bedeutet $[f] \neq 0$, dass die Menge der Punkte, wo $f(x)$ nicht verschwindet, positives Maß hat, und dann ist tatsächlich $\langle [f] \mid [f] \rangle = N_2(f) > 0$.
Dieser PHR ist tatsächlich vollständig. Das ist der wesentliche Inhalt des *Satzes von* RIESZ-FISCHER (vgl. [36], Kap. 28 oder beliebige Lehrbücher der Funktionalanalysis, Integrationstheorie oder höheren Analysis wie etwa [5,44,51,55, 59,78,96,104,106]).
Um den Zusammenhang zum vorhergehenden Beispiel herzustellen, machen wir uns noch Folgendes klar: Ist $\varphi : [a,b] \longrightarrow \mathbb{K}$ *stetig*, so ist auf jeden Fall $\varphi \in \mathcal{L}^2([a,b])$, und seine Äquivalenzklasse $[\varphi]$ gehört daher zu $L^2([a,b])$. Diese Klasse enthält aber nur *einen* stetigen Repräsentanten. Sind nämlich φ, ψ zwei stetige Funktionen auf $[a,b]$ und gibt es einen Punkt $x_0 \in [a,b]$, wo φ und ψ verschiedene Werte annehmen, so ist $\varphi(x) \neq \psi(x)$ auf einem Intervall der

Form $]x_0 - \delta, x_0 + \delta[\cap [a, b]$ mit $\delta > 0$, und solch ein Intervall hat positives Maß. Es gilt also:

$$\varphi, \psi \text{ stetig}, \varphi(x) = \psi(x) \text{ f.ü.} \Longrightarrow \varphi \equiv \psi \ .$$

Somit können wir $\tilde{L}^2([a, b])$ als einen linearen Teilraum von $L^2([a, b])$ auffassen, indem wir für jedes $\varphi \in \tilde{L}^2([a, b])$ die Klasse $[\varphi]$ mit ihrem eindeutig bestimmten stetigen Repräsentanten φ identifizieren.
Schließlich wollen wir ab jetzt, wie es allgemein üblich ist, die umständliche Bezeichnung $[f]$ fallenlassen und dafür einfach nur f schreiben. Man spricht auch davon, dass eine „Funktion" f zu L^2 gehört etc. Das ist, genau genommen, zwar nicht ganz korrekt, führt aber nicht zu Problemen, solange man sich immer darüber im klaren ist, dass damit eigentlich die Klasse $[f]$ gemeint ist.

d. Die HILBERTräume $L^2(S)$:
Für jede messbare Teilmenge $S \subseteq \mathbb{R}^n$ – insbesondere also für jede offene und jede abgeschlossene Teilmenge – lässt sich der HILBERTraum $L^2(S)$ der quadratsummierbaren Funktionen auf S ganz genauso aufbauen wie es eben für den Spezialfall $S = [a, b] \subseteq \mathbb{R}^1$ geschildert wurde. Allerdings wird dabei natürlich das n-dimensionale LEBESGUEsche Maß zu Grunde gelegt. Insbesondere definieren zwei quadratsummierbare Funktionen f, g auf S genau dann ein und dasselbe Element von $L^2(S)$, wenn die Menge $\{x \in S \mid f(x) \neq g(x)\}$ das n-dimensionale LEBESGUE-Maß Null hat. Das Skalarprodukt ist gegeben durch

$$\langle f \mid g \rangle := \int_S \overline{f(x)} g(x) \, \mathrm{d}^n x \ . \tag{7.14}$$

HILBERTräume dieses Typs werden häufig in der Quantenmechanik benutzt. Zum Beispiel ist $L^2(\mathbb{R}^3)$ der HILBERTraum der *Einteilchen-Wellenfunktionen.* Ist S selbst eine Nullmenge, so ist $L^2(S) = \{0\}$ (wieso?) und daher uninteressant.

e. Der BANACHraum l^∞:
Mit l^∞ bezeichnen wir die Menge aller beschränkten Zahlenfolgen $x = (\xi_1, \xi_2, \ldots)$, $y = (\eta_1, \eta_2, \ldots)$ usw. Mit

$$x + y := (\xi_1 + \eta_1, \xi_2 + \eta_2, \ldots) \ , \tag{7.15}$$

$$\alpha x := (\alpha \xi_1, \alpha \xi_2, \ldots) \ , \tag{7.16}$$

$$\|x\|_\infty := \sup_n |\xi_n| \tag{7.17}$$

wird l^∞ zu einem NLR. Wir zeigen, dass l^∞ sogar vollständig, d. h. ein BANACHraum ist.
Sei dazu

$$(x^m)_{m \in \mathbb{N}} \quad \text{mit} \quad x^m = (\xi_1^m, \xi_2^m, \ldots) \quad \in l^\infty$$

eine CAUCHYfolge in l^∞, d. h. zu $\varepsilon > 0$ existiert ein $m_0 \in \mathbb{N}$, so dass

$$\|x^m - x^p\|_\infty = \sup_n |\xi_n^m - \xi_n^p| \ < \varepsilon \quad \text{für } m, p \geq m_0 \ .$$

Dann gilt für jedes feste $n \in \mathbb{N}$

$$|\xi_n^m - \xi_n^p| < \varepsilon \qquad \forall\, m, p > m_0 \,, \tag{7.18}$$

d. h. $(\xi_n^m)_{m \in \mathbb{N}}$ ist eine CAUCHYfolge in $\mathbb{K}$. Da $\mathbb{K}$ bekanntlich vollständig ist (für Zahlenfolgen gilt das CAUCHYsche Konvergenzkriterium!), haben wir also Grenzwerte

$$\lim_{m \to \infty} \xi_n^m =: \xi_n \in \mathbb{K} \qquad \forall\, n \in \mathbb{N} \,.$$

Setzen wir $x := (\xi_1, \xi_2, \ldots)$, so folgt aus (7.18) für $p \to \infty$:

$$|\xi_n^m - \xi_n| \le \varepsilon \qquad \text{für } m \ge m_0 \,, \tag{7.19}$$

und daraus

$$|\xi_n| \le |\xi_n^{m_0}| + |\xi_n - \xi_n^{m_0}| \le \|x^{m_0}\|_\infty + \varepsilon \,.$$

für alle n und damit $x \in l^\infty$. Aus (7.19) und (7.17) folgt dann

$$\|x^m - x\|_\infty \le \varepsilon \qquad \text{für } m \ge m_0 \,,$$

d. h. $x^m \longrightarrow x$ in l^∞, was die Vollständigkeit beweist. □

f. Der HILBERTraum l^2:
Mit l^2 bezeichnen wir die Menge aller Folgen $x = (\xi_n)$, für die

$$\sum_{n=1}^{\infty} |\xi_n|^2 < \infty \,. \tag{7.20}$$

Diese wird mit (7.15), (7.16) und

$$\langle x \mid y \rangle := \sum_{n=1}^{\infty} \overline{\xi_n}\, \eta_n \tag{7.21}$$

zu einem Prähilbertraum. l^2 ist sogar ein HILBERTraum, wobei die Vollständigkeit ähnlich wie für l^∞ bewiesen wird. Die Norm von l^2 ist nach (7.1) gegeben durch

$$\|x\|_2 = \left(\sum_{n=1}^{\infty} |\xi_n|^2 \right)^{1/2} \,. \tag{7.22}$$

l^2 ist separabel, denn man überlegt sich leicht (Übung!), dass die Menge der endlichen Folgen

$$x = (\xi_1, \ldots, \xi_n, 0, \ldots) \,, \quad \xi_k \in \mathbb{K}$$

dicht in l^2 liegt. Diese Menge ist aber die lineare Hülle der Folge der „Einheitsvektoren“

$$e_1 := (1, 0, 0, 0, \ldots) \,,$$
$$e_2 := (0, 1, 0, 0, \ldots) \,,$$

$$e_3 := (0, 0, 1, 0, \ldots) ,$$
$$\vdots$$

Auch bei Funktionenräumen lässt sich häufig Separabilität nachweisen:

Satz 7.7. *Die Räume $C(K)$ und $L^2(S)$ aus 7.6 sind separabel.*

Beweis. Wir beweisen das nur für $K = S = [a, b] \subseteq \mathbb{R}$ und verweisen für den allgemeinen Fall auf Lehrbücher der Funktionalanalysis.
Aus der Theorie der FOURIERreihen ist bekannt (vgl. etwa [36], Kap. 29), dass jede stetige Funktion auf $[a, b]$ gleichmäßig durch Linearkombinationen der Funktionen

$$\varphi_{2k}(x) := \cos\left[\frac{2\pi}{b-a}k(x-a)\right]$$

und

$$\varphi_{2k+1}(x) := \sin\left[\frac{2\pi}{b-a}k(x-a)\right]$$

approximiert werden kann ($k \in \mathbb{N}_0$). Die Folge (φ_k) leistet also für $V = C^0([a, b])$ das in der Definition der Separabilität Geforderte. – Ebenso bekannt ist es, dass jedes $f \in L^2([a, b])$ in Bezug auf die L^2-Norm Summe seiner FOURIERreihe ist, d. h. es lässt sich im quadratischen Mittel beliebig genau durch die Partialsummen seiner FOURIERreihe approximieren. Daher ist die lineare Hülle der abzählbaren Menge $\{\varphi_k \mid k \in \mathbb{N}_0\}$ dicht in $L^2([a, b])$. □

Bemerkung: l^∞ ist nicht separabel, d. h. keine abzählbare Menge liegt dicht in l^∞. Um dies einzusehen, betrachten wir die Menge T der Folgen

$$y = (\eta_1, \eta_2, \ldots) \qquad \text{mit } \eta_j \in \{0, 1\} .$$

Für zwei *verschiedene* Elemente $x, y \in T$ ist dann

$$\|x - y\|_\infty = 1 ,$$

und daher haben die Kugeln $U(x) := \{z \in l^\infty \mid \|z - x\|_\infty < 1/2\}$, $x \in T$ keine gemeinsamen Punkte. Hätte l^∞ nun eine abzählbare dichte Teilmenge $S = \{s_n \mid n \in \mathbb{N}\}$, so könnten wir auch T als Folge schreiben. Für jedes $x \in T$ enthält nämlich die offene Kugel $U(x)$ ein Element von S, weil S dicht ist. Wir wählen solch ein Element $s_n \in S \cap U(x)$ und erteilen x die Nummer n. Zwei verschiedene Elemente $x, y \in T$ bekommen auf diese Weise stets verschiedene Nummern, da die Kugeln $U(x)$, $U(y)$ disjunkt sind. Damit ist T als abzählbar erwiesen.

Andererseits können wir jedem $y \in T$ die reelle Zahl

$$\hat{y} := \sum_{k=1}^{\infty} \frac{\eta_k}{2^k} \in [0, 1] \quad \text{für } y = (\eta_1, \eta_2, \ldots) \tag{7.23}$$

zuordnen. Da jedes $\alpha \in [0,1]$ eine Dualdarstellung

$$\alpha = \sum_{m=1}^{\infty} \frac{\alpha_m}{2^m} \qquad \text{mit } \alpha_m \in \{0,1\}$$

hat, hätten wir damit auch das Intervall $[0,1]$ als abzählbar erwiesen. Aber dieses Intervall ist bekanntlich überabzählbar. □

Weitere Beispiele von BANACH*räumen.*

Die im Folgenden eingeführten Räume werden im weiteren Verlauf des Buches kaum oder gar nicht benötigt. Sie dienen hauptsächlich zur Abrundung des Bildes.

a. Die Räume $L^p(S)$:
Sei $p \geq 1$ eine reelle Zahl und $S \subseteq \mathbb{R}^n$ eine messbare Teilmenge. Für messbare Funktionen $f : S \longrightarrow \mathbb{K}$ definieren wir

$$N_p(f) := \int_S |f(x)|^p \, \mathrm{d}^n x \,, \tag{7.24}$$

wobei der Wert $+\infty$ zugelassen ist. Für diese Größen gilt die sog. MINKOWSKI*sche Ungleichung*

$$N_p(f+g)^{1/p} \leq N_p(f)^{1/p} + N_p(g)^{1/p} \,. \tag{7.25}$$

Ist $N_p(f) < \infty$, so nennen wir f *p-summierbar*. Die MINKOWSKIsche Ungleichung zeigt nun, dass die Menge $\mathcal{L}^p(S)$ der p-summierbaren Funktionen $f : S \longrightarrow \mathbb{K}$ einen $\mathbb{K}$-Vektorraum bildet. Dabei ist

$$N_p(f) = 0 \iff f(x) = 0 \text{ f.ü.}$$

Deshalb gehen wir wieder über zu den Äquivalenzklassen $[f]$, wobei zwei Funktionen genau dann dieselbe Klasse repräsentieren, wenn sie fast überall übereinstimmen. Die Menge dieser Äquivalenzklassen (für $f \in \mathcal{L}^p(S)$) ist der Raum $L^p(S)$. Man definiert Summen und skalare Vielfache wieder durch (7.11), (7.12), und durch

$$\|f\|_p := N_p(f)^{1/p} \tag{7.26}$$

führt man auf dem so entstandenen Vektorraum eine *Norm* ein. Es ist nicht schwer, die Gültigkeit der Normaxiome nachzuprüfen – insbesondere ist die Dreiecksungleichung gerade die MINKOWSKIsche Ungleichung.
Eine entsprechende Version des Satzes von RIESZ-FISCHER besagt, dass alle diese Räume *vollständig* sind, und man kann auch beweisen, dass sie *separabel* sind (s. u. Satz 10.39). Für $p = 1$ ergibt sich offenbar der aus der Integrationstheorie bekannte Raum $L^1(S)$ der über S LEBESGUE-integrierbaren Funktio-

nen, und für $p = 2$ haben wir wieder den aus 7.6d. bekannten HILBERTraum.

Bemerkung: Die MINKOWSKIsche Ungleichung ist für $p = 1$ trivial und wird für $p > 1$ aus der berühmten HÖLDER*schen Ungleichung*

$$\int_S |f(x)g(x)| \, d^n x \leq N_p(f)^{1/p} N_q(g)^{1/q} , \qquad \text{für } q := p/(p-1) \quad (7.27)$$

hergeleitet. Beweise für beide Ungleichungen finden sich in der in 7.6c. angegebenen Literatur. Für $p = 2$ reduziert sich die HÖLDERsche Ungleichung offenbar auf die SCHWARZsche Ungleichung, die dem durch (7.14) definierten Skalarprodukt entspricht.

b. Der Raum $L^\infty(S)$:
Wieder sei $S \subseteq \mathbb{R}^n$ messbar, und $f : S \longrightarrow \mathbb{K}$ sei eine messbare Funktion. Eine reelle Zahl C heißt eine *wesentliche Schranke* für f, wenn

$$|f(x)| \leq C \quad \text{f.ü.}$$

Die Funktion f heißt *wesentlich beschränkt*, wenn sie eine wesentliche Schranke besitzt.[1] Wie man sich leicht überlegt, gibt es für eine wesentlich beschränkte Funktion f stets die *kleinste* wesentliche Schranke (hier muss man zur Kontrolle der Ausnahmemengen beachten, dass die Vereinigung von abzählbar vielen Nullmengen wieder eine Nullmenge ist!), und diese bezeichnet man als das *wesentliche Supremum* von $|f|$ und schreibt dafür

$$N_\infty(f) \equiv \operatorname*{ess\,sup}_{x \in S} |f(x)| . \qquad (7.28)$$

Die Menge $\mathcal{L}^\infty(S)$ aller wesentlich beschränkten messbaren Funktionen $f : S \longrightarrow \mathbb{K}$ bildet offensichtlich einen $\mathbb{K}$-Vektorraum, und wenn wir wieder zu den bekannten Äquivalenzklassen $[f]$ übergehen, so erhalten wir den NLR $L^\infty(S)$ mit der Norm

$$\|f\|_\infty \equiv \|[f]\|_\infty := N_\infty(f) . \qquad (7.29)$$

Auch dieser Raum ist vollständig, und der Beweis hierfür ist nur eine Variante des obigen Beweises für l^∞ (Übung!). Jedoch ist $L^\infty(S)$ *nicht separabel*, wenn S positives Maß hat.

c. Die Räume l^p:
Die Räume l^p, $p \geq 1$ sind für Reihen das, was die $L^p(S)$ für Integrale sind. Wir betrachten also Zahlenfolgen $x = (\xi_1, \xi_2, \ldots)$, $y = (\eta_1, \eta_2, \ldots)$ usw. und setzen

$$N_p(x) := \sum_{k=1}^{\infty} |\xi_k|^p . \qquad (7.30)$$

[1] Eigentlich müsste es „im Wesentlichen beschränkt" heißen – zumindest würde das besser wiedergeben, was gemeint ist. Die grammatisch fehlerhafte Ausdrucksweise „wesentlich beschränkt" hat sich aber trotzdem durchgesetzt.

(Reihen mit nichtnegativen Gliedern wird dabei im Falle ihrer Divergenz grundsätzlich der Wert $+\infty$ zugeschrieben.) Für solche Reihen gelten die Ungleichungen von HÖLDER und MINKOWSKI in der Form

$$\sum_{k=1}^{\infty} |\xi_k \eta_k| \leq N_p(x)^{1/p} N_q(y)^{1/q} \quad \text{mit } q := p/(p-1) \tag{7.31}$$

bzw.

$$N_p(x+y)^{1/p} \leq N_p(x)^{1/p} + N_p(y)^{1/p} . \tag{7.32}$$

Somit ist

$$l^p := \{x \mid N_p(x) < \infty\}$$

ein Vektorraum (wobei Summen und skalare Vielfache wie bei l^∞ komponentenweise gebildet werden), und durch

$$\|x\|_p := N_p(x)^{1/p}$$

ist auf diesem Vektorraum eine Norm definiert. Für $p = 2$ erhält man natürlich wieder den HILBERTraum l^2, der in 7.6f. besprochen wurde, und auch für allgemeines $p \geq 1$ kann man ohne große Mühe beweisen, dass l^p vollständig und separabel ist.

B Endlich-dimensionale normierte lineare Räume

Obwohl wir uns hauptsächlich mit unendlich-dimensionalen Räumen beschäftigen, ist es nützlich, einige Eigenschaften von endlich-dimensionalen NLR kennen zu lernen. Ausgangspunkt ist der folgende Satz:

Lemma 7.8. *Sei V ein NLR und sei $\{\boldsymbol{e}_1, \ldots, \boldsymbol{e}_n\}$ eine linear unabhängige Menge von Vektoren $\boldsymbol{e}_i \in V$. Dann gibt es eine Konstante $C > 0$, so dass für alle $\alpha_1, \ldots, \alpha_n \in \mathbb{K}$ gilt*

$$\left\| \sum_{k=1}^{n} \alpha_k \boldsymbol{e}_k \right\| \geq C \sum_{k=1}^{n} |\alpha_k| . \tag{7.33}$$

Beweis. Es ist zu zeigen:

$$(*) \qquad \begin{cases} \text{Es gibt ein } C > 0, \text{ so dass} \\ \|y\| \geq C \quad \text{für alle } y = \sum\limits_{k=1}^{n} \beta_k \boldsymbol{e}_k \text{ mit } \sum\limits_{k=1}^{n} |\beta_k| = 1. \end{cases}$$

Für

$$x = \sum_{k=1}^{n} \alpha_k \boldsymbol{e}_k \qquad \text{mit } s := \sum_{k=1}^{n} |\alpha_k| \neq 0$$

setzt man dann nämlich

$$\beta_k = \frac{\alpha_k}{s}, \quad y = \sum_{k=1}^{n} \beta_k \boldsymbol{e}_k ,$$

so dass also $\sum_{k=1}^{n} |\beta_k| = 1$ ist, und wendet hierauf (∗) an. Das ergibt die Behauptung (7.33).

Angenommen, (∗) ist falsch. Dann gibt es

$$y^m = \sum_{k=1}^{n} \beta_k^m \boldsymbol{e}_k \quad \text{mit} \sum_{k=1}^{n} |\beta_k^m| = 1 \text{ und } y^m \longrightarrow 0. \tag{7.34}$$

Nun bilden die $b^m := (\beta_1^m, \ldots, \beta_n^m)$ eine beschränkte Folge in $\mathbb{K}^n$, die nach dem Satz von BOLZANO-WEIERSTRASS (vgl. etwa [36], Kap. 13) eine konvergente Teilfolge

$$b^{mj} \longrightarrow b = (\beta_1, \ldots, \beta_n) \quad \text{mit} \sum_{k=1}^{n} |\beta_k| = 1 \tag{7.35}$$

enthält. Daraus folgt aber

$$y^{mj} \longrightarrow y = \sum_{k=1}^{n} \beta_k \boldsymbol{e}_k ,$$

was wegen (7.35) und (7.34) offenbar ein Widerspruch zur linearen Unabhängigkeit der Vektoren $\boldsymbol{e}_1, \ldots, \boldsymbol{e}_n$ ist. □

Wir wollen nun hieraus Konsequenzen ziehen. Zunächst definieren wir:

Definitionen 7.9. Eine Teilmenge $\mathcal{U}$ eines NLR V heißt ein *abgeschlossener Unterraum* von V, wenn gilt:

a. $\mathcal{U}$ ist ein linearer Teilraum von V, also mit der Norm von V selbst ein NLR.
b. $\mathcal{U}$ ist eine abgeschlossene Teilmenge von V, d. h. $\overline{\mathcal{U}} = \mathcal{U}$.

Satz 7.10.

a. *Jeder abgeschlossene Unterraum $\mathcal{U}$ eines* BANACH*raumes ist vollständig, d. h. ebenfalls ein* BANACH*raum.*
b. *Jeder endlich-dimensionale Unterraum $\mathcal{U}$ eines beliebigen NLR ist vollständig und damit abgeschlossen.*
c. *Jeder endlich-dimensionale NLR ist ein* BANACH*raum.*

Beweis.

a. Sei V vollständig, $\mathcal{U} \subseteq V$ ein abgeschlossener Unterraum und sei $(x_n) \subseteq \mathcal{U}$ eine CAUCHYfolge. Dann gilt $x_n \longrightarrow x \in V$, und damit gehört x zum Abschluss von $\mathcal{U}$, also $x \in \mathcal{U}$.

b. Sei V ein NLR, $\mathcal{U} \subseteq V$ ein endlich-dimensionaler linearer Teilraum und sei $\{\boldsymbol{e}_1, \ldots, \boldsymbol{e}_n\}$ eine Basis von $\mathcal{U}$. Sei

$$y^m = \sum_{k=1}^{n} \alpha_k^m \, \boldsymbol{e}_k \in \mathcal{U}$$

eine CAUCHYfolge. Nach Lemma 7.8 gibt es dann ein $C > 0$, so dass

$$\|y^m - y^p\| \;=\; \left\| \sum_{k=1}^{n} \left(\alpha_k^m - \alpha_k^p\right) \boldsymbol{e}_k \right\| \;\geq C \sum_{k=1}^{n} |\alpha_k^m - \alpha_k^p| \,,$$

d. h. die $a^m = (\alpha_1^m, \ldots, \alpha_n^m)$ bilden eine CAUCHYfolge in $\mathbb{K}^n$.
Da $\mathbb{K}^n$ bekanntlich vollständig ist ([36], Kap. 13), gilt daher

$$a^m \longrightarrow a = (\alpha_1, \ldots, \alpha_n) \;\in \mathbb{K}^n \;.$$

Daraus folgt dann

$$y^m \longrightarrow y := \sum_{k=1}^{n} \alpha_k \, \boldsymbol{e}_k \;\in \mathcal{U} \;,$$

wie gewünscht.

c. folgt direkt aus b.

□

Auf ähnliche Weise beweist man:

Satz 7.11.

a. In einem NLR V ist jede kompakte Menge abgeschlossen und beschränkt.
b. Ist $\dim V < \infty$*, so ist jede abgeschlossene beschränkte Menge kompakt.*

C Orthogonales Komplement

Die folgende Definition ist sicher schon aus der linearen Algebra bekannt:
Ist H ein PHR, $M \subseteq H$ eine Teilmenge, so heißt

$$M^{\perp} = \{x \in H \mid \langle x \mid m \rangle \;=\; 0 \qquad \forall \, m \in M\} \tag{7.36}$$

das *orthogonale Komplement* von M. Seine grundlegenden Eigenschaften bilden den Ausgangspunkt für das Studium der HILBERTräume, und sie sind in nachstehendem Theorem zusammengefasst. Wir notieren jedoch zunächst zwei einfache Eigenschaften, deren Beweise leichte Übungen sind:

Lemma 7.12. *Sei H ein PHR und M eine beliebige Teilmenge von H.*

a. $M^{\perp}$ ist ein abgeschlossener Unterraum von H.
b. $\left(\overline{\mathrm{LH}(M)}\right)^{\perp} = M^{\perp}$.

Theorem 7.13. *Sei H ein* HILBERT*raum und $\mathcal{U} \subseteq H$ ein abgeschlossener Unterraum von H. Dann gilt:*

a. *Zu jedem $x_0 \in H$ existiert ein eindeutiges $u_0 \in \mathcal{U}$ mit*

$$\|x_0 - u_0\| \;=\; \delta := \inf_{u \in \mathcal{U}} \|x_0 - u\| \,. \tag{7.37}$$

b. *Jedes $x \in H$ kann eindeutig in der Form*

$$x = u + v \qquad \text{mit } u \in \mathcal{U},\, v \in \mathcal{U}^{\perp} \tag{7.38}$$

zerlegt werden, d. h. es gilt

$$H = \mathcal{U} \oplus \mathcal{U}^{\perp} \qquad \text{und daher } \mathcal{U}^{\perp\perp} = \mathcal{U} \,. \tag{7.39}$$

Beweis.

a. Wir zeigen zunächst die Existenz eines $u_0 \in \mathcal{U}$, das (7.37) erfüllt. Nach Definition des Infimums gibt es eine Folge (u_n) in $\mathcal{U}$, so dass

$$\|x_0 - u_n\| \longrightarrow \delta \quad \text{für } n \longrightarrow \infty \,. \tag{7.40}$$

Um zu zeigen, dass (u_n) gegen ein $u_0 \in \mathcal{U}$ konvergiert, genügt es, nachzuweisen, dass (u_n) eine CAUCHYfolge ist, weil $\mathcal{U}$ als abgeschlossener Unterraum eines HILBERTraums nach Satz 7.10a. vollständig ist. Mit der Parallelogrammgleichung in Satz 7.2c. folgt:

$$\begin{aligned}
\|u_n - u_m\|^2 &= \|(x_0 - u_n) - (x_0 - u_m)\|^2 \\
&= -\|(x_0 - u_n) + (x_0 + u_m)\|^2 + 2\|x_0 - u_n\|^2 + 2\|x_0 - u_m\|^2 \\
&= -4\|x_0 - \tfrac{1}{2}(u_n + u_m)\|^2 + 2\|x_0 - u_n\|^2 + 2\|x_0 - u_m\|^2 \\
&\leq -4\delta^2 + 2\|x_0 - u_n\|^2 + 2\|x_0 - u_m\|^2 \longrightarrow 0 \text{ für } m, n \to \infty
\end{aligned}$$

wegen (7.40) und

$$\left\| x_0 - \frac{1}{2}(u_n + u_m) \right\| \geq \delta \,.$$

Die letzte Ungleichung gilt nach Definition von δ, weil $(u_n + u_m)/2 \in \mathcal{U}$ ist. Also gilt $u_n \longrightarrow u_0 \in \mathcal{U}$, und es folgt $\|x_0 - u_0\| = \delta$. Um die Eindeutigkeit von u_0 in (7.37) zu zeigen, nimmt man an, es gäbe $u_1, u_2 \in \mathcal{U}$ mit

$$\|x_0 - u_1\| \;=\; \delta \;=\; \|x_0 - u_2\|$$

und zeigt wieder mit der Parallelogrammgleichung

$$\begin{aligned}
\|u_1 - u_2\|^2 &= \|(x_0 - u_1) - (x_0 - u_2)\|^2 \\
&= -4\|x_0 - \tfrac{1}{2}(u_1 + u_2)\|^2 + 2\|x_0 - u_1\|^2 + 2\|x_0 - u_2\|^2 \\
&\leq -4\delta^2 + 2\delta^2 + 2\delta^2 = 0 \,,
\end{aligned}$$

womit a. gezeigt ist.

b. Es bleibt die eindeutige Zerlegung (7.38) zu zeigen. Zu $x_0 \in H$ bestimmen wir das eindeutige $u_0 \in \mathcal{U}$, das (7.37) erfüllt und setzen

$$x_0 = u_0 + (x_0 - u_0) , \tag{7.41}$$

wobei wir zeigen müssen, dass

$$v_0 := x_0 - u_0 \in \mathcal{U}^\perp \tag{7.42}$$

gilt. Für beliebiges $0 \neq u \in \mathcal{U}$ betrachten wir hierzu den Vektor

$$\hat{u} = u_0 + \frac{\langle u \mid v_0 \rangle}{\|u\|^2} u \in \mathcal{U} .$$

Wegen (7.37) gilt dann

$$\begin{aligned} \delta^2 &\leq \|x_0 - \hat{u}\|^2 \\ &= \|v_0\|^2 - \frac{|\langle u \mid v_0 \rangle|^2}{\|u\|^2} = \delta^2 - \frac{|\langle u \mid v_0 \rangle|^2}{\|u\|^2} . \end{aligned}$$

Dies kann aber nur gelten, wenn $\langle u \mid v_0 \rangle = 0$ ist.
Zur Eindeutigkeit: Ist $x_0 = u_1 + v_1$ noch eine Zerlegung in $u_1 \in \mathcal{U}$, $v_1 \in \mathcal{U}^\perp$, so folgt $u_0 + v_0 = u_1 + v_1$, also

$$w := u_0 - u_1 = v_1 - v_0 \in \mathcal{U} \cap \mathcal{U}^\perp$$

und damit $\langle w|w \rangle = 0$. Daher muss $w = 0$ sein, also $u_0 = u_1$ und $v_0 = v_1$.

□

Folgende Konsequenz wird häufig benötigt:

Satz 7.14. *In einem* HILBERT*raum H gilt:*

a. Liegt eine Teilmenge $M \subseteq H$ dicht in H, so ist $M^\perp = \{0\}$.
b. Ist W ein linearer Teilraum von H, so ist W genau dann dicht in H, wenn $W^\perp = \{0\}$.

Beweis. a. Nach Lemma 7.12b. ist $M^\perp = (\overline{M})^\perp = H^\perp = \{0\}$.
b. Sei W ein linearer Teilraum mit $W^\perp = \{0\}$. Wir wenden Theorem 7.13b. auf den abgeschlossenen Unterraum $\mathcal{U} := \overline{W}$ an und erhalten

$$\mathcal{U} = \mathcal{U}^{\perp\perp} = (\overline{W}^\perp)^\perp = (W^\perp)^\perp = \{0\}^\perp = H ,$$

also $\overline{W} = H$, wie behauptet.

□

D Vervollständigung von normierten linearen Räumen

In den Anwendungen benötigt man in der Regel vollständige Räume – BANACH- oder HILBERTräume. Vielfach sind aber die passenden Funktionenräume zunächst als unvollständige Räume gegeben. Man benötigt daher ein allgemeines Prinzip, um unvollständige Räume zu vervollständigen. Um dieses zu formulieren, müssen wir den Begriff der *Isometrie* einführen:

Definition 7.15. Seien V, W zwei normierte lineare Räume. Eine *Isometrie* von V in W ist eine lineare Abbildung $T : V \longrightarrow W$, für die gilt:

$$\|Tx\| = \|x\| \qquad \forall\, x \in V\,.$$

Wegen der Linearität folgt hieraus

$$\|Tx - Ty\| = \|T(x-y)\| = \|x-y\|$$

für alle $x, y \in V$, d. h. eine Isometrie lässt die Abstände der Vektoren unverändert.

Theorem 7.16. *Zu jedem NLR (bzw. PHR) V gibt es einen* BANACH*raum (bzw.* HILBERT*raum) E und eine Isometrie $T : V \longrightarrow E$, so dass $T(V)$ dicht in E ist.*

Man sagt: Jeder NLR (PHR) V lässt sich dicht in einen BANACHraum (HILBERTraum) E *einbetten*. Man nennt E die *Vervollständigung* von V und identifiziert $T(V)$ und V, so dass V ein dichter Teilraum von E ist.

Die verschiedenen möglichen Beweise dieses Theorems haben alle einen sehr theoretischen Charakter, und wir verweisen dafür auf Lehrbücher der Funktionalanalysis. Im nächsten Kapitel werden wir allerdings einen Beweis skizzieren (vgl. Anmerkung 8.15).

Bemerkung: Die verschiedenen Beweise für Theorem 7.16 liefern durchaus unterschiedliche Objekte als Elemente des BANACHraums E, der den gegebenen Raum V vervollständigt. Man kann aber alle diese Konstrukte miteinander identifizieren und infolgedessen von „der“ Vervollständigung sprechen, als sei sie eindeutig bestimmt. Das hat folgenden Grund: Angenommen, V ist durch die Isometrien $T_i : V \longrightarrow E_i$ dicht in die BANACHräume E_i $(i = 1, 2)$ eingebettet. Auf den dichten Teilräumen $T_1(V)$ bzw. $T_2(V)$ sind dann die Isometrien $S_{12} := T_2 \circ T_1^{-1}$ bzw. $S_{21} := T_1 \circ T_2^{-1}$ definiert, und ihre Werte liegen in den vollständigen Räumen E_2 bzw. E_1. Wir werden im nächsten Kapitel (vgl. Theorem 8.7) sehen, dass man in einer solchen Situation *eindeutige isometrische lineare Fortsetzungen*

$$\hat{S}_{12} : E_1 \longrightarrow E_2 \quad \text{bzw.} \quad \hat{S}_{21} : E_2 \longrightarrow E_1$$

von S_{12} bzw. S_{21} hat. Offensichtlich sind S_{12}, S_{21} zueinander inverse *Bijektionen*, und das überträgt sich (wegen (8.6)) sofort auf $\hat{S}_{12}$ und $\hat{S}_{21}$. Wir identifizieren nun Elemente $\xi \in E_1$, $\eta \in E_2$ miteinander, wenn die äquivalenten Bedingungen

$$\eta = \hat{S}_{12}\xi\,, \qquad \xi = \hat{S}_{21}\eta$$

erfüllt sind. Bei dieser Identifikation benutzen wir keinerlei externe Zusatzinformation, sondern nur die gegebenen Daten E_1, E_2, T_1, T_2. Deshalb ist es für jede mögliche Anwendung der Vervollständigung völlig gleichgültig, ob man die Elemente von E_1 oder die von E_2 benutzt – man kann mit Hilfe der Isomorphismen $\hat{S}_{12}$, $\hat{S}_{21}$ immer die einen durch die anderen ersetzen. Der Mathematiker sagt, die Vervollständigung sei „eindeutig bestimmt bis auf natürlichen Isomorphismus".

Beispiel 7.17. Der Raum $V := \tilde{L}^2([a,b])$ aus Beispiel 7.6b. kann als dichter Teilraum des HILBERTraums $H := L^2([a,b])$ aufgefasst werden, denn jedes $f \in H$ kann im quadratischen Mittel beliebig genau durch die Partialsummen seiner FOURIERreihe approximiert werden, und diese Partialsummen sind stetige Funktionen, gehören also zu V. Daher kann man H als die Vervollständigung von V ansehen. Im Prinzip könnte man also den HILBERTraum $L^2([a,b])$ auch ohne das LEBESGUE-Integral konstruieren, indem man Theorem 7.16 auf $\tilde{L}^2([a,b])$ anwendet. Dieses Vorgehen ist jedoch auf lange Sicht unbefriedigend, da man so keine konkrete Vorstellung von den Elementen des HILBERTraums gewinnt.

Anmerkung 7.18. Das gerade besprochene Phänomen, dass stetige Funktionen in Räumen summierbarer Funktionen dicht liegen, ist weit verbreitet und für die moderne Analysis von eminenter Bedeutung. Betrachten wir etwa eine offene Teilmenge $\Omega \subseteq \mathbb{R}^n$ und bezeichnen mit $C_c(\Omega)$ den Vektorraum aller stetigen Funktionen $\varphi : \Omega \longrightarrow \mathbb{K}$, die außerhalb einer kompakten Teilmenge von Ω verschwinden. Dann ist offenbar

$$C_c(\Omega) \subseteq \mathcal{L}^p(\Omega)$$

für $1 \leq p \leq \infty$. Somit kann man $C_c(\Omega)$ auch als Teilraum von $L^p(\Omega)$ auffassen, indem man jedes $\varphi \in C_c(\Omega)$ mit seiner Äquivalenzklasse $[\varphi]$ identifiziert, wie in 7.6c. erläutert. In der Integrationstheorie wird gezeigt (vgl. etwa Satz 10.39), dass für $p < \infty$ sogar $C_c(\Omega)$ *dicht* in $L^p(\Omega)$ ist. (In [36] werden im Rahmen der Ergänzungen zu Kap. 29 Beispiele angegeben, die diese Aussage auch ohne detaillierten Beweis plausibel machen.)

Somit kann man $L^p(\Omega)$ für $p < \infty$ als die Vervollständigung des normierten linearen Raums V_p auffassen, der entsteht, wenn man den Vektorraum $C_c(\Omega)$ mit der Norm

$$\|\varphi\|_p := \left(\int_\Omega |\varphi(x)|^p \, \mathrm{d}^n x \right)^{1/p}$$

versieht.

E Tensorprodukt von HILBERTräumen

Wir modifizieren jetzt das in Abschn. 2B eingeführte Tensorprodukt so, dass auch komplexe Räume sowie Räume unendlicher Dimension mit einbezogen werden. Anders als in Abschn. 2B beschränken wir uns jedoch auf HILBERTräume und machen uns das Vorhandensein eines Skalarproduktes von vornherein zu Nutze. Im

Fall eines endlichdimensionalen reellen HILBERTraums stimmen die beiden Konstruktionen jedoch überein (vgl. Aufg. 7.10).

Seien H_1, H_2 also zwei $\mathbb{K}$-HILBERTräume. Bei beiden Räumen bezeichnen wir das Skalarprodukt mit $\langle\cdot \mid \cdot\rangle$, so dass man immer an den eingesetzten Vektoren ablesen muss, welches Skalarprodukt gerade gemeint ist. Auf dem kartesischen Produkt

$$H_1 \times H_2 = \{(x_1, x_2) \mid x_i \in H_i\ ,\ i = 1, 2\}$$

betrachten wir *Bilinearformen*, d. h. Funktionen $B : H_1 \times H_2 \longrightarrow \mathbb{K}$, die sich in jedem ihrer beiden Argumente reell-linear verhalten:

$$B(\alpha x_1 + \beta y_1, x_2) = \alpha B(x_1, x_2) + \beta B(y_1, x_2) \tag{7.43}$$

$$B(x_1, \alpha x_2 + \beta y_2) = \alpha B(x_1, x_2) + \beta B(x_1, y_2) \tag{7.44}$$

für $x_1, y_1 \in H_1$, $x_2, y_2 \in H_2$, $\alpha, \beta \in \mathbb{R}$. Zu jedem Vektorpaar $(y_1, y_2) \in H_1 \times H_2$ definieren wir eine spezielle Bilinearform $B \equiv y_1 \otimes y_2$ durch

$$(y_1 \otimes y_2)(x_1, x_2) := \langle x_1 \mid y_1\rangle\langle x_2 \mid y_2\rangle\ . \tag{7.45}$$

Wie immer bei Funktionen, bilden die Bilinearformen auf $H_1 \times H_2$ einen Vektorraum, indem man sie argumentweise addiert und mit Skalaren multipliziert. So können wir auch beliebige (endliche) Linearkombinationen unserer speziellen Formen $y_1 \otimes y_2$ bilden, also den linearen Teilraum

$$H_1 \otimes H_2 := \mathrm{LH}(\{y_1 \otimes y_2 \mid y_1 \in H_1\ ,\ y_2 \in H_2\}) \tag{7.46}$$

betrachten, den man das *algebraische Tensorprodukt* der HILBERTräume H_1, H_2 nennt. Seine Elemente nennt man *Tensoren* (genauer: Tensoren zweiter Stufe). Der in (7.45) definierte spezielle Tensor wird als das *Tensorprodukt* der Vektoren y_1 und y_2 bezeichnet, und, wie unmittelbar aus der Definition hervorgeht, verhält sich dieses Produkt als Funktion von y_1, y_2 *bilinear*, d. h. für $B(y_1, y_2) := y_1 \otimes y_2$ gelten sinngemäß die Gleichungen (7.43) und (7.44), und zwar für alle $\alpha, \beta \in \mathbb{K}$, also auch für komplexe Skalare, wenn $\mathbb{K} = \mathbb{C}$.

Den Vektorraum $H_1 \otimes H_2$ machen wir zu einem Prähilbertraum, indem wir ein Skalarprodukt definieren:

Satz 7.19. *Setzt man für die speziellen Elemente der Form*

$$\begin{gathered} y_1 \otimes y_2\ ,\quad z_1 \otimes z_2 \in H_1 \otimes H_2 \\ \langle y_1 \otimes y_2 \mid z_1 \otimes z_2\rangle := \langle y_1 \mid z_1\rangle\langle y_2 \mid z_2\rangle \end{gathered} \tag{7.47}$$

und für Linearkombinationen

$$\begin{aligned} &\left\langle \sum_{i=1}^{n} \alpha_i (y_1^i \otimes y_2^i) \middle| \sum_{k=1}^{m} \beta_k (z_1^k \otimes z_2^k) \right\rangle := \\ &= \sum_{i=1}^{n} \sum_{k=1}^{m} \overline{\alpha}_i \beta_k \langle y_1^i \otimes y_2^i \mid z_1^k \otimes z_2^k\rangle\ , \end{aligned} \tag{7.48}$$

so wird durch (7.48) ein Skalarprodukt wohldefiniert, so dass $H_1 \otimes H_2$ zu einem Prähilbertraum wird.

Beweis. Die Darstellung von Tensoren in der Form

$$B = \sum_{i=1}^{n} \alpha_i \left(y_1^i \otimes y_2^i\right) , \qquad C = \sum_{k=1}^{m} \beta_k \left(z_1^k \otimes z_2^k\right)$$

ist nicht eindeutig, und daher muss gezeigt werden, dass das Skalarprodukt $\langle B \mid C \rangle$ nur von den Tensoren B, C selbst abhängt, nicht von der in (7.48) verwendeten Darstellung. Nach (7.45) ist aber

$$\left\langle B \mid z_1^k \otimes z_2^k \right\rangle = \sum_i \overline{\alpha_i} \left\langle y_1^i \mid z_1^k \right\rangle \left\langle y_2^i \mid z_2^k \right\rangle = \overline{B\left(z_1^k, z_2^k\right)}$$

und somit

$$\langle B \mid C \rangle = \sum_k \beta_k \overline{B\left(z_1^k, z_2^k\right)} .$$

Also hängt das Skalarprodukt nur von B selbst ab, nicht von der für den linken Faktor benutzten Darstellung. Ebenso ergibt sich

$$\left\langle y_1^i \otimes y_2^i \mid C \right\rangle = \sum_k \beta_k \left\langle y_1^i \mid z_1^k \right\rangle \left\langle y_2^i \mid z_2^k \right\rangle = C\left(y_1^i, y_2^i\right)$$

und somit

$$\langle B \mid C \rangle = \sum_i \overline{\alpha_i} C\left(y_1^i, y_2^i\right) ,$$

woran man erkennt, dass das Skalarprodukt auch nicht von der für C gewählten speziellen Darstellung abhängt.

Die Rechenregeln 7.1a., b., c. sind durch triviale Rechnung nachzuprüfen. Für d. betrachten wir einen Tensor $B = \sum_i x_1^i \otimes x_2^i$ und müssen zeigen, dass $\langle B \mid B \rangle > 0$, falls $B \neq 0$. Dazu führen wir in dem von den x_1^i aufgespannten (endlichdimensionalen) linearen Teilraum von H_1 eine Orthonormalbasis $\{\boldsymbol{e}_1, \ldots, \boldsymbol{e}_r\}$ ein, ebenso eine Orthonormalbasis $\{\boldsymbol{f}_1, \ldots, \boldsymbol{f}_s\}$ in dem von den x_2^i aufgespannten linearen Teilraum von H_2. Entwickelt man die x_1^i bzw. die x_2^i nach diesen Basen und setzt diese Entwicklungen in die Darstellung für B ein, so ergibt sich die neue Darstellung

$$B = \sum_{j=1}^{r} \sum_{k=1}^{s} \gamma_{jk} \boldsymbol{e}_j \otimes \boldsymbol{f}_k .$$

Diese verwenden wir, um das Skalarprodukt zu berechnen:

$$\begin{aligned} \langle B \mid B \rangle &= \sum_{j,k,l,m} \overline{\gamma_{jk}} \gamma_{lm} \langle \boldsymbol{e}_j \otimes \boldsymbol{f}_k \mid \boldsymbol{e}_l \otimes \boldsymbol{f}_m \rangle \\ &= \sum_{j,k,l,m} \overline{\gamma_{jk}} \gamma_{lm} \delta_{jl} \delta_{km} = \sum_{j,k} |\gamma_{jk}|^2 > 0 , \end{aligned}$$

außer wenn alle γ_{jk} verschwinden. □

Dieser Prozess lässt sich verallgemeinern:

Definitionen 7.20. Seien $H_1, \dots, H_n$ $\mathbb{C}$-HILBERTräume.

a. Eine *Multilinearform* (oder ein *multilineares Funktional*) auf $H_1 \times \cdots \times H_n$ ist eine Abbildung $M : H_1 \times \cdots \times H_n \longrightarrow \mathbb{C}$, die sich in jedem ihrer n Argumente linear verhält.
b. Für $y_i \in H_i$ definiert man auf $H_1 \times \cdots \times H_n$ multilineare Funktionale
$$y_1 \otimes \cdots \otimes y_n : H_1 \times \cdots \times H_n \longrightarrow \mathbb{C}$$
durch
$$(y_1 \otimes \cdots \otimes y_n)(x_1, \dots, x_n) := \prod_{i=1}^{n} \langle y_i \mid x_i \rangle \,. \tag{7.45}$$
c. Der $\mathbb{C}$-Vektorraum
$$\mathrm{LH}(\{y_1 \otimes \cdots \otimes y_n \mid y_i \in H_i\,,\ i = 1, \dots, n\})\,,$$
versehen mit dem Skalarprodukt
$$\langle y_1 \otimes \cdots \otimes y_n \mid z_1 \otimes \cdots \otimes z_n \rangle := \langle y_1 \mid z_1 \rangle \cdots \langle y_n \mid z_n \rangle \tag{7.47}$$
und lineare Fortsetzung auf Linearkombinationen wird zu einem Prähilbertraum $H_1 \otimes \cdots \otimes H_n$, den man als das *algebraische Tensorprodukt* von $H_1, \dots, H_n$ bezeichnet. Seine Elemente werden als *Tensoren n-ter Stufe* bezeichnet.
d. Die Vervollständigung $H_1 \hat{\otimes} \cdots \hat{\otimes} H_n$ gemäß Theorem 7.16 von $H_1 \otimes \cdots \otimes H_n$ heißt das HILBERT-*Tensorprodukt* von $H_1 \otimes \cdots \otimes H_n$.

Solche mehrfachen Tensorprodukte werden z. B. für die Konstruktion des FOCK-raums der Quantenfeldtheorie benötigt (vgl. etwa [38, 73]).

Das HILBERT-Tensorprodukt von separablen HILBERTräumen ist ebenfalls separabel, wie z. B. aus folgendem Satz hervorgeht:

Satz 7.21. *Seien H_i separable* HILBERT*räume mit Orthonormalbasen $\{\boldsymbol{e}^i_k \mid k \in \mathbb{N}\}$, $i = 1, \dots, n$. Dann ist*
$$\left\{\boldsymbol{e}^1_{i_1} \otimes \cdots \otimes \boldsymbol{e}^n_{i_n} \mid i_k \in \mathbb{N}\,, \quad 1 \leq k \leq n\right\}$$
eine Orthonormalbasis von $H_1 \hat{\otimes} \cdots \hat{\otimes} H_n$.

Beweis. Zunächst erinnern wir an den aus der Theorie der FOURIERreihen bekannten Ausdruck für den Fehler bei der FOURIERentwicklung (vgl. etwa [36], Kap. 29): Ist H ein beliebiger HILBERTraum, $\{\boldsymbol{v}_k \mid k \in \mathbb{N}\}$ ein Orthonormalsystem in H, $z \in H$ ein beliebiger Vektor, so gilt für die Partialsummen $s_n = \sum_{k=1}^{n} \langle \boldsymbol{v}_k \mid z \rangle \boldsymbol{v}_k$:
$$\|z - s_n\|^2 = \|z\|^2 - \sum_{k=1}^{n} |\langle \boldsymbol{v}_k \mid z \rangle|^2 \,. \tag{7.49}$$

Nun zum eigentlichen Beweis! Es genügt, ihn für $n = 2$ zu führen. Seien also $\{\boldsymbol{e}_k \mid k \in \mathbb{N}\}$ eine Orthonormalbasis von H_1, $\{\boldsymbol{f}_j \mid j \in \mathbb{N}\}$ eine Orthonormalbasis von H_2. Dann ist natürlich $\boldsymbol{e}_k \otimes \boldsymbol{f}_j \in H_1 \otimes H_2$.

Weiter folgt mit (7.47)

$$\langle \boldsymbol{e}_k \otimes \boldsymbol{f}_i \mid \boldsymbol{e}_l \otimes \boldsymbol{f}_j \rangle = \langle \boldsymbol{e}_k \mid \boldsymbol{e}_l \rangle \langle \boldsymbol{f}_i \mid \boldsymbol{f}_j \rangle = \delta_{kl}\delta_{ij} \ , \tag{7.50}$$

d. h. $\mathfrak{B} := \{\boldsymbol{e}_k \otimes \boldsymbol{f}_i \mid i, k \in \mathbb{N}\}$ ist ein Orthonormalsystem in $H_1 \hat{\otimes} H_2$, so dass nur noch die Vollständigkeit von $\mathfrak{B}$ zu zeigen bleibt. Dazu betrachten wir

$$S := \overline{\mathrm{LH}(\mathfrak{B})} \ , \tag{7.51}$$

so dass wir $S = H_1 \hat{\otimes} H_2$ zeigen müssen. Hierfür genügt es aber $H_1 \otimes H_2 \subseteq S$ zu zeigen, weil (nach Definition der Vervollständigung)

$$\overline{H_1 \otimes H_2} = H_1 \hat{\otimes} H_2$$

ist. Sei also $x \otimes y \in H_1 \otimes H_2$, $x \in H_1$, $y \in H_2$, beliebig. Dann gilt

$$x = \sum_k \xi_k \boldsymbol{e}_k \quad \text{mit} \sum_k |\xi_k|^2 = \|x\|^2 \ ,$$
$$y = \sum_i \eta_i \boldsymbol{f}_i \quad \text{mit} \sum_i |\eta_i|^2 = \|y\|^2 \ .$$

Daher ist nach (7.47) und den Rechenregeln für absolut konvergente Reihen

$$\|x \otimes y\|^2 = \|x\|^2 \cdot \|y\|^2 = \sum_{i,k} |\xi_k \eta_i|^2 \ .$$

Die Zahlen $\xi_k \eta_i$ sind auch die FOURIERkoeffizienten von $x \otimes y$ in Bezug auf das Orthonormalsystem $\mathfrak{B}$, wie man wieder mit (7.47) bestätigt. Setzt man also

$$s_{n,m} := \sum_{k=1}^{n} \sum_{i=1}^{m} \xi_k \eta_i \boldsymbol{e}_k \otimes \boldsymbol{f}_i \ ,$$

so folgt aus (7.49)

$$\lim_{m,n \longrightarrow \infty} \|x \otimes y - s_{m,n}\|^2 = \lim_{n,m \to \infty} \left(\|x \otimes y\|^2 - \sum_{k=1}^{n} \sum_{i=1}^{m} |\xi_k \eta_i|^2 \right) = 0 \ ,$$

also $x \otimes y \in S$. Damit ergibt sich $H_1 \otimes H_2 \subseteq S$, also die Behauptung. □

Der letzte Satz zeigt, wie man sich die Elemente des Tensorprodukts praktischerweise vorstellt: Aus Vektoren $\boldsymbol{v}^1 = \sum_k a_k \boldsymbol{e}_k^1$, $\boldsymbol{v}^2 = \sum_l b_l \boldsymbol{e}_l^2$ werden neue Vektoren $\sum_{k,l} c_{kl} \boldsymbol{e}_k^1 \otimes \boldsymbol{e}_l^2$ gebildet, wobei das Tensorkreuz $\otimes$ sich rechnerisch wie ein Produkt verhält. Die Bilinearformen, mit denen das Tensorprodukt anfangs definiert wurde, sind – ähnlich wie die Äquivalenzklassen bei der Bildung der L^p-Räume –

nur ein logischer Trick, der dafür sorgt, dass ein konkretes mathematisches Objekt aufgewiesen wird, das die gewünschten rechnerischen Eigenschaften besitzt.

Das Tensorprodukt von Funktionenräumen kann meist mit einem Funktionenraum desselben Typs identifiziert werden, wobei sich allerdings die Anzahl der Variablen entsprechend erhöht, von denen die Funktionen abhängen. Wir formulieren dies jetzt präzis für den Fall der Räume vom Typ $L^2(S)$, der für die physikalischen Anwendungen besonders wichtig ist. Der Beweis wird im Rahmen der Integrationstheorie in einem etwas allgemeineren Zusammenhang geführt (Satz 10.47).

Satz 7.22. *Seien $S_1 \subseteq \mathbb{R}^n$, $S_2 \subseteq \mathbb{R}^m$ messbare Teilmengen.*

a. *Dann existiert ein eindeutig bestimmter isometrischer Isomorphismus*

$$U : L^2(S_1)\hat{\otimes}L^2(S_2) \longrightarrow L^2(S_1 \times S_2)$$

mit

$$U(f \otimes g) = h \quad \text{wo } h(x, y) := f(x)g(y) \tag{7.52}$$

für $f \in L^2(S_1)$, $g \in L^2(S_2)$. Wir schreiben daher $f \otimes g$ für die Funktion $h = U(f \otimes g)$.

b. *Ist $(\boldsymbol{e}_m)$ eine Orthonormalbasis von $L^2(S_1)$, $(\boldsymbol{f}_n)$ eine Orthonormalbasis von $L^2(S_2)$, so ist*

$$\{\boldsymbol{e}_m \otimes \boldsymbol{f}_n \mid m, n \in \mathbb{N}\} \tag{7.53}$$

eine Orthonormalbasis von $L^2(S_1 \times S_2)$.

Aufgaben zu Kap. 7

7.1. Man zeige: Ist U ein linearer Teilraum eines normierten linearen Raums V, so ist der Abschluss $\overline{U}$ ebenfalls ein linearer Teilraum.

7.2. Für $p \geq 1$ und Punkte $x = (x_1, \ldots, x_n)$, $y = (y_1, \ldots, y_n) \in \mathbb{K}^n$ gilt stets

$$\left(\sum_{k=1}^{n} |x_k + y_k|^p\right)^{1/p} \leq \left(\sum_{k=1}^{n} |x_k|^p\right)^{1/p} + \left(\sum_{k=1}^{n} |y_k|^p\right)^{1/p} \tag{7.54}$$

(MINKOWSKI*sche Ungleichung für endliche Summen*). Dies sei als bekannt vorausgesetzt.

a. Man zeige, dass die Formel

$$\|x\|_p := \left(\sum_{k=1}^{n} |x_k|^p\right)^{1/p} \tag{7.55}$$

eine Norm auf $\mathbb{K}^n$ definiert.

b. Für welche Werte von p gilt dabei die Parallelogrammgleichung?

c. Man beweise:

$$\lim_{p\to\infty} \|x\|_p = \|x\|_\infty := \max_{1\le k\le n} |x_k| \tag{7.56}$$

für alle $x = (x_1, \ldots, x_n) \in \mathbb{K}^n$. (*Hinweis:* Man nehme zunächst an, es ist $\|x\|_\infty = 1$. Für diesen Fall betrachte man die Terme mit $|x_k| = 1$ und die mit $|x_k| < 1$ getrennt.)

7.3. a. Es sei $X \subseteq \mathbb{R}^n$ eine beliebige nichtleere Teilmenge (oder allgemeiner: ein beliebiger metrischer Raum). Mit $BC(X)$ bezeichnen wir den $\mathbb{K}$-Vektorraum der *stetigen beschränkten* Funktionen $f : X \to \mathbb{K}$, versehen mit der Norm

$$\|f\|_\infty := \sup_{x\in X} |f(x)| .$$

Man zeige, dass $BC(X)$ ein BANACHraum ist.

b. Es sei $C_c(\mathbb{R}^n)$ die Menge der stetigen Funktionen $u : \mathbb{R}^n \to \mathbb{K}$, die außerhalb einer kompakten Menge verschwinden. Man zeige, dass dies ein linearer Teilraum von $BC(\mathbb{R}^n)$ ist.

c. Man zeige: Der Abschluss von $C_c(\mathbb{R}^n)$ in $BC(\mathbb{R}^n)$ ist der Raum $C_0(\mathbb{R}^n)$ der stetigen Funktionen $u : \mathbb{R}^n \to \mathbb{K}$, für die gilt:

$$\lim_{|x|\to\infty} u(x) = 0 .$$

d. Man folgere, dass $C_0(\mathbb{R}^n)$ ein BANACHraum ist.

7.4. Es sei $[a, b] \subseteq \mathbb{R}$ ein kompaktes Intervall ($a < b$), und $C^1([a, b])$ sei der Vektorraum der einmal stetig differenzierbaren Funktionen auf $[a, b]$. Man zeige:

a. Mit der Norm

$$\|f\|_{\infty,0} := \max_{a\le x\le b} |f(x)|$$

ist $C^1([a, b])$ nicht vollständig.

b. Mit der Norm

$$\|f\|_{\infty,1} := \max(\|f\|_{\infty,0} , \|f'\|_{\infty,0})$$

ist $C^1([a, b])$ vollständig, also ein BANACHraum.

c. Auf dem Raum $C^n([a, b])$ der n-mal stetig differenzierbaren Funktionen auf $[a, b]$ hat man die Normen

$$\|f\|_{\infty,m} := \max(\|f\|_{\infty,0} , \|f'\|_{\infty,0} , \ldots , \|f^{(m)}\|_{\infty,0})$$

für $0 \le m \le n$. Mit $\|\cdot\|_{\infty,n}$ ist $C^n([a, b])$ ein BANACHraum, mit $\|\cdot\|_{\infty,m}$ für $m < n$ jedoch ein unvollständiger NLR.

7.5. Zwei Normen $\|\cdot\|_1$ und $\|\cdot\|_2$ auf einem $\mathbb{K}$-Vektorraum E heißen *äquivalent*, wenn es Konstanten $c_2 \ge c_1 > 0$ gibt, so dass

$$c_1\|x\|_1 \le \|x\|_2 \le c_2\|x\|_1 \quad \text{für alle } x \in E.$$

Mit Hilfe von Lemma 7.8 zeige man: Auf einem endlich-dimensionalen $\mathbb{K}$-Vektorraum sind alle Normen äquivalent.

7.6. In einem unendlich-dimensionalen $\mathbb{K}$-Vektorraum sind nicht alle Normen äquivalent. Sei dazu E der $\mathbb{R}$-Vektorraum der stetigen Funktionen $f : [-1, 1] \longrightarrow \mathbb{R}$ mit den beiden Normen

$$\|f\|_\infty := \sup_{-1 \le t \le 1} |f(t)| , \quad \|f\|_1 := \int_{-1}^{1} |f(t)| \, \mathrm{d}t .$$

Man zeige an einem Beispiel, dass diese Normen nicht äquivalent sind.

7.7. Seien $\|\cdot\|_1$, $\|\cdot\|_2$ äquivalente Normen auf einem $\mathbb{K}$-Vektorraum E, und seien E_1, E_2 die entsprechenden normierten linearen Räume. Man zeige:

a. Eine Folge (x_n) aus E ist genau dann konvergent (bzw. CAUCHYfolge) in E_1, wenn (x_n) konvergent (bzw. CAUCHYfolge) in E_2 ist.
b. E_1 ist genau dann ein BANACHraum, wenn E_2 ein BANACHraum ist.

7.8. Sei l^2 der HILBERTraum aus Beispiel 7.6f, und sei

$$B := \{e_j \mid j \in \mathbb{N}\}$$

die Menge seiner *kanonischen Einheitsvektoren*

$$e_j := (\delta_{jk})_{k \ge 1} .$$

Man zeige:

a. $\|e_i - e_j\| = \sqrt{2}\delta_{ij}$.
b. B ist abgeschlossen und beschränkt.
c. B ist nicht kompakt.

7.9. Sei H ein reeller PHR, und sei $G \subseteq H$ eine (affine) Gerade in H, d. h.

$$G = \{a + th \mid t \in \mathbb{R}\}$$

mit einem gegebenen Punkt $a \in H$ und einem gegebenen Vektor $0 \neq h \in H$. Man zeige: Für $x \in H$ und $z \in G$ ist die Bedingung

$$\|x - z\| = \min_{v \in G} \|x - v\|$$

äquivalent zu $x - z \perp z - a$. (*Hinweis:* Die Funktion $g(t) := \|x - a - th\|^2$ ist beliebig oft differenzierbar (wieso?), erlaubt also Kurvendiskussion.)

7.10. Seien H_1, H_2 HILBERTräume der *endlichen* Dimensionen n_1 bzw. n_2. Man zeige:

$$H_1 \otimes H_2 = H_1 \hat{\otimes} H_2 ,$$

und dieser HILBERTraum hat die Dimension $n_1 n_2$. (*Hinweis:* Man betrachte Orthonormalbasen!)

Kapitel 8
Beschränkte lineare Operatoren

In diesem Kapitel betrachten wir lineare Abbildungen $T : E \longrightarrow F$ zwischen normierten linearen Räumen E und F, wobei dem Fall der HILBERTräume besondere Aufmerksamkeit geschenkt wird. Sind die Räume unendlich-dimensional, so gibt es Besonderheiten, die in der elementaren linearen Algebra keine Rolle gespielt haben. Entsprechende Begriffe und Resultate werden in den Abschn. A–E in einem abstrakten Rahmen entwickelt, denn es ist – besonders für die Quantenmechanik – wichtig, mitzuerleben, dass man mit Operatoren ähnlich wie mit Zahlen rechnen und dabei zu tragfähigen Ergebnissen gelangen kann, auch wenn eine konkrete Bedeutung der Operatoren nicht spezifiziert ist.

Die Aufgaben enthalten jedoch auch eine Reihe von illustrierenden Beispielen. Überdies beschließen wir das Kapitel in Abschn. F damit, dass wir die FOURIERtransformation als linearen Operator behandeln und einige ihrer wichtigsten Eigenschaften in der Sprache der Funktionalanalysis formulieren.

A Beschränkte lineare Operatoren und Funktionale

Wir beginnen mit der Wiederholung einiger Grundbegriffe:

Definitionen 8.1. Seien E, F normierte lineare Räume über demselben Körper $\mathbb{K}$ und sei $D(A) \subseteq E$ ein linearer Teilraum. Dann heißt eine lineare Abbildung

$$A : D(A) \longrightarrow F \qquad \text{(auch } A : E \supseteq D(A) \longrightarrow F \text{ geschrieben)}$$

ein *linearer Operator* aus E nach F mit

- *Definitionsbereich* $D(A) \subseteq E$,
- *Wertebereich* oder *Bild*

$$R(A) := \{y \in F \mid y = Ax \quad \text{für ein } x \in D(A)\} \subseteq F ,$$

K.-H. Goldhorn, H.-P. Heinz, M. Kraus, *Moderne mathematische Methoden der Physik*
DOI 10.1007/978-3-540-88544-3, © Springer 2009

– *Graph*

$$G(A) := \{(x, Ax) \mid x \in D(A)\} \subseteq E \times F ,$$

– *Kern* oder *Nullraum*

$$N(A) := \{x \in D(A) \mid Ax = 0\} \subseteq E .$$

Im Falle $F = \mathbb{K}$ heißt ein linearer Operator

$$f : D(f) \longrightarrow \mathbb{K}, \qquad D(f) \subseteq E ,$$

ein *lineares Funktional* oder eine *Linearform.*

Die folgenden Aussagen werden im Rahmen der elementaren linearen Algebra bewiesen (vgl. z. B. [36], Kap. 7). Ob die beteiligten Vektorräume endliche oder unendliche Dimension haben, spielt für diese Aussagen absolut keine Rolle.

Satz 8.2. *Für jeden linearen Operator $A : E \supseteq D(A) \longrightarrow F$ gilt:*

a. Der Wertebereich $R(A)$ ist ein linearer Teilraum von F.
b. Der Nullraum (Kern) $N(A)$ ist ein linearer Teilraum von E.
c. A ist injektiv genau dann, wenn $N(A) = \{0\}$. In diesem Fall existiert der inverse Operator

$$A^{-1} : F \supseteq D(A^{-1}) \longrightarrow E$$

mit

$$D(A^{-1}) = R(A) \quad \textit{und} \quad R(A^{-1}) = D(A) ,$$

und er ist ebenfalls ein linearer Operator.

Lineare Abbildungen zwischen endlich-dimensionalen Räumen sind einleuchtenderweise stetige Funktionen (s. u. Korollar 8.5). In unendlich-dimensionalen normierten linearen Räumen ist dies i. A. nicht der Fall. Vielmehr bilden die stetigen linearen Operatoren eine Teilklasse.

Satz 8.3.

a. Für lineare Operatoren $A : E \supseteq D(A) \longrightarrow F$ sind die folgenden vier Bedingungen äquivalent:

(i) A bildet beschränkte Mengen aus $D(A)$ in beschränkte Mengen aus F ab.

(ii) Die Größe

$$\|A\| := \sup_{\substack{x \in D(A) \\ x \neq 0}} \frac{\|Ax\|}{\|x\|} = \sup_{\substack{x \in D(A) \\ \|x\| \leq 1}} \|Ax\| = \sup_{\substack{x \in D(A) \\ \|x\| = 1}} \|Ax\| \tag{8.1}$$

ist endlich.

(iii) Es gibt eine Konstante $C \geq 0$, so dass

$$\|Ax\| \leq C\|x\| \tag{8.2}$$

für alle $x \in D(A)$.

(iv) $\quad$ *A ist in ganz $D(A)$ stetig.*

b. *Die durch (8.1) definierte Größe $\|A\|$ erfüllt auf dem Vektorraum $\mathcal{B}(E, F)$ der stetigen linearen Operatoren $A : E \longrightarrow F$ die Normaxiome, macht diesen also zu einem NLR. Ferner gilt*

$$\|Ax\| \leq \|A\| \cdot \|x\| \tag{8.3}$$

für alle $x \in E$, $A \in \mathcal{B}(E, F)$.

Beweis.

a. Zunächst macht man sich klar, dass die drei in (8.1) angegebenen Suprema gleich sind. Das beruht auf der Beziehung

$$A(\lambda x) = \lambda Ax\,, \qquad \lambda \in \mathbb{K}$$

und ist eine leichte Übung. Damit sind die Implikationen (iii) $\Longrightarrow$ (i) $\Longrightarrow$ (ii) aber trivial. Gilt (ii), so erhalten wir sofort (iii), indem wir setzen:

$$C := \sup_{\substack{x \in D(A) \\ x \neq 0}} \frac{\|Ax\|}{\|x\|}\,.$$

Somit sind (i)–(iii) äquivalent. Aus (iii) folgt für $x_0, x \in D(A)$ aber

$$\|Ax - Ax_0\| = \|A(x - x_0)\| \leq C\,\|x - x_0\|\,,$$

woraus die Stetigkeit folgt (sogar gleichmäßige Stetigkeit!). Ist schließlich (iv) vorausgesetzt, so können wir zu $x_0 = 0$ und $\varepsilon = 1$ ein $\delta > 0$ finden, für das gilt:

$$\|x - 0\| < \delta \Longrightarrow \|Ax - A0\| < 1\,,$$

d. h.

$$\|x\| < \delta \Longrightarrow \|Ax\| < 1\,.$$

Wegen der Linearität von A folgt hieraus

$$\sup_{\substack{x \in D(A) \\ \|x\| \leq 1}} \|Ax\| \leq \frac{1}{\delta} < \infty$$

und damit (ii).

b. ist ebenfalls eine leichte Übung.

□

Dieser Satz legt die folgende, allgemein übliche Terminologie nahe:

Definitionen 8.4.

a. Ein linearer Operator $A : E \supseteq D(A) \longrightarrow F$ heißt *beschränkt*, wenn für ihn die äquivalenten Bedingungen aus Satz 8.3a. erfüllt sind. Die durch (8.1) definierte Zahl $\|A\|$ heißt dann seine *Operatornorm* oder kurz seine *Norm*.

b. Ein lineares Funktional $f : E \supseteq D(f) \longrightarrow \mathbb{K}$ heißt *beschränkt*, wenn f als linearer Operator aus E in $\mathbb{K}$ beschränkt ist. In diesem Fall heißt

$$\|f\| := \sup_{0 \neq x \in D(f)} \frac{|f(x)|}{\|x\|} = \sup_{\substack{x \in D(f) \\ \|x\|=1}} |f(x)| \tag{8.4}$$

die *Norm* des linearen Funktionals f.

Korollar 8.5. *Jeder lineare Operator, dessen Definitionsbereich endliche Dimension hat, ist stetig.*

Beweis. Wir wählen eine Basis $\{\boldsymbol{e}_1, \ldots, \boldsymbol{e}_n\}$ des Definitionsbereichs $D(A)$ und bestimmen dann eine Konstante $C > 0$ gemäß Lemma 7.8. Ferner setzen wir

$$M := \max_{1 \leq k \leq n} \|A\boldsymbol{e}_k\| .$$

Für beliebiges $x = \alpha_1 \boldsymbol{e}_1 + \cdots + \alpha_n \boldsymbol{e}_n \in D(A)$ ist dann

$$\sum_{k=1}^{n} |\alpha_k| \leq \frac{1}{C} \|x\|$$

und daher

$$\begin{aligned} \|Ax\| = \left\| \sum_{k=1}^{n} \alpha_k A\boldsymbol{e}_k \right\| &\leq \sum_{k=1}^{n} |\alpha_k| \cdot \|A\boldsymbol{e}_k\| \\ &\leq M \sum_{k=1}^{n} |\alpha_k| \leq \frac{M}{C} \|x\| . \end{aligned}$$

Also ist A beschränkt und damit stetig. □

Die Übungen enthalten verschiedene Beispiele von beschränkten und unbeschränkten linearen Operatoren.

Die Verkettung von zwei linearen Abbildungen ist bekanntlich wieder linear, und die Verkettung von zwei stetigen Abbildungen ist stetig. Für stetige lineare Operatoren A, B ergibt die Verkettung

$$BA \equiv B \circ A$$

also wieder einen stetigen linearen Operator. Genauer haben wir:

Korollar 8.6. *Sind E, F, G normierte lineare Räume, $A \in \mathcal{B}(E, F)$, $B \in \mathcal{B}(F, G)$ beschränkte lineare Operatoren, so ist die Verkettung $BA \in \mathcal{B}(E, G)$ und für ihre Operatornorm gilt*

$$\|BA\| \leq \|B\| \cdot \|A\| . \tag{8.5}$$

Dies folgt unmittelbar aus (8.1) und (8.3), wird jedoch als Rechenregel bei Abschätzungen oft benötigt.

In den Anwendungen hat man häufig den Fall, dass ein linearer Operator A aus einem BANACHraum E in einen BANACHraum F zunächst nur auf einem dichten Teilraum $D(A) \subseteq E$, $\overline{D(A)} = E$, definiert ist. Ist A beschränkt, so kann A als beschränkter Operator auf ganz E fortgesetzt werden.

Theorem 8.7 (*BLE-Theorem*). *Sei E ein NLR, F ein BANACHraum, und sei*

$$T : E \supseteq D(T) \longrightarrow F \qquad \text{mit } \overline{D(T)} = E$$

ein dicht definierter beschränkter linearer Operator. Dann existiert eine eindeutige lineare Fortsetzung $\hat{T} : E \longrightarrow F$ von T, d. h.

$$\hat{T}x = Tx \qquad \text{für } x \in D(T),$$

und für ihre Operatornorm gilt $\|\hat{T}\| = \|T\|$.

Beweis. Der Beweis besteht darin, T auf die Häufungspunkte von $D(T)$ fortzusetzen. Sei also

$$x \in \overline{D(T)} = E\ .$$

Dann gibt es

$$x_n \in D(T) \qquad \text{mit } x_n \longrightarrow x\ .$$

Da T linear und stetig ist, gilt

$$\|Tx_n - Tx_m\| = \|T(x_n - x_m)\| \leq \|T\| \cdot \|x_n - x_m\|\ ,$$

d. h. (Tx_n) ist eine CAUCHYfolge in F und daher konvergent, weil F nach Voraussetzung vollständig ist. Wir definieren

$$\hat{T}x := \lim_{n \longrightarrow \infty} Tx_n \qquad \text{für } x_n \longrightarrow x\ . \tag{8.6}$$

Wir müssen zeigen, dass dadurch ein beschränkter linearer Operator $\hat{T}$ auf ganz E wohldefiniert wird.

a. $\hat{T}$ ist wohldefiniert:
Seien $x_n, z_n \in D(T)$ mit

$$x_n \longrightarrow x \quad \text{und} \quad z_n \longrightarrow x$$

gegeben. Dann setzen wir $v_n := x_n - z_n$. Es folgt

$$\lim_{n\to\infty} v_n = \lim_{n\to\infty} x_n - \lim_{n\to\infty} z_n = 0\ ,$$

also wegen der Stetigkeit von T auch $\lim_{n\to\infty} Tv_n = 0$ und damit

$$\lim_{n\to\infty} Tx_n = \lim_{n\to\infty} Tz_n\ ,$$

d. h. der Grenzwert in (8.6) ist unabhängig von der approximierenden Folge (x_n). Daher ist durch (8.6) eindeutig eine Abbildung $\hat{T} : E \longrightarrow F$ definiert. Diese erfüllt auch $\hat{T}\Big|_{D(t)} = T$, denn für $x \in D(T)$ kann man als approximierende Folge die konstante Folge $x_n \equiv x$ wählen.

b. $\hat{T}$ ist linear:
Gelte dazu:

$$x_n \longrightarrow x\,, \quad z_n \longrightarrow z \quad \text{mit } x_n, z_n \in D(T),\ x, z \in E$$

und seien $\alpha, \beta \in \mathbb{K}$. Dann gilt

$$\alpha x_n + \beta z_n \longrightarrow \alpha x + \beta z$$

und daher nach (8.6)

$$\begin{aligned}\hat{T}(\alpha x + \beta z) &= \lim_{n\longrightarrow\infty} T(\alpha x_n + \beta z_n)\\ &= \alpha \lim_{n\longrightarrow\infty} T x_n + \beta \lim_{n\longrightarrow\infty} T z_n = \alpha \hat{T} x + \beta \hat{T} z\,.\end{aligned}$$

c. $\hat{T}$ ist beschränkt:
Gelte dazu

$$x_n \longrightarrow x\,, \quad \text{also} \quad T x_n \longrightarrow \hat{T} x\,.$$

Dann gilt

$$\|T x_n\| \longrightarrow \|\hat{T} x\|$$

wegen

$$|\,\|\hat{T} x\| - \|T x_n\|\,| \leq \|\hat{T} x - T x_n\| \longrightarrow 0\,.$$

Aus $\|T x_n\| \leq \|T\| \cdot \|x_n\| \longrightarrow \|T\| \cdot \|x\|$ folgt also $\|\hat{T} x\| \leq \|T\| \cdot \|x\|$ für beliebiges $x \in E$. Somit ist $\hat{T}$ beschränkt und $\|\hat{T}\| \leq \|T\|$ nach Definition der Operatornorm. Aber $\|\hat{T}\| \geq \|T\|$ ist klar, weil $\hat{T}$ eine Fortsetzung von T ist.

d. Zur Eindeutigkeit:
Ist $\tilde{T}$ irgendeine stetige Fortsetzung von T auf ganz E und ist $x = \lim_{n\to\infty} x_n$ mit $x_n \in D(T)$, so haben wir wegen der Stetigkeit

$$\tilde{T} x = \lim_{n\to\infty} \tilde{T} x_n = \lim_{n\to\infty} T x_n\,,$$

d. h. auch $\tilde{T}$ ist durch (8.6) gegeben. Das ist also die einzige Möglichkeit. □

Auf Grund dieses Satzes kann man immer annehmen, dass ein dicht definierter beschränkter linearer Operator A aus E in F schon auf ganz E definiert ist. Das unterstreicht die Bedeutung des in Satz 8.3b. eingeführten normierten linearen Raums $\mathcal{B}(E, F)$. Wichtig ist, dass dieser Raum selbst ein BANACHraum ist, wenn F ein BANACHraum ist.

Satz 8.8. *Sei E ein beliebiger NLR. Ist F ein* BANACH*raum, so ist $\mathcal{B}(E, F)$ ebenfalls ein* BANACH*raum.*

Beweis. Sei (T_n) eine CAUCHYfolge in $\mathcal{B}(E, F)$, d. h. zu $\varepsilon > 0$ gibt es ein $n_0 \in \mathbb{N}$, so dass

$$\|T_n - T_m\| < \varepsilon \qquad \text{für alle } n, m \geq n_0 .$$

Wegen

$$\|T_n x - T_m x\| \leq \|T_n - T_m\| \cdot \|x\| < \varepsilon \|x\| \tag{8.7}$$

für jedes $x \in E$ ist dann $(T_n x)$ eine CAUCHYfolge in F und daher konvergent, weil F vollständig ist. Zu jedem $x \in E$ gibt es also ein $y \in F$, so dass

$$Tx := y = \lim_{n \longrightarrow \infty} T_n x . \tag{8.8}$$

Da der Limes eindeutig ist, definiert (8.8) einen linearen Operator $T : E \longrightarrow F$. Ferner folgt aus (8.8), wenn wir in (8.7) mit $m \longrightarrow \infty$ gehen:

$$\|T_n x - Tx\| \leq \varepsilon \|x\| \quad \text{für } n \geq n_0 . \tag{8.9}$$

Daraus bekommen wir dann

$$\|Tx\| \leq \|T_{n_0} x\| + \|Tx - T_{n_0} x\| < (\|T_{n_0}\| + \varepsilon) \|x\| ,$$

d. h. T ist ein beschränkter linearer Operator.

Bilden wir in (8.9) außerdem das Supremum über alle $x \in E$, $\|x\| = 1$, so folgt aus (8.1) in Satz 8.3:

$$\|T_n - T\| \leq \varepsilon \qquad \text{für alle } n \geq n_0,$$

d. h. es gilt

$$T_n \longrightarrow T \quad \text{in } \mathcal{B}(E, F) .$$

□

Ist $T : E \longrightarrow F$ beschränkt und injektiv, so existiert der inverse Operator $T^{-1} : F \supseteq R(T) \longrightarrow E$, ist jedoch i. A. kein beschränkter Operator. Das folgende einfache Kriterium sichert die Stetigkeit von T^{-1}:

Satz 8.9. *Genau dann besitzt $T : E \longrightarrow F$ einen beschränkten inversen Operator $T^{-1} : R(T) \longrightarrow E$, wenn es eine Konstante $c > 0$ gibt, so dass*

$$\|Tx\| \geq c \|x\| \qquad \textit{für alle } x \in E . \tag{8.10}$$

Beweis. Aus (8.10) folgt sofort:

$$Tx = 0 \Longrightarrow x = 0 ,$$

d. h. T ist injektiv und damit existiert $T^{-1} : R(T) \longrightarrow E$. Um zu zeigen, dass T^{-1} beschränkt ist, betrachten wir $y \in R(T)$ und wenden (8.10) auf $x := T^{-1}y$ an. Das ergibt:

$$\|T^{-1}y\| = \|x\| \leq \frac{1}{c} \|Tx\| = \frac{1}{c} \|y\| ,$$

also ist T^{-1} in der Tat beschränkt. Die Umkehrung folgt direkt durch Anwendung von (8.2) auf den Operator T^{-1}. □

Der folgende Satz verallgemeinert die geometrische Reihe. Er wird später – in der Spektraltheorie – eine fundamentale Rolle spielen. Es geht dabei um Operatoren, die nicht zu sehr vom *identischen Operator*

$$I : E \longrightarrow E\,, \quad Ix = x \tag{8.11}$$

abweichen. Bevor wir ihn formulieren, müssen wir aber ein Wort über *unendliche Reihen* in BANACHräumen einschieben:

Bei einer Reihe $\sum_k x_k$ von Vektoren x_k eines normierten linearen Raums sagt man, wie üblich, dass die Reihe *konvergiert*, wenn der Limes

$$s := \lim_{n\to\infty} \sum_{k=1}^{n} x_k$$

im Sinne der starken Konvergenz existiert, und man bezeichnet diesen Limes dann als die *Summe*

$$s = \sum_{k=1}^{\infty} x_k\,.$$

Außerdem sagt man, die Reihe *konvergiert absolut*, wenn

$$\sum_{k=1}^{\infty} \|x_k\| < \infty\,.$$

Lemma 8.10. *In einem* BANACH*raum ist jede absolut konvergente Reihe auch konvergent. Dabei gilt:*

$$\left\| \sum_{k=1}^{\infty} x_k \right\| \le \sum_{k=1}^{\infty} \|x_k\|\,. \tag{8.12}$$

Der aus der elementaren Analysis bekannte Beweis, der auf dem CAUCHYschen Konvergenzkriterium beruht, lässt sich wörtlich auf diese Situation übertragen.

Nun zu dem angekündigten Satz:

Theorem 8.11. *Sei* $T \in \mathcal{B}(E) \equiv \mathcal{B}(E,E)$ *und* $\|T\| < 1$. *Dann existiert*

$$(I - T)^{-1}$$

als beschränkter Operator auf ganz E *und es gilt die Darstellung durch die* NEUMANN*sche Reihe*

$$(I-T)^{-1} = \sum_{j=0}^{\infty} T^j := \lim_{n\longrightarrow\infty} \sum_{j=0}^{n} T^j \tag{8.13}$$

im Sinne der Operatornorm auf $\mathcal{B}(E)$. *Dabei ist*

$$\|(I-T)^{-1}\| \le \frac{1}{1-\|T\|}\,. \tag{8.14}$$

Beweis. Setze $q := \|T\|$. Wegen (8.5) ist

$$\|T^j\| \leq \|T\|^j = q^j \qquad \forall\, j\,,$$

d. h. die geometrische Reihe ist eine konvergente Majorante für die NEUMANNsche Reihe $\sum_j T^j$. Nach Satz 8.8 ist $\mathcal{B}(E)$ ein BANACHraum, und auf diesen BANACHraum können wir Lemma 8.10 anwenden. Daher existiert die Reihensumme

$$S := \sum_{j=0}^{\infty} T^j\,. \tag{8.15}$$

Für die Partialsummen $S_n := \sum_{j=0}^{n} T^j$ folgt

$$\begin{aligned} S_n \cdot (I - T) &= I + T + T^2 + T^3 + \cdots + T^n \\ &\quad\;\; - T - T^2 - T^3 - \cdots - T^{n+1} \\ &= I - T^{n+1} \end{aligned}$$

und ebenso $(I - T)S_n = I - T^{n+1}$. Für $n \longrightarrow \infty$ liefert das

$$S(I - T) = (I - T)S = I\,,$$

also $S = (I - T)^{-1}$. Abschätzung (8.14) folgt nun aus (8.12) und der Summenformel für die geometrische Reihe. □

B Beschränkte lineare Funktionale auf normierten linearen Räumen

Wir gehen kurz auf einige Besonderheiten der stetigen linearen Funktionale ein, die für das tiefere Verständnis der normierten linearen Räume von grundlegender Bedeutung sind.

Definition 8.12. Sei E ein NLR. Der *topologische Dualraum* (kurz: Dualraum)[1] von E ist der BANACHraum

$$E' = \mathcal{B}(E, \mathbb{K})$$

der beschränkten linearen Funktionale $f : E \longrightarrow \mathbb{K}$.

Die hier behauptete *Vollständigkeit* von E' folgt sofort aus Satz 8.8.

Das Wichtigste am topologischen Dualraum ist, dass er stets genug Elemente enthält, um die Punkte von E voneinander zu unterscheiden. Genauer:

---

[1] Im Gegensatz dazu ist der *algebraische Dualraum* E^* definiert als der Vektorraum *aller* linearen Abbildungen $E \to \mathbb{K}$. Er spielt jedoch nur eine untergeordnete Rolle.

Satz 8.13. *Zu zwei verschiedenen Punkten $x_1, x_2 \in E$ gibt es immer eine stetige Linearform $f \in E'$ mit*

$$f(x_1) \neq f(x_2) .$$

Zum Beweis wendet man auf $x_0 := x_1 - x_2$ den folgenden fundamentalen Satz an:

Theorem 8.14 (*Satz von* HAHN-BANACH). *Sei E ein beliebiger NLR $\neq \{0\}$. Zu jedem $x_0 \in E$ gibt es ein $f \in E'$ mit*

$$f(x_0) = \|x_0\| \quad \textit{und} \quad \|f\| = 1 .$$

Der Beweis beginnt mit der Setzung

$$f_0(\lambda x_0) := \lambda \|x_0\|$$

für $\lambda \in \mathbb{K}$. Damit ist auf $\mathcal{U}_0 := \mathrm{LH}(x_0)$ ein lineares Funktional f_0 definiert, das die geforderten Eigenschaften besitzt. Dieses setzt man nun unter Erhaltung der Operatornorm auf immer größere lineare Teilräume fort, bis der Gesamtraum E als Definitionsbereich erreicht ist. Für Einzelheiten verweisen wir auf die Lehrbücher der Funktionalanalysis.

Anmerkung 8.15. Der Satz von HAHN-BANACH gestattet es, einen einfachen Beweis für die Existenz der Vervollständigung (Thm. 7.16) zu geben. Dazu beachten wir, dass der Dualraum V' des gegebenen NLR V selbst auch ein NLR ist, also wieder einen Dualraum

$$V'' := (V')' = \mathcal{B}(V', \mathbb{K})$$

hat. Man nennt V'' den *Bidual* von V, und er ist, wie in 8.12 festgestellt, ein BANACHraum. Jeder Vektor $x \in V$ definiert nun in natürlicher Weise eine Abbildung $\varphi_x : V' \longrightarrow \mathbb{K}$, nämlich die *Auswertung* der Linearformen $f \in V'$ an der Stelle x:

$$\varphi_x(f) := f(x) , \qquad f \in V' .$$

Diese Abbildung gehört zu V'', denn erstens ist sie linear:

$$\varphi_x(\lambda f + \mu g) = (\lambda f + \mu g)(x) = \lambda f(x) + \mu g(x) = \lambda \varphi_x(f) + \mu \varphi_x(g) ,$$

und weiter ist sie dann nach Satz 8.3a. auch stetig, und zwar mit $\|\varphi_x\| \leq \|x\|$, denn für alle $f \in V'$ ist

$$|\varphi_x(f)| = |f(x)| \leq \|x\| \cdot \|f\| .$$

Ordnen wir nun jedem $x \in V$ die entsprechende Auswertungsabbildung φ_x zu, so definiert dies eine Abbildung

$$T : V \longrightarrow V'' : x \mapsto Tx = \varphi_x .$$

Die Linearität der Funktionen f hat zur Folge, dass auch die Abbildung T linear ist. Für $x, y \in V$, $\lambda, \mu \in \mathbb{K}$ ist nämlich

$$T(\lambda x + \mu y) = \lambda Tx + \mu Ty ,$$

denn für jedes beliebige $f \in V'$ ergibt die Linearform auf der linken Seite den Wert $f(\lambda x + \mu y)$, die auf der rechten Seite aber den Wert $\lambda f(x) + \mu f(y)$, und diese beiden Werte stimmen überein, weil f linear ist. Somit ist T eine stetige lineare Abbildung $V \longrightarrow V''$.

Der Satz von HAHN-BANACH liefert nun aber zu jedem $x \in V$ ein $f \in V'$ mit $\|f\| = 1$ und $\varphi_x(f) = f(x) = \|x\|$. Daher ist

$$\|Tx\| = \sup_{\substack{f \in V' \\ \|f\|=1}} |\varphi_x(f)| \geq \|x\|$$

und somit $\|Tx\| = \|x\|$. Das heißt die Abbildung T ist sogar eine lineare *Isometrie* und insbesondere injektiv. Wir definieren nun die Vervollständigung E von V als den *Abschluss* von $T(V)$ in dem vollständigen Raum V''. Dann ist E als abgeschlossener Unterraum eines BANACHraums vollständig und $T(V)$ dicht in E, wie verlangt. □

C Beschränkte Formen auf HILBERTräumen und der adjungierte Operator

Im Folgenden seien immer H, H_1, H_2 HILBERTräume über demselben Skalarbereich $\mathbb{K}$. Wir schreiben aber alles für $\mathbb{K} = \mathbb{C}$ auf – im reellen Fall vereinfachen sich die Dinge in offensichtlicher Weise, da das komplexe Konjugieren entfällt.

Offenbar ist für jedes feste $z \in H$ durch

$$f_z(x) := \langle z \mid x \rangle$$

ein beschränktes lineares Funktional auf H definiert, wie sofort mit der SCHWARZschen Ungleichung folgt. Es gilt sogar die Umkehrung:

Theorem 8.16 (RIESZscher Darstellungssatz). *Zu jedem beschränkten linearen Funktional $f : H \longrightarrow \mathbb{K}$ (also $f \in H'$) gibt es ein eindeutiges $z \in H$, so dass*

$$f(x) = \langle z \mid x \rangle \qquad \text{für alle } x \in H \; . \tag{8.16}$$

Dabei gilt

$$\|f\| = \|z\| \; , \tag{8.17}$$

d. h. H und H' sind isometrisch isomorph.

Beweis. Da f stetig ist, ist $\mathcal{U} := N(f)$ ein *abgeschlossener* Unterraum von H. Wir haben daher die durch Thm. 7.13a. gegebene Zerlegung

$$H = N(f) \oplus N(f)^\perp \; .$$

Ist $N(f)^\perp = \{0\}$, so ist $f = 0$, und dann gilt (8.16) mit $z = 0$. Anderenfalls aber gibt es $z_0 \in N(f)^\perp$ mit

$$f(z_0) \neq 0 \; .$$

Zu gegebenem $x \in H$ betrachten wir den Vektor

$$v := f(x)z_0 - f(z_0)x\,.$$

Er gehört zu $N(f)$, denn $f(v) = f(x)f(z_0) - f(z_0)f(x) = 0$. Wegen $z_0 \in N(f)^\perp$ gilt also

$$0 = \langle z_0 \mid v\rangle = f(x)\,\|z_0\|^2 - f(z_0)\,\langle z_0 \mid x\rangle\,. \tag{8.18}$$

Lösen wir (8.18) nach $f(x)$ auf, so folgt:

$$f(x) = \frac{f(z_0)}{\|z_0\|^2}\,\langle z_0 \mid x\rangle = \left\langle \overline{f(z_0)}\,\frac{z_0}{\|z_0\|^2} \,\middle|\, x \right\rangle,$$

was die Existenz eines z zeigt, das (8.16) erfüllt, nämlich

$$z := \overline{f(z_0)}\,\frac{z_0}{\|z_0\|^2}\,. \tag{8.19}$$

Gäbe es $z_1, z_2 \in H$, so dass

$$\langle z_1 \mid x\rangle = f(x) = \langle z_2 \mid x\rangle \qquad \text{für alle } x \in H,$$

so folgte $z_1 - z_2 \in H^\perp = \{0\}$, also $z_1 = z_2$. Das zeigt die Eindeutigkeit von z in (8.16).

Um (8.17) zu zeigen, bemerken wir zunächst, dass aus (8.16) mit der SCHWARZschen Ungleichung

$$|f(x)| = |\langle z \mid x\rangle| \le \|z\|\cdot\|x\| \qquad \text{für alle } x \in H,$$

also

$$\|f\| \le \|z\|$$

folgt. Andererseits ist

$$\|z\|^2 = \langle z|z\rangle = f(z) \le \|f\|\cdot\|z\|\,,$$

woraus $\|f\| \ge \|z\|$ folgt. □

Bemerkung: Kombiniert man (8.17) mit der Definition der Norm in H' (vgl. (8.4)), so erhält man

$$\|z\| = \sup_{\|x\|=1} |\langle z|x\rangle| = \sup_{\|x\|\le 1} |\langle z|x\rangle|\,. \tag{8.20}$$

Diese Formel für die Norm in einem HILBERTraum ist zwar trivial, wird jedoch oft benötigt.

Ein Skalarprodukt ist ein Spezialfall einer sogenannten *Sesquilinearform*.

Definitionen 8.17. Eine Abbildung $h : H_1 \times H_2 \longrightarrow \mathbb{C}$ heißt eine *beschränkte Sesquilinearform*, wenn

$$h(x, \alpha_1 y_1 + \alpha_2 y_2) = \alpha_1 h(x, y_1) + \alpha_2 h(x, y_2)\,, \tag{8.21}$$

$$h(\alpha_1 x_1 + \alpha_2 x_2, y) = \overline{\alpha}_1 h(x_1, y) + \overline{\alpha_2} h(x_2, y) \tag{8.22}$$

und wenn es eine Konstante $C \geq 0$ gibt, so dass

$$|h(x, y)| \leq C \, \|x\|_1 \cdot \|y\|_2 \tag{8.23}$$

für alle $x, x_1, x_2 \in H_1$, $y, y_1, y_2 \in H_2$ und $\alpha_1, \alpha_2 \in \mathbb{C}$. Dann heißt

$$\|h\| := \sup \left\{ \frac{|h(x, y)|}{\|x\|_1 \, \|y\|_2} \, \middle| \, 0 \neq x \in H_1 \, , \quad 0 \neq y \in H_2 \right\} \tag{8.24}$$

die *Norm* von h.

Die Wichtigkeit der Sesquilinearformen rührt davon her, dass zwischen den beschränkten linearen Operatoren $S \in \mathcal{B}(H_2, H_1)$ einerseits und den beschränkten Sesquilinearformen auf $H_1 \times H_2$ andererseits eine *bijektive Korrespondenz* besteht, so dass man bei Bedarf immer einen Operator durch seine Sesquilinearform ersetzen kann und umgekehrt. Für $S \in \mathcal{B}(H_2, H_1)$ ist nämlich durch

$$h(x, y) = \langle x \mid Sy \rangle_1 \qquad \text{für alle } x \in H_1, \, y \in H_2 \tag{8.25}$$

eine beschränkte Sesquilinearform definiert, wie man mühelos nachrechnet (Übung!). Dass hierdurch eine bijektive Abbildung gestiftet wird, ist der Inhalt des folgenden Theorems.

Theorem 8.18 (*Allgemeiner Darstellungssatz*). *Zu jeder beschränkten Sesquilinearform*

$$h : H_1 \times H_2 \longrightarrow \mathbb{C}$$

existiert ein eindeutiger beschränkter linearer Operator $S : H_2 \longrightarrow H_1$, *so dass Gl. (8.25) besteht. Dabei gilt*

$$\|S\| = \|h\| \, . \tag{8.26}$$

Beweis. Für festes $y \in H_2$ ist

$$f_y(x) := \overline{h(x, y)} \, , \qquad x \in H_1$$

ein beschränktes lineares Funktional auf H_1. Nach Thm. 8.16 gibt es dann ein eindeutiges $z \in H_1$, so dass

$$\overline{h(x, y)} = \langle z \mid x \rangle \qquad \text{für alle } x \in H_1 .$$

Die Zuordnung

$$y \longmapsto z =: Sy$$

definiert also eine wohlbestimmte Abbildung $S : H_2 \longrightarrow H_1$. Diese hat alle geforderten Eigenschaften und ist hierdurch auch eindeutig bestimmt, wie man nachrechnet (Übung!). □

Die *adjungierte lineare Abbildung*, die für endlichdimensionale HILBERT-Räume aus der linearen Algebra bekannt ist (z. B. aus [36], Kap. 7), lässt sich auch in beliebigen HILBERTräumen einführen, und unser Allgemeiner Darstellungssatz gestattet hierfür eine besonders bequeme Formulierung:

Theorem 8.19. *Jeder beschränkte lineare Operator $T : H \longrightarrow H$ besitzt einen eindeutig bestimmten* adjungierten Operator $T^* : H \longrightarrow H$ *mit*

$$\langle Tx \mid y \rangle = \langle x \mid T^* y \rangle \qquad \text{für alle } x, y \in H. \tag{8.27}$$

Dabei ist

$$\|T^*\| = \|T\| . \tag{8.28}$$

Beweis. Durch

$$h(x, y) = \langle Tx \mid y \rangle , \qquad x, y \in H$$

ist eine beschränkte Sesquilinearform auf $H \times H$ definiert mit

$$\|h\| = \|T\| .$$

Nach Thm. 8.18 gibt es dann einen eindeutig bestimmten Operator $T^* : H \longrightarrow H$ mit

$$h(x, y) = \langle x \mid T^* y \rangle ,$$

und für diesen gilt $\|T^*\| = \|h\|$. □

Aus der Definitionsgleichung (8.27) für den adjungierten Operator sowie der Eindeutigkeitsaussage von Thm. 8.19 ergeben sich wie in der Linearen Algebra die folgenden Eigenschaften (Übung):

Satz 8.20. *Seien $S, T \in \mathcal{B}(H)$ und $\alpha \in \mathbb{C}$. Dann gilt:*

a. $(S + T)^* = S^* + T^* , \quad (\alpha T)^* = \overline{\alpha} T^*,$

b. $(T^*)^* = T , \quad (ST)^* = T^* S^*$

c. $\|T^* T\| = \|T T^*\| = \|T\|^2$

Wichtig ist außerdem, dass man Kern und Bild (= Nullraum und Wertebereich) des adjungierten Operators mit Kern und Bild des ursprünglichen Operators in Beziehung setzen kann:

Satz 8.21. *Für jedes $T \in \mathcal{B}(H)$ ist*

$$N(T^*) = R(T)^\perp , \quad N(T) = R(T^*)^\perp , \tag{8.29}$$

$$\overline{R(T)} = N(T^*)^\perp , \quad \overline{R(T^*)} = N(T)^\perp . \tag{8.30}$$

Insbesondere ist $H = N(T^*) \oplus \overline{R(T)}$.

Beweis. $y \in N(T^*) \Longrightarrow$ für jedes $z = Tx \in R(T)$ ist $\langle z \mid y \rangle = \langle x \mid T^* y \rangle = 0 \Longrightarrow y \in R(T)^\perp$. Umgekehrt: $y \in R(T)^\perp \Longrightarrow$ für alle $x \in H$ ist $\langle x \mid T^* y \rangle = \langle Tx \mid y \rangle = 0 \Longrightarrow T^* y \in H^\perp = \{0\} \Longrightarrow T^* y = 0 \Longrightarrow y \in N(T^*)$. Damit ist die erste Gleichung in (8.29) erwiesen. Die erste Gleichung aus (8.30) folgt daraus mittels Thm. 7.13b., angewandt auf den abgeschlossenen Unterraum $\mathcal{U} := \overline{R(T)}$. Wegen Lemma 7.12b. ist nämlich

$$N(T^*)^\perp = (R(T)^\perp)^\perp = \mathcal{U}^{\perp\perp} = \mathcal{U} .$$

Die jeweils zweite Gleichung in (8.29), (8.30) folgt wegen $T = T^{**}$ durch Anwendung der ersten auf T^* statt T. □

Bemerkung: Wahrscheinlich ist Ihnen auch dieser Satz für den Fall endlich-dimensionaler HILBERTräume bekannt, allerdings mit $R(T)$ statt $\overline{R(T)}$, $R(T^*)$ statt $\overline{R(T^*)}$. Das liegt daran, dass jeder endlich-dimensionale Teilraum sowieso abgeschlossen ist (Satz 7.10b.), so dass das Bilden der Abschlüsse entfallen kann. Die Räume $N(T)$ und $N(T^*)$ sind auch im Fall unendlicher Dimension stets abgeschlossen, weil T, T^* stetig sind, aber die Wertebereiche müssen es nicht sein und sind es in der Praxis häufig auch nicht.

D HERMITEsche und unitäre Operatoren

Sei H ein $\mathbb{C}$-HILBERTraum. Die folgenden Begriffe entsprechen ebenfalls bekannten Begriffen aus der Linearen Algebra:

Definitionen 8.22. Ein Operator $T \in \mathcal{B}(H)$ heißt

a. – *normal*, wenn
$$T^*T = TT^* ,$$

b. – *selbstadjungiert (=* HERMITE*sch)*, wenn
$$T^* = T ,$$

c. – *isometrisch*, wenn
$$\langle Tx \mid Ty \rangle = \langle x \mid y \rangle \qquad \text{für alle } x, y \in H,$$

d. – *unitär*, wenn T bijektiv und $T^* = T^{-1}$ ist.

Für selbstadjungierte Operatoren hat man dann folgende Aussagen:

Satz 8.23.

a. *Ist $T \in \mathcal{B}(H)$ selbstadjungiert, so ist $\langle x \mid Tx \rangle$ reell für alle $x \in H$, und es gilt*
$$\|T\| = \sup_{\|x\|=1} |\langle x \mid Tx \rangle| = \sup_{\|x\|\le 1} |\langle x \mid Tx \rangle| . \tag{8.31}$$

b. *Sind $S, T \in \mathcal{B}(H)$ selbstadjungiert, so ist ST genau dann selbstadjungiert, wenn $ST = TS$.*

c. *Sind $T_n \in \mathcal{B}(H)$ selbstadjungiert und gilt $T_n \longrightarrow T$ in $\mathcal{B}(H)$, so ist T selbstadjungiert.*

Beweis.

a. Ist T selbstadjungiert, so ist

$$\overline{\langle x \mid Ty \rangle} = \langle Ty \mid x \rangle = \langle y \mid Tx \rangle, \quad x, y \in H,$$

d. h.

$$\langle x \mid Ty \rangle + \langle y \mid Tx \rangle = 2\mathrm{Re}\,\langle x \mid Ty \rangle, \quad \langle x \mid Ty \rangle - \langle y \mid Tx \rangle = 2\mathrm{i}\mathrm{Im}\,\langle x \mid Ty \rangle \tag{8.32}$$

und insbesondere $\langle x \mid Tx \rangle \in \mathbb{R}$. Um (8.31) zu beweisen, setzen wir

$$\sigma := \sup_{\|x\|=1} |\langle x \mid Tx \rangle| = \sup_{\|x\|\leq 1} |\langle x \mid Tx \rangle|.$$

(Dass die beiden Suprema gleich sind, ist trivial.) Wegen $|\langle x \mid Tx \rangle| \leq \|x\| \cdot \|Tx\| \leq \|T\| \cdot \|x\|^2$ ist klar, dass $\sigma \leq \|T\|$ gilt. Umgekehrt ist nach (8.20)

$$\|T\| = \sup_{\|y\|=1} \|Ty\| = \sup_{\substack{\|y\|=1 \\ \|x\|=1}} |\langle x \mid Ty \rangle|.$$

Wir haben also zu zeigen, dass

$$\|x\| = \|y\| = 1 \Longrightarrow |\langle x \mid Ty \rangle| \leq \sigma. \tag{$*$}$$

Zunächst einmal ergibt (8.32) durch Ausdistribuieren

$$\langle x + y \mid Tx + Ty \rangle = \langle x \mid Tx \rangle + 2\mathrm{Re}\,\langle x \mid Ty \rangle + \langle y \mid Ty \rangle$$

und daher

$$\langle x + y \mid Tx + Ty \rangle - \langle x - y \mid Tx - Ty \rangle = 4\mathrm{Re}\,\langle x \mid Ty \rangle.$$

Ferner beachten wir, dass für $0 \neq v \in H$ der Vektor $w := v/\|v\|$ die Norm 1 hat. Daher ist $|\langle w \mid Tw \rangle| \leq \sigma$, also

$$|\langle v \mid Tv \rangle| \leq \sigma \|v\|^2. \tag{$**$}$$

Nun betrachten wir beliebige $x, y \in H$ mit $\|x\| = \|y\| = 1$. Wir schreiben

$$\langle x \mid Ty \rangle = |\langle x \mid Ty \rangle| \mathrm{e}^{\mathrm{i}\theta},$$

also

$$|\langle x \mid Ty \rangle| = \langle z \mid Ty \rangle,$$

wobei $z := \mathrm{e}^{\mathrm{i}\theta} x$ ebenfalls die Norm 1 hat. Das ergibt

$$\begin{aligned} 4|\langle x \mid Ty \rangle| &= 4\mathrm{Re}\,\langle z \mid Ty \rangle \\ &= \langle z + y \mid Tz + Ty \rangle - \langle z - y \mid Tz - Ty \rangle \end{aligned}$$

$$\leq |\langle z+y \mid T(z+y)\rangle| + |\langle z-y \mid T(z-y)\rangle|$$
$$\overset{(**)}{\leq} \sigma\|z+y\|^2 + \sigma\|z-y\|^2$$
$$\overset{(7.3)}{=} \sigma\big(2\|z\|^2 + 2\|y\|^2\big) = 4\sigma ,$$

woraus $(*)$ folgt.

b. Es ist nach Satz 8.20b.

$$(ST)^* = ST \iff T^*S^* = ST \iff TS = ST .$$

c. Für alle $x, y \in H$ und alle $n \in \mathbb{N}$ haben wir

$$\langle T_n x \mid y\rangle = \langle x \mid T_n y\rangle .$$

Wegen $\|T - T_n\| \longrightarrow 0$ ist aber $Tx = \lim_{n\to\infty} T_n x$ und ebenso für y. Daher folgt

$$\langle Tx \mid y\rangle = \langle x \mid Ty\rangle ,$$

also $T^* = T$.

□

Bemerkungen: (i) Für komplexe HILBERTräume gilt auch die Umkehrung von Teil a.: Wenn $\langle x \mid Tx\rangle$ für jedes $x \in H$ reell ist, so ist T selbstadjungiert. Das kann man durch ein paar geschickte Rechnungen beweisen, bei denen man zusammen mit zwei Vektoren $x, y \in H$ auch die Vektoren $\mathrm{i}x, \mathrm{i}y$ betrachtet. Für reelle Räume ist es aber falsch. Schon in der Ebene $H = \mathbb{R}^2$ ist ein Gegenbeispiel gegeben durch die Drehung R um den Winkel $\pi/2$. Es ist $\langle x \mid Rx\rangle = 0$, also reell, für alle $x \in \mathbb{R}^2$. Aber R ist nicht selbstadjungiert, sondern orthogonal, d. h. $R^* = R^T$ ist die Drehung um $-\pi/2$.

(ii) Bei Teil c. wurde eigentlich noch mehr bewiesen: Ist

$$Tx = \lim_{n\to\infty} T_n x \qquad \forall\, x \in H$$

(„ starke Operatorkonvergenz“) und sind die T_n selbstadjungiert, so ist auch T selbstadjungiert.

Für unitäre Operatoren hat man folgende Aussagen:

Satz 8.24.

a. *$U \in \mathcal{B}(H)$ ist genau dann unitär, wenn U isometrisch und surjektiv ist.*
b. *Sind $U, V \in \mathcal{B}(H)$ unitär, so auch U^{-1} und UV. Die unitären Operatoren von H bilden also eine* Gruppe.
c. *Ist $T \in \mathcal{B}(H)$ selbstadjungiert, $U \in \mathcal{B}(H)$ unitär, so ist auch*

$$S = UTU^* = UTU^{-1}$$

selbstadjungiert.

Beweis.

a. Ist U isometrisch und surjektiv, so ist U bijektiv sowie

$$\|Ux\| = \|x\| \qquad \text{für alle } x \in H,$$

und $U^{-1} : H \longrightarrow H$ existiert daher als beschränkter Operator nach Satz 8.9. Ferner ist

$$\langle Ux \mid y\rangle = \langle Ux \mid U(U^{-1}y)\rangle = \langle x \mid U^{-1}y\rangle$$

für alle $x, y \in H$, also $U^* = U^{-1}$.
Umgekehrt: Ist U unitär, so auch surjektiv, und es gilt $U^*U = UU^* = I$. Es folgt

$$\langle Ux \mid Uy\rangle = \langle x \mid U^*Uy\rangle = \langle x \mid y\rangle \qquad \forall\, x, y\ ,$$

d. h. U ist isometrisch.

b. und c. sind eine leichte Übung.

□

E Projektionsoperatoren

Sei H ein HILBERTraum, $\mathcal{U}$ ein abgeschlossener Unterraum von H. Nach Thm. 7.13 gibt es dann die direkte Zerlegung

$$H = \mathcal{U} \oplus \mathcal{U}^\perp\ ,$$

d. h. jedes $x \in H$ kann eindeutig in der Form

$$x = u + w \qquad \text{mit } u \in \mathcal{U},\ w \in \mathcal{U}^\perp \tag{8.33}$$

geschrieben werden. Dadurch werden lineare Operatoren

$$P : H \longrightarrow H \text{ mit } Px = u\ , \qquad R(P) = \mathcal{U}\ , \quad N(P) = \mathcal{U}^\perp\ , \tag{8.34}$$

$$Q : H \longrightarrow H \text{ mit } Qx = w\ , \qquad R(Q) = \mathcal{U}^\perp\ , \quad N(Q) = \mathcal{U} \tag{8.35}$$

definiert. Wegen (8.33) kann man dann schreiben

$$x = Px + Qx\ , \tag{8.36}$$

d. h. es ist

$$Q = I - P\ , \qquad P = I - Q\ . \tag{8.37}$$

Aus (8.36) und $Px \perp Qx$ folgt

$$\|x\|^2 = \|Px\|^2 + \|Qx\|^2\ ,$$

also $\|Px\|, \|Qx\| \leq \|x\|$. Daher sind P, Q *beschränkte* lineare Operatoren und $\|P\|, \|Q\| \leq 1$.

Definition 8.25. Der durch (8.33), (8.34) definierte beschränkte lineare Operator P heißt die *orthogonale Projektion* oder der *orthogonale Projektor* auf den abgeschlossenen Unterraum $\mathcal{U}$.

Bemerkung: Wie man sieht, handelt es sich bei P und Q einfach um die Projektionen, die im Sinne der linearen Algebra zu der direkten Zerlegung $H = \mathcal{U} \oplus \mathcal{U}^\perp$ gehören (vgl. etwa [36], Ergänzungen zu Kap. 7). Das Besondere ist, dass Kern und Bild der Projektoren hier orthogonal zueinander sind.

Ob ein gegebener Operator $P \in \mathcal{B}(H)$ ein orthogonaler Projektor ist, kann durch den folgenden Test entschieden werden:

Satz 8.26. *Ein beschränkter linearer Operator $P : H \longrightarrow H$ ist genau dann eine orthogonale Projektion, wenn er die Bedingung*

$$P^2 = P = P^* \tag{8.38}$$

erfüllt. In diesem Fall gilt auch

$$\langle x \mid Px \rangle = \|Px\|^2 \qquad \text{für alle } x \in H \ . \tag{8.39}$$

Beweis. Sei P der orthogonale Projektor auf den abgeschlossenen Unterraum $\mathcal{U}$ und $Q := I - P$ der auf $\mathcal{U}^\perp$. Für jedes $x \in H$ folgt dann $Px \in R(P) = \mathcal{U} = N(Q)$, also

$$Px - P^2x = (I - P)Px = QPx = 0$$

und somit $P^2x = Px$. Für $x, y \in H$ ist $Px \perp Qy$, $Py \perp Qx$ und daher

$$\langle Px \mid y \rangle = \langle Px \mid Py + Qy \rangle = \langle Px \mid Py \rangle$$

sowie

$$\langle x \mid Py \rangle = \langle Px + Qx \mid Py \rangle = \langle Px \mid Py \rangle \ .$$

Es folgt $\langle Px \mid y \rangle = \langle x \mid Py \rangle$, also $P = P^*$. Damit haben wir (8.38) gezeigt. Für $x = y$ ergibt die gerade durchgeführte Rechnung auch (8.39).

Umgekehrt sei nun $P \in \mathcal{B}(H)$ ein Operator, für den (8.38) gilt. Es sei $Q := I - P$ und $\mathcal{U} := R(P)$. Dann ist

$$Qz = 0 \Longleftrightarrow z = Pz \Longleftrightarrow z \in R(P) \ ,$$

wobei für die letzte Äquivalenz $P^2 = P$ zu beachten ist. Also ist $\mathcal{U} = N(Q)$ und damit ein *abgeschlossener* Unterraum, da Q stetig ist. Nach (8.29) aus Satz 8.21 ist ferner

$$N(P) = N(P^*) = R(P)^\perp = \mathcal{U}^\perp \ .$$

Für jedes $x \in H$ ist aber $PQx = Px - P^2x = 0$, also $Qx \in N(P) = \mathcal{U}^\perp$. Wir haben daher $x = Px + Qx$ mit $Px \in \mathcal{U}$ und $Qx \in \mathcal{U}^\perp$, d. h. P ist tatsächlich der orthogonale Projektor auf $\mathcal{U}$. $\square$

Die folgenden Rechenregeln für Projektoren werden häufig benötigt:

Satz 8.27. *Seien $P_1, P_2 : H \longrightarrow H$ orthogonale Projektoren mit $R(P_k) = \mathcal{U}_k$, $k = 1, 2$. Dann gilt:*

a. $P := P_1 P_2$ ist genau dann ein orthogonaler Projektor, wenn $P_1 P_2 = P_2 P_1$. Dann ist

$$R(P) = \mathcal{U}_1 \cap \mathcal{U}_2 \,. \tag{8.40}$$

b. $P := P_1 + P_2$ ist genau dann ein orthogonaler Projektor, wenn $\mathcal{U}_1 \perp \mathcal{U}_2$, d. h. $P_1 P_2 = P_2 P_1 = 0$. Dann ist

$$R(P) = \mathcal{U}_1 \oplus \mathcal{U}_2 \,. \tag{8.41}$$

c. $P := P_2 - P_1$ ist genau dann ein orthogonaler Projektor, wenn $\mathcal{U}_1 \subseteq \mathcal{U}_2$, d. h. $P_1 P_2 = P_2 P_1 = P_1$. Dann ist

$$R(P) = \mathcal{U}_2 \cap \mathcal{U}_1^{\perp} \,. \tag{8.42}$$

Beweis.

a. Die Vertauschbarkeit $P_1 P_2 = P_2 P_1$ ist nach Satz 8.23b. notwendig und hinreichend für $P^* = P$, aber auch hinreichend für $P^2 = P$, wie man sofort nachrechnet. Auch (8.40) wird durch einfaches Nachrechnen bestätigt.

b. $P = P_1 + P_2$ ist selbstadjungiert. Wegen

$$P^2 = P_1^2 + P_1 P_2 + P_2 P_1 + P_2^2 = P_1 + P_1 P_2 + P_2 P_1 + P_2$$

folgt

$$P^2 = P \iff P_1 P_2 + P_2 P_1 = 0 \,.$$

Aus $P_1 P_2 + P_2 P_1 = 0$ folgt einerseits $P_2 P_1 = -P_1 P_2$ und andererseits (indem man von links und von rechts mit P_2 multipliziert):

$$2 P_2 P_1 P_2 = 0 \,,$$

also

$$0 = P_2(P_1 P_2) = -P_2(P_2 P_1) = -P_2 P_1 = P_1 P_2 \,.$$

Die Umkehrung

$$P_1 P_2 = P_2 P_1 = 0 \Longrightarrow P_1 P_2 + P_2 P_1 = 0$$

ist aber trivial. Die Aussage (8.41) ist eine leichte Übung.

c. $P = P_2 - P_1$ ist selbstadjungiert. Wegen

$$P^2 = P_2^2 - P_2 P_1 - P_1 P_2 + P_1^2 = P_2 - P_2 P_1 - P_1 P_2 + P_1$$

folgt

$$P^2 = P \iff 2 P_1 = P_1 P_2 + P_2 P_1 \,.$$

Multiplikation der Gleichung $2P_1 = P_1P_2 + P_2P_1$ mit P_2 von links führt zu

$$2P_2P_1 = P_2P_1P_2 + P_2P_1\,, \quad \text{also} \quad P_2P_1 = P_2P_1P_2\,.$$

Multiplikation mit P_2 von rechts hingegen führt auf

$$2P_1P_2 = P_1P_2 + P_2P_1P_2\,, \quad \text{also} \quad P_1P_2 = P_2P_1P_2\,.$$

Insgesamt ergibt sich $P_2P_1P_2 = P_1P_2 = P_2P_1$ und damit

$$P_1 = \frac{1}{2}(P_1P_2 + P_2P_1) = P_1P_2 = P_2P_1\,,$$

wie behauptet. Die Umkehrung

$$P_1P_2 = P_2P_1 = P_1 \Longrightarrow 2P_1 = P_1P_2 + P_2P_1$$

ist wieder trivial. Die Aussage (8.42) kann ebenfalls als Übung bewiesen werden.

□

F Beispiel: FOURIERtransformation und FOURIER-PLANCHEREL-Operator

Einer der bedeutsamsten linearen Operatoren überhaupt ist ohne Zweifel die FOURIER*transformation*. Für $f \in L^1 := L^1(\mathbb{R}^n)$ definiert man die *Fourier*transformierte $\hat{f} = \mathcal{F}f$ durch

$$\hat{f}(\xi) := (2\pi)^{-n/2} \int f(x)\mathrm{e}^{-\mathrm{i}\langle \xi | x\rangle}\,\mathrm{d}^n x\,, \qquad \xi = (\xi_1, \ldots, \xi_n) \in \mathbb{R}^n \tag{8.43}$$

wobei auf $\mathbb{R}^n$ das euklidische Skalarprodukt

$$\langle \xi \mid x\rangle := \sum_{k=1}^{n} \xi_k x_k$$

verwendet wird. (Der Integrationsbereich ist hier und im Folgenden stets der ganze $\mathbb{R}^n$ und wird daher nicht eigens angegeben.) Außerdem definiert man

$$\check{f}(\xi) := \hat{f}(-\xi) = (2\pi)^{-n/2} \int f(x)\mathrm{e}^{\mathrm{i}\langle \xi | x\rangle}\,\mathrm{d}^n x\,, \tag{8.44}$$

und man schreibt $\check{f} = \overline{\mathcal{F}}f$. Es ist klar, dass $\hat{f}$ und $\check{f}$ in linearer Weise von f abhängen, und damit erweisen sich $\mathcal{F}, \overline{\mathcal{F}}$ als *lineare Operatoren* mit dem Definitionsbereich L^1. Die Grundeigenschaften dieser Operatoren, wie sie in Lehrbüchern der FOURIERanalysis, der Funktionalanalysis oder auch in den meisten modernen Büchern über partielle Differentialgleichungen erläutert und bewiesen werden, werden wir jetzt freizügig benutzen (vgl. etwa [59, 74, 78, 79, 96, 106] oder auch [36], Kap. 33).

Wegen $|\mathrm{e}^{it}| = 1$ für $t \in \mathbb{R}$ folgt sofort

$$(2\pi)^{n/2}|\hat{f}(\xi)| \leq \int |f(x)| \, \mathrm{d}^n x \;=: \|f\|_1 \qquad \forall \xi \in \mathbb{R}^n \tag{8.45}$$

und ebenso für $|\check{f}(\xi)|$. Mit dem Satz von der dominierten Konvergenz aus der LEBESGUEschen Integrationstheorie kann man daher leicht zeigen, dass $\hat{f}$ und $\check{f}$ *stetige* Funktionen sind. Die Wertebereiche $R(\mathcal{F})$, $R(\overline{\mathcal{F}})$ liegen also in dem BANACHraum

$$BC(\mathbb{R}^n) := C(\mathbb{R}^n) \cap L^\infty(\mathbb{R}^n)$$

der stetigen beschränkten Funktionen auf $\mathbb{R}^n$, versehen mit der Supremumsnorm $\|\cdot\|_\infty$ (vgl. Aufgabe 7.3). Das sog. RIEMANN-LEBESGUE-*Lemma* besagt, dass die FOURIERtransformierte einer integrierbaren Funktion stets im Unendlichen verschwindet, und damit liegen $R(\mathcal{F})$ und $R(\overline{\mathcal{F}})$ sogar in dem abgeschlossenen Teilraum $C_0 := C_0(\mathbb{R}^n)$, der ebenfalls in Aufgabe 7.3 eingeführt wurde.

Geht man in (8.45) links zum Supremum über die $\xi \in \mathbb{R}^n$ über, so erhält man die äquivalente Formulierung

$$\|\mathcal{F}f\|_\infty \leq (2\pi)^{-n/2}\|f\|_1 \qquad \forall f \in L^1 , \tag{8.46}$$

und analog für $\overline{\mathcal{F}}$. Nach Satz 8.3a. haben wir es also mit *beschränkten linearen Operatoren*

$$\mathcal{F}, \overline{\mathcal{F}} : L^1 \longrightarrow C_0$$

zu tun, denn der in (8.45) definierte Ausdruck $\|f\|_1$ ist ja nichts anderes als die übliche Norm auf L^1 (vgl. (7.24), (7.26)). Zugleich liefert (8.46) eine obere Abschätzung für die Operatornorm, nämlich $\|\mathcal{F}\| \leq (2\pi)^{-n/2}$. Eine untere Abschätzung gewinnt man durch Einsetzen einer geschickt gewählten Probefunktion φ, denn nach (8.1) ist

$$\|\mathcal{F}\| \geq \frac{\|\mathcal{F}\varphi\|_\infty}{\|\varphi\|_1} \qquad \text{für } 0 \neq \varphi \in L^1 .$$

Eine geschickte Wahl ist

$$\varphi(x) := \exp(-|x|^2/2) \quad \text{mit } |x|^2 = \langle x \mid x \rangle = x_1^2 + \cdots + x_n^2 ,$$

denn bekanntlich stimmt diese Funktion mit ihrer FOURIERtransformierten überein, und daher können wir die Normen, um die es geht, leicht berechnen: Einerseits ist

$$\|\mathcal{F}\varphi\|_\infty = \sup_{\xi \in \mathbb{R}^n} \mathrm{e}^{-|\xi|^2/2} = 1 = \hat{\varphi}(0) ,$$

und andererseits erhält man durch Einsetzen von $\xi = 0$ in (8.43)

$$\hat{\varphi}(0) = (2\pi)^{-n/2} \int \varphi(x) \, \mathrm{d}^n x = (2\pi)^{-n/2}\|\varphi\|_1 ,$$

also $\|\varphi\|_1 = (2\pi)^{n/2}$. Daher ist $(2\pi)^{-n/2}$ auch eine untere Schranke für die Operatornorm, und insgesamt folgt

$$\|\mathcal{F}\| = (2\pi)^{-n/2} .$$

Abgesehen vom RIEMANN-LEBESGUE-Lemma sind alle diese Überlegungen recht trivial und illustrieren einfach, wie man mit vielen konkret gegebenen Operatoren umgehen kann. Von zentraler Bedeutung ist jedoch der folgende Satz:

Theorem 8.28 (FOURIERsche Umkehrformel). *Ist $f \in L^1$ und auch $\hat{f} \in L^1$, so gilt*

$$f = \overline{\mathcal{F}}\hat{f} = \overline{\mathcal{F}}\mathcal{F}f . \tag{8.47}$$

Hieraus kann man sofort eine Reihe wichtiger Folgerungen ableiten: Es ist $N(\mathcal{F}) = \{0\}$, denn $\hat{f} = 0$ gehört sicherlich zu L^1. Also ist $\mathcal{F}$ *injektiv*, d. h. die Äquivalenzklasse $[f] \in L^1$ ist durch die stetige Funktion $\hat{f}$ eindeutig festgelegt. Wegen $R(\overline{\mathcal{F}}) \subseteq C_0$ muss die Klasse von f im Falle $\hat{f} \in L^1$ einen stetigen Vertreter haben, und wenn wir diesen als unsere Funktion f wählen, so gilt für *jedes* $x \in \mathbb{R}^n$ nach (8.44)

$$f(x) = (2\pi)^{-n/2} \int \hat{f}(\xi)\mathrm{e}^{\mathrm{i}\langle x|\xi\rangle}\, \mathrm{d}^n\xi . \tag{8.48}$$

Die Substitution $\xi \mapsto -\xi$ im Integral führt dann auf

$$f(x) = (2\pi)^{-n/2} \int \check{f}(\xi)\mathrm{e}^{-\mathrm{i}\langle x|\xi\rangle}\, \mathrm{d}^n\xi ,$$

d. h. unter denselben Voraussetzungen gilt auch

$$f = \mathcal{F}\check{f} = \mathcal{F}\overline{\mathcal{F}}f . \tag{8.49}$$

Bemerkung: Wir werden sehen, dass der Wertebereich von $\mathcal{F}$ *dicht* in C_0 ist (vgl. Theorem 11.32). Andererseits kann man beweisen, dass nicht jede Funktion aus C_0 die FOURIERtransformierte einer L^1-Funktion ist, d. h. der Operator $\mathcal{F}$ ist nicht surjektiv. Insbesondere ist $R(\mathcal{F})$ nicht abgeschlossen in C_0. Der inverse Operator

$$\mathcal{F}^{-1} : C_0 \supseteq R(\mathcal{F}) \longrightarrow L^1$$

muss daher *unbeschränkt* sein, d. h. eine Ungleichung der Form

$$\|f\|_1 \leq C\|\hat{f}\|_\infty \tag{$*$}$$

mit einer von f unabhängigen Konstanten C kann nicht für alle $f \in L^1$ bestehen. Anderenfalls könnte man nämlich aus der Vollständigkeit von L^1 die Vollständigkeit von $R(\mathcal{F})$ bzgl. der Supremumsnorm herleiten, und dann müsste $R(\mathcal{F})$ in C_0 abgeschlossen sein. Auf $L^1 \cap R(\mathcal{F})$ stimmt $\mathcal{F}^{-1}$ nach der FOURIERschen Umkehrformel aber mit $\overline{\mathcal{F}}$ überein, und dieser Operator ist beschränkt. Seine Beschränktheit bedeutet aber das Bestehen einer Ungleichung der Form

$$\|f\|_\infty \leq C\|\hat{f}\|_1\,, \tag{$**$}$$

wann immer $f \in L^1$ und $\hat{f} \in L^1$. In dieser Ungleichung sind die Normen $\|\cdot\|_\infty$ und $\|\cdot\|_1$ gegenüber $(*)$ vertauscht, was den scheinbaren Widerspruch erklärt. Man sieht hier, dass es bei der Frage, ob ein Operator beschränkt oder unbeschränkt ist, sehr genau darauf ankommt, welche Normen auf seinem Definitions- und seinem Wertebereich betrachtet werden.

Der Operator $\overline{\mathcal{F}}$ wird oft als die *inverse* FOURIER*transformation* bezeichnet, was durch die Beziehungen (8.47) und (8.49) gerechtfertigt ist. Die gerade diskutierten Schwierigkeiten mit den Definitions- und Wertebereichen sowie deren Normen zeigen aber, dass dieser Ausdruck nicht wörtlich zu nehmen ist – im strengen Sinne ist $\overline{\mathcal{F}}$ nicht die inverse Abbildung zu $\mathcal{F}$. Mit Hilfe des BLE-Theorems kann man $\mathcal{F}$ und $\overline{\mathcal{F}}$ jedoch zu Operatoren $L^2 \longrightarrow L^2$ fortsetzen, und diese erweisen sich als zueinander inverse Bijektionen. (Wir schreiben überall kurz L^2 statt $L^2(\mathbb{R}^n)$.) Ausgangspunkt ist der bekannte Satz

Satz 8.29. *Sind $f, g \in L^1 \cap L^2$, so sind $\hat{f}, \hat{g} \in C_0 \cap L^2$, und es gilt die* PARSEVALsche Gleichung

$$\int \overline{\hat{f}(\xi)}\hat{g}(\xi)\, \mathrm{d}^n\xi = \int \overline{f(x)}g(x)\, \mathrm{d}^n x\,. \tag{8.50}$$

Hieraus folgern wir:

Theorem 8.30 (*Satz von* PLANCHEREL). *Im* HILBERT*raum $L^2 = L^2(\mathbb{R}^n)$ gibt es genau einen beschränkten linearen Operator U, der auf $L^1 \cap L^2$ mit der* FOURIER*transformation $\mathcal{F}$ übereinstimmt. Dieser Operator ist unitär, und $U^{-1} = U^*$ stimmt auf $L^1 \cap L^2$ mit $\overline{\mathcal{F}}$ überein. Man nennt U den* FOURIER-PLANCHEREL-Operator.

Beweis. Zunächst zeigen wir, dass $D := L^1 \cap L^2$ dicht in $H := L^2$ ist. Dazu betrachten wir eine Folge $R_k \to \infty$ von positiven Zahlen R_k sowie die Funktionen

$$\chi_k(x) := \begin{cases} 1 & \text{für } |x| \leq R_k\,, \\ 0 & \text{für } |x| > R_k\,. \end{cases}$$

Für beliebiges $f \in H$ ist dann $\int |\chi_k f|^2\, \mathrm{d}^n x \leq \int |f|^2\, \mathrm{d}^n x < \infty$ und nach der SCHWARZschen Ungleichung auch

$$\int |\chi_k f|\, \mathrm{d}^n x \leq \|\chi_k\|_2 \cdot \|f\|_2 < \infty\,,$$

also $\chi_k f \in D$. Nach dem Satz über dominierte Konvergenz haben wir außerdem

$$\|f - \chi_k f\|_2^2 = \int (1 - \chi_k(x))|f(x)|^2\, \mathrm{d}^n x \longrightarrow 0$$

für $k \to \infty$. Also ist jedes $f \in H$ der Grenzwert einer in D verlaufenden Folge, d. h. $\overline{D} = H$, wie behauptet.

Nach dem BLE-Theorem (Theorem 8.7) hat $\mathcal{F}|_D$ also eine eindeutige stetige Fortsetzung $U : H \to H$, und diese ist gemäß (8.6) gegeben durch den starken Grenzwert

$$Uf = \lim_{k\to\infty} \mathcal{F}(\chi_k f) . \tag{8.51}$$

Die PARSEVALsche Gleichung

$$\langle Uf \mid Ug\rangle = \langle f \mid g\rangle$$

gilt nach Satz 8.29 zunächst für alle $f, g \in D$, überträgt sich aber durch diesen Grenzübergang sofort auf alle $f, g \in H$. Somit ist U eine Isometrie.

Wegen $\check{f}(\xi) = \hat{f}(-\xi)$ gilt (8.50) auch für $\overline{\mathcal{F}}$ statt $\mathcal{F}$, und wir können $\overline{\mathcal{F}}|_D$ ganz genauso zu einer Isometrie $V : H \to H$ fortsetzen. Wir werden zeigen, dass $V = U^*$ ist. Dann folgt mit (8.30)

$$\overline{R(U)} = N(V)^\perp = \{0\}^\perp = H .$$

Da H vollständig und U isometrisch ist, ist auch $R(U)$ vollständig, folglich abgeschlossen in H, also $R(U) = \overline{R(U)} = H$. Satz 8.24a. sagt uns nun, dass U *unitär* ist, und zwar mit $U^{-1} = U^* = V$.

Wir müssen also nur noch $U^* = V$ nachweisen. Dazu betrachten wir zunächst $f, g \in D$ und beachten die Sätze von FUBINI und TONELLI aus der Integrationstheorie ([36], Kap. 28). Wegen

$$\iint |f(x)g(\xi)| \,\mathrm{d}^{2n}(x,\xi) = \|f\|_1 \cdot \|g\|_1 < \infty$$

ist $f(x)g(\xi)$ über $\mathbb{R}^{2n}$ integrierbar, und deswegen darf bei der nachstehenden Rechnung die Integrationsreihenfolge vertauscht werden. Wir haben

$$\begin{aligned}
\langle Uf \mid g\rangle = \langle \hat{f} \mid g\rangle &= \int \overline{\hat{f}(\xi)} g(\xi) \,\mathrm{d}^n\xi \\
&= (2\pi)^{-n/2} \iint \overline{f(x)\mathrm{e}^{-\mathrm{i}\langle\xi|x\rangle}} g(\xi) \,\mathrm{d}^n x \,\mathrm{d}^n\xi \\
&= (2\pi)^{-n/2} \iint \overline{f(x)} g(\xi)\mathrm{e}^{\mathrm{i}\langle\xi|x\rangle} \,\mathrm{d}^n\xi \,\mathrm{d}^n x \\
&= \int \overline{f(x)}\check{g}(x) \,\mathrm{d}^n x = \langle f \mid Vg\rangle .
\end{aligned}$$

Wegen (8.51) (und seiner Entsprechung für V) überträgt sich die Gleichung $\langle Uf \mid g\rangle = \langle f \mid Vg\rangle$ durch Grenzübergang aber auf alle $f, g \in H$. Wegen der Eindeutigkeit des adjungierten Operators ist damit $V = U^*$ nachgewiesen. □

Bemerkung: In der Quantenmechanik vermittelt der FOURIER-PLANCHEREL-Operator die Äquivalenz zwischen der *Ortsdarstellung* und der *Impulsdarstellung*. Manchmal schreibt man wieder $\hat{f}$ statt Uf und gibt Formel (8.51) in der Gestalt

$$\hat{f}(\xi) = (2\pi)^{n/2} \lim_{R\to\infty} \int_{|x|\leq R} f(x)\, e^{-i\langle\xi|x\rangle}\, d^n x \tag{8.52}$$

wieder. Dabei ist aber zu beachten, dass diese Gleichung i. A. nicht punktweise richtig ist, sondern nur in dem Sinne, dass die rechten Seiten, aufgefasst als Funktionen von ξ, für $R \to \infty$ im quadratischen Mittel gegen die Klasse $\hat{f} \in L^2$ konvergieren.

Aufgaben zu Kap. 8

8.1. Bei den folgenden Beispielen von linearen Funktionalen $f : E \longrightarrow \mathbb{K}$ beweise man die Beschränktheit und berechne die Operatornorm:

a. $E := l^1$ ist der Raum aller Folgen $x = (\xi_1, \xi_2, \ldots)$, für die die Reihe $\sum_k \xi_k$ absolut konvergent ist, versehen mit der Norm

$$\|x\|_1 := \sum_{k=1}^{\infty} |\xi_k|,$$

und f ist definiert durch

$$f(x) := \sum_{k=1}^{\infty} \xi_k \eta_k \ ,$$

wobei $(\eta_1, \eta_2, \ldots)$ eine fest vorgegebene beschränkte Folge ist.

b. $E := \tilde{L}^1_{\mathbb{R}}([a,b])$ aller stetigen reellen Funktionen u auf dem kompakten Intervall $[a,b]$ $(a < b)$, versehen mit der Norm

$$\|u\|_1 := \int_a^b |u(x)|\ dx\ ,$$

und f ist definiert durch

$$f(u) := \int_a^b h(x)u(x)\ dx\ ,$$

wobei $h : [a,b] \to \mathbb{R}$ eine fest vorgegebene stetige Funktion ist.

c. $E := C([a,b])$ ist der Raum aller stetigen Funktionen auf dem kompakten Intervall $[a,b]$, versehen mit der Norm $\|u\|_\infty := \max_{a\leq x\leq b} |u(x)|$, und f ist definiert durch

$$f(u) := u(x_0)\ ,$$

wo $x_0 \in [a,b]$ ein fest vorgegebener Punkt ist.

8.2. Eine Folge $x = (\xi_1, \xi_2, \ldots)$ in $\mathbb{K}$ heißt *abbrechend*, wenn $\xi_k \neq 0$ nur für *endlich* viele Indizes k gilt. Die abbrechenden Folgen bilden offenbar einen $\mathbb{K}$-Vektorraum V. Man zeige:

a. Ist $y = (\eta_1, \eta_2, \ldots)$ eine *beliebige* Folge in $\mathbb{K}$, so ist durch

$$f_y(x) := \sum_{k=1}^{\infty} \xi_k \eta_k$$

eine lineare Abbildung $f_y : V \longrightarrow \mathbb{K}$ gegeben.

b. Es sei E_1 der Raum V, versehen mit der Norm $\|\cdot\|_1$ von l^1 (vgl. Aufgabe 8.1a.). Dann ist f_y als lineares Funktional auf E_1 genau dann beschränkt, wenn die Folge y beschränkt ist.

c. Es sei E_∞ der Raum V, versehen mit der Norm

$$\|x\|_\infty := \sup_{k \geq 1} |\xi_k| \qquad \text{für } x = (\xi_k)_k \ .$$

Dann ist f_y als lineares Funktional auf E_∞ genau dann beschränkt, wenn

$$\sum_{k=1}^{\infty} |\eta_k| < \infty$$

ist.

8.3. Bei den folgenden Beispielen von linearen Operatoren $A : E \longrightarrow F$ beweise man jeweils die Beschränktheit und berechne eine (möglichst genaue) obere Schranke für die Operatornorm:

a. $E = l^1$, $F = l^\infty$ (vgl. Aufgabe 8.1a. und Beispiel 7.6e.), und A ist gegeben durch eine doppelt unendliche Matrix (α_{jk}), für die gilt:

$$M := \sup_{j,k \in \mathbb{N}} |\alpha_{jk}| < \infty \ .$$

Dabei ist für $x = (\xi_k)_{k \geq 1} \in l^1$ der Vektor $Ax = (\eta_1, \eta_2, \ldots)$ gegeben durch

$$\eta_j := \sum_{k=1}^{\infty} \alpha_{jk} \xi_k \ , \qquad j \geq 1 \ . \tag{8.53}$$

(Wieso sind diese Reihen überhaupt konvergent, und wieso liefert (8.53) ein Element von l^∞?)

b. $E = F = l^2$ (vgl. 7.6f.), und A ist wieder durch (8.53) definiert, doch diesmal erfüllt die gegebene Matrix die Bedingung

$$C := \sum_{j,k=1}^{\infty} |\alpha_{jk}|^2 < \infty \ .$$

c. $E = F = C([a,b])$, und für $u \in E$ ist $v = Au$ definiert durch

$$v(x) := \int_a^b K(x,y)\,u(y)\;\mathrm{d}y\,, \tag{8.54}$$

wobei K eine gegebene stetige Funktion auf $[a,b]\times[a,b]$ ist. (Wieso ist v wieder stetig?)

d. $E = F = L^2([a,b])$, und A ist wieder durch eine stetige Funktion K auf $[a,b] \times [a,b]$ gegeben, indem $v = Au$ durch (8.54) definiert wird.

e. $E = F = L^2(S)$, wo $S \subseteq \mathbb{R}^n$ eine messbare (z. B. eine offene oder eine abgeschlossene) Teilmenge ist, und A ist der *Multiplikationsoperator* zu einer gegebenen beschränkten messbaren Funktion $\varphi : S \longrightarrow \mathbb{K}$, d. h. für $u \in L^2(S)$ ist Au definiert durch

$$(Au)(x) := \varphi(x)u(x)\,, \qquad x \in S\,.$$

f. $E = F = BC(\mathbb{R})$, der Raum aller stetigen beschränkten Funktionen auf der reellen Geraden, versehen mit der Supremumsnorm, und A definiert durch

$$(Au)(x) := u(x - x_0)\,, \qquad x \in \mathbb{R}\,,$$

wobei $x_0 \in \mathbb{R}$ eine fest vorgegebene Zahl ist.

g. $E = F = L^2(\mathbb{R}^n)$, und A definiert durch

$$(Au)(x) := u(Bx)\,, \qquad x \in \mathbb{R}^n\,,$$

wobei $B : \mathbb{R}^n \longrightarrow \mathbb{R}^n$ eine fest vorgegebene lineare Abbildung ist (etwa durch eine $n \times n$-Matrix gegeben).

h. $E = C([a,b])$, $F = L^2([a,b])$, und A ist der sog. *Einbettungsoperator* $Au := u$. Hier ist Au also nichts anderes als das gegebene Element $u \in E$, doch wird es jetzt als Element von F aufgefasst.

8.4. Sei $a < b$ und $E := C([a,b])$, versehen mit der Maximumsnorm. Wir definieren einen linearen Operator $T : E \supseteq D(T) \longrightarrow E$ durch

$$D(T) = C^1([a,b])\,, \quad Tu := u' \equiv \mathrm{d}u/\mathrm{d}x\,.$$

Man zeige:

a. Als linearer Operator in E ist T unbeschränkt. (*Hinweis:* Man betrachte z. B. das Verhalten von T entlang der Funktionenfolge $u_m(x) := \sin mx$, $m \geq 1$.)
b. Es sei E_1 der Raum $D(T)$, versehen mit der Norm $\|\cdot\|_{\infty,1}$ aus Aufgabe 7.4. Dann ist $T \in \mathcal{B}(E_1, E)$.

8.5. Sei E ein BANACHraum und $\mathcal{B}(E)$ der BANACHraum der beschränkten linearen Operatoren $A : E \longrightarrow E$. Man zeige:

a. Für jedes $A \in \mathcal{B}(E)$ ist durch

$$\exp A \equiv \mathrm{e}^A := \sum_{k=0}^{\infty} \frac{A^k}{k!} \tag{8.55}$$

ein Element $\exp A \in \mathcal{B}(E)$ definiert. Die Reihe ist dabei absolut konvergent, und es gilt

$$\|\exp A\| \leq e^{\|A\|} . \tag{8.56}$$

b. $\exp A$ besitzt stets einen inversen Operator in $\mathcal{B}(E)$, nämlich

$$(\exp A)^{-1} = \exp(-A) . \tag{8.57}$$

c. Wenn für $S \in \mathcal{B}(E)$ der inverse Operator $S^{-1} \in \mathcal{B}(E)$ existiert, so gilt

$$S^{-1} e^A S = \exp(S^{-1} A S) . \tag{8.58}$$

d. Sind $A, B \in \mathcal{B}(E)$ *vertauschbar*, d. h. $AB = BA$, so gilt

$$e^{A+B} = e^A e^B = e^B e^A \tag{8.59}$$

sowie auch $e^A B = B e^A$. (*Hinweis:* Zunächst überzeuge man sich, dass für vertauschbare Operatoren die binomische Formel

$$(A + B)^k = \sum_{m=0}^{k} \binom{k}{m} A^{k-m} B^m$$

gültig ist. Dann beachte man, dass man mit absolut konvergenten Reihen im BANACHraum $\mathcal{B}(E)$ genauso rechnen kann wie mit solchen in $\mathbb{K}$ – die Beweise aus der elementaren Analysis übertragen sich Wort für Wort.)

8.6. Es sei E ein BANACHraum und $J \subseteq \mathbb{R}$ ein Intervall. Man sagt, eine Funktion $u : J \longrightarrow E$ sei *(stark) differenzierbar* in $t_0 \in J$, wenn der Differentialquotient

$$u'(t_0) \equiv \frac{du}{dt}(t_0) := \lim_{\substack{h\to 0\\ h\neq 0}} \frac{u(t_0 + h) - u(t_0)}{h}$$

im Sinne der starken Konvergenz existiert. Für $u'(t_0)$ gilt also

$$\lim_{\substack{h\to 0\\ h\neq 0}} \left\| u'(t_0) - \frac{u(t_0 + h) - u(t_0)}{h} \right\| = 0 .$$

Damit ist auch klar, was eine *differenzierbare* bzw. eine *stetig differenzierbare* E-wertige Funktion auf J ist. Man zeige:

a. Sind $u, v : J \to E$ sowie $\varphi : J \to \mathbb{K}$ differenzierbar, so sind es auch $u + v$ und φu, und es gilt

$$(u + v)' = u' + v' , \qquad (\varphi u)' = \varphi' u + \varphi u' .$$

b. Ist F ein weiterer BANACHraum, $A \in \mathcal{B}(E, F)$ und $w := A \circ u$, so ist auch w differenzierbar, und es gilt

$$w'(t) = Au'(t) \qquad \text{für alle } t \in J .$$

Insbesondere ist für jedes $f \in E'$ die skalare Funktion $f \circ u$ differenzierbar.

c. u ist genau dann konstant, wenn $u' \equiv 0$ auf J. (*Hinweis:* Man wende den Satz von HAHN-BANACH auf $x_0 = u(t_1) - u(t_2)$ an ($t_1, t_2 \in J$ beliebig).)

8.7. Seien E und J wie in der vorigen Aufgabe. Man zeige:

a. Sind $S, T : J \longrightarrow \mathcal{B}(E)$ zwei differenzierbare operatorwertige Funktionen, so ist auch ihr punktweises Produkt $ST : t \mapsto S(t)T(t)$ differenzierbar, und es gilt $(ST)' = S'T + ST'$.

b. Sei $A \in \mathcal{B}(E)$ beliebig, und sei $T(t) := \mathrm{e}^{tA}$ (vgl. Aufgabe 8.5). Diese Funktion ist auf ganz $\mathbb{R}$ differenzierbar, und es gilt

$$T'(t) = AT(t) = T(t)A\,, \qquad t \in \mathbb{R}\,.$$

(*Hinweis:* Man schreibe

$$T(t_0 + h) - T(t_0) = T(t_0)(T(h) - I) = T(t_0) \sum_{k=1}^{\infty} \frac{h^k A^k}{k!}\,.$$

Wieso sind diese Umformungen gerechtfertigt?)

8.8. Sei E ein BANACHraum und $K \subseteq \mathbb{R}^n$ eine kompakte Teilmenge. Mit $C(K; E)$ bezeichnen wir den Raum der stetigen Funktionen $u : K \longrightarrow E$, versehen mit der Norm

$$\|u\|_\infty := \max_{x \in K} \|u(x)\|\,,$$

wobei auf der rechten Seite die Norm von E gemeint ist. Man zeige:

a. Zu $u \in C(K; E)$ gibt es höchstens ein $x_0 \in E$ mit der Eigenschaft

$$f(x_0) = \int_K f(u(x))\ \mathrm{d}^n x \qquad \text{für alle } f \in E'\,. \tag{8.60}$$

(*Hinweis:* Satz 8.13.) Wenn solch ein Vektor x_0 existiert, bezeichnet man ihn als das *Integral* und schreibt

$$x_0 = \int_K u(x)\ \mathrm{d}^n x\,.$$

b. Für das Integral gilt stets

$$\left\| \int_K u(x)\ \mathrm{d}^n x \right\| \leq \int_K \|u(x)\|\ \mathrm{d}^n x\,. \tag{8.61}$$

(*Hinweis:* Man wende den Satz von HAHN-BANACH auf $x_0 = \int_K u(x)\ \mathrm{d}^n x$ an.)

c. Es sei $C(K) \otimes E$ der lineare Teilraum der $u \in C(K; E)$, die sich in der Form

$$u(x) = \sum_{k=1}^{m} \varphi_k(x) v_k \tag{8.62}$$

mit endlich vielen skalaren stetigen Funktionen $\varphi_1, \ldots, \varphi_m$ und endlich vielen Vektoren $v_1, \ldots, v_m \in E$ schreiben lassen. Für jedes derartige u existiert das Integral und ist gegeben durch

$$\int_K u(x)\ \mathrm{d}^n x = \sum_{k=1}^{m} \left(\int_K \varphi_k(x)\ \mathrm{d}^n x \right) v_k\ . \tag{8.63}$$

Insbesondere ist die rechte Seite von (8.63) durch u eindeutig festgelegt, obwohl die Darstellung von u in der Form (8.62) nicht eindeutig ist.

d. Wir setzen $J_0 u := \int_K u(x)\ \mathrm{d}^n x$ für $u \in C(K) \otimes E$. Hierdurch ist ein *beschränkter* linearer Operator $J_0 : C(K) \otimes E \longrightarrow E$ definiert, und seine Operatornorm ist das n-dimensionale Volumen (= LEBESGUE-Maß) von K. (Hier sei $E \neq \{0\}$.)
e. $C(K) \otimes E$ ist *dicht* in $C(K; E)$. (*Hinweise:* Hier muss man die gleichmäßige Stetigkeit von $u \in C(K; E)$ verwenden. Für den Spezialfall $K = [a, b] \subseteq \mathbb{R}^1$ ist die Aufgabe wesentlich leichter als für den allgemeinen Fall. Die Bearbeitung dieses Spezialfalls sei besonders empfohlen.)
f. Für jedes $u \in C(K; E)$ existiert das Integral $Ju := \int_K u(x)\ \mathrm{d}^n x$. Die so definierte Abbildung $J : C(K; E) \longrightarrow E$ ist ein beschränkter linearer Operator, und seine Operatornorm ist (für $E \neq \{0\}$) gleich dem Volumen von K. (*Hinweis:* BLE-Theorem!)
g. Sei F ein weiterer BANACHraum und $T : E \to F$ ein beschränkter linearer Operator. Für jedes $u \in C(K; E)$ ist dann

$$T \int_K u(x)\ \mathrm{d}^n x = \int_K Tu(x)\ \mathrm{d}^n x\ .$$

8.9. Sei E ein BANACHraum und $[a, b] \subseteq \mathbb{R}$ ein kompaktes Intervall. Für jede *stetig differenzierbare* Funktion $u : [a, b] \longrightarrow E$ gilt dann

$$u(b) - u(a) = \int_a^b u'(t)\ \mathrm{d}t\ .$$

(*Hinweis:* Mittels (8.61) und Aufgabe 8.6c. kann man den aus der elementaren Analysis bekannten Beweis imitieren. Weitaus bequemer ist es aber, die Aussagen der Aufgaben 8.8a. und 8.6b. auszunutzen.)

8.10. Man beweise den Satz von HAHN-BANACH (Theorem 8.14) für Prähilberträume. Dabei gebe man das gesuchte Funktional in der Form $f(x) = \langle z \mid x \rangle$ an.

8.11. Sei H ein HILBERTraum und $S \in \mathcal{B}(H)$. Angenommen, es gibt $c > 0$ so, dass

$$\operatorname{Re} \langle x \mid Sx \rangle \geq c\|x\|^2 \qquad \forall\, x \in H\ .$$

Man zeige, dass S dann bijektiv sein muss und eine beschränkte Inverse $S^{-1} \in \mathcal{B}(H)$ besitzt. (*Hinweis:* Das Schwierigste ist die Surjektivität. Dazu zeige man, dass $R(S)$ sowohl dicht als auch vollständig ist.)

8.12. a. Sei $H = l^2$, und sei $A \in \mathcal{B}(H)$ der Operator aus Aufgabe 8.3b. Man zeige, dass A^* auf dieselbe Weise durch die Matrix (β_{jk}) mit

$$\beta_{jk} := \overline{\alpha}_{kj}\,, \qquad j,k \in \mathbb{N}$$

gegeben ist.

b. Sei $H = L^2([a,b])$, und sei A der Operator aus Aufgabe 8.3d. Man zeige, dass A^* auf dieselbe Weise durch die Funktion K^* mit

$$K^*(x,y) := \overline{K(y,x)}\,, \qquad x,y \in [a,b]$$

gegeben ist.

c. Es sei A der Multiplikationsoperator aus Aufgabe 8.3e. in $H = L^2(S)$. Man zeige, dass A^* dann der Multiplikationsoperator mit der konjugiert komplexen Funktion $\overline{\varphi}$ ist. Insbesondere ist der Multiplikationsoperator zur Funktion φ genau dann selbstadjungiert, wenn φ reellwertig ist.

8.13. In $H = l^2$ definiert man sog. *Verschiebeoperatoren* durch

$$V_r(\xi_1, \xi_2, \ldots) := (0, \xi_1, \xi_2, \ldots)$$

und

$$V_l(\xi_1, \xi_2, \xi_3, \ldots) := (\xi_2, \xi_3, \ldots)\,.$$

a. Man zeige, dass $V_r^* = V_l$, $V_l^* = V_r$. Ferner bestimme man den Nullraum und den Wertebereich von V_r und V_l und prüfe an diesem expliziten Beispiel die Gültigkeit von Satz 8.20a.

b. Man zeige, dass V_r eine Isometrie ist und berechne $V_r^* V_r$ und $V_r V_r^*$. Man folgere, dass V_r nicht unitär ist.

8.14. Sei H ein komplexer HILBERTraum. Man zeige:

a. Für jedes $T \in \mathcal{B}(H)$ sind die Operatoren

$$T + T^*\,, \quad \mathrm{i}(T - T^*)\,, \quad T^*T\,, \quad TT^*$$

alle selbstadjungiert.

b. Jedes $T \in \mathcal{B}(H)$ lässt sich eindeutig in der Form $T = A + \mathrm{i}B$ mit selbstadjungierten Operatoren A, B schreiben. Dabei ist $T^* = A - \mathrm{i}B$. Der Operator T ist genau dann normal, wenn $AB = BA$.

c. Ist $V \in \mathcal{B}(H)$ eine Isometrie, so ist $V^*V = I$, und VV^* ist eine orthogonale Projektion.

d. Ist $A \in \mathcal{B}(H)$ normal, so ist $\|A^*x\| = \|Ax\|$ für alle $x \in H$.

8.15. Sei H ein HILBERTraum, $T : H \longrightarrow H$ ein beschränkter linearer Operator. Man zeige:

a. Ist T bijektiv und T^{-1} beschränkt, so existiert $(T^*)^{-1}$ und es gilt

$$(T^*)^{-1} = (T^{-1})^*\,.$$

b. Der Operator $S = I + T^*T$ ist bijektiv und seine Inverse S^{-1} ist beschränkt. (*Hinweis:* Aufgabe 8.11.)

8.16. Sei H ein HILBERTRAUM, $A : H \longrightarrow H$ ein beschränkter linearer Operator. Man zeige:

a. Sind $M_1, M_2 \subseteq H$ Teilmengen mit $A(M_1) \subseteq M_2$, so gilt

$$A^* \left(M_2^\perp\right) \subseteq M_1^\perp .$$

b. Sind U, V abgeschlossene Unterräume von H, so gilt

$$A(U) \subseteq V \iff A^*(V^\perp) \subseteq U^\perp .$$

8.17. Sei H ein HILBERTraum, $\mathcal{U} \subseteq H$ ein abgeschlossener Unterraum, $A \in \mathcal{B}(H)$ ein beschränkter Operator und P die orthogonale Projektion auf $\mathcal{U}$. Man zeige:

a. $A(\mathcal{U}) \subseteq \mathcal{U} \iff AP = PAP$,
b. $A(\mathcal{U})$ und $A(\mathcal{U}^\perp) \subseteq \mathcal{U}^\perp \iff PA = AP$.

8.18. Sei H ein HILBERTraum, $A : H \longrightarrow H$ ein beschränkter linearer Operator. Man zeige:

$$N(A) = N(A^*A) \quad \text{und} \quad \overline{R(A)} = \overline{R(AA^*)} .$$

8.19. Sei H ein HILBERTraum und $A \in \mathcal{B}(H)$. Man zeige, dass für die in Aufgabe 8.5 eingeführte Exponentialfunktion von Operatoren Folgendes gilt:

a. $\exp A^* = (\exp A)^*$.
b. Ist A HERMITEsch, so ist $\exp(\mathrm{i}A)$ unitär.
c. Ist $\exp(\mathrm{i}tA)$ unitär für alle $t \in \mathbb{R}$, so ist A HERMITEsch. (*Hinweis:* Man verwende Aufgabe 8.7b. in $t = 0$.)

8.20. Sei H ein HILBERTraum. Der Raum $l^2(H)$ ist definiert als der Vektorraum aller Folgen $\boldsymbol{v} = (v_1, v_2, \ldots)$ von Elementen von H, für die

$$\|\boldsymbol{v}\|^2 := \sum_{j=1}^{\infty} \|v_j\|^2 < \infty$$

ist. Damit ist zugleich die Norm auf $l^2(H)$ gegeben. $l^2(H)$ ist ein HILBERTraum mit dem Skalarprodukt

$$\langle \boldsymbol{v} \mid \boldsymbol{w} \rangle := \sum_{j=1}^{\infty} \langle v_j \mid w_j \rangle$$

für $\boldsymbol{v} = (v_j)$, $\boldsymbol{w} = (w_j)$, wobei rechts das Skalarprodukt von H gemeint ist. (All das kann genauso bewiesen werden wie für l^2, kann also hier akzeptiert werden.) Man zeige:

a. Ist $\{b_j \mid j \in \mathbb{N}\}$ eine Orthonormalbasis von H, so bilden die Vektoren

$$\boldsymbol{e_{jk}} := (0, \ldots, 0, \underbrace{b_k}_{j\text{-te Stelle}}, 0, \ldots) , \qquad j, k \in \mathbb{N}$$

eine Orthonormalbasis von $l^2(H)$.

b. Angenommen, H ist separabel. Dann gibt es einen isometrischen Isomorphismus $U : l^2 \hat{\otimes} H \longrightarrow l^2(H)$ mit

$$U(y \otimes v) = (\eta_1 v, \eta_2 v, \ldots)$$

für alle $v \in H$ und $y = (\eta_j) \in l^2$. (*Hinweis:* Man arbeite mit einer Orthonormalbasis von der in a. beschriebenen Art.)

8.21. Man beweise: Jeder abgeschlossene Unterraum eines separablen HILBERT-raums ist selbst ein separabler HILBERTraum. (*Hinweis:* Man arbeite mit dem orthogonalen Projektor auf den Unterraum.)

8.22. Sei H ein beliebiger HILBERTraum, $\mathcal{U} \subseteq H$ ein abgeschlossener Unterraum und P der orthogonale Projektor auf $\mathcal{U}$. Man zeige:

a. Ist $\mathcal{U}$ endlich-dimensional, so gilt für jede Orthonormalbasis $\{e_1, \ldots, e_m\}$ von $\mathcal{U}$

$$Px = \sum_{k=1}^{m} \langle e_k \mid x \rangle e_k \qquad \text{für alle } x \in H\ .$$

b. Ist $\mathcal{U}$ separabel und $\{e_1, e_2, \ldots\}$ eine abzählbare Orthonormalbasis von $\mathcal{U}$ (vgl. Satz 7.5), so gilt

$$Px = \sum_{k=1}^{\infty} \langle e_k \mid x \rangle e_k \qquad \text{für alle } x \in H\ ,$$

wobei die Reihe in H stark konvergent ist.

8.23. Sei H ein HILBERTraum, seien M, N abgeschlossene Unterräume von H und seien P_M, P_N die orthogonalen Projektionen von H auf M bzw. N. Man zeige, dass folgende Aussagen äquivalent sind:

a. $\langle x \mid P_M x \rangle \le \langle x \mid P_N x \rangle$ für alle $x \in H$,
b. $M \subseteq N$,
c. $P_N P_M = P_M$,
d. $P_M P_N = P_M$.

8.24. Wir wollen beweisen, dass die *kanonischen Vertauschungsrelationen* der Quantenmechanik durch beschränkte lineare Operatoren in einem NLR E nicht erfüllt werden können. Wir nehmen also an, für zwei Operatoren $P, Q \in \mathcal{B}(E)$ gilt

$$PQ - QP = \eta I$$

mit einem Skalar $\eta \in \mathbb{K}$. Zu zeigen ist, dass dann $\eta = 0$ sein muss. Hierzu beweise man nacheinander:

a. Für alle $n \in \mathbb{N}$ ist
$$n\eta Q^{n-1} = PQ^n - Q^n P \, .$$
b. Für alle n ist
$$n|\eta| \cdot \|Q^{n-1}\| \leq 2\|P\| \cdot \|Q\| \cdot \|Q^{n-1}\| \, .$$
c. Wenn $Q^n \neq 0$ ist für alle $n \geq 1$, so folgt $\eta = 0$.
d. Wenn es $n \in \mathbb{N}$ gibt, für das $Q^n = 0$ ist, so muss ebenfalls $\eta = 0$ sein. (*Hinweis:* Man betrachte das kleinste derartige n und verwende die Gleichung aus Teil a.)

Kapitel 9
Einführung in die Spektraltheorie

Das Thema dieses Kapitels ist die Verallgemeinerung der *Eigenwerttheorie* der komplexen $n \times n$-Matrizen auf beschränkte lineare Operatoren in einem BANACHraum. Eigenwerte und Eigenvektoren von linearen Operatoren – etwa von Differentialoperatoren – spielen schon in der klassischen Physik eine fundamentale Rolle, z. B. bei der Beschreibung von Schwingungsvorgängen aller Art. Die Eigenwerte bestimmen dann die möglichen Frequenzen der Schwingung, und die entsprechenden Eigenfunktionen beschreiben die Schwingungsform. In der Quantenmechanik werden Observable (= physikalische Messgrößen) durch lineare Operatoren in einem HILBERTraum wiedergegeben, dessen (normierte) Vektoren den möglichen Zuständen des betrachteten Systems entsprechen. Ein Eigenvektor entspricht dabei einem Zustand, in dem die betreffende Observable einen scharfen Wert besitzt, also beliebig genau gemessen werden kann, und dieser Wert ist nichts anderes als der zugehörige Eigenwert.

Genauso real sind jedoch physikalische Zustände, in denen die Observable keinen scharfen Wert besitzt, und dann kann nur noch die Wahrscheinlichkeit dafür angegeben werden, dass der Messwert in einem gegebenen Bereich gefunden wird. Schon diese physikalische Erwägung legt die Vermutung nahe, dass bei Operatoren in unendlich-dimensionalen Räumen neben den Eigenwerten selbst auch gewisse Typen von „verallgemeinerten Eigenwerten“ betrachtet werden müssen, und dies geschieht in der Spektraltheorie auf eine einfache Weise, die eine große Breite möglicher Situationen abdeckt. Die entsprechenden Grundbegriffe und ihre einfachsten Eigenschaften stellen wir in Abschn. A zusammen, und obwohl uns in erster Linie der Fall der HILBERTräume interessiert, tun wir das im Rahmen eines allgemeinen BANACHraums, weil die zusätzlichen Strukturmerkmale der HILBERTräume hierfür nicht benötigt werden. Im weiteren Verlauf jedoch beschränken wir uns auf HILBERTräume und bemühen uns in Abschn. B zunächst, die aus der linearen Algebra bekannten Besonderheiten der unitären und der HERMITEschen Matrizen zu verallgemeinern. Als Beispiel betrachten wir den FOURIER-PLANCHEREL-Operator, dessen Spektraltheorie sich als verblüffend einfach erweist.

Wie wir in Abschn. D sehen werden, ist die Spektraltheorie der in Abschn C eingeführten *kompakten Operatoren* dem Fall der Matrizen besonders ähnlich, und

K.-H. Goldhorn, H.-P. Heinz, M. Kraus, *Moderne mathematische Methoden der Physik*

DOI 10.1007/978-3-540-88544-3,

insbesondere ist hier jeder Spektralwert $\neq 0$ schon ein Eigenwert und besitzt einen *endlich-dimensionalen* Raum von Eigenvektoren. In Abschn. C erörtern wir auch kurz den Begriff der *schwachen Konvergenz* in einem HILBERTraum, doch dient uns dies nur als ein Hilfsmittel zur Vermeidung von allzu viel mengentheoretischer Topologie bei der Behandlung der kompakten Operatoren, und deswegen vertiefen wir ihn auch nicht weiter.

Wie im vorigen Kapitel werden auch hier die abstrakten Operatoren als selbständige Rechengrößen ernst genommen, wie es ja auch im abstrakten Formalismus der Quantenmechanik geschieht. Dazu bedarf es keiner konkreten Interpretation der Operatoren. Ebenso wichtig ist jedoch, dass die Funktionalanalysis kraftvolle Werkzeuge für die Behandlung von ganz konkreten Problemen bereitstellt. Ein Paradebeispiel hierfür ist die Anwendung der Spektraltheorie der kompakten Operatoren auf FREDHOLM*sche Integralgleichungen* und auf Randwertprobleme für verallgemeinerte Schwingungsgleichungen, die wir im letzten Abschnitt dieses Kapitels darstellen.

A Spektrum und Resolvente

Im Folgenden sei E immer ein komplexer BANACHraum. Für einen beschränkten linearen Operator $A : E \longrightarrow E$ und ein $\lambda \in \mathbb{C}$ betrachten wir den Operator $A - \lambda I$. Der Ausgangspunkt der Spektraltheorie besteht darin, die Werte des Parameters λ in Bezug auf die Abbildungseigenschaften von $A - \lambda I$ zu klassifizieren:

Definitionen 9.1. Für $A \in \mathcal{B}(E)$ und $\lambda \in \mathbb{C}$ gibt es folgende Möglichkeiten:

a. $A - \lambda I$ ist nicht injektiv, d. h.

$$N(A - \lambda I) \neq \{0\} .$$

Dann heißt λ ein *Eigenwert* von A mit *Eigenraum* $N(A - \lambda I)$ und *Vielfachheit* $\dim N(A - \lambda I)$. Jedes $0 \neq x \in N(A - \lambda I)$ heißt ein *Eigenvektor* zum Eigenwert λ. Man nennt

$$\sigma_P(A) = \{\lambda \in \mathbb{C} \mid N(A - \lambda I) \neq \{0\}\}$$

das *Punktspektrum* von A.

b. $A - \lambda I$ ist injektiv, d. h. $N(A - \lambda I) = \{0\}$. Dann existiert der *Resolventenoperator* (= *Resolvente*)

$$R_A(\lambda) := (A - \lambda I)^{-1} ,$$

wobei folgende Fälle auftreten können:

1. $R_A(\lambda)$ ist auf ganz E definiert und beschränkt. Dann heißt λ ein *regulärer Wert* von A. Die regulären Werte bilden die *Resolventenmenge* $\rho(A)$.
2. $R_A(\lambda)$ ist auf einem dichten Teilraum definiert, aber unbeschränkt. Dann heißt λ ein *verallgemeinerter Eigenwert* von A. Diese λ bilden das *kontinuierliche Spektrum* $\sigma_C(A)$.

3. Der Definitionsbereich von $R_A(\lambda)$ ist nicht dicht. Diese λ bilden das *Residualspektrum* $\sigma_R(A)$.

c. Man hat also disjunkte Zerlegungen

$$\begin{aligned}\mathbb{C} \quad &= \rho(A) \cup \sigma(A) , \\ \sigma(A) &= \sigma_P(A) \cup \sigma_C(A) \cup \sigma_R(A) ,\end{aligned}$$

und man nennt $\sigma(A)$ das *Spektrum*, $\lambda \in \sigma(A)$ einen *Spektralwert* von A.

Bemerkung: Damit sind wirklich alle auftretenden Fälle abgedeckt. Ist nämlich $R_A(\lambda)$ beschränkt, so kann man leicht beweisen, dass sein Definitionsbereich $D(R_A(\lambda)) = R(A - \lambda I)$ vollständig ist (Übung!). Ist dieser Raum gleichzeitig dicht, so muss er mit E übereinstimmen, und λ ist ein regulärer Wert. Dass umgekehrt $R_A(\lambda)$ auf ganz E definiert, aber gleichzeitig unbeschränkt ist, kann ebenfalls nicht vorkommen. Das liegt am sog. *Satz von der offenen Abbildung*, einem fundamentalen Theorem der Funktionalanalysis, das aber hier zu weit führen würde. Allerdings ist die *Vollständigkeit* von E für dieses Theorem eine entscheidende Voraussetzung.

Warnung. In vielen Büchern wird die Resolvente als

$$R_A(\lambda) := (\lambda I - A)^{-1}$$

definiert, unterscheidet sich also von unserer Resolvente um ein Vorzeichen!

Beispiele 9.2.

a. Sei E endlich-dimensional, etwa $\dim E = n$. Man weiß aus der elementaren linearen Algebra, dass dann

$$\dim R(A - \lambda I) = n - \dim N(A - \lambda I)$$

ist, und insbesondere gilt

$$A - \lambda I \text{ injektiv} \iff A - \lambda I \text{ surjektiv} \iff A - \lambda I \text{ bijektiv} .$$

Ist aber $A - \lambda I$ bijektiv, so ist $R_A(\lambda)$ automatisch beschränkt (Korollar 8.5). In diesem Fall gibt es also nur die beiden Möglichkeiten, dass λ ein regulärer Wert oder ein Eigenwert ist, d. h. das Spektrum ist einfach die Menge der Eigenwerte, und man kann sagen, dass die Spektraltheorie für endlich-dimensionale Räume die Eigenwerttheorie ist. Im unendlich-dimensionalen Fall ist das aber nicht so, wie wir jetzt sehen werden.

b. Sei $E = L^2([a, b])$, $a < b$, und sei A der *Multiplikationsoperator* mit einer gegebenen stetigen Funktion $\varphi : [a, b] \longrightarrow \mathbb{C}$ (vgl. Aufgabe 8.3e.). Der Wertebereich $W := \varphi([a, b])$ von φ ist dann kompakt. Wir beweisen:

Behauptung. (i) $\sigma(A) = W$, und

(ii) ein $\lambda \in W$ gehört genau dann zu $\sigma_C(A)$, wenn die Menge $\varphi^{-1}(\{\lambda\})$ das LEBESGUE-Maß Null hat (also z. B. wenn φ den Wert λ nur an endlich vielen Punkten annimmt),

(iii) λ ist genau dann ein Eigenwert, wenn die Menge $\varphi^{-1}(\{\lambda\})$ positives Maß hat (also z. B. wenn φ auf einem Teilintervall $[\alpha, \beta] \subseteq [a, b]$ mit $\alpha < \beta$ konstant den Wert λ hat),

(iv) $\sigma_R(A) = \emptyset$.

Beweis. Ist $\lambda \notin W$, so ist

$$r := d(\lambda, W) = \min_{\zeta \in W} |\lambda - \zeta| > 0 ,$$

da W kompakt ist. Die Funktion $\psi(x) := 1/(\varphi(x) - \lambda)$ ist dann beschränkt, denn $|\psi(x)| \le r^{-1}\ \forall\, x$. Sie definiert daher einen Multiplikationsoperator $M \in \mathcal{B}(E)$ durch $(Mu)(x) := \psi(x)u(x)$. Damit folgt

$$M(A - \lambda I)u = (A - \lambda I)Mu = u \quad \text{für alle } u \in E .$$

Somit ist $M = R_A(\lambda)$, also λ ein regulärer Wert.
Für $\lambda \in W$ zeigen wir nun mittels Satz 8.9, dass $A - \lambda I$ keine beschränkte Inverse besitzen kann. Dazu nehmen wir an, es gäbe ein $c > 0$, mit dem (8.10) für den Operator $T := A - \lambda I$ gilt. Wir wählen $x_0 \in \varphi^{-1}(\{\lambda\})$ und dazu $\delta > 0$ mit

$$|x - x_0| < \delta ,\ x \in [a, b] \Longrightarrow |\varphi(x) - \lambda| < c/2 ,$$

was wegen der Stetigkeit von φ möglich ist. Schließlich wählen wir $a \le \alpha < \beta \le b$ so, dass $[\alpha, \beta] \subseteq]x_0 - \delta, x_0 + \delta[$, und wir betrachten die Funktion $u \in E$ mit $u \equiv 1$ auf $[\alpha, \beta]$ und $u \equiv 0$ sonst. Es ist $\|u\|_2 = \sqrt{\beta - \alpha} > 0$ sowie

$$c^2\|u\|_2^2 \le \|(A - \lambda I)u\|_2^2 = \int_\alpha^\beta |\varphi(x) - \lambda|^2 \,\mathrm{d}x < \frac{c^2}{4}\|u\|_2^2 ,$$

und das ergibt die absurde Folgerung $c^2 < c^2/4$. Somit war unsere Annahme falsch, und es folgt $\lambda \in \sigma(A)$.
Für $\lambda \in W$ setzen wir nun $Z := \varphi^{-1}(\{\lambda\})$ und bestimmen $N(A - \lambda I)$. Dazu sollte man sich daran erinnern, dass die Elemente von $E = L^2([a, b])$ eigentlich Äquivalenzklassen sind, die die Abänderung der Funktionen auf einer Nullmenge gestatten. Die Gleichung $A - \lambda I u = 0$ bedeutet also im Klartext:

$$(\varphi(x) - \lambda)u(x) = 0 \quad \text{f.ü.}$$

Das tritt genau dann ein, wenn

$$u(x) = 0 \quad \text{f.ü. auf } [a, b] \setminus Z .$$

Hat Z positives Maß, so definiert also z. B. die charakteristische Funktion χ_Z ein nichtverschwindendes Element $[\chi_Z] \in N(A - \lambda I)$, also einen Eigenvektor zum Eigenwert λ. Ist aber Z eine Nullmenge, so führt $(A - \lambda I)u = 0$ zu der Folgerung $u(x) = 0$ f.ü., also ist dann $N(A - \lambda I) = \{0\}$, und $A - \lambda I$ ist injektiv. Um nun festzustellen, ob λ zu $\sigma_C(A)$ oder $\sigma_R(A)$ gehört, müssen wir den Wertebereich $R(A - \lambda I)$ untersuchen, und das tun wir mit Hilfe von Satz 8.21. Man prüft leicht nach, dass der adjungierte Operator A^* der Multiplikationsoperator mit der konjugiert komplexen Funktion $\overline{\varphi}$ ist (Aufgabe 8.12b.). Daher ergibt die gerade durchgeführte Überlegung $N(A^* - \bar{\lambda} I) = \{0\}$, denn $\overline{\varphi}^{-1}(\{\bar{\lambda}\}) = Z$ ist eine Nullmenge. Nun folgt mit (8.30)

$$\overline{R(A - \lambda I)} = N((A - \lambda I)^*)^\perp = N((A^* - \bar{\lambda} I))^\perp = \{0\}^\perp = E ,$$

d. h. der Definitionsbereich $R(A - \lambda I)$ der Resolvente $R_A(\lambda)$ ist dicht. Somit ist $\lambda \in \sigma_C(A)$, und das Residualspektrum ist leer. □

Bemerkung: Häufig wird der Multiplikationsoperator A also überhaupt keine Eigenwerte haben, sondern nur verallgemeinerte Eigenwerte (z. B. wenn φ injektiv ist). Tritt aber ein Eigenwert auf, so hat er unendliche Vielfachheit. Man kann den Eigenraum $N(A - \lambda I)$ nämlich mit $L^2(Z)$ identifizieren ($Z := \varphi^{-1}(\{\lambda\})$), indem man jedes $u \in L^2(Z)$ durch die Konstante Null auf ganz $[a, b]$ fortsetzt. Wenn Z positives Maß hat, so hat der HILBERTraum $L^2(Z)$ aber unendliche Dimension, wie man sich leicht überlegen kann.

c. Eigenwerte endlicher Vielfachheit können auch im Falle dim $E = \infty$ ohne weiteres auftreten. Sei z. B. E ein unendlich-dimensionaler HILBERTraum und $P \in \mathcal{B}(E)$ die orthogonale Projektion auf einen Unterraum $\mathcal{U}$ der endlichen Dimension m. Dann ist $\mathcal{U} = R(P) = N(I - P) = N(P - I)$, also ist $\lambda = 1$ ein Eigenwert von P der endlichen Vielfachheit m.
d. Sei $E = l^2$ und $A = V_r$ der Rechts-Verschiebeoperator aus Aufgabe 8.13. Dieser Operator ist injektiv (sogar isometrisch!), aber $D(A^{-1}) = R(A)$ ist der echte abgeschlossene Unterraum

$$\mathcal{U} := \{(\xi_1, \xi_2, \ldots) \in l^2 \mid \xi_1 = 0\} .$$

Somit gehört $\lambda = 0$ zum *Residualspektrum* von A.

Wir wollen im Folgenden die Eigenschaften von Spektrum und Resolventen für beschränkte Operatoren untersuchen. Die ersten Aussagen sind eine leichte Übung.

Satz 9.3. *Seien $A, B \in \mathcal{B}(E)$ beschränkte Operatoren*

a. Sind A und B bijektiv, so gilt

$$B^{-1} - A^{-1} = B^{-1}(A - B)A^{-1} = A^{-1}(A - B)B^{-1} .$$

b. Für $\lambda, \mu \in \rho(A)$ gilt die erste Resolventengleichung

$$\begin{aligned} R_A(\lambda) - R_A(\mu) &= (\lambda - \mu) R_A(\lambda) R_A(\mu) \\ &= (\lambda - \mu) R_A(\mu) R_A(\lambda) . \end{aligned}$$

c. *Für* $\lambda \in \rho(A) \cap \rho(B)$ *gilt die* zweite Resolventengleichung*:*

$$\begin{aligned} R_B(\lambda) - R_A(\lambda) &= R_A(\lambda)(A - B)R_B(\lambda) \\ &= R_B(\lambda)(A - B)R_A(\lambda) \,. \end{aligned}$$

Der folgende Satz ist Grundlage für die elementaren Eigenschaften von Spektrum und Resolvente. Dabei ist die Bijektivität der betrachteten Operatoren so zu verstehen, dass die inversen Operatoren ebenfalls beschränkt sind. Das muss aber nicht explizit gefordert werden, weil es durch den schon erwähnten „Satz von der offenen Abbildung" garantiert wird.

Satz 9.4. *Seien* $L, S \in \mathcal{B}(E)$, *sei* L *bijektiv, und es gelte*

$$\|S\,L^{-1}\| \;<\; 1 \quad \textit{und} \quad \|L^{-1}S\| < 1 \,. \tag{9.1}$$

Dann ist $L + S$ *beschränkt und bijektiv, und es gilt*

$$\begin{aligned} (L + S)^{-1} &= \sum_{n=0}^{\infty}(-1)^n L^{-1}(SL^{-1})^n \\ &= \sum_{n=0}^{\infty}(-1)^n (L^{-1}S)^n L^{-1} \,. \end{aligned} \tag{9.2}$$

Beweis. Nach Theorem 8.11 gilt für einen Operator $T \in \mathcal{B}(E)$ mit $\|T\| < 1$

$$(I - T)^{-1} \;=\; \sum_{n=0}^{\infty} T^n \,. \tag{9.3}$$

Wegen (9.1) sind die Voraussetzungen für

$$T = -SL^{-1} \quad \text{bzw.} \quad T = -L^{-1}S$$

erfüllt, so dass (9.2) wegen

$$(L + S)^{-1} = L^{-1}(I + SL^{-1})^{-1} = (I + L^{-1}S)^{-1}L^{-1}$$

direkt aus (9.3) folgt. □

Theorem 9.5. *Für jeden beschränkten Operator* $A \in \mathcal{B}(E)$ *gilt:*

a. *Die Resolventenmenge* $\rho(A)$ *ist offen. Mit* $\lambda_0 \in \rho(A)$ *gehört die Kreisscheibe der* $\lambda \in \mathbb{C}$ *mit*

$$|\lambda - \lambda_0| \;<\; \frac{1}{\|R_A(\lambda_0)\|} \tag{9.4}$$

zu $\rho(A)$, *und in dieser Kreisscheibe gilt*

$$R_A(\lambda) = \sum_{n=0}^{\infty}(\lambda - \lambda_0)^n \; R_A(\lambda_0)^{n+1} \,. \tag{9.5}$$

b. *Das Spektrum* $\sigma(A)$ *ist kompakt, und*

$$\sigma(A) \subseteq \{\lambda \in \mathbb{C} \mid |\lambda| \leq \|A\|\} \ . \tag{9.6}$$

Ferner gilt

$$R_A(\lambda) = -\sum_{n=0}^{\infty} \frac{1}{\lambda^{n+1}} A^n \quad \textit{für } |\lambda| > \|A\| \, . \tag{9.7}$$

Beweis.

a. Sei $\lambda_0 \in \rho(A)$ und sei $\lambda \in \mathbb{C}$ gemäß (9.4) gewählt. Setzen wir dann in Satz 9.4

$$L := A - \lambda_0 I \ , \quad S := (\lambda_0 - \lambda) I \ ,$$

so ist

$$(L + S)^{-1} = (A - \lambda I)^{-1} = R_A(\lambda) \ ,$$

und (9.1) ist dann wegen (9.4) erfüllt, so dass (9.5) aus (9.2) folgt.

b. Gleichung (9.7) folgt ebenfalls aus (9.2), wenn man

$$L := \lambda I \ , \quad S := A$$

setzt.

□

Satz 9.6. *Für jeden beschränkten Operator* $A \in \mathcal{B}(E)$ *ist*

$$\sigma(A) \neq \emptyset \ .$$

Beweis. Angenommen, es ist $\sigma(A) = \emptyset$ und damit $\rho(A) = \mathbb{C}$. Für feste $x \in E$, $f \in E'$ ist dann die Funktion

$$h(\lambda) := f(R_A(\lambda)x)$$

auf ganz $\mathbb{C}$ analytisch nach Theorem 9.5a., denn (9.5) liefert an jedem Punkt $\lambda_0 \in \mathbb{C}$ eine konvergente Potenzreihenentwicklung für $h(\lambda)$. Da außerdem für $|\lambda| > \|A\|$

$$\|(A - \lambda I)x\| \geq (|\lambda| - \|A\|) \, \|x\|$$

gilt, folgt aus Satz 8.9.

$$\|R_A(\lambda)\| \leq \frac{1}{|\lambda| - \|A\|} \quad \text{für } |\lambda| > \|A\| \ ,$$

so dass $h(\lambda)$ auf ganz $\mathbb{C}$ beschränkt ist. Nach dem bekannten Satz von LIOUVILLE aus der komplexen Analysis (vgl. z. B. [36], Kap. 16) ist dann aber $h(\lambda)$ konstant. Da $f \in E'$ beliebig war, folgt mit Satz 8.13, dass $R_A(\lambda)$ als Funktion von λ konstant ist, was offenbar ein Widerspruch zur ersten Resolventengleichung aus Satz 9.3b. ist.

□

B Spektrum beschränkter selbstadjungierter und unitärer Operatoren

Ab jetzt betrachten wir stets einen komplexen HILBERTraum H. Die folgende Aussage über unitäre Operatoren ist eine direkte Verallgemeinerung einer bekannten Aussage aus der Linearen Algebra.

Satz 9.7. *Für jeden unitären Operator* $U : H \longrightarrow H$ *gilt*

$$\sigma(U) \subseteq \{\lambda \in \mathbb{C} \mid |\lambda| = 1\} .$$

Beweis. Nach Definition 8.22d. ist ein unitärer Operator U bijektiv und isometrisch, und das Gleiche gilt für U^{-1}. Daher ist

$$\|U\| = \|U^{-1}\| = 1 .$$

Nach Theorem 9.5b. sind also $\lambda = 0$ und alle $\lambda \in \mathbb{C}$ mit $|\lambda| > 1$ reguläre Werte von U. Für $0 < |\lambda| < 1$ ist $|\lambda^{-1}| > 1$, also λ^{-1} ein regulärer Wert von U^{-1}, d. h. $U^{-1} - \lambda^{-1} I$ hat eine beschränkte Inverse. Wegen

$$U - \lambda I = -\lambda U(U^{-1} - \lambda^{-1} I)$$

hat dann aber auch $U - \lambda I$ eine beschränkte Inverse, d. h. Spektralwerte von U können höchstens auf dem Einheitskreis liegen. □

9.8 Beispiel: Das Spektrum des FOURIER-PLANCHEREL-Operators. In der Quantenmechanik spielen die HERMITE-Funktionen eine wichtige Rolle als „Eigenfunktionen des harmonischen Oszillators“. Man kann sie auch verwenden, um die Spektraltheorie des FOURIER-PLANCHEREL-Operators (vgl. Abschn. 8F) vollständig zu klären. Die HERMITE-Funktionen $h_n : \mathbb{R} \to \mathbb{R}$ können rekursiv definiert werden durch

$$\begin{aligned} h_0(x) &:= \mathrm{e}^{-x^2/2} , \\ h_n(x) &:= \left(x - \frac{\mathrm{d}}{\mathrm{d}x}\right) h_{n-1}(x) , \quad n \geq 1 . \end{aligned} \tag{9.8}$$

Man sieht, dass sie die Form

$$h_n(x) = H_n(x) \mathrm{e}^{-x^2/2} \tag{9.9}$$

mit *Polynomen* H_n haben. Also sind sie von der Klasse C^∞ und fallen im Unendlichen exponentiell ab. Daher gehören sie zu $L^2(\mathbb{R})$, und die bekannten Rechenregeln über die FOURIERtransformation lassen sich unbegrenzt auf sie anwenden, z. B. die Regeln

$$\mathcal{F}\left[f'(x)\right](\xi) = \mathrm{i}\xi \widehat{f}(\xi) , \quad \frac{\mathrm{d}}{\mathrm{d}\xi} \widehat{f}(\xi) = -\mathrm{i}\mathcal{F}\left[x f(x)\right](\xi) . \tag{9.10}$$

Daraus folgt

$$\mathcal{F}[xf(x) - f'(x)](\xi) = \mathrm{i}(\widehat{f}'(\xi) - \xi \widehat{f}(\xi)) . \tag{9.11}$$

Wegen $\widehat{h_0} = h_0$ folgt aus (9.8) und (9.11) durch Induktion

$$\widehat{h_n}(\xi) = (-\mathrm{i})^n h_n(\xi) . \tag{9.12}$$

Mit Hilfe des FOURIER-PLANCHEREL-Operators U können wir das kurz in der Form

$$U h_n = (-\mathrm{i})^n h_n , \qquad n \geq 0$$

schreiben, d. h. die h_n sind Eigenvektoren zu den Eigenwerten $(-\mathrm{i})^n$. Bei diesen Eigenwerten handelt es sich natürlich nur um die vier Zahlen ± 1 und $\pm\mathrm{i}$. Durch Linearkombination und Grenzwertbildung gewinnt man weitere Eigenfunktionen. Wir bezeichnen mit $\mathcal{U}_j$ den Abschluss der linearen Hülle von $\{h_{4k+j} | k \in \mathbb{N}_0\}$ $(j = 0, 1, 2, 3)$ in $L^2(\mathbb{R})$ und haben dann

$$Uf = (-\mathrm{i})^j f \quad \text{für} \quad f \in \mathcal{U}_j .$$

Man weiß, dass die *normierten* HERMITE-*Funktionen*

$$\varphi_n(x) = \frac{1}{\sqrt{2^n n! \sqrt{\pi}}} h_n(x), \quad n = 0, 1, 2, \ldots \tag{9.13}$$

ein vollständiges Orthonormalsystem (d. h. eine Orthonormalbasis) im HILBERT-raum $L^2(\mathbb{R})$ bilden (vgl. etwa [96]). Jedes $f \in L^2(\mathbb{R})$ hat also eine eindeutige, in der L^2-Norm konvergente FOURIER-HERMITE-Entwicklung

$$f = \sum_{n=0}^{\infty} \langle \varphi_n \mid f \rangle \varphi_n ,$$

und da U linear und stetig ist, ergibt sich hieraus

$$\widehat{f} = Uf = \sum_{n=0}^{\infty} (-\mathrm{i})^n \langle \varphi_n \mid f \rangle \varphi_n . \tag{9.14}$$

Der Operator U ist also durch die Einführung des Systems (φ_n) auf eine einfache Form gebracht, die der Diagonalisierung einer normalen Matrix analog ist. Anders ausgedrückt: Der HILBERTraum $H = L^2(\mathbb{R})$ hat die orthogonale Zerlegung

$$H = \mathcal{U}_0 \oplus \mathcal{U}_1 \oplus \mathcal{U}_2 \oplus \mathcal{U}_3$$

in U-invariante abgeschlossene Teilräume $\mathcal{U}_j$, auf denen U mit $(-\mathrm{i})^j I$ übereinstimmt. Hieraus folgt auch, dass die vier Eigenwerte $\lambda = 1, -\mathrm{i}, -1, \mathrm{i}$ das gesamte Spektrum von U ausmachen. Ist nämlich $\lambda \in \mathbb{C} \setminus \{1, -1, \mathrm{i}, -\mathrm{i}\}$, so haben wir für alle $f \in H$

$$(U - \lambda I)f = (1 - \lambda)P_0 f + (-\mathrm{i} - \lambda)P_1 f + (-1 - \lambda)P_2 f + (\mathrm{i} - \lambda)P_3 f ,$$

wobei die P_j die orthogonalen Projektoren auf $\mathcal{U}_j$ sind. Dann wird aber offensichtlich durch

$$R(\lambda)g := \frac{1}{1-\lambda}P_0 g + \frac{1}{-\mathrm{i}-\lambda}P_1 g + \frac{1}{-1-\lambda}P_2 g + \frac{1}{\mathrm{i}-\lambda}P_3 g$$

die Resolvente definiert, und es folgt $\lambda \notin \sigma(U)$. Ähnlich erkennt man auch, dass

$$N(U - (-\mathrm{i})^j I) = \mathcal{U}_j$$

für $j = 0, 1, 2, 3$ ist, dass es also außer den Elementen von $\mathcal{U}_j$ keine weiteren Eigenvektoren zu $(-\mathrm{i})^j$ gibt (Übung!).

Bemerkung: Für $H = L^2(\mathbb{R}^N)$ sieht das Spektrum des entsprechenden FOURIER-PLANCHEREL-Operators genauso aus. Man erkennt das durch Betrachtung der Orthonormalbasis, die aus den Funktionen

$$\varphi_\alpha(x_1, \ldots, x_N) := \prod_{k=1}^{N} \varphi_{\alpha_k}(x_k)$$

besteht, wobei $\alpha = (\alpha_1, \ldots, \alpha_N)$ alle N-stelligen Multiindizes durchläuft.

Das Spektrum von HERMITEschen Operatoren lässt sich mit dem folgenden Lemma gut untersuchen:

Lemma 9.9. *Für einen* HERMITE*schen Operator $T \in B(H)$ und ein $\lambda \in \mathbb{C}$ sind folgende Aussagen äquivalent:*

a. $\lambda \in \rho(T)$.
b. Es gibt ein $c > 0$, so dass

$$\|(T - \lambda I)x\| \geq c\|x\| \quad \forall\, x \in H\ . \tag{9.15}$$

Beweis. a. $\Longrightarrow$ b. ist klar nach Satz 8.9. Gelte b., also (9.15) für geeignetes $c > 0$. Dann ist $N(T - \lambda I) = \{0\}$. Wie in der elementaren linearen Algebra rechnet man nach, dass $T = T^* \Longrightarrow \sigma_P(T) \subseteq \mathbb{R}$. Also ist auch $N(T - \bar{\lambda} I) = \{0\}$. Nach Satz 8.21 folgt daraus $\overline{R(T - \lambda I)} = H$. Mit (9.15) sieht man direkt, dass $R(T - \lambda I)$ vollständig, also auch abgeschlossen ist. Daher ist $T - \lambda I$ surjektiv, also (wieder nach (9.15) und Satz 8.9) stetig invertierbar. □

In dem folgenden Theorem sind nun die wichtigsten Eigenschaften zusammengefasst, die das Spektrum von selbstadjungierten beschränkten Operatoren auszeichnen.

Theorem 9.10. *Für jeden* HERMITE*schen Operator $T \in B(H)$ gilt:*

a. Das Spektrum $\sigma(T)$ ist reell, d. h. $\subseteq \mathbb{R}$.
b. Das residuale Spektrum $\sigma_R(T)$ ist leer.

c. *Mit den Bezeichnungen*

$$m_- := \inf_{\|x\|=1} \langle x \mid Tx \rangle \,, \quad m_+ := \sup_{\|x\|=1} \langle x \mid Tx \rangle$$

gilt

$$\|T\| = \max \{|m_-| \,, \; |m_+|\} \;.$$

d. $\sigma(T) \subseteq [m_-, m_+]$ *und* $m_-, m_+ \in \sigma(T)$.

Beweis.

a. Sei $\lambda = \alpha + \mathrm{i}\beta$ mit $\alpha, \beta \in \mathbb{R}$. Dann ist $S := T - \alpha I$ ebenfalls selbstadjungiert. Für $x \in H$ gilt daher:

$$\begin{aligned} \|(T - \lambda I)x\|^2 &= \|Sx - \mathrm{i}\beta x\|^2 \\ &= \|Sx\|^2 - \mathrm{i}\beta\langle Sx \mid x\rangle + \mathrm{i}\beta\langle x \mid Sx\rangle + \beta^2\|x\|^2 \\ &= \|Sx\|^2 + \beta^2\|x\|^2 \;\geq\; \beta^2\|x\|^2 \end{aligned}$$

und damit $\|(T - \lambda I)x\| \geq |\beta| \cdot \|x\|$. Nach Lemma 9.9 muss also $\lambda \in \rho(T)$ sein, falls $\beta \neq 0$.

b. Sei $\lambda \in \mathbb{R}$ und sei $R(T - \lambda I)$ nicht dicht in N. Dann gibt es $0 \neq x_0 \in \overline{R(T - \lambda I)}^{\perp} = R(T - \lambda I)^{\perp} = N((T - \lambda I)^*) = N(T - \lambda I)$, d. h. $\lambda \in \sigma_P(T)$ mit Eigenvektor x_0.

c. Folgt sofort aus Satz 8.23a.

d. Wir führen den Beweis für m_+ und nehmen o.B.d.A. an, dass $0 \leq m_- \leq m_+$ und damit $\|T\| = m_+$. Die restlichen Fälle werden auf diesen Fall zurückgeführt, indem man Operatoren der Form $\pm T + \alpha I$, $\alpha \in \mathbb{R}$ betrachtet. Zunächst folgt sofort aus Theorem 9.5b., dass jedes $\lambda = m_+ + \varepsilon$ für $\varepsilon > 0$ zu $\rho(T)$ gehört. Wegen

$$m_+ = \sup_{\|x\|=1} \langle x \mid Tx \rangle = \|T\|$$

gibt es nach Definition des Supremums eine Folge $(x_n) \subseteq H$ mit

$$\|x_n\| = 1 \,, \quad \langle x_n \mid Tx_n \rangle = m_+ - \delta_n \,, \quad \delta_n \geq 0 \,, \; \delta_n \longrightarrow 0 \;.$$

Aus

$$\|Tx_n\| \leq \|T\| \cdot \|x_n\| = m_+$$

folgt daher

$$\begin{aligned} \|(T - m_+ I)x_n\|^2 &= \|Tx_n\|^2 - 2m_+ \langle x_n \mid Tx_n \rangle + m_+^2 \|x_n\|^2 \\ &\leq m_+^2 - 2m_+(m_+ - \delta_n) + m_+^2 \;, \end{aligned}$$

also

$$\|(T - m_+ I)x_n\|^2 \leq 2m_+\delta_n \longrightarrow 0 \,, \quad n \longrightarrow \infty \;.$$

Daher existiert keine Konstante $c > 0$, so dass

$$\|(T - m_+ I)x\| \geq c\|x\| \quad \text{für alle } x \in H.$$

Das bedeutet aber nach Lemma 9.9, dass $m_+ \notin \rho(T)$.

□

C Kompakte Operatoren

Wir betrachten nun eine wichtige Klasse von Operatoren, die praktisch nur ein Punktspektrum besitzen. Dazu führen wir folgenden Begriff ein:

Definition 9.11. Eine Folge (x_n) in einem HILBERTraum H *konvergiert schwach* gegen ein $x_0 \in H$ (geschrieben $x_n \rightharpoonup x_0$), wenn für jedes $z \in H$

$$\lim_{n \longrightarrow \infty} \langle z \mid x_n \rangle = \langle z \mid x_0 \rangle .$$

Durch diese Forderung ist x eindeutig bestimmt (Übung!), und man nennt x den *schwachen Limes* der Folge (x_n).

Wir stellen nun die wichtigsten Eigenschaften dieses Konvergenzbegriffes zusammen:

Theorem 9.12.

a. *Aus starker Konvergenz $x_n \longrightarrow x_0$ folgt schwache Konvergenz $x_n \rightharpoonup x_0$, aber nicht umgekehrt.*
b. *Aus $x_n \rightharpoonup x_0$ und $\|x_n\| \longrightarrow \|x_0\|$ folgt die starke Konvergenz $x_n \longrightarrow x_0$.*
c. *Jede schwach konvergente Folge ist beschränkt.*
d. *Jede beschränkte Folge enthält eine schwach konvergente Teilfolge.*

Beweis.

a. Aus der starken Konvergenz $x_n \longrightarrow x$ folgt für jedes $z \in H$:

$$|\langle z \mid x \rangle - \langle z \mid x_n \rangle| = |\langle z \mid x - x_n \rangle| \leq \|z\| \cdot \|x - x_n\| \longrightarrow 0 ,$$

also die schwache Konvergenz $x_n \rightharpoonup x$. – Dass die Umkehrung nicht gilt, sieht man z. B. an einem Orthonormalsystem $(e_n) \subseteq H$. Für jedes $z \in H$ gilt dann bekanntlich die BESSELsche Ungleichung

$$\sum_{n=1}^{\infty} |\langle z \mid e_n \rangle|^2 \leq \|z\|^2 < \infty$$

und damit $\lim_{n \to \infty} \langle z \mid e_n \rangle = 0$. Dies bedeutet $e_n \rightharpoonup 0$, aber wegen $\|e_n\| = 1$ konvergiert diese Folge natürlich nicht stark gegen Null. (Sie hat noch nicht einmal eine konvergente Teilfolge, weil für $n \neq m$ stets $\|e_n - e_m\| = \sqrt{2}$ ist!)

b. Für alle n ist

$$\|x - x_n\|^2 = \|x\|^2 - 2\mathrm{Re}\,\langle x \mid x_n \rangle + \|x_n\|^2 ,$$

und unter den gegebenen Voraussetzungen liefert das

$$\lim_{n \to \infty} \|x - x_n\|^2 = \|x\|^2 - 2\mathrm{Re}\,\langle x \mid x \rangle + \|x\|^2 = \|x\|^2 - 2\|x\|^2 + \|x\|^2 = 0 ,$$

also die behauptete starke Konvergenz.

c. und d. sind schwieriger zu beweisen und werden meist aus allgemeinen Prinzipien der Funktionalanalysis hergeleitet (c. aus dem *Prinzip von der gleichmäßigen Beschränktheit*, d. aus dem *Satz von* ALAOGLU), die in jedem Lehrbuch der Funktionalanalysis bewiesen werden. Für spezielle HILBERTräume gibt es auch elementare Beweise – etwa für Räume vom Typ $L^2(S)$ sind solche direkten Beweise in [59] angegeben.

□

Satz 9.13.

a. *Für einen linearen Operator $T : H \longrightarrow H$ sind die folgenden Bedingungen äquivalent:*

   (i) T bildet abgeschlossene beschränkte Mengen in kompakte Mengen ab, d. h. für jede beschränkte Folge (x_n) in H hat die Folge (Tx_n) eine konvergente Teilfolge.

   (ii) T bildet schwach konvergente Folgen in stark konvergente Folgen ab, d. h. $x_n \rightharpoonup x \Longrightarrow Tx_n \to Tx$.

   T heißt kompakt *oder* vollstetig, *wenn eine dieser äquivalenten Bedingungen gilt.*

b. *Jeder kompakte Operator ist beschränkt.*

Beweis. Angenommen, T erfüllt Bedingung (i). Dann muss T beschränkt sein, denn anderenfalls gäbe es eine Folge (x_n) mit $\|x_n\| = 1 \ \forall\, n$ und

$$\|Tx_n\| \nearrow +\infty \quad \text{für } n \to \infty ,$$

und solch eine Folge kann keine konvergente Teilfolge haben. Damit ist schon b. gezeigt. Außerdem folgern wir

$$x_n \rightharpoonup x \Longrightarrow Tx_n \rightharpoonup Tx , \tag{$*$}$$

denn für alle $z \in H$ haben wir

$$\langle z \mid T(x_n - x)\rangle = \langle T^*z \mid x_n - x\rangle \longrightarrow 0 .$$

Dass sogar $Tx_n \longrightarrow Tx$ gelten muss, zeigen wir durch Widerspruch. Wäre dies für eine gewisse Folge $x_n \rightharpoonup x$ nicht der Fall, so gäbe es $\varepsilon > 0$ und eine Teilfolge (x_{n_j}) mit

$$\|Tx_{n_j} - Tx\| \geq \varepsilon \quad \forall\, j .$$

Nach Theorem 9.12c. ist (x_n) beschränkt, also enthält (Tx_{n_j}) eine stark konvergente Teilfolge, etwa

$$Tx_{n_{j_\nu}} \longrightarrow y \quad \text{für } \nu \to \infty .$$

Dann ist $\|Tx - y\| \geq \varepsilon$, insbesondere $y \neq Tx$. Wegen 9.12a. ist y auch der schwache Limes der Folge $(Tx_{n_{j_\nu}})$, und wegen $(*)$ ist dieser schwache Limes gleich Tx im Widerspruch zur Eindeutigkeit des schwachen Limes.

Die Implikation (ii) $\Longrightarrow$ (i) folgt unmittelbar aus Theorem 9.12d. □

Unterwirft man kompakte Operatoren einer der gängigen Prozeduren zur Gewinnung neuer Operatoren, so entstehen i. A. wieder kompakte Operatoren. Genauer:

Theorem 9.14.

a. *Linearkombinationen von kompakten Operatoren sind kompakt.*
b. *Sind $T_n : H \longrightarrow H$ kompakt und gilt $T_n \longrightarrow T$ in $\mathcal{B}(H)$, so ist T kompakt.*
c. *Ist T kompakt, S beschränkt, so sind TS und ST kompakt.*
d. *Mit T ist auch T^* kompakt.*

Beweis.

a. Ist eine leichte Übung.
b. Wir weisen Bedingung (ii) für T nach. Sei also $x_m \rightharpoonup x$ in H. Nach Definition der Operatornorm bedeutet die Konvergenz $T_n \to T$ die gleichmäßige Konvergenz auf beschränkten Teilmengen von H, insbesondere auf der beschränkten Menge $\{x_m \mid m \in \mathbb{N}\}$. Daher darf man die Grenzprozesse vertauschen und erhält

$$\lim_{m\to\infty} Tx_m = \lim_{m\to\infty}\lim_{n\to\infty} T_n x_m = \lim_{n\to\infty}\lim_{m\to\infty} T_n x_m = \lim_{n\to\infty} T_n x = Tx ,$$

wie gewünscht.
c. Ist T kompakt, S beschränkt und ist $(x_n) \subseteq H$ eine beschränkte Folge, so ist (Sx_n) eine beschränkte Folge nach Satz 8.3a. Daher enthält $(T(S(x_n))$ eine stark konvergente Teilfolge. Also ist TS kompakt.
Andererseits hat auch Tx_n eine konvergente Teilfolge, etwa $Tx_{n_j} \to y$ für $j \to \infty$. Daraus folgt $S(Tx_{n_j}) \longrightarrow Sy$, weil S stetig ist. Also ist ST kompakt.
d. Wird am Schluss dieses Abschnitts bewiesen.

□

Die genauere Untersuchung der kompakten Operatoren und ihrer spektralen Eigenschaften werden wir auf den folgenden interessanten Approximationssatz gründen:

Satz 9.15.

a. *Jeder beschränkte lineare Operator $T : H \longrightarrow H$ von endlichem Rang, d. h. mit* dim $R(T) < \infty$, *ist kompakt.*
b. *Zu jedem kompakten Operator $T : H \longrightarrow H$ existiert eine Folge (T_n) von beschränkten Operatoren von endlichem Rang, so dass*

$$\lim_{n\longrightarrow\infty} \|T - T_n\| = 0 .$$

Beweis.

a. Ist dim $R(T) < \infty$, so sind abgeschlossene beschränkte Mengen $M \subseteq R(T)$ kompakt (Satz 7.11b.), was nach Satz 9.13a. die erste Behauptung liefert.

b. Beweisen wir nur für separable HILBERTräume (andere kommen in den physikalischen Anwendungen auch kaum vor). Sei also $\{e_1, e_2, \ldots\}$ eine abzählbare Orthonormalbasis von H (Satz 7.5), und sei $T : H \longrightarrow H$ kompakt. Wir betrachten die orthogonalen Projektoren

$$P_m x := \sum_{k=1}^{m} \langle e_k \mid x \rangle e_k \ .$$

Da jedes $x \in H$ die Summe seiner FOURIERreihe ist, haben wir

$$P_m x \longrightarrow x \quad \text{für alle } x \in H. \tag{9.16}$$

Setzen wir

$$T_m \ := \ T \, P_m \ , \tag{9.17}$$

so gilt

$$T_m x \ = \ \sum_{k=1}^{m} \langle e_k \mid x \rangle \, T e_k \quad \text{für alle } x \in H,$$

d. h. T_m ist von endlichem Rang. Nach Definition der Operatornorm gibt es nun zu jedem $m \in \mathbb{N}$ ein $x_m \in H$ mit $\|x_m\| = 1$ und

$$\|(T - T_m)x_m\| \ \geq \ \frac{1}{2} \, \|T - T_m\| \ . \tag{9.18}$$

Wegen (9.16) gilt dann für jedes $y \in H$

$$\langle (I - P_m)x_m \mid y \rangle \ = \ \langle x_m \mid (I - P_m)y \rangle \longrightarrow 0 \ ,$$

also

$$(I - P_m)x_m \rightharpoonup 0 \ .$$

Da T kompakt ist, folgt hieraus

$$(T - T_m)x_m \ = \ T(I - P_m)x_m \longrightarrow 0 \ .$$

Dies liefert mit (9.18)

$$\|T - T_m\| \ \longrightarrow 0 \ .$$

□

Beweis: von 9.14d.:
Sei $K \in \mathcal{B}(H)$ ein Operator von endlichem Rang. Die Einschränkung $K|_{N(K)^\perp}$ ist ein Isomorphismus $N(K)^\perp \longrightarrow R(K)$, also folgt

$$\dim R(K^*) \leq \dim \overline{R(K^*)} = \dim N(K)^\perp = \dim R(K) \ < \infty \ .$$

Somit ist K^* ebenfalls von endlichem Rang.

Nun sei T kompakt. Nach Satz 9.15b. ist $T = \lim_{m\to\infty} T_m$ mit Operatoren T_m von endlichem Rang. Wegen $\|(T - T_m)^*\| = \|T - T_m\|$ ist dann auch $T^* = \lim_{m\to\infty} T_m^*$. Kompaktheit von T^* folgt nun aus Theorem 9.14b., Satz 9.15a. und der gerade bewiesenen Tatsache, dass die T_m^* ebenfalls von endlichem Rang sind.

□

D Spektrum kompakter Operatoren

Das Spektrum kompakter Operatoren ist ähnlich dem Spektrum von linearen Abbildungen in endlich-dimensionalen Räumen, wie wir jetzt sehen werden. Zunächst benötigen wir jedoch einige technische Vorbereitungen:

Lemma 9.16. *Für jeden kompakten Operator $T : H \longrightarrow H$ gilt:*

a. *Ist H unendlich-dimensional, so ist T nicht stetig invertierbar.*
b. *Die Einschränkung des Operators $S := I - T$ auf den abgeschlossenen Unterraum $\mathcal{U} := N(S)^\perp$ ist immer stetig invertierbar.*
c. *Der Wertebereich $R(I - T)$ ist abgeschlossen in H.*

Beweis.

a. In einem unendlich-dimensionalen HILBERTraum gibt es nach dem SCHMIDTschen Orthogonalisierungsverfahren immer ein abzählbares Orthonormalsystem $(e_n)_{n\geq 1}$, und, wie wir im Beweis von Theorem 9.12a. gesehen haben, konvergiert solch eine Folge schwach gegen Null. Da T kompakt ist, konvergiert (Te_n) stark gegen Null. Wäre nun T stetig invertierbar, so hätten wir
$$e_n = T^{-1}Te_n \longrightarrow 0$$
im Widerspruch zu $\|e_n\| = 1$.
b. Angenommen, die Einschränkung $S|_\mathcal{U}$ ist nicht stetig invertierbar. Dann ist die Bedingung aus Satz 8.9 verletzt, und daher gibt es eine Folge $(x_n) \subseteq \mathcal{U}$, für die $\|x_n\| = 1$, aber
$$\|Sx_n\| = \|x_n - Tx_n\| \longrightarrow 0$$
gilt. Nach Übergang zu einer Teilfolge können wir annehmen, dass der Grenzwert $z := \lim\limits_{n\to\infty} Tx_n$ existiert. Dann folgt
$$x_n = Sx_n + Tx_n \longrightarrow z \quad \text{für } n \to \infty$$
und daher
$$Tz = T\left(\lim_{n\to\infty} x_n\right) = \lim_{n\to\infty} Tx_n = z\ .$$
Also ist $Sz = z - Tz = 0$, d. h. $z \in N(S)$. Wegen $x_n \in \mathcal{U}$ ist aber auch $z \in \overline{\mathcal{U}} = \mathcal{U} = N(S)^\perp$, und folglich muss $z = 0$ sein. Wegen $\|x_n\| = 1$ hat z aber die Norm 1, ein Widerspruch.

c. $R(S)$ ist auch der Wertebereich der Einschränkung $S|_{\mathcal{U}}$. Da diese stetig invertierbar ist und $\mathcal{U}$ vollständig ist, folgert man leicht die Vollständigkeit von $R(S)$. Folglich ist $R(S)$ auch abgeschlossen.

□

Nun kommen wir zu dem angekündigten Hauptresultat über das Spektrum von kompakten Operatoren. Wir erinnern daran, dass man eine Punktmenge *diskret* nennt, wenn jeder ihrer Punkte *isoliert* ist, also eine Umgebung besitzt, die keinen weiteren Punkt der Menge enthält (vgl. etwa [36], Kap. 13).

Theorem 9.17 (Riesz-Schauder). *Für jeden kompakten Operator $T : H \longrightarrow H$ gilt:*

a. Das Spektrum $\sigma(T)$ ist eine diskrete Punktmenge mit einzig möglichem Häufungspunkt $\lambda = 0$.
b. Jedes $\lambda \in \sigma(T)$, $\lambda \neq 0$, ist ein Eigenwert endlicher Vielfachheit.

Beweis.

a. Anstelle der Eigenwerte λ von T ist es praktisch, die sogenannten *singulären Werte* μ von T mit

$$\mu T x = x \quad \text{für ein } x \neq 0 \tag{9.19}$$

zu betrachten und zu zeigen, dass diese in $\mathbb{C}$ eine Punktmenge ohne Häufungspunkte bilden. Ist nämlich μ kein singulärer Wert von T, so ist $\mu T - I = -(I - \mu T)$ injektiv, also stetig invertierbar nach Lemma 9.16b., und daher ist

$$(T - \mu^{-1} I)^{-1} = \mu(\mu^{T-I})^{-1}$$

ein beschränkter, auf H definierter Operator, d. h. es ist $\mu^{-1} \in \rho(T)$. Um die Behauptung über die singulären Werte zu beweisen, betrachten wir für beliebiges $\mu_0 \in \mathbb{C}$ die Kreisscheibe

$$D : \quad |\mu - \mu_0| < R := \frac{1}{2\|T\|} \tag{9.20}$$

und zeigen, dass für $0 < \delta < R$ die Scheibe

$$D_0 : \quad |\mu - \mu_0| \leq R - \delta$$

nur endlich viele singuläre Werte von T enthält. Dies beweisen wir, indem wir T gemäß Satz 9.15 durch Operatoren von endlichem Rang approximieren. Es existiert also ein Operator $Q : H \longrightarrow H$,

$$Qx = \sum_{i=1}^{N} \langle z_i \mid x \rangle \, y_i \tag{9.21}$$

von endlichem Rang mit

$$\|\mu_0 T - Q\| < \frac{1}{2} \, .$$

(Die Darstellung (9.21) von Q erhält man, indem man $\{y_1, \ldots, y_N\}$ als Basis von $R(Q)$ wählt und dann die Linearform φ_i, die jedem $x \in H$ die i-te Komponente in der Entwicklung des Vektors Qx nach dieser Basis zuordnet, gemäß Theorem 8.16 durch einen Vektor $z_i \in H$ darstellt ($i = 1, \ldots, N$).) Wegen (9.20) folgt:

$$\|\mu T - Q\| \leq |\mu - \mu_0| \, \|T\| + \|\mu_0 T - Q\| < 1 , \tag{9.22}$$

falls $\mu \in D$. Nach Theorem 8.11 existiert dann der Operator

$$(I - (\mu T - Q))^{-1} = (I - \mu T + Q)^{-1}$$

und ist beschränkt. Daher ist der Operator

$$K_\mu := Q(I - \mu T + Q)^{-1} \tag{9.23}$$

ebenfalls beschränkt und von endlichem Rang, und er hat die Form

$$K_\mu x = \sum_{i=1}^{N} \langle z_i(\mu) \mid x \rangle \, y_i , \tag{9.24}$$

wenn man

$$z_i(\mu) := \left[(I - \mu T + Q)^{-1} \right]^* z_i \tag{9.25}$$

setzt. Ferner gilt, wie man einfach nachrechnet

$$I - \mu T = (I - K_\mu)(I - \mu T + Q) . \tag{9.26}$$

Diese Gleichung liefert nun die folgenden Aussagen:

(i) $(I - \mu T)^{-1}$ existiert für ein $\mu \in D$ genau dann, wenn $(I - K_\mu)^{-1}$ existiert.

(ii) Die Gleichung $\mu T x = x$ ist genau dann nicht trivial lösbar, wenn

$$K_\mu x = x \tag{9.27}$$

nicht trivial lösbar ist.

Es genügt daher zu zeigen, dass die Menge

$$M = \{\mu \in D \mid N(I - K_\mu) \neq \{0\}\}$$

eine diskrete Punktmenge ist.
Nach (9.24) ist

$$R(K_\mu) = \mathrm{LH}(y_1, \ldots, y_N) .$$

Daher hat jedes $x \in R(K_\mu)$ die Form

$$x = \sum_{j=1}^{N} \beta_j y_j .$$

Setzen wir dies in (9.24) ein, so ergibt sich aus (9.27) das homogene lineare Gleichungssystem

$$\beta_j = \sum_{i=1}^{N} \langle z_j(\mu) \mid y_i \rangle \, \beta_i \,, \tag{9.28}$$

welches genau dann eine nicht triviale Lösung hat, wenn

$$d(\mu) := \det(\delta_{ji} - \langle z_j(\mu) \mid y_i \rangle) = 0 \tag{9.29}$$

ist. Aber nach (9.25) sind die $\langle z_j(\mu) \mid y_i \rangle = \langle y_j \mid (I - \mu T + Q)^{-1} y_i \rangle$ *analytische* Funktionen von $\mu \in D$, denn wenn $|\zeta - \mu|$ klein genug ist, so kann man $(I - \zeta T + Q)^{-1}$ in eine Reihe der Form (9.2) entwickeln (und zwar mit $L := I - \mu T + Q$, $S = (\mu - \zeta) I$), und diese Reihe ist eine Potenzreihe in $(\zeta - \mu)$. Damit ist auch $D(\mu)$ analytisch in D, und für $0 < \delta < R$ hat sie daher in der Scheibe $|\mu - \mu_0| \leq R - \delta$ nur endlich viele Nullstellen, wie aus der komplexen Funktionentheorie bekannt ist (vgl. z. B. [36], Kap. 17). Das aber beweist unsere Behauptung über die singulären Werte.

b. Folgt sofort aus Lemma 9.16a., denn die Einschränkung von T auf den Eigenraum $N(T - \lambda I)$ ist ein kompakter Operator im HILBERTraum $N(T - \lambda I)$, der mit λI übereinstimmt. Im Falle $\lambda \neq 0$ ist dieser kompakte Operator stetig invertierbar, und daher muss $N(T - \lambda I)$ endliche Dimension haben, d. h. der Eigenwert λ hat endliche Vielfachheit.
Ein direkterer Beweis ergibt sich aus der Konstruktion, die zum Beweis von Teil a. verwendet wurde: Wir haben dort gesehen, dass die Transformation

$$y = (I - \mu T + Q)x \tag{9.30}$$

die Lösungen der Gleichung $x = \mu T x$ bijektiv in die Lösungen der Gleichung $y = K_\mu y$ überführt, also einen Isomorphismus zwischen den Räumen $N(T - \mu^{-1} I)$ und $N(I - K_\mu)$ vermittelt. Aber $N(I - K_\mu) \subseteq R(K_\mu)$, und da die K_μ endlichen Rang haben, folgt

$$\dim N(T - \mu^{-1} I) = \dim N(I - K_\mu) \leq \dim R(K_\mu) < \infty \,.$$

□

Wir schließen noch eine Bemerkung über den möglichen Häufungspunkt $\lambda = 0$ des Spektrums eines kompakten Operators an:

Satz 9.18. *Für jeden kompakten Operator $T : H \longrightarrow H$ in einem unendlichdimensionalen* HILBERT*raum ist* $0 \in \sigma(T)$.

Das ist einfach eine Neuformulierung von Lemma 9.16a. Dabei ist aber jeder der Fälle

$$0 \in \sigma_P(T) \quad \text{oder} \quad 0 \in \sigma_C(T) \quad \text{oder} \quad 0 \in \sigma_R(T)$$

möglich. Entsprechende Beispiele finden sich in den Übungen.

Für kompakte *selbstadjungierte* Operatoren tritt eine besonders einfache Situation ein, die gleichzeitig von besonderer Wichtigkeit für die Anwendungen ist:

Theorem 9.19 (HILBERT-SCHMIDT). *Sei $T : H \longrightarrow H$ ein kompakter selbstadjungierter Operator,* $\dim R(T) = \infty$. *Dann gibt es eine unendliche Folge von Eigenwerten*

$$\lambda_n \in \mathbb{R} \quad mit \quad |\lambda_n| \longrightarrow 0$$

und eine Orthonormalbasis von zugehörigen Eigenvektoren $\{e_n\}$ von $R(T)$, so dass

$$T e_n = \lambda_n e_n$$

und

$$Tx = \sum_{n=1}^{\infty} \lambda_n \langle e_n \mid x \rangle e_n , \tag{9.31}$$

wobei jeder Eigenwert $\lambda \in \mathbb{R}$ nur endlich oft in der Folge (λ_n) vorkommt. (Die Anzahl der n, für die $\lambda_n = \lambda$ ist, ist gerade die Vielfachheit des Eigenwerts λ.)

Beweis. Nach Theorem 9.17 sind alle Spektralwerte $\lambda \neq 0$ von T Eigenwerte endlicher Vielfachheit, und sie haben nur den Häufungspunkt 0. Da T HERMITEsch ist, sind die Eigenwerte von T nach Satz 9.10a. reell. Da sie eine diskrete Menge bilden, kann man sie nach absteigendem Betrag in eine Folge (λ_n) anordnen, wobei jeder Eigenwert so oft wiederholt wird, wie seine endliche Vielfachheit angibt. Diese Folge konvergiert gegen Null, da anderenfalls weitere Häufungspunkte vorhanden wären. In jedem der Eigenräume $N(T - \lambda I)$, $\lambda \in \sigma(T)$, $\lambda \neq 0$ wählen wir mit Hilfe des SCHMIDTschen Orthogonalisierungsverfahrens eine Orthonormalbasis. Insgesamt erhalten wir dann ein Orthonormalsystem (e_n) mit $Te_n = \lambda_n e_n$ für alle n. Um zu zeigen, dass dieses eine Orthonormalbasis für $R(T)$ ist, betrachten wir

$$L := \overline{\mathrm{LH}\,(e_1, e_2, \ldots)} .$$

Wegen $Te_n \in L$ und $T^* = T$ gilt

$$T(L) \subseteq L \quad \text{und} \quad T(L^\perp) \subseteq L^\perp .$$

Daher ist die Einschränkung

$$T_0 := T\Big|_{L^\perp} : L^\perp \longrightarrow L^\perp$$

ebenfalls ein kompakter selbstadjungierter Operator im HILBERTraum $L^\perp$. Wäre $\|T_0\| > 0$, so wäre $\lambda = \|T_0\|$ oder $\lambda = -\|T_0\|$ ein Spektralwert und damit ein Eigenwert von T_0 (Theoreme 9.10c., d. und 9.17a.). Jeder Eigenvektor x von T_0 zu einem Eigenwert $\lambda \neq 0$ wäre auch ein Eigenvektor von T und würde daher in L liegen. Daher ist T_0 der Nulloperator und folglich

$$L^\perp = N(T)$$

und damit

$$L = N(T)^\perp = \overline{R(T)} .$$

Die Gleichung (9.19) folgt dann sofort. □

In den Anwendungen muss man häufig inhomogene Gleichungen der Form

$$x - \mu T x = y$$

untersuchen und fragt, für welche $y \in H$ solche Gleichungen (eindeutig) lösbar sind. Das bedeutet die Untersuchung der Räume $R(I - \mu T)$ und $N(I - \mu T)$. Für kompaktes T liefert Satz 8.21 zusammen mit Lemma 9.16c. die Aussagen

$$R(I - \mu T) = N(I - \bar{\mu} T^*)^\perp, \quad R(I - \bar{\mu} T^*) = N(I - \mu T)^\perp. \tag{9.32}$$

Ist μ kein singulärer Wert von T, also $S = I - \mu T$ stetig invertierbar, so ist auch $S^* = I - \bar{\mu} T^*$ stetig invertierbar, wobei $(S^*)^{-1} = (S^{-1})^*$ (Aufgabe 8.15a.). Allgemein kann man sogar beweisen, dass

$$\dim N(I - \mu T) = \dim N(I - \bar{\mu} T^*). \tag{9.33}$$

Je nachdem, ob μ ein singulärer Wert von T ist oder nicht, erhält man also zwei Fälle. In der Sprache der Gleichungen ausgedrückt, lautet das Ergebnis:

Satz 9.20. *Sei $T : H \longrightarrow H$ ein kompakter Operator. Gegeben seien die linearen Gleichungen:*

$$(I) \quad x - \mu T x = y, \quad (H) \quad x - \mu T x = 0$$

und die zugehörigen adjungierten Gleichungen

$$(I^*) \quad u - \overline{\mu} T^* u = v, \quad (H^*) \quad u - \overline{\mu} T^* u = 0$$

Dann gilt die FREDHOLMsche Alternative

a. *Entweder ist die inhomogene Gleichung (I) für jedes $y \in H$ eindeutig lösbar. Dann ist auch (I*) für jedes $v \in H$ eindeutig lösbar und die beiden homogenen Gleichungen (H) und (H*) haben nur die triviale Lösung.*
b. *Oder die homogenen Gleichungen haben die gleiche endliche Anzahl von linear unabhängigen Lösungen*

$$x_1, \ldots, x_N \text{ von } (H),$$
$$u_1, \ldots, u_N \text{ von } (H^*).$$

In diesem Fall ist (I) nur für solche $y \in H$ lösbar, für die

$$\langle u_j \mid y \rangle = 0, \quad j = 1, \ldots, N$$

d. h. für

$$y \in N(I - \overline{\mu} T^*)^\perp = R(I - \mu T)$$

und (I) ist nur für solche $v \in H$ lösbar, für die*

$$\langle x_j \mid v \rangle = 0, \quad j = 1, \ldots, N$$

d. h. für

$$v \in N(I - \mu T)^{\perp} = R(I - \overline{\mu} T^*) .$$

Anmerkung 9.21. Die Beziehung (9.33) ist wegen (9.32) äquivalent zu

$$\dim N(S) = \dim R(S)^{\perp} \tag{9.34}$$

für $S := I - \mu T$. Allgemein wird $S \in \mathcal{B}(H)$ als FREDHOLM-*Operator* bezeichnet, wenn $N(S)$ und $R(S)^{\perp}$ endliche Dimension haben, und dann heißt die Zahl

$$\operatorname{ind} S := \dim N(S) - \dim R(S)^{\perp}$$

der *Index* von S. Diese Größe hat äußerst interessante Eigenschaften und kann für konkrete Operatoren S häufig geometrisch interpretiert werden („Indexsätze"). Gleichung (9.34) besagt also, dass $S = I - \mu T$ für kompaktes T ein FREDHOLM-Operator vom Index Null ist.

Um (9.34) – und damit auch (9.33) – zu beweisen, führen wir die Transformation (9.30) durch und beachten, dass wegen (9.26) und der Invertierbarkeit von $I - \mu T + Q$

$$R(I - \mu T) = R(I - K_{\mu}) \quad \text{und} \quad \dim N(I - \mu T) = \dim N(I - K_{\mu})$$

ist. Daher genügt es, (9.34) für $S = I - K$ zu beweisen, wo $K \in \mathcal{B}(H)$ ein Operator von endlichem Rang ist. Dazu betrachten wir den Unterraum

$$\mathcal{U} := R(K) + N(K)^{\perp} \equiv \{v + w \mid v \in R(K),\ w \in N(K)^{\perp}\} .$$

Die Einschränkung von K auf $N(K)^{\perp}$ ist ein Isomorphismus $N(K)^{\perp} \longrightarrow R(K)$, also ist auch $\dim N(K)^{\perp} < \infty$. Damit hat $\mathcal{U}$ endliche Dimension, etwa $\dim \mathcal{U} = m$. Wegen $R(K) \subseteq \mathcal{U}$ ist $S(\mathcal{U}) \subseteq \mathcal{U}$, also können wir die Einschränkung $S_0 := S\big|_{\mathcal{U}}$ als Operator im endlich-dimensionalen HILBERTraum $\mathcal{U}$ betrachten. Nach der Dimensionsformel aus der linearen Algebra (vgl. etwa [36], Kap. 7) ist

$$\dim N(S_0) = m - \dim R(S_0) ,$$

und das ist auch die Dimension von $R(S_0)^{\perp} \cap \mathcal{U}$, dem orthogonalen Komplement von $R(S_0)$ im HILBERTraum $\mathcal{U}$. Aber $x - Kx = 0 \Longrightarrow x = Kx \in R(K)$, d. h. wir haben $N(S) \subseteq R(K) \subseteq \mathcal{U}$ und damit $N(S) = N(S_0)$. Ferner sieht man, dass $Kx = 0 \Longrightarrow Sx = x \Longrightarrow x \in R(S)$, also $N(K) \subseteq R(S)$ und damit $R(S)^{\perp} \subseteq N(K)^{\perp} \subseteq \mathcal{U}$. Es folgt $R(S_0)^{\perp} \cap \mathcal{U} = R(S)^{\perp}$, also schließlich

$$\dim N(S) = m - \dim R(S_0) = \dim R(S)^{\perp} ,$$

wie behauptet. □

E FREDHOLMsche Integralgleichungen

Wir wollen nun unsere Ergebnisse über lineare Operatoren auf spezielle Typen von *Integralgleichungen* anwenden. Dies dient einmal zur Illustration der abstrakten Theorie, doch spielen die Ergebnisse, die wir jetzt herleiten werden, auch eine bedeutende Rolle in der klassischen theoretischen Physik bei der mathematischen Behandlung von Schwingungs- und Ausbreitungsvorgängen.

Definitionen 9.22. Sei $\Omega \subseteq \mathbb{R}^n$ ein Gebiet, sei

$$k = k(x, y) \; : \; \Omega \times \Omega \longrightarrow \mathbb{C}$$

eine summierbare (= integrierbare) Funktion und sei

$$k^*(x, y) \; := \; \overline{k(y, x)} \; . \tag{9.35}$$

a. Dann heißt eine Gleichung

$$\varphi(x) = \lambda \int_{\Omega} k(x, y)\varphi(y) \, \mathrm{d}y + f(x) \tag{9.36}$$

eine FREDHOLM*sche Integralgleichung 2. Art* mit dem *Kern* $k(x, y)$, und zwar *inhomogen*, falls $f \neq 0$, *homogen*, falls $f = 0$ ist. Dabei sind k und f gegebene Daten, φ ist gesucht, und $\lambda \in \mathbb{C}$ ist ein Parameter.

b. Die Gleichung

$$\psi(x) = \overline{\lambda} \int_{\Omega} k^*(x, y)\psi(y) \, \mathrm{d}y + g(x) \tag{9.37}$$

heißt die zu (9.36) *adjungierte Integralgleichung*.

c. Ist $k(x, y)$ auf $\overline{\Omega} \times \overline{\Omega}$ stetig, so heißen (9.36) und (9.37) *Integralgleichungen mit stetigem Kern*.

Bei der Behandlung von Integralgleichungen oder anderen konkreten Funktionalgleichungen ist meist nicht unmittelbar klar, in welchem Funktionenraum die Gleichung betrachtet werden soll. Die Wahl eines geeigneten Funktionenraums wird von der Fragestellung und von der Natur der gegebenen Daten beeinflusst, und oft ist sie ein entscheidender Faktor für den Erfolg der Theorie. Hier betrachten wir als Beispiele nur die beiden Räume $E = C^0(\overline{\Omega})$ und $H = L^2(\Omega)$ (vgl. 7.6).

Die folgenden Tatsachen können leicht als Übung bewiesen werden.

Satz 9.23. *Sei $\Omega \subseteq \mathbb{R}^n$ ein beschränktes Gebiet und $|\Omega|$ sein Volumen (=* LEBESGUE*sches Maß). Sei $k : \overline{\Omega} \times \overline{\Omega} \longrightarrow \mathbb{C}$ ein stetiger Kern und*

$$M \; = \; \max_{x,y \in \overline{\Omega}} |k(x, y)| \; . \tag{9.38}$$

Definiert man den Integraloperator *K durch*

$$(Kf)(x) \; := \; \int_{\Omega} k(x, y) f(y) \, \mathrm{d}y \; , \tag{9.39}$$

so gilt

a. *K ist genau dann der Nulloperator in $L^2(\Omega)$ bzw. $C^0(\overline{\Omega})$, wenn*

$$k(x, y) \equiv 0 \quad in\ \Omega \times \Omega.$$

b. *$K : L^2(\Omega) \longrightarrow C^0(\overline{\Omega})$ ist ein stetiger linearer Operator mit*

$$\|Kf\|_\infty \leq M|\Omega|^{1/2}\|f\|_2, \quad f \in L^2(\Omega). \tag{9.40}$$

c. *$K : C^0(\overline{\Omega}) \longrightarrow C^0(\overline{\Omega})$ ist ein stetiger linearer Operator mit*

$$\|Kf\|_\infty \leq M|\Omega|\ \|f\|_\infty, \quad f \in C^0(\overline{\Omega}). \tag{9.41}$$

d. *$K : L^2(\Omega) \longrightarrow L^2(\Omega)$ ist ein stetiger linearer Operator mit*

$$\|Kf\|_2 \leq M|\Omega|\ \|f\|_2, \quad f \in L^2(\Omega). \tag{9.42}$$

Wir untersuchen nun zunächst die inhomogene Integralgleichung (9.36) im BANACH-Raum $C^0(\overline{\Omega})$ und fragen, für welche $f \in C^0(\overline{\Omega})$ Gl. (9.36) eindeutig lösbar ist. Mit (9.39) schreibt sich (9.36) als Operatorgleichung in der Form

$$\varphi = \lambda K\varphi + f$$

oder, äquivalent umgeformt,

$$(I - \lambda K)\varphi = f, \tag{9.43}$$

so dass die eindeutige Lösbarkeit in $C^0(\overline{\Omega})$ gesichert ist, wenn $(I - \lambda K)^{-1}$ als beschränkter Operator in $C^0(\overline{\Omega})$ existiert. Nach Satz 8.11 ist dies der Fall, wenn

$$\|\lambda K\| < 1 \tag{9.44}$$

ist, weil wir dann $(I - \lambda K)^{-1}$ als NEUMANNsche Reihe

$$(I - \lambda K)^{-1} = \sum_{j=0}^{\infty} \lambda^j K^j \tag{9.45}$$

ansetzen können. Bei der in (9.44) auftretenden Norm handelt es sich um die Operatornorm in $\mathcal{B}(C^0(\overline{\Omega}))$. Daher folgt aus (9.41), dass

$$\|K\| \leq M|\Omega| \tag{9.46}$$

ist, so dass wir folgendes Ergebnis bekommen:

Satz 9.24. *Die FREDHOLMsche Integralgleichung*

$$\varphi(x) = \lambda \int_\Omega k(x, y)\varphi(y)\,\mathrm{d}y + f(x) \tag{9.36}$$

mit stetigem Kern $k(x, y)$ hat für jedes $f \in C^0(\overline{\Omega})$ eine eindeutige Lösung $\varphi \in C^0(\overline{\Omega})$, falls

$$|\lambda| < \frac{1}{M|\Omega|} . \tag{9.47}$$

Diese Lösung kann durch die in $\overline{\Omega}$ gleichmäßig konvergente NEUMANN*sche Reihe*

$$\varphi(x) = \sum_{j=0}^{\infty} \lambda^j (K^j f)(x) \tag{9.48}$$

dargestellt werden und erfüllt die Abschätzung

$$\|\varphi\|_\infty \leq \frac{\|f\|_\infty}{1 - M|\lambda| \cdot |\Omega|} . \tag{9.49}$$

Für praktische Zwecke ist es nützlich zu wissen, wie sich die Operatorpotenzen K^j in (9.48) konkret berechnen. Dazu benötigen wir folgenden Hilfssatz:

Lemma 9.25. *Sind K_i Integraloperatoren mit stetigen Kernen*

$$k_i(x, y), \quad i = 1, 2 , \tag{9.50}$$

so ist auch $K_3 := K_2 K_1$ ein Integraloperator, und zwar mit dem stetigen Kern

$$k_3(x, y) = \int_\Omega k_2(x, u)\, k_1(u, y)\, \mathrm{d}u . \tag{9.51}$$

Beweis. Für $f \in C^0(\overline{\Omega})$ ist

$$\begin{aligned} (K_3 f)(x) &= (K_2(K_1 f))(x) \\ &= \int_\Omega k_2(x, u) \int_\Omega k_1(u, y) f(y)\, \mathrm{d}y\, \mathrm{d}u \\ &= \int_\Omega \left\{ \int_\Omega k_2(x, u)\, k_1(u, y)\, \mathrm{d}u \right\} f(y)\, \mathrm{d}y \end{aligned}$$

nach dem Satz von FUBINI. Aus (9.51) ersieht man, dass $k_3(x, y)$ ein stetiger Kern ist, durch den der Operator K_3 gegeben ist. □

Wendet man dieses Ergebnis auf die Reihe (9.48) an, so bekommt man:

Satz 9.26. *Sei K ein Integraloperator mit stetigem Kern $k(x, y)$. Dann gilt:*

a. Die Operatorpotenzen K^p sind Integraloperatoren mit den iterierten Kernen

$$\begin{aligned} k_p(x, y) &= \int_\Omega k(x, u)\, k_{p-1}(u, y)\, \mathrm{d}u \\ &= \int_\Omega k_{p-1}(x, u)\, k(u, y)\, \mathrm{d}u . \end{aligned} \tag{9.52}$$

b. Ist $M|\lambda|\,|\Omega| < 1$*, so existiert der* Resolventenkern

$$\mathcal{R}(x, y; \lambda) := \sum_{j=0}^{\infty} \lambda^j k_{j+1}(x, y) . \tag{9.53}$$

als gleichmäßig konvergente Reihe.

c. Ist $M|\lambda|\,|\Omega| < 1$*, so ist die Lösung* φ *der Integralgleichung (9.36) gegeben durch*

$$\varphi(x) = f(x) + \lambda \int_{\Omega} \mathcal{R}(x, y; \lambda)\, f(y)\, \mathrm{d}y , \tag{9.54}$$

d. h. es gilt die Operatorgleichung

$$(I - \lambda K)^{-1} = I + \lambda R , \tag{9.55}$$

wobei R *der von* $\mathcal{R}$ *erzeugte Integraloperator ist.*

Bemerkung: Reihen der Form (9.53) treten auch in der Quantenmechanik auf und werden dort als DYSON*reihen* bezeichnet.

Nun wollen wir die etwas tiefer gehenden Untersuchungen aus den Abschnitten C und D auf FREDHOLMsche Integralgleichungen anwenden. Ermöglicht wird dies durch das folgende Resultat:

Satz 9.27. *Das Grundgebiet* $\Omega \subseteq \mathbb{R}^n$ *sei beschränkt. Integraloperatoren mit stetigem Kern können dann in* $C^0(\overline{\Omega})$ *und in* $L^2(\Omega)$ *durch Integraloperatoren von endlichem Rang approximiert werden und sind daher kompakte Operatoren.*

Zum Beweis benötigen wir das

Lemma 9.28. *Sei* $C \subseteq \mathbb{R}^n$ *kompakt und* $k : C \times C \longrightarrow \mathbb{K}$ *stetig. Zu jedem* $\varepsilon > 0$ *gibt es dann ein endliches System* $g_1, \ldots, g_N, h_1, \ldots, h_N$ *von stetigen Funktionen* $g_i, h_j : C \longrightarrow \mathbb{K}$ *so, dass*

$$\sup_{x,y \in C} \left| k(x, y) - \sum_{j=1}^{N} g_j(x) h_j(y) \right| < \varepsilon .$$

Beweis. Wir verwenden den bekannten WEIERSTRASS*schen Approximationssatz*, der besagt, dass jede stetige Funktion auf einer kompakten Teilmenge von $\mathbb{R}^q$ in der Supremumsnorm beliebig genau durch Polynome in q Variablen approximiert werden kann. Dieser Satz wird in vielen Büchern über Analysis zumindest für $q = 1$ und ein kompaktes Intervall bewiesen (vgl. auch [36], Kap. 29), aber er gilt auch in der hier beschriebenen Form. Wir verwenden ihn für $q = 2n$ und die kompakte Menge $C \times C \subseteq \mathbb{R}^{2n}$ und erhalten somit zu $\varepsilon > 0$ ein Polynom

$$P(x, y) = \sum_{|\alpha|,|\beta| \leq m} c_{\alpha\beta} x^{\alpha} y^{\beta}$$

in $2n$ Variablen, für das

$$\sup_{x,y\in C} |k(x,y) - P(x,y)| < \varepsilon$$

gilt. Dann folgt die Behauptung, indem wir z. B. setzen:

$$g_\alpha(x) := x^\alpha\,, \quad h_\alpha(y) := \sum_{|\beta|\le m} c_{\alpha\beta}\, y^\beta\,.$$

Hier ist N die Anzahl der Multiindizes α mit $|\alpha| \le m$, und der Laufindex j zählt einfach alle diese Terme ohne Verwendung von Multiindizes durch. □

Beweis (von Satz 9.27). Sei $k : \overline{\Omega} \times \overline{\Omega} \longrightarrow \mathbb{C}$ ein stetiger Kern. Zu $\varepsilon > 0$ wählen wir dann

$$l(x,y) = \sum_{j=1}^{N} g_j(x) h_j(y)$$

gemäß dem Lemma. Die entsprechenden Integraloperatoren bezeichnen wir wieder mit K bzw. L. Für jede Funktion $\varphi \in L^2(\Omega)$ haben wir dann

$$\begin{aligned}(L\varphi)(x) &= \int_\Omega \sum_{j=1}^{N} g_j(x) h_j(y) \varphi(y)\, \mathrm{d}y \\ &= \sum_{j=1}^{N} g_j(x) \underbrace{\int_\Omega h_j(y)\varphi(y)\, \mathrm{d}y}_{=:a_j}\,,\end{aligned}$$

d. h. $L\varphi = \sum\limits_{j=1}^{N} a_j g_j$ mit Skalaren $a_1, \ldots, a_N$. Dies zeigt, dass der Wertebereich $R(L)$ von den festen Funktionen $g_1, \ldots, g_N$ aufgespannt wird, und somit ist L von endlichem Rang. Schließlich sehen wir mit (9.41), (9.42) aus Satz 9.23, dass

$$\|K - L\| < \varepsilon |\Omega|$$

ist, egal ob wir $C^0(\overline{\Omega})$ oder $L^2(\Omega)$ zu Grunde legen. Insbesondere folgt nun aus Satz 9.15a., dass $K \in \mathcal{B}(H)$ für $H = L^2(\Omega)$ ein kompakter Operator ist. □

Der Satz 9.17 von RIESZ-SCHAUDER lässt sich also auf FREDHOLMsche Integralgleichungen anwenden. Wir betrachten dazu ein beschränktes Gebiet $\Omega \subseteq \mathbb{R}^n$. Hat die homogene Integralgleichung

$$\varphi(x) = \mu \int_\Omega k(x,y)\, \varphi(y)\, \mathrm{d}y \tag{9.56}$$

mit stetigem Kern $k(x,y)$ für ein $\mu \in \mathbb{C}$ eine nicht triviale Lösung $\varphi \in L^2(\Omega)$, so heißt μ ein *singulärer Wert* von $k(x,y)$ und φ eine zugehörige *Eigenfunktion*.

Satz 9.23b. zeigt, dass jede Eigenfunktion φ automatisch zu $C^0(\overline{\Omega})$ gehört. Aus dem Satz von RIESZ-SCHAUDER folgt nun:

Theorem 9.29. *Sei Ω ein beschränktes Gebiet und $k(x, y)$ ein stetiger Kern auf $\overline{\Omega}$. Dann gilt:*

a. *In jedem Kreis $|\mu| < R$ liegen nur endlich viele singuläre Werte von k.*
b. *Die Menge der singulären Werte von k ist abzählbar, hat im Endlichen keine Häufungspunkte und kann gemäß*

$$|\mu_1| \leq |\mu_2| \leq \cdots$$

angeordnet werden.
c. *Die Vielfachheit der singulären Werte ist endlich.*

Es ist klar, dass wir für die Untersuchung der Lösbarkeit von inhomogenen Integralgleichungen

$$\varphi(x) = \mu \int_{\Omega} k(x, y)\,\varphi(y)\,\mathrm{d}y + f(x) \tag{9.36}$$

mit stetigem Kern die FREDHOLMsche Alternative aus Satz 9.20 anwenden können. Dabei ist zu beachten, dass der adjungierte Operator K^* durch den adjungierten Kern

$$k^*(x, y) := \overline{k(y, x)} \tag{9.35}$$

gegeben ist (Aufgabe 8.12b.). Die adjungierte Integralgleichung (9.37) spielt also tatsächlich die Rolle der adjungierten Gleichung in Satz 9.20.

Für den Fall $k = k^*$ ergibt sich:

Satz 9.30. *Ein Integraloperator*

$$(K\varphi)(x) = \int_{\Omega} k(x, y)\,\varphi(y)\,\mathrm{d}y$$

mit stetigem, hermiteschen Kern, *d. h. mit*

$$k(x, y) = k^*(x, y) \equiv \overline{k(y, x)}\,, \tag{9.57}$$

ist ein kompakter selbstadjungierter Operator in $L^2(\Omega)$, wenn Ω beschränkt ist.

Auf solche Operatoren können wir den Satz 9.19 von HILBERT-SCHMIDT anwenden, der historisch zuerst für Integralgleichungen formuliert und bewiesen wurde.

Theorem 9.31 (HILBERT-SCHMIDT). *Sei K ein Integraloperator mit stetigem hermiteschen Kern $k(x, y)$ auf dem beschränkten Gebiet $\Omega \subseteq \mathbb{R}^n$.*

a. *Die singulären Werte von k bilden eine Folge (μ_j) von reellen Zahlen, die so angeordnet werden kann, dass*

$$|\mu_1| \leq |\mu_2| \leq \cdots$$

und

$$\lim_{j\to\infty} |\mu_j| = \infty .$$

Dabei wird jeder singuläre Wert so oft in der Folge wiederholt, wie seine (endliche) Vielfachheit angibt. Dazu gibt es ein Orthonormalsystem (φ_j) *von Eigenfunktionen* $\varphi_j \in C^0(\overline{\Omega})$, *wobei* φ_j *Eigenfunktion zu* μ_j *ist* $(j = 1, 2, \ldots)$.

b. *Wird die Funktion* $f(x)$ quellenmäßig *durch den Kern* $k(x, y)$ *dargestellt, d. h.*

$$f(x) = \int_\Omega k(x, y)h(y)\,\mathrm{d}y \quad \text{für ein } h \in L^2(\Omega) , \tag{9.58}$$

(d. h. $f \in R(K)$*), dann konvergiert die* FOURIER*reihe von* f *bezüglich der Eigenfunktionen* φ_j *des Kerns auf* $\overline{\Omega}$ *nicht nur in der* L^2*-Norm, sondern sogar gleichmäßig gegen* f, *d. h.*

$$f(x) = \sum_{j=1}^{\infty} \langle \varphi_j \mid f \rangle \varphi_j(x) = \sum_{j=1}^{\infty} \frac{\langle \varphi_j \mid h \rangle}{\mu_j} \varphi_j(x) . \tag{9.59}$$

Beim Beweis wendet man außer Satz 9.30 und Theorem 9.19 noch Satz 9.23b. an. Das liefert die Begründung dafür, dass die Eigenfunktionen *stetig* und die Reihe (9.59) *gleichmäßig* konvergent ist.

9.32 Beispiel: Reguläre STURM-LIOUVILLE-Probleme. Wenn Probleme aus Kontinuumsmechanik oder Feldtheorie durch Symmetriebetrachtungen oder Separationsansätze auf einen einzigen Freiheitsgrad reduziert werden können, so führen sie häufig auf sog. *reguläre* STURM-LIOUVILLE-*Probleme*. Das sind spezielle Randwertprobleme für gewöhnliche lineare Differentialgleichungen zweiter Ordnung auf einem kompakten Intervall $I = [a, b]$, und sie haben die Form

$$-(p(x)u')' + q(x)u = \mu r(x)u , \tag{9.60}$$

$$u(a)\cos\theta_a + u'(a)\sin\theta_a = 0 , \quad u(b)\cos\theta_b + u'(b)\sin\theta_b = 0 . \tag{9.61}$$

Dabei sind p, q, r gegebene stetige Funktionen auf I, $\mu \in \mathbb{C}$ ist ein Parameter, und $\theta_a, \theta_b \in [0, 2\pi[$ sind gegebene Winkel. Von den Datenfunktionen p und r wird zusätzlich verlangt, dass $p \in C^1([a, b])$ ist sowie

$$p(x) > 0 \quad \text{und} \quad r(x) > 0 \quad \text{für } a \le x \le b .$$

Gesucht sind Funktionen $u \in C^2([a, b])$, die für geeignete Werte des Parameters μ die Gleichungen (9.60), (9.61) erfüllen. Eine Lösung $u \not\equiv 0$ heißt *Eigenfunktion*, und der entsprechende Parameterwert μ *Eigenwert* des Problems.

Ein gutes Beispiel für das Auftreten von STURM-LIOUVILLE-Problemen ist die *schwingende Saite* mit inhomogener Verteilung von Massendichte und Elastizitätsmodul. Dabei ist $u(x)$ die Amplitude der Schwingung am Punkt $x \in I$. Die Eigenfunktionen beschreiben die Schwingungsformen, die die Saite unter Einhaltung der gegebenen Randbedingungen (9.61) annehmen kann.

Zunächst vermerken wir die folgende wichtige Tatsache:

Behauptung. Es gibt $\gamma \in \mathbb{R}$ so, dass das Intervall $]-\infty, \gamma]$ keine Eigenwerte enthält.

Für den Spezialfall der DIRICHLET*schen Randbedingungen*

$$u(a) = u(b) = 0 \, ,$$

die den Winkeln $\theta_a = \theta_b = 0$ entsprechen, kann man das besonders leicht beweisen: Ist u eine Eigenfunktion zum Eigenwert $\mu \in \mathbb{R}$, so ist $R^2 := \int_a^b r(x) \cdot |u(x)|^2 \, \mathrm{d}x > 0$, und mittels partieller Integration ergibt sich

$$\begin{aligned} \mu R^2 &= \int_a^b (\mu r u)\bar{u} \, \mathrm{d}x = \int_a^b \Big(-(pu')' + qu \Big)\bar{u} \, \mathrm{d}x \\ &= -\int_a^b (pu')'\bar{u} \, \mathrm{d}x + \int_a^b q|u|^2 \, \mathrm{d}x \\ &= \int_a^b pu'\bar{u}' \, \mathrm{d}x + \int_a^b q|u|^2 \, \mathrm{d}x \\ &= \int_a^b p|u'|^2 \, \mathrm{d}x + \int_a^b \frac{q(x)}{r(x)} \cdot r(x)|u(x)|^2 \, \mathrm{d}x \ \geq q_0 R^2 \end{aligned}$$

mit $q_0 := \min\limits_{a \leq x \leq b} q(x)/r(x)$. Mit irgendeinem $\gamma < q_0$ gilt also die Behauptung. □

In Gl. (9.60) kann man nun $q(x)$ durch $q(x) - \gamma$ ersetzen und den neuen Eigenwertparameter $\tilde{\mu} = \mu - \gamma$ betrachten. Dann ist $\tilde{\mu} = 0$ kein Eigenwert. Wir denken uns diese äquivalente Umformung von vornherein vorgenommen und nehmen daher von jetzt ab o. B. d. A. an, dass $\mu = 0$ kein Eigenwert ist.

Um das Problem mit Integralgleichungen in Verbindung zu bringen, betrachten wir die inhomogene Gleichung

$$-(p(x)u')' + q(x)u = f(x) \tag{9.62}$$

mit gegebenem $f \in C^0([a, b])$. Diese ist offenbar äquivalent zu der expliziten Differentialgleichung

$$u'' + \frac{p'(x)}{p(x)} \, u' - \frac{q(x)}{p(x)} \, u = -\frac{f(x)}{p(x)} \tag{9.63}$$

mit der allgemeinen Lösung

$$u(x) = c_1 v_1(x) + c_2 v_2(x) + u_s(x) \, , \tag{9.64}$$

wobei v_1, v_2 ein Fundamentalsystem von Lösungen der zugehörigen homogenen Gleichung bilden und u_s eine spezielle Lösung der inhomogenen Gleichung ist. Solch eine Lösung u_s kann man z. B. mit der Methode der Variation der Konstanten bestimmen. Danach setzt man (9.64) in die Randbedingungen ein und erhält ein lineares Gleichungssystem für die unbekannten Koeffizienten c_1, c_2. Dieses ist eindeutig lösbar, denn anderenfalls hätte die homogene Differentialgleichung eine Lösung $u \not\equiv 0$, die die Randbedingungen erfüllt, und dann wäre $\mu = 0$ ein Eigenwert im Widerspruch zu unserer Annahme. Daher besitzt (9.62) genau eine Lösung, die auch die Randbedingungen erfüllt. Bestimmt man c_1 und c_2 etwa mittels der CRAMERschen Regel, so erhält man nach Einsetzen in (9.64) sogar eine explizite Formel für die Lösung u. Diese hat die Gestalt

$$u(x) = \int_a^b G(x, y) f(y) \, \mathrm{d}y \tag{9.65}$$

mit einer festen stetigen Funktion $G : [a, b] \times [a, b] \to \mathbb{R}$. Man nennt G die GREEN*sche Funktion* des gegebenen STURM-LIOUVILLE-Problems, und der entsprechende FREDHOLMsche Integraloperator heißt der GREEN*sche Operator* $\mathcal{G}$. Man kann ihn als einen *Lösungsoperator* auffassen, denn für jede stetige rechte Seite f ist $u = \mathcal{G} f$ die eindeutige Lösung der Randwertaufgabe (9.62), (9.61).

Als Beispiel betrachten wir noch einmal die DIRICHLETschen Randbedingungen und legen das Fundamentalsystem $\{v_1, v_2\}$ durch die Forderungen

$$\begin{aligned} v_1(a) &= 1 \, , & v_2(a) &= 0 \\ v_1'(a) &= 0 \, , & v_2'(a) &= 1 \end{aligned}$$

fest. Die oben beschriebene Rechenprozedur führt dann (vgl. Aufgabe 9.21) auf die GREENsche Funktion

$$G(x, y) = \frac{1}{p(a)} \begin{cases} v_1(x) v_2(y) & \text{für } a \le x \le y \le b \\ v_2(x) v_1(y) & \text{für } a \le y \le x \le b \, . \end{cases} \tag{9.66}$$

Hier fällt die Symmetrie

$$G(y, x) = G(x, y)$$

auf, und tatsächlich handelt es sich bei der GREENschen Funktion eines STURM-LIOUVILLE-Problems immer um einen HERMITEschen Kern. Das ergibt sich nicht nur rein rechnerisch, sondern hat systematische Gründe, auf die wir allerdings nicht näher eingehen können.

Um nun den Satz von HILBERT-SCHMIDT ins Feld führen zu können, setzen wir $f(x) = \mu r(x) u(x)$ in (9.62). Dies zeigt, dass (9.60), (9.61) äquivalent sind zu der Integralgleichung

$$u(x) = \mu \int_a^b G(x, y) r(y) u(y) \, \mathrm{d}y \, , \quad a \le x \le b \, , \tag{9.67}$$

und mit der Substitution

$$w(x) = \sqrt{r(x)}\,u(x) \tag{9.68}$$

erweist sich diese als äquivalent zu

$$w(x) = \mu \int_a^b k(x, y)\, w(y)\, \mathrm{d}y\,, \quad a \le x \le b\,, \tag{9.69}$$

wobei

$$k(x, y) := \sqrt{r(x)}G(x, y)\sqrt{r(y)} \tag{9.70}$$

gesetzt wurde. Offenbar ist $k(x, y)$ ebenfalls ein stetiger HERMITEscher Kern und erzeugt daher einen kompakten selbstadjungierten FREDHOLMschen Integraloperator K in $L^2([a, b])$. Dabei ist die Gleichung

$$w = \mu K w$$

äquivalent zu dem gegebenen Problem (9.60), (9.61), wenn die Unbekannten u und w durch die Substitution (9.68) verknüpft werden. Die Eigenwerte des STURM-LIOUVILLE-Problems stimmen also mit den singulären Werten von K überein, und $u \in C^0([a, b])$ ist genau dann eine Eigenfunktion von (9.60), (9.61) zum Eigenwert μ, wenn $\varphi = \sqrt{r}\,u$ eine Eigenfunktion von K zum Eigenwert $\lambda = 1/\mu$ ist. Weil k reellwertig ist, gibt es zu jedem Eigenwert auch *reelle* Eigenfunktionen.

Das STURM-LIOUVILLE-Problem hat also nach Theorem 9.31a. nur reelle Eigenwerte, und wir wissen schon, dass diese eine untere Schranke γ besitzen. Außerdem kann man mittels der elementaren Theorie der linearen Differentialgleichungen zweiter Ordnung leicht nachweisen, dass die Eigenwerte sämtlich *einfach* sein müssen (vgl. z. B. [36], Kap. 31). Theorem 9.31 führt daher auf eine Folge

$$\mu_1 < \mu_2 < \mu_3 < \dots$$

von einfachen Eigenwerten, für die $\lim_{m\to\infty} \mu_m = +\infty$ ist, und eine Folge von zugehörigen reellen Eigenfunktionen (u_m), für die die Funktionen $\varphi_m := \sqrt{r}u_m$ eine Orthonormalbasis von $L^2([a, b])$ bilden. Die u_m erfüllen daher die Orthogonalitätsrelationen

$$\int_a^b u_m(x)u_n(x)r(x)\, \mathrm{d}x = \delta_{mn}\,, \tag{9.71}$$

und jedes $\psi \in L^2([a, b])$ hat eine FOURIERentwicklung der Form

$$\psi = \sum_{m=1}^{\infty} \langle \sqrt{r}\, u_m \mid \psi \rangle \sqrt{r}\, u_m\,, \tag{9.72}$$

die in $L^2([a, b])$ gegen ψ konvergiert.

Hier ist es praktisch, in $L^2([a,b])$ das *gewichtete Skalarprodukt*

$$\langle f \mid g\rangle_r := \int_a^b \overline{f(x)} g(x)\, r(x)\, \mathrm{d}x \tag{9.73}$$

einzuführen, das wegen $0 < r_0 \leq r(x) \leq r_1 < \infty$ denselben Konvergenzbegriff definiert wie das übliche Skalarprodukt. Damit schreibt sich (9.71) kurz

$$\langle u_m \mid u_n\rangle_r = \delta_{mn} \,.$$

Wenn man (9.72) für $\sqrt{r}\psi$ statt ψ aufschreibt und anschließend durch $\sqrt{r}$ dividiert, so erhält man die Entwicklung

$$\psi = \sum_{m=1}^{\infty} \langle u_m \mid \psi\rangle_r u_m \,, \tag{9.74}$$

die ebenfalls im quadratischen Mittel gegen ψ konvergiert.

Für eine Funktion $\psi \in C^2([a,b])$, die die Randbedingungen (9.61) erfüllt, erhalten wir $\psi = \mathcal{G} f$ mit

$$f := -(p\psi')' + q\psi \,,$$

und es folgt $\sqrt{r}\psi = K(r^{-1/2} f) \in R(K)$. Nach Theorem 9.31b. hat $\sqrt{r}\psi$ also die gleichmäßig konvergente Entwicklung (9.59), und diese führt nach Division durch $\sqrt{r}$ wieder zu (9.74), jedoch nun sogar mit *gleichmäßiger* Konvergenz.

Bemerkung: Mehr über STURM-LIOUVILLE-Probleme findet man in den meisten einschlägigen Lehrbüchern über gewöhnliche Differentialgleichungen. Dazu zählen auch Beweise für die Fakten, die hier unbewiesen blieben. Auch allgemeinere Randwertprobleme für lineare Differentialgleichungen höherer Ordnung können in FREDHOLMsche Integralgleichungen umgewandelt werden und besitzen daher eine ganz ähnliche Spektraltheorie. Erlaubt man jedoch unbeschränkte Intervalle oder singuläres Verhalten der Datenfunktionen am Rand des Intervalls, so sind die entstehenden Integraloperatoren i. A. nicht mehr kompakt, und es kann *kontinuierliches Spektrum* auftreten. Aber auch diese Fälle sind sehr gut untersucht und gestatten eine äußerst elegante und reichhaltige Theorie, die sog. WEYL-KODAIRA-*Theorie* (vgl. [24]).

Aufgaben zu Kap. 9

9.1. Sei E ein BANACHraum. Für einen beschränkten linearen Operator $T : E \longrightarrow E$ zeige man:

$$\|R_T(\lambda)\| \longrightarrow 0 \quad \text{für } |\lambda| \longrightarrow \infty \text{ in } \mathbb{C}.$$

9.2. Sei E ein BANACHraum. Ein Operator $A \in \mathcal{B}(E)$ wird *quasinilpotent* genannt, wenn

$$\lim_{m\to\infty} \sqrt[m]{\|A^m\|} = 0$$

ist. Man zeige: Ist A quasinilpotent, so ist $\sigma(A) = \{0\}$. (*Hinweis:* Man überlege sich, dass die Reihe (9.7) für alle $\lambda \neq 0$ konvergiert und die Resolvente liefert.)

9.3. Sei E ein BANACHraum und $A \in \mathcal{B}(E)$. Wir verwenden die Begriffe und Bezeichnungen aus den Aufgaben 8.5–8.9. Man zeige: Ist $\operatorname{Re}\lambda > \|A\|$, so ist

$$R_A(\lambda) = -\int_0^\infty \mathrm{e}^{-\lambda t}\,\mathrm{e}^{tA}\,\mathrm{d}t\ .$$

(*Hinweis:* Bezeichnen wir die rechte Seite mit J, so gilt

$$(A-\lambda I)J = I = J(A-\lambda I)\ .$$

Das rechnet man nach, wobei man zur Rechtfertigung der Umformungen Ergebnisse aus den zitierten Aufgaben benutzt.)

9.4. Seien E und A wie in Aufgabe 9.3. Man zeige:

a. Ist $S : E \to E$ ein beschränkter linearer Operator mit beschränkter Inverser S^{-1}, so gilt

$$\sigma(S^{-1}AS) = \sigma(A)\,,\quad \sigma_P(S^{-1}AS) = \sigma_P(A)\,,$$
$$\sigma_C(S^{-1}AS) = \sigma_C(A)\,,\ \sigma_R(S^{-1}AS) = \sigma_R(A)\ .$$

b. Ist U ein abgeschlossener Unterraum von E (also selbst ein BANACHraum) und ist $A(U) \subseteq U$, so gewinnen wir durch Einschränken von A auf U einen linearen Operator $A_0 \in \mathcal{B}(U)$. Für diesen gilt: $\sigma(A_0) \subseteq \sigma(A)$.

9.5. Man zeige: Jede nichtleere kompakte Teilmenge von $\mathbb{C}$ ist das Spektrum eines beschränkten linearen Operators A in einem HILBERTraum (sogar eines normalen Operators in einem separablen HILBERTraum). (*Hinweis:* Ist $K \subseteq \mathbb{C}$ die gegebene Teilmenge, so wähle man $H := L^2(K)$ und A als den Multiplikationsoperator mit der Funktion $\varphi(\lambda) := \lambda,\ \lambda \in K$.)

9.6. Sei $H := L^2(S)$, wo $S \subseteq \mathbb{R}^n$ eine messbare Teilmenge mit positivem LEBESGUE-Maß ist. Sei $\varphi : S \longrightarrow \mathbb{C}$ eine beschränkte messbare Funktion und $M : H \longrightarrow H$ der entsprechende Multiplikationsoperator. Man definiert den *wesentlichen Wertebereich* W von φ als die Menge der $z \in \mathbb{C}$, für die die Urbildmenge $\varphi^{-1}(\{z\})$ positives Maß hat. Man zeige:

a. Wenn φ auf einer Nullmenge abgeändert wird, so ändern sich M und W nicht. Sie hängen also nur von der Äquivalenzklasse $[\varphi] \in L^\infty(S)$ ab.
b. $\sigma(M) = W$.

9.7. Sei H ein komplexer HILBERTraum und $A \in \mathcal{B}(H)$. Man zeige:

a. $\lambda \in \sigma(A) \Longleftrightarrow \bar{\lambda} \in \sigma(A^*)$. (*Hinweis:* Aufgabe 8.15a.)
b. $\lambda \in \sigma_P(A) \Longrightarrow \bar{\lambda} \in \sigma_R(A^*) \cup \sigma_P(A^*)$ und $\lambda \in \sigma_R(A) \Longrightarrow \bar{\lambda} \in \sigma_P(A^*)$. (*Hinweis:* Satz 8.21.)
c. $\lambda \in \sigma_C(A) \Longleftrightarrow \bar{\lambda} \in \sigma_C(A^*)$.
d. Ist A normal, so gilt auch $\lambda \in \sigma_P(A) \Longleftrightarrow \bar{\lambda} \in \sigma_P(A^*)$. (*Hinweis:* Aufgabe 8.14d.)
e. Ist A normal, so ist $\sigma_R(A) = \emptyset$.

9.8. Sei H ein HILBERTraum und $\{0\} \neq U \neq H$ ein abgeschlossener Unterraum, P der orthogonale Projektor auf U. Man zeige: $\sigma(P) = \sigma_P(P) = \{0, 1\}$. Anders gesagt: Das Spektrum von P besteht nur aus den Eigenwerten 0 und 1.

9.9. Sei l^2 der in 7.6f. definierte HILBERTraum der quadratsummierbaren Folgen $x = (\xi_n)$ mit dem Skalarprodukt

$$\langle x \mid y \rangle = \sum_{n=1}^{\infty} \bar{\xi}_n \eta_n \,.$$

In diesem HILBERTraum betrachten wir die Verschiebeoperatoren V_l, V_r aus Aufgabe 8.13. Man zeige:

a. $|\lambda| > 1 \Longrightarrow \lambda \in \rho(V_r) \cap \rho(V_l)$.
b. V_r hat keine Eigenwerte.
c. $|\lambda| < 1 \Longleftrightarrow \lambda \in \sigma_P(V_l)$. (*Hinweis:* Man betrachte direkt die Eigenwertgleichung $V_l x = \lambda x$ und versuche, die Komponenten von x rekursiv zu berechnen.)
d. $\sigma_R(V_l) = \emptyset$ und $\sigma_R(V_r) = \{\lambda \mid |\lambda| < 1\}$.
e. $\sigma_C(V_r) = \sigma_C(V_l) = \{\lambda \mid |\lambda| = 1\}$.

9.10. Sei l^2 wieder der HILBERTraum aus 7.6f.

a. Für den linearen Operator $T : l^2 \longrightarrow l^2$, definiert durch

$$Tx := \left(\xi_2, \frac{1}{2}\xi_3, \frac{1}{3}\xi_4, \dots\right), \qquad x = (\xi_1, \xi_2, \dots) \in l^2 \,,$$

zeige man: $\sigma(T) = \sigma_P(T) = \{0\}$.

b. Für den linearen Operator $T : l^2 \longrightarrow l^2$, definiert durch

$$Tx := \left(0, \xi_1, \frac{1}{2}\xi_2, \frac{1}{3}\xi_3, \dots\right) \quad \text{für } x = (\xi_1, \xi_2, \dots) \in l^2 \,,$$

zeige man: $\sigma(T) = \sigma_R(T) = \{0\}$.

Hinweis: Man zeige, dass T in a. und b. ein kompakter Operator ist.

9.11. Für $x = (\xi_1, \xi_2, \dots) \in l^2$ sei $y = Tx = (\eta_1, \eta_2, \dots)$ definiert durch

$$\eta_k := k^{-k}\xi_k \,, \qquad k \geq 1 \,.$$

Hierdurch ist offenbar ein stetiger linearer Operator $T : l^2 \longrightarrow l^2$ definiert.

a. Man zeige: T ist kompakt, selbstadjungiert, injektiv und quasinilpotent.
b. Man folgere: $\sigma(T) = \sigma_C(T) = \{0\}$.

9.12. Sei H ein HILBERTraum, $\{e_n \mid n \in \mathbb{N}\}$ eine Orthonormalbasis von H, und sei $T : H \longrightarrow H$ der beschränkte lineare Operator mit

$$Te_n = e_{n+1} \quad \text{für } n \in \mathbb{N} .$$

(Wieso ist er eindeutig bestimmt?)

a. Man bestimme lineare Teilräume $Y \subseteq H$, die unter T invariant sind, d. h. mit $T(Y) \subseteq Y$.
b. Man zeige: $\sigma_P(T) = \emptyset$.

9.13. Sei H ein HILBERTraum. Man zeige:

Die orthogonale Projektion P von H auf einen abgeschlossenen Unterraum $\mathcal{U}$ ist genau dann kompakt, wenn $\dim \mathcal{U} < \infty$ ist.

9.14. Wir betrachten eine Kernfunktion der Form

$$k(x, y) = \sum_{j=1}^{N} g_j(x) h_j(y)$$

mit gegebenen stetigen Funktionen $g_j, h_j : \overline{\Omega} \longrightarrow \mathbb{K}$, $j = 1, \ldots, N$. Man zeige: Für solch einen Kern ist die FREDHOLMsche Integralgleichung (9.36) zu einem linearen Gleichungssystem von N Gleichungen mit N Unbekannten äquivalent. (*Hinweis:* Man multipliziere (9.36) mit $h_k(x)$ und integriere.)

9.15. Für die Integralgleichung

$$\varphi(s) - \lambda \int_0^1 \varphi(t)\,\mathrm{d}t = 1\,, \quad 0 \le s \le 1$$

bestimme man die Lösung direkt und mit Hilfe der NEUMANNschen Reihe.

9.16. Für den Kern

$$k(x, y) := a_1 \sin x \sin 2y + a_2 \sin 2x \sin 3y\,, \quad 0 \le x, y \le \pi$$

bestimme man die iterierten Kerne und den Resolventenkern. (*Hinweis:* Man beachte, dass die Funktionen $\sin kx$, $k \in \mathbb{N}_0$ auf $[0, \pi]$ ein orthogonales System bilden!)

9.17. Man löse die inhomogene Integralgleichung

$$\varphi(s) = \lambda \int_0^1 \mathrm{e}^{s+t} \varphi(t)\,\mathrm{d}t + \mathrm{e}^s\,, \quad 0 \le s \le 1$$

mit der Methode der iterierten Kerne und der Resolvente und überprüfe die Lösung.

9.18. Man bestimme die Lösung der Integralgleichung aus Aufgabe 9.17 mit der Methode aus Aufgabe 9.14. Ferner bestimme man die Eigenwerte und Eigenfunktionen des Integraloperators.

9.19. Sei $I = [\alpha, \beta] \subseteq \mathbb{R}$ ein Intervall, und seien

$$a_0 \in C^2(I), \quad a_1 \in C^1(I), \quad a_2 \in C^0(I)$$

gegebene $\mathbb{R}$-wertige Funktionen. Auf $C^2(I)$ betrachte den linearen Differentialoperator

$$L[u] = a_0(t)u'' + a_1(t)u' + a_2(t)u$$

und den dazu *formal adjungierten* Operator

$$L^+[u] := (a_0(t)u)'' - (a_1(t)u)' + a_2(t)u$$

Man zeige: Für alle $u, v \in C^2(I)$ und $\alpha \leq t_1 < t_2 \leq \beta$ gilt die GREEN*sche Formel*

$$\int_{t_1}^{t_2} \{v(t)L[u](t) - u(t)L[v](t)\} \, \mathrm{d}t =$$
$$= \left\{-a_0(t)W(t) + \big(a_1(t) - a_0'(t)\big)\, u(t)v(t)\right\} \Big|_{t_1}^{t_2},$$

wobei

$$W(t) := (uv' - vu')(t)$$

die WRONSKI-Determinante von u, v ist.

9.20. Unter den Voraussetzungen von Aufgabe 9.19 zeige man

a. L ist formal selbstadjungiert, d. h.

$$L[u] = L^+[u] \quad \text{für } u \in C^2(I)$$

genau dann, wenn

$$a_0'(t) = a_1(t) \quad \text{auf } I.$$

Welche Form hat L in diesem Fall?

b. Wenn L formal selbstadjungiert ist, dann gilt für alle $u, v \in C^2(I)$ und $\alpha \leq t_1 \leq t_2 \leq \beta$

$$\int_{t_1}^{t_2} \{v(t)L[u](t) - u(t)L[v](t)\} \, \mathrm{d}t = -a_0(t)W(t)\Big|_{t_1}^{t_2}.$$

9.21. Gegeben sei die inhomogene lineare Differentialgleichung

$$-(p(x)u')' + q(x)u = f(x), \quad a \leq x \leq b$$

mit stetigen reellen Funktionen p, q, f auf $I = [a, b]$. Dabei sei $p \in C^1(I)$, $p(x) > 0$ vorausgesetzt.

a. Man zeige: Ist $\{v_1, v_2\}$ ein Fundamentalsystem für die entsprechende homogene Gleichung, so ist der Ausdruck

$$p(x)\left(v_1(x)v_2'(x) - v_1'(x)v_2(x)\right)$$

auf I konstant. (*Hinweis:* Man differenziere und eliminiere die auftretenden Ausdrücke der Form $(pv_i')'$ mittels der Differentialgleichung.)

b. Man beweise nun Formel (9.66) für die GREENsche Funktion des DIRICHLET-Problems. (Man beachte, das (9.66) sich auf ein speziell gewähltes Fundamentalsystem bezieht!)

Kapitel 10
Maß und Integral

Wir setzen im Folgenden – wie schon bisher – Kenntnisse über das elementare LEBESGUE-Integral auf dem $\mathbb{R}^n$ voraus (vgl. z. B. [36], Kap. 28), verwenden diese Kenntnisse aber nur als motivierendes Beispiel für eine allgemeinere Maß- und Integrationstheorie, deren Entwicklung der Zweck dieses Kapitels ist. Diese dient als mathematische Grundlage der gesamten statistischen Physik und wird überdies für den Ausbau der Spektraltheorie benötigt, den wir im dritten Teil (Band II) beschreiben werden und der zum korrekten mathematischen Verständnis z. B. der Streuzustände in der Quantenmechanik notwendig ist.

Um für die zu entwickelnde Theorie einen geeigneten Rahmen abzustecken, stellen wir uns die Aufgabe, eine nichtnegative Funktion $f : X \longrightarrow [0, \infty[$ zu integrieren, die auf einer *beliebigen* Menge X definiert ist. Folgt man dem von LEBESGUE-Integral her bekannten Vorgehen, so würde man das Intervall $]0, \infty[$ etwa in kleine Teilintervalle

$$J_{m,k} := \left]\frac{k-1}{m}, \frac{k}{m}\right], \qquad k \in \mathbb{N}$$

einteilen und Näherungssummen der Form

$$S_m(f) := \sum_{k=1}^{\infty} \frac{k}{m}\, \mu\Big(f^{-1}(J_{m,k})\Big)$$

betrachten. Dabei bedeutet $\mu(E)$ für Teilmengen E von X die „Größe" von E in irgendeinem vernünftigen Sinn, und man bezeichnet $\mu(E)$ als das *Maß* von E. Das kann ein verallgemeinertes Volumen sein wie beim LEBESGUE-Maß, es kann aber auch etwas ganz anderes bedeuten, z. B. die in E enthaltene Gesamtmasse, wenn man sich vorstellt, auf X sei irgendeine Massenverteilung gegeben. Oder es bedeutet die Wahrscheinlichkeit, dass das Ergebnis eines Zufallsexperiments in E liegt, wenn wir uns die Punkte von X als mathematisches Modell für die möglichen Ergebnisse dieses Zufallsexperiments denken. In dieser Weise kann die Maßtheorie als Grundlage der Wahrscheinlichkeitstheorie dienen, aber auch für viele geometrische oder dynamische Fragen relevant sein.

K.-H. Goldhorn, H.-P. Heinz, M. Kraus, *Moderne mathematische Methoden der Physik*
DOI 10.1007/978-3-540-88544-3, © Springer 2009

Schaut man sich den Aufbau der Integrationstheorie genauer an, so zeigt es sich, dass die Maßfunktion μ gewisse einfache Rechenregeln erfüllen muss, die auch von den anschaulichen Interpretationen nahe gelegt werden (vgl. Def. 10.1). Will man nun $\mu(E)$ für *alle* Teilmengen $E \subseteq X$ so definieren, dass diese Rechenregeln gelten, so kommt man leider nicht über einige recht triviale Beispiele hinaus. Gerade für wirklich wichtige Maße wie das LEBESGUE-Maß ist es nicht möglich, $\mu(E)$ für alle $E \subseteq X$ sinnvoll zu definieren (es würde zu weit führen, die Gründe dafür hier näher zu erläutern), und deswegen muss man als Definitionsbereiche von Maßen geeignete Mengensysteme wählen, die sog. *σ-Algebren*, die das Thema der ersten beiden Abschnitte bilden. Dies ergibt aber eine Einschränkung für die Funktionen, die man integrieren kann, denn für die Bildung der obigen Näherungssummen muss gesichert sein, dass die Mengen $f^{-1}(J_{m,k})$ μ-messbar sind, d. h. zum Definitionsbereich des Maßes μ gehören. So kommt man zum Begriff der *μ-messbaren Funktion*, und dieser wird in Abschn. C näher betrachtet.

In den Abschn. D, E und G wird dann, ausgehend von einem gegebenen Maß μ, die Integration von μ-messbaren Funktionen behandelt, und es werden die wichtigsten Eigenschaften des Integrals hergeleitet, insbesondere die berühmten *Konvergenzsätze*, auf denen die große Flexibilität der modernen Integrationstheorie beruht, sowie die Sätze von FUBINI und TONELLI, durch die die Behandlung von mehrfachen Integralen geregelt wird. Dazwischen besprechen wir in Abschn. F einen besonderen Typus von Maßen auf offenen Teilmengen von $\mathbb{R}^n$, die sog. RADONmaße, die in der Analysis eine zentrale Stellung einnehmen, weil das Verhalten der stetigen Funktionen bei ihnen die vom LEBESGUEmaß her vertrauten Züge aufweist. Auf diese Maße werden wir im Zusammenhang mit der Distributionstheorie noch einmal zurückkommen.

Die hier zu besprechenden Eigenschaften des Integrals laufen darauf hinaus, dass die Integralrechnung, wie man sie vom $\mathbb{R}^n$ her kennt, auf einen allgemeineren Rahmen ausgedehnt werden kann, wenn man nur die Grundbegriffe in der richtigen Weise anpasst. So gesehen, bieten sie keine großen Überraschungen. Die eigentliche Überraschung besteht darin, wie groß und vielfältig dieser Rahmen ist, in dem man eine vernünftige Integralrechnung nach gewohnten Regeln betreiben kann. Dies wird durch einige der eingestreuten Beispiele illustriert werden. Andere Beispiele jedoch sind mehr als eine Illustration – vor allem die Besprechung der Maße auf der reellen Geraden in den Abschnitten B und E wird sich später bei der Behandlung der Spektralzerlegung von selbstadjungierten Operatoren als sehr nützlich erweisen.

A Abstrakte Maßräume

Die wesentlichen Eigenschaften der LEBESGUE-messbaren Teilmengen des $\mathbb{R}^n$ geben Anlass zu folgender Definition, die Grundlage für allgemeine Integral-Konstruktionen ist.

Definitionen 10.1. Sei $X \neq \emptyset$ eine beliebige Menge.

a. Ein System $\mathcal{A}$ von Teilmengen $E \subseteq X$ heißt eine *σ-Algebra* von X, wenn

(A1) $\emptyset \in \mathcal{A}$,
(A2) $E \in \mathcal{A} \Longrightarrow X \setminus E \in \mathcal{A}$,
(A3) $E_m \in \mathcal{A} \ \forall\, m \in \mathbb{N} \Longrightarrow \bigcup_{m=1}^{\infty} E_m \in \mathcal{A}$.

Die Mengen $E \in \mathcal{A}$ heißen ($\mathcal{A}$-)*messbar*.

b. Eine Funktion $\mu : \mathcal{A} \longrightarrow [0, \infty]$ heißt ein *Maß* auf $\mathcal{A}$, wenn

(M1) $\mu(\emptyset) = 0$,
(M2) μ ist *σ-additiv*, d. h. für jede Folge (E_m) von *disjunkten* Teilmengen $E_m \in \mathcal{A}$ gilt

$$\mu\left(\bigcup_{m=1}^{\infty} E_m\right) = \sum_{m=1}^{\infty} \mu(E_m) .$$

Der gesamte Datensatz $(X, \mathcal{A}, \mu)$ heißt dann ein *Maßraum*, und die Mengen $E \in \mathcal{A}$ heißen *μ-messbar*.

Da hier der Wert $\mu(E) = +\infty$ ausdrücklich erlaubt ist, muss an die Regeln für den Umgang mit den Symbolen $\pm\infty$ erinnert werden. Insbesondere wird der unendlichen Reihe in Axiom (M2) der Wert $+\infty$ zugeschrieben, wenn sie divergent ist oder wenn mindestens einer ihrer Terme den Wert $+\infty$ hat.

Aus den obigen Axiomen kann man einige unmittelbare Folgerungen ziehen, die für ein korrektes Verständnis der definierten Objekte genauso wichtig sind wie die Axiome selber. Aus (A1), (A2) folgt zunächst einmal

$$\text{(A4)} \qquad X \in \mathcal{A} ,$$

denn $X = X \setminus \emptyset$, und aus (A2), (A3) folgt

$$\text{(A5)} \qquad E_m \in \mathcal{A} \ \forall\, m \in \mathbb{N} \Longrightarrow \bigcap_{m=1}^{\infty} E_m \in \mathcal{A} ,$$

denn es gilt generell

$$\bigcap_m E_m = X \setminus \left(\bigcup_m (X \setminus E_m)\right) . \tag{10.1}$$

Des Weiteren gelten (A3) und (A5) natürlich auch für *endliche* Vereinigungen $\bigcup_{m=1}^{N} E_m$ bzw. Durchschnitte $\bigcap_{m=1}^{N} E_m$, denn für $m > N$ kann man ja $E_m = \emptyset$ bzw. $E_m = X$ setzen. Aus dem gleichen Grund folgt aus (M2) auch die analoge Aussage

$$\mu\left(\bigcup_{m=1}^{N} E_m\right) = \sum_{m=1}^{N} \mu(E_m) \tag{10.2}$$

für endlich viele disjunkte Mengen $E_1, \ldots, E_N \in \mathcal{A}$ („endliche Additivität" von μ).

Bemerkung: Die Anschauung legt vielleicht zunächst nur die endliche Additivität (10.2) nahe. Dass man diese Forderung sogar für *abzählbar unendlich* viele Mengen stellt, ist jedoch der entscheidende Durchbruch gegenüber der klassischen Integrationstheorie.

Beispiele 10.2. Die einfachste σ-Algebra auf einer beliebigen Menge X ist sicherlich das System $\{X, \emptyset\}$, aber das ist uninteressant. Wichtiger ist die größtmögliche σ-Algebra, nämlich das System *aller* Teilmengen von X, das man auch als die *Potenzmenge* $\mathfrak{P}(X)$ bezeichnet. Wir geben zunächst Beispiele von Maßen, die auf ganz $\mathfrak{P}(X)$ definiert sind.

a. Das *Zählmaß* ordnet jeder Teilmenge $E \subseteq X$ die Anzahl ihrer Elemente zu.
b. Für einen fest gewählten Punkt $a \in X$ setzen wir

$$\mu(E) := \chi_E(a) , \tag{10.3}$$

d. h. $\mu(E) = 1$, falls $a \in E$ ist, und $\mu(E) = 0$ anderenfalls. Dies ist das *im Punkt a konzentrierte* DIRAC*maß*.
c. Als Verallgemeinerung des DIRACmaßes geben wir N verschiedene Punkte $a_1, \ldots, a_N \in X$ sowie N positive Zahlen $m_1, \ldots, m_N$ vor und setzen

$$\mu(E) := m_1\chi_E(a_1) + \cdots + m_N\chi_E(a_N) . \tag{10.4}$$

Man kann sich vorstellen, dass an den Punkten $a_1, \ldots, a_N$ jeweils die Massen $m_1, \ldots, m_N$ konzentriert sind. Dann ist $\mu(E)$ die in der Menge E enthaltene Gesamtmasse. Ist $\sum_{j=1}^N m_j = 1$, so können wir m_j auch als die *Wahrscheinlichkeit* deuten, mit der bei einem bestimmten Zufallsexperiment das Ergebnis a_j eintritt (hier ist auch angenommen, dass kein Punkt von $X \setminus \{a_1, \ldots, a_N\}$ als Ergebnis des Zufallsexperiments in Frage kommt). Dann ist $\mu(E)$ die Wahrscheinlichkeit dafür, dass das Ergebnis in der Menge E liegen wird.
d. In einer *unendlichen* Menge X können wir auch abzählbar unendlich viele Punkte $a_1, a_2, \ldots$ und abzählbar unendlich viele positive Zahlen $m_1, m_2, \ldots$ wählen und

$$\mu(E) := \sum_{j=1}^{\infty} m_j\chi_E(a_j) \tag{10.5}$$

setzen (mit der üblichen Konvention über den Wert $+\infty$). Um hier die Gültigkeit von (M2) nachzuprüfen, muss man natürlich die Regeln für den Umgang mit absolut konvergenten Reihen beachten. Auch hier sind die konkreten Interpretationen möglich, die im vorigen Beispiel angegeben wurden.
e. Ist ein Maßraum $(X, \mathcal{A}, \mu)$ gegeben und ist $Y \in \mathcal{A}$ eine feste messbare Teilmenge, so entsteht ein neuer Maßraum $(X, \mathcal{A}, \mu_0)$, indem man setzt:

$$\mu_0(E) := \mu(E \cap Y) . \tag{10.6}$$

Man nennt μ_0 die *Einschränkung* von μ auf die Teilmenge Y. Der Übergang von μ zu μ_0 bedeutet offenbar, dass alles ignoriert wird, was außerhalb der Teilmenge Y liegt.

Weitere einfache Konsequenzen der Axiome sind in dem folgenden Satz zusammengefasst:

Satz 10.3. *In jedem Maßraum $(X, \mathcal{A}, \mu)$ gilt:*

a. $A, B \in \mathcal{A},\ A \subseteq B \Longrightarrow \mu(A) \leq \mu(B)$.

b. $E = \bigcup_{m=1}^{\infty} E_m$ *mit μ-messbaren Mengen E_m, $m \in \mathbb{N} \Longrightarrow$*

$$\mu(E) \leq \sum_{m=1}^{\infty} \mu(E_m)\ .$$

c. Für jede aufsteigende Folge $E_1 \subseteq E_2 \subseteq \cdots$ von μ-messbaren Mengen E_m ist

$$\mu\left(\bigcup_{m=1}^{\infty} E_m\right) = \lim_{m\to\infty} \mu(E_m)\ .$$

d. Für jede absteigende Folge $E_1 \supseteq E_2 \supseteq \cdots$ von μ-messbaren Mengen E_m mit $\mu(E_1) < \infty$ ist

$$\mu\left(\bigcap_{m=1}^{\infty} E_m\right) = \lim_{m\to\infty} \mu(E_m)\ .$$

Beweis.

a. B ist disjunkte Vereinigung von $A \in \mathcal{A}$ und $B \setminus A \in \mathcal{A}$, also nach (10.2)

$$\mu(B) = \mu(A) + \mu(B \setminus A) \geq \mu(A)\ .$$

b. Wir definieren *disjunkte* messbare Mengen $C_m \subseteq E_m$ durch

$$C_m := E_m \setminus \bigcup_{k=1}^{m-1} E_k\ ,$$

speziell $C_1 = E_1$. Zu jedem $x \in E$ betrachten wir die *kleinste* Zahl m, für die $x \in E_m$ gilt. Dann ist sogar $x \in C_m$, und dies zeigt, dass

$$E = \bigcup_{m=1}^{\infty} C_m$$

ist. Mit (M2) folgt nun

$$\mu(E) = \sum_{m=1}^{\infty} \mu(C_m) \leq \sum_{m=1}^{\infty} \mu(E_m)\ .$$

c. Hier setzen wir $D_m := E_m \setminus E_{m-1}$, speziell $D_1 := E_1$. Die D_m sind disjunkte messbare Mengen, ihre Vereinigung ist $E := \bigcup_{m=1}^{\infty} E_m$, und $E_m = D_1 \cup \ldots \cup$

D_m. Es folgt

$$\mu(E) = \sum_{k=1}^{\infty} \mu(D_k) = \lim_{m\to\infty} \sum_{k=1}^{m} \mu(D_k) = \lim_{m\to\infty} \mu(E_m) .$$

d. Folgt durch Anwendung von c. auf die Mengen $C_m := E_1 \setminus E_m$, $m \in \mathbb{N}$. Man beachte (10.1) und die Tatsache, dass für messbare Mengen $A \subseteq B$ stets

$$\mu(B \setminus A) = \mu(B) - \mu(A)$$

ist, sobald $\mu(B) < \infty$ ist.

□

Der letzte Beweis gibt einen kleinen Eindruck davon, wie in der Maßtheorie argumentiert wird. Vom Standpunkt der Physik aus ist dieses Manipulieren mit Mengen und Mengensystemen sicher etwas fremd, und wir werden auch im weiteren Verlauf mit Beweisen zurückhaltend sein.

In jedem Maßraum $(X, \mathcal{A}, \mu)$ sind die Mengen vom Maß Null von besonderem Interesse. Ist $E \in \mathcal{A}$ und $\mu(E) = 0$ und ist $A \subseteq E$ messbar, so ist nach Satz 10.3a. auch $\mu(A) = 0$. Doch ist etwas Sorgfalt geboten, denn eine Teilmenge A einer Menge $E \in \mathcal{A}$ mit $\mu(E) = 0$ muss nicht immer zu $\mathcal{A}$ gehören. Wir verwenden die folgende Terminologie:

Definitionen 10.4. Sei $(X, \mathcal{A}, \mu)$ ein Maßraum.

a. Die Teilmengen der Mengen $E \in \mathcal{A}$ mit $\mu(E) = 0$ heißen *(μ-)Nullmengen*.
b. Eine Aussage über die Elemente $x \in X$ gilt *μ-fast überall* (kurz: μ-f. ü.), wenn die Menge der x, für die sie nicht gilt, eine μ-Nullmenge ist.
c. Der Maßraum heißt *vollständig*, wenn jede seiner Nullmengen messbar ist.

Tatsächlich kann man die σ-Algebra $\mathcal{A}$ durch Hinzunahme der Nullmengen immer so vergrößern, dass ein vollständiger Maßraum entsteht (*Vervollständigung von Maßräumen*). Darauf gehen wir jedoch nicht näher ein.

Wir notieren noch eine vom LEBESGUE-Maß her vertraute Eigenschaft der Nullmengen:

Satz 10.5. *In jedem Maßraum gilt: Die Vereinigung von abzählbar vielen Nullmengen ist eine Nullmenge.*

Beweis. Seien N_m, $m \in \mathbb{N}$ abzählbar viele Nullmengen im Maßraum $(X, \mathcal{A}, \mu)$. Nach Definition gibt es dann messbare Mengen E_m mit $E_m \supseteq N_m$ und $\mu(E_m) = 0$. Für $N := \bigcup_{m=1}^{\infty} N_m$ folgt einerseits

$$N \subseteq \bigcup_{m=1}^{\infty} E_m$$

und andererseits

$$0 \leq \mu\left(\bigcup_{m=1}^{\infty} E_m\right) \leq \sum_{m=1}^{\infty} \mu(E_m) = 0 \,.$$

Somit ist N eine Nullmenge. □

B Konstruktion von nichttrivialen Maßräumen

Um das LEBESGUE-Maß und verwandte Maße sauber zu definieren, geht man von Mengenfunktionen μ^* aus, die statt (M2) nur eine schwächere Bedingung erfüllen, dafür aber für *alle* Teilmengen $E \subseteq X$ definiert werden können. Das gesuchte Maß erhält man dann durch Einschränken einer solchen Mengenfunktion auf eine geschickt gewählte σ-Algebra. Genauer:

Definitionen 10.6. Sei X eine Menge und $\mathfrak{P}(X)$ ihre Potenzmenge.

a. Ein *äußeres Maß*[1] auf X ist eine Funktion

$$\mu^* : \mathfrak{P}(X) \longrightarrow [0, \infty] \,,$$

für die gilt:

(M1) $\mu^*(\emptyset) = 0$, und
(M2′) für $E, E_1, E_2, \ldots \subseteq X$ gilt stets

$$E \subseteq \bigcup_{m=1}^{\infty} E_m \Longrightarrow \mu^*(E) \leq \sum_{m=1}^{\infty} \mu^*(E_m) \,.$$

b. Ist ein äußeres Maß μ^* auf X gegeben, so nennt man eine Teilmenge $E \subseteq X$ *μ^*-messbar*, wenn gilt:

$$\mu^*(B) = \mu^*(B \cap E) + \mu^*(B \setminus E) \qquad \text{für alle } B \subseteq X \,. \tag{10.7}$$

Man kann sich ein äußeres Maß so vorstellen, dass eine sehr kompliziert gebaute Menge E dadurch gemessen wird, dass man sie „von außen“ durch eine einfacher gebaute Menge $\tilde{E} \supseteq E$ approximiert, der ein vernünftiger „Inhalt“ $\nu(\tilde{E})$ zugeschrieben werden kann. Dann setzt man $\mu^*(E) := \nu(\tilde{E})$. Durch das „Aufdicken“ von komplizierten Mengen E_m zu einfacheren Mengen $\tilde{E}_m$ kann die Gleichheit aus (M2) zerstört werden, und es bleibt nur noch die Ungleichung aus (M2′) übrig. Eine *messbare* Menge E ist aber so harmlos, dass sie es nicht schafft, eine beliebige Menge B in zwei wesentlich komplexere Teile $B \cap E$ und $B \setminus E$ zu zerlegen, für die der Aufdickungseffekt die Gleichheit in (10.7) verhindern würde. Dies mag

[1] Diese Bezeichnung ist ein typisches Beispiel dafür, dass die Mathematiker keine Rücksicht auf Grammatik nehmen. Der Grammatik nach müsste ein äußeres Maß ja eine spezielle Art von Maß sein. In Wirklichkeit ist aber ein Maß eine spezielle Sorte von äußerem Maß.

als Rechtfertigung für die etwas geheimnisvolle Definition 10.6b. dienen. Die beste Rechtfertigung ist aber der folgende fundamentale Satz:

Theorem 10.7 (Satz von CARATHÉODORY). *Sei μ^* ein äußeres Maß auf X.*

a. Das System $\mathcal{A}(\mu^*)$ aller μ^*-messbaren Teilmengen von X ist eine σ-Algebra.
b. Auf $\mathcal{A}(\mu^*)$ erfüllt die Funktion μ^* die Bedingung (M2), ist also ein Maß.

Der Beweis arbeitet mit Manipulationen von Mengen und Mengensystemen ähnlich wie bei Satz 10.3 oder Satz 10.5, allerdings wesentlich raffinierter. Man kann ihn in praktisch jedem Buch über Maßtheorie nachlesen. Wegen der gleichzeitig straffen und detaillierten Darstellung verweisen wir insbesondere auf [27] und [59].

Aus einem äußeren Maß μ^* auf X gewinnt man also einen Maßraum $(X, \mathcal{A}, \mu)$, indem man

$$\mu(E) := \mu^*(E) \quad \text{für } E \in \mathcal{A} := \mathcal{A}(\mu^*) \tag{10.8}$$

setzt. Man nennt ihn den *von μ^* erzeugten* Maßraum. Er ist sogar *vollständig*, denn wie man sich leicht als Übung überlegen kann, gilt

$$\mu^*(E) = 0 \Longrightarrow E \in \mathcal{A}(\mu^*) . \tag{10.9}$$

Wir müssen noch eine weitere Konstruktion besprechen, die zu nichttrivialen σ-Algebren führt. Ist $X \neq \emptyset$ und ist J ein System von Teilmengen von X, so kann man die kleinste σ-Algebra einführen, die alle Mengen aus J enthält. Es gibt auf jeden Fall σ-Algebren $\mathcal{A} \supseteq J$ – z. B. die volle Potenzmenge $\mathfrak{P}(X)$ – und man bestätigt durch triviale Rechnungen, dass der Durchschnitt von σ-Algebren wieder eine σ-Algebra ist. Daher kann man definieren:

Definitionen 10.8.

a. Sei J ein System von Teilmengen von $X \neq \emptyset$. Die von J *erzeugte σ-Al-gebra* $\mathcal{A}(J)$ ist der Durchschnitt aller σ-Algebren in X, die J umfassen. Damit ist $\mathcal{A}(J)$ die kleinste J umfassende σ-Algebra.
b. Die vom System J der offenen Teilmengen von $X = \mathbb{R}^n$ erzeugte σ-Algebra heißt BOREL-*Algebra $\mathcal{B}^n$*, und ihre Elemente $E \in \mathcal{B}^n$ heißen BOREL*mengen* oder BOREL*messbare* Mengen.

Bekanntlich sind die Komplemente der offenen Mengen in $\mathbb{R}^n$ gerade die abgeschlossenen Teilmengen. Neben den offenen Mengen sind also auch die abgeschlossenen Mengen BORELmengen, und darüber hinaus alle Mengen, die sich durch Schneiden und Vereinigen von je abzählbar vielen offenen oder abgeschlossenen Mengen bilden lassen. Hat man alle diese BORELmengen konstruiert, so kann man aus ihnen durch erneute Bildung von abzählbaren Vereinigungen und Durchschnitten sowie Komplementen weitere BORELmengen gewinnen. So kann man induktiv fortfahren, und es stellt sich heraus, dass bei jedem derartigen Schritt neue Mengen dazukommen. Ist nun etwa die Menge B_m im m-ten Schritt hinzugekommen, so bilden wir

$$B := \bigcup_{m=1}^{\infty} B_m .$$

Auch B ist eine BORELMENGE, aber nicht mehr in endlich vielen Schritten aus offenen Mengen konstruierbar. Dies zeigt, dass es nicht möglich ist, die BORELalgebra $\mathcal{B}^n$ zu definieren, indem man sagt, sie bestehe aus allen Mengen, die sich so und so schreiben lassen. Die in Definition 10.8 gewählte etwas indirekte Art, die BORELalgebra – und allgemeiner die von einem System J erzeugte σ-Algebra – zu definieren, ist aus diesem Grunde unumgänglich.

Ist eine Menge ganz konkret gegeben, z. B. als geometrische Figur oder als Lösungsmenge eines Systems von Gleichungen und Ungleichungen, so gelingt es zumeist, sie in endlich vielen Schritten der oben beschriebenen Art aus offenen Mengen aufzubauen, und dann ist klar, dass es sich um einenBORELmenge handelt. Häufig steht man aber vor der Aufgabe, zu zeigen, dass alle BORELmengen eine gewisse Eigenschaft besitzen. Dazu geht man i. A. nach der folgenden Strategie vor:

- Man zeigt, dass alle offenen Mengen (oder alle abgeschlossenen Mengen) die Eigenschaft besitzen.
- Man zeigt, dass das System $\mathcal{S}$ aller Mengen, die die Eigenschaft besitzen, die Axiome (A1)–(A3) einer σ-Algebra erfüllen.

Dann ist $\mathcal{S}$ eine σ-Algebra, die das System der offenen Mengen umfasst, also $\mathcal{S} \supseteq \mathcal{B}^n$ nach Definition 10.8. So umgeht man die Schwierigkeit, dass man so etwas wie eine „typische BORELmenge“ nicht anschreiben kann. Wir werden im nächsten Abschnitt noch Beispiele für dieses Vorgehen kennen lernen.

Die wirklich wichtigen Maße in $\mathbb{R}^n$ (oder in allgemeineren BANACHräumen) sind nun diejenigen, für die alle BORELmengen messbar sind. Wir definieren:

Definition 10.9. Ein BOREL*maß* in $\mathbb{R}^n$ ist ein Maß μ, dessen Definitionsbereich $\mathcal{A}$ die BORELalgebra umfasst, für das also jede BORELmenge des $\mathbb{R}^n$ μ-messbar ist.

Der folgende Satz zeigt uns, welche äußeren Maße zu BORELmaßen führen.

Satz 10.10 (Kriterium von CARATHÉODORY). *Sei μ^* ein äußeres Maß auf $\mathbb{R}^n$ mit der folgenden Eigenschaft: Für beliebige Teilmengen $A, B \subseteq \mathbb{R}^n$ mit*

$$\operatorname{dist}(A, B) := \inf_{\substack{x \in A \\ y \in B}} \|x - y\| > 0$$

ist $\mu^*(A \cup B) = \mu^*(A) + \mu^*(B)$. Dann sind alle BOREL*mengen von $\mathbb{R}^n$ μ^*-messbar, d. h. das von μ^* erzeugte Maß ist ein* BOREL*maß.*

Beim Beweis verfolgt man die oben skizzierte Strategie und weist nach, dass alle *abgeschlossenen* Mengen E die Bedingung (10.7) erfüllen. Details findet man wieder in [27].

Das LEBESGUE-Maß haben wir bis jetzt nur als Beispiel benutzt, hätten die Theorie also auch aufbauen können, ohne es je zu erwähnen. Jetzt führen wir es offiziell ein, und zwar durch den folgenden Existenz- und Eindeutigkeitssatz:

Theorem 10.11. *Auf $X = \mathbb{R}^n$ gibt es genau ein* BOREL*maß $\lambda \equiv \lambda_n$, das die folgenden Eigenschaften hat:*

(L1) λ *ist* translationsinvariant, *d. h. für jede* λ*-messbare Menge* $E \subseteq \mathbb{R}^n$ *und jeden festen Vektor* $\boldsymbol{v} \in \mathbb{R}^n$ *ist* $E + \boldsymbol{v} := \{x + \boldsymbol{v} \mid x \in E\}$ *ebenfalls* λ*-messbar, und es ist* $\lambda(E + \boldsymbol{v}) = \lambda(E)$.

(L2) $\lambda(W) = 1$ *für den Einheitswürfel* $W := [0, 1[^n$.

(L3) *Eine Teilmenge* $E \subseteq \mathbb{R}^n$ *ist genau dann* λ*-messbar, wenn es zwei* BOREL*mengen* B_0, B_1 *gibt, für die gilt:*

$$B_0 \subseteq E \subseteq B_1 \quad \text{und} \quad \lambda(B_1 \setminus B_0) = 0 \,.$$

Dieses Maß $\lambda = \lambda_n$ *heißt das (n-dimensionale)* LEBESGUE-Maß, *und die Mengen aus seinem Definitionsbereich heißen* LEBESGUE-messbar.

Beweise für diesen Satz finden sich in Lehrbüchern der Maßtheorie oder der höheren Analysis. Wir skizzieren hier die wesentlichen Schritte, wobei wir mehr oder weniger dem Vorgehen aus [78] folgen:

Beweisskizze: (i) Wir beginnen damit, den *offenen* Teilmengen U von $\mathbb{R}^n$ ein n-dimensionales Volumen $\nu(U)$ zuzuschreiben. Am bequemsten geht das, wenn man mit dem RIEMANN-Integral von stetigen Funktionen arbeitet. Es sei also C_c der Vektorraum der stetigen reellen Funktionen u auf $\mathbb{R}^n$, deren Träger $\operatorname{Tr} u$ *kompakt* ist. Dabei ist der *Träger* einer stetigen Funktion u definiert als der Abschluss der Menge $\{x \mid u(x) \neq 0\}$ (vgl. Abschn. 4A). Für $u \in C_c$ existiert das RIEMANN-Integral

$$\Lambda(u) := \int u(x)\, \mathrm{d}^n x \,, \tag{10.10}$$

denn man kann ja als Integrationsbereich einen großen Würfel wählen, der den Träger von u umfasst (vgl. etwa [36], Kap. 11). Zu offenem $U \subseteq \mathbb{R}^n$ betrachten wir die Menge

$$H(U) := \{h \in C_c \mid 0 \le h \le 1 \,,\ \operatorname{Tr} h \subseteq U\} \,.$$

Für das Volumen $\nu(U)$ erwartet man nun, dass

$$\int h(x)\, \mathrm{d}^n x \le \nu(U) \qquad \forall\, h \in H(U) \,.$$

Man kann das Integral auch beliebig nahe an $\nu(U)$ heranbringen, indem man h so wählt, dass es auf dem größten Teil von U konstant 1 ist und nur in einer schmalen Umgebung des Randes (und außerhalb einer großen Kugel, falls U unbeschränkt ist) schnell auf Null herabsinkt. Daher ist es vernünftig, das Volumen durch

$$\nu(U) := \sup\{\Lambda(H) \mid h \in H(U)\} \tag{10.11}$$

zu definieren.

(ii) Wir betrachten nun offene Mengen $U, U_1, U_2, \ldots$ mit $U \subseteq \bigcup_{m=1}^{\infty} U_m$ und wollen nachweisen, dass

$$\nu(U) \le \sum_{m=1}^{\infty} \nu(U_m) \,. \tag{10.12}$$

Zu gegebenem $h \in H(U)$ konstruiert man mittels einer *Zerlegung der Eins* (vgl. Def. 4.1 und Theorem 4.2 sowie Abb. 10.1) endlich viele Funktionen $h_1 \in H(U_1)\,, h_2 \in H(U_2)\,,\ldots, h_N \in H(U_N)$, für die gilt:

$$h(x) \leq h_1(x) + \cdots + h_N(x)\,, \qquad x \in \mathbb{R}^n$$

und findet dann durch Integration

$$\Lambda(H) \leq \sum_{m=1}^{N} \Lambda(H_m) \leq \sum_{m=1}^{N} \nu(U_m) \leq \sum_{m=1}^{\infty} \nu(U_m)\,,$$

woraus (10.12) folgt, weil h beliebig war.

(iii) Für *beliebiges* $E \subseteq \mathbb{R}^n$ definiert man nun

$$\lambda^*(E) := \inf\{\nu(U) \mid U \text{ offen}, U \supseteq E\} \tag{10.13}$$

und weist nach, dass dies ein äußeres Maß ist. Da (M1) trivial ist, betrachten wir $E, E_1, E_2, \ldots$ mit $E \subseteq \bigcup_{m=1}^{\infty} E_m$ und wählen zu gegebenem $\varepsilon > 0$ offene Mengen $U_m \supseteq E_m$ mit $\nu(U_m) \leq \lambda^*(E_m) + 2^{-m}\varepsilon$, was nach Definition von $\lambda^*(E_m)$ möglich ist. Dann ist $U := \bigcup_{m=1}^{\infty} U_m$ offen und umfasst E. Also gilt

$$\lambda^*(E) \leq \nu(U) \leq \sum_{m=1}^{\infty} \nu(U_m) \leq \sum_{m=1}^{\infty} \left(\lambda^*(E_m) + 2^{-m}\varepsilon\right) = \sum_{m=1}^{\infty} \lambda^*(E_m) \ + \ \varepsilon\,.$$

Da $\varepsilon > 0$ beliebig war, ist hiermit (M2′) erwiesen.

Der Satz von CARATHÉODORY (Theorem 10.7) sagt uns nun, dass durch $\lambda(E) := \lambda^*(E)$ für λ^*-messbare Mengen E ein Maß definiert ist, und dies ist das LEBESGUE-Maß auf $\mathbb{R}^n$. Nach Satz 10.10 ist es ein BORELmaß. Ist nämlich $\operatorname{dist}(A, B) =: \delta > 0$, so kann man zu jedem offenen $U \supseteq A \cup B$ die beiden *disjunkten* offenen Mengen $V := U \cap U_{\delta/2}(A) \supseteq A$ und $W := U \cap U_{\delta/2}(B) \supseteq B$ bilden, und das Volumen ν verhält sich dann additiv, d. h. $\nu(V \cup W) = \nu(V) + \nu(W)$. Mittels dieser Bemerkung weist man leicht nach (Übung!), dass $\lambda^*(A \cup B) = \lambda^*(A) + \lambda^*(B)$ ist, wie in Satz 10.10 verlangt.

(iv) Zu den Eigenschaften (L1)–(L3): Dass der Einheitswürfel das LEBESGUE-Maß 1 hat, kann auf Grund unserer Definitionen leicht nachgerechnet werden. Eben-

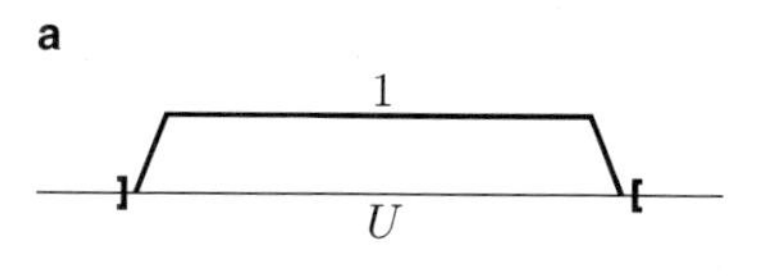

Abb. 10.1a Typisches $h \in H(U)$

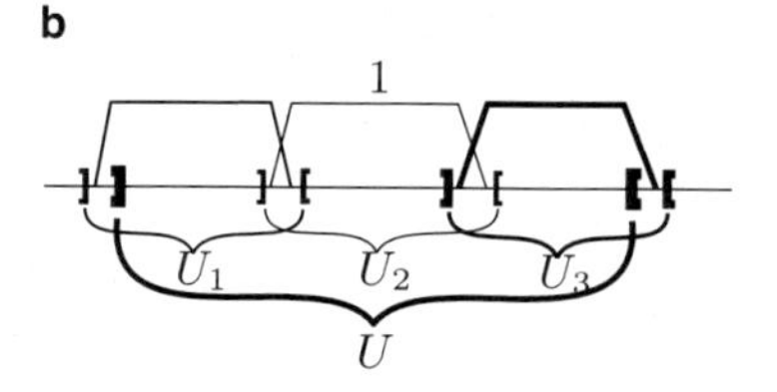

Abb. 10.1b h durch die $h_j \in H(U_j)$ aufgeteilt

so führt die Translationsinvarianz des RIEMANN-Integrals zunächst zur Translationsinvarianz des Volumens ν, dann zur Translationsinvarianz des äußeren Maßes λ^* und schließlich zu der des LEBESGUE-Maßes.

Ist nun $B_0 \subseteq E \subseteq B_1$ mit $B_0, B_1 \in \mathcal{B}^n$ und $\lambda(B_1 \setminus B_0) = 0$, so ist E messbar (mit $\lambda(E) = \lambda(B_0) = \lambda(B_1)$), da der Satz von CARATHÉODORY einen *vollständigen* Maßraum liefert (vgl. (10.9)). Nach Konstruktion gilt andererseits für jede LEBESGUE-messbare Menge E

$$\lambda(E) = \inf\{\lambda(U) \mid U \text{ offen}, U \supseteq E\} \tag{10.14}$$

(*äußere Regularität*). Außerdem kann man beweisen, dass auch die *innere Regularität*

$$\lambda(E) = \sup\{\lambda(K) \mid K \text{ kompakt}, \ K \subseteq E\} \tag{10.15}$$

gilt (vgl. 10.40). Zu λ-messbarem E mit $\rho := \lambda(E) < \infty$ gibt es daher offene Mengen U_m und kompakte Mengen K_m, $m \in \mathbb{N}$, für die gilt:

$$K_m \subseteq E \subseteq U_m \quad \text{und} \quad \rho - \frac{1}{m} < \lambda(K_m) \leq \lambda(U_m) < \rho + \frac{1}{m}$$

und somit $\lambda(U_m \setminus K_m) < 2/m \to 0$. Die BORELmengen

$$B_0 := \bigcup_{m=1}^{\infty} K_m \quad \text{und} \quad B_1 := \bigcap_{m=1}^{\infty} U_m$$

haben dann die in (L3) geforderte Eigenschaft, dass $B_0 \subseteq E \subseteq B_1$ und $\lambda(B_1 \setminus B_0) = 0$ (Übung!). Im Falle $\lambda(E) = \infty$ schreibt man $E = \bigcup_{m=1}^{\infty} E_m$ mit *beschränkten* messbaren Mengen E_m (z. B. $E_m := \{x \in E \mid \|x\| \leq m\}$) und verwendet die für die E_m gefundenen BORELMENGEN, um welche für E zu konstruieren.

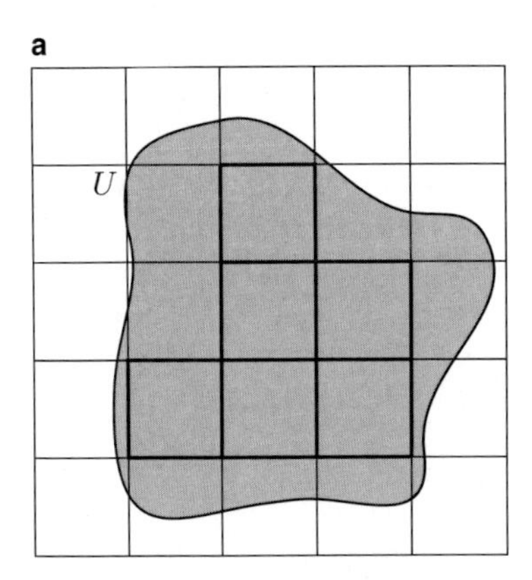

Abb. 10.2a Q_m approximiert U von innen

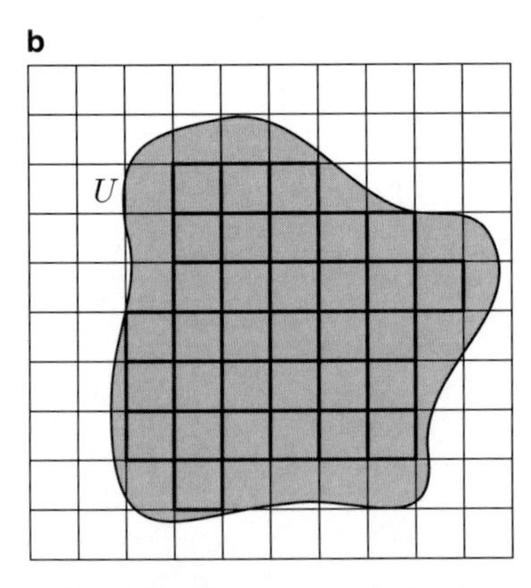

Abb. 10.2b Q_{m+1} approximiert besser

(v) Zur Eindeutigkeit: Sei μ ein weiteres BORELmaß auf $\mathbb{R}^n$, das die Eigenschaften (L1)–(L3) hat. Um λ und μ miteinander zu vergleichen, betrachten wir Würfel der Form

$$W(m, \boldsymbol{k}) := \left[\frac{k_1}{2^m}, \frac{k_1 + 1}{2^m}\right[\times \cdots \times \left[\frac{k_n}{2^m}, \frac{k_n + 1}{2^m}\right[$$

für $\boldsymbol{k} = (k_1, \ldots, k_n) \in \mathbb{Z}^n$. Bei festem m gehen die verschiedenen $W(m, \boldsymbol{k})$ durch Translation auseinander hervor, haben also alle das gleiche μ-Maß. Der Einheitswürfel ist die disjunkte Vereinigung von $(2^m)^n$ Würfeln der Form $W(m, \boldsymbol{k})$, also ist

$$1 = \mu(W) = 2^{mn}\mu(W(m, \boldsymbol{k}))$$

und somit $\mu(W(m, \boldsymbol{k})) = 2^{-mn} = \lambda(W(m, \boldsymbol{k}))$. Für eine beliebige offene Menge $U \subseteq \mathbb{R}^n$ und beliebiges $m \in \mathbb{N}$ bilden wir nun die Vereinigung Q_m aller derjenigen $W(m, \boldsymbol{k})$, die in U enthalten sind. Jedes Q_m ist eine endliche oder abzählbar unendliche Vereinigung von disjunkten Würfeln $W(m, \boldsymbol{k})$, also muss $\mu(Q_m) = \lambda(Q_m)$ sein (der gemeinsame Wert ist 2^{-mn} mal die Anzahl der Würfel, aus denen Q_m besteht). Man überzeugt sich leicht, dass

$$Q_m \subseteq Q_{m+1} \quad \text{und} \quad U = \bigcup_{m=1}^{\infty} Q_m$$

(vgl. Abb. 10.2). Mit Satz 10.3c. ergibt sich also

$$\mu(U) = \lim_{m\to\infty} \mu(Q_m) = \lim_{m\to\infty} \lambda(Q_m) = \lambda(U) ,$$

d. h. λ und μ stimmen auf offenen Mengen überein. Dann stimmen sie aber auch auf *kompakten* Mengen überein. Ist nämlich K kompakt, so ist $K \subseteq U$ für eine beschränkte offene Menge U (z. B. eine große offene Kugel), und dann ist $\mu(U) = \lambda(U) < \infty$, und $U \setminus K$ ist offen, also

$$\mu(K) = \mu(U) - \mu(U \setminus K) = \lambda(U) - \lambda(U \setminus K) = \lambda(K) .$$

Nun sei E eine beliebige BORELmenge, und es sei $\lambda(E) < \infty$ (der Fall $\lambda(E) = \infty$ ist einfacher, und wir übergehen ihn). Zu beliebigem $\varepsilon > 0$ gibt es nach (10.14), (10.15) ein offenes $U \supseteq E$ und ein kompaktes $K \subseteq E$ so, dass

$$\lambda(E) - \varepsilon < \lambda(K) \leq \lambda(E) \leq \lambda(U) < \lambda(E) + \varepsilon .$$

Wegen $K \subseteq E \subseteq U$ ist aber auch

$$\lambda(K) = \mu(K) \leq \mu(E) \leq \mu(U) = \lambda(U) ,$$

also $\mu(E) \in [\lambda(K), \lambda(U)] \subseteq]\lambda(E) - \varepsilon, \lambda(E) + \varepsilon[$ und somit $|\mu(E) - \lambda(E)| < 2\varepsilon$. Da ε hier beliebig klein gewählt werden kann, folgt $\mu(E) = \lambda(E)$. Die beiden Maße stimmen also auf BORELmengen überein. Da sie beide (L3) erfüllen, muss $\lambda = \mu$ sein (einschl. Übereinstimmung der Definitionsbereiche). □

Bemerkungen: (i) Die σ-Algebra $\mathcal{L}^n := \mathcal{A}(\lambda^*)$ der LEBESGUE-messbaren Mengen des $\mathbb{R}^n$ entsteht aus der BORELalgebra $\mathcal{B}^n$ durch Hinzunahme der LEBESGUEschen Nullmengen, wie (L3) zeigt. Der Maßraum $(\mathbb{R}^n, \mathcal{L}^n, \lambda)$ ist daher die *Vervollständigung* des Maßraums $(\mathbb{R}^n, \mathcal{B}^n, \lambda)$.
(ii) Man kann zeigen (vgl. etwa [78]), dass

$$\mathcal{B}^n \subsetneqq \mathcal{L}^n \subsetneqq \mathfrak{P}(\mathbb{R}^n)$$

gilt. Allerdings ist $\mathcal{B}^n$ immer noch ungeheuer groß, so dass man oft $(\mathbb{R}^n, \mathcal{B}^n, \lambda)$ als Maßraum für das Integral wählt und nicht $(\mathbb{R}^n, \mathcal{L}^n, \lambda)$.

10.12 Beispiel: LEBESGUE-STIELTJES-Maße auf der Geraden. Gegeben sei eine *monoton nichtfallende* Funktion $v : \mathbb{R} \longrightarrow \mathbb{R}$ und ein kompaktes Intervall $[a, b]$. Für stetige Funktionen $f : [a, b] \longrightarrow \mathbb{C}$ betrachtet man dann zu einer Zerlegung $\mathfrak{Z} : a = t_0 < t_1 < \cdots < t_m = b$ Summen der Form

$$S(f, v; \mathfrak{Z}) := \sum_{k=1}^{m} f(s_k)(v(t_k) - v(t_{k-1})) \tag{10.16}$$

mit Stützstellen $s_k \in [t_{k-1}, t_k]$. Lässt man die Feinheit $\delta := \max_{1 \le k \le m} |t_k - t_{k-1}|$ gegen Null streben, so häufen sich diese Summen wegen der gleichmäßigen Stetigkeit von f gegen einen festen Wert, und diesen nennt man das RIEMANN-STIELTJES-*Integral*

$$\int_a^b f \, \mathrm{d}v \equiv \int_a^b f(x) \, \mathrm{d}v(x)$$

mit dem *Integranden* f und dem *Integrator* v. (Die Details unterscheiden sich kaum von der üblichen Konstruktion des RIEMANN-Integrals.) Es ist auch klar, dass dieses Integral sich in f linear verhält und dass Ungleichungen beim Integrieren erhalten bleiben.

Für $u \in C_c(\mathbb{R})$ setzen wir nun

$$\Lambda_v(u) := \int_a^b u \, \mathrm{d}v \, , \tag{10.17}$$

wo $[a, b]$ irgendein kompaktes Intervall ist, außerhalb dessen u verschwindet. Ausgehend von Λ_v können wir nun die Konstruktion des LEBESGUE-Maßes imitieren: Wir definieren zunächst für offene Mengen $U \subseteq \mathbb{R}$ eine „modifizierte Länge“ durch (10.11) (mit Λ_v statt Λ), dann ein äußeres Maß durch (10.13), und schließlich liefert der Satz von CARATHÉODORY wieder einen vollständigen Maßraum $(\mathbb{R}, \mathcal{A}, \mu)$, dessen σ-Algebra $\mathcal{A}$ die BORELalgebra $\mathcal{B}^1$ umfasst. Das so konstruierte Maß μ heißt das von v erzeugte LEBESGUE-STIELTJES-*Maß*. Auf diese Weise erhält man auf der reellen Geraden eine Vielzahl von Maßen, die teilweise sehr unterschiedlichen Charakter haben. Explizite Beispiele finden sich in den Aufgaben 10.4, 10.5.

C Messbare Funktionen

Sei im Folgenden $(X, \mathcal{A}, \mu)$ ein fest gewählter Maßraum. Wir betrachten Funktionen $f : X \longrightarrow \overline{\mathbb{R}} := [-\infty, +\infty]$. Eine BOREL*menge* von $\overline{\mathbb{R}}$ ist definitionsgemäß eine Menge $E \subseteq \overline{\mathbb{R}}$, für die $E \cap \mathbb{R} = E \setminus \{+\infty, -\infty\}$ zu $\mathcal{B}^1$ gehört.

Definition 10.13. Eine Funktion $f : X \longrightarrow \overline{\mathbb{R}}$ heißt *messbar*, wenn eine der folgenden äquivalenten Bedingungen erfüllt ist:

a. Für jedes $\alpha \in \mathbb{R}$ ist die Menge

$$\{x \in X \mid f(x) > \alpha\} \in \mathcal{A} \quad (\mathcal{A}\text{-messbar}) . \tag{10.18}$$

b. Für jede BORELmenge B von $\overline{\mathbb{R}}$ gehört das Urbild $f^{-1}(B) = \{x \in X \mid f(x) \in B\}$ zum System $\mathcal{A}$.

Wir schreiben $\mathcal{M} = \mathcal{M}(\mathcal{A})$ für die Menge der messbaren Funktionen sowie

$$\mathcal{M}^+ = \{f \in \mathcal{M} \mid f \geq 0\} . \tag{10.19}$$

Dass hier die Bedingung b. aus der – scheinbar viel schwächeren – Bedingung a. folgt, beweist man mittels der im Anschluss an 10.8 geschilderten Strategie: Das System $\mathcal{S}$ der $B \subseteq \overline{\mathbb{R}}$, für die $f^{-1}(B) \in \mathcal{A}$ ist, bildet eine σ-Algebra, und wenn a. erfüllt ist, so enthält es alle offenen Teilmengen von $\mathbb{R}$ sowie $\{+\infty\}$ und $\{-\infty\}$. Also ist $\mathcal{B}^1 \subseteq \mathcal{S}$, und nun folgt, dass jede BORELmenge von $\overline{\mathbb{R}}$ zu $\mathcal{S}$ gehört, d. h. es gilt b.

Aus Definition 10.13 folgen sofort einige elementare Eigenschaften der messbaren Funktionen, die leicht als Übung bewiesen werden können:

Satz 10.14.

a. Ist f eine messbare Funktion, $g(x) = f(x)$ μ-f. ü., und ist der Maßraum vollständig, so ist auch g messbar.
b. Die charakteristische Funktion χ_E einer messbaren Menge E ist messbar und umgekehrt.
c. Ist f messbar, $p > 0$ und $c \in \mathbb{R}$, so sind

$$|f|^p \, , \; cf \, , \; c + f$$

messbare Funktionen.

Es ist leicht, aus endlich oder abzählbar unendlich vielen messbaren Funktionen neue messbare Funktionen zu gewinnen, wie die nächsten beiden Sätze zeigen. Diese Flexibilität der Theorie führt dazu, dass der Nachweis der Messbarkeit in konkreten Anwendungen zumeist kein gravierendes Problem darstellt.

Für den nächsten Satz (sowie später für Satz 10.26) benötigen wir einige Begriffe und Tatsachen aus der elementaren Theorie der reellen Zahlenfolgen, die wir hier kurz wiederholen:

10.15 Limes superior und Limes inferior. Für jede nach unten beschränkte reelle Zahlenfolge (a_k) ist die Folge der Zahlen

$$b_k := \inf_{j \geq k} a_j$$

offenbar monoton wachsend, konvergiert also gegen ihr Supremum (wobei wieder $+\infty$ zugelassen ist). Dieses Supremum wird als der *Limes inferior* der Folge bezeichnet, und man schreibt

$$\liminf_k a_k := \sup_k \left(\inf_{j \geq k} a_j \right) = \lim_{k \to \infty} \left(\inf_{j \geq k} a_j \right) .$$

Der Limes inferior ist auch der kleinstmögliche Grenzwert einer konvergenten Teilfolge von (a_k), wie man sich leicht überlegen kann (Übung!). Vertauscht man in seiner Definition die Rollen von Supremum und Infimum, so ergibt sich die Definition des *Limes superior* $\limsup_k a_k$, der auch als der größtmögliche Grenzwert einer konvergenten Teilfolge beschrieben werden kann.

Ist die Folge konvergent, so haben alle konvergenten Teilfolgen ein und denselben Grenzwert, und daher ist dann

$$\lim_{k \to \infty} a_k = \liminf_k a_k = \limsup_k a_k . \tag{10.20}$$

Man überlegt sich auch leicht, dass umgekehrt gilt:

$$\limsup a_k = a = \liminf_k a_k \Longrightarrow a = \lim_{k \to \infty} a_k . \tag{10.21}$$

Satz 10.16. *Sei (f_n) eine Folge von messbaren Funktionen.*

a. *Dann sind die folgenden Funktionen messbar:*

$$\overline{f}(x) := \sup_n f_n(x) , \quad \underline{f}(x) := \inf_n f_n(x) ,$$
$$f^*(x) := \limsup_n f_n(x) , \quad f_*(x) := \liminf_n f_n(x) .$$

b. *Konvergiert (f_n) punktweise gegen eine Funktion f, so ist f messbar.*

Beweis.

a. Die Behauptungen folgen aus Definition 10.13, den Eigenschaften (A1)–(A3) einer σ-Algebra aus Definition 10.1a. und den folgenden Relationen:

$$\{x \mid \overline{f}(x) > \alpha\} = \bigcup_{n=1}^{\infty} \{x \mid f_n(x) > \alpha\} ,$$
$$\{x \mid \underline{f}(x) \geq \alpha\} = \bigcap_{n=1}^{\infty} \{x \mid f_n(x) \geq \alpha\}$$

und

$$f^*(x) = \inf_{n\geq 1}\left(\sup_{m\geq n} f_m(x)\right), \quad f_*(x) = \sup_{n\geq 1}\left(\inf_{m\geq n} f_m(x)\right).$$

b. Ist ein Spezialfall von a.

□

Bemerkung: Satz 10.16a. schließt auch Supremum und Infimum von *endlich* vielen Funktionen ein, da man in der Folge (f_n) ja auch unendlich oftmalige Wiederholungen zulassen kann.

Satz 10.17. *Seien f, g messbare Funktionen*

a. Setzt man

$$E_1 = \{x \mid f(x) = +\infty, \ g(x) = -\infty\},$$
$$E_2 = \{x \mid f(x) = -\infty, \ g(x) = +\infty\},$$

so ist die Summe

$$(f+g)(x) := \begin{cases} f(x) + g(x) & , \quad x \notin E_1 \cup E_2, \\ 0 & , \quad x \in E_1 \cup E_2 \end{cases}$$

messbar.

b. Das Produkt

$$(f \cdot g)(x) := f(x) \cdot g(x)$$

ist messbar. Dabei ist

$$0 \cdot (\pm\infty) = \pm\infty \cdot 0 = 0 \tag{10.22}$$

zu setzen.

Beweis.

a. Setzt man für $q \in \mathbb{Q}$ und $\alpha \in \mathbb{R}$

$$M(q) = \{x \mid f(x) > q\} \cap \{x \mid g(x) > \alpha - q\},$$

so ist $M(q)$ messbar, weil $\mathbb{Q}$ abzählbar ist, und

$$G(\alpha) := \{x \in X \setminus (E_1 \cup E_2) \mid f(x) + g(x) > \alpha\} = \bigcup_{q\in\mathbb{Q}} M(q),$$

weil $\mathbb{Q}$ dicht in $\mathbb{R}$ ist. Somit ist $G(\alpha)$ messbar. Da auch E_1, E_2 messbar sind, folgt a. aus Definition 10.13a.

b. Sind f und g beide $\mathbb{R}$-wertig, so folgt die Messbarkeit von $f \cdot g$ aus der Gleichung

$$f \cdot g = \frac{1}{4}\left[(f+g)^2 - (f-g)^2\right]$$

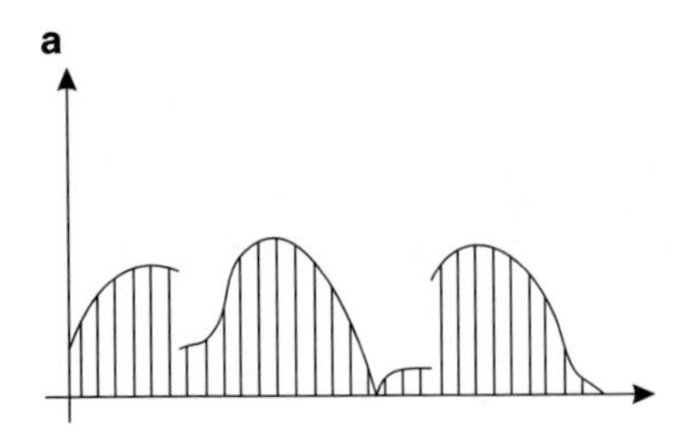

Abb. 10.3a Flächenberechnung mittels senkrechter Querschnitte

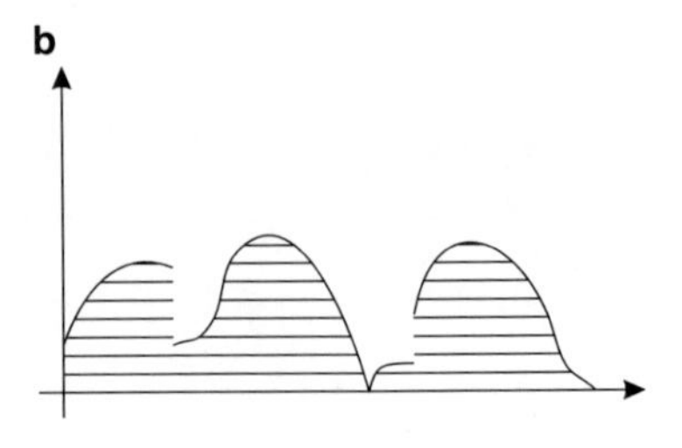

Abb. 10.3b Flächenberechnung mittels waagrechter Querschnitte

und den schon bewiesenen Aussagen. Im Falle von $\overline{\mathbb{R}}$-wertigen Funktionen definieren wir für $m \in \mathbb{N}$:

$$f_m(x) = \begin{cases} m & , \quad f(x) > m\,, \\ f(x) & , \quad -m \le f(x) \le m\,, \\ -m & , \quad f(x) < -m \end{cases}$$

und analog $g_m(x)$. Dann sind die $f_m \cdot g_m$ messbar. Nach Satz 10.16b. ist dann auch

$$f(x) \cdot g(x) := \lim_{m \longrightarrow \infty} f_m(x) g_m(x)$$

messbar.

□

D Das Integral für nichtnegative messbare Funktionen

Sei im Folgenden wieder $(X, \mathcal{A}, \mu)$ ein fest gewählter Maßraum, z. B. der Maßraum $(\mathbb{R}^n, \mathcal{B}^n, \lambda_n)$ oder $(\mathbb{R}^n, \mathcal{L}^n, \lambda_n)$. Jeder nichtnegativen Funktion $f \in \mathcal{M}^+$ ordnen wir dann ein Integral zu. Dabei verwenden wir die Methode aus [59], die es erlaubt, das Integral ohne weitere Approximationsprozeduren durch eine einzige geschlossene Formel zu definieren, aus der sich seine wesentlichen Eigenschaften leicht herleiten lassen.

Zur Motivation betrachten wir für einen Moment eine nichtnegative Funktion auf einem kompakten Intervall $[a, b]$ und erinnern uns daran, dass das Integral $\int_a^b f(x)\, \mathrm{d}x$ oft als die „Fläche unter der Kurve“ interpretiert wird, also als das Maß $\lambda_2(F)$ mit $F := \{(x, y) \mid a \le x \le b\,,\ 0 \le y < f(x)\}$. Rechnet man ganz naiv – also ohne hier auf die genaue Rechtfertigung der Umformungen Rücksicht zu nehmen –, so ergibt sich in der Tat (vgl. Abb. 10.3a)

$$\lambda_2(F) = \int_0^\infty \int_a^b \chi_F(x, y)\, \mathrm{d}x\, \mathrm{d}y = \int_a^b \underbrace{\int_0^\infty \chi_F(x, y)\, \mathrm{d}y}_{= f(x)}\, \mathrm{d}x = \int_a^b f(x)\, \mathrm{d}x\,.$$

Aber man könnte auf das Vertauschen der Integrationen ja auch verzichten. Mit der Abkürzung

$$m_f(y) := \int_a^b \chi_F(x, y)\, \mathrm{d}x = \lambda_1\Big(\{x \in [a, b] \mid f(x) > y\}\Big)$$

ergibt das (vgl. Abb. 10.3b)

$$\int_a^b f(x)\, \mathrm{d}x = \lambda_2(F) = \int_0^\infty m_f(y)\, \mathrm{d}y\,.$$

Das letzte Integral kann aber stets als elementares RIEMANN-Integral aufgefasst werden. Die Definition von m_f zeigt nämlich sofort, dass diese Funktion *monoton fallend* ist, und es gilt das elementare

Lemma 10.18. *Jede monotone Funktion* $m : [\alpha, \beta] \longrightarrow \mathbb{R}$ *ist* RIEMANN-*integrierbar.*

Beweis. Wir führen den Beweis für eine monoton fallende Funktion m (für monoton wachsende verläuft er analog). Zu einer Zerlegung $\mathfrak{Z} : \alpha = t_0 < t_1 < \cdots < t_N = \beta$ mit Feinheit $\delta := \max_{1 \le k \le N} |t_k - t_{k-1}|$ betrachten wir die Ober- und Untersummen

$$S^*(m; \mathfrak{Z}) := \sum_{k=1}^N m(t_{k-1})(t_k - t_{k-1}) \quad \text{bzw.} \quad S_*(m; \mathfrak{Z}) := \sum_{k=1}^N m(t_k)(t_k - t_{k-1})\,.$$

Es ergibt sich

$$\begin{aligned} 0 \le S^*(m; \mathfrak{Z}) - S_*(m; \mathfrak{Z}) &= \sum_{k=1}^N \underbrace{(m(t_{k-1}) - m(t_k))}_{\ge 0}(t_k - t_{k-1}) \\ &\le \delta \sum_{k=1}^N (m(t_{k-1}) - m(t_k)) = \delta(m(\alpha) - m(\beta)) \to 0 \end{aligned}$$

für $\delta \to 0$. □

Da $m_f(y) \ge 0$ ist, existiert in jedem Fall auch das uneigentliche RIEMANN-Integral $\int_0^\infty m_f(y)\, \mathrm{d}y$ (mit dem Wert $+\infty$ im Falle der Divergenz). Dieses Integral können wir auch im allgemeinen Fall betrachten, und daher definieren wir:

Definition 10.19. Sei $f : D \longrightarrow [0, \infty]$ eine messbare Funktion mit Definitionsbereich $D \subseteq X$, und sei $E \subseteq D$ eine messbare Teilmenge. Dann ist das *Integral* von f über E bzgl. des Maßes μ definiert durch

$$\int_E f\, \mathrm{d}\mu \equiv \int_E f(x)\, \mathrm{d}\mu(x) := \int_0^\infty m_{f,E}(y)\, \mathrm{d}y\,,$$

wobei $m_{f,E}(y)$ das Maß der Menge $S_{f,E}(y) := \{x \in E \mid f(x) > y\}$ bezeichnet. Das rechts stehende Integral ist dabei das uneigentliche RIEMANN-Integral der nichtnegativen, monoton fallenden Funktion $m_{f,E}$. Speziell für $E = X$ schreiben wir

$$\int f \, \mathrm{d}\mu = \int_X f \, \mathrm{d}\mu \, .$$

Ist $X = \mathbb{R}^n$ und $\mu = \lambda_n$ das LEBESGUEsche Maß, so schreibt man kurz $\mathrm{d}x$ oder $\mathrm{d}^n x$ statt $\mathrm{d}\lambda_n(x)$.

Aus dieser Definition liest man ohne weiteres die folgenden elementaren Eigenschaften des Integrals ab, indem man sich jedes Mal den Verlauf der Funktion $m_{f,E}$ klarmacht (Übung!):

Satz 10.20. *Seien $f, g \in \mathcal{M}^+$ und $E \in \mathcal{A}$.*

a. $f(x) \leq g(x)$ *μ-f. ü.* $\Longrightarrow \int_E f \, \mathrm{d}\mu \leq \int_E g \, \mathrm{d}\mu$. *Ebenso mit = statt ≤.*
b. $\int_E \alpha f(x) \, \mathrm{d}\mu(x) = \alpha \int_E f(x) \, \mathrm{d}\mu(x)$ *für* $\alpha \geq 0$.
c. $\int f \, \mathrm{d}\mu = 0 \Longleftrightarrow f(x) = 0$ *μ-f. ü.*
d. $\int f \, \mathrm{d}\mu < \infty \Longrightarrow f(x) < \infty$ *μ-f. ü.*
e. $\int \chi_E \, \mathrm{d}\mu = \mu(E)$.
f. $\int_E f \, \mathrm{d}\mu = \int f \chi_E \, \mathrm{d}\mu$.
g. Sind A, B zwei disjunkte messbare Teilmengen, so ist

$$\int_{A \cup B} f \, \mathrm{d}\mu = \int_A f \, \mathrm{d}\mu + \int_B f \, \mathrm{d}\mu \, .$$

Auch der folgende fundamentale Satz der Integrationstheorie lässt sich ohne große Mühe aus unserer Definition folgern:

Theorem 10.21 (Satz von der monotonen Konvergenz). *Sei (f_j) eine monoton wachsende Folge von messbaren Funktionen $f_j \in M^+$, und sei*

$$f(x) := \sup_{j \geq 1} f_j(x) = \lim_{j \to \infty} f_j(x) \, , \qquad x \in X \, .$$

Dann gilt

$$\int f \, \mathrm{d}\mu \equiv \int (\lim_{j \longrightarrow \infty} f_j) \, \mathrm{d}\mu = \lim_{j \longrightarrow \infty} \int f_j \, \mathrm{d}\mu \, , \tag{10.23}$$

d. h. Limes und Integral können vertauscht werden.

Beweis. (i) Wir zeigen zunächst die analoge Aussage für RIEMANN-Integrale von monoton fallenden Funktionen $m_j : [0, \infty[\longrightarrow [0, \infty]$. Es sei also $m_j(t) \leq m_{j+1}(t)$ für alle t, j und $m(t) := \lim_{j \to \infty} m_j(t)$. Die Ungleichung

$$\lim_{j \to \infty} \int_0^\infty m_j(t) \, \mathrm{d}t \leq \sigma := \int_0^\infty m(t) \, \mathrm{d}t$$

ist dann trivial. Sei $\sigma < \infty$ und $\varepsilon > 0$ gegeben. Wählen wir $b > 0$ groß genug und die Zerlegung $\mathfrak{Z}$ des Intervalls $[0, b]$ fein genug, so gilt für die entsprechende Untersumme

$$\sigma - \varepsilon < S_*(m; \mathfrak{Z}) \leq \int_0^b m(t) \, \mathrm{d}t \leq \sigma .$$

Da die m_j monoton fallend sind, werden sie bei der Bildung der Untersummen $S_*(m_j; \mathfrak{Z})$ stets am rechten Endpunkt des jeweiligen Teilintervalls ausgewertet. Daher ist

$$S_*(m; \mathfrak{Z}) = \lim_{j\to\infty} S_*(m_j; \mathfrak{Z})$$

und wegen

$$S_*(m_j; \mathfrak{Z}) \leq \int_0^b m_j(t) \, \mathrm{d}t \leq \int_0^\infty m_j(t) \, \mathrm{d}t \leq \sigma$$

folgt hieraus, dass $\int_0^\infty m_j(t) \, \mathrm{d}t$ für alle genügend großen j im Intervall $]\sigma - \varepsilon, \sigma]$ liegt. Da ε beliebig war, ergibt dies die gewünschte Relation

$$\int_0^\infty m(t) \, \mathrm{d}t = \lim_{j\to\infty} \int_0^\infty m_j(t) \, \mathrm{d}t . \tag{10.24}$$

Im Falle $\sigma = \infty$ verläuft der Beweis analog.
(ii) Nun betrachten wir die gegebene Folge $f_j(x) \nearrow f(x)$. Es sei $m_j(y)$ bzw. $m(y)$ das Maß der Menge

$$S_j(y) := \{x \mid f_j(x) > y\} \quad \text{bzw.} \quad S(y) := \{x \mid f(x) > y\}$$

$(j \in \mathbb{N},\ y \geq 0)$. Dann ist offenbar $S_j(y) \subseteq S_{j+1}(y)$ und $S(y) = \bigcup_{j=1}^\infty S_j(y)$, also $m(y) = \lim_{j\to\infty} m_j(y)$ nach Satz 10.3c. Aus (10.24) und der Definition des Integrals folgt somit die Behauptung. □

Anmerkung 10.22. Es genügt hier, wenn die Monotonie

$$f_j(x) \leq f_{j+1}(x) \tag{10.25}$$

nur μ-f. ü. gefordert wird. Nehmen wir an, (10.25) gilt außerhalb einer Menge N_j mit $\mu(N_j) = 0$. Dann hat auch $N := \bigcup_{j=1}^\infty N_j$ das Maß Null, und für die messbare Funktion

$$f(x) := \sup_{j\geq 1} f_j(x)$$

gilt immer noch

$$f(x) = \lim_{j\to\infty} f_j(x)$$

für alle $x \in X \setminus N$. Nun betrachten wir die abgeänderten Funktionen $\tilde{f}_j$, $\tilde{f}$ mit $\tilde{f}_j \equiv f_j$ auf $X \setminus N$, $\tilde{f}_j \equiv 0$ auf N, und ebenso für $\tilde{f}$. Nach Theorem 10.21 ist dann

$$\int \tilde{f} \, \mathrm{d}\mu = \lim_{j \to \infty} \int \tilde{f}_j \, \mathrm{d}\mu ,$$

und nach Satz 10.20a. ist $\int \tilde{f}_j \, \mathrm{d}\mu = \int f \, \mathrm{d}\mu$ sowie $\int \tilde{f} \, \mathrm{d}\mu = \int f \, \mathrm{d}\mu$. Somit gilt (10.23) auch in diesem Fall.

Durch diesen Abänderungstrick gelingt es in vielen Fällen, nachzuweisen, dass punktweise Voraussetzungen bei Sätzen der Integrationstheorie nur f. ü. erfüllt sein müssen, um die Behauptung zu garantieren.

Es bleibt noch die *Additivität* des Integrals zu zeigen, also die Gleichung $\int (f + g) \, \mathrm{d}\mu = \int f \, \mathrm{d}\mu + \int g \, \mathrm{d}\mu$. An dieser Stelle geht es leider nicht ganz ohne Approximationsargument, und wir benötigen das (auch sonst nützliche)

Lemma 10.23. *Für jede nicht negative messbare Funktion $f \in \mathcal{M}^+$ existiert eine Reihenentwicklung*

$$f = \sum_{k=1}^{\infty} \frac{1}{k} \chi_{E_k} \tag{10.26}$$

mit messbaren Mengen $E_1, E_2, \ldots$ Insbesondere existiert eine monoton wachsende Folge von messbaren Funktionen $\varphi_n \geq 0$, die nur endlich viele Werte annehmen, so dass

$$f(x) = \lim_{n \longrightarrow \infty} \varphi_n(x) \qquad \textit{für alle } x \in X$$

.

Beweis. Die zweite Aussage folgt aus der ersten, indem man für die φ_n die Partialsummen der Reihe (10.26) wählt. Um geeignete Mengen $E_1, E_2, \ldots$ zu finden, versucht man, die Werte $y = f(x)$ als Summen von Stammbrüchen zu schreiben, indem man Stammbrüche aufsummiert, solange die Summe $\leq y$ bleibt. Wenn sie beim Hinzufügen von $1/n$ den Wert y übertrifft, so verzichtet man auf diesen Stammbruch, und dann ist $x \notin E_n$. Anderenfalls nimmt man ihn tatsächlich hinzu, und dann ist $x \in E_n$. Man definiert die Mengen E_n also rekursiv durch

$$\begin{aligned} E_1 &:= \{x \mid f(x) \geq 1\} , \\ E_n &:= \left\{ x \;\middle|\; f(x) \geq \frac{1}{n} + \sum_{k=1}^{n-1} \frac{1}{k} \chi_{E_k}(x) \right\} , \qquad n \geq 2 . \end{aligned}$$

Aus dieser Definition ergibt sich

$$\varphi_n(x) := \sum_{k=1}^{n} \frac{1}{k} \chi_{E_k}(x) \leq f(x) \qquad \text{für alle } n$$

und somit $\varphi(x) := \sum_{k=1}^{\infty} (1/k) \chi_{E_k}(x) \leq f(x)$. Im Falle $f(x) = 0$ sind alle E_n leer, also $\varphi(x) = 0$. Im Falle $f(x) = \infty$ ist $E_n = X$ für alle n, also auch $\varphi(x) = \infty$ (Divergenz der harmonischen Reihe!). Ist schließlich $0 < f(x) < \infty$, so muss (wieder wegen der Divergenz der harmonischen Reihe) der Fall $x \notin E_n$ für unendlich viele n eintreten, etwa für $n_1 < n_2 < \cdots$. Für jedes j ist dann

$$\varphi_{n_j-1}(x) \leq f(x) < \frac{1}{n_j} + \varphi_{n_j-1}(x) ,$$

also $0 \leq f(x) - \varphi_{n-j-1}(x) < 1/n_j$. Grenzübergang $j \to \infty$ liefert nun $\varphi(x) = f(x)$, d. h. (10.26) gilt in allen Fällen. □

Satz 10.24. *Für $f, g \in \mathcal{M}^+$ und messbare Mengen $E \subseteq X$ gilt stets*

$$\int_E (f+g)\, \mathrm{d}\mu = \int_E f\, \mathrm{d}\mu + \int_E g\, \mathrm{d}\mu . \tag{10.27}$$

Beweis. Wir halten $g \in \mathcal{M}^+$ fest und beweisen (10.27) schrittweise für immer größere Klassen von Funktionen f. Stets schreiben wir dabei $h := f + g$.

(i) Sei $f = \alpha\chi_E$ mit $\alpha > 0$. Für $0 \leq y < \alpha$ ist dann $h(x) \geq \alpha > y$ für alle $x \in E$ und somit $m_{h,E}(y) = \mu(E)$. Für $y \geq \alpha$ haben wir

$$\alpha + g(x) > y \iff g(x) > y - \alpha ,$$

also $m_{h,E}(y) = m_{g,E}(y - \alpha)$. Dies ergibt

$$\begin{aligned}
\int_E h\, \mathrm{d}\mu &= \int_0^\alpha m_{h,E}(y)\, \mathrm{d}y + \int_\alpha^\infty m_{h,E}(y)\, \mathrm{d}y \\
&= \alpha\mu(E) + \int_\alpha^\infty m_{g,E}(y-\alpha)\, \mathrm{d}y \\
&= \int_E f\, \mathrm{d}\mu + \int_0^\infty m_{g,E}(z)\, \mathrm{d}z \\
&= \int_E f\, \mathrm{d}\mu + \int_E g\, \mathrm{d}\mu ,
\end{aligned}$$

wobei wir noch Satz 10.20b., e. verwendet haben. Für $\alpha = \infty$ ist die Aussage trivial.

(ii) Nun betrachten wir messbare Funktionen f, die nur endlich viele Werte annehmen, und beweisen (10.27) durch Induktion nach der Anzahl N der verschiedenen Werte von f auf E. Der Induktionsanfang $N = 1$ ist gerade Teil (i). Sei die Aussage für Funktionen mit $N - 1$ verschiedenen Werten schon bekannt, und sei f eine Funktion mit N verschiedenen Werten auf E ($N \geq 2$). Sei α einer dieser Werte und $A := \{x \in E \mid f(x) = \alpha\}$, $B := E \setminus A$. Dann nimmt f auf B nur $N - 1$ verschiedene Werte an, also ist nach Induktionsvoraussetzung

$$\int_B h\, \mathrm{d}\mu = \int_B f\, \mathrm{d}\mu + \int_B g\, \mathrm{d}\mu .$$

Aber auf A stimmt f mit $\alpha\chi_A$ überein, also ist nach Teil (i)

$$\int_A h \, \mathrm{d}\mu = \int_A f \, \mathrm{d}\mu + \int_A g \, \mathrm{d}\mu .$$

Addition dieser beiden Gleichungen liefert wegen Satz 10.20g. wieder (10.27) für f.

(iii) Ein beliebiges $f \in \mathcal{M}^+$ repräsentieren wir nun gemäß Lemma 10.23 als punktweiser Limes $f = \lim_{n\to\infty} \varphi_n$, wobei jedes φ_n nur endlich viele Werte annimmt. Nach Teil (ii) gilt dann

$$\int_E (\varphi_n + g) \, \mathrm{d}\mu = \int_E \varphi_n \, \mathrm{d}\mu + \int_E g \, \mathrm{d}\mu \qquad \forall n .$$

Dann folgt (10.27) nach dem Satz von der monotonen Konvergenz durch Grenzübergang $n \to \infty$. □

Es ist klar, dass man diesen Satz durch Induktion sofort auf Summen aus endlich vielen Termen ausdehnen kann. Dann gilt er aber auch für unendliche Reihen, denn die Partialsummen einer Reihe von nichtnegativen Funktionen bilden ja eine monoton wachsende Funktionenfolge, so dass beim Grenzübergang der Satz über monotone Konvergenz herangezogen werden kann. Es ergibt sich:

Korollar 10.25 (*Satz von* BEPPO LEVI). *Für jede Folge* $(g_n) \in M^+$ *gilt:*

$$\int \left(\sum_{n=1}^{\infty} g_n \right) \mathrm{d}\mu = \sum_{n=1}^{\infty} \int g_n \, \mathrm{d}\mu , \tag{10.28}$$

wobei auf beiden Seiten der Wert $+\infty$ *erlaubt ist.*

Wir ziehen schließlich aus dem Satz über monotone Konvergenz noch eine weitere Folgerung, die für die Behandlung von Integralen reell- oder komplexwertiger Funktionen im nächsten Abschnitt von entscheidender Bedeutung sein wird. Dabei verwenden wir die Begriffe und Schreibweisen aus 10.15.

Satz 10.26 (*Lemma von* FATOU). *Für jede Folge* (f_n) *von Funktionen aus* $\mathcal{M}^+$ *gilt*

$$\int (\liminf_n f_n) \, \mathrm{d}\mu \leq \liminf_n \int f_n \, \mathrm{d}\mu . \tag{10.29}$$

Beweis. Für $m \in \mathbb{N}$ setzen wir

$$g_m(x) := \inf_{n \geq m} f_n(x) . \tag{10.30}$$

Dann ist (g_m) monoton wachsend und es gilt

$$g_m \leq f_n \quad \text{für } n \geq m$$

und daher

$$\int g_m \, \mathrm{d}\mu \leq \int f_n \, \mathrm{d}\mu \quad \text{für } n \geq m ,$$

also weiter

$$\int g_m \, \mathrm{d}\mu \leq \liminf_n \int f_n \, \mathrm{d}\mu . \tag{10.31}$$

Wegen

$$\lim_{m \longrightarrow \infty} g_m = \sup_m g_m = \sup_{m \geq 1} \left(\inf_{n \geq m} f_n \right) = \liminf_n f_n$$

folgt mit Theorem 10.21 aus (10.31)

$$\begin{aligned} \int (\liminf f_n) \, \mathrm{d}\mu &= \int \lim_{m \to \infty} g_m \, \mathrm{d}\mu \\ &= \lim_{m \to \infty} \int g_m \, \mathrm{d}\mu \\ &\leq \liminf_n \int f_n \, \mathrm{d}\mu . \end{aligned}$$

□

Bemerkung: Wenn der Grenzwert

$$f(x) = \lim_{n \to \infty} f_n(x)$$

μ-fast überall existiert, so ergibt das Lemma von FATOU die Abschätzung

$$\int f \, \mathrm{d}\mu \leq \liminf_n \int f_n \, \mathrm{d}\mu . \tag{10.32}$$

Es kann leicht geschehen, dass hier eine echte Ungleichung vorliegt. Betrachtet man z. B. auf der reellen Geraden die Funktionen $f_n := n^{-1} \chi_{[0,n]}$, so ist $\int f_n(t) \, \mathrm{d}t = 1$ für alle n, aber $\lim_{n \to \infty} f_n(t) = 0$ für alle t.

E Summierbare Funktionen

Wir betrachten immer noch den beliebigen, aber fest gewählten Maßraum $(X, \mathcal{A}, \mu)$. Bisher haben wir das Integral nur für nichtnegative μ-messbare Funktionen definiert, wobei $+\infty$ als Wert bei Integrand und Integral zugelassen war. Um zu einem endlichen Integral für $\overline{\mathbb{R}}$-wertige und $\mathbb{C}$-wertige Funktionen zu kommen, definieren wir:

Definitionen 10.27.

a. Sei $f : X \longrightarrow \overline{\mathbb{R}}$ beliebig. Dann nennt man die Funktionen

$$f^+(x) := \sup\{f(x), 0\} , \quad f^-(x) := \sup\{-f(x), 0\} \tag{10.33}$$

den *positiven* bzw. den *negativen Teil* von f.

b. Eine Funktion $f : X \longrightarrow \mathbb{C}$ heißt *messbar*, wenn $u := \operatorname{Re} f$ und $v := \operatorname{Im} f$ messbar sind. Wir bezeichnen die Menge aller dieser Funktionen wieder mit $\mathcal{M}(X)$ oder $\mathcal{M}_{\mathbb{C}}(X)$.

Für $\overline{\mathbb{R}}$-wertiges f gilt offenbar:

$$f = f^+ - f^-, \quad |f| = f^+ + f^- . \tag{10.34}$$

Ist f messbar, so sind nach Satz 10.16a. $f^+, f^- \in \mathcal{M}^+$. Für *komplexwertige* messbare Funktionen $f = u + \mathrm{i}v$ zeigen Satz 10.14c. und Satz 10.17a., dass $|f| = (u^2 + v^2)^{1/2}$ messbar ist.

Definitionen 10.28.

a. Eine messbare reelle Funktion $f \in \mathcal{M}$ heißt *μ-summierbar* oder *μ-integrierbar*, wenn

$$\int f^+ \,\mathrm{d}\mu < \infty \quad \text{und} \quad \int f^- \,\mathrm{d}\mu < \infty , \tag{10.35}$$

und man nennt

$$\int f \,\mathrm{d}\mu := \int f^+ \,\mathrm{d}\mu - \int f^- \,\mathrm{d}\mu \tag{10.36}$$

das *Integral* von f bezüglich μ. Für $E \in \mathcal{A}$ setzt man

$$\int_E f \,\mathrm{d}\mu := \int f\chi_E \,\mathrm{d}\mu = \int_E f^+ \,\mathrm{d}\mu - \int_E f^- \,\mathrm{d}\mu . \tag{10.37}$$

b. Eine komplexe messbare Funktion f heißt μ-summierbar oder μ-integrierbar, wenn ihr Realteil u und ihr Imaginärteil v μ-summierbar sind, und dann setzt man

$$\int f \,\mathrm{d}\mu := \int u \,\mathrm{d}\mu + \mathrm{i} \int v \,\mathrm{d}\mu \tag{10.38}$$

und analog für die Integrale über messbare Teilmengen.

c. Die Menge der μ-summierbaren Funktionen auf X wird mit

$$\mathcal{L}^1(X) \equiv \mathcal{L}^1(X, \mathcal{A}, \mu) \equiv \mathcal{L}^1(\mu)$$

bezeichnet, und wenn erforderlich, wird der Wertebereich durch untere Indizes $\mathbb{R}$ oder $\mathbb{C}$ gekennzeichnet.

Die folgenden elementaren Eigenschaften der summierbaren Funktionen und des Integrals überzeugen uns, dass man mit dem allgemeinen Integral so umgehen kann, wie man es von einem Integral erwartet. Sie ergeben sich mehr oder weniger leicht aus den zuvor bewiesenen Fakten, insbes. aus Satz 10.20 und Satz 10.24:

Theorem 10.29. *Sei $E \subseteq X$ eine messbare Menge. Dann gilt:*

a. $\mathcal{L}^1_{\mathbb{K}}(E)$ ist ein $\mathbb{K}$-Vektorraum und das Integral ist ein $\mathbb{K}$-lineares Funktional auf $\mathcal{L}^1_{\mathbb{K}}(E)$.

b. Sind f, g $\overline{\mathbb{R}}$*-wertige summierbare Funktionen und ist* $f(x) \leq g(x)$ μ*-f. ü. auf* E*, so ist*

$$\int_E f \, \mathrm{d}\mu \leq \int_E g \, \mathrm{d}\mu \, .$$

c. $f \in \mathcal{M}(E)$ *ist genau dann summierbar, wenn* $|f|$ *summierbar ist, und dann gilt*

$$\left| \int_E f \, \mathrm{d}\mu \right| \leq \int_E |f| \, \mathrm{d}\mu \, . \tag{10.39}$$

Insbesondere ist f *summierbar, wenn ein* $h \in \mathcal{M}^+$ *existiert mit* $|f(x)| \leq h(x)$ μ*-f. ü. und* $\int h \, \mathrm{d}\mu < \infty$.

d. Sind f, g *messbar und* $f(x) = g(x)$ μ*-f. ü., so ist* f *summierbar genau dann, wenn* g *summierbar ist, und im Falle der Summierbarkeit ist* $\int_E f \, \mathrm{d}\mu = \int_E g \, \mathrm{d}\mu$.

Beweis. a. Wir beweisen die Additivität

$$\int_E (f+g) \, \mathrm{d}\mu = \int_E f \, \mathrm{d}\mu + \int_E g \, \mathrm{d}\mu \tag{10.40}$$

für reelle Funktionen $f, g \in \mathcal{L}^1(E)$. Alles Weitere kann als Übung erledigt werden. Wir schreiben also $f = f^+ - f^-$, $g = g^+ - g^-$ und $h := f + g = h^+ - h^-$ und setzen außerdem

$$\widetilde{h^{\pm}} := f^{\pm} + g^{\pm} \, .$$

Dann ist

$$\int_E \widetilde{h^{\pm}} \, \mathrm{d}\mu = \int_E f^{\pm} \, \mathrm{d}\mu + \int_E g^{\pm} \, \mathrm{d}\mu \tag{10.41}$$

nach Satz 10.24. Aus

$$h^+ - h^- = h = f^+ - f^- + g^+ - g^- = \widetilde{h^+} - \widetilde{h^-}$$

folgt

$$h^+ + \widetilde{h^-} = \widetilde{h^+} + h^- \, ,$$

und da hier nur nichtnegative Summanden stehen, kann Satz 10.24 angewendet werden und ergibt

$$\int_E h^+ \, \mathrm{d}\mu + \int_E \widetilde{h^-} \, \mathrm{d}\mu = \int_E \widetilde{h^+} \, \mathrm{d}\mu + \int_E h^- \, \mathrm{d}\mu \, ,$$

also

$$\int_E h \, \mathrm{d}\mu = \int_E h^+ \, \mathrm{d}\mu - \int_E h^- \, \mathrm{d}\mu = \int_E \widetilde{h^+} \, \mathrm{d}\mu - \int_E \widetilde{h^-} \, \mathrm{d}\mu \, .$$

Einsetzen von (10.41) ergibt nun (10.40).

b. Man beachte

$$f^+ - f^- \le g^+ - g^- \iff f^+ + g^- \le g^+ + f^-$$

und wende Satz 10.20a. an.

c. Die Äquivalenz $f \in \mathcal{L}^1(E) \iff \int_E |f| \, d\mu < \infty$ geht sofort aus den Beziehungen

$$0 \le f^\pm \le |f| = f^+ + f^-$$

für reelles f und

$$|u|, |v| \le |f| \le |u| + |v|$$

für komplexes $f = u + iv$ hervor. Um (10.39) zu beweisen, schreiben wir die komplexe Zahl $\int_E f \, d\mu$ in Polarkoordinaten als $r\,e^{i\theta}$ und setzen

$$g(x) := e^{-i\theta} f(x) \, ; u := \operatorname{Re} g \, , \; v := \operatorname{Im} g \; .$$

Dann ist $\int_E g \, d\mu = r$ reell, also $\int_E v \, d\mu = 0$, und außerdem $u \le |u| \le |g| = |f|$ punktweise. Mit Teil b. folgt nun

$$\left| \int_E f \, d\mu \right| = r = \int_E u \, d\mu \le \int_E |f| \, d\mu \, ,$$

also (10.39).

d. Ist eine leichte Übung.

□

Wir weisen noch auf einige weitere leicht zu beweisende Eigenschaften hin:

Satz 10.30.

a. Ist $f \in \mathcal{L}^1(E)$, so ist

$$N = \{x \in E \mid f(x) = \pm\infty\}$$

eine μ-Nullmenge.

b. Ist $f \in \mathcal{L}^1(E)$, $F \subseteq E$ messbar, so ist $f \in \mathcal{L}^1(F)$.

c. Ist $f \in \mathcal{L}^1(E)$ und (A_m) eine disjunkte Mengenfolge, $A_m \in \mathcal{A}$, $A_m \subset E$, so gilt

$$\int_A f \, d\mu = \sum_{m=1}^{\infty} \int_{A_m} f \, d\mu \tag{10.42}$$

für $A := \bigcup_{m=1}^{\infty} A_m$.

d. Sind $f, g \in \mathcal{L}^1(X)$ und

$$\int_E f \, d\mu = \int_E g \, d\mu \qquad \text{für alle } E \in \mathcal{A} \, ,$$

so ist $f(x) = g(x)$ μ-f. ü.

Teile a., b. und d. beruhen auf Aussagen aus Satz 10.20, Teil c. auf dem Satz von BEPPO LEVI.

Beispiele 10.31.

a. Bei den einfachen Beispielen aus 10.2 waren alle Teilmengen von X messbar. Dann sind auch alle Funktionen $f : X \longrightarrow \overline{\mathbb{R}}$ bzw. $f : X \longrightarrow \mathbb{C}$ messbar. Für die Integrale ergibt sich durch Betrachten der Definitionen folgendes:

   (i) Für das Zählmaß aus Beispiel 10.2a. ist f genau dann integrierbar, wenn f außerhalb einer (von f abhängigen) abzählbaren Teilmenge $A = \{x_1, x_2, \ldots\}$ verschwindet und die Reihe $\sum_{k=1}^{\infty} f(x_k)$ absolut konvergiert. Die Summe dieser Reihe ist dann das Integral.

   (ii) Bei dem Maß (10.4) ist jede Funktion f summierbar, und der Wert des Integrals ist $\sum_{k=1}^{N} m_k f(a_k)$. Die Integration bezüglich des DIRACmaßes im Punkt a ist insbesondere einfach die Auswertung der Funktion in diesem Punkt.

   (iii) Für das Maß (10.5) ist die Integrierbarkeit von f äquivalent mit der absoluten Konvergenz der Reihe $\sum_{k=1}^{\infty} m_k f(a_k)$, und der Wert des Integrals ist dann die Summe dieser Reihe.

b. Nun seien ein Maßraum $(X, \mathcal{A}, \mu)$ sowie eine „Gewichtsfunktion“ $w \in \mathcal{M}^+(X)$ gegeben. Wie Satz 10.30c. zeigt, definiert die Formel

$$\nu(A) := \int_A w \, \mathrm{d}\mu \tag{10.43}$$

dann wieder ein Maß ν auf derselben σ-Algebra $\mathcal{A}$. Man schreibt $\nu = w\mu$ oder $\mathrm{d}\nu = w \, \mathrm{d}\mu$ und nennt w die *Dichte* von ν in Bezug auf μ oder auch die *Ableitung* $w = \mathrm{d}\nu / \mathrm{d}\mu$. Man überlegt sich leicht (Übung!), dass

$$w_1\mu = w_2\mu \iff w_1(x) = w_2(x) \ \mu\text{-f.ü.},$$

also ist die Dichte eindeutig bestimmt bis auf Änderungen auf einer μ-Nullmenge. Für die Summierbarkeit gilt

$$f \in \mathcal{L}^1(\nu) \iff \int |f| w \, \mathrm{d}\mu < \infty \iff fw \in \mathcal{L}^1(\mu) ,$$

und im Fall der Summierbarkeit ist

$$\int_E f \, \mathrm{d}\nu = \int_E fw \, \mathrm{d}\mu . \tag{10.44}$$

Geht man vom LEBESGUE-Maß $\mu = \lambda_n$ aus, so entstehen auf diese Weise viele wichtige Maße auf $\mathbb{R}^n$.

Bemerkung: Jede μ-Nullmenge ist offenbar auch eine ν-Nullmenge, wenn $\nu = w\mu$. Der sog. *Satz von* RADON-NIKODYM besagt, dass – jedenfalls für

σ-endliche Maße μ im Sinne von Def. 10.43 – hiervon auch die Umkehrung gilt: Ist jede μ-Nullmenge auch eine ν-Nullmenge, so ist $\nu = w\mu$ für ein geeignetes $w \in \mathcal{M}^+(\mathcal{A})$.

c. Für das LEBESGUE-STIELTJES-Maß μ_v, das durch den Integrator v definiert wird (vgl. 10.12), gilt

$$\int f \, \mathrm{d}\mu_v = \int f \, \mathrm{d}v \tag{10.45}$$

für alle stetigen f, die außerhalb eines kompakten Intervalls verschwinden. Aus der Konstruktionsvorschrift für μ_v kann man nämlich entnehmen, dass

$$\mu_v(]a,b]) = v(b+0) - v(a+0) \tag{10.46}$$

ist (rechtsseitige Grenzwerte!), und da man die stetige Funktion f gleichmäßig durch stückweise konstante Funktionen approximieren kann, erhält man hieraus

$$\int f \, \mathrm{d}\mu_v = \int f \, \mathrm{d}\tilde{v}$$

mit dem leicht abgeänderten Integrator $\tilde{v}(x) := v(x+0)$. Dass aber v und $\tilde{v}$ ein und dasselbe STIELTJES-Integral liefern, folgt mittels der Stetigkeit von f leicht durch Betrachtung der Summen (10.16). Wir verzichten auf Details.

Einer der Hauptgründe für die Einführung des LEBESGUE-Integrals sind seine besseren Konvergenzeigenschaften.

Theorem 10.32 (***Satz von* LEBESGUE *über dominierte Konvergenz***)**.** *Sei $E \subseteq X$ messbar, f eine Funktion auf E, und seien $f_n \in \mathcal{L}^1(E)$, $n \in \mathbb{N}$ so, dass gilt:*

a. $f(x) = \lim_{n \longrightarrow \infty} f_n(x)$ für fast alle $x \in E$.

b. Es existiert ein $g \in \mathcal{L}^1(E)$, so dass für alle $n \in \mathbb{N}$

$$|f_n(x)| \leq g(x) \quad \text{für fast alle } x \in E.$$

Dann ist $f \in \mathcal{L}^1(E)$, und es gilt

$$\lim_{n \longrightarrow \infty} \int_E f_n \, \mathrm{d}\mu = \int_E f \, \mathrm{d}\mu \,. \tag{10.47}$$

Beweis. Wegen Satz 10.29d. dürfen wir die Funktionen f_n auf einer Nullmenge so abändern, dass

$$f(x) = \lim_{n \longrightarrow \infty} f_n(x) \qquad \forall\, x \in E\,, \tag{10.48}$$

$$|f_n(x)| \leq g(x) \qquad \forall\, x \in E\,,\ \forall\, n \in \mathbb{N}\,. \tag{10.49}$$

Dann gilt aber auch $f \in M(E)$ nach Satz 10.16b., und

$$|f(x)| \leq g(x) \qquad \forall\, x \in E\,, \tag{10.50}$$

so dass $f \in \mathcal{L}^1(E)$ aus Satz 10.29c. folgt.

Nun nehmen wir an, f sei $\overline{\mathbb{R}}$-wertig, denn der Fall eines komplexwertigen f kann durch Zerlegung in Real- und Imaginärteil leicht auf den reellen Fall zurückgeführt werden. Da nach (10.49)

$$g + f_n \geq 0 \quad \text{auf } E$$

können wir Satz 10.26 (FATOU) anwenden und bekommen:

$$\begin{aligned}\int_E g \, \mathrm{d}\mu + \int_E f \, \mathrm{d}\mu &= \int_E (g+f) \, \mathrm{d}\mu \leq \liminf \int_E (g + f_n) \, \mathrm{d}\mu \\ &= \int_E g \, \mathrm{d}\mu + \liminf \int_E f_n \, \mathrm{d}\mu \, .\end{aligned}$$

Daraus folgt dann

$$\int_E f \, \mathrm{d}\mu \leq \liminf_n \int_E f_n \, \mathrm{d}\mu \, . \tag{10.51}$$

Da andererseits nach (10.49) auch

$$g - f_n \geq 0 \quad \text{auf } E$$

ist, folgt wieder mit dem Lemma von FATOU

$$\begin{aligned}&\int_E g \, \mathrm{d}\mu - \int_E f \, \mathrm{d}\mu = \int_E (g - f) \, \mathrm{d}\mu \\ &\leq \liminf \int_E (g - f_n) \, \mathrm{d}\mu = \int_E g \, \mathrm{d}\mu - \limsup \int_E f_n \, \mathrm{d}\mu \, ,\end{aligned}$$

woraus dann

$$\limsup_n \int_E f_n \, \mathrm{d}\mu \leq \int_E f \, \mathrm{d}\mu \tag{10.52}$$

folgt. Die Ungleichungen (10.51) und (10.52) liefern dann die behauptete Gleichung (10.47). □

Anwendung dieses Satzes auf die Partialsummen einer unendlichen Reihe ergibt das folgende Korollar:

Korollar 10.33. *Sei $E \subseteq X$ messbar und seien $f_n \in \mathcal{L}^1(E)$ so, dass*

$$\sum_{n=1}^{\infty} \int_E |f_n| \, \mathrm{d}\mu < \infty \, . \tag{10.53}$$

Dann existiert f. ü. auf E die Summe

$$f(x) := \sum_{n=1}^{\infty} f_n(x) \, . \tag{10.54}$$

Es ist $f \in \mathcal{L}^1(E)$ *und*

$$\int_E f \, d\mu = \sum_{n=1}^{\infty} \int_E f_n \, d\mu \, . \tag{10.55}$$

Beweis. Wegen (10.53) und dem Satz von BEPPO LEVI (Kor. 10.25) ist die Funktion

$$g(x) := \sum_{n=1}^{\infty} |f_n(x)|$$

summierbar, also auch $g(x) < \infty$ f. ü. (Satz 10.20c. oder 10.30a.). Also ist die Reihe in (10.54) f. ü. absolut konvergent. Nun wende man 10.32 auf die Folge der Partialsummen dieser Reihe an, wobei g als integrierbare Majorante dient. □

10.34 Räume p-summierbarer Funktionen. In Abschn. 7A haben wir für LEBESGUE-messbare Teilmengen $S \subseteq \mathbb{R}^n$ die BANACHräume $L^p(S, 1 \leq p \leq \infty)$ besprochen. Dabei stand der HILBERTraum $L^2(S)$ im Vordergrund, der für die Physik von entscheidender Bedeutung ist. Auch für einen beliebigen Maßraum $(X, \mathcal{A}, \mu)$ lassen sich entsprechende Räume $L^p(X, \mathcal{A}, \mu)$ in völliger Analogie hierzu konstruieren, und es genügt daher, wenn wir diese Konstruktion hier nur kurz rekapitulieren.

Ist $f : X \longrightarrow \mathbb{K}$ messbar, so ist $|f| \in \mathcal{M}^+(\mathcal{A})$, also können wir definieren:

$$N_p(f) := \int |f(x)|^p \, d\mu \tag{10.56}$$

für $1 \leq p < \infty$ sowie

$$\begin{aligned} N_\infty(f) : &= \operatorname*{ess\,sup}_{x \in S} |f(x)| \\ &= \inf\{s \geq 0 \mid |f(x)| \leq s \ \mu\text{-f. ü.}\} \end{aligned} \tag{10.57}$$

(vgl. (7.24) und (7.28)). Nun setzt man

$$\mathcal{L}^p \equiv \mathcal{L}^p_{\mathbb{K}}(X, \mathcal{A}, \mu) := \{f \in \mathcal{M}_{\mathbb{K}} \mid N_p(f) < \infty\} \, . \tag{10.58}$$

Für $p = 1$ stimmt das mit der in 10.28c. getroffenen Definition von $\mathcal{L}^1$ überein.

Da unser allgemeines Integral alle Eigenschaften besitzt, die man zum Beweis der Ungleichungen von HÖLDER und MINKOWSKI benötigt, gelten diese Ungleichungen auch hier. Ist also $p > 1$, $q := p/(p-1)$ und ist $f \in \mathcal{L}^p$, $g \in \mathcal{L}^q$, so ist $fg \in \mathcal{L}^1$ und

$$\int |fg| \, d\mu \leq N_p(f)^{1/p} N_q(g)^{1/q} \tag{10.59}$$

(HÖLDER*sche Ungleichung*). Für $p = 1$, $q = \infty$ hat man stattdessen die Ungleichung

$$\int |fg| \, d\mu \leq N_1(f) N_\infty(g) \, , \tag{10.60}$$

die unmittelbar aus Satz 10.20a.,b. folgt. Die MINKOWSKI*sche Ungleichung* lautet wieder

$$N_p(f+g)^{1/p} \leq N_p(f)^{1/p} + N_p(g)^{1/p} \, , \tag{10.61}$$

wobei $1 \leq p < \infty$, und sie zeigt, dass $\mathcal{L}^p$ ein Vektorraum ist (was für $p = \infty$ trivial ist).

Aus Satz 10.20c. geht hervor, dass $N_p(f) = 0 \iff f(x) = 0$ μ-f. ü. Um also zu einem normierten Raum zu gelangen, bildet man wieder die *Äquivalenzklassen* (vgl. Anmerkung 1.24) in Bezug auf die Äquivalenzrelation

$$f \sim g \overset{\text{def}}{\iff} f(x) = g(x) \ \mu\text{-f. ü.} \tag{10.62}$$

Der Raum $L^p \equiv L^p(X, \mathcal{A}, \mu)$ ist definiert als die Menge dieser Äquivalenzklassen $[f]$ mit $f \in \mathcal{L}^p(X, \mathcal{A}, \mu)$ $(1 \leq p \leq \infty)$. Für diese Klassen definiert man Addition, Multiplikation mit Skalaren und eine Norm durch

$$[f] + [g] := [f + g], \quad \alpha[f] := [\alpha f], \quad \|[f]\|_p := N_p(f)^{1/p}$$

für $p < \infty$ bzw. $\|[f]\|_\infty := N_\infty(f)$, und in jedem Fall kann man durch triviale Rechnungen nachprüfen, dass diese Definitionen nicht von den gewählten Repräsentanten der Klassen abhängen, sondern nur von den Klassen selbst. Außerdem sind die Vektorraumaxiome und wegen (10.61) auch die Normaxiome erfüllt. Schließlich gilt – mit unverändertem Beweis – der *Satz von* RIESZ-FISCHER, und damit handelt es sich um BANACHräume, und bei $L^2(X, \mathcal{A}, \mu)$ handelt es sich sogar um einen HILBERTraum. Sein Skalarprodukt ist gegeben durch

$$\langle [f] \mid [g] \rangle := \int \overline{f(x)} g(x) \, \mathrm{d}\mu(x) , \tag{10.63}$$

was wieder von den gewählten Repräsentanten unabhängig ist. Die HÖLDERsche Ungleichung für den Fall $p = q = 2$ ist nichts anderes als die SCHWARZsche Ungleichung für dieses Skalarprodukt.

In der Praxis schreibt man f statt $[f]$ und überlässt es dem mitdenkenden Leser, zu entscheiden, ob gerade die Funktion f selbst oder die durch sie festgelegte Äquivalenzklasse $[f]$ gemeint ist.

Bemerkung: Wählt man $X = \mathbb{N}$ und für μ das Zählmaß, so ergibt sich $L^p(X, \mathfrak{P}(X), \mu) = l^p$ in der Schreibweise aus Abschn. 7A (vgl. die Beispiele aus 10.31a.). Fasst man Folgen also als Funktionen auf, die auf $\mathbb{N}$ definiert sind, so sind die p-summierbaren Folgen gerade die p-summierbaren Funktionen in Bezug auf das Zählmaß.

10.35 Anwendung auf die Stochastik. Die Maßtheorie liefert, wie sich im Laufe des 20. Jahrhunderts herausgestellt hat, mit Abstand den besten Apparat für die mathematische Modellierung des Zufalls, d. h. für die *Stochastik*. Wir können hier nicht auf den mathematischen Gehalt der Stochastik eingehen – das würde ein eigenes Lehrbuch ergeben –, aber wir können an Hand von etwas grundlegender Terminologie erläutern, wie die abstrakte Integrationstheorie für die Behandlung des Zufalls eingesetzt wird.

Als *Wahrscheinlichkeitsraum* bezeichnet man einen Maßraum $(\Omega, \mathcal{A}, \mathcal{P})$, für den

$$\mathcal{P}(\Omega) = 1 \tag{10.64}$$

gilt. Die Mengen $E \in \mathcal{A}$ modellieren zufällige Ereignisse und werden auch so genannt, und das Maß $\mathcal{P}(E)$ ist die Wahrscheinlichkeit, mit der das Ereignis E eintritt. Für die Modellierung einfacher Glücksspiele ist natürlich keine allgemeine Maß- und Integrationstheorie vonnöten, denn hier ist der entsprechende Wahrscheinlichkeitsraum eine *endliche* Menge $\Omega = \{\omega_1, \dots, \omega_N\}$ (etwa mit $N = 6$ für einen Würfel, $N = 37$ für ein Rouletterad), und das Maß $\mathcal{P}$ ist durch die Zahlen

$$p_k := \mathcal{P}(\{\omega_k\}), \qquad k = 1, \dots, N$$

vollständig festgelegt. Aber sobald das System kontinuierlich schwankende Parameter enthält, sieht die Sache anders aus. Zum Beispiel in der statistischen Mechanik ist Ω der Phasenraum eines Systems aus sehr vielen Teilchen, also eine Mannigfaltigkeit von sehr hoher Dimension.

Die Ergebnisse von Zufallsexperimenten werden i. A. durch reelle Zahlen ausgedrückt. Deshalb werden die messbaren Funktionen $\xi : \Omega \longrightarrow \mathbb{R}$ auf einem Wahrscheinlichkeitsraum $(\Omega, \mathcal{A}, \mathcal{P})$ als *Zufallsgrößen* oder *zufällige Variable* bezeichnet. Für eine BORELmenge $B \subseteq \mathbb{R}$ ist dann $E := \xi^{-1}(B)$ ein Ereignis, und $\mathcal{P}(\xi^{-1}(B))$ ist die Wahrscheinlichkeit dafür, dass das Ergebnis des durch ξ beschriebenen Zufallsexperiments in der Menge B liegt. Daher nennt man

$$\langle \xi \rangle := \int \xi(\omega) \, \mathrm{d}\mathcal{P}(\omega) \tag{10.65}$$

den *Erwartungswert* oder *Mittelwert* von ξ, und

$$\sigma := \left(\int (\xi(\omega) - \langle \xi \rangle)^2 \, \mathrm{d}\mathcal{P}(\omega) \right)^{1/2} \tag{10.66}$$

nennt man die *Streuung* oder *Standardabweichung* von ξ.

Solange man es nur mit einer einzigen Zufallsvariablen $x = \xi(\omega)$ zu tun hat, benötigt man den Raum Ω eigentlich nicht. Man transportiert das Maß $\mathcal{P}$ nämlich auf die reelle Gerade, indem man setzt

$$\mu(B) := \mathcal{P}(\xi^{-1}(B)), \qquad B \in \mathcal{B}^1 . \tag{10.67}$$

Damit ist ein BORELmaß auf $\mathbb{R}$ definiert, das man als die *Verteilung* von ξ bezeichnet, und man kann leicht beweisen, dass

$$\int f(x) \, \mathrm{d}\mu(x) = \int f(\xi(\omega)) \, \mathrm{d}\mathcal{P}(\omega) \tag{10.68}$$

gilt (was auch einschließt, dass $f \in \mathcal{L}^1(\mu) \iff f \circ \xi \in \mathcal{L}^1(\mathcal{P})$). Damit nehmen insbesondere die Formeln für Erwartungswert und Streuung die Gestalt

$$\langle x \rangle = \int x \, \mathrm{d}\mu , \qquad \sigma^2 = \int (x - \langle x \rangle)^2 \, \mathrm{d}\mu$$

an.

Statt des Maßes μ selbst betrachtet man in der Stochastik häufig die monotone Funktion

$$v(x) := \mu(]-\infty, x]), \qquad x \in \mathbb{R}, \tag{10.69}$$

die ebenfalls als Verteilung oder *Verteilungsfunktion* bezeichnet wird. Sie legt das Maß μ eindeutig fest, denn, wie man sich leicht überlegen kann, erzeugt das System aller Intervalle $]-\infty, x]$, $x \in \mathbb{R}$ die gesamte BORELalgebra $\mathcal{B}^1$ (vgl. Aufg. 10.7). Die entsprechenden Integrale – und insbesondere Erwartungswert und Streuung – können nach Beispiel 10.31c. also als LEBESGUE-STIELTJES-Integrale mit dem Integrator v ausgedrückt werden.

Bemerkung: Bei der statistischen Deutung der Quantenmechanik wird durch den physikalischen Zustand des Systems für jede Observable (= Messgröße) eine Wahrscheinlichkeitsverteilung festgelegt, also ein BORELmaß μ auf $\mathbb{R}$ mit $\mu(\mathbb{R}) = 1$ (oder, äquivalent, eine Verteilungsfunktion $v : \mathbb{R} \to \mathbb{R}$ mit $\lim_{x\to-\infty} v(x) = 0$, $\lim_{x\to\infty} v(x) = 1$), und dabei ist – ähnlich wie in der Stochastik – $\mu(B)$ als die Wahrscheinlichkeit dafür anzusprechen, dass eine Messung der betreffenden Observablen in dem betreffenden Zustand einen Wert $x \in B$ ergeben wird. Trotzdem sind diese Observablen keine Zufallsvariablen auf irgendeinem Wahrscheinlichkeitsraum, sondern ihre Wahrscheinlichkeitsverteilungen kommen auf eine ganz andere Art zustande (vgl. Kap. 16 (Band II)). Die genauen logischen und mathematischen Unterschiede zwischen klassischer statistischer Physik und Quantenmechanik sind z. B. in [26, 53, 61, 97, 98] erläutert.

F Die Rolle der stetigen Funktionen

Im $\mathbb{R}^n$ – oder allgemeiner in einem metrischen Raum – wird man in erster Linie solche Maße betrachten wollen, bei denen sich stetige Funktionen so verhalten, wie man es vom LEBESGUE-Maß her gewöhnt ist. Zumindest muss es sich also um BORELmaße handeln. Dann sind die stetigen Funktionen jedenfalls messbar, denn das Urbild einer offenen Menge unter einer stetigen Funktion ist offen und damit eine BORELmenge.

Aber das alleine reicht noch nicht. Wir beschränken uns auf offene Teilmengen $\Omega \subseteq \mathbb{R}^n$ und definieren:

Definition 10.36. Sei Ω offen in $\mathbb{R}^n$. Ein RADON*maß* auf Ω ist ein Maß μ auf Ω, für das alle in Ω enthaltenen BORELmengen messbar sind und das die folgenden zusätzlichen Eigenschaften hat:

(i) Äußere Regularität: Für alle μ-messbaren Mengen $E \subseteq \Omega$ ist

$$\mu(E) = \inf\{\mu(U) \mid U \text{ offen}, U \supseteq E\}.$$

(ii) Innere Regularität: Für alle μ-messbaren E ist

$$\mu(E) = \sup\{\mu(K) \mid K \text{ kompakt}, K \subseteq E\}.$$

(iii) Für jedes kompakte $K \subseteq \mathbb{R}^n$ ist $\mu(K) < \infty$.

Das LEBESGUEmaß und die LEBESGUE-STIELTJES-Maße haben diese Eigenschaft, ebenso die Maße $d\mu = |f|\, dx$, wo f eine *lokal integrable* Funktion auf Ω ist, d. h. eine messbare Funktion, für die

$$\int_K |f|\, dx < \infty$$

für alle kompakten $K \subseteq \Omega$ ist.

Bemerkung: Eigentlich braucht man nur Bedingung (iii) zu fordern – die beiden anderen lassen sich dann beweisen, jedenfalls im Kontext offener Teilmengen des $\mathbb{R}^n$ (vgl. [78]). Es ist aber wichtig, festzuhalten, dass diese beiden Regularitätsbedingungen für RADONmaße gelten, und bei Ausdehnung der Theorie auf allgemeinere Grundräume muss man sie auch gesondert fordern.

Wie zu erwarten, gilt:

Satz 10.37. *Für jedes* RADON*maß* μ *auf* Ω*, jede kompakte Teilmenge* $K \subseteq \Omega$ *und jede stetige Funktion* $f : \Omega \longrightarrow \mathbb{C}$ *existiert das Integral* $\int_K f\, d\mu$.

Beweis. Sei $M := \max\limits_{x \in K} |f(x)|$. Dann ist $|f|\chi_k \leq M\chi_k$ punktweise sowie

$$\int M\chi_k\, d\mu = m\mu(K) < \infty\,.$$

Nun wende man Theorem 10.29c. an. □

Bemerkung: Unter den Voraussetzungen des letzten Satzes definiert f also eine Äquivalenzklasse $[f] \in L^1(K, d\mu)$. Die Funktion f muss jedoch nicht unbedingt der einzige stetige Repräsentant dieser Klasse sein. Ist z. B. $\mu = \delta_a$ das DIRACmaß im Punkt $a \in \Omega$ (offensichtlich ein RADONmaß!), so ist

$$f \sim g \Longleftrightarrow f(a) = g(a)\,,$$

also gibt es sehr viele verschiedene stetige Funktionen, die ein und dieselbe Klasse repräsentieren. Unter der Voraussetzung

(T) *Die einzige offene* μ*-Nullmenge ist die leere Menge*

jedoch sind zwei stetige Funktionen gleich, wenn sie μ-f. ü. übereinstimmen (Beweis als Übung!) In diesem Fall kann man also, wie beim LEBESGUE-Maß (vgl. Anmerkung 7.18), die stetigen Funktionen auf K als Elemente von $L^1(K, d\mu)$ auffassen.

Wir hatten es schon öfter mit stetigen Funktionen zu tun, die außerhalb einer kompakten Menge verschwinden. Für diese führen wir jetzt eine systematische Sprechweise ein, die ansatzweise schon bei unserer Beweisskizze für Theorem 10.6d. verwendet worden war:

Definitionen 10.38.

a. Der *Träger* $\operatorname{Tr} f$ einer stetigen Funktion f ist der *Abschluss* der Menge $\{x \mid f(x) \neq 0\}$. Anders ausgedrückt: Ein Punkt $x \in \Omega$ gehört genau dann *nicht* zum Träger von f, wenn f in einer Umgebung von x verschwindet.

b. Mit $C_c(\Omega)$ bezeichnen wir den Vektorraum aller stetigen Funktionen auf Ω, deren Träger eine kompakte Teilmenge von Ω ist.

Bei Teil b. ist die Formulierung „kompakte Teilmenge von Ω" zu beachten. Ist $\partial\Omega \cap \operatorname{Tr} f \neq \emptyset$, so gehört f nicht zu $C_c(\Omega)$, auch wenn $\operatorname{Tr} f$ kompakt ist.

Für viele Zwecke ist es wichtig, dass man p-summierbare Funktionen durch stetige Funktionen mit kompaktem Träger approximieren kann (besonders für $p = 1$ und $p = 2$). Daher beweisen wir:

Satz 10.39. *Sei μ ein* RADON*maß in Ω und $1 \leq p < \infty$. Die Klassen der $h \in C_c(\Omega)$ bilden dann eine dichte Teilmenge von $L^p(\Omega, \mathrm{d}\mu)$. Insbesondere ist $L^p(\Omega)$* separabel.

Beweis. Nach Satz 10.37 ist klar, dass $C_c(\Omega) \subseteq \mathcal{L}^p(\Omega, \mathrm{d}\mu)$. Nun versuchen wir, $f \in L^p(\Omega, \mathrm{d}\mu)$ durch $h \in C_c(\Omega)$ zu approximieren, wobei wir mit speziellen Funktionen f beginnen und dann zu immer allgemeineren Fällen fortschreiten.
(i) Sei $f = \chi_E$ die charakteristische Funktion einer μ-messbaren Menge $E \subseteq \Omega$ mit $\mu(E) < \infty$. Zu $\varepsilon > 0$ finden wir auf Grund der Regularität von μ ein offenes U und ein kompaktes K mit $K \subseteq E \subseteq U \subseteq \Omega$, $\mu(E) - \mu(K) < \varepsilon/2$ und $\mu(U) - \mu(E) < \varepsilon/2$. Dann ist

$$\mu(U \setminus K) = \mu(U) - \mu(K) < \varepsilon\,.$$

Der wesentliche Punkt ist nun die folgende Behauptung (Existenz einer „Abschmierfunktion"):

Behauptung. (A) Es gibt ein $h \in C_c(\Omega)$ mit $0 \leq h \leq 1$ in ganz Ω, $h|_K \equiv 1$ und $\operatorname{Tr} h \subseteq U$.

Für solch eine Funktion h (genauer: für ihre Äquivalenzklasse) ist

$$\|\chi_E - h\|_p^p = \int\limits_{\Omega} |\chi_E - h|^p \,\mathrm{d}\mu = \int\limits_{U\setminus K} \cdots \mathrm{d}\mu = \mu(U \setminus K) < \varepsilon$$

und somit $\|\chi_E - h\|_p < \varepsilon^{1/p} \to 0$ für $\varepsilon \to 0$.

Um Behauptung (A) zu beweisen, betrachten wir für abgeschlossene $A \subseteq \mathbb{R}^n$ die Funktion

$$d(x, A) := \inf_{y \in A} \|x - y\|$$

(mit irgendeiner Norm auf $\mathbb{R}^n$). Dann ist

$$|d(x_1, A) - d(x_2, A)| \leq \|x_1 - x_2\|\,,$$

wie man leicht aus der Dreiecksungleichung für die Norm herleitet. Dies zeigt, dass $d(x, A)$ eine *stetige* Funktion von x ist. Ferner ist offenbar

$$d(x, A) = 0 \iff x \in \bar{A} = A\,.$$

Für die abgeschlossene Menge $B := \mathbb{R}^n \setminus U$ ist $B \cap K = \emptyset$, und da K kompakt ist, folgt

$$\delta := \min_{x \in K} d(x, B) > 0 .$$

Dann ist $L := \overline{U_{\delta/2}(K)}$ eine kompakte Teilmenge von U. Mit $A := \mathbb{R}^n \setminus U_{\delta/2}(K)$ setzen wir

$$h(x) := \frac{d(x, A)}{d(x, A) + d(x, K)}, \qquad x \in \Omega .$$

Dann ist $\operatorname{Tr} h \subseteq L \subseteq U$ und $h|_K \equiv 1$, also leistet h das Gewünschte.
(ii) Nun sei $f = \varphi$ eine Funktion aus $\mathcal{L}^p(\Omega, \mathrm{d}\mu)$, die nur endlich viele Werte annimmt („simple Funktion"), und $\alpha_1, \ldots, \alpha_m$ seien ihre verschiedenen Werte $\neq 0$. Mit $E_j := \varphi^{-1}(\alpha_j)$ haben wir dann

$$\varphi = \sum_{j=1}^{m} \alpha_j \chi_{E_j} .$$

Ferner ist

$$\|\varphi\|_p^p \geq \int_{E_j} |\varphi|^p \, \mathrm{d}\mu = |\alpha_j|^p \mu(E_j)$$

und daher $\mu(E_j) \leq |\alpha_j|^{-p} \cdot \|\varphi\|_p^p < \infty$ für alle j. Nach Teil (i) kann man also jedes χ_{E_j} beliebig genau durch Funktionen aus $C_c(\Omega)$ approximieren, und durch Bildung der entsprechenden Linearkombinationen wird dann auch φ approximiert.
(iii) Nun sei $f \in L^p(\Omega, \mathrm{d}\mu)$ und $f \geq 0$. Nach Lemma 10.23 gibt es eine Folge (φ_k) von simplen Funktionen mit $0 \leq \varphi_k \leq f$ und $f(x) = \lim_{k\to\infty} \varphi_k(x)$ für alle x. Dann ist

$$0 \leq (f - \varphi_k)^p \leq f^p ,$$

also $f - \varphi_k \in L^p(\Omega, \mathrm{d}\mu)$ und damit auch $\varphi_k \in L^p(\Omega, \mathrm{d}\mu)$ für alle k. Nach dem Satz von der dominierten Konvergenz (mit $g = f^p$ als Majorante) ergibt sich also

$$\lim_{k\to\infty} \|f - \varphi_k\|_p^p = \int_{\Omega} \lim_{k\to\infty} |f - \varphi_k|^p \, \mathrm{d}\mu = 0 .$$

Zu $\varepsilon > 0$ findet man daher $\varphi = \varphi_k$ mit $\|f - \varphi\|_p < \varepsilon/2$ und dann nach Teil (ii) ein $h \in C_c(\Omega)$ mit $\|\varphi - h\|_p < \varepsilon/2$. Es folgt $\|f - h\|_p < \varepsilon$, wie gewünscht.
(iv) Ein beliebiges $f \in L^p(\Omega, \mathrm{d}\mu)$ wird in Real- und Imaginärteil zerlegt, und diese werden in positiven und negativen Teil zerlegt. Anwendung von (iii) auf alle vier Summanden und Linearkombination der entsprechenden Approximanden liefert dann das Ergebnis für das gegebene f.

Die *Separabilität* von $L^p(\Omega)$ ergibt sich nun, indem man Ω als Vereinigung einer aufsteigenden Folge (K_m) von kompakten Teilmengen darstellt und die Separabilität der Räume $C(K_m)$ (Satz 7.7) ausnutzt. Wir übergehen die Details. □

Der Vektorraum $C_c(\Omega)$ wird mit der Supremumsnorm $\|\cdot\|_\infty$ zu einem *normierten linearen Raum*. Jedes RADONmaß μ führt über das entsprechende Integral zu einem *linearen Funktional* Λ auf $C_c(\Omega)$, nämlich

$$\Lambda(h) := \int_\Omega h \, \mathrm{d}\mu \,, \qquad h \in C_c(\Omega) \,. \tag{10.70}$$

Für dieses Funktional gilt offenbar

$$|\Lambda(h)| \leq \|h\|_\infty \mu(\operatorname{Tr} h) \qquad \forall\, h \in C_c(\Omega) \tag{10.71}$$

sowie die *Monotonieeigenschaft*

$$h_1 \leq h_2 \Longrightarrow \Lambda(h_1) \leq \Lambda(h_2) \,. \tag{10.72}$$

Man bezeichnet Λ als ein *positives lineares Funktional*, denn die Monotonieeigenschaft ist offenbar äquivalent zu der Forderung

$$\Lambda(h) \geq 0 \quad \text{für alle } h \geq 0 \,.$$

Bei unserer Konstruktion des LEBESGUEschen Maßes (vgl. die Beweisskizze zu Theorem 10.11) waren wir vom RIEMANN-Integral für stetige Funktionen mit kompaktem Träger ausgegangen. Verwenden wir stattdessen ein beliebiges vorgegebenes positives lineares Funktional auf $C_c(\Omega)$, so führen im wesentlichen dieselben Argumente auf das folgende fundamentale Ergebnis:

Theorem 10.40 (RIESZscher Darstellungssatz). *Zu jedem linearen Funktional $\Lambda : C_c(\Omega) \longrightarrow \mathbb{C}$, das auf reellwertigen Funktionen reell ist und die Monotonieeigenschaft (10.72) besitzt, gibt es genau ein vollständiges* RADON*maß μ auf Ω, für das (10.73) gilt.*

Ein detaillierter Beweis hierfür ist in fast jedem Lehrbuch der Funktionalanalysis, Integrationstheorie oder höheren Analysis nachzulesen, z. B. in [27, 59] oder [78]. Die in 10.12 diskutierte Konstruktion der LEBESGUE-STIELTJES-Maße ist natürlich ebenfalls ein Spezialfall von Theorem 10.40.

Bemerkung: Der Satz sollte nicht mit dem gleichnamigen Theorem 8.16 verwechselt werden. Beide Ergebnisse verdienen die Bezeichnung „Darstellungssatz", weil in beiden Fällen gewisse lineare Funktionale auf einem NLR durch konkrete Objekte der Analysis dargestellt werden, nämlich durch Vektoren des HILBERTraums im Fall von Theorem 8.16 und durch RADONmaße hier.

Ersetzt man das Gebiet $\Omega \subseteq \mathbb{R}^n$ durch eine *differenzierbare Mannigfaltigkeit* M, so kann man Def. 10.36 sinnvoll formulieren und alle Ergebnisse dieses Abschnitts beweisen, insbesondere auch den RIESZschen Darstellungssatz. (Dies geschieht z. B. in [78] in noch allgemeinerem Kontext.) Ist M orientiert, $\dim M = n$, so definiert jede positive n-Form $\omega \in \Omega^n(M)$ also ein RADONmaß μ_ω durch Anwenden des RIESZschen Darstellungssatzes auf das Funktional

$$\Lambda(\varphi) := \int_M \varphi\omega \,, \qquad \varphi \in C_c(M) \,.$$

Dann ist $f \in L^1(M, \mu_M)$ genau dann, wenn die n-Form $f\omega$ im Sinne von 4.12 integrierbar ist. – Ist speziell (M, g) eine orientierte RIEMANNsche Mannigfaltigkeit, so wählt man für ω die kanonische Volumenform ω_M und erhält so ein RADONmaß μ_M auf M, das als die korrekte Entsprechung des LEBESGUEschen Maßes gelten kann. Für jede BORELmenge $B \subseteq M$ ist dann $\mu_M(B)$ das „euklidische Volumen" von B. Auf einer *symplektischen Mannigfaltigkeit* (M, σ) der Dimension $2n$ erhält man entsprechend das *symplektische Volumen* der BORELmengen von M, indem man die symplektische Volumenform

$$\omega := \frac{(-1)^{\left[\frac{n+1}{2}\right]}}{n!}\sigma^n$$

verwendet.

G Produktmaße und iterierte Integrale

Mit Hilfe des Satzes von CARATHÉODORY definieren wir Produktmaße und skizzieren Beweise für die Sätze von FUBINI und TONELLI. Dabei verzichten wir weitgehend auf die – teilweise etwas aufwendigen – Einzelheiten der Beweise und verweisen hierzu auf die Fachliteratur, hauptsächlich auf [27] und [59], da wir dem in diesen Werken gewählten modernen Aufbau der Theorie folgen.

Seien $(X, \mathcal{A}, \mu)$, $(Y, \mathcal{B}, \nu)$ zwei Maßräume und $Z = X \times Y$ das kartesische Produkt der zu Grunde liegenden Mengen. Unser Ziel ist, auf Z ein Maß ρ einzuführen, für das $A \times B$ messbar ist, sofern $A \in \mathcal{A}$ und $B \in \mathcal{B}$ ist, und zwar mit dem Wert

$$\rho(A \times B) = \mu(A)\nu(B) . \tag{10.73}$$

Wenn dies gelingt, so folgt für jede ρ-messbare Menge $S \subseteq Z$

$$\rho(S) \le \sum_{k=1}^{\infty} \mu(A_k)\nu(B_k)$$

für je zwei Folgen (A_k), (B_k) von μ-messbaren Mengen $A_k \subseteq X$ und ν-messbaren Mengen $B_k \subseteq Y$, für die

$$S \subseteq \bigcup_{k=1}^{\infty} (A_k \times B_k)$$

ist. Daher definieren wir

$$\rho^*(S) := \inf\left\{ \sum_{k=1}^{\infty} \mu(A_k)\nu(B_k) \,\middle|\, A_k \in \mathcal{A},\ B_k \in \mathcal{B},\ S \subseteq \bigcup_{k=1}^{\infty}(A_k \times B_k) \right\} \tag{10.74}$$

für *jedes* $S \subseteq Z$. Man rechnet mühelos nach, dass diese Mengenfunktion ρ^* ein *äußeres Maß* ist. Wir können hierauf den Satz von CARATHÉODORY (Theorem 10.7) anwenden und erhalten so auf der σ-Algebra $\mathcal{A}(\rho^*)$ der ρ^*-messbaren Mengen ein Maß ρ.

Definition 10.41. Das Maß ρ, welches von dem durch (10.74) definierten äußeren Maß ρ^* erzeugt wird, heißt das *Produktmaß* von μ und ν und wird mit $\mu \times \nu$ oder $\mu \otimes \nu$ bezeichnet. Die σ-Algebra der $(\mu \otimes \nu)$-messbaren Mengen wird mit $\mathcal{A} \otimes \mathcal{B}$ bezeichnet.

Damit ist das gesetzte Ziel erreicht, denn es gilt:

Satz 10.42. *Sei $\rho = \mu \otimes \nu$ das Produktmaß.*

a. *Ist $A \in \mathcal{A}$ und $B \in \mathcal{B}$, so ist $A \times B$ ρ-messbar, und es gilt (10.73). Insbesondere umfasst $\mathcal{A} \otimes \mathcal{B}$ die von System der „Rechtecke“ $A \times B$, $A \in \mathcal{A}$, $B \in \mathcal{B}$ erzeugte σ-Algebra.*
b. *Zu beliebigem $S \subseteq X \times Y$ gibt es ein ρ-messbares $T \supseteq S$ mit $\rho^*(S) = \rho(T)$.*

Die Berechnung des Maßes von komplizierteren Teilmengen $S \subseteq X \times Y$ kann, wie gewohnt, mit Hilfe des *Prinzips von* CAVALIERI erfolgen. Allerdings benötigt man dazu eine harmlose Zusatzvoraussetzung, die wir zunächst einführen müssen.

Definition 10.43. Ein Maßraum $(Z, \mathcal{C}, \mu)$ (oder auch das Maß μ) heißt *σ-endlich*, wenn es abzählbar viele μ-messbare Mengen $E_1, E_2, \ldots$ gibt, für die $\mu(E_m) < \infty$ sowie

$$Z = \bigcup_{m=1}^{\infty} E_m$$

ist. Kurz: μ ist σ-endlich, wenn sich Z als abzählbare Vereinigung von Mengen mit endlichem Maß schreiben lässt.

Wenn μ und ν beide σ-endlich sind, so ist auch $\mu \otimes \nu$ σ-endlich. Das liegt an (10.73) und der Tatsache, dass $\mathbb{N} \times \mathbb{N}$ abzählbar ist (Beweis als Übung!)

Theorem 10.44 (*Prinzip von* CAVALIERI). *Wenn $\rho = \mu \otimes \nu$ σ-endlich ist (also insbesondere, wenn μ und ν beide σ-endlich sind), so gilt für jedes ρ-messbare $S \subseteq X \times Y$:*

a. *Der „Querschnitt“*
$$S(x) := \{y \in Y \mid (x, y) \in S\}$$
ist ν-messbar für μ-fast alle $x \in X$.
b. *Der „Querschnitt“*
$$S(y) := \{x \in X \mid (x, y) \in S\}$$
ist μ-messbar für ν-fast alle $y \in Y$.
c. $$\rho(S) = \int_X \nu(S(x))\,\mathrm{d}\mu(x) = \int_Y \mu(S(y))\,\mathrm{d}\nu(y)\,,$$
wobei die Integranden auf den Nullmengen, wo sie nicht definiert sind, in beliebiger Weise ergänzt werden. Die Behauptung schließt die Messbarkeit der auftretenden Integranden ein.

Bemerkung: Mit Hilfe dieses Satzes kann man die Rechnung rigoros durchführen, mit der am Beginn von Abschn. 10D unsere Definition des Integrals motiviert wurde. Sei nämlich $(X, \mathcal{A}, \mu)$ ein σ-endlicher Maßraum, und sei $f \in \mathcal{M}^+(\mathcal{A})$ gegeben. Wir schreiben wieder

$$S_f(y) := \{x \in X \mid f(x) > y\}$$

für $y \geq 0$. Die Menge

$$G := \{(x, y) \in X \times \mathbb{R} \mid 0 \leq y < f(x)\}$$

ist dann $\mu \otimes \lambda_1$-messbar, denn sie ist die abzählbare Vereinigung der „Rechtecke" $S_f(r) \times [0, r]$, wobei r die positiven *rationalen* Zahlen durchläuft. Die Querschnitte sind

$$G(x) = [0, f(x)[\quad \text{für} \quad x \in X$$

bzw.

$$G(y) = S_f(y) \quad \text{für} \quad y \geq 0 \, .$$

Das CAVALIERIsche Prinzip liefert also

$$\int\limits_X f(x) \, \mathrm{d}\mu(x) = (\mu \otimes \lambda_1)(G) = \int\limits_0^\infty \mu(S_f(y)) \, \mathrm{d}y \, .$$

Wenn man das Integral auf irgendeine andere Art einführt, kann man die Formel also wieder herleiten, die in 10.19 zu seiner Definition herangezogen wurde.

Wir können nun leicht die grundlegenden Resultate über den Umgang mit mehrfachen Integralen ableiten. Wir formulieren sie nur für zwei Variable, aber sie gelten sinngemäß auch für eine beliebige (endliche) Anzahl von Variablen. Dies kann man z. B. durch Induktion beweisen, und auf jeden Fall ist es eine rein technische Angelegenheit, für die keine neuen Ideen erforderlich sind.

Theorem 10.45. *Seien $(X, \mathcal{A}, \mu)$ und $(Y, \mathcal{B}, \nu)$ zwei σ-endliche Maßräume, und sei $\rho = \mu \otimes \nu$.*

a. (FUBINI) *Für $f \in \mathcal{M}^+(\mathcal{A} \otimes \mathcal{B})$ gilt*

$$\iint\limits_{X \times Y} f \, \mathrm{d}\rho = \int\limits_X \left(\int\limits_Y f(x, y) \, \mathrm{d}\nu(y) \right) \mathrm{d}\mu(x) = \int\limits_Y \left(\int\limits_X f(x, y) \, \mathrm{d}\mu(x) \right) \mathrm{d}\nu(y) \, ,$$

wobei überall der Wert $+\infty$ möglich ist. Insbesondere ist f ρ-summierbar genau dann, wenn eines der iterierten Integrale (und dann auch das andere!) endlich ausfällt.

b. (FUBINI) *Ist $f : X \times Y \longrightarrow \mathbb{C}$ eine ρ-summierbare Funktion, so gilt*

$$\int\limits_X \left(\int\limits_Y f(x, y) \, \mathrm{d}\nu(y) \right) \mathrm{d}\mu(x) = \iint\limits_{X \times Y} f \, \mathrm{d}\rho = \int\limits_Y \left(\int\limits_X f(x, y) \, \mathrm{d}\mu(x) \right) \mathrm{d}\nu(y) \, .$$

Die Behauptung schließt die Existenz der iterierten Integrale rechts und links ein.

c. *(*TONELLI*) Sei $f : X \times Y \longrightarrow \mathbb{C}$ eine $\mathcal{A} \otimes \mathcal{B}$-messbare Funktion. Wenn eines der iterierten Integrale*

$$\int\limits_X \left(\int\limits_Y |f(x,y)| \, \mathrm{d}\nu(y) \right) \mathrm{d}\mu(x) \quad \textit{oder} \quad \int\limits_Y \left(\int\limits_X |f(x,y)| \, \mathrm{d}\mu(x) \right) \mathrm{d}\nu(y)$$

endlich ausfällt, so ist $f \in \mathcal{L}^1(X \times Y, \mathrm{d}\rho)$ und damit Teil b. auf f und $|f|$ anwendbar.

Beweis.

a. Ist $f = \chi_E$ die charakteristische Funktion einer $\mathcal{A} \otimes \mathcal{B}$-messbaren Menge E, so ergibt sich die Behauptung direkt aus Theorem 10.44c., denn für die Querschnitte ist offenbar

$$\chi_{E(x)}(y) = \chi_E(x,y) = \chi_{E(y)}(x) \, .$$

Für allgemeines f folgt sie dann aus der Reihenentwicklung (10.26) zusammen mit dem Satz von BEPPO LEVI (Korollar 10.25).

b. und c. folgen mit Theorem 10.29c. durch Anwendung von Teil a. auf die Summanden der Zerlegung $f = u^+ - u^- + \mathrm{i}v^+ - \mathrm{i}v^-$.

□

Bemerkung: Bei Teil b. dieses Theorems sollte man sich sorgfältig klarmachen, was die Formulierung „Existenz eines iterierten Integrals“ bedeutet. Genau genommen, bedeutet z. B. die Existenz von $\int_X \left(\int_Y f(x,y) \, \mathrm{d}\nu(y)\right) \, \mathrm{d}\mu(x)$ nämlich die folgenden beiden Dinge:

- Für μ-fast alle $x \in X$ ist die Funktion $f(x,\cdot)$ ν-summierbar (insbes. ν-messbar).
- Die μ-f. ü. definierte Funktion $g(x) := \int_Y f(x,y) \, \mathrm{d}\nu(y)$ ist (bei beliebiger Ergänzung auf der Nullmenge, wo sie nicht definiert ist) μ-summierbar.

Bei genauem Hinsehen erkennt man aber, dass der skizzierte Beweis tatsächlich alle diese Aussagen liefert.

Wir betrachten kurz noch den Spezialfall, wo μ und ν auf offenen Teilmengen Ω_1 von $\mathbb{R}^n$ bzw. Ω_2 von $\mathbb{R}^m$ gegeben sind. Offenbar ist $\mu \otimes \nu$ dann ein Maß auf der offenen Teilmenge $\Omega_1 \times \Omega_2$ von $\mathbb{R}^{n+m}$.

Satz 10.46.

a. *Das Produkt zweier* BOREL*maße ist ein* BOREL*maß.*
b. *Das Produkt zweier* RADON*maße ist ein* RADON*maß.*
c. *Das Produkt der* LEBESGUE*maße ist das entsprechende* LEBESGUE*maß, d. h. $\lambda_n \otimes \lambda_m = \lambda_{n+m}$.*

Beweis.

a. Jede offene Teilmenge U von $\mathbb{R}^{n+m}$ kann als Vereinigung von abzählbar vielen „Rechtecken“ $U_1 \times U_2$ dargestellt werden, wo U_1 offen in $\mathbb{R}^n$ und U_2 offen in $\mathbb{R}^m$ ist. Zum Beispiel kann man um jeden Punkt $a = (a_1, \dots, a_n, a_{n+1}, \dots, a_{n+m}) \in U$, dessen sämtliche Koordinaten *rationale* Zahlen sind, den offenen Würfel
$$W(a, \delta_a) := \{x \mid |x_k - a_k| < \delta_a \text{ für } k = 1, \dots, n+m\}$$
mit $\delta_a := \inf_{y \in \mathbb{R}^{n+m} \setminus U} \|x - a\|_\infty$ legen. Das sind nur abzählbar viele Würfel, ihre Vereinigung ist genau U, und jeder Würfel ist im obigen Sinne ein „Rechteck“. Die σ-Algebra $\mathcal{B}^n \otimes \mathcal{B}^m$ enthält also alle offenen Mengen von $\mathbb{R}^{n+m}$ und damit auch alle BORELmengen.

b. Ist μ ein RADONmaß auf $\Omega_1 \subseteq \mathbb{R}^n$, ν ein RADONmaß auf $\Omega_2 \subseteq \mathbb{R}^m$, so ist $\rho := \mu \otimes \nu$ nach a. jedenfalls ein BORELmaß auf $\Omega_1 \times \Omega_2 \subseteq \mathbb{R}^{n+m}$. Seien p_n, p_m die Projektionen $\mathbb{R}^{n+m} \to \mathbb{R}^n$ bzw. $\mathbb{R}^{n+m} \to \mathbb{R}^m$ (d. h. $p_n(x)$ besteht aus den ersten n Komponenten, $p_m(x)$ aus den letzten m Komponenten des Vektors $x \in \mathbb{R}^{n+m}$). Ist $K \subseteq \Omega_1 \times \Omega_2$ kompakt, so sind auch $K_1 := p_n(K) \subseteq \Omega_1$ und $K_2 := p_m(K) \subseteq \Omega_2$ kompakt, und es ist $K \subseteq K_1 \times K_2$. Mit (10.73) folgt
$$\rho(K) \leq \rho(K_1 \times K_2) = \mu(K_1)\nu(K_2) < \infty\,.$$
Somit hat ρ die Eigenschaft (iii) aus Def. 10.36. Wir haben aber im Anschluss an diese Definition bemerkt, dass dies schon ausreicht, um ρ als RADONmaß zu erweisen.

c. Das Maß $\lambda_n \otimes \lambda_m$ hat die Eigenschaften (L1)–(L3), die nach Theorem 10.11 das LEBESGUE-Maß charakterisieren. Bedingung (L1) ergibt sich aus Theorem 10.44c., und (L2) ist klar nach (10.73). Für (L3) beachte man, dass $\lambda_n \otimes \lambda_m$ jedenfalls ein RADONmaß ist, so dass man die äußere und innere Regularität heranziehen kann.

□

Schließlich geben wir mit Hilfe des Produktmaßes eine nahe liegende Verallgemeinerung von Satz 7.22 an, bei dem das Tensorprodukt von HILBERTräumen vom Typ L^2 konkret beschrieben wird. Wir führen den Beweis unter der Voraussetzung, dass die beteiligten HILBERTräume separabel sind, was für die Anwendungen ausreicht (vgl. die Sätze 7.7 und 10.39). Teil a. des folgenden Satzes gilt zwar auch im nichtseparablen Fall, doch ist dies für uns von untergeordnetem Interesse.

Satz 10.47. *Seien $(M_i, \mathcal{A}_i, \mu_i)$, $i = 1, 2$, σ-endliche Maßräume.*

a. Dann existiert ein eindeutig bestimmter isometrischer Isomorphismus
$$U : L^2(M_1, \mu_1) \hat{\otimes} L^2(M_2, \mu_2) \longrightarrow L^2(M_1 \times M_2, \mu_1 \otimes \mu_2)$$
mit
$$U(f \otimes g) = h\,, \quad \text{wo } h(x, y) := f(x)g(y) \tag{10.75}$$

für $f \in L^2(M_1, \mu_1)$, $g \in L^2(M_2, \mu_2)$. Wir schreiben daher $f \otimes g$ für die Funktion $h = U(f \otimes g)$.

b. *Ist $(\boldsymbol{e}_m)$ eine Orthonormalbasis von $L^2(M_1, \mu_1)$, $(\boldsymbol{f}_n)$ eine Orthonormalbasis von $L^2(M_2, \mu_2)$, so ist*

$$\{\boldsymbol{e}_m \otimes \boldsymbol{f}_n \mid m, n \in \mathbb{N}\} \tag{10.76}$$

eine Orthonormalbasis von $L^2(M_1 \times M_2, \mu_1 \otimes \mu_2)$.

Beweis.

b. Sei $M = M_1 \times M_2$, $\mu := \mu_1 \otimes \mu_2$. Für zwei Funktionen

$$f \in L^2(M_1, \mu_1), \quad g \in L^2(M_2, \mu_2)$$

gehört das Produkt

$$h(x, y) := f(x) \cdot g(y) \tag{10.77}$$

zu $L^2(M, \mu)$, wie sofort aus dem Satz von FUBINI folgt. Ebenso folgt für Orthonormalbasen $(\boldsymbol{e}_m)$ von $L^2(M_1, \mu_1)$ bzw. $(\boldsymbol{f}_n)$ von $L^2(M_2, \mu_2)$, dass

$$h_{mn}(x, y) = \boldsymbol{e}_m(x)\boldsymbol{f}_n(y), \quad m, n \in \mathbb{N} \tag{10.78}$$

ein Orthonormalsystem in $L^2(M, \mu)$ bilden. Wir bezeichnen es mit $\mathfrak{B}$ und zeigen seine Vollständigkeit, indem wir zeigen, dass es *maximal orthogonal* ist, d. h. dass kein Vektor außer dem Nullvektor zu allen Elementen von $\mathfrak{B}$ orthogonal ist. Dann folgt nämlich $\overline{\mathrm{LH}(\mathfrak{B})}^{\perp} = \mathfrak{B}^{\perp} = \{0\}$ und somit $\overline{\mathrm{LH}(\mathfrak{B})} = \{0\}^{\perp} = L^2(M, \mu)$, wie gewünscht (Theorem 7.13b. und Lemma 7.12b.).
Gelte also

$$\iint_{M_1 \times M_2} g(x, y)\overline{\boldsymbol{e}_m(x)\boldsymbol{f}_n(y)}\, \mathrm{d}(\mu_1 \otimes \mu_2) = 0 \qquad \forall\, m, n \tag{10.79}$$

für ein $g \in L^2(M, \mu)$. Dann müssen wir zeigen:

$$g(x, y) = 0 \qquad \text{für } \mu\text{-fast alle } (x, y) \in M\ . \tag{10.80}$$

Aus (10.79) und dem Satz von FUBINI folgt zunächst für jedes feste m

$$\int_{M_2} \Big(\int_{M_1} g(x, y)\overline{\boldsymbol{e}_m(x)}\, \mathrm{d}\mu_1(x) \Big) \overline{\boldsymbol{f}_n(y)}\, \mathrm{d}\mu_2(y) = 0 \qquad \forall\, n\ .$$

Da $\int_{M_1} g(x, \cdot)\overline{\boldsymbol{e}_m(x)}\, \mathrm{d}\mu_1(x) \in L^2(M_2, \mu_2)$ ist und da $(\boldsymbol{f}_n)$ maximal orthogonal in $L^2(M_2, \mu_2)$ ist, folgt

$$\int_{M_1} g(x, y)\overline{\boldsymbol{e}_m(x)}\, \mathrm{d}\mu_1(x) = 0 \quad \text{für alle } y \in M_2 \setminus N''_m \tag{10.81}$$

wobei $\mu_2\left(N''_m\right) = 0$ ist. Setzen wir

$$N'' = \bigcup_m N''_m \,,$$

so ist $\mu_2(N'') = 0$. Daher gilt (10.81) für alle $y \in M_2 \setminus N''$ und alle $m \in \mathbb{N}$. Nun ist auch $(\boldsymbol{e}_m)$ maximal orthogonal in $L^2(M_1, \mu_1)$. Also gibt es nach derselben Überlegung eine μ_1-Nullmenge $N' \subseteq M_1$, so dass

$$g(x, y) = 0 \quad \text{für alle } x \in M_1 \setminus N' \,, \quad y \in M_2 \setminus N'',$$

d. h. es gilt

$$g(x, y) = 0 \quad \text{für } \mu\text{-fast alle } (x, y) \in M,$$

was die Vollständigkeit des Orthonormalsystems $\mathfrak{B}$ in $L^2(M, \mu)$ beweist.

a. Wir nehmen nun an, dass $L^2(M_1, \mu_1)$ und $L^2(M_2, \mu_2)$ separabel sind, so dass sie entsprechende Orthonormalbasen $\{\boldsymbol{e}_m \mid m \in \mathbb{N}\}$ bzw. $\{\boldsymbol{f}_n \mid n \in \mathbb{N}\}$ besitzen (Satz 7.5). Für den Moment schreiben wir $f \times g$ für die Funktion $f(x)g(y)$ auf $M_1 \times M_2$. Setzen wir nun

$$E := \mathrm{LH}(\{\boldsymbol{e}_m \otimes \boldsymbol{f}_n \mid m, n \in \mathbb{N}\}) \,, \quad F := \mathrm{LH}(\{\boldsymbol{e}_m \times \boldsymbol{f}_n \mid m, n \in \mathbb{N}\}) \,,$$

so ist E nach Satz 7.21 ein dichter Teilraum von $L^2(M_1, \mu_1)\hat{\otimes} L^2(M_2, \mu_2)$ und F ist, wie oben gezeigt, ein dichter Teilraum von $L^2(M, \mu)$. Definieren wir daher einen linearen Operator $U : E \longrightarrow F$ durch

$$U(\boldsymbol{e}_m \otimes \boldsymbol{f}_n) := \boldsymbol{e}_m \times \boldsymbol{f}_n \,, \quad m, n \in \mathbb{N} \,,$$

so ist U ein linearer isometrischer Operator, der nach Theorem 8.7 (BLE-Theorem) zu einem isometrischen Isomorphismus

$$U : L^2(M_1, \mu_1)\hat{\otimes} L^2(M_2, \mu_2) \longrightarrow L^2(M, \mu)$$

fortgesetzt werden kann. Für U gilt Gl. (10.75), wie man durch Einsetzen der FOURIERentwicklungen von f und g nach den jeweiligen Orthonormalsystemen bestätigt.

□

Aufgaben zu Kap. 10

10.1. Sei X eine beliebige Menge. Welche der im Folgenden angegebenen Systeme J von Teilmengen von X sind σ-Algebren, welche nicht? Bestimmen Sie in jedem Fall auch die von J erzeugte σ-Algebra.

a. $J = \{X, \emptyset\}$.
b. $J = \{X, E, X \setminus E, \emptyset\}$, wobei E eine feste Teilmenge mit $\emptyset \neq E \neq X$ ist.

c. X habe mindestens zwei Elemente, und ein festes Element $a \in X$ sei vorgegeben. Dann sei J das System aller Teilmengen, die a enthalten.

10.2. Sei $(X, \mathcal{A}, \mu)$ ein Maßraum, und $f, g : X \longrightarrow \overline{\mathbb{R}}$ seien messbare Funktionen. Man zeige, dass die folgenden Mengen messbar sind:

$$\{x \mid f(x) < g(x)\}, \quad \{x \mid f(x) \leq g(x)\},$$
$$\{x \mid f(x) = g(x)\}, \quad \{x \mid f(x) \neq g(x)\}.$$

10.3. Jede offene Teilmenge U der reellen Geraden kann eindeutig als endliche oder abzählbar unendliche Vereinigung von disjunkten offenen Intervallen dargestellt werden, nämlich ihren Zusammenhangskomponenten. Wir bezeichnen mit $\ell(U)$ die Gesamtlänge von U, d. h. die Summe der Längen der disjunkten Intervalle, aus denen U besteht. Für beliebige Mengen $E \subseteq \mathbb{R}$ setzen wir nun

$$\mu^*(E) := \inf\{\ell(U) \mid U \text{ offen}, \ U \supseteq E\}.$$

Man zeige:

a. μ^* ist ein äußeres Maß auf $\mathbb{R}$.
b. Das von μ^* erzeugte Maß ist das LEBESGUEsche Maß λ_1.

10.4. Es sei $v \in C^1(\mathbb{R})$ und $v' \geq 0$, so dass v als *Integrator* dienen kann. Man zeige:

a. Für jedes stetige f auf einem kompakten Intervall $[a, b]$ ist

$$\int_a^b f \, \mathrm{d}v = \int_a^b f(x)v'(x) \, \mathrm{d}x .$$

b. Das von v erzeugte LEBESGUE-STIELTJES-Maß ist $\mathrm{d}\mu_v = v' \, \mathrm{d}x$, d. h. für jede BORELmenge $E \in \mathcal{B}^1$ gilt

$$\mu_v(E) = \int_E v'(x) \, \mathrm{d}x .$$

10.5. a. Es sei $v(x) = 0$ für $x < 0$, $v(x) = 1$ für $x > 0$ und $v(0) = y_0$ mit irgendeinem $y_0 \in [0, 1]$. Man zeige, dass μ_v dann das DIRACmaß im Nullpunkt ist.

b. Nun sei $v : \mathbb{R} \to \mathbb{R}$ eine monoton wachsende stückweise glatte Funktion mit endlich vielen *Sprungstellen*. Das heißt es gibt endlich viele Punkte $-\infty = \sigma_0 < \sigma_1 < \sigma_2 < \cdots < \sigma_m < \sigma_{m+1} = +\infty$, für die

$$h_k := v(\sigma_k + 0) - v(\sigma_k - 0) > 0$$

ist $(1 \leq k \leq m)$, und in den offenen Intervallen $]\sigma_k, \sigma_{k+1}[$, $k = 0, 1, \ldots, m$ ist v stetig differenzierbar. Man beschreibe das entsprechende LEBESGUE-STIELTJES-Maß μ_v.

10.6. Es seien $v, w : [a, b] \longrightarrow \mathbb{R}$ zwei stetige und monoton wachsende Funktionen. Man zeige:

$$\int_a^b w \, \mathrm{d}v = v(b)w(b) - v(a)w(a) - \int_a^b v \, \mathrm{d}w \, .$$

(*Hinweis:* Man betrachte für beide Integrale die approximierenden Summen (10.16) in Bezug auf dieselben Teilpunkte t_k, aber bei der einen mit den Stützstellen $s_k = t_k$, bei der anderen mit $s_k = t_{k-1}$. Was passiert bei Addition dieser Summen?)

10.7. Es sei J das System aller Intervalle $]-\infty, x]$, $x \in \mathbb{R}$. Man zeige:

a. Jedes offene Intervall und sogar jede offene Teilmenge von $\mathbb{R}$ lässt sich durch Bildung von Komplementen, abzählbaren Vereinigungen und abzählbaren Durchschnitten aus Mengen des Systems J konstruieren. Man beachte dabei: Jede offene Menge ist abzählbare Vereinigung von offenen Intervallen, nämlich ihren Zusammenhangskomponenten.
b. Die von J erzeugte σ-Algebra ist $\mathcal{B}^1$.
c. Zwei BORELmaße μ_1, μ_2 auf $\mathbb{R}$ stimmen überein, wenn

$$\mu_1(]-\infty, x]) = \mu_2(]-\infty, x]) \quad \forall\, x \in \mathbb{R}$$

ist.

10.8. Wir wollen in unserem allgemeinen Rahmen die gängigen Rechenregeln über Integrale mit Parameter herleiten. Dazu betrachten wir einen Maßraum $(X, \mathcal{A}, \mu)$, einen metrischen Raum P (z. B. eine Teilmenge eines normierten linearen Raums) und eine Funktion

$$f : X \times P \longrightarrow \mathbb{K} \, ,$$

bei der die Funktionen $f(\cdot, \xi)$ für jedes feste $\xi \in P$ messbar sind. Wir setzen

$$J(\xi) := \int f(x, \xi) \, \mathrm{d}\mu(x)$$

für jedes $\xi \in P$, für das das Integral existiert. Man zeige:

a. Angenommen, es gilt:

(i) Für μ-fast alle $x \in X$ ist die Funktion $f(x, \cdot)$ stetig in P, und
(ii) zu jedem Punkt $\xi_0 \in P$ gibt es eine Umgebung $\mathcal{U}(\xi_0)$ und eine μ-summierbare Funktion $g \geq 0$ so, dass

$$|f(x, \xi)| \leq g(x) \qquad \mu\text{-f. ü.}$$

für alle $\xi \in \mathcal{U}(\xi_0)$.

Dann ist J auf ganz P definiert und stetig. (*Hinweis:* Für eine Folge $\xi_k \to \xi_0$ betrachte man die Funktionen $f_k(x) := f(x, \xi_k)$.)

b. Speziell sei P ein offenes Intervall. Angenommen, es gilt:

(i) Für μ-fast alle $x \in X$ ist die Funktion $f(x, \cdot)$ stetig differenzierbar in P, und

(ii) zu jedem Punkt $\xi_0 \in P$ gibt es eine Umgebung $\mathcal{U}(\xi_0)$ und zwei μ-summierbare Funktionen $g \geq 0$, $h \geq 0$ so, dass

$$|f(x, \xi)| \leq g(x), \quad \left|\frac{\partial}{\partial \xi} f(x, \xi)\right| \leq h(x) \qquad \mu\text{-f. ü.}$$

für alle $\xi \in \mathcal{U}(\xi_0)$.

Dann ist J auf ganz P stetig differenzierbar, und es gilt

$$J'(\xi) = \int \frac{\partial f}{\partial \xi}(x, \xi) \, \mathrm{d}\mu(x) \qquad \forall \, \xi \in P .$$

(*Hinweis:* Man benutze das Produktmaß $\mu \otimes \lambda_1$ sowie die für stetiges ψ gültige Formel $\frac{\mathrm{d}}{\mathrm{d}\xi} \int_{\xi_0}^{\xi} \psi(\tau) \, \mathrm{d}\tau = \psi(\xi)$.)

c. Speziell sei P nun ein Gebiet in $\mathbb{R}^n$, ferner $m \in \mathbb{N}$. Angenommen, es gilt:

(i) Für μ-fast alle $x \in X$ ist die Funktion $f(x, \cdot)$ m-mal stetig differenzierbar in P, und

(ii) zu jedem Punkt $\xi_0 \in P$ gibt es eine Umgebung $\mathcal{U}(\xi_0)$ und μ-summierbare Funktionen $g_\alpha \geq 0$, $|\alpha| \leq m$, so, dass

$$|D_\xi^\alpha f(x, \xi)| \leq g_\alpha(x) \qquad \mu\text{-f. ü.}$$

für alle $\xi \in \mathcal{U}(\xi_0)$.

Dann ist $J \in C^m(P)$, und für jeden Multiindex α mit $|\alpha| \leq m$ gilt

$$D^\alpha J(\xi) = \int D_\xi^\alpha f(x, \xi) \, \mathrm{d}\mu(x) .$$

(*Hinweis:* Man benutze b. und Induktion nach m.)

d. Speziell sei P nun ein Gebiet in der komplexen Ebene $\mathbb{C}$. Angenommen, es gilt:

(i) Für μ-fast alle $x \in X$ ist die Funktion $f(x, \cdot)$ holomorph in P, und

(ii) zu jedem Punkt $\zeta_0 \in P$ gibt es eine Umgebung $\mathcal{U}(\zeta_0)$ und eine μ-summierbare Funktion $g \geq 0$ so, dass

$$|f(x, \zeta)| \leq g(x) \qquad \mu\text{-f. ü.}$$

für alle $\zeta \in \mathcal{U}(\zeta_0)$.

Dann ist J auf ganz P holomorph, und für alle $m \in \mathbb{N}_0$ gilt

$$J^{(m)}(\zeta) = \int \frac{\partial^m}{\partial \zeta^m} f(x, \zeta) \, \mathrm{d}\mu(x) .$$

(*Hinweis:* Man arbeite wie in Teil b. mit iterierten Integralen, benutze dazu aber die CAUCHYschen Integralformeln für die Funktionen $f(x,\cdot)$ und deren Ableitungen.)

10.9. Sei $(X, \mathcal{A}, \mu)$ ein Maßraum und H ein separabler HILBERTraum. Wir betrachten H-wertige Funktionen auf X, also Abbildungen $f : X \to H$. Solch eine Funktion heißt *schwach messbar*, wenn für jedes $v \in H$ die skalare Funktion $\langle f(x)|v\rangle$ messbar ist. Zwei schwach messbare Funktionen f, g gelten als *äquivalent*, wenn $f(x) = g(x)$ μ-f. ü. Man zeige:

a. Ist f schwach messbar, so ist die Funktion $\alpha(x) := \|f(x)\|$ messbar. (*Hinweis:* PARSEVALsche Gleichung!)

b. Die Äquivalenzklassen $[f]$ der schwach messbaren Funktionen f, für die

$$\int \|f(x)\|^2 \, d\mu(x) < \infty$$

ist, bilden mit dem Skalarprodukt

$$\langle f \mid g\rangle := \int \langle f(x) \mid g(x)\rangle \, d\mu(x)$$

einen HILBERTraum. (Die Vollständigkeit darf dabei ohne Beweis akzeptiert werden.) Man bezeichnet ihn mit $L^2_H(\mu)$.

c. Durch

$$U_0\left(\sum_{i=1}^{m} \varphi_i \otimes v_i\right) = \sum_{i=1}^{m} \varphi_i v_i$$

ist eine isometrische lineare Abbildung $U_0 : L^2(\mu) \otimes H \to L^2_H(\mu)$ definiert. Dabei ist mit $\varphi_i v_i$ die Funktion $x \mapsto \varphi_i(x) v_i$ gemeint. Das Bild $R(U_0)$ ist der Raum aller $f \in L^2_H(\mu)$, deren Wertebereich in einem endlich-dimensionalen Unterraum von H enthalten ist. (*Hinweis:* Wir schreiben

$$L_0 := \{f \in L^2_H(\mu) \mid \dim \mathrm{LH}(f(X)) < \infty\}$$

und ordnen jedem $f \in L_0$ die reell bilineare Form

$$B_f(g, w) := \int \overline{g(x)} \langle w \mid f(x)\rangle \, d\mu(x), \qquad g \in L^2(\mu),\ w \in H$$

zu. Man zeige, dass durch $V_0 f = B_f$ dann eine lineare Bijektion $V_0 : L_0 \to L^2(\mu) \otimes H$ gegeben ist. Man betrachte $U_0 := V_0^{-1}$.)

d. U_0 lässt sich eindeutig fortsetzen zu einem isometrischen Isomorphismus

$$U : L^2(\mu) \hat{\otimes} H \longrightarrow L^2_H(\mu) .$$

Kapitel 11
Distributionen und temperierte Distributionen

Die von P. A. M. DIRAC eingeführte „Delta-Funktion" $\delta : \mathbb{R}^n \longrightarrow \mathbb{R}$ sollte folgende Eigenschaften haben:

$$\delta(x) = \begin{cases} 0 & \text{für } x \neq 0, \\ +\infty & \text{für } x = 0 \end{cases}, \quad \int\limits_{\mathbb{R}^n} \delta(x)\varphi(x)\,\mathrm{d}^n x = \varphi(0) \tag{11.1}$$

für jede stetige Funktion $\varphi : \mathbb{R}^n \longrightarrow \mathbb{R}$. Nach der LEBESGUEschen Theorie ist aber $\delta(x)$ fast überall $= 0$, und daher ist auch $\delta(x)\varphi(x)$ eine Nullfunktion, so dass nach Satz 10.20c.

$$\int\limits_{\mathbb{R}^n} \delta(x)\varphi(x)\,\mathrm{d}^n x = 0$$

für alle $\varphi \in L^1(\mathbb{R}^n)$ sein muss. Selbst wenn man nur die Integraleigenschaft haben will, funktioniert dies nicht (vgl. Satz 11.2 unten). δ kann daher nicht sinnvoll als Funktion auf dem $\mathbb{R}^n$ aufgefasst werden, sondern ist eine „verallgemeinerte Funktion" oder *Distribution*. Solche Distributionen sind stetige lineare Funktionale auf gewissen Funktionenräumen, deren Elemente man *Testfunktionen* nennt (Abschn. A). Die Idee ist, dass zur Beschreibung der Verteilung (= distribution) einer physikalischen Größe wie etwa Masse oder Ladung nicht nur Dichtefunktionen $\rho(x)$ herangezogen werden können, sondern auch allgemeinere Objekte, für die Integrale der Form $\int \rho(x)\varphi(x)\ \mathrm{d}^n x$ sinnvoll sind, obwohl die Werte $\rho(x)$ an einzelnen Punkten nicht wohldefiniert sind. Genau genommen, sind die Äquivalenzklassen, aus denen die L^p-Räume bestehen, schon solche Objekte, aber es gibt noch viele andere, wie das Beispiel der Deltafunktion zeigt.

Um eine mathematisch rigorose Theorie aufzubauen, die diesen Gedankengang realisiert, betrachtet man Abbildungen $\varphi \longmapsto T(\varphi)$, die sich in vieler Hinsicht so verhalten wie $T(\varphi) := \int \rho(x)\varphi(x)\ \mathrm{d}^n x$ es tut, wenn ρ eine echte Funktion ist. Solche Funktionale T sind Distributionen, und man kann sich eine Testfunktion φ als ein Messgerät oder eine Sonde vorstellen, mit der die betreffende Verteilung einer physikalischen Gegebenheit untersucht wird und den Wert $T(\varphi)$ als das Messergebnis. Zumeist möchte man dabei natürlich Auskunft über die physikalischen

K.-H. Goldhorn, H.-P. Heinz, M. Kraus, *Moderne mathematische Methoden der Physik*
DOI 10.1007/978-3-540-88544-3, © Springer 2009

Gegebenheiten in einem u. U. sehr eng begrenzten räumlichen oder zeitlichen Bereich bekommen und benötigt daher Sonden, die nur in solch einem kleinen Bereich mit dem System wechselwirken. Daher ist es nicht verwunderlich, dass die brauchbaren Testfunktionen außerhalb einer kompakten Menge verschwinden oder doch im Unendlichen sehr schnell abklingen.

Räume von brauchbaren Testfunktionen sowie dazu passende Konvergenzbegriffe werden wir in Abschn. A diskutieren. In Abschn. B werden dann Distributionen und sog. *temperierte Distributionen* systematisch eingeführt – das sind Distributionen, die im Unendlichen nicht allzu schnell anwachsen, und sie spielen eine Sonderrolle, weil man die FOURIERtransformation nur für diesen Typ von Distributionen sinnvoll erklären kann. In den weiteren Abschnitten werden dann Distributionen und temperierte Distributionen weitgehend parallel diskutiert: Wir klären die Beziehung zwischen Distributionen und punktweise (oder doch fast überall) definierten Funktionen genau, wir untersuchen, inwieweit Distributionen lokalisiert werden können, diskutieren kurz Distributionen mit kompaktem Träger, besprechen geeignete Konvergenzbegriffe für Folgen und Reihen von (temperierten) Distributionen und übertragen schließlich eine Reihe von wichtigen Rechenoperationen wie Variablensubstitution, Differentiation und FOURIERtransformation auf Distributionen. Weitere wichtige Rechenoperationen wie das Tensorprodukt und die Faltung von Distributionen werden wir im übernächsten Kapitel behandeln, während das nächste Kapitel in erster Linie expliziten Beispielen gewidmet sein wird.

A Testfunktionen

In diesem Kapitel sei Ω stets eine offene Teilmenge von $\mathbb{R}^n$, typischerweise ein Gebiet. Wir beginnen mit der Einführung der größten Funktionenklasse, für die Integrale der Form $\int_\Omega f(x)\varphi(x)\,\mathrm{d}x$ sinnvoll gebildet werden können, wenn φ eine stetige Funktion mit kompaktem Träger ist:

Definition 11.1. Eine Funktion $f : \mathbb{R}^n \longrightarrow \mathbb{C}$ heißt *lokal integrierbar*, geschrieben $f \in \mathcal{L}^1_{\mathrm{loc}}(\Omega)$, wenn

$$\int_K |f(x)|\,\mathrm{d}^n x < \infty \quad \text{für jede kompakte Menge } K \subseteq \mathbb{R}^n\,. \tag{11.2}$$

Der Vektorraum $L^1_{\mathrm{loc}}(\Omega)$ besteht aus den Äquivalenzklassen $[f]$ von lokal integrierbaren Funktionen f, wobei zwei derartige Funktionen f, g als äquivalent gelten, wenn $f(x) = g(x)$ f. ü. in Ω.

Wir können nun das Argument präzisieren, mit dem in der Einleitung begründet wurde, dass eine echte Funktion mit den Eigenschaften der Deltafunktion nicht existieren kann:

Satz 11.2. *Es gibt keine lokal integrierbare Funktion* $\delta \in L^1_{\text{loc}}(\mathbb{R}^n)$ *mit*

$$\int_{\mathbb{R}^n} \delta(x)\varphi(x)\,\mathrm{d}^n x = \varphi(0) \tag{11.1}$$

für alle C^∞*-Funktionen* φ *mit kompaktem Träger.*

Beweis. Sei φ eine C^∞-Funktion, die für $|x| > R$ verschwindet, und sei $M := \max_{|x|\leq R} |\varphi(x)|$. Wir betrachten die Funktionenfolge (φ_k), wobei $\varphi_k(x) := \varphi(kx)$. Alle φ_k verschwinden außerhalb von $K := B_R(0)$, es ist $\lim_{k\to\infty} \varphi_k(x) = 0$ für alle $x \neq 0$, und wir haben die integrierbare Majorante $M|\delta|\chi_K$. Der Satz über dominierte Konvergenz ergibt daher

$$\int \delta(x)\varphi_k(x)\;\mathrm{d}^n x \longrightarrow 0 \quad \text{für } k \to \infty\,.$$

Nach (11.1) ist aber $\int \delta(x)\varphi_k(x)\,\mathrm{d}^n x = \varphi_k(0) = \varphi(0)$ für alle k. Es folgt $\varphi(0) = 0$. Aus der Existenz einer lokal integrierbaren Funktion δ mit der angegebenen Eigenschaft würde also folgen, dass alle C^∞-Funktionen mit kompaktem Träger im Nullpunkt verschwinden müssen, was absurd ist. □

Man sieht also, dass es angebracht ist, den Bereich der lokal integrierbaren Funktionen in der Weise zu erweitern, die in der Einleitung angedeutet wurde. Es folgt die Definition der wichtigsten Räume von Testfunktionen und die Beschreibung der zugehörigen Konvergenzbegriffe. Für differenzierbare Funktionen auf Ω verwenden wir durchweg die bekannte *Multiindex-Schreibweise*:

$$D^\alpha f = \frac{\partial^{|\alpha|} f}{\partial x_1^{\alpha_1}\partial x_2^{\alpha_2}\cdots\partial x_n^{\alpha_n}} = \left(\frac{\partial}{\partial x_1}\right)^{\alpha_1}\cdots\left(\frac{\partial}{\partial x_n}\right)^{\alpha_n} f \tag{11.3}$$

für $\alpha = (\alpha_1,\ldots,\alpha_n) \in \mathbb{N}_0^n$, wobei

$$|\alpha| := \alpha_1 + \cdots + \alpha_n\,, \tag{11.4}$$

$$x^\alpha = \prod_{j=1}^n x_j^{\alpha_j}\,, \qquad x = (x_1,\ldots,x_n) \in \mathbb{R}^n\,, \tag{11.5}$$

$$\alpha! = \prod_{j=1}^n \alpha_j!\,. \tag{11.6}$$

Schließlich bezeichnen wir mit $|\cdot|$ immer die *euklidische* Norm auf $\mathbb{R}^n$, also

$$|x| := \left(\sum_{k=1}^n x_k^2\right)^{1/2} \qquad \text{für } x = (x_1,\ldots,x_n) \in \mathbb{R}^n\,. \tag{11.7}$$

Definitionen 11.3.

a. $\mathcal{D}(\Omega) = C_c^\infty(\Omega)$ ist der $\mathbb{C}$-Vektorraum der *finiten Testfunktionen* in Ω, d. h. der C^∞-Funktionen φ in Ω, deren *Träger* $\operatorname{Tr}\varphi$ eine kompakte Teilmenge von Ω ist. (Man beachte Def. 10.38 und die daran anschließende Erläuterung!) $\mathcal{D}(\Omega)$ ist versehen mit folgendem Konvergenzbegriff:

$$\varphi_m \underset{\mathcal{D}}{\longrightarrow} \varphi\,, \quad m \longrightarrow \infty \tag{11.8}$$

wenn es eine kompakte Menge $K \subseteq \mathbb{R}^n$ gibt, so dass

$\boxed{1}$ Tr $\varphi_m \subseteq K$ für alle $m \in \mathbb{N}$ sowie
$\boxed{2}$ $D^\alpha \varphi_m \longrightarrow D^\alpha \varphi$ gleichmäßig auf Ω

für alle Multiindizes α.

b. $\mathcal{S} \equiv \mathcal{S}_n$ ist der $\mathbb{C}$-Vektorraum der *schnell fallenden Testfunktionen*, d. h. der C^∞-Funktionen φ auf ganz $\mathbb{R}^n$, bei denen die Funktion $x^\alpha D^\beta \varphi(x)$ für zwei beliebige Multiindizes α, β beschränkt bleibt. Er ist versehen mit folgendem Konvergenzbegriff

$$\varphi_m \underset{\mathcal{S}}{\longrightarrow} \varphi\,, \quad m \longrightarrow \infty \tag{11.9}$$

genau dann, wenn für alle Multiindizes α, β

$$x^\alpha D^\beta \varphi_m(x) \longrightarrow x^\alpha D^\beta \varphi(x) \tag{11.10}$$

gleichmäßig auf ganz $\mathbb{R}^n$.

In a. sichert die Bedingung $\boxed{1}$, dass die Grenzfunktion φ wieder kompakten Träger hat, während $\boxed{2}$ sichert, dass $\varphi \in C^\infty(\mathbb{R}^n)$ ist.

In b. kann man die Gewichtsfunktionen x^α auch durch beliebige *Polynome* $P(x)$ in n Variablen ersetzen oder auch – was meist besonders bequem ist – durch Polynome von beliebig hohem Grad, die überall ≥ 1 sind. Wir formulieren dies genauer:

Lemma 11.4. *Folgende Bedingungen sind äquivalent:*

a.

$$\varphi_m \underset{\mathcal{S}}{\longrightarrow} \varphi\,, \quad m \longrightarrow \infty\,, \tag{11.9}$$

b. Für jedes $k \in \mathbb{N}_0$ und jeden Multiindex α gilt

$$(1+|x|^2)^k D^\alpha \varphi_m(x) \underset{glm.}{\longrightarrow} (1+|x|^2)^k D^\alpha \varphi(x)\,. \tag{11.11}$$

Der Beweis dieser Aussage ist eine leichte Übung.

In dem folgenden Satz sind für $\Omega = \mathbb{R}^n$ einige Beziehungen zwischen den beiden Arten von Testfunktionen zusammengefasst.

Satz 11.5.

a. $\mathcal{D}(\mathbb{R}^n) \subsetneqq \mathcal{S}_n$.

b. Gilt $\varphi_m \underset{\mathcal{D}}{\longrightarrow} \varphi$, *so gilt* $\varphi_m \underset{\mathcal{S}}{\longrightarrow} \varphi$.

c. $\mathcal{D}(\mathbb{R}^n)$ *liegt dicht in* $\mathcal{S}_n$, *d. h. zu jedem* $\varphi \in \mathcal{S}_n$ *gibt es eine Folge von Funktionen* $\varphi_m \in \mathcal{D}(\mathbb{R}^n)$ *mit*

$$\varphi_m \underset{\mathcal{S}}{\longrightarrow} \varphi \,.$$

Die Beweise für a. und b. sind leichte Übungen. Den etwas technischen Beweis von c. werden wir im Anschluss an Lemma 11.8 skizzieren. Zunächst müssen wir jedoch untersuchen, in welchem Umfang überhaupt geeignete Testfunktionen zur Verfügung stehen.

Dazu erinnern wir an das *Faltungsprodukt* von Funktionen auf $\mathbb{R}^n$ (vgl. etwa [36], Kap. 33):

Definition 11.6. Zwei messbare Funktionen $f, g : \mathbb{R}^n \longrightarrow \mathbb{C}$ heißen *faltbar*, wenn

$$H(x) := \int\limits_{\mathbb{R}^n} |f(x-y)g(y)| \, \mathrm{d}^n y$$

fast überall endlich ist. In diesem Fall ist

$$h(x) := \int\limits_{\mathbb{R}^n} f(x-y)g(y) \, \mathrm{d}^n y = \int\limits_{\mathbb{R}^n} f(y)g(x-y) \, \mathrm{d}^n y \tag{11.12}$$

f. ü. definiert, und diese Funktion heißt das *Faltungsprodukt* $f * g$ oder kurz die *Faltung* von f und g.

Eigenschaften und Anwendungen des Faltungsprodukts bilden ein hochinteressantes Thema der Analysis (vgl. z. B. [78, 79, 106]), von dem wir jetzt nur das zusammenstellen, was wir unmittelbar benötigen:

Theorem 11.7.

a. Ist $f \in L^1_{\mathrm{loc}}(\mathbb{R}^n)$ *und* $\varphi \in C_c(\mathbb{R}^n)$, *so sind* f, φ *faltbar und* $\varphi * f$ *ist stetig.*

b. Ist $f \in L^1_{\mathrm{loc}}(\mathbb{R}^n)$ *und sogar* $\varphi \in \mathcal{D}(\mathbb{R}^n)$, *so ist* $\varphi * f \in C^\infty$, *und für alle Multiindizes* α *gilt*

$$D^\alpha(\varphi * f) = D^\alpha \varphi * f \,.$$

c. Sei $f : \mathbb{R}^n \to \mathbb{C}$ *stetig und* $\varphi \in L^1(\mathbb{R}^n)$ *mit* $\int_{\mathbb{R}^n} \varphi \, \mathrm{d}^n x = 1$ *und* $\varphi \equiv 0$ *außerhalb einer Kugel* $B_R(0)$. *Dann sind* φ, f *faltbar, und für*

$$\varphi_\varepsilon(x) := \varepsilon^{-n} \varphi(x/\varepsilon)$$

gilt

$$f(x) = \lim_{\varepsilon \to 0+} (\varphi_\varepsilon * f)(x)$$

gleichmäßig auf kompakten Mengen.

Beweis.

a. und b. folgen sofort aus den bekannten Rechenregeln für Integrale mit Parameter (vgl. etwa [36], Kap. 28 oder auch unsere Aufgabe 10.8).

c. Die Faltbarkeit ist klar. Seien $x_0 \in \mathbb{R}^n$ und $\eta > 0$ gegeben. Dann wähle $\delta > 0$ so klein, dass

$$|f(x) - f(x_0)| < \eta / \|\varphi\|_1 \quad \text{für } x \in U_\delta(x_0) \, .$$

Offenbar ist $\int \varphi_\varepsilon \, \mathrm{d}^n x = 1$ und $\int |\varphi_\varepsilon| \, \mathrm{d}^n x = \|\varphi\|_1$ für alle ε (Substitution $y = x/\varepsilon$!). Für $0 < \varepsilon \leq \delta/R$ ergibt sich daher

$$\begin{aligned} |(\varphi_\varepsilon * f)(x_0) - f(x_0)| &= \left| \int \varphi_\varepsilon(y) f(x_0 - y) \, \mathrm{d}^n y - \int \varphi_\varepsilon(y) f(x_0) \, \mathrm{d}^n y \right| \\ &= \left| \int\limits_{|y| \leq \varepsilon R} \varphi_\varepsilon(y) [f(x_0 - y) - f(x_0)] \, \mathrm{d}^n y \right| \\ &\leq \int\limits_{|y| \leq \varepsilon R} |\varphi_\varepsilon(y)| \cdot |f(x_0 - y) - f(x_0)| \, \mathrm{d}^n y < \frac{\eta}{\|\varphi\|_1} \int |\varphi_\varepsilon| \, \mathrm{d}^n y = \eta \, , \end{aligned}$$

und dies bedeutet $f(x_0) = \lim_{\varepsilon \to 0+} (\varphi_\varepsilon * f)(x_0)$. Die gleichmäßige Stetigkeit von f auf kompakten Mengen sorgt dafür, dass diese Konvergenz auf kompakten Mengen gleichmäßig ist.

□

Mit Hilfe der Faltung kann man sozusagen maßgeschneiderte Testfunktionen konstruieren. Dabei geht man meist von der schon aus (4.1) bekannten speziellen Testfunktion aus, die nur um einen skalaren Faktor abgeändert wird. Wir betrachten nämlich

$$\eta(x) := C^{-1} h_0(1 - |x|^2) \quad \text{mit } h_0(t) := \begin{cases} \mathrm{e}^{-1/t} & \text{für } t > 0 \, , \\ 0 & \text{für } t \leq 0 \, , \end{cases} \tag{11.13}$$

wobei

$$C := \int h_0(1 - |x|^2) \, \mathrm{d}^n x \, . \tag{11.14}$$

Man sieht, dass $\eta(x) > 0$ für $|x| < 1$, $\eta(x) = 0$ für $|x| \geq 1$. Insbesondere ist

$$\mathrm{Tr} \, \eta = B_1(0) \, . \tag{11.15}$$

Die Wahl von C sorgt schließlich dafür, dass

$$\int \eta \, \mathrm{d}^n x = 1 \, . \tag{11.16}$$

Lemma 11.8. *Zu kompaktem $K \subseteq \Omega$ gibt es $\zeta \in \mathcal{D}(\Omega)$ mit $\zeta \equiv 1$ auf K und $0 \leq \zeta \leq 1$ auf ganz Ω. (Man bezeichnet solch ein ζ als „glatte Abschmierfunktion".)*

Beweis. Wir verwenden die Bezeichnungen aus dem Beweis von Satz 10.39 und setzen

$$\delta := \min_{x \in K} d(x, \mathbb{R}^n \setminus \Omega) , \quad L := \overline{U_{\delta/2}(K)} .$$

Mit der Funktion η aus (11.13) und $0 < \varepsilon < \delta/2$ setzen wir

$$\zeta := \eta_\varepsilon * \chi_L$$

mit

$$\eta_\varepsilon(x) := \varepsilon^{-n} \eta(x/\varepsilon) . \tag{11.17}$$

Wir haben also $\zeta \in C^\infty$ nach Theorem 11.7, und die explizite Darstellung

$$\zeta(x) = \varepsilon^{-n} \int_{|y| \leq \varepsilon} \eta(y/\varepsilon) \chi_L(x - y) \, \mathrm{d}^n y$$

lässt wegen (11.16) erkennen, dass $0 \leq \zeta(x) \leq 1$ für alle x, dass $\zeta \equiv 1$ auf K und dass $\zeta \equiv 0$ auf der offenen Menge $\{x \mid d(x, L) > \varepsilon\}$. Wegen $\varepsilon < \delta/2$ folgt hieraus $\operatorname{Tr} \zeta \subseteq U_{\delta/2}(L) \subseteq \Omega$. □

Bemerkung: Um Satz 11.5c. zu beweisen, wählt man eine glatte Abschmierfunktion $\zeta \in \mathcal{D}(\mathbb{R}^n)$ mit $\zeta \equiv 1$ auf $B_1(0)$ und betrachtet bei gegebenem $f \in \mathcal{S}_n$ die Folge

$$\varphi_m(x) := \zeta(x/m) f(x) .$$

Offenbar ist $\varphi_m \in \mathcal{D}(\mathbb{R}^n)$, und wir haben die punktweise Konvergenz $\varphi_m(x) \to f(x)$ für $m \to \infty$. Um nachzuweisen, dass sogar die Konvergenz $\varphi_m \underset{\mathcal{S}}{\longrightarrow} f$ im Sinne von (11.10) besteht, bedarf es einiger technischer Abschätzungen, die wir übergehen.

Der folgende Satz ist von fundamentaler Bedeutung:

Theorem 11.9. *Für $1 \leq p < \infty$ ist $\mathcal{D}(\Omega)$ dicht in $L^p(\Omega)$.*

Beweis. Der Beweis verläuft exakt wie der Beweis von Satz 10.39, außer dass Lemma 11.8 die Stelle der dortigen Behauptung (A) einnimmt. □

B Distributionen

Die Räume $\mathcal{D}(\Omega)$ und $\mathcal{S}_n$ sind sogenannte *topologische Vektorräume*, d. h. Vektorräume mit einem Konvergenzbegriff. Man beachte, dass $\mathcal{D}(\Omega)$ und $\mathcal{S}_n$ weder normierte Räume noch metrische Räume sind. Trotzdem kann man die Stetigkeit von linearen Funktionalen, die auf diesen Räumen definiert sind, durch das Folgenkriterium beschreiben. Deshalb definieren wir:

Definition 11.10. Sei V ein topologischer Vektorraum über $\mathbb{K}$. Eine Abbildung $T : V \longrightarrow \mathbb{K}$ heißt ein *stetiges lineares Funktional* auf V, wenn

a.
$$T(c_1\varphi_1 + c_2\varphi_2) = c_1 T(\varphi_1) + c_2 T(\varphi_2)$$
für alle $\varphi_i \in V, c_i \in \mathbb{K}$,

b.
$$\varphi_m \underset{V}{\longrightarrow} \varphi \Longrightarrow T(\varphi_m) \longrightarrow T(\varphi) .$$

Der $\mathbb{K}$-Vektorraum V' der stetigen linearen Funktionale auf V (punktweise Addition und Skalarmultiplikation!) heißt der *topologische Dualraum* zu V.

Bemerkung: In der mathematischen Literatur wird Eigenschaft 11.10b. als *Folgenstetigkeit* bezeichnet, und für allgemeine topologische Vektorräume ist dies eine schwächere Forderung als die Stetigkeit selbst. Wir erlauben uns hier eine Abweichung von der üblichen Sprechweise, weil es bei den uns interessierenden Räumen keinen Unterschied macht.

Distributionen sind nun einfach die Elemente von $(\mathcal{D}(\Omega))' \equiv \mathcal{D}'(\Omega)$ bzw. $\mathcal{S}'_n$, d. h. stetige lineare Funktionale auf Räumen von Testfunktionen.

Definitionen 11.11.

a. Die Elemente $T \in \mathcal{D}'(\Omega)$, d. h. die stetigen linearen Funktionale $T : \mathcal{D}(\Omega) \longrightarrow \mathbb{C}$ heißen *Distributionen* in Ω.
b. Die Elemente $T \in \mathcal{S}'_n$, d. h. die stetigen linearen Funktionale $T : \mathcal{S}_n \longrightarrow \mathbb{C}$ heißen *temperierte Distributionen*.
c. Eine (temperierte) Distribution T heißt *regulär*, wenn es ein $f \in L^1_{\text{loc}}(\Omega)$ gibt, so dass
$$T(\varphi) = \int_\Omega f(x)\,\varphi(x)\;\mathrm{d}^n x \tag{11.18}$$
für alle $\varphi \in \mathcal{D}(\Omega)$ (bzw. $\varphi \in \mathcal{S}_n$). Man nennt dann T die von f erzeugte reguläre (temperierte) Distribution und schreibt
$$T \equiv [f] . \tag{11.19}$$
Gibt es kein solches $f \in L^1_{\text{loc}}(\Omega)$, so dass (11.18) gilt, so heißt T eine *singuläre Distribution*.
d. Schreibweise:
$$\begin{aligned} \langle T, \varphi \rangle = T(\varphi)\,,\; & T \in \mathcal{D}'(\Omega)\,,\; \varphi \in \mathcal{D}(\Omega) \\ \text{bzw.} \qquad & T \in \mathcal{S}'_n\,,\; \varphi \in \mathcal{S}_n\,. \end{aligned} \tag{11.20}$$

Bemerkungen: (i) Zuweilen schreibt man auch $\int_\Omega T(x)\varphi(x)\;\mathrm{d}^n x$, auch wenn es sich um eine singuläre Distribution handelt. Das ist natürlich nur eine symbolische Schreibweise für $\langle T, \varphi \rangle$. Sie ist hauptsächlich dann praktisch, wenn mehrere Variable im Spiel sind, da aus ihr hervorgeht, auf welche Variable die Distribution T wirkt

(d. h. von welcher Variablen die Testfunktionen abhängen, auf die T wirkt). Diese Situation werden wir hauptsächlich in Abschn. G und später in Kap. 13 antreffen.
(ii) Jede temperierte Distribution T ist tatsächlich eine Distribution im Sinne von Def. 11.11a., denn nach Einschränkung auf $\mathcal{D}(\mathbb{R}^n)$ ergibt T ein stetiges lineares Funktional auf $\mathcal{D}(\mathbb{R}^n)$, wie Satz 11.5b. zeigt. Wegen Satz 11.5c. ist $T \in \mathcal{S}_n'$ durch seine Einschränkung auf $\mathcal{D}(\mathbb{R}^n)$ auch eindeutig bestimmt, d. h. verschiedene stetige lineare Funktionale auf $\mathcal{S}_n$ ergeben auch verschiedene Distributionen.

Beim Nachweis, dass ein gegebener Ausdruck eine (temperierte) Distribution definiert, ist die Linearität i. A. kein Problem. Um die Stetigkeit nachzuprüfen, ist es meist praktisch, die folgenden Abschätzungen zu verwenden:

Satz 11.12.

a. *Für $\varphi \in \mathcal{D}(\Omega)$, $m \in \mathbb{N}_0$ und eine kompakte Teilmenge $K \subseteq \Omega$ sei*

$$p_{m,K}(\varphi) := \max_{|\alpha| \leq m} \max_{x \in K} |D^\alpha \varphi(x)| \, . \tag{11.21}$$

Dann gilt: Ein lineares Funktional $T : \mathcal{D}(\Omega) \longrightarrow \mathbb{C}$ ist genau dann eine Distribution, wenn es zu jeder kompakten Teilmenge $K \subseteq \Omega$ ein $C \geq 0$ und ein $m \in \mathbb{N}_0$ gibt, so dass

$$|\langle T, \varphi \rangle| \leq C p_{m,K}(\varphi) \quad \forall \, \varphi \in \mathcal{D}(\Omega) \textit{ mit } \operatorname{Tr} \varphi \subseteq K \, . \tag{11.22}$$

b. *Für $\varphi \in \mathcal{S}_n$ und $m \in \mathbb{N}_0$ sei*

$$q_m(\varphi) := \max_{|\alpha| \leq m} \sup_{x \in \mathbb{R}^n} (1 + |x|^2)^m |D^\alpha \varphi(x)| \, . \tag{11.23}$$

Dann gilt: Ein lineares Funktional $T : \mathcal{S}_n \longrightarrow \mathbb{C}$ ist genau dann eine temperierte Distribution, wenn es ein $C \geq 0$ und ein $m \in \mathbb{N}_0$ gibt, so dass

$$|\langle T, \varphi \rangle| \leq C q_m(\varphi) \quad \forall \, \varphi \in \mathcal{S}_n \, . \tag{11.24}$$

Beweis. Wir führen nur den Nachweis, dass die angegebenen Bedingungen für die Stetigkeit der linearen Funktionale hinreichend sind. Dass die Bedingungen auch notwendig sind, beweist man durch Widerspruch. Da die Notwendigkeit aber für uns von untergeordnetem Interesse ist, verzichten wir diesbezüglich auf Einzelheiten.

a. Angenommen, $\varphi_k \underset{\mathcal{D}}{\longrightarrow} \varphi$ für $k \to \infty$. Dann gibt es ein kompaktes $K \subseteq \Omega$ so, dass $\operatorname{Tr} \varphi_k, \operatorname{Tr} \varphi \subseteq K$. Zu K wählen wir C, m gemäß der Bedingung aus a. Es ist auch $\operatorname{Tr}(\varphi_k - \varphi) \subseteq K$ für alle k, also nach (11.22)

$$|\langle T, \varphi_k \rangle - \langle T, \varphi \rangle| = |\langle T, \varphi_k - \varphi \rangle| \leq C p_{m,K}(\varphi_k - \varphi) \, ,$$

und wegen der gleichmäßigen Konvergenz aller Ableitungen (vgl. 11.3a.) geht das für $k \to \infty$ gegen Null. Also ist $\langle T, \varphi \rangle = \lim_{k \to \infty} \langle T, \varphi_k \rangle$, wie verlangt.

b. Sei nun $T : \mathcal{S}_n \longrightarrow \mathbb{C}$ ein lineares Funktional, welches (11.24) für ein $C \geq 0$ und ein $m \in \mathbb{N}_0$ erfüllt. Gelte

$$\varphi_k \underset{\mathcal{S}}{\longrightarrow} \varphi \, , \quad k \longrightarrow \infty \, .$$

Nach 11.3b. und (11.23) gilt dann

$$q_m(\varphi_k - \varphi) \longrightarrow 0 \quad \text{für } k \longrightarrow \infty\,,$$

und daraus folgt nach (11.24)

$$|\langle T, \varphi_k\rangle - \langle T, \varphi\rangle| \leq C q_m(\varphi_k - \varphi) \longrightarrow 0 \quad \text{für } k \longrightarrow \infty\,.$$

Das bedeutet aber, dass T stetig bezüglich der $\mathcal{S}$-Konvergenz ist, d. h. $T \in \mathcal{S}'_n$.

□

Beispiel: Für $x_0 \in \Omega$ ist $\delta_{x_0} : \mathcal{D}(\Omega) \longrightarrow \mathbb{C}$ mit

$$\langle \delta_{x_0}, \varphi\rangle := \varphi(x_0) \tag{11.25}$$

eine singuläre Distribution, die sogenannte *Delta-Distribution* am Punkt x_0. Denn δ_{x_0} ist sicher ein lineares Funktional, und wegen

$$|\langle \delta_{x_0}, \varphi\rangle| \leq \max_{x\in\Omega} |\varphi(x)|$$

haben wir für jedes kompakte K auch (11.22) mit $m = 0$, $C = 1$. Also ist δ_{x_0} eine Distribution. Dass diese Distribution nicht regulär ist, ist gerade die Aussage von Satz 11.2.

Die Distributionsmengen $\mathcal{D}'(\Omega)$ und $\mathcal{S}'_n$ sind Vektorräume, d. h. Linearkombinationen von (temperierten) Distributionen sind wieder (temperierte) Distributionen. Die Analogie zwischen Funktionen und Distributionen hat aber ihre Grenzen. Insbesondere können Produkte von Distributionen i. A. nicht sinnvoll definiert werden. Jedoch ist Folgendes möglich:

Satz 11.13. *Ist $T \in \mathcal{D}'(\Omega)$ und $f \in C^\infty(\Omega)$, so wird durch*

$$\langle fT, \varphi\rangle := \langle T, f\varphi\rangle\,, \quad \varphi \in \mathcal{D}(\Omega) \tag{11.26}$$

eine Distribution $fT \in \mathcal{D}'(\Omega)$ definiert.

Beweis. Ist $\varphi \in \mathcal{D}(\Omega)$, so ist auch $f\varphi \in \mathcal{D}(\Omega)$, also definiert (11.26) auf jeden Fall ein lineares Funktional auf $\mathcal{D}(\Omega)$. Seine Stetigkeit folgt sofort aus der von T, sobald gezeigt ist, dass

$$\varphi_k \underset{\mathcal{D}}{\longrightarrow} \varphi \Longrightarrow f\varphi_k \underset{\mathcal{D}}{\longrightarrow} f\varphi\,. \tag{$*$}$$

Hierzu benötigt man die LEIBNIZ-Regel (also die Produktregel für höhere Ableitungen – vgl. etwa [36], Ergänzungen zu Kap. 9). Sie besagt

$$D^\alpha(f\varphi) = \sum_{\beta+\gamma=\alpha} \frac{\alpha!}{\beta!\gamma!} D^\beta f\, D^\gamma \varphi\,. \tag{11.27}$$

Nun sei $\varphi_k \underset{\mathcal{D}}{\longrightarrow} \varphi$ für $k \to \infty$. Dann liegen $\operatorname{Tr}\varphi$ und die Träger aller φ_k in einer kompakten Menge $K \subseteq \Omega$, und für alle m ist $\lim_{k\to\infty} p_{m,K}(\varphi_k - \varphi) = 0$, wobei

$p_{m,K}$ durch (11.21) definiert ist. Offenbar ist $\mathrm{Tr}\, f\varphi_k \subseteq \mathrm{Tr}\,\varphi_k \subseteq K$ und ebenso $\mathrm{Tr}\, f\varphi \subseteq K$. Da die $D^\beta f$ stetig sind, haben wir endliche Maxima

$$M_\beta := \max_{x\in K} |D^\beta f(x)| < \infty ,$$

und damit ergibt die LEIBNIZ-Regel für jeden Multiindex α:

$$\begin{aligned}\max_{x\in K} |D^\alpha(f\varphi_k - f\varphi)| &\le \sum_{\beta+\gamma=\alpha} \frac{\alpha!}{\beta!\gamma!} M_\beta \left(\max_{x\in K} |D^\gamma(\varphi_k(x) - \varphi(x))|\right) \\ &\le C_\alpha\, p_{mK}(\varphi_k - \varphi)\end{aligned}$$

mit festem $C_\alpha > 0$. Damit ergibt sich $(*)$. □

Um eine analoge Aussage für *temperierte* Distributionen machen zu können, benötigen wir weitere Funktionenklassen:

Definitionen 11.14.

a. Eine LEBESGUE-messbare Funktion $f : \mathbb{R}^n \longrightarrow \mathbb{C}$ heißt von *polynomialem Wachstum*, wenn es Konstanten $C \ge 0$ und $m \in \mathbb{N}_0$ gibt, so dass

$$|f(x)| \le C(1 + |x|^2)^m \quad \forall\, x \in \mathbb{R}^n . \tag{11.28}$$

Wir schreiben dann: $f \in \mathcal{P}_n$.

b. Die Klasse $\mathcal{P}_n^\infty$ besteht aus allen $f \in C^\infty(\mathbb{R}^n)$, so dass zu jedem Multiindex α Konstanten $C = C(\alpha) \ge 0$, $m = m(\alpha) \in \mathbb{N}_0$ existieren mit

$$|D^\alpha f(x)| \le C(1 + |x|^2)^m \quad \forall\, x \in \mathbb{R}^n , \tag{11.29}$$

d. h. die Funktion f und alle ihre Ableitungen sind von polynomialem Wachstum.

Satz 11.15. *Ist $T \in \mathcal{S}_n'$ und $f \in \mathcal{P}_n^\infty$, so wird durch*

$$\langle fT, \varphi\rangle := \langle T, f\varphi\rangle , \quad \varphi \in \mathcal{S}_n \tag{11.30}$$

eine temperierte Distribution $fT \in \mathcal{S}_n'$ definiert.

Der Beweis verläuft ganz ähnlich wie beim vorigen Satz. Insbesondere spielt die LEIBNIZregel wieder die entscheidende Rolle (Übung!).

C Reguläre Distributionen

Zunächst untersuchen wir, welche Funktionen f auf die in Def. 11.11c. beschriebene Weise zu Distributionen bzw. zu temperierten Distributionen führen.

Satz 11.16.

a. *Für jede Funktion* $f \in L^1_{\mathrm{loc}}(\Omega)$ *wird durch*

$$\langle [f], \varphi \rangle := \int_{\Omega} f(x)\varphi(x)\, \mathrm{d}^n x\,, \quad \varphi \in \mathcal{D}(\Omega) \tag{11.31}$$

eine Distribution $[f] \in \mathcal{D}'(\Omega)$ *definiert.*

b. *Jede Funktion* $f \in \mathcal{P}_n$, *d. h. von polynomialem Wachstum, erzeugt gemäß*

$$\langle [f], \varphi \rangle := \int_{\mathbb{R}^n} f(x)\varphi(x)\, \mathrm{d}^n x\,, \quad \varphi \in \mathcal{S}_n \tag{11.32}$$

eine reguläre temperierte Distribution $[f] \in \mathcal{S}'_n$.

Beweis.

a. Dass das Integral in (11.31) für jedes $\varphi \in \mathcal{D}(\Omega)$ existiert und ein lineares Funktional definiert, ist nach Def. 11.1 klar, weil jedes $\varphi \in \mathcal{D}(\Omega)$ kompakten Träger hat. Ist $K \subseteq \Omega$ kompakt und $\mathrm{Tr}\,\varphi \subseteq K$, so folgt

$$|\langle [f], \varphi \rangle| \leq \left(\max_{x \in K} |\varphi(x)| \right) \int_K |f(x)|\, \mathrm{d}^n x = C p_{0,K}(\varphi)$$

mit $C := \int_K |f|\, \mathrm{d}^n x < \infty$. Nach Satz 11.12a. ist $[f]$ also eine Distribution.

b. Wenn $f \in \mathcal{P}_n$ ist, so gibt es nach Definition 11.14a. Konstanten $C \geq 0$, $m \in \mathbb{N}_0$, so dass

$$|f(x)| \leq C(1 + |x|^2)^m\,, \quad x \in \mathbb{R}^n\,.$$

Nun ist bekanntlich $\int_{\mathbb{R}^n} (1 + |x|^2)^{-k}\, \mathrm{d}^n x < \infty$ für $k > n/2$, wie man durch Transformation auf Polarkoordinaten erkennt (vgl. etwa [36], Kap. 15), und daher

$$\int_{\mathbb{R}^n} |f(x)|\, (1 + |x|^2)^{-m-k}\, \mathrm{d}^n x < \infty\,.$$

Daraus folgt dann für $\varphi \in \mathcal{S}_n$:

$$\begin{aligned}
|\langle [f], \varphi \rangle| &\leq \int_{\mathbb{R}^n} |f(x)|\, |\varphi(x)|\, \mathrm{d}^n x \\
&\leq \int_{\mathbb{R}^n} \left\{ |f(x)|(1 + |x|^2)^{-m-k} \right\} \left\{ (1 + |x|^2)^{m+k} |\varphi(x)| \right\} \mathrm{d}^n x \\
&\leq \text{konst.}\ q_{m+k}(\varphi)\,,
\end{aligned}$$

was mit Satz 11.12b. die Behauptung ergibt. □

Bemerkung: Funktionen mit exponentiellem Wachstum ergeben keine temperierten Distributionen. Zum Beispiel kann die reguläre Distribution zu e^{x^2} nicht temperiert sein, da e^{-x^2} zu $\mathcal{S}_1$ gehört (vgl. auch Aufgabe 11.2).

Der Vorrat an Testfunktionen ist reichhaltig genug, um eine lokal integrierbare Funktion so weit festzulegen, wie Integrale es irgend könnnen, nämlich bis auf Übereinstimmung fast überall. Dies wird durch den folgenden fundamentalen Satz ausgedrückt:

Theorem 11.17 (*Fundamentallemma der Variationsrechnung*). *Ist* $f \in \mathcal{L}^1_{\mathrm{loc}}(\Omega)$ *und*

$$\int\limits_{\Omega} f(x)\varphi(x)\ \mathrm{d}^n x = 0 \qquad \textit{für alle } \varphi \in \mathcal{D}(\Omega)\ ,$$

so ist $f(x) = 0$ *f. ü.*

Bemerkung: Den Beweis hierfür in voller Allgemeinheit zu führen, ist technisch etwas aufwendig, und wir erleichtern uns die Sache, indem wir den Bereich der zugelassenen Funktionen f etwas einschränken. Es sei $\mathcal{L}^2_{\mathrm{loc}}(\Omega)$ der Raum der messbaren $f : \Omega \longrightarrow \mathbb{C}$, bei denen für jedes kompakte $K \subseteq \Omega$

$$\int\limits_K |f|^2\ \mathrm{d}^n x < \infty$$

ist. Jedes solche f ist lokal integrierbar, denn wir haben

$$\int\limits_K |f|\ \mathrm{d}^n x \leq \sqrt{\lambda_n(K)} \left(\int\limits_K |f|^2\ \mathrm{d}^n x \right)^{1/2} < \infty\ .$$

Das sieht man, wenn man sich im Integranden einen Faktor 1 dazudenkt und dann die CAUCHY-SCHWARZsche Ungleichung anwendet. Es gibt aber lokal integrierbare Funktionen, die nicht zu $\mathcal{L}^2_{\mathrm{loc}}$ gehören, z. B. die Funktion $f(x) := |x|^{-1/2}$ auf $\Omega = \mathbb{R}^1$. Da in der Physik zumeist HILBERTräume benötigt werden, reicht der Bereich $\mathcal{L}^2_{\mathrm{loc}}$ aber für die meisten Anwendungen aus, die in der Physik Bedeutung haben.

Beweis (des Theorems für $f \in \mathcal{L}^2_{\mathrm{loc}}(\Omega)$). Sei Ω_1 ein beschränktes Teilgebiet mit $\overline{\Omega_1} =: K \subseteq \Omega$. Dann ist

$$\int\limits_{\Omega_1} |f|^2\ \mathrm{d}^n x \leq \int\limits_K |f|^2\ \mathrm{d}^n x < \infty\ ,$$

also definiert f ein Element von $L^2(\Omega_1)$, das wir ebenfalls mit f bezeichnen. Nach Theorem 11.9 ist $\mathcal{D}(\Omega_1)$ dicht in $L^2(\Omega_1)$, also gibt es eine Folge von Testfunktionen $\varphi_k \in \mathcal{D}(\Omega_1)$ mit $\bar{f} = \lim_{k\to\infty} \varphi_k$ in der Norm von $L^2(\Omega_1)$. Diese Testfunktionen denken wir uns durch Null auf ganz Ω fortgesetzt. Dann folgt aus der Voraussetzung

$$\int\limits_{\Omega_1} |f|^2\ \mathrm{d}^n x = \lim_{k\to\infty} \int\limits_{\Omega_1} f\varphi_k\ \mathrm{d}^n x = \lim_{k\to\infty} \int\limits_{\Omega} f(x)\varphi_k(x)\ \mathrm{d}^n x = 0\ .$$

Also ist $f(x) = 0$ f. ü. auf Ω_1. Aber ganz Ω kann als abzählbare Vereinigung von derartigen Teilgebieten Ω_1 dargestellt werden, z. B. als Vereinigung der

$$\Omega_m := \{x \in \Omega \mid d(x, \mathbb{R}^n \setminus \Omega) > 1/m\,,\ |x| < m\}\,.$$

Daher ist sogar $f(x) = 0$ f. ü. auf Ω. □

Sind also f_1, f_2 zwei lokal integrierbare Funktionen, für die die entsprechenden regulären Distributionen übereinstimmen, so erfüllt $f := f_1 - f_2$ die Voraussetzungen von Theorem 11.17, und daher muss $f_1(x) = f_2(x)$ f. ü. auf Ω sein. Jede reguläre Distribution aus $\mathcal{D}'(\Omega)$ stammt also von einer *eindeutigen* Äquivalenzklasse $[f] \in L^1_{\mathrm{loc}}(\Omega)$, und daher bezeichnen wir mit $[f]$ einmal die besagte Äquivalenzklasse und ein anderes Mal die entsprechende reguläre Distribution.

In etwas abstrakterer Form lautet diese Eindeutigkeitsaussage:

Korollar 11.18. *Wird jeder Funktion $f \in \mathcal{L}^1_{\mathrm{loc}}(\Omega)$ die entsprechende reguläre Distribution $[f]$ gemäß (11.18) zugeordnet, so ergibt sich eine Einbettung, d. h. eine injektive lineare Abbildung*

$$L^1_{\mathrm{loc}}(\Omega) \hookrightarrow \mathcal{D}'(\Omega)\,.$$

Ebenso ergibt sich eine Einbettung

$$P_n \hookrightarrow \mathcal{S}'_n\,,$$

wobei P_n den Vektorraum der Äquivalenzklassen von Funktionen mit polynomialem Wachstum bezeichnet.

Bemerkung: Wenn die Äquivalenzklasse $[f]$ eine *stetige* Funktion enthält, so ist diese, wie wir wissen, eindeutig bestimmt und wird als bevorzugter Repräsentant gewählt. Die entsprechende reguläre Distribution wird dann ebenfalls mit dem stetigen Repräsentanten identifiziert, und man sagt, die Distribution „ist" diese Funktion.

D Lokalisierung und Träger

Wir diskutieren zunächst das lokale Verhalten von Distributionen. Wie schon erläutert, hat es i. A. keinen Sinn, bei einer Distribution T von dem Wert $T(x)$, $x \in \Omega$ zu sprechen. Trotzdem kann man Distributionen ganz ähnlich wie Funktionen auf Teilmengen von Ω einschränken, jedenfalls, wenn diese Teilmengen *offen* sind:

Definitionen 11.19.

a. Sei U eine offene Teilmenge von Ω, und sei $T \in \mathcal{D}'(\Omega)$ eine Distribution. Man sagt, T *verschwindet* in U, wenn

$$\langle T, \varphi\rangle = 0 \qquad \text{für alle } \varphi \in \mathcal{D}(\Omega) \text{ mit } \mathrm{Tr}\,\varphi \subseteq U\,.$$

b. Man sagt, dass zwei Distributionen $T_1, T_2 \in \mathcal{D}'(\Omega)$ in der offenen Teilmenge U von Ω *übereinstimmen* (geschrieben: „$T_1 \equiv T_2$ in U“ oder „$T_1|_U = T_2|_U$“), wenn $T_1 - T_2$ in U verschwindet, wenn also

$$\langle T_1, \varphi \rangle = \langle T_2, \varphi \rangle$$

für alle Testfunktionen $\varphi \in \mathcal{D}(\Omega)$, deren Träger in U liegen.

c. Der *Träger* der Distribution $T \in \mathcal{D}'(\Omega)$ ist die Menge $\operatorname{Tr} T$, die folgendermaßen definiert ist: Ein Punkt $x \in \Omega$ gehört genau dann zu $\operatorname{Tr} T$, wenn x keine offene Umgebung besitzt, in der T verschwindet.

d. Ist $\operatorname{Tr} T$ kompakt, so heißt T eine *finite Distribution*.

Bemerkungen: (i) Alle diese Sprechweisen können auch auf temperierte Distributionen angewendet werden, da man temperierte Distributionen ja als Distributionen aus $\mathcal{D}'(\mathbb{R}^n)$ auffassen kann, wie im Anschluss an 11.11 erläutert.
(ii) Ist $T = [f]$ die reguläre Distribution zu einer *stetigen* Funktion f, so ist

$$\operatorname{Tr} T = \operatorname{Tr} f \; .$$

Der Beweis sei als Übung empfohlen.

Wenn zwei Distributionen in offenen Mengen $U_1, U_2, \ldots$ übereinstimmen, so stimmen sie auch in der Vereinigung $U = U_1 \cup U_2 \cup \cdots$ überein. Diese Tatsache ist für Funktionen absolut trivial, für Distributionen aber keineswegs selbstverständlich. Andererseits ist sie eine entscheidende Voraussetzung dafür, dass die hier definierten Objekte als Mathematische Modelle für raumzeitlich lokalisierte physikalische Sachverhalte tauglich sind. Beim Beweis spielen die schon in Kap. 4 diskutierten *Zerlegungen der Eins* eine entscheidende Rolle. Die dabei betrachtete Mannigfaltigkeit ist einfach das Gebiet Ω.

Die lokale Übereinstimmung von Distributionen kann natürlich durch das lokale Verschwinden ihrer Differenz getestet werden. Darum genügt es für unsere Zwecke, die größte offene Menge zu beschreiben, in der eine Distribution verschwindet:

Satz 11.20. *Sei $T \in \mathcal{D}'(\Omega)$. Dann verschwindet T in einer offenen Teilmenge $U \subseteq \Omega$ genau dann, wenn $U \cap \operatorname{Tr} T = \emptyset$ ist. Insbesondere ist $\Omega \setminus \operatorname{Tr} T$ die größte offene Menge, in der T verschwindet.*

Beweis. Ist $U \cap \operatorname{Tr} T \neq \emptyset$, so kann T nicht in U verschwinden, wie unmittelbar aus der Definition von $\operatorname{Tr} T$ folgt. Um die umgekehrte Richtung zu zeigen, betrachten wir eine beliebige Testfunktion $\varphi \in \mathcal{D}(\Omega)$, deren Träger K disjunkt von $\operatorname{Tr} T$ ist, und zeigen, dass

$$\langle T, \varphi \rangle = 0$$

sein muss.

Wegen $K \cap \operatorname{Tr} T = \emptyset$ hat jeder Punkt $x \in K$ eine offene Umgebung U_x, in der T verschwindet. Gemäß der in Def. 1.13 gegebenen Beschreibung der Kompaktheit durch die HEINE-BORELsche Überdeckungseigenschaft kann man nun endlich viele Punkte $x_1, \ldots, x_m \in K$ wählen, für die $K \subseteq U_{x_1} \cup \ldots \cup U_{x_m}$ ist. Zusammen mit $U_0 := \Omega \setminus K$ bilden die $U_j := U_{x_j}$ eine endliche offene Überdeckung von Ω.

Nach Theorem 4.2 gibt es auf Ω eine dieser Überdeckung untergeordnete Zerlegung $h_0, h_1, \ldots, h_m$ der Eins. Da T für $j \geq 1$ in U_j verschwindet, folgt $\langle T, h_j\varphi\rangle = 0$ für alle $j \geq 1$. Da φ außerhalb von K verschwindet, folgt überdies

$$\sum_{j=1}^{m} h_j\varphi = \varphi \underbrace{\sum_{j=0}^{m} h_j}_{=1} - \underbrace{h_0\varphi}_{=0} = \varphi$$

und daher $\langle T, \varphi\rangle = \sum_{j=1}^{m}\langle T, h_j\varphi\rangle = 0$, wie behauptet. □

Daraus ergibt sich sofort die Aussage, um die es uns ging:

Korollar 11.21. *Es sei $(U_i)_{i\in I}$ ein beliebiges System von offenen Teilmengen von Ω. Wenn zwei Distributionen $T_1, T_2 \in \mathcal{D}'(\Omega)$ in jedem U_i übereinstimmen, so stimmen sie auch in*

$$U := \bigcup_{i\in I} U_i$$

überein.

Beweis. Jedes U_i ist disjunkt von $S := \operatorname{Tr}(T_1 - T_2)$, also ist auch U disjunkt von S. □

Zum Schluss dieses Abschnitts gehen wir noch kurz auf die besondere Rolle der *finiten* Distributionen ein.

Temperierte Distributionen zeichnen sich dadurch aus, dass sie im Unendlichen nicht schneller anwachsen als ein Polynom. Diese Faustregel wird zumindest durch die Sätze 11.15 und 11.16b. nahegelegt. Dazu passt es auch, dass die Distributionen mit kompaktem Träger sich als temperierte Distributionen auffassen lassen:

Satz 11.22. *Jede finite Distribution $T \in \mathcal{D}'(\Omega)$ kann eindeutig zu einer temperierten Distribution $T_1 \in \mathcal{S}_n'$ fortgesetzt werden, d. h. genau: Ist $T \in \mathcal{D}'(\Omega)$ finit, so gibt es genau eine temperierte Distribution T_1, die auf Ω mit T übereinstimmt und auf $\mathbb{R}^n \setminus \operatorname{Tr} T$ verschwindet. Ist $\eta \in \mathcal{D}(\Omega)$ mit $\eta = 1$ in einer Umgebung von* Tr T, *so ist T_1 durch*

$$\langle T_1, \varphi\rangle := \langle T, \eta\varphi\rangle \quad \textit{für } \varphi \in \mathcal{S}_n \tag{11.33}$$

gegeben.

Beweis. Es ist zunächst zu zeigen, dass durch (11.33) ein stetiges lineares Funktional auf $\mathcal{S}_n$ definiert ist. Die Linearität ist dabei klar. Gelte also

$$\varphi_m \underset{\mathcal{S}}{\longrightarrow} \varphi\,, \quad m \longrightarrow \infty\,.$$

Da $\operatorname{Tr}\eta\varphi_m \subseteq K := \operatorname{Tr}\eta$ für alle m und ebenso $\operatorname{Tr}\eta\varphi \subseteq K$, folgt

$$\eta\varphi_m \underset{\mathcal{D}}{\longrightarrow} \eta\varphi\,, \quad m \longrightarrow \infty\,.$$

Da T auf $\mathcal{D}(\Omega)$ stetig ist, gilt also mit (11.33)

$$\langle T_1, \varphi_m \rangle \equiv \langle T, \eta\varphi_m \rangle \longrightarrow \langle T, \eta\varphi \rangle \equiv \langle T_1, \varphi \rangle .$$

Um zu zeigen, dass T_1 in Ω mit T übereinstimmt, betrachten wir $\varphi \in \mathcal{D}(\mathbb{R}^n)$ mit $\operatorname{Tr}\varphi \subseteq \Omega$, so dass man φ auch als eine Testfunktion in Ω auffassen kann. Nach Voraussetzung verschwindet $1 - \eta$ in einer Umgebung von $\operatorname{Tr} T$, also ist $\operatorname{Tr}(1 - \eta)\varphi \cap \operatorname{Tr} T = \emptyset$ und daher nach Satz 11.20

$$\langle T, \varphi \rangle - \langle T_1, \varphi \rangle = \langle T, (1 - \eta)\varphi \rangle = 0 .$$

Somit ist in der Tat $\langle T_1, \varphi \rangle = \langle T, \varphi \rangle$. Ist hingegen $\operatorname{Tr}\varphi \subseteq \mathbb{R}^n \setminus \operatorname{Tr} T$, so ist $\operatorname{Tr}\eta\varphi \cap \operatorname{Tr} T = \emptyset$, also $\langle T_1, \varphi \rangle = 0$. Somit verschwindet T_1 in $\mathbb{R}^n \setminus \operatorname{Tr} T$.

Die Eindeutigkeit von T_1 folgt sofort aus Kor. 11.21, denn

$$\mathbb{R}^n = \Omega \cup (\mathbb{R}^n \setminus \operatorname{Tr} T) .$$

□

E Konvergente Folgen von Distributionen

Als nächstes betrachten wir Folgen von Distributionen. Dabei definieren wir Konvergenz einfach als punktweise Konvergenz der Funktionale:

Definition 11.23. Eine Folge von Distributionen $T_m \in \mathcal{D}'(\Omega)$ (bzw. temperierten Distributionen $T_m \in \mathcal{S}_n'$) *konvergiert* gegen eine Distribution $T \in \mathcal{D}'(\Omega)$ (bzw. gegen eine temperierte Distribution $T \in \mathcal{S}_n'$), wenn

$$\lim_{m \longrightarrow \infty} \langle T_m, \varphi \rangle = \langle T, \varphi \rangle \quad \forall\ \varphi \in \mathcal{D}(\Omega) \text{ bzw. alle } \varphi \in \mathcal{S}_n . \tag{11.34}$$

Man schreibt:

$$S = \sum_{m=1}^{\infty} T_m \Longleftrightarrow \lim_{M \longrightarrow \infty} \sum_{m=1}^{M} T_m = S . \tag{11.35}$$

Beispiele 11.24.

a. Sei $f = \lim_{m \to \infty} f_m$ in $L^1_{\text{loc}}(\Omega)$, d. h. für jedes kompakte $K \subseteq \Omega$ soll

$$\lim_{m \to \infty} \int_K |f(x) - f_m(x)| \, \mathrm{d}^n x \; = 0$$

sein. Für die entsprechenden regulären Distributionen gilt dann auch $[f] = \lim_{m \to \infty} [f_m]$. Denn für $\varphi \in \mathcal{D}(\Omega)$, $K := \operatorname{Tr}\varphi$ haben wir

$$|\langle [f], \varphi \rangle - \langle [f_m], \varphi \rangle| \leq \int_K |f(x) - f_m(x)| \cdot |\varphi(x)| \, \mathrm{d}^n x$$

$$\leq \left(\int_K |f(x) - f_m(x)| \, \mathrm{d}^n x \right) \cdot \left(\max_{x \in K} |\varphi(x)| \right) \longrightarrow 0 \, .$$

b. Die Situation aus a. liegt insbesondere dann vor, wenn $f = \lim_{m \to \infty} f_m$ im Raum $L^p(\Omega)$ ist $(1 \leq p \leq \infty)$. Für $p = 1$ oder $p = \infty$ ist das trivial. Im Fall $1 < p < \infty$ setze man $q := p/(p-1)$ und wende die HÖLDERsche Ungleichung an. Das ergibt für kompaktes $K \subseteq \Omega$

$$\int_K |f - f_m| \, \mathrm{d}^n x \leq \Big(\lambda_n(K) \Big)^{1/q} \|f - f_m\|_p \longrightarrow 0$$

für $m \to \infty$.

c. Wir wählen in Theorem 11.7c. die stetige Funktion f speziell als schnell fallende Testfunktion $f \in \mathcal{S}_n$ und setzen $\check{f}(x) := f(-x)$. Betrachten wir dann für eine Nullfolge $\varepsilon_m \searrow 0$ die Distributionen $T_m := [\varphi_{\varepsilon_m}]$ (mit den Bezeichnungen und Voraussetzungen aus 11.7c.), so ergibt dieses Theorem

$$\langle T_m, f \rangle = \int \varphi_{\varepsilon_m}(y) f(y) \, \mathrm{d}^n y = (\varphi_{\varepsilon_m} * \check{f})(0) \longrightarrow \check{f}(0) = f(0) = \langle \delta, f \rangle \, .$$

Das bedeutet, dass $\delta = \lim_{m \to \infty} T_m$ in $\mathcal{S}_n'$ und insbesondere in $\mathcal{D}'(\mathbb{R}^n)$. Die manchmal – z. B. in [36] – verwendete Sprechweise, dass das System (φ_ε) „die Deltafunktion approximiert“, ist hierdurch gerechtfertigt.

d. Sei (a_k) eine Folge von Punkten von Ω, die in Ω keinen Häufungspunkt besitzt. Dann ist für *jede beliebige* Zahlenfolge (γ_k) durch

$$T := \sum_{k=1}^{\infty} \gamma_k \delta_{a_k}$$

eine Distribution $T \in \mathcal{D}'(\Omega)$ definiert. Denn für jede Testfunktion $\varphi \in \mathcal{D}(\Omega)$ enthält die kompakte Menge $\operatorname{Tr} \varphi$ nur endlich viele Punkte aus der Folge (a_k), also besteht die Summe

$$\langle T, \varphi \rangle = \sum_{k=1}^{\infty} \gamma_k \varphi(a_k)$$

in Wirklichkeit nur aus endlich vielen Termen. Es ist hierdurch daher ein lineares Funktional auf $\mathcal{D}(\Omega)$ gegeben, und seine Stetigkeit nachzuprüfen, ist eine leichte Übung, die aber auch durch Zitieren des nächsten Satzes ersetzt werden kann.

Sei nun (T_m) eine Folge in $\mathcal{D}'(\Omega)$ und nehmen wir an, dass für jedes $\varphi \in \mathcal{D}(\Omega)$ der punktweise Limes

$$T(\varphi) := \lim_{m \longrightarrow \infty} \langle T_m, \varphi \rangle \tag{11.36}$$

existiert. Dann wird durch (11.36) eine Abbildung $T : \mathcal{D}(\Omega) \longrightarrow \mathbb{C}$ definiert, die offenbar linear ist. Tatsächlich ist T sogar stetig und damit eine Distribution. Da CAUCHYfolgen in $\mathbb{C}$ konvergent sind, folgt daraus sogar (in gewissem Sinne) die Vollständigkeit der Räume $\mathcal{D}'(\Omega)$ und $\mathcal{S}_n'$.

Satz 11.25. *Sind $T_m \in \mathcal{D}'(\Omega)$ (bzw. $\mathcal{S}_n'$) und existiert*

$$T(\varphi) := \lim_{m \longrightarrow \infty} \langle T_m, \varphi \rangle \tag{11.36}$$

für alle $\varphi \in \mathcal{D}(\Omega)$ (bzw. $\varphi \in \mathcal{S}_n$), so ist $T \in \mathcal{D}'(\Omega)$ (bzw. $\in \mathcal{S}_n'$).

Beweis. Wir führen den Beweis für $D'(\mathbb{R}^n)$. Sei also $T(\varphi)$ durch (11.36) definiert. Da T linear ist, genügt es die Stetigkeit in $\varphi = 0$ zu zeigen, d. h.

$$\varphi_i \underset{\mathcal{D}}{\longrightarrow} 0\,, \quad i \longrightarrow \infty \Longrightarrow T(\varphi_i) \longrightarrow 0\,, \quad i \longrightarrow \infty\,. \tag{11.37}$$

Angenommen (11.37) ist falsch. Dann können wir eine $\mathcal{D}$-Nullfolge (φ_i) so wählen, dass $|T(\varphi_i)| \geq \delta > 0$ für alle i ist. Nach Multiplikation der φ_i mit einer festen komplexen Zahl erreichen wir sogar, dass

$$\operatorname{Re} T(\varphi_i) \geq 2 \quad \text{für alle } i\,. \tag{11.38}$$

Weil $\mathcal{D}$-Konvergenz gegen 0 nach Definition 11.3a. bedeutet, dass alle partiellen Ableitungen gleichmäßig gegen 0 gehen, kann man durch Übergang zu einer Teilfolge auch erreichen dass

$$|D^\alpha \varphi_i(x)| < 2^{-i} \quad \text{für } |\alpha| < i\,, \quad x \in \Omega\,. \tag{11.39}$$

Nun wählen wir aus den beiden Folgen (T_m), (φ_i) Teilfolgen (S_m), (ψ_i) nach folgendem Schema aus:

$$\begin{aligned} \psi_1 &:= \varphi_1\,, \\ S_1 &:= T_{m_1}\,, \quad \text{so dass } \operatorname{Re}\langle S_1, \psi_1 \rangle > 1\,, \end{aligned}$$

sodann

$$\begin{aligned} \psi_2 &:= \varphi_{i_2} \quad \text{so, dass } |\langle S_1, \psi_2 \rangle| < \tfrac{1}{4}\,, \\ S_2 &:= T_{m_2} \quad \text{so, dass } \operatorname{Re}\langle S_2, \psi_j \rangle > 1,\ j = 1, 2 \end{aligned}$$

usw. Allgemein lautet die Vorschrift:

$$\begin{aligned} \psi_k &= \varphi_{i_k} \quad \text{so, dass } |\langle S_j, \psi_k \rangle| < 2^{-k}\,, \quad j = 1, \dots, k-1\,, \\ S_k &= T_{m_k} \text{ so, dass } \operatorname{Re}\langle S_k, \psi_j \rangle > 1\,, \quad j = 1, \dots, k-1\,. \end{aligned} \tag{11.40}$$

Diese Auswahl ist möglich, weil einerseits

$$\lim_{i \longrightarrow \infty} \langle T_m, \varphi_i \rangle = 0 \quad \text{für alle } m$$

wegen $T_m \in \mathcal{D}'(\Omega)$ und $\varphi_i \underset{\mathcal{D}}{\longrightarrow} 0$, und weil andererseits

$$\lim_{m \longrightarrow \infty} \langle T_m, \varphi_i \rangle = T(\varphi_i) \geq 2$$

nach der Annahme (11.38).

Nun definieren wir

$$\varphi = \sum_{k=1}^{\infty} \psi_k := \mathcal{D} - \lim_{m \longrightarrow \infty} \sum_{k=1}^{m} \psi_k \,. \tag{11.41}$$

Der Limes, der φ definiert, existiert wegen (11.39) und dem Majorantenkriterium, angewandt auf alle Ableitungen. Daher existiert nach Voraussetzung

$$\lim_{k \longrightarrow \infty} \langle S_k, \varphi \rangle = T(\varphi) \in \mathbb{C} \,, \tag{11.42}$$

weil (S_k) eine Teilfolge von (T_m) ist. Aus (11.40) und (11.41) folgt andererseits

$$\begin{aligned} \operatorname{Re} \langle S_k, \varphi \rangle &= \sum_{j=1}^{k} \operatorname{Re} \langle S_k, \psi_j \rangle + \sum_{j=k+1}^{\infty} \operatorname{Re} \langle S_k, \psi_j \rangle \\ &> k - \sum_{j=k+1}^{\infty} 2^{-j} \geq k - 1 \,, \end{aligned}$$

woraus

$$\langle S_k, \varphi \rangle \longrightarrow +\infty$$

im Widerspruch zu (11.42) folgt. □

F Substitution und Differentiation

Die Nützlichkeit der Distributionen als „verallgemeinerte Funktionen" rührt u. a. davon her, dass man mit ihnen viele der Rechenoperationen durchführen kann, die man von (glatten) Funktionen her gewohnt ist. Dies geschieht jedesmal so, dass die betreffende Rechenoperation auf eine analoge Operation mit den Testfunktionen zurückgespielt wird. Wie dies genau vonstatten geht, kann man erkennen, wenn man den Fall regulärer Distributionen betrachtet. Auf diese Weise überlegen wir uns nun, wie man Variablensubstitution und Differentiation auf Distributionen übertragen kann, und im nächsten Abschnitt werden wir dasselbe für die FOURIERtransformation tun.

Sei also $[f] \in \mathcal{D}'(\Omega)$ eine reguläre Distribution, die von einer stetigen Funktion $f \in C^0(\Omega)$ erzeugt wird:

$$\langle [f], \varphi \rangle = \int_{\Omega} f(x)\varphi(x)\,\mathrm{d}^n x \,, \tag{11.43}$$

sei $G \subseteq \mathbb{R}^n$ eine weitere offene Menge, und sei $x = g(y)$, $g : G \longrightarrow \Omega$ eine C^∞-Koordinatentransformation, d. h. eine bijektive C^∞-Abbildung mit JACOBI-Determinante

$$\left|\frac{\partial x}{\partial y}\right| = |\det g'(y)| \neq 0\,, \qquad \left|\frac{\partial y}{\partial x}\right| = |\det(g^{-1})'(x)|\,. \tag{11.44}$$

Dann gilt für $\varphi \in \mathcal{D}(G)$ nach der Transformationsformel für n-dimensionale Integrale

$$\int\limits_G f(g(y)) \cdot \varphi(y)\, \mathrm{d}^n y = \int\limits_\Omega f(x)\varphi(g^{-1}(x)) \left|\frac{\partial y}{\partial x}\right| \mathrm{d}^n x\,. \tag{11.45}$$

Diese Formel übertragen wir auf beliebige Distributionen:

Definition 11.26. Seien G, Ω offene Teilmengen von $\mathbb{R}^n$, und sei

$$x = g(y)\,, \quad y = g^{-1}(x)\,, \quad x \in \Omega\,,\ y \in G$$

eine C^∞-Koordinatentransformation. Für $\varphi \in \mathcal{D}(G)$ sei

$$\psi(x) := \varphi(g^{-1}(x)) \cdot \left|\frac{\partial y}{\partial x}\right|\,, \tag{11.46}$$

was offenbar eine Testfunktion $\psi \in \mathcal{D}(\Omega)$ definiert. Für $T \in \mathcal{D}'(\Omega)$ wird durch

$$\langle S, \varphi\rangle := \langle T, \psi\rangle \tag{11.47}$$

eine Distribution $S \in \mathcal{D}'(G)$ definiert. Man schreibt $S = T \circ g \equiv g^*T$, und es ist also

$$\langle T \circ g, \varphi\rangle = \langle T, (\varphi \circ g^{-1}) \cdot |\det\, Dg^{-1}|\rangle \tag{11.48}$$

oder, wenn man sich die etwas inkorrekte, aber dafür suggestive Schreibweise mit Nennung der Variablen erlaubt:

$$\langle T(g(y)), \varphi(y)\rangle = \left\langle T(x), \varphi(g^{-1}(x) \left|\frac{\partial y}{\partial x}\right|\right\rangle\,. \tag{11.49}$$

Man nennt $T \circ g$ die aus T durch Substitution erzeugte Distribution.

Man überlegt sich sofort, dass durch (11.48) ein stetiges lineares Funktional auf $D(G)$ definiert wird. Wir listen einige Spezialfälle auf:

Beispiele 11.27. Sei $T \in \mathcal{D}'(\Omega)$.

a. Affine Substitution: Hier ist $A \in \mathbb{R}_{n\times n}$ eine reguläre quadratische Matrix, $b \in \mathbb{R}^n = \mathbb{R}_{1\times n}$ ein Spaltenvektor,

$$x = g(y) := Ay + b\,, \quad y = A^{-1}(x - b)\,.$$

Das ergibt:

$$\langle T(Ay+b), \varphi(y)\rangle = \frac{1}{|\det A|}\langle T(x), \varphi(A^{-1}(x-b))\rangle \,. \tag{11.50}$$

b. Die *Translation* $x = y + b$, $y = x - b$ führt zu:

$$\langle T(y+b), \varphi(y)\rangle = \langle T(x), \varphi(x-b)\rangle \,. \tag{11.51}$$

c. *Orthogonale Transformation* $x = Ay$ mit $AA^T = E$ führt zu

$$\langle T(Ay), \varphi(y)\rangle = \langle T(x), \varphi(A^T x)\rangle \,. \tag{11.52}$$

Diese Klasse von Transformationen umfasst bekanntlich die *Drehungen* (= Rotationen) und die *Spiegelungen*.

d. Die *Streckung* (= *Homothetie*) $X = \lambda y$, $\lambda > 0$ führt zu

$$\langle T(\lambda y), \varphi(y)\rangle = \frac{1}{\lambda^n}\langle T(x), \varphi(x/\lambda)\rangle \,. \tag{11.53}$$

Man nennt eine Distribution *invariant* unter der Transformation $g : \Omega \longrightarrow \Omega$, wenn

$$T \circ g = T \,. \tag{11.54}$$

Solch eine Invarianz wird häufig als *Symmetrie* gedeutet. So spricht man z. B. von *rotationssymmetrischen* Distributionen etc.

In den Räumen $\mathcal{D}'(\Omega)$ und $\mathcal{S}'_n$ lässt sich sinnvoll eine Differentiation einführen, so dass Distributionen unendlich oft differenzierbare Objekte werden. Wir überlegen uns das zunächst wieder durch Betrachtung des regulären Falls.

Sei also $f \in C^1(\Omega)$ und damit $\partial_i f \equiv f_{x_i} \in C^0(\Omega)$, so dass f und $\partial_i f$ reguläre Distributionen erzeugen. Mit dem GAUSSschen Satz (oder einfach durch partielle Integration in der i-ten Variablen) ergibt sich für $\varphi \in \mathcal{D}(\Omega)$:

$$\begin{aligned}\langle [\partial_i f], \varphi\rangle &= \int_\Omega f_{x_i}(x)\varphi(x)\,\mathrm{d}^n x \\ &= -\int_\Omega f(x)\varphi_{x_i}(x)\,\mathrm{d}^n x = -\langle [f], \partial_i\varphi\rangle \,.\end{aligned}$$

Diese Rechnung ist auch für $\Omega = \mathbb{R}^n$ und $\varphi \in \mathcal{S}_n$ korrekt, wenn etwa $f \in \mathcal{P}_n^\infty$ ist. Da die rechte Seite für ganz beliebige Distributionen sinnvoll ist, gibt dies Anlass zu definieren:

Definitionen 11.28.

a. Für $T \in \mathcal{D}'(\Omega)$ (bzw. $\mathcal{S}'_n$) definiert man die *partielle Distributionsableitung* $\partial_i T \in \mathcal{D}'(\Omega)$ (bzw. $\mathcal{S}'_n$) durch

$$\langle \partial_i T, \varphi\rangle := -\langle T, \partial_i\varphi\rangle \,, \quad \varphi \in \mathcal{D}(\Omega) \text{ bzw. } \in \mathcal{S}_n \,. \tag{11.55}$$

b. Höhere Ableitungen werden durch Multiindizes angegeben. Für jeden Multiindex α gilt

$$\langle D^\alpha T, \varphi \rangle = (-1)^{|\alpha|} \langle T, D^\alpha \varphi \rangle \ . \tag{11.56}$$

c. Ist $f \in L^1_{\text{loc}}(\Omega)$ (bzw. $f \in \mathcal{P}_n$), so nennt man die Distributionsableitung $D^\alpha [f]$ der von f erzeugten regulären Distribution $[f]$ die α-te *schwache Ableitung* von f.

Das durch (11.55) tatsächlich eine Distribution definiert wird, sieht man sofort, denn

$$\langle T, \partial_i \varphi \rangle$$

ist sicher linear in φ und die Stetigkeit folgt wegen

$$\varphi_m \xrightarrow[\mathcal{S}]{\mathcal{D}} \varphi \Longrightarrow \partial_i \varphi_m \xrightarrow[\mathcal{S}]{\mathcal{D}} \partial_i \varphi \ .$$

Beispiel: Die HEAVISIDEsche Sprungfunktion

$$\Theta(t) = \begin{cases} 0 & \text{für } t < 0, \\ 1 & \text{für } t \geq 0 \end{cases}$$

ist lokal integrierbar auf $\mathbb{R}$ und erzeugt daher eine reguläre Distribution $[\Theta]$. Für $\varphi \in \mathcal{D}(\mathbb{R})$ folgt

$$\langle D\,[\Theta]\,, \varphi \rangle = -\langle [\Theta]\,, \varphi' \rangle = -\int_0^\infty \varphi'(t)\, \mathrm{d}t = \varphi(0) \ ,$$

Also

$$D\,[\Theta] = \delta_0 \ .$$

Für die Ableitungen der Deltafunktion ergibt sich ($\varphi \in \mathcal{D}(\mathbb{R}^n)$)

$$\langle \partial_i \delta_0, \varphi \rangle = -\langle \delta_0, \varphi_{x_i} \rangle = -\varphi_{x_i}(0) \ .$$

Physikalisch gesehen, ist $\partial_i \delta$ ein *Dipol* im Nullpunkt, der in x_i-Richtung orientiert ist (vgl. Aufgabe 11.13). Die höheren Ableitungen der Deltafunktion sind *Multipole*.

Aufgrund der Ableitungsdefinition mit Hilfe von Testfunktionen ist klar, dass sich die Differentiationsregeln von Funktionen auf Distributionen übertragen:

Satz 11.29.

a. *Die Differentiation in $\mathcal{D}'$ und $\mathcal{S}'$ ist eine lineare Operation, d. h. für S, $T \in \mathcal{D}'(\Omega)$ (bzw. $\in \mathcal{S}'_n$) und $\lambda, \mu \in \mathbb{C}$ gilt:*

$$\partial_i(\lambda S + \mu T) = \lambda \partial_i S + \mu \partial_i T \ . \tag{11.57}$$

b. *Für $f \in C^\infty(\Omega)$ (bzw. $f \in \mathcal{P}_n^\infty$) und $T \in \mathcal{D}'(\Omega)$ (bzw. $T \in \mathcal{S}'_n$) gilt die Produktregel*

$$\partial_i(fT) = (\partial_i f)T + f\partial_i T \ . \tag{11.58}$$

Ebenso kann man eine Kettenregel beweisen, die wir jedoch im Folgenden nicht benötigen (vgl. jedoch Aufgabe 13.8).

Während die gliedweise Differentiation von Funktionenfolgen und -reihen starke Voraussetzungen benötigt, sind solche bei Distributionen überflüssig.

Satz 11.30. *Konvergente Folgen und Reihen von Distributionen dürfen beliebig oft gliedweise differenziert werden, d. h. sind* $T_m \in \mathcal{D}'(\Omega)$ *und gilt*

$$T = \mathcal{D}'(\Omega) - \lim T_m \quad \textit{bzw.} \quad S = \mathcal{D}'(\Omega) - \sum_{m=1}^{\infty} T_m \,, \tag{11.59}$$

so gilt

$$D^\alpha T = \lim_{m \longrightarrow \infty} D^\alpha T_m \quad \textit{und} \quad D^\alpha S = \sum_{m=1}^{\infty} D^\alpha T_m \,. \tag{11.60}$$

Entsprechendes gilt in $\mathcal{S}'_n$.

Beweis. Für $T_m \longrightarrow T$ in $\mathcal{D}'(\Omega)$ und $\varphi \in \mathcal{D}(\Omega)$ folgt aus (11.56)

$$\langle D^\alpha T_m, \varphi \rangle = (-1)^{|\alpha|} \langle T_m, D^\alpha \varphi \rangle \longrightarrow (-1)^{|\alpha|} \langle T, D^\alpha \varphi \rangle = \langle D^\alpha T, \varphi \rangle \,.$$

□

G FOURIERtransformation von Distributionen

In Anlehnung an Definition 11.28 für die Ableitung könnte man die FOURIER-transformation durch folgende Gleichung definieren:

$$\langle \mathcal{F}[T], \varphi \rangle := \langle T, \mathcal{F}[\varphi] \rangle \,. \tag{11.61}$$

Für Distributionen $T \in \mathcal{D}'(\mathbb{R}^n)$ hat dies jedoch keinen Sinn, denn auf der rechten Seite ist $\mathcal{F}[\varphi] \notin \mathcal{D}(\mathbb{R}^n)$, wenn $\varphi \in \mathcal{D}(\mathbb{R}^n)$ und $\varphi \not\equiv 0$. Um dies einzusehen, betrachten wir die definierende Formel (8.43), also

$$\hat{\varphi}(\xi) = (2\pi)^{-n/2} \int_{\mathbb{R}^n} \varphi(x) \, \mathrm{e}^{-\mathrm{i}\langle \xi | x \rangle} \, \mathrm{d}^n x \,. \tag{11.62}$$

Die Funktionen $E_x(\xi) := \mathrm{e}^{-\mathrm{i}\langle \xi | x \rangle}$ sind aber *analytisch*, und der Integrationsbereich erstreckt sich eigentlich nur über die kompakte Menge $\mathrm{Tr}\,\varphi$. Ein bekannter Satz über Integrale mit Parametern (Aufgabe 10.8d. oder [36], Ergänzungen zu Kap. 28) zeigt daher, dass $\hat{\varphi}$ ebenfalls analytisch ist, und nach dem Prinzip der analytischen Fortsetzung ([36], Kap. 17) kann $\hat{\varphi}$ daher keinen kompakten Träger haben, außer wenn $\hat{\varphi} \equiv 0$, also auch $\varphi \equiv 0$ ist.

Dies ist der Hauptgrund, weshalb temperierte Distributionen betrachtet werden. Für *schnell fallende* Testfunktionen ist der Ansatz (11.61) sinnvoll und erfolgreich, denn der Funktionenbereich $\mathcal{S}_n$ ist so gestaltet, dass Differentiation, Multiplikation und FOURIERtransformation innerhalb dieses Bereichs unbeschränkt durchgeführt werden können und alle vertrauten Rechenregeln (vgl. etwa [36], Kap. 33) ohne weiteres anwendbar sind. Um dies genauer auszuführen, halten wir fest:

$$\mathcal{S}_n \subseteq L^1(\mathbb{R}^n)\,. \tag{11.63}$$

Das ergibt sich, wenn man in Satz 11.16b. $f \equiv 1$ wählt, denn es wurde dort bewiesen, dass das Integral auf der rechten Seite von (11.32) als LEBESGUE-Integral existiert, wenn $f \in \mathcal{P}_n$ ist. Mit $\varphi(x)$ gehören aber auch die Funktionen $x^\alpha\varphi(x)$ und $D^\beta\varphi(x)$ zu $\mathcal{S}_n$, wie aus der Definition des Raums $\mathcal{S}_n$ hervorgeht. Alle diese Funktionen sind daher integrierbar. Sie haben also auch FOURIERtransformierte, und alle Umformungen, die zum Beweis der einschlägigen Rechenregeln durchgeführt werden, sind gerechtfertigt. Daher gilt z. B.

Satz 11.31. *Für $\varphi \in \mathcal{S}_n$ und beliebige Multiindizes α, $\beta \in \mathbb{N}_0^n$ gilt:*

a. $D_p^\alpha\mathcal{F}\left[\varphi(x)\right](p) = \mathcal{F}\left[(-\mathrm{i}x)^\alpha\varphi(x)\right](p)$,

b. $\mathcal{F}\left[D_x^\beta\varphi(x)\right](p) = (\mathrm{i}p)^\alpha\mathcal{F}\left[\varphi(x)\right](p)$,

c. $p^\beta D_p^\alpha\mathcal{F}\left[\varphi(x)\right](p) = \mathrm{i}^{|\alpha|+|\beta|}\mathcal{F}\left[D_x^\beta(x^\alpha\varphi(x))\right](p)$.

Dabei ist c. eine Kombination von a. und b.

Wir haben nun die äußerst wichtige Konsequenz:

Theorem 11.32. *Die FOURIERtransformation ist eine bijektive, $L^2(\mathbb{R}^n)$-isometrische lineare Abbildung von $\mathcal{S}_n$ auf $\mathcal{S}_n$.*

Beweis. Nach Definition von $\mathcal{S}_n$ ist, wie erwähnt,

$$D^\beta(x^\alpha\varphi(x)) \in \mathcal{S}_n\,, \quad \text{wenn } \varphi \in \mathcal{S}_n\,.$$

Daher folgt aus Satz 11.31c.

$$\begin{aligned}\left|p^\beta D_p^\alpha\hat{f}(p)\right| &= \left|\mathcal{F}\left[x^\alpha f(x)\right](p)\right| \\ &\le (2\pi)^{-n/2}\int\limits_{\mathbb{R}^n}\left|D^\beta(x^\alpha f(x))\right|\,\mathrm{d}^n x \le \text{konst.} < \infty\,,\end{aligned}$$

was bedeutet, dass $\hat{\varphi} \in \mathcal{S}_n$, falls $\varphi \in \mathcal{S}_n$ ist. Insbesondere ist $\hat{\varphi} \in L^1(\mathbb{R}^n)$, die FOURIERsche Umkehrformel also anwendbar. Damit gilt (mit den Bezeichnungen aus Abschn. 8F)

$$\overline{\mathcal{F}}\left[\hat{\varphi}\right] = \varphi \quad \text{und} \quad \mathcal{F}[\check{\psi}] = \psi$$

für alle $\varphi, \psi \in \mathcal{S}_n$. Dies zeigt, dass $\mathcal{F} : \mathcal{S}_n \longrightarrow \mathcal{S}_n$ ein Vektorraum-Isomorphismus mit der Inversen $\overline{\mathcal{F}}$ ist.

Mit φ ist auch $\varphi^2 \in \mathcal{S}_n$, also $\varphi \in L^2(\mathbb{R}^n)$. Die $L^2(\mathbb{R}^n)$-Isometrie von $\mathcal{F}$ ergibt sich daher sofort aus Satz 8.29. □

Bemerkung: Wegen $\mathcal{S}_n \supseteq \mathcal{D}(\mathbb{R}^n)$ und Theorem 11.9 ist $\mathcal{S}_n$ dicht in $L^2(\mathbb{R}^n)$. Man könnte den FOURIER-PLANCHEREL-Operator U aus Theorem 8.30 und seine Inverse U^{-1} also auch so gewinnen, dass man $\mathcal{F} : \mathcal{S}_n \longrightarrow \mathcal{S}_n$ bzw. $\mathcal{F}^{-1} : \mathcal{S}_n \longrightarrow \mathcal{S}_n$ nach dem BLE-Theorem stetig fortsetzt.

Nun können wir die FOURIERtransformation von temperierten Distributionen definieren und stellen fest, dass sich alle wichtigen Rechenregeln durch völlig triviale Rechnungen von $\mathcal{S}_n$ auf $\mathcal{S}'_n$ übertragen lassen:

Theorem 11.33.

a. *Für $T \in \mathcal{S}'_n$ wird durch (11.61) die* FOURIER*transformation $T \longmapsto \mathcal{F}[T]$ definiert, welche einen linearen Isomorphismus von $\mathcal{S}'_n$ auf sich mit der Inversen*

$$\langle \mathcal{F}^{-1}[T], \varphi(x) \rangle = \langle \mathcal{F}[T], \varphi(-x) \rangle \tag{11.64}$$

darstellt. Kurzschreibweise: $\hat{T} = \mathcal{F}[T]$, $\check{T} = \mathcal{F}^{-1}[T]$.

b. *$\mathcal{F}$ und $\mathcal{F}^{-1}$ sind stetig in dem Sinne, dass*

$$T_m \underset{\mathcal{S}'}{\longrightarrow} T \Longrightarrow \mathcal{F}[T_m] \underset{\mathcal{S}'}{\longrightarrow} \mathcal{F}[T]$$

und ebenso für $\mathcal{F}^{-1}$.

c. *Es gelten die folgenden Rechenregeln:*

$$D^\alpha \mathcal{F}[T] = \mathcal{F}[(-\mathrm{i}x)^\alpha T(x)] \ , \tag{11.65}$$

$$\mathcal{F}[D^\alpha T] = (\mathrm{i}\xi)^\alpha \mathcal{F}[T](\xi) \ , \tag{11.66}$$

und für eine reguläre Matrix $A \in \mathbb{R}_{n\times n}$ und einen Spaltenvektor $\boldsymbol{b} \in \mathbb{R}^n$ gelten:

$$\mathcal{F}[T](A\xi + \boldsymbol{b}) = \frac{1}{|\det A|} \mathcal{F}\left[\mathrm{e}^{-\mathrm{i}\langle A^{-1}\boldsymbol{b}|x\rangle} T\left((A^{-1})^T x\right)\right](\xi) \ , \tag{11.67}$$

$$\mathcal{F}[T(Ax + \boldsymbol{b})](\xi) = \frac{1}{|\det A|} \mathrm{e}^{\mathrm{i}\langle \xi|A^{-1}\boldsymbol{b}\rangle} \mathcal{F}[T]\left((A^{-1})^T \xi\right) \ . \tag{11.68}$$

Bemerkung: Jedes $f \in L^1(\mathbb{R}^n)$ erzeugt nach Satz 11.12b. eine temperierte Distribution $[f]$, denn für $\varphi \in \mathcal{S}_n$ haben wir

$$|\langle [f], \varphi \rangle| \le \int |f(x)| \cdot |\varphi(x)| \ \mathrm{d}^n x \le \|f\|_1 q_0(\varphi) \ .$$

Die FOURIERtransformierte von f ist daher auf zwei Arten definiert, nämlich durch (8.43) und durch (11.61). Beide Definitionen führen aber zu demselben Ergebnis, d. h. es gilt

$$\int \hat{f} \varphi \ \mathrm{d}^n x = \int f \hat{\varphi} \ \mathrm{d}^n x \qquad \text{für alle } \varphi \in \mathcal{S}_n \ . \tag{11.69}$$

Da $L^1 \cap L^2$ dicht in L^1 ist, brauchen wir das nur für $f \in L^1 \cap L^2$ zu beweisen. Für diesen Fall folgt es aber aus der PARSEVALschen Gleichung

$$\int f \bar{g} \, \mathrm{d}^n x = \int \hat{f} \overline{\hat{g}} \, \mathrm{d}^n x$$

(vgl. Satz 8.29), wenn man $g = \overline{\mathcal{F}[\varphi]} = \mathcal{F}^{-1}[\bar{\varphi}]$ wählt.

Ebenso erzeugt jedes $f \in L^2(\mathbb{R}^n)$ eine temperierte Distribution $[f]$, und $\mathcal{F}[f]$ ist dann die von der FOURIER-PLANCHEREL-Transformierten Uf erzeugte reguläre Distribution (vgl. Theorem 8.30). Dies wird in völlig analoger Weise begründet wie für L^1 (Übung!).

Allgemein kann – wie schon erläutert – die FOURIERtransformation für Distributionen $T \in \mathcal{D}'(\mathbb{R}^n)$ nicht definiert werden. Eine Ausnahme bilden die *finiten* Distributionen, weil man diese nach Satz 11.22 über die Gleichung

$$\langle T, \varphi \rangle := \langle T, \eta\varphi \rangle \,, \quad \varphi \in \mathcal{S}_n \tag{11.70}$$

($\eta \in \mathcal{D}(\mathbb{R}^n)$ mit $\eta = 1$ auf einer Umgebung von $\operatorname{Tr} T$) als temperierte Distributionen auffassen kann.

Satz 11.34. *Ist $T \in D'(\mathbb{R}^n)$ eine finite Distribution, so ist $\mathcal{F}[T]$ eine reguläre temperierte Distribution, die von einer P_n^∞-Funktion $\hat{T}$ erzeugt wird. Dabei gilt*

$$\hat{T}(\xi) = (2\pi)^{-n/2} \langle T(x), \eta(x) \, \mathrm{e}^{-\mathrm{i}\langle \xi | x \rangle} \rangle \,, \tag{11.71}$$

wobei $\eta \in \mathcal{D}(\mathbb{R}^n)$ mit $\eta = 1$ auf einer Umgebung von $\operatorname{Tr} T$. *Ferner gilt für jeden Multiindex α*

$$D^\alpha \hat{T}(\xi) = (2\pi)^{-n/2} \langle T(x), \eta(x)(-\mathrm{i}x)^\alpha \, \mathrm{e}^{-\mathrm{i}\langle \xi | x \rangle} \rangle \,. \tag{11.72}$$

Beweis. Für jeden Multiindex α setzen wir

$$f_\alpha(\xi) := \langle T(x), \eta(x)(-\mathrm{i}x)^\alpha \, \mathrm{e}^{-\mathrm{i}\langle \xi | x \rangle} \rangle \tag{11.73}$$

und zeigen, dass $f_\alpha \in \mathcal{P}_n^\infty$ ist. Ist $\xi = \lim_{k \to \infty} \xi_k$, so streben die Funktionen $\eta(x)(-\mathrm{i}x)^\alpha \, \mathrm{e}^{-\mathrm{i}\langle \xi_k | x \rangle}$ im Sinne der $\mathcal{D}$-Konvergenz gegen $\eta(x)(-\mathrm{i}x)^\alpha \, \mathrm{e}^{-\mathrm{i}\langle \xi | x \rangle}$, und damit folgt Stetigkeit der f_α aus der Stetigkeit von T. Ebenso überzeugt man sich durch leichte Abschätzungen, dass die Ableitung von $\eta(x)(-\mathrm{i}x)^\alpha \, \mathrm{e}^{-\mathrm{i}\langle \xi | x \rangle}$ nach ξ der Limes der entsprechenden Differenzenquotienten im Sinne der $\mathcal{D}$-Konvergenz ist, und daraus folgt, dass f_α überall partiell differenzierbar ist, und zwar mit $\partial_j f_\alpha = f_{\alpha + \varepsilon_j}$, $\alpha + \varepsilon_j = (\alpha_1, \ldots, \alpha_j + 1, \ldots, \alpha_n)$. Also ist $f_0 \in C^\infty(\mathbb{R}^n)$, $f_\alpha = D^\alpha f_0$. Es bleibt zu zeigen, dass $f_\alpha(\xi)$ von polynomialem Wachstum ist. Nach Satz 11.12b. existieren Konstanten $C \geq 0$ und $m \in \mathbb{N}_0$, so dass

$$|\langle T, \varphi \rangle| \leq C \cdot \sup_{x \in \mathbb{R}^n} \max_{|\alpha| \leq m} (1 + |x|^2)^m |D^\alpha \varphi(x)| \,. \tag{11.74}$$

Wenden wir dies auf (11.73) an, so folgt mit (11.27)

$$
\begin{aligned}
|f_\alpha(\xi)| &= \left|\left\langle T(x), \eta(x)(-\mathrm{i}x)^\alpha\, \mathrm{e}^{-\mathrm{i}\langle \xi|x\rangle}\right\rangle\right| \\
&\leq C' \sup_{x\in\mathbb{R}^n} \max_{|\beta|\leq m} (1+|x|^2)^m \left|\partial_x^\beta \left(\eta(x)x^\alpha\, \mathrm{e}^{-\mathrm{i}\langle \xi|x\rangle}\right)\right| \\
&\leq C \sup_{x\in\mathbb{R}^n} \max_{|\beta|\leq m} (1+|x|^2)^m \sum_{|\gamma|\leq|\beta|} |\xi^{\beta-\gamma}||D^\gamma(\eta(x)x^\alpha)| \\
&\leq C_\alpha (1+|\xi|^2)^m \, ,
\end{aligned}
$$

was zu zeigen war.

Schließlich zeigen wir (11.71), also dass $(2\pi)^{-n/2} f_0$ wirklich die FOURIERtransformierte von T ist. Aus (11.70) folgt:

$$
\begin{aligned}
\langle \mathcal{F}[T], \varphi\rangle &= \langle T, \mathcal{F}[\varphi]\rangle = \langle T, \eta\hat{\varphi}\rangle \\
&= \left\langle T(x), (2\pi)^{-n/2} \int_{\mathbb{R}^n} \eta(x)\varphi(\xi)\, \mathrm{e}^{-\mathrm{i}\langle \xi|x\rangle}\, \mathrm{d}^n\xi \right\rangle .
\end{aligned}
$$

Nun beachten wir, dass die Funktion $\eta(x)\varphi(\xi)\,\mathrm{e}^{-\mathrm{i}\langle \xi|x\rangle}$ der $2n$ Variablen (x,ξ) zu $\mathcal{S}_{2n}$ gehört. Daraus folgert man durch leichte Abschätzungen, dass das Integral $\int \eta(x)\varphi(\xi)\,\mathrm{e}^{-\mathrm{i}\langle \xi|x\rangle}\,\mathrm{d}^n\xi$ im Sinne der $\mathcal{S}$-Konvergenz der Limes der entsprechenden RIEMANNschen Summen ist. Da das Funktional T linear ist, vertauscht es mit diesen RIEMANN-Summen, und da es stetig auf $\mathcal{S}_n$ ist, vertauscht es auch mit dem Grenzübergang, der zum Integral führt. Man darf die Anwendung von T daher mit der Integration vertauschen, und es folgt

$$
\langle \mathcal{F}[T], \varphi\rangle = (2\pi)^{-n/2} \int_{\mathbb{R}^n} \left\langle T(x), \eta(x)\, \mathrm{e}^{-\mathrm{i}\langle \xi|x\rangle}\right\rangle \varphi(\xi)\, \mathrm{d}^n\xi = (2\pi)^{-n/2}\langle [f_0], \varphi\rangle
$$

für alle $\varphi \in \mathcal{S}_n$, was gerade die Gleichung (11.71) ist. □

Als Anwendung berechnen wir die FOURIERtransformierte von

$$
\delta_{x_0}(x) = \delta(x-x_0) \, .
$$

Aus (11.71) folgt

$$
\begin{aligned}
\mathcal{F}[\delta(x-x_0)](\xi) &= (2\pi)^{-n/2}\langle \delta(x-x_0), \eta(x)\, \mathrm{e}^{-\mathrm{i}\langle \xi|x\rangle}\rangle \\
&= (2\pi)^{-n/2}\eta(x_0)\, \mathrm{e}^{-\mathrm{i}\langle \xi|x_0\rangle} = (2\pi)^{-n/2}\mathrm{e}^{-\mathrm{i}\langle \xi|x_0\rangle}
\end{aligned}
$$

wegen $\eta(x_0) = 1$. Insbesondere haben wir für $x_0 = 0$

$$
\mathcal{F}[\delta(x)](\xi) = (2\pi)^{-n/2}\underline{1} \, ,
$$

wobei $\underline{1}$ die von der konstanten Funktion $f(\xi) \equiv 1$ erzeugte reguläre Distribution bezeichnet. Wir fassen zusammen:

Beispiel 11.35.

$$\mathcal{F}[\delta(x-x_0)](\xi) = (2\pi)^{-n/2}\left[\mathrm{e}^{-\mathrm{i}\langle\xi|x_0\rangle}\right], \tag{11.75}$$

$$\mathcal{F}[\delta](\xi) = (2\pi)^{-n/2}\underline{1}. \tag{11.76}$$

Aufgaben zu Kap. 11

11.1. Sei $\zeta \in \mathcal{D}(\mathbb{R})$ eine finite Testfunktion mit $\zeta \equiv 1$ auf $[-1,1]$. Man zeige: Die Folge

$$\varphi_k(x) := \mathrm{e}^{-k}\zeta(x/k)$$

konvergiert in $\mathcal{S}_1$ gegen Null, nicht aber in $\mathcal{D}(\mathbb{R}^1)$.

11.2. Man zeige, dass die reguläre Distribution zu $f(x) := \mathrm{e}^x$ nicht temperiert ist. (*Hinweis*: Es sei $\zeta \in \mathcal{D}(\mathbb{R})$ eine Funktion mit $\zeta \equiv 1$ auf $[-1,1]$. Man zeige zunächst, dass durch

$$\varphi(x) := \zeta(\mathrm{e}^{-x})\mathrm{e}^{-x}$$

eine schnell fallende Testfunktion $\varphi \in \mathcal{S}_1$ gegeben ist.)

11.3. Man zeige: Für $f \in \mathcal{L}^1_{\mathrm{loc}}(\Omega)$ und $x_0 \in \Omega$ gilt $x_0 \in \mathrm{Tr}[f] \Longleftrightarrow x_0$ hat keine offene Umgebung, in der $f(x) = 0$ f. ü.

11.4. Seien $T_1, T_2 \in \mathcal{D}'(\Omega)$, und seien $f_1, \ldots, f_m$ C^∞-Funktionen, die auf dem Träger von $T_1 - T_2$ keine gemeinsame Nullstelle haben. Man zeige: Ist dann $f_j T_1 = f_j T_2$ für $j = 1, \ldots, m$, so ist $T_1 = T_2$. (*Hinweis:* Kor. 11.21.)

11.5. a. Seien $f_1, f_2, \ldots$ lokal integrierbare Funktionen auf Ω, für die $f(x) = \lim_{m\to\infty} f_m(x)$ f. ü. existiert. Man zeige: Wenn $g \in \mathcal{L}^1_{\mathrm{loc}}(\Omega)$ existiert, für das für alle m

$$|f_m(x)| \le g(x) \quad \text{f. ü.},$$

so ist $[f] = \lim_{m\to\infty}[f_m]$ in $\mathcal{D}'(\Omega)$.

b. Sei $f_m := m\chi_{]0,1/m]}$, $m \in \mathbb{N}$, also $f_m \in L^1_{\mathrm{loc}}(\mathbb{R})$. Man zeige: Punktweise ist $\lim_{m\to\infty} f_m(x) = 0$, aber in $\mathcal{D}'(\mathbb{R})$ ist $\lim_{m\to\infty}[f_m] = \delta_0$.

11.6. Sei (T_m) eine Folge in $\mathcal{D}'(\Omega)$, von der Folgendes bekannt ist: Jeder Punkt $x_0 \in \Omega$ hat eine offene Umgebung $U(x_0) \subseteq \Omega$ so, dass der Limes

$$S_{U(x_0)}(\varphi) = \lim_{m\to\infty}\langle T_m, \varphi\rangle$$

für alle $\varphi \in \mathcal{D}(\Omega)$ existiert, deren Träger in $U(x_0)$ liegt. Man zeige: Dann existiert der Grenzwert

$$S := \lim_{m\to\infty} T_m \qquad \text{in } \mathcal{D}'(\Omega),$$

und auf jedem $U(x_0)$ stimmt S mit $S_{U(x_0)}$ überein. (*Hinweis:* Zerlegungen der Eins und Satz 11.25!)

11.7. Man zeige: Jede Distribution $T \in \mathcal{D}'(\mathbb{R}^n)$ ist der $\mathcal{D}'$-Limes von finiten Distributionen. (*Hinweis:* Man wähle ein $\zeta \in \mathcal{D}(\mathbb{R}^n)$ mit $\zeta(x) = 1$ für $|x| \leq 1$ und setze $\zeta_m(x) := \zeta(x/m)$, $T_m := \zeta_m T$.)

11.8. Die Elemente von $H = L^2(\Omega)$ sind lokal integrierbar, entsprechen also regulären Distributionen. Wir vergleichen die Konvergenz im Sinne der Distributionen mit der schwachen Konvergenz im HILBERTraum H (vgl. 9.11). Man zeige:

a. Aus $f_m \rightharpoonup f$ folgt $f_m \underset{\mathcal{D}'}{\longrightarrow} f$.
b. Aus $f_m \underset{\mathcal{D}'}{\longrightarrow} f$ und $\sup\limits_{m \geq 1} \|f_m\|_2 < \infty$ folgt $f_m \rightharpoonup f$. (*Hinweis:* Man benutze, dass $\mathcal{D}(\Omega)$ in $L^2(\Omega)$ dicht ist!)
c. Die Bedingung in b., dass die Normen $\|f_m\|_2$ beschränkt bleiben sollen, ist nicht entbehrlich.

11.9. Es sei $g : G \longrightarrow \Omega$ eine C^∞-Koordinatentransformation. Man zeige: Für jedes $T \in \mathcal{D}'(\Omega)$ ist

$$\mathrm{Tr}\,(T \circ g) = g^{-1}(\mathrm{Tr}\,T) .$$

11.10. Seien G_0, G_1, Ω offene Teilmengen von $\mathbb{R}^n$ und $g : G_1 \to \Omega$, $h : G_0 \to G_1$ C^∞-Diffeomorphismen, also Koordinatentransformationen. Man zeige: Für $T \in \mathcal{D}'(\Omega)$ gilt

$$T \circ (g \circ h) = (T \circ g) \circ h .$$

11.11. Es seien G, Ω offene Teilmengen von $\mathbb{R}^n$ und $g : G \longrightarrow \Omega$ eine C^∞-Abbildung. Wir setzen voraus, dass Ω den Nullpunkt enthält und dass gilt:

$$g(y) = 0 \Longrightarrow \det Dg(y) \neq 0 .$$

Wir schreiben $N := g^{-1}(0) = \{y \in G \mid g(y) = 0\}$. Man zeige:

a. Jedes $y \in N$ hat eine offene Umgebung $U(y) \subseteq G$, in der y der einzige Punkt von N ist. (*Hinweis:* Satz über inverse Funktionen!)
b. Jede kompakte Teilmenge $K \subseteq G$ enthält nur endlich viele Punkte von N.
c. Durch

$$\langle \delta(g(y)), \varphi(y) \rangle := \sum_{y \in N} \frac{\varphi(y)}{|\det Dg(y)|}, \qquad \varphi \in \mathcal{D}(G)$$

ist in G eine Distribution $\delta(g(y))$ definiert.
d. Ist g bijektiv, also eine Koordinatentransformation, so ist $\delta(g(y))$ gerade die Distribution $\delta \circ g$ im Sinne von Def. 11.26.
e. Sei $(\varphi_{\varepsilon_m})$ eine Folge wie in Beispiel 11.24c., also insbesondere $\delta = \lim_{m\to\infty}[\varphi_{\varepsilon_m}]$ in $\mathcal{D}'(\Omega)$. Dann ist

$$\delta(g(y)) = \lim_{m \to \infty} [\varphi_{\varepsilon_m} \circ g] \quad \text{in } \mathcal{D}'(G) .$$

(*Hinweis:* Ist $\psi \in \mathcal{D}(G)$ und sind $y_1, \ldots, y_r$ die endlich vielen Punkte von $N \cap \operatorname{Tr} \psi$, so besteht für alle genügend großen m die Menge $g^{-1}(\operatorname{Tr} \varphi_{\varepsilon_m})$ aus r disjunkten kompakten Mengen K_j so, dass $y_j \in K_j$, $j = 1, \ldots, r$ (wieso?) Dann kann man $\int \varphi_{\varepsilon_m}(g(y))\psi(y)\, \mathrm{d}^n y$ in Integrale über die K_j aufspalten und in jedem einzelnen dieser Integrale die Transformationsformel anwenden.)

11.12. Es sei τ_i^h die Translation um den Vektor $h\boldsymbol{e}_i$ in $\mathbb{R}^n$, also $\tau_i^h(x) := x + h\boldsymbol{e}_i$ für $h \in \mathbb{R}$. Man zeige, dass die distributionelle Ableitung in folgendem Sinn ein Limes von Differenzenquotienten ist:

$$\partial_i T = \lim_{\substack{h \to 0 \\ h \neq 0}} \frac{1}{h}\left(T \circ \tau_i^h - T\right).$$

11.13. Es sei $\boldsymbol{v} = (v_1, \ldots, v_n) \in \mathbb{R}^n$ ein fester Vektor. Man zeige, dass im Sinne der Konvergenz in $\mathcal{D}'(\mathbb{R}^n)$ Folgendes gilt:

$$\lim_{\substack{h \to 0 \\ h \neq 0}} \frac{\delta(x - h\boldsymbol{v}) - \delta(x + h\boldsymbol{v})}{2h} = \sum_{j=1}^{n} v_j \partial_j \delta(x).$$

Bemerkung: Dies ist der Grund dafür, dass man die ersten Ableitungen der Deltafunktion als mathematische Beschreibung von Dipolen auffassen kann.

11.14. Man zeige: Ist $T \in \mathcal{S}_n$, so sind auch alle Ableitungen $D^\alpha T$ temperiert.

11.15. Sei $f(x) := \sin \mathrm{e}^x$, $x \in \mathbb{R}$. Man zeige:

a. $T = [f]$ und $T' = [f']$ sind temperiert.
b. f' ist nicht von polynomialem Wachstum.
c. Die Formel

$$\langle T', \varphi \rangle = \int_{-\infty}^{\infty} f'(x)\varphi(x)\, \mathrm{d}x$$

gilt für alle $\varphi \in \mathcal{S}_1$, wenn man das Integral als bedingt konvergentes uneigentliches Integral auffasst. Für gewisse Testfunktionen (z. B. die aus Aufgabe 11.2) ist es aber kein LEBESGUE-Integral.

11.16. Sei $\Omega =]a, b[$ ein offenes Intervall ($-\infty \leq a < b \leq +\infty$), sei $\underline{1} \in \mathcal{D}'(\Omega)$ die von der konstanten Funktion 1 erzeugte reguläre Distribution, also

$$\langle \underline{1}, \varphi \rangle = \int_a^b \varphi(x)\, \mathrm{d}x,$$

und sei

$$W := \{\psi \in \mathcal{D}(\Omega) \mid \langle \underline{1}, \psi \rangle = 0\}.$$

Man zeige nacheinander:

a. Für Testfunktionen $\psi \in \mathcal{D}(\Omega)$ gilt: $\psi \in W \iff \psi = \varphi'$ für eine Testfunktion $\varphi \in \mathcal{D}(\Omega)$.
b. Ist $\varphi_0 \in \mathcal{D}(\Omega)$ so, dass $\langle \underline{1}, \varphi_0 \rangle \neq 0$, so ist

$$\mathcal{D}(\Omega) = \mathrm{LH}(\varphi_0) \oplus W \ ,$$

d. h. jedes $\varphi \in \mathcal{D}(\Omega)$ hat eine eindeutige Zerlegung in der Form $\varphi = c\varphi_0 + \psi$ mit $c \in \mathbb{C}$ und $\psi \in W$.
c. Ist $T \in \mathcal{D}'(\Omega)$ eine Distribution, deren Distributionsableitung verschwindet, so ist T eine Konstante, genauer $T = c\underline{1}$ für ein $c \in \mathbb{C}$. (*Hinweis:* Man betrachte die Distributionen der Form $S = T - c\underline{1}$ und verwende die Zerlegung aus b., um c geschickt zu wählen.)
d. Sei $S \in \mathcal{D}'(\mathbb{R})$. Ist $S' = 0$ in Ω, so stimmt S in Ω mit einer Konstanten überein.

11.17. Auf $\Omega =]a, b[$ sei ein System von homogenen linearen Differentialgleichungen 1. Ordnung

$$y' = A(x)y \tag{$*$}$$

gegeben. Die Koeffizientenmatrix $A(x) = (a_{jk}(x))$ bestehe dabei aus C^∞-Funktionen a_{jk} auf Ω. Wir sagen, die Funktionen $u_1, \ldots, u_n$ bilden eine klassische Lösung von $(*)$, wenn für alle $x \in \Omega$ die Gleichungen

$$u_j'(x) = \sum_{k=1}^{n} a_{jk}(x) u_k(x) \qquad j = 1, \ldots, n$$

erfüllt sind (was die Existenz der auftretenden Ableitungen einschließt!). Die Distributionen $T_1, \ldots, T_n \in \mathcal{D}'(\Omega)$ bilden eine Distributionslösung, wenn die Gleichungen

$$T_j' = \sum_{k=1}^{n} a_{jk} T_k \ , \qquad j = 1, \ldots, n$$

in $\mathcal{D}'(\Omega)$ gelten. Man zeige:

a. Ist $\boldsymbol{u} = (u_1, \ldots, u_n)$ eine klassische Lösung von $(*)$, so sind die Funktionen $u_j \in C^\infty(\Omega)$ für $j = 1, \ldots, n$. (*Hinweis:* Durch Induktion nach m zeigt man, dass $u_j \in C^m(\Omega)$ für alle m.)
b. Ist $\boldsymbol{T} = (T_1, \ldots, T_n)$ eine Distributionslösung von $(*)$, so sind alle T_j reguläre Distributionen $T_j = [u_j]$ mit C^∞-Funktionen u_j, die eine klassische Lösung bilden. Der Übergang zu Distributionen führt also nicht zu zusätzlichen Lösungen. (*Hinweis:* Sei $\Phi(x) = f_{jk}(x)$ eine Fundamentalmatrix für $(*)$ (vgl. etwa [36], Kap. 8), und sei $\Phi(x)^{-1} = (g_{jk}(x))$. Die g_{jk} sind dann C^∞-Funktionen (wieso?), also kann man Distributionen

$$S_j := \sum_{k=1}^{n} g_{jk} T_k \ , \qquad j = 1, \ldots, n$$

oder kurz: $\boldsymbol{S} := \Phi^{-1}\boldsymbol{T}$ bilden. Man folgere $\boldsymbol{T} = \Phi\boldsymbol{S}$, differenziere diese Gleichung, verwende $(*)$ und dann Aufgabe 11.16c.)

c. Man folgere: Jede Distributionslösung der Differentialgleichung

$$y^{(n)} + a_1(x)y^{(n-1)} + \cdots + a_{n-1}(x)y' + a_n(x)y = 0$$

mit Koeffizienten $a_1, \ldots, a_n \in C^\infty(\Omega)$ ist schon eine klassische Lösung und gehört zu $C^\infty(\Omega)$.

d. Man bestimme alle Lösungen $T \in \mathcal{D}'(\mathbb{R})$ der inhomogenen Differentialgleichung

$$y'' + y = \delta(x) .$$

(*Hinweis:* Eine spezielle Lösung gewinnt man durch intelligentes Raten oder durch „Variation der Konstanten".)

11.18. a. Man zeige:

$$\sum_{k=1}^{\infty} \cos(2k-1)x = \frac{\pi}{2} \sum_{k=-\infty}^{\infty} (-1)^k \delta(x - k\pi)$$

im Sinne der Konvergenz in $\mathcal{D}'(\mathbb{R})$. (*Hinweis:* Die 2π-periodische Funktion f, die in $[-\pi, \pi]$ mit $f(x) = (\pi/4)|x|$ übereinstimmt, kann leicht in eine FOURIERreihe entwickelt werden. Diese differenziere man zweimal.)

b. Ebenso zeige man

$$\frac{1}{2\pi} \sum_{k=-\infty}^{\infty} \mathrm{e}^{ikx} = \sum_{k=-\infty}^{\infty} \delta(x + 2k\pi) .$$

(*Hinweis:* Hier gehe man aus von der periodisch fortgesetzten Funktion, die auf $[0, 2\pi[$ mit $\frac{1}{6}(3x^2 - 6\pi x + 2\pi^2)$ übereinstimmt.)

11.19. Eine doppelt unendliche Folge $(c_k)_{k\in\mathbb{Z}}$ heißt *von polynomialem Wachstum*, wenn es Zahlen $C \geq 0$, $m \in \mathbb{N}_0$ gibt so, dass

$$|c_k| \leq C(1 + k^2)^m \qquad \forall\, k \in \mathbb{Z} .$$

Man zeige:

a. Wenn $(c_k)_{k\in\mathbb{Z}}$ von polynomialem Wachstum ist, so konvergiert die Reihe

$$T = \sum_{k=-\infty}^{\infty} c_k \,\mathrm{e}^{ikx}$$

in $\mathcal{S}_1'$ gegen eine temperierte Distribution T. (*Hinweis: Man benutze Produktintegration sowie die Tatsache, dass* $\sum_{k=1}^{\infty} k^{-2} < \infty$ ist. Außerdem hilft Satz 11.25.)

b. Diese Distribution ist 2π-periodisch, d. h. für die Translationen $\tau_j(y) := y + 2\pi j$ gilt $T \circ \tau_j = T$.

c. $\mathcal{F}[T] = \sum_{k=-\infty}^{\infty} c_k \delta(x-k)$.

11.20. Für jede 2π-periodische Distribution $T \in \mathcal{D}'(\mathbb{R})$ definiert man die FOURIER*koeffizienten* durch

$$c_k := (2\pi)^{-1} \left\langle T(x), \alpha(x) \mathrm{e}^{-\mathrm{i}kx} \right\rangle , \qquad k \in \mathbb{Z} , \tag{11.77}$$

wobei $\alpha \in \mathcal{D}(\mathbb{R})$ eine fest gewählte Testfunktion ist, für die

$$\sum_{k=-\infty}^{\infty} \alpha(x + 2k\pi) \equiv 1 \tag{11.78}$$

ist. Man zeige nacheinander:

a. Ist $\varphi \in \mathcal{D}(\mathbb{R})$, so ist

$$\varphi^*(x) := \sum_{k=-\infty}^{\infty} \varphi(x + 2k\pi)$$

eine 2π-periodische C^∞-Funktion. (*Hinweis:* Auf jedem beschränkten Teilintervall besteht die Summe nur aus endlich vielen nichtverschwindenden Gliedern!)

b. Sei $\varphi \in \mathcal{D}(\mathbb{R})$ eine nichtnegative Testfunktion so, dass $\varphi(x) \geq \delta > 0$ für $|x| \leq \pi$. Dann ist $\alpha := \varphi/\varphi^*$ eine Testfunktion, die (11.78) erfüllt.
Bemerkung: Es gibt also solche Testfunktionen, und daher kann man die FOURIERkoeffizienten von periodischen Distributionen definieren. Sie hängen auch nicht davon ab, welche derartige Funktion α man bei der Definition heranzieht. Das werden wir in Aufgabe 13.9 sehen.

c. Ist $T = [f]$ mit einer lokal integrierbaren 2π-periodischen Funktion f, so ist

$$c_k = \frac{1}{2\pi} \int_0^{2\pi} f(x) \mathrm{e}^{-\mathrm{i}kx} \, \mathrm{d}x \qquad \forall k ,$$

der klassische FOURIERkoeffizient.

d. $\langle \mathrm{e}^{\mathrm{i}jx}, \alpha(x)\mathrm{e}^{-\mathrm{i}kx} \rangle = 2\pi\delta_{jk}$ für alle $j, k \in \mathbb{Z}$.

e. Ist $T = \sum_{m=-\infty}^{\infty} b_m \mathrm{e}^{\mathrm{i}mx}$, wobei die Reihe in $\mathcal{D}'(\mathbb{R})$ konvergiert, so ist $b_m = c_m$ für alle m, d. h. die Koeffizienten in solch einer Reihenentwicklung müssen die FOURIERkoeffizienten sein.

f. Die doppelt unendliche Folge $(c_k)_k$ der FOURIERkoeffizienten einer 2π-periodischen Distribution T ist stets von polynomialem Wachstum (vgl. Aufgabe 11.19). (*Hinweis:* Man verwende Satz 11.12a. sowie die LEIBNIZregel.)

Bemerkung: Nach Aufgabe 11.19b. existiert also in $\mathcal{S}_1'$ die Summe

$$S = \sum_{k=-\infty}^{\infty} c_k \,\mathrm{e}^{\mathrm{i}kx} \,.$$

Man kann beweisen, dass stets $S = T$ ist (vgl. etwa [101]). Also ist jede periodische Distribution temperiert und im Sinne von $\mathcal{S}_1'$ die Summe ihrer FOURIERreihe.

11.21. Jedes Polynom $\sum_{|\alpha|\le N} c_\alpha x^\alpha$, $c_\alpha \in \mathbb{C}$ definiert eine temperierte Distribution $[P]$ (wieso?). Man berechne ihre FOURIERtransformierte $\mathcal{F}[P]$ und zeige insbesondere, dass $\mathcal{F}[P]$ außerhalb des Nullpunkts verschwindet. (*Hinweis:* Man kombiniere die Informationen aus Theorem 11.33a., c. mit Beispiel 11.35.)

11.22. Man zeige: Die FOURIERtransformierte einer rotationssymmetrischen temperierten Distribution ist wieder rotationssymmetrisch.

11.23. Für $\lambda > 0$ sei $S_\lambda(y) := \lambda y$ die Streckung um den Faktor λ. Man nennt eine Distribution T *homogen* vom Grad ν ($\nu \in \mathbb{R}$), wenn

$$T \circ S_\lambda = \lambda^\nu T \qquad \forall\, \lambda > 0 \,.$$

Man zeige:

a. Die Deltafunktion $\delta_0 \in \mathcal{D}'(\mathbb{R}^n)$ ist rotationssymmetrisch und homogen vom Grad $\nu = -n$.
b. Ist T homogen vom Grad ν, so ist $D^\alpha T$ homogen vom Grad $\nu - |\alpha|$ für jeden Multiindex α.
c. Ist $T \in \mathcal{S}_n'$ homogen vom Grad ν, so ist $\mathcal{F}[T]$ homogen vom Grad $-\nu - n$.

Kapitel 12
Einige spezielle Distributionen

Bei den physikalischen Anwendungen der Distributionstheorie stehen verschiedene Typen von konkret gegebenen Distributionen im Vordergrund, und wir wollen in diesem Kapitel einige dieser Typen und ihre rechnerischen Beziehungen untereinander vorstellen. Wir beginnen mit einer Klasse von Distributionen T, bei denen die Ableitungen einer Testfunktion φ in die Berechnung des Wertes $\langle T, \varphi \rangle$ nicht explizit eingehen, und klären die Beziehung dieser Distributionen zu dem *Maßen*. Im weiteren Verlauf besprechen wir dann Distributionen, die die Ableitungen der Testfunktionen (bis zu einer gewissen Ordnung) tatsächlich „spüren". Hierzu zählen die in Abschn. B zu besprechenden *mehrfachen Schichten*, die man sich als Verteilungen von Multipolmomenten auf einer Fläche im Raum (oder allgemeiner: auf einer Untermannigfaltigkeit des $\mathbb{R}^n$) vorstellen kann. In den Abschn. C–E geht es dann um verschiedene Konstruktionen von *Regularisierungen divergenter Integrale*, d. h. um singuläre Distributionen, welche aus Funktionen entstehen, die in gewissen Punkten nicht lokal integrabel sind, so dass man, um diese Singularitäten auszugleichen, gewissermaßen unendliche Beträge geschickt abziehen muss. Hier zeigt es sich, dass die Distributionstheorie der richtige begriffliche Rahmen für die verschiedensten Typen von bedingt konvergenten uneigentlichen Integralen ist.

Im letzten Abschnitt führen wir schließlich die Berechnung von FOURIER-transformierten von temperierten Distributionen in einigen wichtigen Fällen vor. Dabei konzentrieren wir uns auf eine Rechentechnik, bei der das *Prinzip der analytischen Fortsetzung* dazu ausgenutzt wird, Formeln rigoros herzuleiten, bei denen auf beiden Seiten Regularisierungen von divergenten Integralen stehen, so dass die formal dort auftretenden Integrale nicht mehr wörtlich genommen werden dürfen.

Wir müssen uns bei all dem aus Platzgründen auf einige wenige Andeutungen beschränken und verweisen für ausführlicheres Beispielmaterial auf die Fachliteratur, vor allem auf [33].

K.-H. Goldhorn, H.-P. Heinz, M. Kraus, *Moderne mathematische Methoden der Physik*
DOI 10.1007/978-3-540-88544-3, © Springer 2009

A Distributionen nullter Ordnung

Zunächst wollen wir präzisieren, was es heißt, dass eine Distribution die Ableitungen bis zur m-ten Ordnung „spürt“. Dazu erinnern wir uns an die Stetigkeitsbedingung aus Satz 11.12a. Dort wurde für jede kompakte Teilmenge $K \subseteq \Omega$ die Gültigkeit einer Abschätzung der Form (11.22) für alle φ mit $\operatorname{Tr}\varphi \subseteq K$ verlangt. Die dabei auftretende Zahl m gibt an, wie viele Ableitungen von φ an der Beschränkung des Wertes $\langle T, \varphi \rangle$ beteiligt sind. Sie hängt von K ab, und man wird bestrebt sein, sie möglichst klein zu wählen, damit auf der rechten Seite nicht Ableitungen erscheinen, die in Wirklichkeit keine Rolle spielen. Daher definiert man:

Definition 12.1. Sei $T \in \mathcal{D}'(\Omega)$, wo $\Omega \subseteq \mathbb{R}^n$ offen ist. Für kompaktes $K \subseteq \Omega$ sei $o(K;T)$ die kleinste Zahl m, zu der es $C \geq 0$ gibt so, dass (11.22) für alle $\varphi \in \mathcal{D}(\Omega)$ mit $\operatorname{Tr}\varphi \subseteq K$ gilt. Die *Ordnung* ist dann definiert als

$$o(T) := \sup\{o(K;T) \mid K \subseteq \Omega \text{ kompakt}\} .$$

Die Ordnung kann also den Wert $+\infty$ annehmen, z. B. für $\Omega = \mathbb{R}^1$ und

$$T := \sum_{k=0}^{\infty} \delta^{(k)}(x-k) .$$

Aber *lokal* ist sie immer endlich. Ist nämlich $T \in \mathcal{D}'(\Omega)$ beliebig, und ist Ω_1 eine beschränkte offene Teilmenge mit $\overline{\Omega_1} \subseteq \Omega$, so wähle man $K = \overline{\Omega_1}$ in Satz 11.12a., um zu erkennen, dass die Ordnung von T in Ω_1 endlich ist.

Für $m = 0$ lautet (11.22)

$$|\langle T, \varphi \rangle| \leq C(K) \max_{x \in \Omega} |\varphi(x)| = C(K)\|\varphi\|_\infty \quad \forall\, \varphi \in \mathcal{D}(\Omega) \text{ mit } \operatorname{Tr}\varphi \subseteq K , \tag{12.1}$$

und das erinnert an unsere Diskussion der RADON-Maße in Abschn. 10F (insbes. 10.71). Tatsächlich hat man

Beispiel 12.2. Sei μ ein RADONmaß in Ω und $f \in L^\infty(\Omega, \mu)$. Dann ist durch

$$\langle T, \varphi \rangle := \int_\Omega f\varphi \, \mathrm{d}\mu , \qquad \varphi \in \mathcal{D}(\Omega) \tag{12.2}$$

eine Distribution nullter Ordnung definiert, denn offenbar ist

$$|\langle T, \varphi \rangle| \leq C(K)\|\varphi\|_\infty \quad \text{mit } C(K) := \|f\|_\infty \mu(\mathrm{Tr}') .$$

Von diesem Typ sind alle regulären Distributionen, denn für $g \in L^1_{loc}(\Omega)$ betrachten wir das RADONmaß $\mu := |g|\lambda_n$ (vgl. Beispiel 10.31b. sowie die Ausführungen im Anschluss an Def. 10.36) und haben dann

$$\langle [g], \varphi \rangle = \int f\varphi \, \mathrm{d}\mu$$

mit

$$f(x) := \begin{cases} g(x)/|g(x)|, & \text{falls } g(x) \neq 0, \\ 0 & \text{sonst}. \end{cases}$$

Weiter gehören Deltafunktionen an verschiedenen Punkten dazu sowie deren (endliche oder unendliche) Linearkombinationen (vgl. Beispiel 11.24d.). Auf der reellen Geraden wird durch die LEBESGUE-STIELTJES-Maße eine Fülle von Beispielen geliefert.

Besonders bemerkenswert ist die Tatsache, dass mit Beispiel 12.2 alle Distributionen nullter Ordnung erschöpft sind. Das liegt am RIESZschen Darstellungssatz in der folgenden, allgemeineren Version, für deren Beweis wir auf [27] oder [78] verweisen:

Theorem 12.3 (RIESZscher Darstellungssatz). *Sei $\Lambda : C_c(\Omega) \longrightarrow \mathbb{K}$ ein lineares Funktional, das die folgende Stetigkeitsbedingung erfüllt: Zu jedem kompakten $K \subseteq \Omega$ gibt es eine Konstante $C = C(K)$ so, dass*

$$|\Lambda(h)| \leq C(K)\|h\|_\infty \quad \textit{für alle } h \in C_c(\Omega) \textit{ mit } \operatorname{Tr} h \subseteq K .$$

Dann gibt es genau ein vollständiges RADONmaß μ in Ω und eine – bis auf Übereinstimmung μ-f. ü. eindeutig bestimmte – Funktion $f \in L^\infty(\Omega, \mu)$ so, dass

$$\Lambda(h) = \int_\Omega f(x)h(x)\, \mathrm{d}\mu(x) \qquad \forall h \in C_c(\Omega) .$$

Dabei ist $|f(x)| = 1$ μ-f. ü.

Uns geht es hauptsächlich um die folgende Konsequenz:

Korollar 12.4. *Jede Distribution nullter Ordnung ist von der in Beispiel 12.2 beschriebenen Form.*

Beweis. Zu kompaktem $K \subseteq \Omega$ betrachten wir die beiden normierten linearen Räume

$$\mathcal{D}(\Omega; K) := \{\varphi \in \mathcal{D}(\Omega) \mid \operatorname{Tr}\varphi \subseteq K\} ,$$
$$C_c(\Omega; K) := \{h \in C_c(\Omega) \mid \operatorname{Tr} h \subseteq K\} ,$$

beide mit der Maximumsnorm $\|\cdot\|_\infty$. Wie wir aus Theorem 11.7c. wissen, kann jedes $h \in C_c(\Omega; K)$ durch Funktionen der Form $\varphi_\varepsilon * h$ gleichmäßig approximiert werden (φ_ε wie im zitierten Theorem!), und für genügend kleines $\varepsilon > 0$ gehört $\varphi_\varepsilon * h$ zu $\mathcal{D}(\Omega; K)$. Daher ist $\mathcal{D}(\Omega; K)$ *dicht* in $C_c(\Omega; K)$.

Nun sei $T \in \mathcal{D}'(\Omega)$ eine beliebige Distribution nullter Ordnung. Zu unserer kompakten Teilmenge K gibt es dann eine Konstante $C(K)$ so, dass (12.1) gilt. Das bedeutet aber, dass T ein beschränktes lineares Funktional auf $\mathcal{D}(\Omega; K)$ ist. Nach dem BLE-Theorem (Theorem 8.7) kann T also eindeutig zu einem beschränkten linearen Funktional Λ auf $C_c(\Omega; K)$ fortgesetzt werden, das durch die Formel

$$\Lambda(h) := \lim_{m\to\infty} \langle T, \varphi_m \rangle \tag{12.3}$$

gegeben ist, und zwar mit einer Folge $(\varphi_m) \subseteq \mathcal{D}(\Omega; K)$, die gleichmäßig gegen h konvergiert. Man überlegt sich aber leicht, dass diese Fortsetzung gar nicht von der betrachteten kompakten Menge K abhängt. Vielmehr ist durch (12.3) eine eindeutige Fortsetzung von T zu einem linearen Funktional Λ auf $C_c(\Omega)$ definiert, wobei man allerdings zu gegebenem $h \in C_c(\Omega)$ die approximierende Folge $(\varphi_m) \subseteq \mathcal{D}(\Omega)$ so wählen muss, dass die Träger der φ_m alle in einer gemeinsamen kompakten Teilmenge von Ω liegen.

Die Behauptung folgt nun durch Anwendung von Theorem 12.3 auf Λ. □

Bemerkungen: (i) Der Beweis zeigt, dass die Funktion f in (12.2) so gewählt werden kann, dass $|f(x)| = 1$ μ-f. ü. ist (und dass hierdurch die Klasse $[f] \in L^\infty(\Omega, \mu)$ eindeutig bestimmt ist). Bei dieser Darstellung kann der Träger von T als das Komplement der größten offenen μ-Nullmenge beschrieben werden, wie man sich leicht überlegt (Übung!). Man bezeichnet $\operatorname{Tr} T$ daher auch als den *Träger* des RADONmaßes μ. Insbesondere bedeutet Bedingung **(T)** aus Abschn. 10F (vgl. die Bemerkung im Anschluss an Satz 10.37), dass der Träger von μ ganz Ω ist.
(ii) Eine Distribution T von nullter Ordnung kann nicht nur – wie in Satz 11.13 – mit C^∞-Funktionen multipliziert werden, sondern mit beliebigen stetigen Funktionen $h : \Omega \longrightarrow \mathbb{C}$. Man setzt einfach

$$\langle hT, \varphi \rangle := \Lambda(h\varphi) , \qquad \varphi \in \mathcal{D}(\Omega) , \tag{12.4}$$

wobei Λ die durch (12.3) gegebene Fortsetzung von T auf $C_c(\Omega)$ ist.

Zu guter Letzt wollen wir noch festhalten, dass die Monotoniebedingung (10.72) ganz automatisch sicherstellt, dass man es mit einer Distribution nullter Ordnung, also mit einem RADONmaß, zu tun hat.

Satz 12.5. *Sei $T : \mathcal{D}(\Omega) \longrightarrow \mathbb{C}$ ein lineares Funktional, das auf reellen Testfunktionen reelle Werte annimmt und die Monotoniebedingung*

$$\varphi_1 \leq \varphi_2 \Longrightarrow T(\varphi_1) \leq T(\varphi_2) \quad \text{für } \varphi_1, \varphi_2 \in \mathcal{D}(\Omega) \text{ reellwertig} \tag{12.5}$$

erfüllt. Dann ist T eine Distribution nullter Ordnung, gegeben durch

$$T(\varphi) = \int_\Omega \varphi \, \mathrm{d}\mu \tag{12.6}$$

mit einem eindeutigen vollständigen RADON*maß μ.*

Beweis. Wir zeigen zunächst, dass T eine Distribution nullter Ordnung ist. Dazu betrachten wir ein kompaktes $K \subseteq \Omega$ und wählen gemäß Lemma 11.8 ein $\zeta \in \mathcal{D}(\Omega)$ mit $\zeta \equiv 1$ auf K und $0 \leq \zeta \leq 1$ auf ganz Ω. Für reellwertiges $\varphi \in \mathcal{D}(\Omega; K)$ (Bezeichnungen wie im Beweis von Kor. 12.4!) haben wir dann punktweise

$$-\|\varphi\|_\infty \zeta \leq \varphi \leq \|\varphi\|_\infty \zeta ,$$

also wegen (12.5) auch

$$-\|\varphi\|_\infty T(\zeta) \leq T(\varphi) \leq \|\varphi\|_\infty T(\zeta) .$$

Das bedeutet, dass

$$|T(\varphi)| \leq C \, \|\varphi\|_\infty$$

für alle reellwertigen Testfunktionen, wobei $C := T(\zeta) \geq 0$ ist. Für komplexwertige Testfunktionen ergibt sich daraus durch Zerlegung in Real- und Imaginärteil eine analoge Abschätzung (mit der doppelten Konstanten). Jedenfalls erfüllt T die Stetigkeitsbedingung (12.1), die eine Distribution nullter Ordnung charakterisiert. Diese ermöglicht es auch, T zu einem linearen Funktional Λ auf $C_c(\Omega)$ fortzusetzen, und nach (12.3) ist klar, dass Λ die Monotoniebedingung (10.72) erfüllt. Der RIESZsche Darstellungssatz in der Form 10.40 liefert daher das gesuchte RADONmaß μ. □

B Schichten und mehrfache Schichten

Häufig trifft man auf Distributionen, die auf eine *Teilmannigfaltigkeit* M von $\mathbb{R}^n$ konzentriert sind, d. h. die außerhalb von M verschwinden. Ist z. B. eine stetige Funktion $\rho : M \longrightarrow \mathbb{R}$ gegeben und ist $\mathrm{d}\sigma_k$ das k-dimensionale Flächenelement auf der k-dimensionalen Teilmannigfaltigkeit M, so können wir definieren

$$\langle S, \varphi \rangle := \int_M \rho\varphi \; \mathrm{d}\sigma_k \tag{12.7}$$

und erhalten so eine Distribution, die die Verteilung einer physikalischen Größe beschreibt, wenn diese Größe auf M konzentriert ist und dort die k-dimensionale Flächendichte ρ hat. Solche Distributionen werden – zumindest im Fall $k = n - 1$ – als *Schichten* bezeichnet.

Man kann aber die Differentialform $\rho \, \mathrm{d}\sigma_k$ auch durch eine ganz beliebige (stetige) k-Form ω auf M ersetzen und erhält dann

$$\langle T, \varphi \rangle := \int_M \varphi\omega \, . \tag{12.8}$$

Man überlegt sich leicht, dass beide Formeln Distributionen nullter Ordnung definieren (Übung!).

In der Physik ist es jedoch üblich, solche Situationen mit Hilfe der *Deltafunktion* zu beschreiben. Um dies näher zu erläutern, beschränken wir uns auf den Fall $k = n - 1$, also auf *Hyperflächen*, und nehmen überdies an, M sei als die Lösungsmenge einer Gleichung

$$P(x) = 0$$

gegeben. Dabei sei P eine reelle C^∞-Funktion der Variablen $x = (x_1, \ldots, x_n) \in \mathbb{R}^n$, für die die Regularitätsbedingung

$$P(x) = 0 \Longrightarrow \nabla P(x) \neq 0 \tag{12.9}$$

erfüllt ist, so dass $M = P^{-1}(0)$ tatsächlich eine reguläre Hyperfläche ist. Nun sei $\delta = \delta_0 \in \mathcal{D}'(\mathbb{R})$ die eindimensionale Deltafunktion im Nullpunkt. Man versucht, der „zusammengesetzten Funktion" $\delta \circ P$ einen vernünftigen Sinn zu verleihen. In Def. 11.26 haben wir zwar $T \circ g$ für einen *Diffeomorphismus* g definiert, aber dies kann nicht auf allgemeine differenzierbare Abbildungen ausgedehnt werden. Für unseren Spezialfall gehen wir von der Beziehung $\delta = \Theta'$ aus (vgl. das Beispiel zwischen Def. 11.28 und Satz 11.29) und stellen uns auf den Standpunkt, dass die Kettenregel die Beziehungen

$$\frac{\partial}{\partial x_j}\Theta(P(x)) = \delta(P(x))\frac{\partial P}{\partial x_j}, \qquad j = 1, \ldots, n \tag{12.10}$$

liefern würde, wenn die HEAVISIDEsche Sprungfunktion Θ glatt wäre. Wir versuchen daher, $\delta(P(x))$ so zu definieren, dass dies richtig bleibt.

Die Distributionsableitungen von $\Theta \circ P$ können mit Hilfe des GAUSSschen Integralsatzes leicht berechnet werden. Dazu setzen wir $G := \{x \mid P(x) > 0\}$ und beachten, dass

$$\partial G = P^{-1}(0) = M$$

wegen (12.9). Der äußere Normaleneinheitsvektor ist im Punkt $x \in \partial G$ offenbar gegeben durch

$$\boldsymbol{\nu}(x) = -\frac{\nabla P(x)}{|\nabla P(x)|}, \tag{12.11}$$

und diese Formel definiert sogar ein Vektorfeld $\boldsymbol{\nu}$ in einer offenen Umgebung U von ∂G. Zur Testfunktion φ betrachten wir die Vektorfelder $\boldsymbol{K}_j(x) := \varphi_{x_j}\boldsymbol{e}_j$, $j = 1, \ldots, n$ und erhalten mit dem GAUSSschen Integralsatz

$$\begin{aligned}\left\langle\frac{\partial}{\partial x_j}\Theta(P(x)), \varphi(x)\right\rangle &= -\int\limits_G \partial_j\varphi(x)\,\mathrm{d}^n x \\ &= -\int\limits_{\partial G} \boldsymbol{K}\cdot\boldsymbol{\nu}\,\mathrm{d}\sigma_{n-1} = \int\limits_M \varphi\nu_j\,\mathrm{d}\sigma_{n-1} \\ &= \int\limits_M \varphi\frac{\partial_j P}{|\nabla P|}\,\mathrm{d}\sigma_{n-1}\,.\end{aligned}$$

Wir können also (12.10) erfüllen, indem wir setzen

$$\boxed{\langle\delta\circ P, \varphi\rangle := \int\limits_{P^{-1}(0)} \frac{\varphi(x)}{|\nabla P(x)|}\,\mathrm{d}\sigma_{n-1}(x)\,.} \tag{12.12}$$

In der Praxis ist es nicht immer einfach, das Flächenelement $\mathrm{d}\sigma_{n-1}$ auf M explizit zu bestimmen. Daher ist die folgende alternative Beschreibung von $\delta(P(x))$ vorteilhaft, die eine größere rechnerische Flexibilität gestattet:

Satz 12.6. *Sei (12.9) erfüllt, und sei U eine offene Umgebung von $M := P^{-1}(0)$. Ist ω irgendeine glatte $(n-1)$-Form, für die*

$$\mathrm{d}P \wedge \omega = \mathrm{d}^n x \equiv \mathrm{d}x_1 \wedge \cdots \wedge \mathrm{d}x_n \tag{12.13}$$

gilt, so ist für jede Testfunktion $\varphi \in \mathcal{D}(U)$

$$\langle \delta(P(x)), \varphi(x) \rangle = \int_M \varphi\omega \,. \tag{12.14}$$

Beweis. Setze $\omega_0 := i_{\boldsymbol{X}} \,\mathrm{d}^n x$ mit $\boldsymbol{X} := -\nabla P(x)/|\nabla P(x)|^2$. Diese $(n-1)$-Form ist in einer offenen Umgebung von M definiert, und ihre Einschränkung auf M ist bekanntlich $\langle \boldsymbol{X} \mid \boldsymbol{\nu} \rangle \,\mathrm{d}\sigma_{n-1}$ (vgl. (4.34)). Also ist nach (12.11)

$$\int_M \varphi\omega_0 = \int_M \varphi \langle \boldsymbol{X} \mid \boldsymbol{\nu} \rangle \,\mathrm{d}\sigma_{n-1} = \int_M \varphi \frac{\langle \nabla P \mid \nabla P \rangle}{|\nabla P|^3} \,\mathrm{d}\sigma_{n-1} = \int_M \frac{\varphi}{|\nabla P|} \,\mathrm{d}\sigma_{n-1}$$

$$= \langle \delta(P(x)), \varphi(x) \rangle \,.$$

Außerdem ist

$$\mathrm{d}P \wedge \omega_0 = \mathrm{d}P(\boldsymbol{X}) \,\mathrm{d}^n x = \frac{\langle \nabla P \mid \nabla P \rangle}{|\nabla P|^2} \mathrm{d}^n x = \mathrm{d}^n x \,,$$

d. h. ω_0 erfüllt (12.13).

Nun sei ω eine weitere $n-1$-Form, die (12.13) erfüllt. Dann ist $\mathrm{d}P \wedge (\omega - \omega_0) = 0$. Wie wir unten in Lemma 12.7 zeigen werden, gibt es dann eine $(n-2)$-Form β mit $\omega - \omega_0 = \mathrm{d}P \wedge \beta$. Wegen $\mathrm{d}P|_M = 0$ ist also $\omega|_M = \omega_0|_M$ und somit

$$\int_M \varphi\omega = \int_M \varphi\omega_0 = \langle \delta(P(x)), \varphi(x) \rangle \,.$$

□

Hier noch das im letzten Beweis benötigte Lemma (das wir auch unten bei der Behandlung von mehrfachen Schichten noch brauchen werden):

Lemma 12.7. *In einer offenen Menge $U \subseteq \mathbb{R}^n$ seien eine glatte 1-Form α und eine glatte $(n-1)$-Form γ gegeben, wobei $\alpha_x \neq 0$ für alle $x \in U$ sein möge. Ist $\alpha \wedge \gamma = 0$, so ist $\gamma = \alpha \wedge \beta$ mit einer glatten $(n-2)$-Form β. Hat γ kompakten Träger, so kann man auch β mit kompaktem Träger wählen.*

Beweis. Sei $x_0 \in U$. Den Kovektor $\alpha_{x_0} \neq 0$ können wir durch Kovektoren $\beta_2, \ldots \beta_n$ zu einer Basis von $(\mathbb{R}^n)^*$ ergänzen. Für alle x aus einer gewissen offenen Umgebung $U(x_0)$ bilden $\{\alpha_x, \beta_2, \ldots, \beta_n\}$ dann immer noch eine Basis von $(\mathbb{R}^n)^*$. Dann hat γ in $U(x_0)$ die Form

$$\gamma = c_1(x)\beta_2 \wedge \cdots \wedge \beta_n + \sum_{k=2}^{n} c_k(x)\alpha \wedge \beta_2 \wedge \cdots \wedge \hat{\beta_k} \wedge \cdots \wedge \beta_n$$

mit C^∞-Funktionen $c_1, \ldots, c_n$. Die Voraussetzung ergibt daher

$$0 = \alpha \wedge \gamma = c_1(x)\alpha \wedge \beta_2 \wedge \cdots \wedge \beta_n$$

und somit

$$\gamma = \sum_{k=2}^{n} c_k(x)\alpha \wedge \beta_2 \wedge \cdots \wedge \hat{\beta}_k \wedge \cdots \wedge \beta_n \ = \alpha \wedge \beta$$

mit

$$\beta := \sum_{k=2}^{n} c_k(x)\beta_2 \wedge \cdots \wedge \hat{\beta}_k \wedge \cdots \wedge \beta_n \,.$$

Jeder Punkt $x_0 \in U$ hat also eine offene Umgebung, in der die Behauptung richtig ist. Nun nehmen wir an, γ hat den kompakten Träger K. Dann kann man K mit endlich vielen offenen Mengen $U_1, \ldots, U_m$ überdecken, in denen die Behauptung gilt. Wir haben also

$$\gamma = \alpha \wedge \beta_\ell \quad \text{in } U_\ell \,, \qquad \ell = 1, \ldots, m \,.$$

Sei $h_1, \ldots, h_m$ eine dieser Überdeckung untergeordnete glatte Zerlegung der Eins (vgl. Theorem 4.2). Dann hat

$$\beta := \sum_{\ell=1}^{m} h_\ell \beta_\ell$$

ebenfalls kompakten Träger, und es ist

$$\alpha \wedge \beta = \sum_{\ell=1}^{m} h_\ell(\alpha \wedge \beta_\ell) = \underbrace{\left(\sum_{\ell=1}^{m} h_\ell\right)}_{=1 \text{ in } K} \gamma \ = \gamma \,.$$

Auch wenn der Träger von γ nicht kompakt ist, kann man durch Betrachtung geeigneter Überdeckungen und entsprechender Teilungen der Eins die Behauptung für ganz U beweisen. Gegenüber dem, was in Theorem 4.2 gesagt wurde, muss die Theorie der Teilungen der Eins hierfür allerdings noch etwas verfeinert werden, aber das wollen wir übergehen, zumal diese Verfeinerung in den meisten praktisch vorkommenden Fällen gar nicht nötig ist. □

Beispiel: In der relativistischen Quantenmechanik wird die Bewegung eines Teilchens der Masse $m \geq 0$ im Impulsraum durch eine Wellenfunktion beschrieben, die auf die „Massenschale"

$$M := \left\{(p_0, \boldsymbol{p}) = (p_0, p_1, p_2, p_3) \in \mathbb{R}^4 \mid p_0^2 = m^2 + |\boldsymbol{p}|^2\right\}$$

konzentriert ist. Solch eine Wellenfunktion ist also, genau genommen, eine Distribution, und zwar eine Schicht auf der Teilmannigfaltigkeit $M = P^{-1}(0)$, wobei

$$P(p_0, p_1, p_2, p_3) := m^2 + |\boldsymbol{p}|^2 - p_0^2$$

gesetzt wurde. Im Falle massiver Teilchen ($m > 0$) ist (12.9) erfüllt, und die Schicht hat die Form

$$\psi(p_0, \boldsymbol{p})\delta\left(m^2 + |\boldsymbol{p}|^2 - p_0^2\right) .$$

Im Falle masseloser Teilchen ($m = 0$) hingegen ist (12.9) im Nullpunkt nicht erfüllt. Dann ist M nur eine Teilmannigfaltigkeit von $\mathbb{R}^4 \setminus \{0\}$, aber nicht von ganz $\mathbb{R}^4$. Im Nullpunkt müssen die Wellenfunktionen daher auf geeignete Weise „regularisiert“ werden (vgl. z. B. [33]).

Mehrfache Schichten

Häufig benötigt man auch Distributionen der Gestalt $\delta' \circ P, \delta'' \circ P$ usw., die ebenfalls die Hyperfläche $M = P^{-1}(0)$ als Träger haben und die Kettenregel erfüllen, d. h.

$$\frac{\partial}{\partial x_j}\delta^{(k)}(P(x)) = \frac{\partial P}{\partial x_j}\delta^{(k+1)}(P(x)), \qquad j = 1, \ldots, n \tag{12.15}$$

sowie $\delta^{(0)}(P(x)) = \delta(P(x))$. Für die Konstruktion dieser Distributionen müssen wir allerdings etwas weiter ausholen. Wir bezeichnen Differentialformen mit kompaktem Träger dabei als *finite* Formen.

Lemma 12.8. *Seien P, U, M wie in Satz 12.6, aber $\nabla P(x) \neq 0 \ \forall x \in U$. Sei $\varphi \in \mathcal{D}(U)$ gegeben.*

a. *Es gibt in U eine Folge $\omega_0, \omega_1, \omega_2, \ldots$ von finiten glatten $(n-1)$-Formen, für die gilt:*

$$\mathrm{d}\omega_k = \mathrm{d}P \wedge \omega_{k+1}, \qquad k = 0, 1, 2, \ldots \tag{12.16}$$

sowie $\omega_0 = \varphi\omega$, wo ω die Gleichung (12.13) löst.

b. *Sei $1 \leq j \leq n$. Angenommen, in der offenen Menge $U_0 \subseteq U$ können durch*

$$u_j = P(x_1, \ldots, x_n), \quad u_i = x_i \quad \text{für } i \neq j \tag{12.17}$$

neue Koordinaten eingeführt werden, wobei die inverse Koordinatentransformation durch $x = Q(u)$ gegeben ist. Dann können die ω_k, $k \geq 0$ so gewählt werden, dass sie in U_0 die Gestalt

$$\omega_k = (-1)^{j-1}\frac{\partial^k}{\partial u_j^k}\left(\frac{\varphi \circ Q}{P_{x_j} \circ Q}\right)\mathrm{d}u_1 \wedge \cdots \wedge \widehat{\mathrm{d}u_j} \wedge \cdots \wedge \mathrm{d}u_n \tag{12.18}$$

haben.

c. *Die Zahlen $A_k := \int_M \omega_k$ hängen nicht von der gewählten Lösungsfolge (ω_k) des Gleichungssystems (12.16) ab, sondern nur von φ und P.*

Beweis. (i) Sei U_0 wie in Teil b. Wir zeigen zunächst, dass $\omega_0 = \varphi\omega$ in der Form (12.18) gewählt werden kann. Für die Funktionaldeterminante der Koordinatentransformation (12.17) gilt offenbar

$$\frac{\partial(u_1, \ldots, u_n)}{\partial(x_1, \ldots, x_n)} = \frac{\partial P}{\partial x_j} = P_{x_j}$$

und insbesondere $P_{x_j} \neq 0$. Also ist

$$\mathrm{d}^n x = \frac{1}{P_{x_j}(Q(u))} \mathrm{d}u_1 \wedge \cdots \wedge \mathrm{d}u_n \, . \tag{12.19}$$

Die Gleichung (12.13) lautet daher in den u-Koordinaten:

$$\mathrm{d}u_j \wedge \omega = \frac{1}{P_{x_j}(Q(u))} \mathrm{d}u_1 \wedge \cdots \wedge \mathrm{d}u_n \, .$$

Gleichung (12.13) wird daher gelöst durch

$$\omega = (-1)^{j-1} \frac{1}{P_{x_j} \circ Q} \mathrm{d}u_1 \wedge \cdots \wedge \widehat{\mathrm{d}u_j} \wedge \cdots \wedge \mathrm{d}u_n \, ,$$

und dann hat $\omega_0 = \varphi\omega$ die Gestalt (12.18).

Es bleibt nachzurechnen, dass die Formen (12.18) für alle k die Beziehung (12.16) erfüllen. Diese Rechnung ist wegen $\mathrm{d}P = \mathrm{d}u_j$ aber trivial. Somit ist b. bewiesen.

(ii) Nun zeigen wir a. Der Träger K von φ ist eine kompakte Teilmenge von U, und in jedem $x_0 \in K$ ist $\nabla P(x_0) \neq 0$, also $P_{x_j}(x_0) \neq 0$ für mindestens ein j. Nach dem Satz über inverse Funktionen ist daher die Koordinatentransformation (12.17) in einer gewissen offenen Umgebung U_0 von x_0 möglich, Teil b. also anwendbar. In U_0 existieren somit Formen ω_k^0, die (12.16) erfüllen. Nach den Sätzen aus Abschn. 11D kann man K durch endlich viele derartige offene Mengen überdecken und hierzu eine glatte Zerlegung der Eins wählen. Damit gewinnt man die Formen ω_k nun genauso wie im Beweis von Lemma 12.7. Die Konstruktion zeigt auch, dass die so gebildeten Formen finit sind.

(iii) Zum Beweis von c. benötigen wir die

Behauptung. Sind (ω_k), $(\tilde{\omega}_k)$ zwei Folgen von Formen mit den in b. geforderten Eigenschaften, so ist für alle $k \geq 0$

$$\omega_k - \tilde{\omega}_k = \mathrm{d}\alpha_k + \beta_k \wedge \mathrm{d}P \tag{12.20}$$

mit glatten finiten $(n-2)$-Formen α_k, β_k.

Dies beweisen wir durch Induktion nach k. Aus (12.13) folgt zunächst

$$\mathrm{d}P \wedge (\omega - \tilde{\omega}) = \mathrm{d}^n x - \mathrm{d}^n x = 0 \, ,$$

also $\omega - \tilde{\omega} = \mathrm{d}P \wedge \beta$ mit einer finiten $(n-2)$-Form β (Lemma 12.7). Das ergibt

$$\omega_0 - \tilde{\omega}_0 = \varphi \, \mathrm{d}P \wedge \beta \, ,$$

also (12.20) mit $\alpha_0 = 0$, $\beta_0 = -\varphi\beta$.

Nun sei (12.20) für k bewiesen. Mit (12.16) folgt dann

$$\begin{aligned} \mathrm{d}P \wedge (\omega_{k+1} - \tilde{\omega}_{k+1}) &= \mathrm{d}\omega_k - \mathrm{d}\tilde{\omega}_k \\ &= \mathrm{d}(\mathrm{d}\alpha_k + \beta_k \wedge \mathrm{d}P) = \mathrm{d}\beta_k \wedge \mathrm{d}P = (-1)^{n-1} \mathrm{d}P \wedge \mathrm{d}\beta_k \, , \end{aligned}$$

folglich

$$\mathrm{d}P \wedge [\omega_{k+1} - \tilde{\omega}_{k+1} - (-1)^{n-1} \mathrm{d}\beta_k] = 0 \, .$$

Alle auftretenden Formen sind finit. Erneute Anwendung von Lemma 12.7 liefert daher eine finite Form γ so, dass

$$\omega_{k+1} - \tilde{\omega}_{k+1} = (-1)^{n-1} \mathrm{d}\beta_k + \mathrm{d}P \wedge \gamma \ .$$

Mit $\alpha_{k+1} := (-1)^{n-1}\beta_k$ und $\beta_{k+1} := -\gamma$ haben wir also (12.20) für $k+1$.
(iv) Wir leiten Teil c. aus der obigen Behauptung her. Mit (12.20) und dem allgemeinen STOKESschen Satz (Theorem 4.28) ergibt sich

$$\int_M (\omega_k - \tilde{\omega}_k) = \int_M \mathrm{d}\alpha_k = \int_{\partial M} \alpha_k \ ,$$

denn $\mathrm{d}P$ verschwindet ja auf $M = P^{-1}(0)$. Ist M kompakt, so hat M keinen Rand wegen (12.9) und dem Satz über implizite Funktionen. Ist M hingegen nicht kompakt, so betrachten wir eine offene Menge V, die den Träger von φ (und damit die Träger aller auftretenden Formen!) umfasst und deren Rand glatt ist und M transversal schneidet. Dann ist $\partial(M \cap V) = M \cap \partial V$, also $\alpha_k \equiv 0$ auf $\partial(M \cap V)$. Der STOKESsche Satz, angewandt auf die Mannigfaltigkeit $M \cap \overline{V}$, ergibt dann

$$\int_M \mathrm{d}\alpha_k = \int_{M \cap V} \mathrm{d}\alpha_k = \int_{\partial(M \cap V)} \alpha_k = 0 \ .$$

In beiden Fällen folgt $\int_M \omega_k = \int_M \tilde{\omega}_k$, wie behauptet. □

Nun können wir die Distributionen $\delta^{(k)}(P(x))$ einführen. Neben der direkten Definition durch Integration von geeigneten Differentialformen beschreiben wir sie auch durch den Grenzübergang

$$\delta^{(k)} \circ P = \lim_{m \to \infty} \left[h_m^{(k)} \circ P \right] \qquad \text{in } \mathcal{D}'(\mathbb{R}^n) \ , \tag{12.21}$$

wo (h_m) eine beliebige Folge von Testfunktionen ist, die die (eindimensionale) Deltafunktion approximiert (vgl. Beispiel 11.24c.). Diese Beschreibung vermittelt vielleicht am ehesten einen anschaulichen Eindruck davon, was man sich unter $\delta^{(k)}(P(x))$ vorzustellen hat.

Satz 12.9. *Sei P eine C^∞-Funktion, die (12.9) erfüllt, und sei $M := P^{-1}(0)$, $U := \{x \mid \nabla P(x) \neq 0\}$.*

a. In $\mathcal{D}'(\mathbb{R}^n)$ gibt es genau eine Folge von Distributionen $T_k =: \delta^{(k)} \circ P \equiv \delta^{(k)}(P(x))$, $k = 0, 1, 2, \ldots$, für die gilt:

(i) $T_k \equiv 0$ in $\mathbb{R}^n \setminus M$, und
(ii) In U ist

$$\langle T_k, \varphi \rangle = (-1)^k \int_M \omega_k(\varphi) \ , \qquad k \geq 0 \ . \tag{12.22}$$

Dabei sind $\omega_k = \omega_k(\varphi)$ Differentialformen von der in Lemma 12.8a. beschriebenen Art.

b. Ist (h_m) eine Folge in $\mathcal{D}(\mathbb{R})$ mit $h_m \rightharpoonup \delta$, so gilt (12.21) für alle k.
c. $\delta^{(0)}(P(x)) = \delta(P(x))$, und für alle $k \geq 0$ gilt (12.15).

Beweis.

a. Der Beweis ist nicht schwer, aber seine präzise Formulierung ist recht umständlich, und darum beschränken wir uns auf die folgenden Andeutungen:
In der offenen Menge U *definiert* man die T_k durch (12.22). Dabei zeigt Lemma 12.8c., dass es nicht auf die genaue Wahl der Formen $\omega_k(\varphi)$ ankommt, solange sie nur die Eigenschaften aus Teil a. dieses Lemmas haben. Um nachzuweisen, dass $\langle T_k, \varphi\rangle$ linear und stetig von $\varphi \in \mathcal{D}(U)$ abhängt, zieht man sich mittels geeigneter Teilungen der Eins auf den Fall zurück, wo $\operatorname{Tr}\varphi \subseteq U_0$ für eine Teilmenge $U_0 \subseteq U$, wie sie in Lemma 12.8b. betrachtet wird. Definiert man dann die $\omega_k(\varphi)$ in U_0 durch Gl. (12.18), so sind Linearität und Stetigkeit klar. Ferner ist klar, dass die so definierten T_k in der offenen Menge $U \setminus M$ verschwinden. Daher können sie durch Null auf ganz $\mathbb{R}^n$ fortgesetzt werden.
b. Wegen Aufg. 11.6 genügt es, die Gültigkeit von (12.21) lokal nachzuprüfen, d. h. in einer geeigneten offenen Umgebung U_0 eines beliebigen Punktes. Wir wählen U_0 so, dass die Voraussetzungen von Lemma 12.8b. gegeben sind. Dann gilt (12.19), also auch

$$\mathrm{d}^n x = \frac{(-1)^{j-1}}{P_{x_j}(Q(u))} \mathrm{d}u_j \wedge \mathrm{d}u_1 \wedge \cdots \wedge \widehat{\mathrm{d}u_j} \wedge \cdots \wedge \mathrm{d}u_n \,.$$

Sei φ eine Testfunktion mit $\operatorname{Tr}\varphi \subseteq U_0$. Integrieren der Form

$$h_m^{(k)}(P(x))\varphi(x)\,\mathrm{d}x_1 \wedge \cdots \wedge \mathrm{d}x_n$$

liefert nun

$$\begin{aligned}
&\left\langle \left[h_m^{(k)} \circ P\right], \varphi\right\rangle = \\
&= (-1)^{j-1} \int h_m^{(k)}(u_j) \frac{\varphi(Q(u))}{P_{x_j}(Q(u))} \mathrm{d}u_j \wedge \mathrm{d}u_1 \wedge \cdots \wedge \widehat{\mathrm{d}u_j} \wedge \cdots \wedge \mathrm{d}u_n \\
&= (-1)^{j-1} \int\limits_{\mathbb{R}^{n-1}} \left(\int\limits_{\mathbb{R}} h_m^{(k)}(u_j) \frac{\varphi(Q(u_1, \ldots, u_n))}{P_{x_j}(Q(u_1, \ldots, u_n))} \,\mathrm{d}u_j \right) \times \\
&\quad \times \mathrm{d}u_1 \cdots \mathrm{d}u_{j-1}\, \mathrm{d}u_{j+1} \cdots \mathrm{d}u_n \,.
\end{aligned}$$

Wir betrachten für einen Moment feste Werte der Variablen u_i, $i \neq j$ und setzen

$$\psi(t) := \frac{\varphi(u_1, \ldots, u_{j-1}, t, u_{j+1}, \ldots, u_n)}{P_{x_j}(u_1, \ldots, u_{j-1}, t, u_{j+1}, \ldots, u_n)} \,,$$

wobei wir diese Testfunktion durch Null auf ganz $\mathbb{R}$ fortsetzen. Produktintegration und die Voraussetzung über die Folge (h_m) ergeben dann

$$\int_{\mathbb{R}} h_m^{(k)}(t)\psi(t)\,\mathrm{d}t = (-1)^k \int_{\mathbb{R}} h_m(t)\psi^{(k)}(t)\,\mathrm{d}t \longrightarrow (-1)^k\psi^{(k)}(0)$$

für $m \to \infty$. Dies kann über die Variablen u_i, $i \neq j$ integriert werden, denn da die Integranden stetig mit kompaktem Träger sind, ist die Vertauschung der Grenzprozesse völlig unproblematisch. Unter Verwendung von (12.18), (12.22) findet man also

$$\begin{aligned}
&\lim_{m\to\infty}\langle[h_m \circ P], \varphi\rangle = \\
&= (-1)^{k+j-1}\int_{\mathbb{R}^{n-1}} \frac{\partial^k}{\partial u_j^k}\left(\frac{\varphi(u_1,\dots,u_{j-1},0,u_{j+1},\dots,u_n)}{P_{x_j}(u_1,\dots,u_{j-1},0,u_{j+1},\dots,u_n)}\right)\times \\
&\quad \times \mathrm{d}u_1\cdots\mathrm{d}u_{j-1}\,\mathrm{d}u_{j+1}\cdots\mathrm{d}u_n \\
&= (-1)^k \int_{P^{-1}(0)} \omega_k(\varphi) = \langle\delta^{(k)}\circ P, \varphi\rangle\,,
\end{aligned}$$

d. h. für unsere lokale Situation ist (12.21) erwiesen.

c. Wegen $\omega_0(\varphi) = \varphi\omega$ folgt die Beziehung $\delta^{(0)}(P(x)) = \delta(P(x))$ unmittelbar aus den Definitionen. Zum Beweis der Rechenregel (12.15) schreiben wir $\delta = \lim_{m\to\infty} h_m$ mit geeigneten Testfunktionen h_m und bemerken, dass nach der klassischen Kettenregel

$$\frac{\partial}{\partial x_j}h_m^{(k)}(P(x)) = \frac{\partial P}{\partial x_j}h_m^{(k+1)}(P(x))\,, \qquad j = 1,\dots,n$$

ist. Für $m \to \infty$ ergibt sich hieraus (12.15) wegen Teil b. und Satz 11.30.

□

An einigen Beispielen soll nun gezeigt werden, dass diese Konstruktion in konkreten Fällen das liefert, was man erwartet:

Beispiele 12.10.

a. Das einfachste Beispiel ist die Koordinatenhyperebene $x_j = 0$. Dann ist $P(x) = x_j$, also $\nabla P(x) = \boldsymbol{e}_j$. In den Bezeichnungen von Lemma 12.8b. kann man also $U_0 = \mathbb{R}^n$ und $u_i = x_i$, $i = 1,\dots,n$ wählen und daher (12.18) global für die Definition von $\delta^{(k)}(P(x))$ heranziehen. Das Ergebnis ist

$$\begin{aligned}
\langle\delta^{(k)}(x_j), \varphi\rangle &= (-1)^{k+j-1}\int_{x_j=0} \frac{\partial^k\varphi}{\partial x_j^k}\,\mathrm{d}x_1\wedge\cdots\wedge\widehat{\mathrm{d}x_j}\wedge\cdots\wedge\mathrm{d}x_n \\
&= (-1)^k\int_{\mathbb{R}^{n-1}} \partial_j^k\varphi(x_1,\dots,x_{j-1},0,x_{j+1},\dots,x_n)\times \\
&\quad \times\mathrm{d}x_1\cdots\mathrm{d}x_{j-1}\,\mathrm{d}x_{j+1}\cdots\mathrm{d}x_n\,.
\end{aligned}$$

Das Vorzeichen $(-1)^{j-1}$ sorgt dafür, dass die Orientierung auf der Koordinatenhyperebene die vom Normaleneinheitsvektor $\boldsymbol{e}_j$ induzierte ist. Deshalb verschwindet es in der zweiten Zeile.

b. Wir beschreiben die Sphäre vom Radius $R > 0$ in der Form $P(x) := |x| - R = 0$. In $\mathbb{R}^n \setminus \{0\}$ ist dann (12.9) erfüllt. Um $\delta^{(k)}(|x| - R)$ zu bestimmen, transformieren wir auf Polarkoordinaten, was in der Sprache der Differentialformen so aussieht:

$$\mathrm{d}^n x = r^{n-1}\,\mathrm{d}r \wedge \sigma\;. \tag{12.23}$$

Dabei ist $r = |x|$, und

$$\sigma := \frac{1}{r^n}\sum_{j=1}^{n}(-1)^{j-1}x_j\;\mathrm{d}x_1 \wedge \cdots \wedge \widehat{\mathrm{d}x_j} \wedge \cdots \wedge \mathrm{d}x_n$$

ist das n-dimensionale *Raumwinkelelement*, dessen Einschränkung auf die Einheitssphäre $\mathbf{S}^{n-1}$ gerade deren $(n-1)$-dimensionales Flächenelement ist (vgl. Aufg. 3.4d.). Wegen $\mathrm{d}P = \mathrm{d}r$ lässt ein Vergleich von (12.23) und (12.13) sofort erkennen, dass man

$$\omega := r^{n-1}\sigma$$

wählen kann, also $\omega_0(\varphi) = \varphi r^{n-1}\sigma$ für $\varphi \in \mathcal{D}(\mathbb{R}^n \setminus \{0\})$. Da σ bekanntlich eine *geschlossene* Form ist (vgl. Aufg. 4.7), ergibt sich

$$\mathrm{d}\omega_0(\varphi) = \mathrm{d}(\varphi r^{n-1}) \wedge \sigma = \frac{\partial}{\partial r}(\varphi r^{n-1})\,\mathrm{d}r \wedge \sigma\;.$$

Also wird (12.16) mit $k = 0$ durch

$$\omega_1(\varphi) = \frac{\partial}{\partial r}(\varphi r^{n-1})\sigma$$

gelöst. So kann man fortfahren und findet durch Induktion

$$\omega_k(\varphi) = \frac{\partial^k}{\partial r^k}(\varphi r^{n-1})\sigma$$

für alle k. Da das Flächenelement auf der Sphäre $r = R$ gerade $\mathrm{d}\sigma_{n-1} = R^{n-1}\sigma$ ist, bekommen wir also das einleuchtende Ergebnis

$$\langle \delta^{(k)}(|x| - R), \varphi\rangle = \frac{(-1)^k}{R^{n-1}} \int\limits_{r=R} \frac{\partial^k}{\partial r^k}(\varphi r^{n-1})\;\mathrm{d}\sigma_{n-1}\;. \tag{12.24}$$

Dies gilt sogar für alle $\varphi \in \mathcal{D}(\mathbb{R}^n)$, da die Distribution außerhalb der Sphäre $r = R$ verschwindet. Um die Formel noch etwas expliziter zu gestalten, schreiben wir $x = r\xi$, wo ξ die Einheitssphäre $\mathbf{S}^{n-1}$ durchläuft, und erhalten

$$\boxed{\langle \delta^{(k)}(|x| - R), \varphi\rangle = (-1)^k \int\limits_{\mathbf{S}^{n-1}} \frac{\partial^k}{\partial r^k}\Big(\varphi(r\xi)r^{n-1}\Big)\Big|_{r=R}\;\mathrm{d}\sigma_{n-1}(\xi)\;.} \tag{12.25}$$

c. Nun beschreiben wir dieselbe Sphäre durch $P(x) := |x|^2 - R^2 = 0$. Dann ist $\mathrm{d}P = 2r\,\mathrm{d}r$, also ergibt (12.23)

$$\mathrm{d}^n x = \frac{1}{2} r^{n-2} \mathrm{d}P \wedge \sigma \; ,$$

d. h. man kann (12.13) durch $\omega := \frac{1}{2} r^{n-2} \sigma$ erfüllen. Analoge Rechnungen wie im vorigen Beispiel – allerdings unter Beachtung von $\mathrm{d}r = \frac{1}{2r}\,\mathrm{d}P$ – führen nun zu

$$\omega_k(\varphi) = \frac{1}{2} \left(\frac{1}{2r} \frac{\partial}{\partial r} \right)^k \left(\varphi r^{n-2} \right)$$

und damit zu

$$\langle \delta^{(k)}(|x|^2 - R^2), \varphi \rangle = \frac{(-1)^k}{2} \int_{S^{n-1}} \left(\frac{1}{2r} \frac{\partial}{\partial r} \right)^k \left(\varphi(r\xi) r^{n-2} \right) \bigg|_{r=R} \mathrm{d}\sigma_{n-1}(\xi) \, . \tag{12.26}$$

Die letzten beiden Beispiele werfen die Frage auf, wie sich generell die Deltafunktionen und ihre Ableitungen voneinander unterscheiden, wenn man ein und dieselbe Hyperfläche M durch zwei verschiedene Gleichungen $P(x) = 0$, $Q(x) = 0$ beschreibt. Beide Funktionen P und Q sollen natürlich (12.9) erfüllen. Ist $\boldsymbol{\nu}$ ein Normaleneinheitsvektor an M, so haben wir nach DE L'HOSPITAL

$$\lim_{t \to 0} \frac{Q(x + t\boldsymbol{\nu}(x))}{P(x + t\boldsymbol{\nu}(x))} = \frac{\nabla Q(x) \cdot \boldsymbol{\nu}(x)}{\nabla P(x) \cdot \boldsymbol{\nu}(x)} = \frac{|\nabla Q(x)|}{|\nabla P(x)|} \neq 0$$

für alle $x \in M$, und daher kann man den Quotienten $A(x) := Q(x)/P(x)$ stetig auf M fortsetzen. Mittels TAYLORentwicklung überzeugt man sich leicht, dass auf diese Weise sogar eine C^∞-Funktion A in einer offenen Umgebung U von M definiert ist. Es gilt also

$$Q = AP \quad \text{mit } A(x) \neq 0 \text{ in } U \; . \tag{12.27}$$

Daher wird unsere Frage durch den folgenden Satz vollständig beantwortet:

Satz 12.11. *Seien $P, A \in C^\infty(U)$, wobei (12.9) gilt und wobei $A(x)$ in U keine Nullstelle hat. Dann gilt für alle $k \geq 0$:*

$$\delta^{(k)}(A(x)P(x)) = A^{-(k+1)} \delta^{(k)}(P(x)) \; .$$

Beweis. (i) Zur Behandlung des Falles $k = 0$ wählen wir $(n-1)$-Formen ω, ω_A mit $\mathrm{d}^n x = \mathrm{d}P \wedge \omega$ bzw. $\mathrm{d}^n x = \mathrm{d}(AP) \wedge \omega_A = (A\,\mathrm{d}P + P\,\mathrm{d}A) \wedge \omega_A$. Auf $M = P^{-1}(0)$ gilt dann $\mathrm{d}P \wedge \omega = A\,\mathrm{d}P \wedge \omega_A$, also

$$\mathrm{d}P \wedge (A^{-1}\omega - \omega_A) = 0$$

Wie im Beweis von Satz 12.6 schließt man hieraus mittels Lemma 12.7, dass ω_A und $A^{-1}\omega$ auf M übereinstimmen. (Genau genommen, benötigt man eine Variante von

Lemma 12.7, bei der die Voraussetzung nicht auf einer offenen Menge U, sondern nur auf M erfüllt ist. Diese lässt sich aber durch fast denselben Beweis herleiten.) Nach (12.14) ergibt das aber

$$\delta(A(x)P(x)) = A^{-1}\delta(P(x)) ,$$

also die Behauptung für $k = 0$.
(ii) Nun beweisen wir die (auch sonst nützliche) Formel

$$\boxed{P(x)\delta^{(k)}(P(x)) + k\delta^{(k-1)}(P(x)) = 0 , \qquad k \geq 1 .} \tag{12.28}$$

Da $P \equiv 0$ auf M ist, haben wir $\langle P(\delta \circ P), \varphi \rangle = \int_M P\varphi\omega = 0$ für alle φ, also $P(\delta \circ P) = 0$. Mit (12.15) und der Produktregel (11.58) folgt daraus

$$P_{x_j}(\delta \circ P) + PP_{x_j}(\delta' \circ P) = 0 , \qquad j = 1, \ldots, n .$$

Lokal findet man aber immer ein j mit $P_{x_j} \neq 0$, und deshalb kann man hier die Faktoren P_{x_j} kürzen (Aufg. 11.4). Das ergibt (12.28) für $k = 1$. Mit einer analogen Rechnung erledigt man auch den Induktionsschritt von k auf $k + 1$ (Übung!).
(iii) Nun betrachten wir $k \geq 2$ und nehmen an, die Behauptung sei für $k - 1$ schon nachgewiesen, also

$$\delta^{(k-1)}(A(x)P(x)) = A(x)^{-k}\delta^{(k-1)}(P(x)) . \tag{12.29}$$

Differenzieren ergibt dann (wenn wir die Variable x für den Augenblick weglassen) für $j = 1, \ldots, n$

$$(AP_{x_j} + A_{x_j}P)\delta^{(k)}(AP) = A^{-k}P_{x_j}\delta^{(k)}(P) - kA^{-(k+1)}A_{x_j}\delta^{(k-1)}(P) .$$

Wir stellen die Terme um und beachten erneut die Induktionsvoraussetzung (12.29) sowie schließlich (12.28) für AP statt P. Das ergibt:

$$\begin{aligned} AP_{x_j}\delta^{(k)}(AP) - A^{-k}P_{x_j}\delta^{(k)}(P) &= -A_{x_j}(P\delta^{(k)}(AP) + kA^{-(k+1)}\delta^{(k-1)}(P)) \\ &= -A_{x_j}A^{-1}(AP\delta^{(k)}(AP) + kA^{-k}\delta^{(k-1)}(P)) \\ &= -A_{x_j}A^{-1}(AP\delta^{(k)}(AP) + k\delta^{(k-1)}(AP)) \\ &= 0 . \end{aligned}$$

Kürzen durch AP_{x_j} ergibt also die Behauptung für k. Da man lokal immer ein geeignetes j findet, für das $A(x)P_{x_j}(x) \neq 0$ ist, liefert Aufg. 11.4 tatsächlich den Nachweis, dass die Behauptung für k in ganz U gilt. □

Beispiel: Wir greifen noch einmal die beiden Darstellungen der Sphäre vom Radius $R > 0$ aus 12.10 auf. Mit $P(x) := |x| - R$ und $A(x) := |x| + R$ hat man $|x|^2 - R^2 = A(x)P(x)$, also ergibt der letzte Satz

$$\delta^{(k)}(|x|^2 - R^2) = \frac{1}{(|x| + R)^{k+1}}\delta^{(k)}(|x| - R) . \tag{12.30}$$

Diese Beziehung lässt sich aus den expliziten Darstellungen (12.25), (12.26) nicht ohne weiteres ablesen.

Definition 12.12. Sei $M \subseteq \mathbb{R}^n$ eine reguläre Hyperfläche. Eine *k-fache Schicht* auf M ist eine Distribution der Form

$$T(x) = \rho(x)\delta^{(k-1)}(P(x)) \,,$$

wobei ρ eine glatte Funktion ist und die Gleichung $P(x) = 0$ die Hyperfläche M beschreibt.

Bemerkungen: (i) Man kann ρ als die $(n-1)$-dimensionale *Dichte* der Schicht auffassen. Jedoch ist zu bedenken, dass ρ von der gewählten Beschreibung der Hyperfläche abhängt. Satz 12.11 besagt gerade, dass man beim Übergang von der Beschreibung $P = 0$ zur Beschreibung $AP = 0$ die Dichte ρ durch die Dichte $A^k\rho$ ersetzen muss. Dies zeigt aber auch, dass die Hyperfläche selbst und nicht ihre jeweilige Beschreibung durch eine konkrete Gleichung festlegt, welche Distributionen k-fache Schichten auf ihr sind.
(ii) Physikalisch sollte man sich eine k-fache Schicht auf M als eine durch die Intensität $\rho(x)$ gewichtete Verteilung von 2^k-Multipolen auf M vorstellen. Zum Beispiel besteht eine Doppelschicht aus Dipolen, die in Normalenrichtung orientiert sind. Um sich dies plausibel zu machen, sollte man entweder (12.21) oder die durch (12.18) und (12.22) gegebene lokale Beschreibung heranziehen.

C Regularisierung divergenter Integrale und HADAMARDscher Hauptwert

Bei manchen Anwendungen – z. B. bei Lösungsformeln für die Wellengleichung und verwandte partielle Differentialgleichungen – liegt folgende Situation vor: Man hat im Gebiet $\Omega \subseteq \mathbb{R}^n$ eine stetige Funktion P, die auf einer gewissen Teilmenge $M \subseteq \Omega$ verschwindet, sowie eine „harmlose“ Funktion g (z. B. messbar und beschränkt). Durch

$$\langle [g/P]\,,\varphi\rangle := \int\limits_{\Omega\setminus M} \frac{g(x)\varphi(x)}{P(x)}\,\mathrm{d}^n x\,, \quad \varphi \in \mathcal{D}(\Omega \setminus M) \tag{12.31}$$

ist dann in $\Omega \setminus M$ eine reguläre Distribution definiert. Aber i. A. ist g/P nicht in ganz Ω lokal integrierbar (z. B. ist schon $1/x$ nicht mehr lokal integrierbar, sobald das Grundintervall die Null im Inneren enthält!), und dann ist nicht klar, wie das Integral $\int_\Omega (g\varphi/P)\,\mathrm{d}^n x$ für beliebiges $\varphi \in \mathcal{D}(\Omega)$ aufzufassen ist. Genau genommen, existiert es zumeist gar nicht, sobald $\mathrm{Tr}\,\varphi \cap M \neq \emptyset$. Trotzdem kann man in vielen Fällen solche „divergenten Integrale“ erfolgreich betrachten, indem man eine Distribution $T \in \mathcal{D}'(\Omega)$ findet, die auf $\Omega \setminus M$ mit $[g/P]$ übereinstimmt. Solche Distributionen sind meist von höherer Ordnung, und sie sind auch nicht eindeutig bestimmt, doch sie leisten – etwa als Lösungsansatz für eine partielle Differentialgleichung – das, was man sich von dem divergenten Integral $\int (g\varphi/P)\,\mathrm{d}^n x$ erhofft hatte. Allgemein definieren wir:

Definition 12.13. Sei $M \subseteq \Omega$ abgeschlossen und $f \in L^1_{loc}(\Omega \setminus M)$. Eine *Regularisierung* des divergenten Integrals $\int_\Omega f(x)\varphi(x)\,\mathrm{d}^n x$ ist eine Distribution $T \in \mathcal{D}'(\Omega)$, die auf der offenen Teilmenge $\Omega \setminus M$ mit der regulären Distribution $[f]$ übereinstimmt.

Bemerkung: Zwei Regularisierungen T_1, T_2 von ein und demselben divergenten Integral stimmen auf $\Omega \setminus M$ überein, und daher verschwindet $T_1 - T_2$ in $\Omega \setminus M$. Es folgt also

$$\mathrm{Tr}\,(T_1 - T_2) \subseteq M \ .$$

Für die explizite Konstruktion von Regularisierungen beschränken wir uns auf den Fall, wo M aus einem einzigen Punkt besteht, und wir beginnen mit einem einfachen eindimensionalen Beispiel:

Für $\varphi \in \mathcal{D}(\mathbb{R})$ betrachten wir das Integral

$$\int_a^b (t-a)^{\alpha-k}\varphi(t)\,\mathrm{d}t\,, \quad a < b\,, \quad -1 < \alpha \leq 0\,, \quad k \in \mathbb{N}\,. \tag{12.32}$$

Wegen der Singularität der Ordnung $\alpha - k \leq -k \leq -1$ bei $t = a$ existiert das Integral nicht als uneigentliches Integral, d. h.

$$f(t) := \chi_{[a,b]}(t)(t-a)^{\alpha-k} \tag{12.33}$$

ist nicht lokal integrierbar und erzeugt damit keine reguläre Distribution. Wir wollen zeigen, dass man das divergente Integral noch als singuläre Distribution interpretieren kann. Dazu entwickeln wir die Testfunktion $\varphi(t)$ nach TAYLOR um $t = a$:

$$\varphi(t) = \sum_{j=0}^{k-1} \frac{\varphi^{(j)}(a)}{j!}(t-a)^j + (t-a)^k\psi(t) \tag{12.34}$$

mit dem TAYLORschen Restglied

$$\psi(t) = \frac{1}{(k-1)!}\int_0^1 (1-s)^{k-1}\varphi^{(k)}(a+s(t-a))\,\mathrm{d}s\,. \tag{12.35}$$

Einsetzen von (12.34) in das Integral (12.32) ergibt für $\varepsilon > 0$

$$\int_{a+\varepsilon}^b (t-a)^{\alpha-k}\varphi(t)\,\mathrm{d}t =$$

$$= \int_{a+\varepsilon}^b (t-a)^{\alpha}\psi(t)\,\mathrm{d}t + \sum_{j=0}^{k-1}\frac{\varphi^{(j)}(a)}{j!}\int_{a+\varepsilon}^b (t-a)^{\alpha-k+j}\,\mathrm{d}t\,.$$

Im Fall $-1 < \alpha < 0$ folgt daraus

$$\int_{a+\varepsilon}^{b} (t-a)^{\alpha-k}\varphi(t)\,\mathrm{d}t + \sum_{j=0}^{k-1} \frac{\varphi^{(j)}(a)}{j!(\alpha-k+j+1)}\,\varepsilon^{\alpha-k+j+1}$$
$$= \int_{a+\varepsilon}^{b} (t-a)^{\alpha}\psi(t)\,\mathrm{d}t + \sum_{j=0}^{k-1} \frac{\varphi^{(j)}(a)}{j!(\alpha-k+j+1)}\,(b-a)^{\alpha-k+j+1}, \tag{12.36}$$

und im Fall $\alpha = 0$ ergibt sich

$$\int_{a+\varepsilon}^{b} (t-a)^{-k}\varphi(t)\,\mathrm{d}t + \sum_{j=0}^{k-2} \frac{\varphi^{(j)}(a)}{j!(j-k+1)}\,\varepsilon^{j-k+1} + \frac{\varphi^{(k-1)}(a)}{(k-1)!}\ln\varepsilon$$
$$= \int_{a+\varepsilon}^{b} \psi(t)\,\mathrm{d}t + \sum_{j=0}^{k-2} \frac{\varphi^{(j)}(a)(b-a)^{j-k+1}}{j!(j-k+1)} + \frac{\varphi^{(k-1)}(a)\ln(b-a)}{(k-1)!}. \tag{12.37}$$

Für die einzelnen Summanden auf der linken Seite von (12.36) und (12.37) existieren die Grenzwerte für $\varepsilon \longrightarrow 0$ allesamt nicht. Jedoch existieren die entsprechenden Grenzwerte der rechten Seite von (12.36) und (12.37) beide, weil $\psi(t)$ nach (12.35) eine stetige Funktion ist. Folglich existieren die Grenzwerte der *gesamten* linken Seiten von (12.36) und (12.37). Man definiert:

Definitionen 12.14. Seien $a < b$ in $\mathbb{R}$ und $k \in \mathbb{N}$, $\varphi \in \mathcal{D}(\mathbb{R})$.

a. Für $-1 < \alpha < 0$ nennt man[1]

$$Pf\left(\int_{a}^{b} (t-a)^{\alpha-k}\varphi(t)\,\mathrm{d}t\right) :=$$
$$= \lim_{\varepsilon\longrightarrow 0}\left\{\int_{a+\varepsilon}^{b} (t-a)^{\alpha-k}\varphi(t)\,\mathrm{d}t + \sum_{j=0}^{k-1} \frac{\varphi^{(j)}(a)\varepsilon^{\alpha-k+j+1}}{j!(\alpha-k+j+1)}\right\} \tag{12.38}$$
$$= \int_{a}^{b} (t-a)^{\alpha}\psi(t)\,\mathrm{d}t + \sum_{j=0}^{k-1} \frac{\varphi^{(j)}(a)(b-a)^{\alpha-k+j+1}}{j!(\alpha-k+j+1)}$$

den HADAMARD*schen Hauptwert* des divergenten uneigentlichen Integrals $\int_a^b (t-a)^{\alpha-k}\varphi(t)\,\mathrm{d}t$.

---

[1] Die Bezeichnung Pf stammt von HADAMARD und bedeutet „Partie finie", also „endlicher Teil".

b. Ebenso nennt man

$$
\begin{aligned}
Pf\left(\int_a^b (t-a)^{-k}\varphi(t)\,\mathrm{d}t\right) &:= \\
&= \lim_{\varepsilon\longrightarrow 0}\left\{\int_{a+\varepsilon}^b (t-a)^{-k}\varphi(t)\,\mathrm{d}t + \sum_{j=0}^{k-2}\frac{\varphi^{(j)}(a)\varepsilon^{j-k+1}}{j!(j-k+1)} + \frac{\varphi^{(k-1)}(a)}{(k-1)!}\ln\varepsilon\right\} \\
&= \int_a^b \psi(t)\,\mathrm{d}t + \sum_{j=0}^{k-2}\frac{\varphi^{(j)}(a)(b-a)^{j-k+1}}{j!(j-k+1)} + \frac{\varphi^{(k-1)}(a)\ln(b-a)}{(k-1)!}
\end{aligned}
\tag{12.39}
$$

den HADAMARDschen Hauptwert des divergenten uneigentlichen Integrals $\int_a^b (t-a)^{-k}\varphi(t)\,\mathrm{d}t$.

Da die rechten Seiten von (12.38), (12.39) linear und stetig von der Testfunktion φ abhängen, definieren die HADAMARDschen Hauptwerte stetige lineare Funktionale auf $\mathcal{D}(\mathbb{R})$, also Distributionen, allerdings singuläre Distributionen. Für feste Werte von α und k handelt es sich um eine Regularisierung des divergenten Integrals $\int f(t)\varphi(t)\,\mathrm{d}t$ mit der Funktion f aus (12.33), denn wenn $a \notin \operatorname{Tr}\varphi$ ist, so verschwinden die Beiträge aus dem TAYLORpolynom, und die TAYLORformel (12.34) ergibt $(t-a)^k\psi(t) = \varphi(t)$. Daher stimmen die rechten Seiten von (12.38), (12.39) in diesem Fall mit $\int f(t)\varphi(t)\,\mathrm{d}t$ überein. Im nachstehenden Satz werden diese Überlegungen (ohne detaillierten Beweis) zusammengefasst. Dabei schreiben wir, wie es üblich ist, die Funktion f mit Hilfe der HEAVISIDEschen Sprungfunktion Θ in der Form

$$f(t) = \Theta(t-a)\Theta(b-t)(t-a)^{\alpha-k}\ .$$

Satz 12.15.

a. Für $a < b$, $-1 < \alpha < 0$, $k \in \mathbb{N}$ wird durch

$$
\begin{aligned}
&\langle\mathcal{P}((t-a)^{\alpha-k}\Theta(t-a)\Theta(b-t)), \varphi(t)\rangle := \\
&= Pf\left(\int_a^b (t-a)^{\alpha-k}\varphi(t)\,\mathrm{d}t\right)
\end{aligned}
\tag{12.40}
$$

eine singuläre Distribution

$$\mathcal{P}((t-a)^{\alpha-k}\Theta(t-a)\Theta(b-t)) \in \mathcal{D}'(\mathbb{R})$$

mit Träger $[a,b] \subseteq \mathbb{R}$ definiert. Ihre Ordnung ist k.

b. Für $a < b$, $k \in \mathbb{N}$ wird durch

$$\langle \mathcal{P}((t-a)^{-k}\Theta(t-a)\Theta(b-t)), \varphi(t)\rangle := \\ = Pf\left(\int_a^b (t-a)^{-k}\varphi(t)\,\mathrm{d}t\right) \tag{12.41}$$

eine singuläre Distribution

$$\mathcal{P}((t-a)^{-k}\Theta(t-a)\Theta(b-t)) \in \mathcal{D}'(\mathbb{R})$$

mit Träger $[a,b] \subseteq \mathbb{R}$ definiert. Ihre Ordnung ist k.

Als Distributionen sind die HADAMARDschen Hauptwerte natürlich differenzierbar. Man bekommt für die Ableitungen:

Satz 12.16.

a. Für die Ableitung der durch (12.40) definierten Distribution gilt

$$D_t\mathcal{P}((t-a)^{\alpha-k}\Theta(t-a)\Theta(b-t)) = \\ = (\alpha-k)\mathcal{P}((t-a)^{\alpha-k-1}\Theta(t-a)\Theta(b-t)) \\ -(b-a)^{\alpha-k}\delta(t-b)\,. \tag{12.42}$$

b. Für die Ableitung der durch (12.41) definierten Distribution gilt:

$$D_t\mathcal{P}((t-a)^{-k}\Theta(t-a)\Theta(b-t)) = \\ = -k\mathcal{P}((t-a)^{-k-1}\Theta(t-a)\Theta(b-t)) \\ +\frac{(-1)^k}{k!}\,\delta^{(k)}(t-a) + (b-a)^{-k}\delta(t-b)\,. \tag{12.43}$$

Der Beweis erfolgt durch Nachrechnen und sei als Übung empfohlen.

Die Einführung des kompakten Intervalls (a,b) als Träger ist bei diesem Verfahren eigentlich nur eine Verzierung, die dafür sorgt, dass der Hauptwert eindeutig definiert werden kann. Verzichtet man auf diese Eindeutigkeit und lässt bei der Behandlung der TAYLORpolynome eine gewisse Willkür zu, so kann die Grundidee des Verfahrens leicht auf allgemeinere Situationen ausgedehnt werden. Wir zeigen dies an folgendem Satz:

Satz 12.17. *Sei $\Omega \subseteq \mathbb{R}^n$ offen, $a \in \Omega$ und $k \in \mathbb{N}$. Sei ferner f eine fast überall in Ω definierte messbare Funktion, für die $f(x)|x-a|^k$ in Ω lokal integrierbar ist (also insbes. $f \in L^1_{loc}(\Omega \setminus \{a\})$). Schließlich sei θ eine beschränkte messbare Funktion, die in einer Umgebung von a mit 1 übereinstimmt und außerhalb* *einer kompakten Menge verschwindet. Eine Regularisierung des divergenten Integrals* $\int_\Omega f(x)\varphi(x)\,\mathrm{d}^n x$ *ist dann gegeben durch*

$$\langle T,\varphi\rangle := \int\limits_\Omega f(x)\left(\varphi(x)-\theta(x)\sum_{|\alpha|\le k-1}\frac{D^\alpha\varphi(a)}{\alpha!}(x-a)^\alpha\right)\mathrm{d}^n x\,. \tag{12.44}$$

Die Ordnung von T *ist* $\le k$.

Beweis. Sei $K\subseteq\Omega$ kompakt. Für ein beliebiges $\varphi\in\mathcal{D}(\Omega)$ mit $\operatorname{Tr}\varphi\subseteq K$ setzen wir

$$\rho(x):=\varphi(x)-\theta(x)\sum_{|\alpha|\le k-1}\frac{D^\alpha\varphi(a)}{\alpha!}(x-a)^\alpha\,.$$

Ferner sei $S\subseteq\Omega$ eine kompakte Teilmenge mit $\theta|_{\Omega\setminus S}\equiv 0$, $L:=S\cup K$, und U sei eine offene Umgebung von a mit $\theta|_U\equiv 1$. Nach Voraussetzung ist

$$\int\limits_{L\setminus U}|f|\,\mathrm{d}^n x<\infty\,,$$

denn $L\setminus U$ ist eine kompakte Teilmenge von $\Omega\setminus\{a\}$. Das ergibt

$$\int\limits_{L\setminus U}|f\rho|\,\mathrm{d}^n x\le C_0\max_{x\in L\setminus U}|\rho(x)|\le C_1\sum_{|\alpha|\le k-1}\max_{x\in K}|D^\alpha\varphi(x)|$$

mit Konstanten $C_0,C_1\ge 0$. Andererseits ist auch $\overline{U}\subseteq S$ eine kompakte Teilmenge von Ω, also ist nach Voraussetzung

$$\int\limits_{\overline{U}}|f(x)|\cdot|x-a|^k\,\mathrm{d}^n x<\infty\,.$$

Die TAYLORformel ergibt aber

$$\rho(x)=\sum_{|\beta|=k}(x-a)^\beta\psi_\beta(x)\,,$$

wobei die ψ_β durch konst. $\cdot\max_{x\in K}|D^\beta\varphi(x)|$ beschränkt sind. Also ist

$$|\rho(x)|\le C_2|x-a|^k\sum_{|\beta|=k}\max_{x\in K}|D^\beta\varphi(x)|$$

und somit

$$\int\limits_{\overline{U}}|f\rho|\,\mathrm{d}^n x\le C_3\sum_{|\beta|=k}\max_{x\in K}|D^\beta\varphi(x)|\,.$$

Insgesamt sehen wir, dass das Integral in (12.44) tatsächlich existiert, und dass wir die Abschätzung

$$|\langle T, \varphi \rangle| \leq C_4 p_{k,K}(\varphi)$$

haben, wobei $p_{k,K}(\varphi)$ durch (11.21) definiert ist und wobei die Konstante C_4 nur von K abhängt. Nach Satz 11.12a. und Def. 12.1 ist T daher eine Distribution mit $o(T) \leq k$.

Ist nun $\operatorname{Tr} \varphi \subseteq \Omega \setminus \{a\}$, so verschwinden alle $D^\alpha \varphi(a)$, und (12.44) reduziert sich auf

$$\langle T, \varphi \rangle = \int\limits_\Omega f(x)\varphi(x) \, \mathrm{d}^n x \,,$$

und damit ist T eine Regularisierung, wie behauptet. □

Bemerkung: Für verschiedene Wahlen von θ entstehen hier natürlich verschiedene Regularisierungen. Der Träger ihrer Differenz ist also $\{a\}$ (vgl. die Bemerkung nach Def. 12.13). Nun gilt der folgende interessante Satz, der in jedem mathematischen Lehrbuch der Distributionstheorie bewiesen wird:

Satz 12.18. *Die Distributionen mit dem Träger $\{a\}$ sind genau die endlichen Linearkombinationen von Ableitungen der Deltafunktion $\delta(x-a)$ (einschließlich $\delta(x-a)$ selbst!).*

Für Regularisierungen T_1, T_2 von der Form (12.44) kann man direkt nachrechnen, dass $T_1 - T_2$ solch eine Linearkombination ist (Übung!).

D Der CAUCHYsche Hauptwert

Sei $a < c < b$ in $\mathbb{R}$ und sei $f(t)$ eine auf $[a,b] \setminus \{c\}$ definierte Funktion. Dann definiert man bekanntlich das uneigentliche Integral

$$\int\limits_a^b f(t) \, \mathrm{d}t := \lim_{\varepsilon \longrightarrow 0} \int\limits_a^{c-\varepsilon} f(t) \, \mathrm{d}t + \lim_{\varepsilon \longrightarrow 0} \int\limits_{c+\varepsilon}^b f(t) \, \mathrm{d}t \,, \tag{12.45}$$

falls beide rechts stehenden Grenzwerte existieren. Ist dies der Fall, so gilt

$$\int\limits_a^b f(t) \, \mathrm{d}t = \lim_{\varepsilon \longrightarrow 0} \left\{ \int\limits_a^{c-\varepsilon} f(t) \, \mathrm{d}t + \int\limits_{c+\varepsilon}^b f(t) \, \mathrm{d}t \right\} . \tag{12.46}$$

Der Grenzwert (12.46) existiert in vielen Fällen auch dann, wenn die Grenzwerte aus (12.45) und damit das uneigentliche Integral nicht existieren. Man definiert:

Definition 12.19. Sei $-\infty \leq a < c < b \leq +\infty$ und sei $f(t)$ summierbar über $]a, c-\varepsilon]$ und $[c+\varepsilon, b[$ für jedes $\varepsilon > 0$. Dann heißt der Limes

$$CH\left(\int_a^b f(t)\,\mathrm{d}t\right) := \lim_{\varepsilon \longrightarrow 0}\left\{\int_a^{c-\varepsilon} f(t)\,\mathrm{d}t + \int_{c+\varepsilon}^{b} f(t)\,\mathrm{d}t\right\} \tag{12.47}$$

der CAUCHY*sche Hauptwert* des Integrals $\int_a^b f(t)\,\mathrm{d}t$.

Wie erwähnt, kann der CAUCHYsche Hauptwert existieren, auch wenn das Integral nicht existiert. Wir wollen ihn nun als Distribution deuten. Dabei beschränken wir uns auf einen wichtigen Spezialfall und betrachten für

$$\varphi \in \mathcal{D}(\mathbb{R}) \quad \text{mit} \quad \operatorname{Tr}\varphi \subseteq [-c, c]$$

den CAUCHYschen Hauptwert des bei $t = 0$ divergenten uneigentlichen Integrals

$$\int_{-\infty}^{\infty} \frac{\varphi(t)}{t}\,\mathrm{d}t\ .$$

Mit der TAYLORentwicklung

$$\varphi(t) = \varphi(0) + t\psi(t) \tag{12.48}$$

können wir schreiben:

$$\begin{aligned} &\int_{-\infty}^{-\varepsilon} \frac{\varphi(t)}{t}\,\mathrm{d}t + \int_{\varepsilon}^{+\infty} \frac{\varphi(t)}{t}\,\mathrm{d}t \\ &= \varphi(0)\left\{\int_{-c}^{-\varepsilon} \frac{\mathrm{d}t}{t} + \int_{\varepsilon}^{c} \frac{\mathrm{d}t}{t}\right\} + \left\{\int_{-c}^{-\varepsilon} \psi(t)\,\mathrm{d}t + \int_{\varepsilon}^{c} \psi(t)\,\mathrm{d}t\right\}\ . \end{aligned} \tag{12.49}$$

Beachten wir nun, dass

$$CH\left(\int_{-c}^{c} \frac{\mathrm{d}t}{t}\right) = \lim_{\varepsilon \longrightarrow 0}\left\{\int_{-c}^{-\varepsilon} \frac{\mathrm{d}t}{t} + \int_{\varepsilon}^{c} \frac{\mathrm{d}t}{t}\right\} = 0\ , \tag{12.50}$$

wie man nachrechnet, und dass

$$\begin{aligned} \int_{-c}^{c} \psi(t)\,\mathrm{d}t &= \lim_{\varepsilon \longrightarrow 0}\left\{\int_{-c}^{-\varepsilon} \psi(t)\,\mathrm{d}t + \int_{\varepsilon}^{c} \psi(t)\,\mathrm{d}t\right\} \\ &= \int_{-c}^{c} \frac{\varphi(t) - \varphi(0)}{t}\,\mathrm{d}t \end{aligned} \tag{12.51}$$

als uneigentliches Integral existiert, so folgt aus (12.49)

$$CH\left(\int_{-\infty}^{\infty} \frac{\varphi(t)}{t}\,\mathrm{d}t\right) = \int_{-c}^{c} \frac{\varphi(t)-\varphi(0)}{t}\,\mathrm{d}t\,. \tag{12.52}$$

Jedes der beiden auf der linken Seite von (12.49) stehenden Integrale können wir nach Grenzübergang $\varepsilon \longrightarrow 0$ mit Hilfe von Def. 12.14 als HADAMARDschen Hauptwert ausdrücken. Schreiben wir dazu

$$\int_{-\infty}^{-\varepsilon} \frac{\varphi(t)}{t}\,\mathrm{d}t + \int_{\varepsilon}^{\infty} \frac{\varphi(t)}{t}\,\mathrm{d}t$$

$$= \left\{\int_{\varepsilon}^{\infty} \frac{\varphi(t)}{t}\,\mathrm{d}t + \varphi(0)\ln\varepsilon\right\} - \left\{\int_{-\infty}^{-\varepsilon} \frac{\varphi(t)}{-t}\,\mathrm{d}t + \varphi(0)\ln\varepsilon\right\},$$

so folgt aus Satz 12.15 für $k = 1$

$$\begin{aligned} CH\left(\int_{-\infty}^{\infty} \frac{\varphi(t)}{t}\,\mathrm{d}t\right) &= \langle \mathcal{P}(t^{-1}\Theta(t)), \varphi(t)\rangle \\ &\quad - \langle \mathcal{P}(|t|^{-1}\Theta(-t)), \varphi(t)\rangle\,. \end{aligned} \tag{12.53}$$

Damit haben wir:

Satz 12.20. *Für $\varphi \in \mathcal{D}(\mathbb{R})$ wird durch*

$$\left\langle \mathcal{P}\left(\frac{1}{t}\right), \varphi(t)\right\rangle := CH\left(\int_{-\infty}^{\infty} \frac{\varphi(t)}{t}\,\mathrm{d}t\right) \tag{12.54}$$

eine Distribution $\mathcal{P}(t^{-1}) \in \mathcal{D}'(\mathbb{R})$ definiert und für diese gilt

$$\mathcal{P}\left(\frac{1}{t}\right) = \mathcal{P}\left(\frac{\Theta(t)}{t}\right) - \mathcal{P}\left(\frac{\Theta(-t)}{t}\right)\,. \tag{12.55}$$

Als Anwendung betrachten wir

$$\lim_{\varepsilon \longrightarrow 0} \int_{-\infty}^{\infty} \frac{\varphi(x)}{x + \mathrm{i}\varepsilon}\,\mathrm{d}x\,,$$

wobei das Integral für $\varepsilon > 0$ im üblichen Sinne existiert.

Nehmen wir wieder $\mathrm{Tr}\,\varphi \subseteq [-c, c]$ an und benutzen (12.48), so können wir schreiben

$$\int_{-\infty}^{\infty} \frac{\varphi(x)}{x + \mathrm{i}\varepsilon}\,\mathrm{d}x = \int_{-c}^{c} \frac{x - \mathrm{i}\varepsilon}{x^2 + \varepsilon^2}\,\varphi(x)\,\mathrm{d}x$$

$$= \varphi(0) \int_{-c}^{c} \frac{x - \mathrm{i}\varepsilon}{x^2 + \varepsilon^2}\, \mathrm{d}x + \int_{-c}^{c} \frac{x^2 - \mathrm{i}\varepsilon x}{x^2 + \varepsilon^2}\, \psi(x)\, \mathrm{d}x$$

$$= -2\mathrm{i}\varphi(0) \arctan \frac{c}{\varepsilon} + \int_{-c}^{c} \frac{x^2 - \mathrm{i}\varepsilon x}{x^2 + \varepsilon^2}\, \psi(x)\, \mathrm{d}x\ .$$

Für $\varepsilon \longrightarrow 0$ strebt der erste Summand gegen

$$-\mathrm{i}\pi\varphi(0)$$

und der zweite Summand nach (12.52) gegen

$$\int_{-c}^{c} \psi(x)\, \mathrm{d}x = CH \left(\int_{-\infty}^{\infty} \frac{\varphi(x)}{x}\, \mathrm{d}x \right) .$$

Damit haben wir:

Satz 12.21. *Für $\varphi \in \mathcal{D}$ gilt*

$$\lim_{\varepsilon \longrightarrow 0} \int_{-\infty}^{\infty} \frac{\varphi(x)}{x + \mathrm{i}\varepsilon}\, \mathrm{d}x = -\mathrm{i}\pi \langle \delta_0, \varphi \rangle + \left\langle \mathcal{P}\left(\frac{1}{x}\right), \varphi \right\rangle , \tag{12.56}$$

$$\lim_{\varepsilon \longrightarrow 0} \int_{-\infty}^{\infty} \frac{\varphi(x)}{x - \mathrm{i}\varepsilon}\, \mathrm{d}x = \mathrm{i}\pi \langle \delta_0, \varphi \rangle + \left\langle \mathcal{P}\left(\frac{1}{x}\right), \varphi \right\rangle . \tag{12.57}$$

Für diese Gleichungen benutzt man die als *Formeln von* SOCHOZKI bekannte Kurzschreibweise

$$\left.\begin{aligned} \frac{1}{x + \mathrm{i}0} &= -\mathrm{i}\pi\delta_0 + \mathcal{P}\left(\frac{1}{x}\right) , \\ \frac{1}{x - \mathrm{i}0} &= \mathrm{i}\pi\delta_0 + \mathcal{P}\left(\frac{1}{x}\right) . \end{aligned}\right\} \quad \text{in } \mathcal{D}'(\mathbb{R}) \tag{12.58}$$

E Regularisierung mittels analytischer Fortsetzung

In diesem und dem nächsten Abschnitt arbeiten wir mit Scharen von Distributionen, die *analytisch von einem Parameter abhängen*. Das *Prinzip der analytischen Fortsetzung* (vgl. etwa [36], Kap. 17) eröffnet dann die Möglichkeit, Relationen, die zunächst nur für einen eingeschränkten Parameterbereich nachgewiesen werden konnten, auf einen weit größeren Bereich auszudehnen.

Wir beginnen mit der präzisen Definition der analytischen Scharen:

Definition 12.22. Seien $\Omega \subseteq \mathbb{R}^n$ und $D \subseteq \mathbb{C}$ offen, und für jedes $\lambda \in D$ sei eine Distribution $T_\lambda \in \mathcal{D}'(\Omega)$ gegeben. Man sagt, die Schar $(T_\lambda)_{\lambda \in D}$ sei *analytisch* oder *holomorph*, wenn für jedes $\varphi \in \mathcal{D}(\Omega)$ die Funktion

$$h_\varphi(\lambda) := \langle T_\lambda, \varphi \rangle$$

in D holomorph ist.

Bemerkung: Völlig analog kann man auch Scharen der Klasse C^r, $0 \leq r \leq \infty$ definieren, und dabei kann man D als offene Menge in einem m-dimensionalen euklidischen Raum oder sogar als differenzierbare Mannigfaltigkeit wählen, im Falle der Stetigkeit ($r = 0$) sogar als beliebigen topologischen Raum. Solche Scharen werden auch tatsächlich betrachtet. Etwa bei Evolutionsgleichungen – d. h. partiellen Differentialgleichungen, die die zeitliche Entwicklung eines räumlich ausgedehnten Systems beschreiben – sucht man die Lösungen manchmal in Gestalt von Scharen von Distributionen in den räumlichen Variablen, die von der Zeit als Parameter abhängen (vgl. Abschn. 13D). All das ist jetzt aber nicht unser Thema.

Das Prinzip der analytischen Fortsetzung hat die folgende offensichtliche Konsequenz:

Satz 12.23. *Sei $D \subseteq \mathbb{C}$ ein Gebiet (also offen und zusammenhängend), und seien $(S_\lambda)_{\lambda \in D}$, $(T_\lambda)_{\lambda \in D}$ zwei analytische Scharen von Distributionen. Angenommen, für eine nichtleere offene Teilmenge $D_0 \subseteq D$ gilt*

$$S_\lambda = T_\lambda \qquad \forall\, \lambda \in D_0 \,.$$

Dann ist sogar $S_\lambda = T_\lambda$ für alle $\lambda \in D$.

Dieser Satz liegt allen nun folgenden Überlegungen zu Grunde.

Beispiel I: Potenzfunktionen auf der Geraden

Sei $a \in \mathbb{R}$ fest gewählt. Wieder bezeichnen wir mit Θ die HEAVISIDEsche Sprungfunktion, und wir setzen

$$(t-a)_+ := (t-a)\Theta(t-a)\,, \qquad t \in \mathbb{R}\,. \tag{12.59}$$

Für jedes $\lambda \in \mathbb{C}$ haben wir dann die fast überall in $\mathbb{R}$ (nämlich in $\mathbb{R} \setminus \{a\}$) definierte Funktion

$$(t-a)_+^\lambda := \begin{cases} (t-a)^\lambda = \exp(\lambda \ln(t-a)) & \text{für } t > a\,, \\ 0 & \text{für } t < a\,. \end{cases} \tag{12.60}$$

Im Fall $\operatorname{Re}\lambda > -1$ ist diese Funktion in ganz $\mathbb{R}$ lokal integrierbar, und die Schar der regulären Distributionen $[(t-a)_+^\lambda]$ ist *analytisch*, wie man mittels

Aufg. 10.8d. leicht beweisen kann (vgl. auch [36], Ergänzungen zu Kap. 28). Doch im Fall $\operatorname{Re}\lambda \le -1$ sind die $(t-a)_+^\lambda$ nur noch in $\mathbb{R}\setminus\{a\}$ lokal integrierbar, und man interessiert sich dann wieder für geeignete *Regularisierungen*.

Man erhält sogar eine analytische Schar von solchen Regularisierungen, indem man die schon bekannte Schar $(t-a)_+^\lambda$, $\operatorname{Re}\lambda > -1$ analytisch auf einen größeren Bereich der komplexen λ-Ebene fortsetzt. Um diese Fortsetzung durchzuführen, betrachten wir ein beliebiges $b > a$ sowie $k \in \mathbb{N}$ und setzen $\lambda = \alpha - k$ in (12.38). Das ergibt wegen (12.34)

$$
\begin{aligned}
Pf\left(\int_a^b (t-a)^\lambda \varphi(t)\,\mathrm{d}t\right) &:= \int_a^b (t-a)^{\lambda+k}\psi(t)\,\mathrm{d}t + \sum_{j=0}^{k-1}\frac{\varphi^{(j)}(a)(b-a)^{\lambda+j+1}}{j!(\lambda+j+1)} \\
&= \int_a^b (t-a)^\lambda\left(\varphi(t) - \sum_{j=0}^{k-1}\frac{\varphi^{(j)}(a)}{j!}(t-a)^j\right)\mathrm{d}t \\
&\quad + \sum_{j=0}^{k-1}\frac{\varphi^{(j)}(a)(b-a)^{\lambda+j+1}}{j!(\lambda+j+1)}\,. \qquad (12.61)
\end{aligned}
$$

Wie wir aus Abschn. C wissen, definiert dies eine Regularisierung des divergenten Integrals $\int_a^b (t-a)^\lambda \varphi(t)\,\mathrm{d}t$, wenn $\lambda = \alpha - k$ eine reelle Zahl zwischen $-k-1$ und $-k$ ist. Aber diese Voraussetzungen werden offensichtlich gar nicht benötigt. Vielmehr genügt es, anzunehmen, dass $\operatorname{Re}\lambda > -k-1$ und dass λ keine negative ganze Zahl ist. Dann ist nämlich stets $\lambda + j + 1 \neq 0$, und nun ist es eine leichte Übung, nachzuweisen, dass durch (12.61) auf dem komplexen Gebiet

$$D_k := \{\lambda \in \mathbb{C} \mid \operatorname{Re}\lambda > -k-1, \lambda \neq -m \text{ für } m \in \mathbb{N}\}$$

eine analytische Schar von Distributionen definiert ist, die die divergenten Integrale $\int_a^b (t-a)^\lambda \varphi(t)\,\mathrm{d}t$ regularisieren. Auch diese Ausdrücke werden natürlich als HADAMARDsche Hauptwerte bezeichnet, und wir schreiben wieder

$$\langle \mathcal{P}((t-a)^\lambda \Theta(t-a)\Theta(b-t)), \varphi(t)\rangle := Pf\left(\int_a^b (t-a)^\lambda \varphi(t)\,\mathrm{d}t\right) \qquad (12.62)$$

wie in (12.40).

Ist sogar $\operatorname{Re}\lambda > -1$, so kann man das in der zweiten Zeile von (12.61) auftretende Integral über $(t-a)^\lambda \sum_{j=0}^{k-1}(\varphi^{(j)}(a)/j!)(t-a)^j$ explizit berechnen, und man stellt dann fest, dass

$$Pf\left(\int_a^b (t-a)^\lambda \varphi(t)\,\mathrm{d}t\right) = \int_a^b (t-a)^\lambda \varphi(t)\,\mathrm{d}t\,. \qquad (12.63)$$

Die analytische Schar der Distributionen

$$S_\lambda := \mathcal{P}((t-a)^\lambda \Theta(t-a)\Theta(b-t))$$

ist also tatsächlich eine analytische Fortsetzung der auf D_0 definierten analytischen Schar $[(t-a)^\lambda \Theta(t-a)\Theta(b-t)]$ von regulären Distributionen. Sie ist auf D_k definiert, wobei $k \geq 1$ beliebig war. Machen wir aber dieselbe Konstruktion mit einer natürlichen Zahl $k' > k$, was zu der Schar T_λ, $\lambda \in D_{k'}$ führt, so ist $S_\lambda = T_\lambda$ für $\lambda \in D_0$, weil (12.63) für beide Scharen gilt. Nach Satz 12.23 ist also $S_\lambda = T_\lambda$ sogar für alle $\lambda \in D_k$. Wir haben daher sogar eine analytische Schar von Distributionen $\mathcal{P}((t-a)^\lambda \Theta(t-a)\Theta(b-t))$, die auf

$$D := \bigcup_{k=1}^{\infty} D_k = \mathbb{C} \setminus \{-m \mid m \in \mathbb{N}\}$$

definiert ist: Um für ein beliebiges $\lambda \in D$ und $\varphi \in \mathcal{D}(\mathbb{R})$ den Wert$\langle \mathcal{P}((t-a)^\lambda \Theta(t-a)\Theta(b-t)), \varphi\rangle$ zu berechnen, wählt man *irgendein* $k \in \mathbb{N}$ mit $k > -\mathrm{Re}\,\lambda - 1$ und ermittelt den gesuchten Wert dann aus (12.61), (12.62). Welchen Wert von k man dabei verwendet, spielt eben keine Rolle, wie wir gerade gesehen haben.

Ursprünglich hatten wir uns allerdings vorgenommen, die Schar$[(t-a)_+^\lambda]$, $\lambda \in D_0$ analytisch so fortzusetzen, dass Regularisierungen der divergenten Integrale $\int_{-\infty}^{\infty} (t-a)_+^\lambda \varphi(t)\ dt$ entstehen. Das ist nun aber ganz einfach, denn offenbar ist für $\lambda \in D_0$

$$\langle (t-a)_+^\lambda, \varphi\rangle = \int_a^b (t-a)^\lambda \varphi(t)\ \mathrm{d}t + \int_b^\infty (t-a)^\lambda \varphi(t)\ \mathrm{d}t\ ,$$

und der zweite Term auf der rechten Seite existiert für alle $\lambda \in \mathbb{C}$. Wir definieren daher

$$\langle \mathcal{P}((t-a)_+^\lambda), \varphi\rangle := Pf\left(\int_a^b (t-a)^\lambda \varphi(t)\ \mathrm{d}t\right) + \int_b^\infty (t-a)^\lambda \varphi(t)\ \mathrm{d}t \qquad (12.64)$$

und erkennen sofort, dass diese Distributionsschar, die auf $D = \mathbb{C} \setminus \{-m \mid m \in \mathbb{N}\}$ definiert ist, alle gestellten Forderungen erfüllt. Auf den Wert von $b > a$ kommt es dabei nicht an – verschiedene Wahlen von b führen zu dem gleichen Ergebnis, was man entweder durch direktes Nachrechnen oder durch eine erneute Anwendung von Satz 12.23 bestätigt.

Bemerkungen:

a. Was geschieht nun mit den $\mathcal{P}((t-a)_+^\lambda)$ bei Annäherung von λ an eine negative ganze Zahl $-m$? Die Formeln (12.61) und (12.64) zeigen sofort, dass die analytische Fortsetzung von $\langle \mathcal{P}((t-a)_+^\lambda), \varphi\rangle$ in den Punkt $\lambda = -m$ hinein nur durch einen einzigen Term verhindert wird, nämlich den Term $\frac{\varphi^{(j)}(a)}{j!(\lambda+j+1)}(b-a)^{\lambda+j+1}$

mit $j = m - 1$. Das heißt wir haben

$$\left\langle \mathcal{P}\left((t-a)_+^\lambda\right), \varphi \right\rangle = h(\lambda) + \frac{\varphi^{(m-1)}(a)}{(m-1)!(\lambda+m)}(b-a)^{\lambda+m}$$

mit einer Funktion h, die in einer Umgebung von $\lambda = -m$ holomorph ist. Also haben wir bei $\lambda = -m$ einen *Pol erster Ordnung* (vgl. z. B. [36], Kap. 18) mit dem Residuum

$$\lim_{\lambda \to -m} (\lambda+m) \left\langle \mathcal{P}\left((t-a)_+^\lambda\right), \varphi \right\rangle = \frac{\varphi^{(m-1)}(a)}{(m-1)!} = \frac{(-1)^{m-1}}{(m-1)!} \left\langle \delta^{(m-1)}(t-a), \varphi \right\rangle .$$

Man sagt daher, die analytische Schar $\mathcal{P}\left((t-a)_+^\lambda\right)$ habe in den negativen ganzen Zahlen Pole erster Ordnung mit den Residuen

$$\operatorname*{res}_{\lambda=-m} \mathcal{P}\left((t-a)_+^\lambda\right) = \frac{(-1)^{m-1}}{(m-1)!}\delta^{(m-1)}(t-a), \qquad m = 1, 2, \dots \qquad (12.65)$$

b. Trotz dieser Pole hat $(t-a)_+^{-m}$ Regularisierungen, nämlich z. B.

$$\langle \mathcal{P}((t-a)_+^{-m}), \varphi \rangle := Pf\left(\int_a^b (t-a)^{-m}\varphi(t)\, \mathrm{d}t\right) + \int_b^\infty (t-a)^{-m}\varphi(t)\, \mathrm{d}t$$

mit einem willkürlich gewählten $b > a$, wobei der HADAMARDsche Hauptwert auf der rechten Seite in Def. 12.14b. definiert wurde. Aber diese Regularisierungen passen nicht in die analytische Schar $\mathcal{P}\left((t-a)_+^\lambda\right)$, $\lambda \in D$.

c. Da die distributionelle Ableitung einer regulären Distribution mit der klassischen Ableitung übereinstimmt, sofern letztere existiert und lokal integrierbar ist, haben wir für $\operatorname{Re}\lambda > 0$

$$\frac{\mathrm{d}}{\mathrm{d}t}(t-a)_+^\lambda = \lambda(t-a)_+^{\lambda-1} .$$

Außerdem folgt sofort aus den Definitionen, dass die distributionellen Ableitungen einer analytischen Schar wieder analytisch vom Parameter abhängen. Mit (12.63), (12.64) und Satz 12.23 folgt also

$$\frac{\mathrm{d}}{\mathrm{d}t}\mathcal{P}\left((t-a)_+^\lambda\right) = \lambda\mathcal{P}\left((t-a)_+^{\lambda-1}\right), \qquad \lambda \in D . \qquad (12.66)$$

Dies kann man auch durch direkte Rechnung aus den Definitionen folgern, aber das ist viel aufwendiger (vgl. Satz 12.16).

Wir diskutieren noch kurz einige mit $\mathcal{P}(t-a)_+^\lambda$ verwandte Distributionen, beschränken uns dabei der Einfachheit halber aber auf den Fall $a = 0$. Zunächst einmal entsteht die Funktion

$$t_-^\lambda := \begin{cases} (-t)^\lambda, & t < 0, \\ 0, & t > 0 \end{cases} \qquad (12.67)$$

aus t_+^λ durch Spiegelung am Ursprung, d. h. durch Anwenden der Transformation $R(t) := -t$. Daher ergibt

$$\mathcal{P}\left(t_-^\lambda\right) := \mathcal{P}\left(t_+^\lambda\right) \circ R\,, \qquad \lambda \in D \tag{12.68}$$

eine analytische Schar von Regularisierungen, die auf D_0 mit der Schar der regulären Distributionen $[t_-^\lambda]$ übereinstimmt. Offenbar ist

$$|t|^\lambda := t_+^\lambda + t_-^\lambda \quad \text{und} \quad |t|^\lambda \operatorname{sgn} t := t_+^\lambda - t_-^\lambda\,,$$

und daher setzt man

$$\mathcal{P}(|t|^\lambda) := \mathcal{P}\left(t_+^\lambda\right) + \mathcal{P}\left(t_-^\lambda\right)\,, \qquad \mathcal{P}(|t|^\lambda \operatorname{sgn} t) := \mathcal{P}\left(t_+^\lambda\right) - \mathcal{P}\left(t_-^\lambda\right)\,, \tag{12.69}$$

zunächst für $\lambda \in D$. Analog zu (12.65) kann man aber leicht berechnen, dass

$$\operatorname*{res}_{\lambda=-m} \mathcal{P}\left(t_-^\lambda\right) = \frac{1}{(m-1)!}\delta^{(m-1)} \qquad m = 1, 2, \ldots \tag{12.70}$$

(Übung!), und daher hat $\mathcal{P}(|t|^\lambda)$ (bzw. $\mathcal{P}(|t|^\lambda \operatorname{sgn} t)$) in $\lambda = -2m$ (bzw. in $\lambda = -(2m-1)$) eine hebbare Singularität, und man kann die Distributionenscharen daher in diese Punkte analytisch fortsetzen. Sowohl für gerades als auch für ungerades m ergibt sich dabei eine Regularisierung des divergenten Integrals $\int_{-\infty}^{\infty} t^{-m}\varphi(t)\,\mathrm{d}t$, und man bezeichnet diese durch analytische Fortsetzung in $\lambda = -m$ entstandenen Distributionen daher auch mit $\mathcal{P}(t^{-m})$. Insbesondere ist $|t|^{-1} \operatorname{sgn} t = t^{-1}$, und ein Vergleich unserer Definitionen mit (12.55) zeigt, dass $\mathcal{P}(|t|^{-1} \operatorname{sgn} t)$ mit der in Satz 12.20 betrachteten Distribution $\mathcal{P}(1/t)$ übereinstimmt, die durch den CAUCHYschen Hauptwert definiert ist.

Schließlich betrachten wir noch die Funktionen

$$(x \pm \mathrm{i}0)^\lambda := \lim_{y \to 0+} \exp\Big(\lambda \ln(x \pm \mathrm{i}y)\Big)\,, \tag{12.71}$$

die zunächst einmal für $\lambda \in D_0$ und $x \neq 0$ definiert sind. Hierbei wird der Zweig des komplexen Logarithmus verwendet, bei dem der Imaginärteil in $]-\pi, \pi[$ liegt, also

$$-\pi < \arg(x \pm \mathrm{i}y) < \pi\,.$$

Für $x > 0$ ist somit $(x \pm \mathrm{i}0)^\lambda = x^\lambda$, für $x < 0$ aber ergibt sich

$$(x \pm \mathrm{i}0)^\lambda = (-x)^\lambda \,\mathrm{e}^{\pm \mathrm{i}\pi\lambda}\,.$$

Auf ganz $\mathbb{R} \setminus \{0\}$ haben wir daher

$$(x \pm \mathrm{i}o)^\lambda = x_+^\lambda + \mathrm{e}^{\pm \mathrm{i}\pi\lambda} x_-^\lambda\,,$$

und dies sagt uns, wie wir die beiden Scharen auf ganz D analytisch fortsetzen können, nämlich durch

$$\mathcal{P}(x \pm \mathrm{i}0)^\lambda := \mathcal{P}\left(x_+^\lambda\right) + \mathrm{e}^{\pm \mathrm{i}\pi\lambda}\mathcal{P}\left(x_-^\lambda\right)\,. \tag{12.72}$$

Für $\lambda = -m$, $m \in \mathbb{N}$ ist $\mathrm{e}^{\pm i\pi\lambda} = (-1)^m$. Wegen (12.65) und (12.70) zeigt dies, dass sich die Hauptteile der LAURENTentwicklungen von $\mathcal{P}\left(x_+^\lambda\right)$ und $\mathcal{P}(x_-^\lambda)$ beim Einsetzen in (12.72) wegheben. Daher sind die Punkte $\lambda = -m$ für die Scharen $\mathcal{P}(x \pm \mathrm{i}0)^\lambda$ *hebbare Singularitäten*, und infolgedessen können wir diese beiden Scharen sogar auf ganz $\mathbb{C}$ analytisch fortsetzen. Man kann die $\mathcal{P}(x \pm \mathrm{i}0)^\lambda$ also als ganze Funktionen mit Werten in $\mathcal{D}'(\mathbb{R})$ auffassen.

Man kann beweisen (vgl. [33]), dass

$$\mathcal{P}(x \pm \mathrm{i}0)^{-m} = \mathcal{P}(x^{-m}) \pm \mathrm{i}\pi \frac{(-1)^m}{(m-1)!}\delta^{(m-1)} \tag{12.73}$$

für alle $m \in \mathbb{N}$ gilt. Für $m = 1$ ergeben sich daraus wieder die Formeln (12.58) von SOCHOZKI.

Beispiel II: Die Potenzen des euklidischen Abstands in $\mathbb{R}^n$.

Wie üblich, sei $r(x) = |x| = \left(x_1^2 + \cdots + x_n^2\right)^{1/2}$ die euklidische Norm in $\mathbb{R}^n$. Transformation auf Kugelkoordinaten zeigt sofort, dass die Funktion $r(x)^\lambda$ für $\operatorname{Re}\lambda > -n$ lokal integrierbar ist, für $\operatorname{Re}\lambda \leq -n$ aber nicht. Wieder überzeugt man sich leicht (z. B. mit Hilfe des Ergebnisses von Aufg. 10.8d.), dass $([r^\lambda])$, $\operatorname{Re}\lambda > -n$ eine analytische Schar von Distributionen ist, und wir werden nun diese Schar analytisch so fortsetzen, dass Regularisierungen der divergenten Integrale $\int_{\mathbb{R}^n} r^\lambda \varphi(x)\, \mathrm{d}^n x$ entstehen.

Zu diesem Zweck führen wir den *sphärischen Mittelwert* Sf einer stetigen Funktion $f : \mathbb{R}^n \longrightarrow \mathbb{K}$ ein. Er ist definiert durch

$$Sf(\rho) := \frac{1}{\omega_n} \int\limits_{\mathbf{S}^{n-1}} f(\rho\xi)\, \mathrm{d}\sigma(\xi) \qquad -\infty < \rho < \infty\,, \tag{12.74}$$

wobei ω_n die Oberfläche[2] der Einheitssphäre $\mathbf{S}^{n-1} = \{x \in \mathbb{R}^n \mid r(x) = 1\}$ ist und $\mathrm{d}\sigma$ das euklidische Flächenelement auf ihr. Offenbar ist Sf stetig (Aufg. 10.8a.), und es gilt

$$Sf(-\rho) = Sf(\rho)\,, \qquad Sf(0) = f(0)\,. \tag{12.75}$$

Hier benötigen wir diese Mittelbildung jedoch nur für Testfunktionen. Für diese gilt:

Lemma 12.24.

a. *Ist $\varphi \in \mathcal{D}(\mathbb{R}^n)$, so ist $S\varphi \in \mathcal{D}(\mathbb{R})$. Alle Ableitungen ungerader Ordnung von $S\varphi$ verschwinden im Nullpunkt.*
b. *Der Operator S verhält sich bzgl. der Konvergenz in $\mathcal{D}$ stetig, d. h. für Folgen (φ_j) in $\mathcal{D}(\mathbb{R}^n)$ gilt stets*

$$\varphi_j \underset{\mathcal{D}}{\longrightarrow} \varphi \Longrightarrow S\varphi_j \underset{\mathcal{D}}{\longrightarrow} S\varphi\,.$$

[2] Eine explizite Formel für ω_n wird z. B. in [36], Ergänzungen zu Kap. 15, hergeleitet.

Beweis. a. Ist $R > 0$ so groß, dass $\operatorname{Tr}\varphi \subseteq U_R(0)$, so ist $S\varphi(\rho) = 0$ für $|\rho| \geq R$. Also hat $S\varphi$ kompakten Träger. Mit Aufg. 10.8c. erkennt man auch sofort, dass $S\varphi$ in $\mathbb{R} \setminus \{0\}$ beliebig oft differenzierbar ist. Um die Differenzierbarkeit im Nullpunkt zu prüfen, betrachten wir für ein beliebiges $m \in \mathbb{N}$ die TAYLORentwicklung

$$\varphi(x) = \sum_{|\alpha| \leq m} \frac{D^\alpha \varphi(0)}{\alpha!} x^\alpha + \psi_m(x)$$

und bilden auf beiden Seiten den sphärischen Mittelwert. Das ergibt

$$S\varphi(\rho) = \sum_{k=0}^{m} a_k \rho^k + S\psi_m(\rho)$$

mit

$$a_k := \frac{1}{\omega_n} \sum_{|\alpha|=k} \frac{D^\alpha \varphi(0)}{\alpha!} \int_{\mathbb{S}^{n-1}} \xi^\alpha \, \mathrm{d}\sigma(\xi)\,, \qquad k = 0, 1, \ldots, m\,.$$

Wegen $\psi_m \in C^\infty(\mathbb{R}^n)$ ist auch $S\psi_m \in C^\infty(\mathbb{R} \setminus \{0\})$, und wir haben für $\rho \neq 0$

$$\begin{aligned} \frac{\mathrm{d}^k}{\mathrm{d}\rho^k} S\psi_m(\rho) &= \frac{1}{\omega_n} \int_{\mathbb{S}^{n-1}} \frac{\partial^k}{\partial \rho^k} \psi_m(\rho\xi) \, \mathrm{d}\sigma(\xi) \\ &= \frac{1}{\omega_n} \int_{\mathbb{S}^{n-1}} \sum_{|\beta|=k} D^\beta \psi_m(\rho\xi) \xi^\beta \, \mathrm{d}\sigma(\xi)\,, \end{aligned}$$

wie man durch Induktion nach k sofort bestätigt. Aber für $|\beta| \leq m$ ist $D^\beta \psi_m$ das Restglied in der TAYLORentwicklung $(m - |\beta|)$-ter Ordnung der Funktion $D^\beta \varphi \in C^\infty$. Nach der TAYLORformel ist also $D^\beta \psi_m(x) = O(|x|^{m+1-|\beta|})$ für $x \to 0$ und damit auch

$$(S\psi_m)^{(k)}(\rho) = O\left(|\rho|^{m+1-k}\right) \quad \text{für } \rho \to 0\,,$$

solange $k \leq m$. Durch Induktion nach k folgt nun, dass die Ableitungen $(S\psi_m)^{(k)}(0)$ für $0 \leq k \leq m$ existieren und den Wert Null haben. Damit existieren auch die Ableitungen $(S\varphi)^{(k)}(0)$ und haben die Werte $k!a_k$. Da m beliebig war, zeigt dies, dass $S\varphi \in C^\infty(\mathbb{R})$ ist, also eine finite Testfunktion.
Aus (12.75) folgt schließlich durch Ableiten $(S\varphi)^{(k)}(-\rho) = (-1)^k (S\varphi)^{(k)}(\rho)$ für alle k und alle ρ. Ist k ungerade, so muss also $(S\varphi)^{(k)}(0) = 0$ sein.

b. Das ergibt sich sofort aus den Definitionen und der Tatsache, dass man in (12.74) unter dem Integralzeichen differenzieren darf.

□

Für $\varphi \in \mathcal{D}(\mathbb{R}^n)$ und $\operatorname{Re}\lambda > -n$ haben wir nun nach Transformation auf Kugelkoordinaten

$$\langle [r^\lambda], \varphi \rangle = \omega_n \int_0^\infty r^{n-1+\lambda} (S\varphi)(r) \, \mathrm{d}r = \omega_n \left\langle \left[r_+^{n-1+\lambda} \right], S\varphi \right\rangle\,.$$

Damit ist klar, dass die gewünschte analytische Fortsetzung durch die folgende Formel geliefert wird:

$$\langle \mathcal{P}(r^\lambda), \varphi\rangle := \omega_n \left\langle \mathcal{P}\left(r_+^{n-1+\lambda}\right), S\varphi\right\rangle , \tag{12.76}$$

was möglich ist, sofern nur $\lambda \neq -m-n+1$ ist für $m \in \mathbb{N}$. Dass hierdurch wirklich Distributionen definiert werden, folgt sofort aus Lemma 12.24b.

Aus (12.65) und (12.76) ergeben sich die Residuen

$$\operatorname*{res}_{\lambda=-m-n+1} \langle \mathcal{P}(r^\lambda), \varphi\rangle = \omega_n \frac{(-1)^{m-1}}{(m-1)!}(S\varphi)^{(m-1)}(0) .$$

Da dies für gerades m verschwindet, haben wir in den Punkten $\lambda = -2k-n+1$, $k \geq 1$ in Wirklichkeit hebbare Singularitäten, und nur in den Punkten $\lambda = -2k-n$, $k \geq 0$ verbleiben noch Pole erster Ordnung, und zwar mit den Residuen

$$\operatorname*{res}_{\lambda=-2k-n} \langle \mathcal{P}(r^\lambda), \varphi\rangle = \frac{\omega_n}{(2k)!}(S\varphi)^{(2k)}(0) . \tag{12.77}$$

Für $k = 0$ reduziert sich dies wegen $S\varphi(0) = \varphi(0)$ auf

$$\operatorname*{res}_{\lambda=-n} \mathcal{P}(r^\lambda) = \omega_n \delta . \tag{12.78}$$

F Berechnung einiger FOURIERtransformierter

Ist (T_λ), $\lambda \in D$ eine analytische Schar von temperierten Distributionen, so bilden die FOURIERtransformierten $\mathcal{F}[T_\lambda]$ wiederum eine analytische Schar. Dies folgt sofort aus den Definitionen, und es ergibt zusammen mit Satz 12.23 das

Korollar 12.25. *Es seien (S_λ), $\lambda \in D$ und (T_λ), $\lambda \in D$ zwei analytische Scharen von temperierten Distributionen, und für eine nichtleere offene Teilmenge $D_0 \subseteq D$ sei bekannt, dass*

$$S_\lambda = \mathcal{F}[T_\lambda] \qquad \forall\, \lambda \in D_0 .$$

Dann gilt diese Beziehung sogar für alle $\lambda \in D$.

Dies erleichtert die Berechnung von FOURIERtransformierten in vielen Fällen wesentlich, da man sich auf Parameterbereiche D_0 zurückziehen kann, in denen die betrachteten Objekte sich gut verhalten, so dass die benötigten Rechenoperationen leicht gerechtfertigt werden können. Mittels Theorem 11.33b. und Korollar 12.25 gelingt es daher häufig, die FOURIERtransformierte einer temperierten Distribution zu berechnen, ohne auf die Betrachtung von Testfunktionen zurückzugreifen.

Beispiel I: Die FOURIERtransformierte von $\mathcal{P}\left(x_+^\lambda\right)$.

Zunächst betrachten wir den Bereich $-1 < \operatorname{Re}\lambda < 0$. Dann ist x_+^λ lokal integrierbar, also $\mathcal{P}\left(x_+^\lambda\right) = \left[x_+^\lambda\right]$, und mit dem Satz über dominierte Konvergenz ergibt sich sofort

$$\left[x_+^\lambda\right] = \lim_{\eta\to 0+}\left[\Theta(x)x^\lambda\,\mathrm{e}^{-\eta x}\right] \qquad \text{in } \mathcal{S}_1' ,$$

also nach Theorem 11.33b.

$$\mathcal{F}\left[x_+^\lambda\right] = \lim_{\eta\to 0+}\mathcal{F}\left[\Theta(x)x^\lambda\,\mathrm{e}^{-\eta x}\right] . \tag{12.79}$$

Für $\eta > 0$ ist $f_\eta(x) := \Theta(x)x^\lambda\,\mathrm{e}^{-\eta x}$ eine L^1-Funktion, ihre FOURIERtransformierte also punktweise gegeben durch

$$\hat{f}_\eta(\xi) = \frac{1}{\sqrt{2\pi}}\int_{-\infty}^{\infty} f_\eta(x)\,\mathrm{e}^{-\mathrm{i}\xi x}\,\mathrm{d}x = \frac{1}{\sqrt{2\pi}}\int_0^\infty x^\lambda\,\mathrm{e}^{-(\eta+\mathrm{i}\xi)x}\,\mathrm{d}x .$$

Für feste Werte von $\xi \in \mathbb{R}$ und $\eta > 0$ betrachten wir nun den Strahl

$$L: \qquad z = (\eta + \mathrm{i}\xi)x , \qquad 0 < x < \infty$$

und berechnen das komplexe Kurvenintegral $J(\xi,\eta) := \int_L z^\lambda\,\mathrm{e}^{-z}\,\mathrm{d}z$. Einsetzen der Parameterdarstellung von L ergibt

$$J(\xi,\eta) = \int_0^\infty (\eta+\mathrm{i}\xi)^\lambda x^\lambda\,\mathrm{e}^{-(\eta+\mathrm{i}\xi)x}(\eta+\mathrm{i}\xi)\,\mathrm{d}x = (\eta+\mathrm{i}\xi)^{\lambda+1}\sqrt{2\pi}\,\hat{f}_\eta(\xi) .$$

Aber $\eta + \mathrm{i}\xi = -\mathrm{i}(-\xi+\mathrm{i}\eta) = \mathrm{e}^{-\mathrm{i}\pi/2}(-\xi+\mathrm{i}\eta)$, also folgt

$$\hat{f}_\eta(\xi) = \frac{\mathrm{e}^{(\mathrm{i}\pi/2)(\lambda+1)}}{\sqrt{2\pi}}(-\xi+\mathrm{i}\eta)^{-\lambda-1}J(\xi,\eta) . \tag{12.80}$$

Man kann den Integrationsweg L aber auch auf die positive reelle Achse legen, ohne das Integral zu ändern. Um uns hiervon zu überzeugen, wählen wir $0 < \varepsilon < R < \infty$ und betrachten den in Abb. 12.1 skizzierten Weg. Da $z^\lambda\,\mathrm{e}^{-z}$ in der rechten Halbebene holomorph ist, verschwindet das Kurvenintegral längs dieses Weges (CAUCHYscher Integralsatz!). Aber das Integral über den Kreisbogen vom Radius ε ist $O(\varepsilon^\lambda)$ für $\varepsilon \to 0$, verschwindet also im Limes, da $\operatorname{Re}\lambda > -1$ vorausgesetzt ist. Das Integral über den Kreisbogen vom Radius R hingegen verschwindet für $R \to \infty$, da der Integrand für $\operatorname{Re} z \to \infty$ exponentiell abklingt. Demzufolge ist

$$J(\xi,\eta) = \int_0^\infty x^\lambda\,\mathrm{e}^{-x}\,\mathrm{d}x = \Gamma(\lambda+1) ,$$

wobei rechts die EULERsche Gammafunktion steht (vgl. etwa [36], Kap. 15 und 31). Einsetzen in (12.80) liefert also

$$\hat{f}_\eta(\xi) = \frac{\mathrm{e}^{(\mathrm{i}\pi/2)(\lambda+1)}}{\sqrt{2\pi}}\Gamma(\lambda+1)(-\xi+\mathrm{i}\eta)^{-\lambda-1} , \tag{12.81}$$

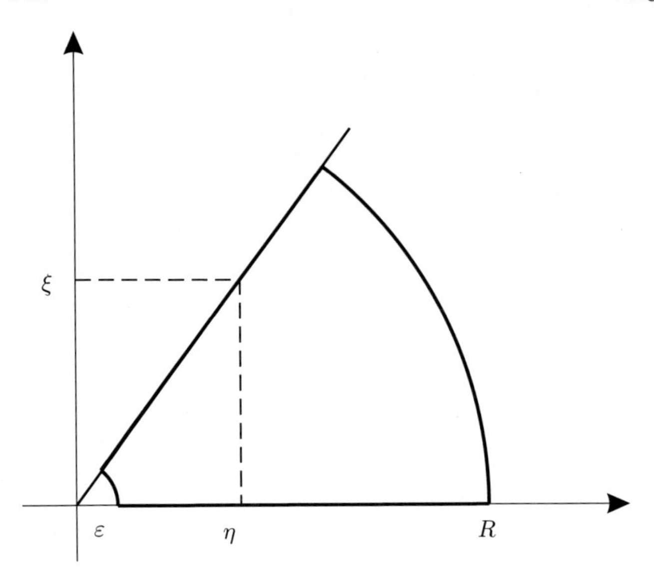

Abb. 12.1 Integrationsweg für die Berechnung von $J(\xi, \eta)$

und nun können wir den Grenzübergang $\eta \searrow 0$ durchführen. Mit λ hat auch $-\lambda - 1$ seinen Realteil im Intervall $]-1, 0[$, und somit ist im Sinne von $\mathcal{S}_1'$

$$\lim_{\eta \to 0+} [(-\xi + \mathrm{i}\eta)^{-\lambda-1}] = [(-\xi + \mathrm{i}0)^{-\lambda-1}] \,,$$

also nach (12.79)

$$\mathcal{F}\left[x_+^\lambda\right](\xi) = \frac{\mathrm{e}^{(\mathrm{i}\pi/2)(\lambda+1)}}{\sqrt{2\pi}} \Gamma(\lambda+1)(-\xi + \mathrm{i}0)^{-\lambda-1}$$

für $-1 < \operatorname{Re} \lambda < 0$. Aus Kor. 12.25 folgt dann aber sofort, dass wir in ganz

$$D := \mathbb{C} \setminus \{-m \mid m \in \mathbb{N}\}$$

die Beziehung

$$\mathcal{F}\left[\mathcal{P}\left(x_+^\lambda\right)\right] = \frac{\mathrm{e}^{(\mathrm{i}\pi/2)(\lambda+1)}}{\sqrt{2\pi}} \Gamma(\lambda+1)\mathcal{P}((-\xi + \mathrm{i}0)^{-\lambda-1}) \tag{12.82}$$

haben. Bekanntlich hat die komplexe Gammafunktion Pole erster Ordnung in den Punkten $\lambda = -m, m = 0, 1, 2, \ldots$ und ansonsten keine Singularitäten. Bei Division heben sich die Pole also weg, und daher gilt die Beziehung

$$\frac{\mathcal{F}\left[\mathcal{P}\left(x_+^\lambda\right)\right]}{\Gamma(\lambda+1)} = \frac{\mathrm{e}^{(\mathrm{i}\pi/2)(\lambda+1)}}{\sqrt{2\pi}} \mathcal{P}((-\xi + \mathrm{i}0)^{-\lambda-1}) \tag{12.83}$$

sogar für alle $\lambda \in \mathbb{C}$.

Bemerkung: In physikalischen Anwendungen wird man (12.82) i. A. in der Form

$$\int_0^\infty x^\lambda \, \mathrm{e}^{-\mathrm{i}\xi x} \, \mathrm{d}x = \mathrm{e}^{(\mathrm{i}\pi/2)(\lambda+1)} \Gamma(\lambda+1)(-\xi+\mathrm{i}0)^{-\lambda-1}$$

anschreiben. Unsere Diskussion zeigt, in welchem Sinne diese Formel zu verstehen ist: Das Integral auf der linken Seite existiert niemals als LEBESGUE-Integral, aber für $-1 < \operatorname{Re}\lambda < 0$ kann es als eine Art von *bedingt konvergentem uneigentlichem Integral* aufgefasst werden, und dann ist die Formel auch korrekt. Ist aber $\operatorname{Re}\lambda \geq 0$, so muss zusätzlich auf der rechten Seite der Übergang zum Hauptwert beachtet werden, d. h. man darf nicht übersehen, dass der „unendliche Beitrag", den die Singularität in $\xi = 0$ liefert, hier abgezogen wird. Analoges geschieht stillschweigend mit dem Ausdruck x^λ im Integranden, wenn $\operatorname{Re}\lambda \leq -1$ ist.

Beispiel II: Die FOURIERtransformierten der Distributionen $\mathcal{P}(r^\lambda) \in \mathcal{S}'_n$.

Auch hier beginnen wir mit dem Fall, wo $r^\lambda = |x|^\lambda$ und seine FOURIERtransformierte als reguläre Distributionen aufgefasst werden können, also im Prinzip als Funktionen. Daher verlangen wir zunächst $\operatorname{Re}\lambda > -n$ und schreiben dann

$$r^\lambda = r^\lambda \chi_K + r^\lambda \chi_{\mathbb{R}^n \setminus K} \, ,$$

wobei K die abgeschlossene Einheitskugel um den Nullpunkt bezeichnet. Dann ist $r^\lambda \chi_K \in L^1(\mathbb{R}^n)$, also $h^0_\lambda := \mathcal{F}[r^\lambda \chi_K]$ eine beschränkte stetige Funktion der Variablen ξ. Verlangen wir zusätzlich noch $\operatorname{Re}\lambda < -n/2$, so ist $r^\lambda \chi_{\mathbb{R}^n \setminus K} \in L^2(\mathbb{R}^n)$, wie man wieder durch Transformation auf Kugelkoordinaten erkennt. Also hat $r^\lambda \chi_{\mathbb{R}^n \setminus K}$ eine FOURIER-PLANCHEREL-Transformierte $h^1_\lambda \in L^2(\mathbb{R}^n_\xi)$, und die entsprechende reguläre Distribution ist dann auch die FOURIERtransformierte im Sinne der temperierten Distributionen (vgl. die Bemerkung hinter Theorem 11.33). Insgesamt haben wir

$$\mathcal{F}[r^\lambda](\xi) = h^0_\lambda(\xi) + h^1_\lambda(\xi) \qquad \text{f. ü. in } \mathbb{R}^n_\xi \, ,$$

falls $-n < \operatorname{Re}\lambda < -n/2$. Für diesen λ-Bereich ist $\mathcal{F}[r^\lambda]$ also eine reguläre Distribution, und wir können mit ihr wie mit einer Funktion rechnen.

Wählt man in (11.67) den Vektor $\boldsymbol{b} = 0$ und eine beliebige orthogonale Matrix A, so erkennt man, dass $\mathcal{F}[r^\lambda]$ unter allen orthogonalen Transformationen invariant und folglich kugelsymmetrisch ist. Wir können also

$$\mathcal{F}[r^\lambda] = g_\lambda(|\xi|) \, , \qquad \xi \in \mathbb{R}^n$$

schreiben. Nun wählen wir für A eine Streckung $A\xi := t\xi$ mit festem $t > 0$. Dann ergibt (11.67) wegen $(t^{-1}r)^\lambda = t^{-\lambda} r^\lambda$ die Beziehung

$$g_\lambda(t\rho) = t^{-\lambda-n} g_\lambda(\rho) \, , \qquad \rho \geq 0 \, .$$

Man kann also $g_\lambda(\rho)$ mit $c(\lambda) := g_\lambda(1)$ vergleichen, indem man um den Faktor $t = \rho$ streckt, d. h. wir haben

$$g_\lambda(\rho) = c(\lambda)\rho^{-\lambda-n} ,$$

und es bleibt nur noch die Zahl $c(\lambda)$ zu bestimmen. Dazu verwenden wir die spezielle Testfunktion $\varphi(x) := \exp(-|x|^2/2)$, für die bekanntlich $\hat{\varphi} = \varphi$ ist. Es ergibt sich

$$c(\lambda)\langle[\rho^{-\lambda-n}], \varphi\rangle = \langle\mathcal{F}[r^\lambda], \varphi\rangle = \langle[r^\lambda], \varphi\rangle ,$$

also nach Transformation auf Polarkoordinaten

$$c(\lambda)\omega_n \int\limits_0^\infty \rho^{n-1}\rho^{-\lambda-n}\, \mathrm{e}^{-\rho^2/2}\, \mathrm{d}\rho = \omega_n \int\limits_0^\infty r^{n-1} r^\lambda\, \mathrm{e}^{-r^2/2}\, \mathrm{d}r$$

und somit

$$c(\lambda) = \frac{\int_0^\infty r^{\lambda+n-1}\, \mathrm{e}^{-r^2/2}\, \mathrm{d}r}{\int_0^\infty \rho^{-\lambda-1}\, \mathrm{e}^{-\rho^2/2}\, \mathrm{d}\rho} .$$

Aber für $\operatorname{Re}\mu > -1$ ist

$$\int\limits_0^\infty r^\mu\, \mathrm{e}^{-r^2/2}\, \mathrm{d}r = \int\limits_0^\infty \mathrm{e}^{-s}(\sqrt{2s})^{\mu-1}\, \mathrm{d}s = 2^{(\mu-1)/2}\Gamma\left(\frac{\mu+1}{2}\right) ,$$

und damit bekommen wir schließlich

$$c(\lambda) = 2^{\lambda+\frac{n}{2}} \frac{\Gamma((\lambda+n)/2)}{\Gamma(-\lambda/2)} .$$

Insgesamt haben wir das Ergebnis

$$\mathcal{F}[r^\lambda](\xi) = 2^{\lambda+\frac{n}{2}} \frac{\Gamma((\lambda+n)/2)}{\Gamma(-\lambda/2)} |\xi|^{-\lambda-n} , \tag{12.84}$$

gültig für $-n < \operatorname{Re}\lambda < 0$. Wir haben dies zwar nur unter der Zusatzvoraussetzung $\operatorname{Re}\lambda < -n/2$ hergeleitet, aber da für $-n < \operatorname{Re}\lambda < 0$ beide Seiten lokal integrabel und von polynomialem Wachstum sind, gilt (12.84) nach Satz 11.16b. und Kor. 12.25 sogar für diesen größeren λ-Bereich. Durch (12.76) haben wir aber die analytische Schar $([r^\lambda])$ auf die Menge aller komplexen λ mit Ausnahme der $\lambda = -n-2k$, $k \in \mathbb{N}_0$ analytisch fortgesetzt. Daher liefert eine erneute Anwendung von Kor. 12.25 nun

$$\mathcal{F}[\mathcal{P}(r^\lambda)] = 2^{\lambda+\frac{n}{2}} \frac{\Gamma((\lambda+n)/2)}{\Gamma(-\lambda/2)} \mathcal{P}(|\xi|^{-\lambda-n}) \tag{12.85}$$

in der offenen Menge

$$\tilde{D}_0 := \{\lambda \in \mathbb{C} \mid \lambda \neq -n-2k \text{ und } \lambda \neq 2k \text{ für } k \in \mathbb{N}_0\} .$$

Die linke Seite ist aber sogar in

$$\tilde{D} := \{\lambda \in \mathbb{C} \mid \lambda \neq -n-2k\,,\ k \in \mathbb{N}_0\}$$

definiert und analytisch, und die Werte in den Punkten $\lambda = 2k$ können leicht direkt berechnet werden: Wegen

$$r^{2k} = \left(x_1^2 + \cdots + x_n^2\right)^k$$

folgt mit (11.64), (11.65) und (11.76) sofort

$$\mathcal{F}[r^{2k}] = (-\Delta)^k \mathcal{F}[\underline{1}] = (-\Delta)^k \mathcal{F}^{-1}[\underline{1}] = (2\pi)^{n/2}(-1)^k \Delta^k \delta\ ,$$

wobei $\Delta := \sum_{j=1}^n \frac{\partial^2}{\partial x_j^2}$ den LAPLACE-Operator bezeichnet. Man hat (12.85) also durch

$$\mathcal{F}[r^{2k}] = (2\pi)^{n/2}(-1)^k \Delta^k \delta \tag{12.86}$$

zu ergänzen.

Bemerkungen: (i) Die linke Seite von (12.85) bzw. (12.86) wird man in Anwendungen meist in der Form

$$\frac{1}{(2\pi)^{n/2}} \int |x|^\lambda \, \mathrm{e}^{-\mathrm{i}x\cdot\xi} \, \mathrm{d}^n x$$

notieren. Aber auch dieses Integral existiert nie als LEBESGUE-Integral und muss als „singuläres Integral" sorgfältig interpretiert werden. Auch muss im Fall $\operatorname{Re}\lambda \geq 0$ die Bildung des Hauptwerts auf der rechten Seite von (12.86) berücksichtigt werden, durch die die bei $\xi = 0$ auftretende Singularität beseitigt wird.

(ii) Zähler und Nenner von (12.85) haben in $\lambda = 2k$ einen Pol erster Ordnung, und somit lässt sich der Wert der analytischen Fortsetzung $\mathcal{F}[r^{2k}]$ auch als Quotient der entsprechenden Residuen ermitteln. Für die Gammafunktion gilt bekanntlich

$$\operatorname*{res}_{z=-k} \Gamma(z) = \frac{(-1)^k}{k!}\,, \qquad k = 0, 1, 2, \ldots$$

Zusammen mit (12.77) ergibt das für jedes $\varphi \in \mathcal{S}_n$:

$$\begin{aligned}
\langle \mathcal{F}[r^{2k}], \varphi \rangle &= \lim_{\lambda \to 2k} 2^{\lambda+\frac{n}{2}} \Gamma((\lambda+n)/2) \frac{(\lambda-2k)\langle \mathcal{P}(|\xi|^{-\lambda-n}), \varphi\rangle}{(\lambda-2k)\Gamma(-\lambda/2)} \\
&= 2^{2k+\frac{n}{2}} \Gamma\left(k+\frac{n}{2}\right) \frac{-(\omega_n/(2k)!)(S\varphi)^{(2k)}(0)}{-2(-1)^k/k!} \\
&= 2^{2k-1+\frac{n}{2}} \Gamma\left(k+\frac{n}{2}\right) (-1)^k \omega_n \frac{k!}{(2k)!} (S\varphi)^{(2k)}(0)\ .
\end{aligned}$$

Einsetzen der bekannten Beziehung $\omega_n = 2\pi^{n/2}/\Gamma(n/2)$ und Vergleich mit (12.86) liefert nun die interessante Formel

$$\begin{aligned}(S\varphi)^{(2k)}(0) &= 2^{-2k}\frac{(2k)!}{k!}\cdot\frac{\Gamma(n/2)}{\Gamma(k+(n/2))}\Delta^k\varphi(0)\\ &= \frac{(2k)!}{2^k k!}\left(\prod_{j=0}^{k-1}\frac{1}{n+2j}\right)\Delta^k\varphi(0)\,,\end{aligned}\tag{12.87}$$

durch die die Ableitungen gerader Ordnung des sphärischen Mittelwerts im Nullpunkt explizit berechnet werden.

Beispiel III: GAUSS-*Verteilungen mit komplexer Varianz*

Die Funktionen

$$g_\lambda(x) := \exp(-\lambda|x|^2/2)\,, \qquad x \in \mathbb{R}^n$$

sind für $\operatorname{Re}\lambda \geq 0$ von polynomialem Wachstum (sogar beschränkt!), definieren also temperierte Distributionen $[g_\lambda]$, und diese bilden in der Halbebene

$$H^+ := \{\lambda \mid \operatorname{Re}\lambda > 0\}$$

eine analytische Schar. Diese Schar ist sogar auf $\overline{H^+}$ noch *stetig*, d. h. für jede Testfunktion $\varphi \in \mathcal{S}_n$ ist

$$\Phi(\lambda) := \int g_\lambda(x)\varphi(x)\,\mathrm{d}^n x$$

eine stetige Funktion auf $\overline{H^+}$. Beides folgt sofort aus den Sätzen über Integrale mit Parameter.

Um $\mathcal{F}[g_\lambda]$ zu berechnen, beschränken wir uns zunächst auf reelle $\lambda > 0$ und beachten, dass g_λ aus g_1 durch Anwenden der Streckung um den Faktor $\sqrt{\lambda}$ hervorgeht. Wegen $\widehat{g_1} = g_1$ ergibt sich also mit (11.68):

$$\mathcal{F}[g_\lambda](\xi) = \lambda^{-n/2}g_1(\lambda^{-1/2}\xi) = \lambda^{-n/2}g_{1/\lambda}(\xi)\,.$$

Nach Kor. 12.25 gilt also sogar für alle $\lambda \in H^+$

$$\mathcal{F}\Big[\exp(-\lambda|x|^2/2)\Big](\xi) = \lambda^{-n/2}\exp(-|\xi|^2/2\lambda)\,, \qquad \xi \in \mathbb{R}^n\,, \tag{12.88}$$

wobei die Potenzen von λ mit dem Hauptzweig des komplexen Logarithmus berechnet werden, also mit

$$-\pi < \arg\lambda < \pi\,.$$

Ist nun $\lambda_0 = \mathrm{i}\mu_0$ mit $0 \neq \mu_0 \in \mathbb{R}$, so verhalten sich beide Seiten von (12.88) beim Grenzübergang $\lambda \to \lambda_0$ stetig (im Sinne der Konvergenz in $\mathcal{S}_n'$), und folglich gilt (12.88) auch noch auf der imaginären Achse mit Ausnahme des Nullpunkts. Dies erlaubt es, das Anfangswertproblem für die SCHRÖDINGERgleichung des freien Teilchens explizit zu lösen (vgl. Beispiel 13.26).

Aufgaben zu Kap. 12

12.1. Man zeige:

a. Die Ordnung von $D^\alpha\delta(x-a)$ ist $|\alpha|$. Dabei ist α ein beliebiger Multiindex und $a \in \mathbb{R}^n$ ein beliebiger Punkt.
b. Durch
$$T := \sum_{k=1}^{\infty} \delta^{(k)}\left(x - \frac{1}{k}\right)$$
ist auf $\Omega :=]0,\infty[$ eine Distribution unendlicher Ordnung definiert.
c. T lässt sich nicht über den Nullpunkt hinaus fortsetzen, d. h. es gibt für $\delta > 0$ keine Distribution $S \in \mathcal{D}'(]-\delta,\infty[)$, die auf $]0,\infty[$ mit T übereinstimmt.

12.2. Man zeige: $o(D^\alpha T) \le o(T) + |\alpha|$ für beliebige $T \in \mathcal{D}'(\Omega)$, $\alpha \in \mathbb{N}_0^n$. Man gebe Beispiele von Distributionen an, deren Ordnung sich beim differenzieren nicht erhöht.

12.3. Sei $v : \mathbb{R} \longrightarrow \mathbb{R}$ eine monoton wachsende Funktion. Man zeige:

a. v ist lokal integrierbar, erzeugt also eine reguläre Distribution $[v]$.
b. Durch
$$\langle T_v, \varphi\rangle := \int \varphi \, \mathrm{d}v \,, \qquad \varphi \in \mathcal{D}(\mathbb{R})$$
ist auf $\mathbb{R}$ eine Distribution nullter Ordnung definiert. Was hat sie mit dem LEBESGUE-STIELTJES-Maß μ_v zu tun?
c. T_v ist die Distributionsableitung von $[v]$.
Hinweis: Zunächst leite man mittels der Aufgaben 10.4 und 10.6 her, dass
$$\int_a^b w \, \mathrm{d}v = v(b)w(b) - v(a)w(a) - \int_a^b w'v \, \mathrm{d}x$$
für $w \in C^1_{\mathbb{R}}([a,b])$, $w' \ge 0$. Ist nun $\varphi \in \mathcal{D}(\mathbb{R})$ reellwertig, $\mathrm{Tr}\,\varphi \subseteq [a,b]$, so betrachte
$$w(x) := \varphi(x) - mx \quad \text{mit} \quad m := \min_{a \le x \le b} \varphi'(x) \,.$$

Man vergleiche dies mit dem Ergebnis von Aufg. 10.5.

12.4. Sei Ω offen in $\mathbb{R}^n$ und U offen in $\mathbb{R}^{n-1}$. Wir betrachten eine C^∞-Funktion $f : U \to \mathbb{R}$, deren Graph
$$M := \{(x', x_n) \mid x' = (x_1, \dots, x_{n-1}) \in U \,,\ x_n = f(x')\}$$

in Ω liegt. Dann ist $M = P^{-1}(0)$ mit

$$P(x', x_n) := x_n - f(x') ,$$

und M ist eine reguläre Hyperfläche (wieso?). Man zeige:

$$\langle \delta(P(x)), \varphi(x) \rangle = \int_U \varphi(x', f(x')) \, \mathrm{d}^{n-1}x'$$

für alle $\varphi \in \mathcal{D}(\Omega)$. (*Hinweis:* Bekanntlich ist $\mathrm{d}\sigma_{n-1} = \sqrt{1 + |\nabla f(x')|^2} \, \mathrm{d}^{n-1}x'$ – vgl. etwa [36], Kap. 22.)

12.5. a. Sei $g : G \longrightarrow \Omega$ ein Diffeomorphismus und $P \in C^\infty(\Omega)$ eine Funktion, die (12.9) erfüllt. Man zeige:

$$\delta^{(k)} \circ (P \circ g) = (\delta^{(k)} \circ P) \circ g , \qquad k \geq 0 .$$

(*Hinweis:* Am bequemsten ist es, (12.21) zu verwenden.)

b. Man berechne $\delta^{(k)}(a_1 x_1 + \cdots + a_n x_n)$ explizit, wenn $\boldsymbol{a} = (a_1, \ldots, a_n)$ ein Einheitsvektor in $\mathbb{R}^n$ ist. (*Hinweis:* Durch eine geeignete Drehung kann man die Hyperebene $a_1 x_1 + \cdots + a_n x_n = 0$ in eine Koordinatenhyperebene überführen. Für diesen Fall kennt man die Lösung aus Beispiel 12.10a.)

12.6. Sei $c \in \mathbb{R}$ gegeben. Man berechne $\delta^{(k)}(xy - c) \in \mathcal{D}'(\mathbb{R}^2)$ für $k \geq 0$ explizit, d. h. man ermittle eine Integralformel für die Ausdrücke $\langle \delta^{(k)}(xy - c), \varphi(x, y) \rangle$ für $\varphi \in \mathcal{D}(\mathbb{R}^2)$.

12.7. Man zeige: Im vierdimensionalen Raum mit den Koordinaten x, y, z, t ist $u = \delta(x^2 + y^2 + z^2 - t^2)$ eine Lösung der Wellengleichung

$$\frac{\partial^2 u}{\partial x^2} + \frac{\partial^2 u}{\partial y^2} + \frac{\partial^2 u}{\partial z^2} - \frac{\partial^2 u}{\partial t^2} = 0 .$$

(*Hinweis:* Man verwende (12.28.))

12.8. Man zeige, dass der CAUCHYsche Hauptwert $\mathcal{P}(1/t)$ von erster, aber nicht von nullter Ordnung ist. Insbesondere ist er eine singuläre Distribution. (*Hinweis:* Um nullte Ordnung auszuschließen, betrachte man Testfunktionen der Form

$$\varphi_m(t) := \zeta(t) \arctan mt ,$$

wobei $\zeta \equiv 1$ auf $[-1, 1]$.)

12.9. Man beweise die folgenden Formeln:

a. $\mathcal{F}\left[\mathcal{P}\left(x_-^\lambda\right)\right] = \frac{\mathrm{e}^{-(\mathrm{i}\pi/2)(\lambda+1)}}{\sqrt{2\pi}} \Gamma(\lambda + 1) \mathcal{P}((-\xi - \mathrm{i}0)^{-\lambda-1})$ für alle $\lambda \in \mathbb{C}$, die keine negative ganze Zahl sind. (*Hinweis:* Man beachte, dass x_-^λ aus x_+^λ durch Anwenden der Spiegelung $Rx := -x$ hervorgeht.)

b. $\mathcal{F}\left[\mathcal{P}\left(x_\pm^\lambda\right)\right] = \pm\mathrm{i}\frac{\Gamma(\lambda+1)}{\sqrt{2\pi}}\left(\mathrm{e}^{\pm\mathrm{i}\pi\lambda/2}\mathcal{P}\left(\xi_-^{-\lambda-1}\right) - \mathrm{e}^{\mp\mathrm{i}\pi\lambda/2}\mathcal{P}(\xi_+^{-\lambda-1})\right)$ für $\lambda \notin \mathbb{Z}$.

c. $\mathcal{F}\left[\mathcal{P}\left(|x|^\lambda\right)\right] = -2\frac{\Gamma(\lambda+1)}{\sqrt{2\pi}}\left(\sin\frac{\lambda\pi}{2}\right)\mathcal{P}\left(|\xi|^{-\lambda-1}\right)$.

d. $\mathcal{F}\left[|x|^\lambda \operatorname{sgn} x\right] = -2\mathrm{i}\frac{\Gamma(\lambda+1)}{\sqrt{2\pi}}\left(\cos\frac{\lambda\pi}{2}\right)\mathcal{P}\left(|\xi|^{-\lambda-1}\operatorname{sgn}\xi\right)$.

Für welche Werte von λ gelten die letzten beiden Formeln?

12.10. Aus (12.73) folgere man

$$\mathcal{F}[\Theta(x)](\xi) = \frac{1}{\mathrm{i}\sqrt{2\pi}}\mathcal{P}(1/\xi) + \sqrt{\frac{\pi}{2}}\delta(\xi)\,, \tag{12.89}$$

$$\mathcal{F}[x_+] = -\frac{1}{\sqrt{2\pi}}\mathcal{P}(\xi^{-2}) - \mathrm{i}\sqrt{\frac{\pi}{2}}\delta'(\xi)\,. \tag{12.90}$$

12.11. Es sei $r \equiv r(x) = |x|$ für $x = (x_1, \ldots, x_n) \in \mathbb{R}^n$, und Δ sei der LAPLACE-Operator in $\mathbb{R}^n$.

a. Man zeige: $\Delta\mathcal{P}(r^{\lambda+2}) = (\lambda+2)(\lambda+n)\mathcal{P}(r^\lambda)$ für alle $\lambda \in \mathbb{C}\setminus\{-2k-n \mid k \in \mathbb{N}_0\}$. (*Hinweis:* Für die Funktion $r^{\lambda+2}$ in $\mathbb{R}^n \setminus \{0\}$ kann man das durch explizite Rechnung bestätigen.)
b. Man folgere eine analoge Formel für $\Delta^m\mathcal{P}(r^{\lambda+2m})$, $m \geq 1$.
c. Nun gebe man mittels (12.77) und (12.78) einen neuen Beweis für (12.87).

12.12. Sei f eine rotationssymmetrische stetige Funktion auf $\mathbb{R}^3$, für die $f(x)|x|^2$ beschränkt bleibt. Man zeige: Dann ist die FOURIERtransformierte $\hat{f}$ eine rotationssymmetrische L^2-Funktion, fast überall gegeben durch das (uneigentliche!) Integral

$$\hat{f}(\xi) = \sqrt{\frac{2}{\pi}}\int_0^\infty r f_0(r)\frac{\sin|\xi|r}{|\xi|}\,\mathrm{d}r\,,$$

wobei $f(x) = f_0(|x|)$ geschrieben wurde. (*Hinweis:* Wegen der Rotationssymmetrie hat man $\hat{f}(\xi) = \hat{f}(|\xi|\boldsymbol{e}_3)$.)

12.13. Es sei

$$D := \mathbb{C}\setminus\{\mu \in \mathbb{R} \mid \mu \geq 0\}\,.$$

Für $\lambda \in D$ wollen wir die FOURIERtransformierte der Funktion

$$f_\lambda(x) := \frac{1}{|x|^2 - \lambda}\,, \qquad x = (x_1, x_2, x_3) \in \mathbb{R}^3$$

berechnen.

a. Man zeige, dass Aufg. 12.12 auf die f_λ, $\lambda \in D$ anwendbar ist.
b. Sei $\omega \in \mathbb{C}$ mit $\operatorname{Im}\omega > 0$ gegeben, und sei $\rho > 0$ beliebig. Mittels Residuenkalkül (vgl. etwa [36], Kap. 18) beweise man:

$$\int_{-\infty}^{\infty} \frac{s}{s^2 - \omega^2} e^{\pm i\rho s} \, ds = \pm i\pi \, e^{i\rho\omega} .$$

(*Hinweis:* Nach dem Satz über dominierte Konvergenz gilt

$$\lim_{R\to\infty} \int_0^{\pi} e^{-\rho R \sin t} \, dt = 0 .$$

Das sollte benutzt werden.)

c. Nun folgere man, dass für alle $\lambda \in D$ fast überall in $\mathbb{R}^3$ gilt:

$$\hat{f}_\lambda(\xi) = \sqrt{\frac{\pi}{2}} \cdot \frac{e^{i|\xi|\sqrt{\lambda}}}{|\xi|} ,$$

wobei für die Wurzel $\sqrt{\lambda}$ der Wert in der oberen Halbebene gewählt wird.

12.14. Sei $\mu \geq 0$. Man zeige:

a. In $\mathcal{S}_3'$ existiert der Limes

$$T_\mu := \lim_{\varepsilon \searrow 0} \frac{1}{2} \left(\frac{1}{|x|^2 - (\mu^2 + i\varepsilon)} + \frac{1}{|x|^2 - (\mu^2 - i\varepsilon)} \right) ,$$

und er hat die FOURIERtransformierte

$$\mathcal{F}[T_\mu](\xi) = \sqrt{\frac{\pi}{2}} \cdot \frac{\cos \mu|\xi|}{|\xi|} , \qquad \xi = (\xi_1, \xi_2, \xi_3) \in \mathbb{R}^3 \text{ f. ü.} \tag{12.91}$$

(*Hinweis:* Am besten *definiert* man T_μ durch (12.91) und verwendet dann das Ergebnis von Aufg. 12.13c.)

b. T_μ ist eine Regularisierung des divergenten Integrals $\displaystyle\int_{\mathbb{R}^3} \frac{\varphi(x)}{|x|^2 - \mu^2} \, d^3x$.

Kapitel 13
Tensorprodukt und Faltung von Distributionen

Keine Einführung in den Kalkül der Distributionen wäre vollständig ohne eine Diskussion des *Faltungsprodukts*, dem wir uns hier in den Abschn. B und C zuwenden. In Abschn. D werden wir dann einige Anwendungen auf lineare partielle Differentialgleichungen besprechen, die zeigen, wie nützlich das Faltungsprodukt ist. Insbesondere werden sich dabei etliche wohlbekannte klassische Formeln für geschlossene Lösungen als Spezialfälle der Faltung entpuppen.

Als Vorbereitung auf die Faltung besprechen wir jedoch zunächst in Abschn. A das *Tensorprodukt* von Distributionen. Diese Produktbildung gestattet es, aus einer Distribution in m Variablen und einer Distribution in n Variablen eine neue Distribution zusammenzusetzen, die auf Testfunktionen in $m + n$ Variablen wirkt.

A Tensorprodukt von Distributionen

Wir betrachten Distributionen in der offenen Menge $\Omega = \Omega_x \times \Omega_y \subseteq \mathbb{R}^{m+n}$. Dabei verwenden wir die folgenden Bezeichnungen:

$$\begin{aligned} \Omega_x \subseteq \mathbb{R}^m \ &\text{ mit } x = (x_1, \dots, x_m) \,, \\ \Omega_y \subseteq \mathbb{R}^n \ &\text{ mit } y = (y_1, \dots, y_n) \,, \\ \Omega_z = \Omega_x \times \Omega_y \subseteq \mathbb{R}^{m+n} \ &\text{ mit } z = (z_1, \dots, z_{m+n}) = (x_1, \dots, x_m, y_1, \dots, y_n) \,. \end{aligned}$$

Sind $f = f(x)$, $g = g(y)$ lokal integrierbare Funktionen auf Ω_x bzw. Ω_y, so nennt man die Funktion $h(z)$ mit

$$h(z) \equiv h(x, y) = (f \otimes g)(x, y) := f(x) \cdot g(y) \tag{13.1}$$

das *Tensorprodukt von* f *mit* g (vgl. Satz 7.22). Nun liegt es nahe, das Tensorprodukt der entsprechenden Distributionen durch

$$[f] \otimes [g] := [f \otimes g]$$

K.-H. Goldhorn, H.-P. Heinz, M. Kraus, *Moderne mathematische Methoden der Physik*
DOI 10.1007/978-3-540-88544-3, © Springer 2009

zu definieren. Für eine Testfunktion $\chi(z) = \chi(x, y) \in \mathcal{D}(\Omega_z)$ erhält man dann nach dem Satz von FUBINI

$$\begin{aligned}\langle [f] \otimes [g], \chi\rangle &\equiv \langle [h], \chi\rangle \\ &= \int\limits_{\Omega_z} (f \otimes g)(z)\chi(z)\,\mathrm{d}^{m+n} z \\ &= \int\limits_{\Omega_x} f(x) \left\{ \int\limits_{\Omega_y} g(y)\chi(x, y)\,\mathrm{d}^n y \right\} \mathrm{d}^m x \\ &= \langle [f](x), \langle [g](y), \chi(x, y)\rangle\rangle \qquad (13.2) \\ &= \int\limits_{\Omega_y} g(y) \left\{ \int\limits_{\Omega_x} f(x)\chi(x, y)\,\mathrm{d}^m x \right\} \mathrm{d}^n y \\ &= \langle [g](y), \langle [f](x), \chi(x, y)\rangle\rangle\,. \qquad (13.3)\end{aligned}$$

Wir wollen dies auf beliebige Distributionen übertragen. Wir formulieren alles für $\mathcal{D}$ und $\mathcal{D}'$, obwohl alle Definitionen und Sätze wörtlich in $\mathcal{S}$ und $\mathcal{S}'$ gelten. Ziel ist es, folgende Definitionsgleichung zu rechtfertigen:

$$\langle S \otimes T, \varphi\rangle := \langle S(x), \langle T(y), \varphi(x, y)\rangle\rangle\,, \tag{13.4}$$

wobei $S \in \mathcal{D}'(\Omega_x)$, $T \in \mathcal{D}'(\Omega_y)$, $\varphi \in \mathcal{D}(\Omega_z)$ ist. Damit die rechte Seite von (13.4) sinnvoll ist, muss gezeigt werden, dass

$$\psi(x) = \langle T(y), \varphi(x, y)\rangle \in \mathcal{D}(\Omega_x)$$

ist. Dies zeigen wir zunächst:

Satz 13.1. *Sei $T(y) \in \mathcal{D}'(\Omega_y)$, $\varphi(x, y) \in \mathcal{D}(\Omega_z)$ und sei*

$$\psi(x) := \langle T(y), \varphi(x, y)\rangle \quad \textit{für } x \in \Omega_x \tag{13.5}$$

Dann gilt:

a. $\psi \in \mathcal{D}(\Omega_x)$, und für jeden Multiindex α ist

$$D^\alpha \psi(x) = \langle T(y), D_x^\alpha \varphi(x, y)\rangle\,. \tag{13.6}$$

b. Gilt $\varphi_k \longrightarrow \varphi$ in $\mathcal{D}(\Omega_z)$, so gilt $\psi_k \longrightarrow \psi$ in $\mathcal{D}(\Omega_x)$, wobei

$$\psi_k(x) := \langle T(y), \varphi_k(x, y)\rangle\,.$$

Beweis.

a. Im ersten Schritt zeigen wir, dass $\psi(x)$ stetig ist. Seien dazu $x_\nu = (x_{\nu 1}, \ldots, x_{\nu m}) \in \Omega_x$ mit $x_\nu \longrightarrow x_0$ gewählt. Dann gilt nach Definition der

$\mathcal{D}$-Konvergenz

$$\varphi(x_\nu, \cdot) \longrightarrow \varphi(x_0, \cdot) \quad \text{in } \mathcal{D}(\Omega_y) .$$

Da T auf $\mathcal{D}(\Omega_y)$ stetig ist, folgt

$$\psi(x_\nu) = \langle T, \varphi(x_\nu, \cdot)\rangle \longrightarrow \langle T, \varphi(x_0, \cdot)\rangle = \psi(x_0) ,$$

d. h. ψ ist stetig in $x_0 \in \Omega_x$.

b. Im zweiten Schritt beweisen wir (13.6), woraus dann a. folgt, weil ψ natürlich kompakten Träger in Ω_x hat. Es genügt, (13.6) für eine partielle Ableitung zu zeigen. Der Rest folgt dann durch Induktion. Sei

$$\boldsymbol{h}_i = (0, \dots, 0, h, 0, \dots, 0) = h\boldsymbol{e}^i$$

und

$$\chi_h(y) = \frac{1}{h}\left[\varphi(x + \boldsymbol{h}_i, y) - \varphi(x, y)\right] , \quad x \in \Omega_x \text{ fest}$$

der Differenzenquotient der i-ten partiellen Ableitung. Dann ist sicher $\chi_h \in \mathcal{D}(\Omega_y)$ und es gilt gleichmäßig auf Ω_y:

$$D_y^\beta \chi_h(y) \underset{h\to 0}{\longrightarrow} D_y^\beta \partial_{x_i}\varphi(x, y) \quad \text{wegen } \varphi \in \mathcal{D}(\Omega_z) .$$

Somit gilt

$$\chi_h \longrightarrow \varphi_{x_i} \quad \text{in } \mathcal{D}(\Omega_y) \text{ für } h \longrightarrow 0 .$$

Wegen der Stetigkeit von T auf $\mathcal{D}(\Omega_y)$ folgt dann

$$\begin{aligned}\tfrac{1}{h}(\psi(x + \boldsymbol{h}_i, y) - \psi(x)) &= \langle T(y), \chi_h(y)\rangle \\ &\underset{h\to 0}{\longrightarrow} \langle T(y), \varphi_{x_i}(x, y)\rangle = \psi_{x_i}(y) ,\end{aligned}$$

woraus (13.6) und damit $\psi \in C^\infty(\Omega_x)$ folgt.

c. Es bleibt noch die Konvergenzaussage in b. zu zeigen. Gelte also

$$\varphi_m \longrightarrow \varphi \quad \text{in } \mathcal{D}(\Omega_z), m \longrightarrow \infty .$$

Dann liegen alle Träger Tr (φ_m) in einer kompakten Menge $K_z = K_x \times K_y \subseteq \Omega_z$ und daher liegen die Träger der ψ_m alle in K_x. Ferner gilt

$$D_x^\alpha D_y^\beta \varphi_m(x, y) \longrightarrow D_x^\alpha D_y^\beta \varphi(x, y)$$

gleichmäßig auf Ω_z für alle α, β. Nun wendet man Satz 11.12a. mit $K = K_y$ an und beachtet (13.6). Das ergibt sofort die gleichmäßige Konvergenz

$$D^\alpha \psi_m(x) \longrightarrow D^\alpha \psi(x) \quad \text{auf } \Omega_x .$$

□

Damit sind folgende Aussagen klar:

Satz 13.2.

a. *Für $S \in \mathcal{D}'(\Omega_x)$, $T \in \mathcal{D}'(\Omega_y)$ wird durch*

$$\langle S \otimes T, \varphi \rangle := \langle S(x), \langle T(y), \varphi(x,y) \rangle \rangle \tag{13.4}$$

eine Distribution $S \otimes T \in \mathcal{D}'(\Omega_x \times \Omega_y)$, das Tensorprodukt *von S und T, definiert.*

b. *Für $\alpha(x) \in \mathcal{D}(\Omega_x)$, $\beta(y) \in \mathcal{D}(\Omega_y)$ gilt:*

$$\begin{aligned}\langle S \otimes T, \alpha \otimes \beta \rangle &\equiv \langle S(x) \otimes T(y), \alpha(x) \cdot \beta(y) \rangle \\ &= \langle S, \alpha \rangle \cdot \langle T, \beta \rangle \ .\end{aligned} \tag{13.7}$$

c. *Für die Träger gilt*

$$\operatorname{Tr}(S \otimes T) = \operatorname{Tr} S \times \operatorname{Tr} T \ . \tag{13.8}$$

Beispiel: Es gilt

$$\delta(x) \otimes \delta(y) = \delta(x,y) \ . \tag{13.9}$$

Denn für $\varphi(x,y) \in \mathcal{D}(\Omega_z)$ folgt

$$\begin{aligned}\langle \delta(x) \otimes \delta(y), \varphi(x,y) \rangle &= \langle \delta(x), \langle \delta(y), \varphi(x,y) \rangle \rangle \\ &= \langle \delta(x), \varphi(x,0) \rangle = \varphi(0,0) \ .\end{aligned}$$

Ferner bekommt man für Funktionen $f \in L^1_{loc}(\Omega_x)$, $g \in L^1_{loc}(\Omega_y)$:

$$\langle \delta(x) \otimes [g](y), \varphi(x,y) \rangle = \int_{\Omega_y} g(y) \varphi(0,y) \, \mathrm{d}^n y \ , \tag{13.10}$$

$$\langle [f](x) \otimes \delta(y), \varphi(x,y) \rangle = \int_{\Omega_x} f(x) \varphi(x,0) \, \mathrm{d}^m x \ . \tag{13.11}$$

Wir führen nun ohne Beweis eine Tatsache an, die wegen ihrer Analogie zu Satz 7.22 zumindest plausibel ist:

Satz 13.3. *Der Vektorraum*

$$\mathcal{D}(\Omega_x) \otimes \mathcal{D}(\Omega_y) := \operatorname{LH}\left(\{\alpha \otimes \beta \mid \alpha \in \mathcal{D}(\Omega_x), \ \beta \in \mathcal{D}(\Omega_y)\}\right)$$

liegt dicht in $\mathcal{D}(\Omega_x \times \Omega_y)$.

Hieraus ergeben sich sofort folgende Rechenregeln:

Satz 13.4.

a. $\langle S(x), \langle T(y), \varphi(x,y) \rangle \rangle = \langle T(y), \langle S(x), \varphi(x,y) \rangle \rangle$ *für alle $\varphi \in \mathcal{D}(\Omega_z)$.*

b. *Das Tensorprodukt ist in jedem Faktor stetig, d. h.*

$$\begin{aligned}S_k \longrightarrow S \ \text{in } \mathcal{D}'(\Omega_x) &\Longrightarrow S_k \otimes T \longrightarrow S \otimes T \ \text{in } \mathcal{D}'(\Omega_z) \ , \\ T_k \longrightarrow T \ \text{in } \mathcal{D}'(\Omega_y) &\Longrightarrow S \otimes T_k \longrightarrow S \otimes T \ \text{in } \mathcal{D}'(\Omega_z) \ .\end{aligned} \tag{13.12}$$

c. *Das Tensorprodukt ist assoziativ, d. h.*

$$R \otimes (S \otimes T) = (R \otimes S) \otimes T \tag{13.13}$$

für $R \in \mathcal{D}'(\Omega_u)$, $S \in \mathcal{D}'(\Omega_x)$, $T \in \mathcal{D}'(\Omega_y)$ *(wobei* $\Omega_u \subseteq \mathbb{R}^p$ *eine offene Teilmenge eines weiteren euklidischen Raums ist).*

d. *Für die Ableitungen gilt:*

$$D_x^\alpha D_y^\beta (S(x) \otimes T(y)) = (D^\alpha S) \otimes (D^\beta T) \,. \tag{13.14}$$

e. *Sind* $f \in C^\infty(\Omega_x)$, $g \in C^\infty(\Omega_y)$, *so gilt*

$$(f \otimes g)(S \otimes T) = (fS) \otimes (gT) \,. \tag{13.15}$$

B Faltung von Distributionen

Für Funktionen $f, g \in L^1(\mathbb{R}^n)$ existiert bekanntlich das Faltungsprodukt

$$h(x) \equiv (f * g)(x) := \int_{\mathbb{R}^n} f(y) g(x-y) \, \mathrm{d}^n y \,, \tag{13.16}$$

und diese Produktbildung verhält sich kommutativ, assoziativ und distributiv (vgl. Theorem 11.7 sowie etwa [36], Kap. 33). Die insbesondere lokal-integrierbaren Funktionen f, g, h erzeugen reguläre Distributionen, die wir hier mit $F, G, H \in \mathcal{D}'(\mathbb{R}^n)$ bezeichnen. Für $\varphi \in \mathcal{D}(\mathbb{R}^n)$ folgt aus (13.16):

$$\begin{aligned}
\langle H, \varphi \rangle &= \int_{\mathbb{R}^n} (f * g)(\xi) \varphi(\xi) \, \mathrm{d}^n \xi \\
&= \int_{\mathbb{R}^n} \left\{ \int_{\mathbb{R}^n} g(y) f(\xi - y) \, \mathrm{d}^n y \right\} \varphi(\xi) \, \mathrm{d}^n \xi \\
&= \int_{\mathbb{R}^n} g(y) \left\{ \int_{\mathbb{R}^n} f(\xi - y) \varphi(\xi) \, \mathrm{d}^n \xi \right\} \mathrm{d}^n y \\
&= \int_{\mathbb{R}^n} g(y) \left\{ \int_{\mathbb{R}^n} f(x) \varphi(x + y) \, \mathrm{d}^n x \right\} \mathrm{d}^n y \,.
\end{aligned}$$

Rein formal könnten wir also schreiben

$$\begin{aligned}
\langle F * G, \varphi \rangle &\equiv \langle H, \varphi \rangle \\
&= \langle G(y), \langle F(x), \varphi(x + y) \rangle \rangle \\
&= \langle F(x) \otimes G(y), \varphi(x + y) \rangle
\end{aligned} \tag{13.17}$$

nach der Definition des Tensorprodukts in Satz 13.2. Anschließend könnte man diese Gleichung als Definition der Faltung von beliebigen Distributionen benutzen. Das

Problem besteht jedoch darin, dass die Funktion

$$\psi(x, y) := \varphi(x + y) \quad \text{für } \varphi \in \mathcal{D}(\mathbb{R}^n)$$

keinen kompakten Träger im $\mathbb{R}^{2n}$ hat, denn ist z. B. $0 \in \operatorname{Tr} \varphi$, so ist

$$\{(x, y) \mid y = -x\} \subseteq \operatorname{Tr} \psi \ .$$

Man kann daher nur solche Distributionen miteinander falten, für die diese Schwierigkeit umgangen werden kann. Um dies zu tun, ersetzen wir $\varphi(x + y)$ durch Testfunktionen der Form $\eta_m(x, y)\varphi(x + y)$, wobei die Folge der Hilfsfunktionen η_m eine gewisse technische Bedingung erfüllen muss. Genauer:

Definitionen 13.5.

a. Eine Folge (η_m), $\eta_m \in \mathcal{D}(\mathbb{R}^N)$, heißt eine 1-Folge in $\mathcal{D}$, wenn für jedes Kompaktum $K \subseteq \mathbb{R}^N$ und jeden Multiindex α Konstanten $C \geq 0$ und $m_0 \in \mathbb{N}$ existieren, so dass

$$\eta_m(z) = 1 \quad \text{für } z \in K \text{ und } m \geq m_0 \tag{13.18}$$

und

$$|D^\alpha \eta_m(z)| \leq C \quad \forall\, z \in \mathbb{R}^N\,,\ m \in \mathbb{N}\,. \tag{13.19}$$

b. Seien $S, T \in \mathcal{D}'(\mathbb{R}^n)$. Angenommen, für jede 1-Folge (η_m) in $\mathcal{D}(\mathbb{R}^{2n})$ existiert der Limes

$$\begin{aligned} \langle S * T, \varphi\rangle &:= \lim_{m\longrightarrow\infty} \langle S(x) \otimes T(y), \eta_m(x, y)\varphi(x + y)\rangle \\ &= \lim_{m\longrightarrow\infty} \langle S(x), \langle T(y), \eta_m(x, y)\varphi(x + y)\rangle\rangle \end{aligned} \tag{13.20}$$

für alle $\varphi \in \mathcal{D}(\mathbb{R}^n)$ und ist unabhängig von (η_m). Dann bezeichnen wir die Distributionen S, T als *faltbar*, und die Faltung $S * T \in \mathcal{D}'(\mathbb{R}^n)$ ist nun durch (13.20) definiert.

Dass durch (13.20) wirklich eine Distribution definiert ist, folgt aus Satz 11.25, denn

$$\langle S(x), \langle T(y), \eta_m(x, y)\varphi(x + y)\rangle\rangle$$

ist für jedes m ein stetiges lineares Funktional auf $\mathcal{D}(\mathbb{R}^n)$, weil

$$\eta_m(x, y)\varphi(x + y) \in \mathcal{D}(\mathbb{R}^{2n})$$

ist, so dass Satz 13.2 anwendbar ist.

Auf der Grundlage dieser Definition ist es natürlich schwierig, die Faltbarkeit von Distributionen zu beurteilen. Hier hilft z. B. der folgende Satz:

Satz 13.6. *Sind $S, T \in \mathcal{D}'(\mathbb{R}^n)$ und ist S oder T finit, so existiert $S * T \in \mathcal{D}'(\mathbb{R}^n)$ und ist – bei finitem T – gegeben durch*

$$\langle S * T, \varphi\rangle = \langle S(x) \otimes T(y), \eta(y)\varphi(x + y)\rangle \tag{13.21}$$

für alle $\varphi \in \mathcal{D}(\mathbb{R}^n)$. *Dabei ist* $\eta \in \mathcal{D}(\mathbb{R}^n)$ *eine fest gewählte Testfunktion mit* $\eta \equiv 1$ *auf* $\operatorname{Tr} T$. *Ist* S *finit, so wählt man* η *mit* $\eta \equiv 1$ *auf* $\operatorname{Tr} S$ *und ersetzt* $\eta(y)$ *durch* $\eta(x)$ *in (13.21).*

Beweis. Wegen Satz 13.4a. können wir o. B. d. A. annehmen, dass

$$T \quad \text{finit mit } \operatorname{Tr} T \subseteq \mathcal{U}_R \ .$$

(Hier ist $\mathcal{U}_R$ die offene Kugel vom Radius R um den Nullpunkt.) Dann wählen wir gemäß Lemma 11.8 ein $\eta \in \mathcal{D}(\mathbb{R}^n)$ mit

$$\operatorname{Tr} \eta \subseteq \mathcal{U}_R \quad \text{und} \quad \eta = 1 \quad \text{auf } \operatorname{Tr} T \ .$$

Sei nun $\varphi \in \mathcal{D}(\mathbb{R}^n)$ mit $\operatorname{Tr} \varphi \subseteq \mathcal{U}_{R'}$ beliebig. Dann ist

$$\psi(x, y) = \eta(y)\varphi(x + y) \in \mathcal{D}(\mathbb{R}^{2n}), \ \operatorname{Tr}(\psi) \subseteq \mathcal{U}_{R+R'} \times \mathcal{U}_R \ , \tag{13.22}$$

wie man sofort nachrechnet. Nun wählen wir eine beliebige 1-Folge (η_m) in $\mathcal{D}(\mathbb{R}^{2n})$. Nach Definition 13.5 ist dann

$$\eta(y)\eta_m(x, y)\varphi(x + y) = \eta(y)\varphi(x + y) \tag{13.23}$$

für hinreichend großes $m \geq m_0$. Wegen $T = \eta T$ folgt dann

$$\begin{aligned}
\langle S * T, \varphi \rangle &= \lim_{m \longrightarrow \infty} \langle S(x) \otimes T(y), \eta_m(x, y)\varphi(x + y) \rangle \\
&= \lim_{m \longrightarrow \infty} \langle S(x) \otimes (\eta(y)T(y)), \eta_m(x, y)\varphi(x + y) \rangle \\
&= \lim_{m \longrightarrow \infty} \langle S(x) \otimes T(y), \eta(y)\eta_m(x, y)\varphi(x + y) \rangle \\
&= \langle S(x) \otimes T(y), \eta(y)\varphi(x + y) \rangle
\end{aligned}$$

wobei der Limes wegen (13.23) existiert und unabhängig von der Folge (η_m) ist. Daher ist auch durch (13.21) ein stetiges lineares Funktional auf $\mathcal{D}(\mathbb{R}^n)$ definiert.

□

Aus den Eigenschaften des Tensorprodukts in Satz 13.4 a.,b. folgt nun:

Satz 13.7.

a. *Für Distributionen* $S, T \in \mathcal{D}'(\mathbb{R}^n)$ *existiert* $S * T$ *genau dann, wenn* $T * S$ *existiert, und die beiden Faltungsprodukte sind dann gleich.*
b. *Seien* $S, S_m, T, T_m \in \mathcal{D}'(\mathbb{R}^n)$ *mit*

$$S_m \longrightarrow S \ , \quad T_m \longrightarrow T \quad \text{in } \mathcal{D}'.$$

Ist dann T *finit oder sind* S *und alle* S_m *finit, so gilt*

$$S_m * T \longrightarrow S * T \quad \text{in } \mathcal{D}'. \tag{13.24}$$

Ist S *finit oder sind* T *und alle* T_m *finit, so gilt*

$$S * T_m \longrightarrow S * T \quad \text{in } \mathcal{D}'. \tag{13.25}$$

Für das Differenzieren eines Faltungsprodukts gilt die Rechenregel, die von Funktionen her vertraut ist:

Satz 13.8. *Wenn für $S, T \in \mathcal{D}'(\mathbb{R}^n)$ das Faltungsprodukt $S * T$ existiert, so existieren für jeden Multiindex α die Faltungsprodukte $(D^\alpha S) * T$ und $S * (D^\alpha T)$ und es gilt*

$$D^\alpha(S * T) = (D^\alpha S) * T = S * (D^\alpha T) . \tag{13.26}$$

Beweis. Es genügt, die Behauptung für eine erste Ableitung zu zeigen. Sei also $\varphi \in \mathcal{D}(\mathbb{R}^n)$ und sei (η_m) eine 1-Folge in $\mathcal{D}(\mathbb{R}^{2n})$. Dann ist $(\eta_m + \partial_i \eta_m)$, $1 \leq i \leq n$, ebenfalls eine 1-Folge, denn nach Definition 13.5a. ist $\eta_m = 1$ auf K, also $\partial_i \eta_m = 0$ auf K für $m \geq m_0$, wobei m_0 von der kompakten Menge K abhängt. Da $S * T$ nach Voraussetzung existiert, folgt aus Definition 13.5b.:

$$\begin{aligned}
\langle \partial_i (S * T), \varphi \rangle &= -\langle S * T, \partial_i \varphi \rangle \\
&= -\langle S(x) \otimes T(y), \varphi_{x_i}(x + y) \rangle \\
&= -\lim_{m \to \infty} \langle S(x) \otimes T(y), \eta_m(x, y) \varphi_{x_i}(x + y) \rangle \\
&= -\lim_{m \to \infty} \langle S(x) \otimes T(y), \partial_{x_i}(\eta_m(x, y)\varphi(x + y)) \\
&\quad - \eta_{m,x_i}(x, y)\varphi(x + y) \rangle \\
&= \lim_{m \to \infty} \langle (\partial_i S)(x) \otimes T(y), \eta_m(x, y)\varphi(x + y) \rangle \\
&\quad + \lim_{m \to \infty} \langle S(x) \otimes T(y), (\eta_m + \partial_{x_i} \eta_m)(x, y)\varphi(x + y) \rangle \\
&\quad - \lim_{m \to \infty} \langle S(x) \otimes T(y), \eta_m(x, y)\varphi(x + y) \rangle \\
&= \langle \partial_i S * T, \varphi \rangle + \langle S * T, \varphi \rangle - \langle S * T, \varphi \rangle ,
\end{aligned}$$

womit alles gezeigt ist. □

Als Übung zeigt man leicht:

Beispiel 13.9. Für jedes $T \in \mathcal{D}'(\mathbb{R}^n)$ gilt:

$$T * \delta_0 = \delta_0 * T = T \tag{13.27}$$

und daher auch

$$D^\alpha T = D^\alpha \delta_0 * T = \delta_0 * D^\alpha T . \tag{13.28}$$

Es sollte noch bemerkt werden, dass aus der Existenz von $D^\alpha S * T$ und $S * (D^\alpha T)$ i. A. nicht die Existenz von $S * T$ folgt, wie man an Beispielen zeigen kann (vgl. Aufg. 13.5).

Die Faltung ist ein gutes Werkzeug für Approximationen, wie wir schon in Kap. 11 für Funktionen gesehen haben. Mit Hilfe von Faltungen sowie Multiplikation mit Abschmierfunktionen kann man den folgenden wichtigen Satz beweisen. (Für einfache Fälle ist die verwendete Beweistechnik in den Aufgaben 11.7 und 13.4 demonstriert.)

Theorem 13.10. *Jede Distribution $T \in \mathcal{D}'(\Omega)$ ist der $\mathcal{D}'$-Limes einer Folge von regulären Distributionen, die von Testfunktionen $\eta_m \in \mathcal{D}(\Omega)$ erzeugt werden. Mit anderen Worten: $\mathcal{D}(\Omega)$ ist dicht in $\mathcal{D}'(\Omega)$.*

C FOURIERtransformation von Tensor- und Faltungsprodukt

Wir wollen nun die FOURIERtransformation aus Theorem 11.33 auf Tensor- und Faltungsprodukte anwenden. Dabei legen wir ausschließlich *temperierte* Distributionen zu Grunde. Für diese gelten alle bisherigen Sätze über Tensorprodukt und Faltung wörtlich, wie man sich leicht überzeugt.

Wir bezeichnen die Variablen wieder mit $x = (x_1, \ldots, x_m) \in \mathbb{R}^m_x$, $y = (y_1, \ldots, y_n) \in \mathbb{R}^n_y$ und $z = (x_1, \ldots, x_m, y_1, \ldots, y_n) \in \mathbb{R}^{m+n}_z$. Die „dualen" Variablen, von denen die FOURIERtransformierten abhängen, bezeichnen wir analog mit $\xi \in \mathbb{R}^m_x$, $\eta \in \mathbb{R}^n_y$ bzw. $\zeta \in \mathbb{R}^{m+n}_z$.

Für Testfunktionen $\varphi \in \mathcal{S}_{m+n}$ kann man dann folgende FOURIERtransformationen definieren:

$$\begin{aligned}
\mathcal{F}_z\left[\varphi(\xi,\eta)\right](x,y) &= (2\pi)^{-m/2-n/2} \int\limits_{\mathbb{R}^{m+n}_z} \varphi(\xi,\eta)\, \mathrm{e}^{-\mathrm{i}(x\cdot\xi+y\cdot\eta)}\, \mathrm{d}^m\xi\, \mathrm{d}^n\eta\,, \\
\mathcal{F}_x\left[\varphi(\xi,\eta)\right](x,\eta) &= (2\pi)^{-m/2} \int\limits_{\mathbb{R}^m_x} \varphi(\xi,\eta)\, \mathrm{e}^{-\mathrm{i}x\cdot\xi}\, \mathrm{d}^m\xi\,, \\
\mathcal{F}_y\left[\varphi(\xi,\eta)\right](\xi,y) &= (2\pi)^{-n/2} \int\limits_{\mathbb{R}^n_y} \varphi(\xi,\eta)\, \mathrm{e}^{-\mathrm{i}y\cdot\eta}\, \mathrm{d}^n\eta\,.
\end{aligned} \tag{13.29}$$

Diese partiellen FOURIERtransformationen übertragen sich mittels Theorem 11.33 auf temperierte Distributionen, z. B.

$$\begin{aligned}
\langle \mathcal{F}_z\left[T(\xi,\eta)\right](x,y), \varphi(x,y)\rangle &= \langle T(x,y), \mathcal{F}_z\left[\varphi(\xi,\eta)\right](x,y)\rangle\,, \\
\langle \mathcal{F}_x\left[T(\xi,\eta)\right](x,\eta), \varphi(x,\eta)\rangle &= \langle T(x,\eta), \mathcal{F}_x\left[\varphi(\xi,\eta)\right](x,\eta)\rangle
\end{aligned} \tag{13.30}$$

usw. Beachtet man außerdem noch die Definitionsgleichung für das Tensorprodukt aus Satz 13.2, also

$$\langle S(x) \otimes T(y), \varphi(x,y)\rangle = \langle S(x), \langle T(y), \varphi(x,y)\rangle\rangle\,, \tag{13.31}$$

so bekommen wir sofort die folgenden Rechenregeln:

Satz 13.11. *Für $S(x) \in \mathcal{S}'_m$, $T(y) \in \mathcal{S}'_n$ gilt:*

$$\begin{aligned}
&\mathcal{F}_z\left[S(\xi) \otimes T(\eta)\right] = \\
&= \mathcal{F}_x\left[S(\xi) \otimes \mathcal{F}_y\left[T(\eta)\right](y)\right] \\
&= \mathcal{F}_y\left[\mathcal{F}_x\left[S(\xi)\right] \otimes T(\eta)\right] \\
&= \mathcal{F}_x\left[S(\xi)\right] \otimes \mathcal{F}_y\left[T(\eta)\right]
\end{aligned} \tag{13.32}$$

Kurz:

$$\mathcal{F}[S \otimes T] = \mathcal{F}[S] \otimes \mathcal{F}[T] \tag{13.33}$$

Sei nun $S(x) \in \mathcal{S}'_m$ und sei $T(y) \in \mathcal{D}'(\mathbb{R}^n)$ eine finite Distribution, wobei aber $m = n$ sein soll. Nach Satz 13.6 existiert dann das Faltungsprodukt $S * T \in \mathcal{S}'_n$ gemäß

$$\langle S * T, \varphi \rangle = \langle S(x), \langle T(y), \eta(y)\varphi(x+y) \rangle \rangle \tag{13.34}$$

für alle $\varphi \in \mathcal{S}_n$, wobei $\eta \in \mathcal{D}(\mathbb{R}^n)$ mit $\eta = 1$ auf Tr T. Auf $S * T$ können wir die FOURIERtransformation anwenden:

$$\begin{aligned} \langle \mathcal{F}[S * T], \varphi \rangle &= \langle S * T, \mathcal{F}[\varphi] \rangle \\ &= \langle S(x), \langle T(y), \eta(y)\mathcal{F}[\varphi(\xi)](x+y) \rangle \end{aligned} \tag{13.35}$$

Da T linear und stetig ist, folgt (wie im Beweis von Satz 11.34):

$$\begin{aligned} &\langle T(y), \eta(y)\mathcal{F}[\varphi(\xi)](x+y) \rangle = \\ &= (2\pi)^{-n/2} \int_{\mathbb{R}^n} \left\langle T(y), \eta(y)\, \mathrm{e}^{-\mathrm{i}(x+y)\cdot\xi} \right\rangle \varphi(\xi)\, \mathrm{d}^n\xi \,. \end{aligned} \tag{13.36}$$

Da T eine finite Distribution ist, ist nach Satz 11.34

$$\left\langle T(y), \eta(y)\, \mathrm{e}^{-\mathrm{i}(x+y)\cdot\xi} \right\rangle = \mathrm{e}^{-\mathrm{i}x\xi} \cdot (2\pi)^{n/2}\mathcal{F}[T(y)](\xi) = (2\pi)^{n/2}\mathrm{e}^{-\mathrm{i}x\xi}\hat{T}(\xi) \tag{13.37}$$

eine Funktion aus $\mathcal{P}^\infty_n$. Mit (13.35) und (13.36) folgt daher

$$\begin{aligned} &\langle \mathcal{F}[S * T], \varphi \rangle = \\ &= \left\langle S(x), \int_{\mathbb{R}^n} \mathrm{e}^{-\mathrm{i}x\xi}\varphi(\xi)\hat{T}(\xi)\, \mathrm{d}^n\xi \right\rangle \\ &= \left\langle S(x), (2\pi^{n/2})\mathcal{F}\left[\varphi\hat{T}\right](x) \right\rangle \\ &= (2\pi)^{n/2}\left\langle \mathcal{F}[S], \varphi\hat{T} \right\rangle \\ &= (2\pi)^{n/2}\langle \mathcal{F}[T]\mathcal{F}[S], \varphi \rangle \,, \end{aligned}$$

wobei das Produkt $\mathcal{F}[T] \cdot \mathcal{F}[S]$ das Produkt der temperierten Distribution $\mathcal{F}[S]$ mit der $\mathcal{P}^\infty$-Funktion $\mathcal{F}[T]$ ist. Also haben wir gezeigt:

Satz 13.12. *Ist $S \in \mathcal{S}'_n$, und ist $T \in \mathcal{D}'(\mathbb{R}^n)$ finit, so gilt*

$$\mathcal{F}[S * T] = (2\pi)^{n/2}\mathcal{F}[S] \cdot \mathcal{F}[T] \,. \tag{13.38}$$

D Anwendungen auf lineare Differentialgleichungen

Im Folgenden wollen wir die hier und in Kap. 11 zusammen gestellten Eigenschaften der Distributionen aus $\mathcal{D}'$ und $\mathcal{S}'$ anwenden, um Aussagen über die Lösbarkeit linearer partieller Differentialgleichungen zu gewinnen.

Definitionen 13.13. Sei $\Omega \subseteq \mathbb{R}^n$ ein Gebiet.

a. Für Multiindices $|\alpha| \leq m$ seien $a_\alpha(x) \in C^\infty(\Omega)$ gegebene Funktionen. Dann definiert man den *linearen Differentialoperator* mit den *Koeffizienten* a_α durch

$$L(x, D) := \sum_{|\alpha| \leq m} a_\alpha(x) D^\alpha , \quad D = \left(\frac{\partial}{\partial x_1}, \ldots, \frac{\partial}{\partial x_n} \right) . \tag{13.39}$$

b. Ist $f \in \mathcal{D}'(\Omega)$ eine gegebene Distribution, so heißt eine Distribution $u \in \mathcal{D}'(\Omega)$ eine *verallgemeinerte Lösung* der Differentialgleichung

$$L(x, D)u = f \tag{13.40}$$

in einem Gebiet $\Omega_0 \subseteq \Omega$, wenn

$$\langle L(x, D)u, \varphi \rangle = \langle f, \varphi \rangle \tag{13.41}$$

für alle $\varphi \in \mathcal{D}$ mit $\operatorname{Tr} \varphi \subseteq \Omega_0$ gilt.

Folgende Umformulierung leitet man sofort als Übung her:

Satz 13.14. *Bezeichnet*

$$L^*(x, D)\varphi := \sum_{|\alpha| \leq m} (-1)^{|\alpha|} D^\alpha (a_\alpha \varphi) \tag{13.42}$$

den zum Differentialoperator $L(x, D)$ transponierten Operator, *so ist* $u \in \mathcal{D}'(\Omega)$ *genau dann eine verallgemeinerte Lösung in* Ω_0, *wenn*

$$\langle u, L^*(x, D)\varphi \rangle = \langle f, \varphi \rangle \tag{13.43}$$

für alle $\varphi \in \mathcal{D}$ *mit* $\operatorname{Tr} \varphi \subseteq \Omega_0$.

In der Regel interessiert einen die Differentialgleichung (13.40), wenn die rechte Seite $f \in C^0(\Omega)$ ist (bzw. die davon erzeugte reguläre Distribution) und man fragt nach klassischen Lösungen $u \in C^m(\Omega)$ von (13.40). Klar ist dabei, dass jede klassische Lösung auch eine verallgemeinerte Lösung ist (Produktintegration!). Umgekehrt hat man:

Satz 13.15. *Ist die verallgemeinerte Lösung* $u \in \mathcal{D}'$ *der Differentialgleichung*

$$L(x, D)u = f \quad \textit{in } \Omega \tag{13.40}$$

eine reguläre Distribution, die von einer Funktion $u \in C^m(\Omega)$ *erzeugt wird und ist* $f \in \mathcal{D}'(\Omega)$ *eine reguläre Distribution, die von einer Funktion* $f(x) \in C^0(\Omega)$ *erzeugt wird, so ist* $u(x)$ *auch klassische Lösung der Differentialgleichung (13.40).*

Beweis. Da $u \in \mathcal{D}'(\Omega) \cap C^m(\Omega)$ ist, stimmen nach Abschn. 11F die klassischen und schwachen Ableitungen von u überein und zwar bis zur Ordnung m (vgl. insbesondere die Motivation für die Definitionen aus 11.28). Weil u eine verallgemeinerte Lösung von (13.40) ist, gilt

$$L(x, D)u - f = 0 \quad \text{in } \Omega$$

im Sinne von Definition 13.13b., d. h.

$$\langle L(x, D)u - f, \varphi \rangle = 0 \quad \text{für } \varphi \in \mathcal{D}(\Omega) ,$$

also, ausführlich geschrieben:

$$\int_\Omega \Big(L(x, D)u(x) - f(x) \Big) \varphi(x) \, \mathrm{d}^n x = 0 .$$

Die Funktion $L(x, D)u(x) - f(x)$ ist nach Voraussetzung aber stetig. Das Fundamentallemma der Variationsrechnung (Theorem 11.17) ergibt daher also

$$L(x, D)u(x) = f(x) \quad \text{für alle } x \in \Omega.$$

Das bedeutet aber, dass u klassische Lösung ist. □

Fundamentallösungen

Bei klassischen partiellen Differentialgleichungen wie der Potentialgleichung oder der Wärmeleitungsgleichung werden Lösungen bekanntlich aus einer sog. *Fundamentallösung* gewonnen (vgl. etwa [36], Kap. 25 und 26). Die Distributionstheorie ermöglicht es, das allgemeine Prinzip dahinter klar herauszuschälen und auch Berechnungsmethoden für Fundamentallösungen anderer Differentialgleichungen zu entwickeln. Allerdings geht es dabei stets um lineare Differentialgleichungen mit *konstanten* Koeffizienten.

Definition 13.16. Es sei

$$L(D) = \sum_{|\alpha| \leq m} a_\alpha D^\alpha \tag{13.44}$$

ein linearer Differentialoperator in $\mathbb{R}^n$ mit konstanten Koeffizienten $a_\alpha \in \mathbb{C}$. Dann nennt man eine Distribution $E \in \mathcal{D}' \equiv \mathcal{D}'(\mathbb{R}^n)$, welche die Gleichung

$$L(D)E = \delta(x) \quad \text{in } \mathcal{D}' \tag{13.45}$$

erfüllt, eine *Fundamentallösung* von $L(D)$.

Eine Fundamentallösung ist i. A. nicht eindeutig bestimmt, denn ist $E_0 \in \mathcal{D}'$ eine Lösung der homogenen Gleichung

$$L(D)E_0 = 0\,,$$

so ist $E + E_0$ ebenfalls eine Fundamentallösung von $L(D)$.

Beispiel: Für den LAPLACE-Operator $\Delta = \sum_{j=1}^{n} \partial_j^2$ in $\mathbb{R}^n$ gilt nach Aufg. 12.11a.:

$$\Delta\mathcal{P}(r^{\lambda+2}) = (\lambda+2)(\lambda+n)\mathcal{P}(r^{\lambda})$$

für $\lambda \neq -n-2k$, $k \in \mathbb{N}_0$. Grenzübergang $\lambda \to -n$ liefert wegen (12.78)

$$\Delta r^{2-n} = (2-n)\omega_n\delta\,.$$

Also ist für alle $n \neq 2$

$$E := \frac{1}{\omega_n(2-n)} r^{2-n} \tag{13.46}$$

eine Fundamentallösung für den LAPLACE-Operator. Mit derselben Methode (vgl. Aufg. 12.11b.) kann man auch für die Potenzen Δ^m Fundamentallösungen bestimmen.

Bei linearen Differentialoperatoren $L(D)$ mit konstanten Koeffizienten kann man die FOURIERtransformation zur Bestimmung einer Fundamentallösung verwenden, wobei man jedoch beachten muss, dass diese nur für temperierte Distributionen $T \in \mathcal{S}_n'$ definiert ist.

Satz 13.17. *Eine temperierte Distribution $E \in \mathcal{S}_n'$ ist genau dann eine Fundamentallösung des Operators $L(D)$, wenn ihre FOURIERtransformierte $\mathcal{F}[E]$ die Gleichung*

$$L(\mathrm{i}\xi)F[E] = (2\pi)^{-n/2}\underline{1} \tag{13.47}$$

mit

$$L(\xi) = \sum_{|\alpha|\le m} a_\alpha \xi^\alpha \tag{13.48}$$

erfüllt.

Beweis. Es sei zunächst $E \in \mathcal{S}_n'$ eine Fundamentallösung von $L(D)$. Dann wenden wir auf (13.45) die FOURIERtransformation an und verwenden auf der rechten Seite (11.76):

$$\mathcal{F}[L(D)E] = \mathcal{F}[\delta] = (2\pi)^{-n/2}\underline{1}\,.$$

Auf der linken Seite ergibt sich nach den Rechenregeln für die FOURIERtransformation in Theorem 11.33c.

$$\begin{aligned}\mathcal{F}[L(D)E] &= \mathcal{F}\left[\sum_{|\alpha|\le m} a_\alpha D^\alpha E\right]\\ &= \sum_{|\alpha|\le m} a_\alpha \mathcal{F}[D^\alpha E]\end{aligned}$$

$$= \sum_{|\alpha|\leq m} a_\alpha (\mathrm{i}\xi)^\alpha \mathcal{F}[E] = L(\mathrm{i}\xi)\mathcal{F}[E] \ ,$$

woraus (13.47) folgt. Die Umkehrung wird ebenso nachgerechnet. □

Wie man am Beweis von Satz 13.17 sieht, überführt die FOURIERtransformation einen linearen Differentialoperator $L(D)$ m-ter Ordnung mit konstanten Koeffizienten in ein Polynom $P(\xi)$ m-ten Grades. Die Bestimmung von Fundamentallösungen $E \in \mathcal{S}'$ führt nach 13.17 auf das Lösen von algebraischen Gleichungen der Form

$$P(\xi)X = 1 \quad \text{in } \mathcal{S}_n' \ , \tag{13.49}$$

wobei P ein beliebiges Polynom ist. Es ist klar, dass jede mögliche Lösung von (13.49) auf dem Komplement der Nullstellenmenge

$$N_P = \{\xi \mid P(\xi) = 0\}$$

mit $[1/P(\xi)]$ übereinstimmen muss. Jede solche Lösung ist also eine *Regularisierung* des (möglicherweise divergenten) Integrals $\int \frac{\varphi(\xi)}{P(\xi)} \, \mathrm{d}^n\xi$ im Sinne von Def. 12.13. Dies bedeutet insbesondere, dass im Falle von $N_P \neq \emptyset$ die Lösung von (13.49) nicht eindeutig ist, da man Distributionen mit Träger auf N_P addieren kann.

Beispiele 13.18. (i) Für den LAPLACE-Operator ist $L(\mathrm{i}\xi) = -|\xi|^2$, also $1/L(\mathrm{i}\xi) = -|\xi|^{-2}$ lokal integrierbar, falls $n \geq 3$. Da es sich um eine gerade Funktion handelt, ist $\mathcal{F}^{-1}[|\xi|^{-2}] = \mathcal{F}[|\xi|^{-2}]$, also finden wir mit (13.47) und (12.84) die Fundamentallösung

$$E = \frac{\mathcal{F}^{-1}[-|\xi|^{-2}]}{(2\pi)^{n/2}} = -\frac{\Gamma\left(\frac{n-2}{2}\right)}{4\pi^{n/2}}|x|^{2-n} \ .$$

Das stimmt mit (13.46) überein, denn

$$\omega_n = \frac{2\pi^{n/2}}{\Gamma\left(\frac{n}{2}\right)} = \frac{4\pi^{n/2}}{(n-2)\Gamma\left(\frac{n}{2}-1\right)} \ .$$

(ii) Die sog. HELMHOLTZ-Gleichung

$$\Delta u + \mu^2 u = 0 \ , \qquad \mu \in \mathbb{R},\ \mu \neq 0$$

beschreibt stehende Wellen im dreidimensionalen Raum. Hier ist $L(\mathrm{i}\xi) = -|\xi|^2 + \mu^2$, und in Aufg. 12.14 haben wir eine spezielle Regularisierung von $1/(|\xi|^2 - \mu^2)$ kennengelernt, nämlich

$$T_\mu = \lim_{\varepsilon \searrow 0} T_\mu(\varepsilon) \quad \text{mit } T_\mu(\varepsilon) := \frac{1}{2}\Big((|\xi|^2 - \mu^2 + \mathrm{i}\varepsilon)^{-1} + (|\xi|^2 - \mu^2 - \mathrm{i}\varepsilon)^{-1}\Big)$$

$$= \frac{|\xi|^2 - \mu^2}{(|\xi|^2 - \mu^2)^2 + \varepsilon^2} \ .$$

Also ist

$$(|\xi|^2 - \mu^2)T_\mu(\varepsilon) = \frac{(|\xi|^2 - \mu^2)^2}{(|\xi|^2 - \mu^2)^2 + \varepsilon^2},$$

und der Betrag des letzten Bruches ist unabhängig von $\varepsilon > 0$ durch 1 beschränkt. Nach dem Satz über dominierte Konvergenz haben wir daher

$$\lim_{\varepsilon \searrow 0}(|\xi|^2 - \mu^2)T_\mu(\varepsilon) = 1$$

in $L^1_{loc}(\mathbb{R}^3)$ und insbesondere in $\mathcal{S}'_3$. Es folgt

$$(-|\xi|^2 + \mu^2)T_\mu = -\underline{1},$$

also ist nach Satz 13.17 eine Fundamentallösung der HELMHOLTZ-Gleichung durch

$$E := -(2\pi)^{-3/2}\mathcal{F}^{-1}[T_\mu]$$

gegeben. Nun ist $\mathcal{F}^{-1}[T_\mu](x) = \mathcal{F}[T_\mu](-x) = \mathcal{F}[T_\mu](x)$ aus Aufg. 12.14a. bekannt, und damit finden wir schließlich als Fundamentallösung die reguläre temperierte Distribution

$$E(x) = -\frac{1}{4\pi}\frac{\cos \mu|x|}{|x|}.$$

Nun zurück zum allgemeinen Fall! Ist die Funktion

$$\frac{1}{P(\xi)} = X(\xi)$$

in $\mathbb{R}^n$ lokal integrierbar, so ist die davon erzeugte reguläre Distribution offenbar eine Lösung von (13.49), und sie ist auch temperiert, wie man direkt mittels Integration beweisen kann. Ist $1/P(\xi)$ jedoch nicht lokal integrierbar, was der Fall sein kann, wenn $P(\xi)$ in gewissen Punkten von N_P mit zu hoher Ordnung verschwindet, so muss $1/P(\xi)$ regularisiert werden, und man hat in diesem Fall das relativ schwierige Problem, dennoch eine temperierte Lösung $X \in \mathcal{S}'_n$ von (13.49) zu konstruieren. Dies funktioniert, was wir ohne Beweis angeben:

Theorem 13.19 (L. HÖRMANDER). *Für jedes Polynom $P(\xi)$ auf $\mathbb{R}^n$ ist die Gleichung*

$$P(\xi)X = 1 \tag{13.49}$$

in $\mathcal{S}'_n$ lösbar.

Kombinieren wir diese hier nicht bewiesene Aussage mit Satz 13.17, so haben wir folgendes Ergebnis, bei dem wir mit $\operatorname{reg} 1/P(\xi)$ die durch das Theorem gegebene Lösung von (13.49) bezeichnen:

Korollar 13.20 (*Satz von* MALGRANGE-EHRENPREIS). *Jeder lineare Differentialoperator $L(D)$ mit konstanten Koeffizienten besitzt eine temperierte Fundamentallösung $E \in \mathcal{S}'$ und diese wird durch die Formel*

$$E = (2\pi)^{-n/2}\mathcal{F}^{-1}\left[\operatorname{reg}\frac{1}{L(\mathrm{i}\xi)}\right] \tag{13.50}$$

gegeben.

Bemerkung: Diese Aussage ist hauptsächlich von theoretischem Nutzen. Für Operatoren aus speziellen Klassen können Fundamentallösungen jedoch explizit berechnet werden, indem man ähnlich wie in den Beispielen 13.18 vorgeht. Ausführliche Berechnungen dieser Art findet man z. B. in [33].

Inhomogene Gleichungen

Nun wollen wir die im vorhergehenden Abschnitt definierte Fundamentallösung E benutzen, um damit inhomogene Differentialgleichungen zu lösen. Der Ausgangspunkt hierfür ist der folgende Satz:

Satz 13.21. *Sei*

$$L(D) = \sum_{|\alpha| \leq m} a_\alpha D^\alpha \tag{13.51}$$

ein linearer Differentialoperator m-ter Ordnung mit konstanten Koeffizienten, und sei $E \in \mathcal{D}'$ eine Fundamentallösung, d. h.

$$L(D)E = \delta \,. \tag{13.52}$$

Sei ferner $f \in \mathcal{D}'$ derart, dass die Faltung $E * f$ in $\mathcal{D}'$ existiert (z. B. wenn E oder f finit ist). Dann hat die inhomogene Differentialgleichung

$$L(D)u = f \tag{13.53}$$

in $\mathcal{D}'$ die Lösung

$$u = E * f \,. \tag{13.54}$$

Diese Lösung ist in der Klasse der Distributionen aus $\mathcal{D}'$ eindeutig bestimmt, für die die Faltung mit E existiert.

Beweis. Es sei also $E \in \mathcal{D}'$ eine Fundamentallösung von $L(D)$, d. h. es gilt (13.52) und es sei $f \in \mathcal{D}'$ derart, dass die Faltung $E * f$ existiert. Dann wenden wir $L(D)$ auf $E * f$ an, wobei wir Satz 13.8 und Beispiel 13.9 benutzen:

$$\begin{aligned} L(D)(E * f) &= \sum_{|\alpha| \leq m} a_\alpha D^\alpha (E * f) \\ &= \left(\sum_\alpha a_\alpha D^\alpha E \right) * f \\ &= (L(D)E) * f = \delta * f = f \,, \end{aligned}$$

d. h. es gilt in der Tat

$$L(D)(E * f) = f \,,$$

so dass $u = E * f$ die inhomogene Differentialgleichung (13.53) löst.

Um die Eindeutigkeit in der Klasse der Distributionen aus $\mathcal{D}'$ zu zeigen, für welche die Faltung mit E existiert, müssen wir nur zeigen, dass die zugehörige homogene Differentialgleichung

$$L(D)u = 0 \tag{13.55}$$

in dieser Klasse nur die triviale Lösung hat. Dazu beachten wir, dass aus 13.8 und (13.52) für eine Lösung u von (13.55) folgt:

$$u = u * \delta = u * L(D)E = L(D)(u * E) = L(D)u * E = 0\,,$$

womit alles gezeigt ist. □

Die letzte Umformung beim Beweis der Eindeutigkeit halten wir als Ergebnis fest:

Korollar 13.22. *Ist E eine Fundamentallösung von $L(D)$ und ist $u \in \mathcal{D}'$ derart, dass $u * E$ existiert, so gilt*

$$u = L(D)u * E\,. \tag{13.56}$$

Die physikalische Bedeutung der Lösung $u = E * f$ ist nichts anderes als das Superpositionsprinzip. Dabei zerlegt man die Quelle $f(x)$ auf der rechten Seite von (13.53) in Punktquellen

$$f(\xi)\delta(x-\xi)\,,$$

d. h.

$$f(x) = \delta * f \equiv \int f(\xi)\delta(x-\xi)\,\mathrm{d}^n\xi\,.$$

Wegen (13.52) bestimmt jede Punktquelle die Einflussfunktion

$$f(\xi)E(x-\xi)\,.$$

Daher ist die Lösung die Superposition dieser Einflussfunktionen

$$u(x) = E * f \equiv \int f(\xi)E(x-\xi)\,\mathrm{d}^n\xi\,.$$

Propagatoren

Viele partielle Differentialgleichungen beschreiben die zeitliche Entwicklung eines räumlich ausgedehnten Systems und handeln daher von Funktionen von $n+1$ Variablen $x_0 = t, x_1, \ldots, x_n$, wobei t die Rolle der Zeit spielt. Man bezeichnet sie als *Evolutionsgleichungen*, und meist sind sie von erster oder zweiter Ordnung in der Zeitvariablen, haben also die Form

$$\frac{\partial u}{\partial t} - L(x, D_x)u = f(t,x) \tag{13.57}$$

bzw.

$$\frac{\partial^2 u}{\partial t^2} - L(x, D_x)u = f(t, x) , \tag{13.58}$$

wobei $x = (x_1, \ldots, x_n)$ und $D_x = \left(\frac{\partial}{\partial x_1}, \ldots, \frac{\partial}{\partial x_n}\right)$ ist. Der Fall zweiter Ordnung umfasst so wichtige Beispiele wie die *Wellengleichung* oder die KLEIN-GORDON-Gleichung, aber er lässt sich ähnlich behandeln wie der Fall erster Ordnung, und darum beschränken wir uns hier auf die Diskussion von (13.57).

Wir wollen Lösungen als klassische Funktionen der Zeit betrachten, die aber in den räumlichen Variablen Distributionscharakter haben dürfen. Innerhalb weiter Bereiche gilt dann der Satz, dass die Lösung durch eine *Anfangsbedingung* eindeutig festgelegt wird, so wie man es von gewöhnlichen Differentialgleichungen her kennt. Deshalb definiert man:

Definitionen 13.23.

a. Sei $S \in \mathcal{D}'(\mathbb{R}^n)$ eine gegebene Distribution. Eine *Lösung des* CAUCHY-*Problems*

$$\frac{\partial u}{\partial t} - L(x, D_x)u = 0 , \quad u(0, x) = S(x) \tag{13.59}$$

ist eine Schar $(T_t)_{t \geq 0}$ von Distributionen $T_t \in \mathcal{D}'\left(\mathbb{R}^n_x\right)$, für die gilt:

$$\frac{\mathrm{d}}{\mathrm{d}t}\langle T_t, \varphi\rangle - \langle L(x, D_x)T_t, \varphi\rangle = 0$$

sowie

$$T_0 = S .$$

b. Nun sei $L(x, D_x) = L(D_x)$ ein Operator mit konstanten Koeffizienten. Eine *Fundamentallösung des* CAUCHY-*Problems* oder ein *Propagator* ist eine Lösung des CAUCHY-Problems für die Anfangsbedingung $S = \delta_0$.

Der Sinn dieser Fundamentallösungen wird aus dem folgenden Satz klar:

Satz 13.24. *Sei $(E_t)_{t \geq 0}$ eine Fundamentallösung für das* CAUCHY-*Problem (13.59). Ist $S \in \mathcal{D}'(\mathbb{R}^n_x)$ finit, so ist durch*

$$T_t := E_t * S , \qquad t \geq 0 \tag{13.60}$$

eine Lösung des CAUCHY-*Problems mit der Anfangsbedingung S gegeben.*

Beweis. Offenbar ist $T_0 = E_0 * S = \delta * S = S$. Außerdem gilt

$$\frac{\mathrm{d}}{\mathrm{d}t}(E_t * S) = \frac{\mathrm{d}}{\mathrm{d}t}E_t * S . \tag{13.61}$$

Um dies einzusehen, schreibt man die Ableitungen als Grenzwerte von Differenzenquotienten und beachtet Satz 13.7b. Nun ergibt sich

$$\frac{\mathrm{d}}{\mathrm{d}t}T_t = L(D_x)E_t * S = L(D_x)(E_t * S) = L(D_x)T_t ,$$

also die Gültigkeit der Differentialgleichung im Sinne der Def. 13.23a. □

Bemerkungen: (i) Die Aussage dieses Satzes gilt nicht nur für finite Distributionen S, sondern immer dann, wenn die Faltung $E_t * S$ existiert und sich als Funktion des linken Faktors stetig verhält.

(ii) Die Bedeutung des Wortes „Propagator“ wird in der mathematischen und physikalischen Literatur nicht ganz einheitlich gehandhabt. Manche Autoren verstehen darunter auch die Schar von Abbildungen $U(t)$, $t \geq 0$ mit $U(t)S := E_t * S$. Die Abbildung $U(t)$ ordnet also jeder Anfangsbedingung S den Wert zu, den die Lösung des entsprechenden CAUCHY-Problems zur Zeit t annimmt, d. h. den Zustand, in dem sich das betreffende System zur Zeit t befindet, wenn es sich zur Zeit $t_0 = 0$ im Zustand S befunden hat.

Die FOURIERtransformation (bzgl. der x-Variablen) überführt die Evolutionsgleichung (13.57) in eine gewöhnliche Differentialgleichung erster Ordnung, und dies ergibt eine einfache Methode, mit der man sich Fundamentallösungen des CAUCHY-Problems beschaffen kann:

Satz 13.25. *Sei $L = L(D_x)$ ein Differentialoperator mit konstanten Koeffizienten in $\mathbb{R}^n_x$. Er besitzt einen temperierten Propagator genau dann, wenn für jedes $t > 0$ die Funktion*

$$G_t(\xi) := \exp(tL(\mathrm{i}\xi))\,, \qquad \xi \in \mathbb{R}^n$$

eine temperierte Distribution definiert. In diesem Fall ist er (unter den Scharen temperierter Distributionen) eindeutig bestimmt und durch

$$E_t := (2\pi)^{-n/2}\mathcal{F}^{-1}[G_t] \tag{13.62}$$

gegeben.

Beweis. Angenommen, die Schar der $E_t \in \mathcal{S}'_n$ bildet einen Propagator. Es gilt

$$\frac{\mathrm{d}}{\mathrm{d}t}\mathcal{F}[E_t] = \mathcal{F}\left[\frac{\mathrm{d}}{\mathrm{d}t}E_t\right]\,, \tag{13.63}$$

was man wieder mittels Approximation durch Differenzenquotienten bestätigt (Theorem 11.33b.). Anwenden des Operators $\mathcal{F}$ auf die Differentialgleichung $(\partial/\partial t)E_t - L(D_x)E_t = 0$ liefert wegen (11.66)

$$\frac{\mathrm{d}}{\mathrm{d}t}\mathcal{F}[E_t] = L(\mathrm{i}\xi)E_t\,,$$

und die Anfangsbedingung $E_0 = \delta$ liefert

$$\mathcal{F}[E_0] = (2\pi)^{-n/2}\underline{1}\,.$$

Für jedes $\xi \in \mathbb{R}^n$ hat dieses Anfangswertproblem die eindeutige Lösung

$$y(t) = (2\pi)^{-n/2}\exp(tL(\mathrm{i}\xi)) = (2\pi)^{-n/2}G_t(\xi)\,.$$

(Diese Lösung ist auch im Bereich der Distributionen eindeutig, wie man durch Anwenden auf beliebige Testfunktionen erkennen kann.) Also ist $G_t = \mathcal{F}[E_t] \in \mathcal{S}'_n$ für alle $t \geq 0$, und wir haben (13.62). Die Umkehrung ist nun trivial. □

Beispiel 13.26. Für $L = \nu\Delta$ haben wir im Falle $\nu > 0$ die *Wärmeleitungsgleichung* und bei rein-imaginärem ν die SCHRÖDINGERgleichung für ein freies Teilchen. Hier ist $L(\mathrm{i}\xi) = -\nu|\xi|^2$, also

$$G_t(\xi) = \mathrm{e}^{-t\nu|\xi|^2} ,$$

und das definiert genau dann für $t > 0$ eine temperierte Distribution, wenn $\operatorname{Re}\nu \geq 0$ ist. Da es sich um gerade Funktionen handelt, erhalten wir mit (13.62) und (12.88) für diese ν den Propagator

$$E_t(x) = (4\pi\nu t)^{-n/2} \exp\left(-\frac{|x|^2}{4\nu t}\right) , \tag{13.64}$$

falls $\nu \neq 0\,, \operatorname{Re}\nu \geq 0$. Dabei ist für die Wurzel $\nu^{1/2}$ der Zweig zu nehmen, der in der rechten Halbebene liegt.

Kombiniert man dies mit Satz 13.24, so erhält man explizite Lösungsformeln für das CAUCHY-Problem, aus denen sich im Fall $\nu > 0$ viele Eigenschaften von Diffusionen, im Fall $\nu = \mathrm{i}\hbar/2m$ viele Eigenschaften von Materiewwellen ablesen lassen. In [72] ist eine rigorose mathematische Behandlung dieses Themas mit ausführlicher Diskussion der physikalischen Interpretationen verbunden.

Inhomogene Evolutionsgleichungen

Um das CAUCHY-Problem für eine *inhomogene* Evolutionsgleichung – etwa für (13.57) – zu lösen, addiert man die Lösung der entsprechenden homogenen Gleichung, die die gegebene Anfangsbedingung erfüllt, zu einer Lösung der inhomogenen Gleichung, die die triviale Anfangsbedingung

$$u(0, x) = 0$$

erfüllt. Letztere gewinnt man in der elementaren Theorie der Evolutionsgleichungen mit konstanten Koeffizienten (vgl. z. B. [36], Ergänzungen zu Kap. 26 und 27) aus der *Formel von* DUHAMEL

$$u(t, x) = \int_0^t U(t - s) f(s, x) \,\mathrm{d}s ,$$

wobei $U(t - s)$ den Propagator im Sinne der obigen Bemerkung (ii) bezeichnet. Setzt man hier (rein formal!) $f = \delta \in \mathcal{D}'(\mathbb{R}^{n+1})$, so ergibt sich

$$u(t, x) = \int_0^t U(t - s)\delta(s, x) \,\mathrm{d}s = U(t)\delta(0, x) = E_t * \delta = E_t ,$$

d. h. solange es sich um reguläre Distributionen handelt, ist durch

$$E(t,x) := \begin{cases} E_t(x)\,, & t \geq 0\,, \\ 0\,, & t < 0 \end{cases}$$

eine *Fundamentallösung* für den Differentialoperator $\partial/\partial t - L(D_x)$ gegeben. Als Distribution ist E offenbar definiert durch

$$\langle E, \varphi \rangle = \int\limits_0^\infty \langle E_t, \varphi(t,\cdot)\rangle \,\mathrm{d}t \quad \text{für } \varphi \in \mathcal{D}\left(\mathbb{R}_t \times \mathbb{R}^n_x\right)\,, \tag{13.65}$$

und dies können wir als Definition von E wählen, auch wenn die E_t singulär sein sollten.

Diese heuristische Überlegung wird durch den folgenden Satz bestätigt. Er zeigt, wie man eine Fundamentallösung für den vollen Differentialoperator im (t,x)-Raum gewinnen kann, wenn ein Propagator bekannt ist.

Satz 13.27. *Sei $(E_t)_{t\geq 0}$ ein Propagator für die Differentialgleichung*

$$\frac{\partial u}{\partial t} - L(D_x)u = 0\,.$$

Dann ist durch (13.65) eine Fundamentallösung für den Differentialoperator $P = \partial/\partial t - L(D_x)$ in $\mathbb{R}^{n+1} = \mathbb{R}_t \times \mathbb{R}^n_x$ gegeben.

Beweis. Sei $L^*(D_x)$ der transponierte Differentialoperator (vgl. Satz 13.14). Dann ist

$$\left\langle \left(\frac{\partial}{\partial t} - L(D_x)\right) E,\, \varphi \right\rangle = \left\langle E,\, -\frac{\partial \varphi}{\partial t} - L^*(D_x)\varphi \right\rangle$$

für $\varphi \in \mathcal{D}(\mathbb{R}_t \times \mathbb{R}^n_x)$. Wir haben also zu zeigen, dass

$$\left\langle E,\, \frac{\partial \varphi}{\partial t} + L^*(D_x)\varphi \right\rangle = -\varphi(0,0) \tag{13.66}$$

für jede Testfunktion $\varphi = \varphi(t,x)$. Dazu betrachten wir zunächst die speziellen Testfunktionen $\varphi = \eta \otimes \psi$, also $\varphi(t,x) = \eta(t)\psi(x)$, mit $\eta \in \mathcal{D}(\mathbb{R})$, $\psi \in \mathcal{D}(\mathbb{R}^n)$. Für diese ergibt sich mittels (13.65) und Produktintegration

$$\begin{aligned}\langle E, \partial\varphi/\partial t\rangle &= \int\limits_0^\infty \langle E_t, \eta'(t)\psi\rangle \,\mathrm{d}t = \int\limits_0^\infty \eta'(t)\langle E_t, \psi\rangle \,\mathrm{d}t \\ &= -\eta(0)\langle E_0, \psi\rangle - \int\limits_0^\infty \eta(t)\left\langle \frac{\mathrm{d}}{\mathrm{d}t}E_t, \psi\right\rangle \mathrm{d}t\end{aligned}$$

$$= -\eta(0)\psi(0) - \int_0^\infty \eta(t)\langle L(D_x)E_t, \psi\rangle \,\mathrm{d}t$$

$$= -\varphi(0,0) - \langle E, L^*(D_x)\varphi\rangle \,,$$

denn $\eta(t)\langle L(D_x)E_t, \psi\rangle = \langle E_t, \eta(t)L^*(D_x)\psi\rangle = \langle E_t, L^*(D_x)\varphi(t,\cdot)\rangle$. Also ist (13.66) für die $\varphi = \eta \otimes \psi$ korrekt. Aber auf beiden Seiten dieser Gleichung stehen stetige lineare Funktionale, und nach Satz 13.3 sind die Linearkombinationen der Testfunktionen vom Typ $\eta \otimes \psi$ dicht in $\mathcal{D}(\mathbb{R}_t \times \mathbb{R}^n_x)$. Daher stimmt (13.66) auf allen Testfunktionen, wie gewünscht. □

Bemerkung: Verwendet man zum Lösen einer inhomogenen Evolutionsgleichung nun Satz 13.21 mit der durch (13.65) gegebenen Fundamentallösung, so ergibt sich offenbar eine distributionstheoretische Version der Formel von DUHAMEL.

Aufgaben zu Kap. 13

13.1. Es sei $T = f\,\mathrm{d}\mu$ die in Beispiel 12.2 angegebene Distribution nullter Ordnung, wo μ ein RADON-Maß in $\Omega_x \subseteq \mathbb{R}^m_x$ und $f \in L^\infty(\Omega_x, \mu)$ ist. Analog sei in $\Omega_y \subseteq \mathbb{R}^n_y$ eine Distribution $S = g\,\mathrm{d}\nu$ gegeben. Man zeige, dass dann

$$T \otimes S = (f \otimes g)\,\mathrm{d}(\mu \otimes \nu)$$

ist. Werden also RADON-Maße als Distributionen aufgefasst, so entspricht das Tensorprodukt dieser Distributionen gerade dem Produktmaß.

13.2. Man zeige: Für $T \in \mathcal{D}'(\mathbb{R}^n)$ und $\eta \in \mathcal{D}(\mathbb{R}^n)$ ist die Faltung $T * [\eta] = [\eta] * T$ gegeben durch

$$\langle T * [\eta], \varphi\rangle = \langle T, \check{\eta} * \varphi\rangle \,, \qquad \varphi \in \mathcal{D}(\mathbb{R}^n) \,,$$

wobei $\check{\eta}(x) := \eta(-x)$ die am Ursprung gespiegelte Funktion ist.

13.3. Seien wieder $T \in \mathcal{D}'(\mathbb{R}^n)$ und $\eta \in \mathcal{D}(\mathbb{R}^n)$. Man zeige: $T * [\eta]$ ist eine reguläre Distribution, erzeugt von der C^∞-Funktion

$$\gamma(x) := \langle T, \eta(x - \cdot)\rangle = \langle T(y), \eta(x - y)\rangle \,.$$

(*Hinweis:* Man imitiere den Beweis von Satz 11.34.)

13.4. a. Sei $(\eta_\varepsilon)_{\varepsilon>0}$ die durch (11.17) gegebene Schar von Testfunktionen. Man beweise, dass für alle $T \in \mathcal{D}'(\mathbb{R}^n)$ gilt:

$$T * [\eta_\varepsilon] \underset{\mathcal{D}'}{\longrightarrow} T \quad \text{für } \varepsilon \to 0 \,.$$

(*Hinweis.* Man beachte Beispiel 11.24c.)

b. Nun folgere man aus Aufg. 13.3, dass jede Distribution in $\mathbb{R}^n$ als $\mathcal{D}'$-Limes einer Folge von regulären Distributionen $[\gamma_m]$ geschrieben werden kann, wobei $\gamma_m \in C^\infty(\mathbb{R}^n)$ ist.

13.5. Betrachte $S = T = \underline{1}$ in $\mathbb{R}^n$ sowie einen Multiindex $\alpha \neq (0, \ldots, 0)$. Welche der Faltungen $\partial^\alpha S * T$, $S * \partial^\alpha T$ und $S * T$ existieren, welche nicht?

13.6. Seien $S, T \in \mathcal{D}'(\mathbb{R}^n)$ zwei *finite* Distributionen. Man zeige:

a. $\operatorname{Tr}(S \otimes T) = \operatorname{Tr} S \times \operatorname{Tr} T$,
b. $\operatorname{Tr}(S * T) \subseteq \operatorname{Tr} S + \operatorname{Tr} T := \{x + y \mid x \in \operatorname{Tr} S,\ y \in \operatorname{Tr} T\}$.

13.7. Seien $S, T \in \mathcal{D}'(\mathbb{R}^n)$. Man zeige:

a. S und T sind faltbar, wenn für jedes $r \geq 0$ die Menge

$$M(r) := \{(x, y) \in \operatorname{Tr} S \times \operatorname{Tr} T \mid |x + y| \leq r\}$$

in $\mathbb{R}^{2n}$ beschränkt ist.
b. Die Träger der Distributionen S, T seien in

$$\mathbb{R}^n_+ := \{x = (x_1, \ldots, x_n) \mid x_k \geq 0\,,\ k = 1, \ldots, n\}$$

enthalten. Dann sind S und T faltbar, und es ist auch $\operatorname{Tr}(S * T) \subseteq \mathbb{R}^n_+$.

13.8. Seien $G, \Omega \subseteq \mathbb{R}^n$ offene Teilmengen und $g : G \longrightarrow \Omega$ eine C^∞-Koordinatentransformation. Wir schreiben $x = g(y)$ wie in Def. 11.26. Man zeige, dass für jedes $T \in \mathcal{D}'(\Omega)$ die *Kettenregel*

$$\frac{\partial}{\partial y_j}(T \circ g) = \sum_{k=1}^{n} \frac{\partial g_k}{\partial y_j} \left(\frac{\partial T}{\partial x_k} \circ g \right), \qquad j = 1, \ldots, n$$

gilt. (*Hinweis:* Man verwende Theorem 13.10.)

13.9. Seien $\alpha, \beta \in \mathcal{D}(\mathbb{R})$ zwei Testfunktionen, die (11.78) aus Aufgabe 11.20 erfüllen. Man zeige: Für jedes $k \in \mathbb{Z}$ und jede 2π-periodische Distribution $T \in \mathcal{D}'(\mathbb{R})$ ist dann

$$\langle T(x), \alpha(x) \mathrm{e}^{-\mathrm{i}kx} \rangle = \langle T(x), \beta(x) \mathrm{e}^{-\mathrm{i}kx} \rangle\ .$$

(*Hinweis:* Man verwende Aufgabe 11.20c. und Theorem 13.10.)

13.10. Sei $\Omega \subseteq \mathbb{R}^n$ offen und $L(x, D) = \sum_{|\alpha| \leq m} a_\alpha(x) D^\alpha$ ein linearer Differentialoperator mit C^∞-Koeffizienten in Ω. Analog zu (13.48) schreiben wir $L(x, \xi) := \sum_{|\alpha| \leq m} a_\alpha(x) \xi^\alpha$ für $\xi = (\xi_1, \ldots, \xi_n) \in \mathbb{R}^n$.

a. Man zeige:

$$a_\alpha(x) = \frac{1}{\alpha!} D_\xi^\alpha L(x, \xi)\bigg|_{\xi=0}\ .$$

b. Sei $x_0 \in \Omega$, und sei $\zeta \in \mathcal{D}(\Omega)$ so gewählt, dass $\zeta \equiv 1$ in einer Umgebung $U \subseteq \Omega$ von x_0. Man zeige, dass für alle $x \in U$ gilt:

$$L(x, \xi) = \exp(-\xi \cdot x)\Big(L(x, D)\varphi_\xi\Big)(x)$$

mit der Testfunktion

$$\varphi_\xi(x) := \zeta(x)\exp(\xi \cdot x) .$$

c. Man folgere, dass ein linearer Differentialoperator durch seine Wirkung auf Testfunktionen eindeutig bestimmt ist. Das heißt wenn $L_1\varphi = L_2\varphi$ für alle $\varphi \in \mathcal{D}(\Omega)$, so müssen L_1 und L_2 die gleiche Ordnung und die gleichen Koeffizienten haben.

d. Man folgere: Sind L_1, L_2 zwei lineare Differentialoperatoren in Ω, für die gilt

$$\langle L_1\varphi, \psi\rangle = \langle L_2\varphi, \psi\rangle \qquad \forall\, \varphi, \psi \in \Omega ,$$

so müssen L_1 und L_2 übereinstimmen.

e. Man folgere: $L^{**}(x, D) = L(x, D)$ für jeden linearen Differentialoperator.

13.11. Sei wieder $\Theta(x)$ die HEAVISIDEsche Sprungfunktion.

a. Sei $v \in C^\infty(\mathbb{R})$ eine Funktion mit

$$v(0) = v'(0) = \cdots = v^{(m-2)}(0) = 0\, , \;\; v^{(m-1)}(0) = 1 \, , \tag{13.67}$$

und sei $w := v\Theta$. Man zeige:

$$w^{(k)} = \begin{cases} v^{(k)}\Theta & \text{für } 0 \le k < m \, , \\ v^{(m)}\Theta + \delta_0 & \text{für } k = m \, . \end{cases}$$

b. Sei

$$Ly := y^{(m)} + a_1 y^{(m-1)} + \cdots + a_{m-1}y' + a_m y$$

ein gewöhnlicher linearer Differentialoperator mit konstanten Koeffizienten. Man zeige: Ist v die Lösung der Differentialgleichung $Ly = 0$, die die Anfangsbedingungen (13.67) erfüllt, so ist $E := v\Theta$ eine Fundamentallösung für L.

c. Man gebe eine Fundamentallösung für die Schwingungsgleichung $y'' + \omega^2 y = 0$ an. Man vergleiche mit dem Ergebnis von Aufgabe 11.17d.

Anhang
Unendliche Produkte von Maßen und Statistische Mechanik

von V. Bach

Satz 10.46 besitzt eine natürliche Verallgemeinerung auf das Produkt endlich vieler σ-Algebren. Sind $(M_i, \mathcal{A}_i, \mu_i)$ für $i = 1, 2, 3$ drei σ-endliche Maßräume, so gilt

$$(\mu_1 \otimes \mu_2) \otimes \mu_3 = \mu_1 \otimes (\mu_2 \otimes \mu_3), \tag{A.1}$$

denn für $A_i \in \mathcal{A}_i$ ist

$$\begin{aligned} \big[(\mu_1 \otimes \mu_2) \otimes \mu_3\big](A_1 \times A_2 \times A_3) &= \mu_1(A_1) \cdot \mu_2(A_2) \cdot \mu_3(A_3) \\ = \big[\mu_1 \otimes (\mu_2 \otimes \mu_3)\big](A_1 \times A_2 \times A_3), \end{aligned} \tag{A.2}$$

und daraus kann man leicht schließen, dass $\rho^*_{(12)3}(S) = \rho^*_{1(23)}(S)$ für jede Menge $S \subseteq M_1 \times M_2 \times M_3$ gilt, wobei $\rho^*_{(12)3}$ und $\rho^*_{1(23)}$ die jeweils zugehörigen äußeren Maße bezeichnen. Gleichung (A.1) sagt, dass die Produktbildung von Maßen assoziativ ist und die Klammerung keine Rolle spielt, weswegen wir sie auch einfach weglassen dürfen:

$$\mu_1 \otimes \mu_2 \otimes \mu_3 := (\mu_1 \otimes \mu_2) \otimes \mu_3 = \mu_1 \otimes (\mu_2 \otimes \mu_3). \tag{A.3}$$

Dies kann man induktiv leicht auf endlich viele Faktoren verallgemeinern und gelangt so für n σ-endliche Maßräume $(M_i, \mathcal{A}_i, \mu_i)_{i=1}^n$ zum **Produktmaß**

$$\bigotimes_{i=1}^n \mu_i := \mu_1 \otimes \mu_2 \otimes \cdots \otimes \mu_n := \Big(\cdots\big((\mu_1 \otimes \mu_2) \otimes \mu_3\big)\cdots\Big) \otimes \mu_n, \tag{A.4}$$

das auf $M = M_1 \times M_2 \times \cdots \times M_n$ mit der σ-Algebra

$$\bigotimes_{i=1}^n \mathcal{A}_i := \mathcal{A}_1 \otimes \mathcal{A}_2 \otimes \cdots \otimes \mathcal{A}_n := \Big(\cdots\big((\mathcal{A}_1 \otimes \mathcal{A}_2) \otimes \mathcal{A}_3\big)\cdots\Big) \otimes \mathcal{A}_n \tag{A.5}$$

definiert ist. Weiterhin zeigt man mit Induktion leicht die folgende Verallgemeinerung des Satzes von FUBINI und TONELLI.

Theorem A.1 (FUBINI/TONELLI). *Seien $(M_i, \mathcal{A}_i, \mu_i)_{i=1}^n$ σ-endliche Maßräume, $\rho = \bigotimes_{i=1}^n \mu_i$ das Produktmaß und $f : M_1 \times M_2 \times \cdots \times M_n \to \mathbb{C}$ eine messbare Funktion bzgl. $\bigotimes_{i=1}^n \mathcal{A}_i$.*

a. *Die Funktion f ist genau dann ρ-summierbar, wenn es eine Permutation $\kappa \in \mathcal{S}_n$ gibt, so dass*

$$\int\limits_{M_{\kappa(n)}} \cdots \left(\int\limits_{M_{\kappa(2)}} \left(\int\limits_{M_{\kappa(1)}} |f(x_1, \ldots, x_n)| \, \mathrm{d}\mu_{\kappa(1)}(x_{\kappa(1)}) \right) \mathrm{d}\mu_{\kappa(2)}(x_{\kappa(2)}) \right) \cdots \mathrm{d}\mu_{\kappa(n)}(x_{\kappa(n)}) < \infty \tag{A.6}$$

b. *Ist f ρ-summierbar, so gilt*

$$\int\limits_{M_1 \times \cdots \times M_n} f(x_1, \ldots, x_n) \, \mathrm{d}(\mu_1 \otimes \cdots \otimes \mu_n)(x_1, \ldots, x_n)$$

$$= \int\limits_{M_{\pi(n)}} \cdots \left(\int\limits_{M_{\pi(2)}} \left(\int\limits_{M_{\pi(1)}} |f(x_1, \ldots, x_n)| \, \mathrm{d}\mu_{\pi(1)}(x_{\pi(1)}) \right) \mathrm{d}\mu_{\pi(2)}(x_{\pi(2)}) \right) \cdots \mathrm{d}\mu_{\pi(n)}(x_{\pi(n)}) \tag{A.7}$$

für <u>jede</u> Permutation $\pi \in \mathcal{S}_n$.

Wir bemerken, dass insbesondere das n-dimensionale Lebesguemaß als n-faches Produkt des 1-dimensionalen Lebesguemaßes aufgefasst werden kann,

$$\lambda^n = \bigotimes_{i=1}^n \lambda^1. \tag{A.8}$$

Nach dieser Verallgemeinerung des Satzes 10.46 auf Produkte endlich vieler Maße stellt sich natürlich sofort die Frage, ob sich das Produkt (A.4) auch auf *unendlich* viele Faktoren erweitern lässt. Diese Frage und ihre Beantwortung durch KOLMOGOROV kann man als Ausgangspunkt der Stochastik ansehen, und sie ist von fundamentaler mathematischer, als auch physikalischer Bedeutung - wie wir später sehen werden.

Zunächst bemerken wir aber, dass es kein unendliches Produkt des Lebesguemaßes λ^1 gibt, dass also ein Limes $n \to \infty$ in (A.8) nicht existiert, sofern wir als natürliche Eigenschaft die Translationsinvarianz des Maßes fordern (s. z. B. [8]). Es stellt sich sogar heraus, dass sich $\bigotimes_{i=1}^\infty \mu_i$ überhaupt nur sinnvoll definieren lässt, wenn alle Maße μ_i Wahrscheinlichkeitsmaße (W-Maße) sind, also $\mu_i(M_i) = 1$ für alle $i \in \mathbb{N}$ gilt. (Dies soll hier nicht näher begründet werden.) Andererseits ist die Abzählbarkeit der Faktoren unerheblich, also ob man eine abzählbare Familie $(\Omega_i, \mathcal{A}_i, P_i)_{i=1}^\infty$ von W-Räumen oder allgemeiner eine Familie $(\Omega_i, \mathcal{A}_i, P_i)_{i \in \mathcal{I}}$

betrachtet, wobei $\mathcal{I}$ irgendeine, möglicherweise überabzählbare Indexmenge ist. Da die Abzählbarkeit in der Maßtheorie eine zentrale Rolle spielt, ist dies etwas überraschend. Weiterhin müssen die W-Räume $(\Omega_i, \mathcal{A}_i, P_i)$ und $(\Omega_j, \mathcal{A}_j, P_j)$ für $i \neq j$ nichts miteinander gemein haben; weder muss $P_i = P_j$ noch muss $\Omega_i = \Omega_j$ gelten.

Es geht hier jedoch um eine möglichst konzise und transparente Darstellung der zentralen Ideen, und deswegen wollen wir für das Weitere $\mathcal{I} = \mathbb{Z}^d$ mit $d \in \mathbb{N}$ und $(\Omega_i, \mathcal{A}_i) = (\mathbb{R}, \mathcal{B})$ festlegen, d. h. wir wollen W-Maße auf

$$\Omega = \mathbb{R}^{\mathbb{Z}^d} = \left\{ (\varphi_x)_{x \in \mathbb{Z}^d} \;\middle|\; \forall\, x \in \mathbb{Z}^d : \ \varphi_x \in \mathbb{R} \right\} \tag{A.9}$$

konstruieren. Dies hat den Vorteil, dass Ω der Raum der Funktionen $\mathbb{Z}^d \to \mathbb{R}$ ist, der uns schon öfter begegnet ist.

Sind $\Lambda, \Gamma \subseteq \mathbb{Z}^d$ nichtleere Teilmengen mit $\Lambda \subseteq \Gamma$, so definieren wir die **kanonischen Projektionen** $\pi_\Lambda^\Gamma : \mathbb{R}^\Gamma \to \mathbb{R}^\Lambda$ durch

$$\pi_\Lambda^\Gamma[(\varphi_x)_{x \in \Gamma}] := (\varphi_x)_{x \in \Lambda}, \tag{A.10}$$

d. h. durch Weglassen aller Komponenten φ_y von $(\varphi_x)_{x \in \Gamma}$, für die $y \in \Gamma \setminus \Lambda$. Für $\Gamma = \mathbb{Z}^d$ schreiben wir $\pi_\Lambda^{\mathbb{Z}^d} =: \pi_\Lambda$. Wir erinnern daran, dass $\mathfrak{P}(\mathbb{Z}^d)$ die Potenzmenge von $\mathbb{Z}^d$ ist und führen mit

$$\mathfrak{P}_{\text{fin}}(\mathbb{Z}^d) := \left\{ \Lambda \in \mathfrak{P}(\mathbb{Z}^d) \;\middle|\; \#[\Lambda] < \infty \right\} \tag{A.11}$$

das System aller endlichen Teilmengen von $\mathbb{Z}^d$ ein. Seien nun $\Lambda \in \mathfrak{P}_{\text{fin}}(\mathbb{Z}^d)$ und $A \subseteq \mathbb{R}^\Lambda$ eine Borelmenge, also $A \in \otimes^\Lambda \mathcal{B} := \bigotimes_{x \in \Lambda} \mathcal{B}$. Das Urbild $\pi_\Lambda^{-1}[A]$ ergänzt dann sozusagen alle Faktoren im kartesischen Produkt, d. h.

$$\pi_\Lambda^{-1}[A] = A \times \mathbb{R}^{\mathbb{Z}^d \setminus \Lambda}. \tag{A.12}$$

Beispielsweise ist

$$\pi_\Lambda^{-1}[A_1 \times A_2 \times A_5] = \cdots \times \mathbb{R} \times \mathbb{R} \times A_1 \times A_2 \times \mathbb{R} \times \mathbb{R} \times A_5 \times \mathbb{R} \times \mathbb{R} \cdots \tag{A.13}$$

für $d = 1$, $\Lambda = \{1, 2, 5\}$ und $A = A_1 \times A_2 \times A_5$. Mit

$$\mathfrak{Z} := \left\{ \pi_\Lambda^{-1}[A] \;\middle|\; \Lambda \in \mathfrak{P}_{\text{fin}}(\mathbb{Z}^d),\ A \in \otimes^\Lambda \mathcal{B} \right\} \subseteq \mathfrak{P}(\Omega) \tag{A.14}$$

definieren wir dann das System der **Zylindermengen**. Die Zylindermengen bilden ein Teilsystem von $\mathfrak{P}(\Omega)$. Die von ihnen erzeugte σ-Algebra $\mathfrak{A}(\mathfrak{Z})$ soll das zu konstruierende W-Maß P tragen. Unser Ziel ist also die Konstruktion eines W-Maßes P, sodass $(\Omega, \mathfrak{A}(\mathfrak{Z}), P)$ der zugehörige W-Raum ist.

Seien nun $(\mathbb{R}, \mathcal{B}, P_x)_{x \in \mathbb{Z}^d}$ eine Familie von W-Maßen auf $\mathbb{R}$. Für jede endliche Teilmenge $\Lambda \in \mathfrak{P}_{\text{fin}}(\mathbb{Z}^d)$ ist dann nach (A.4) und (A.5)

$$P_\Lambda := \bigotimes_{x \in \Lambda} P_x \tag{A.15}$$

ein W-Maß auf $(\mathbb{R}^\Lambda, \otimes^\Lambda \mathcal{B})$. Insbesondere ist

$$P_\Lambda\Big[\times_{x \in \Lambda} A_x \Big] = \prod_{x \in \Lambda} P_x[A_x], \tag{A.16}$$

analog zur Forderung, dass das Volumen eines d-dimensionalen Quaders durch das Produkt seiner Kantenlängen gegeben ist. Für Zylindermengen $\pi_\Lambda^{-1}[A] \in \mathfrak{Z}$ setzen wir nun

$$P\big(\pi_\Lambda^{-1}[A]\big) := P_\Lambda[A]. \tag{A.17}$$

Im obigen Beispiel wäre also

$$\begin{aligned} &P\big[\cdots \times \mathbb{R} \times \mathbb{R} \times A_1 \times A_2 \times \mathbb{R} \times \mathbb{R} \times A_5 \times \mathbb{R} \times \mathbb{R} \cdots\big] \\ &\quad = P_1[A_1] \cdot P_2[A_2] \cdot P_5[A_5]\,. \end{aligned} \tag{A.18}$$

Es verbleibt die Wohldefiniertheit von (A.17) zu prüfen, denn die Darstellung der Zylindermenge $\pi_\Lambda^{-1}[A]$ ist nicht eindeutig; für jede endliche Obermenge $\Gamma \in \mathfrak{P}_{\text{fin}}(\mathbb{Z}^d)$ von $\Lambda \subseteq \Gamma$ ist nämlich

$$\pi_\Lambda^{-1}[A] = \pi_\Gamma^{-1}\big[A \times \mathbb{R}^{\Gamma\setminus\Lambda}\big]. \tag{A.19}$$

Glücklicherweise ist jedoch

$$P_\Gamma\big[A \times \mathbb{R}^{\Gamma\setminus\Lambda}\big] = \prod_{x\in\Lambda} P_x[A_x] \cdot \prod_{x\in\Gamma\setminus\Lambda} P_x[\mathbb{R}] = \prod_{x\in\Lambda} P_x[A_x] = P_\Lambda[A], \tag{A.20}$$

da $P_x[\mathbb{R}] = 1$ für alle $x \in \mathbb{Z}^d$. (Hier erkennt man, warum die Forderung essentiell ist, dass P_x für alle x W-Maße sind.) Daher ist auch

$$P\Big(\pi_\Gamma^{-1}\big[A \times \mathbb{R}^{\Gamma\setminus\Lambda}\big]\Big) = P_\Gamma\big[A \times \mathbb{R}^{\Gamma\setminus\Lambda}\big] = P_\Lambda[A] = P\big(\pi_\Lambda^{-1}[A]\big), \tag{A.21}$$

und $P\big(\pi_\Lambda^{-1}[A]\big)$ ist unabhängig von der Darstellung der Zylindermenge $\pi_\Lambda^{-1}[A]$. Es gilt also

$$P_\Lambda\Big[\times_{x\in\mathbb{Z}^d} A_x\Big] = \prod_{x\in\mathbb{Z}^d} P_x[A_x], \tag{A.22}$$

sofern wir $A_x := \mathbb{R}$ für $x \in \mathbb{Z}^d \setminus \Lambda$ setzen, und formal lässt sich dies durch die Merkhilfe

$$1 = \prod_{x\in\mathbb{Z}^d\setminus\Lambda} 1 = \prod_{x\in\mathbb{Z}^d\setminus\Lambda} P_x[\mathbb{R}] \tag{A.23}$$

begründen. Wir definieren nun eine Abbildung $P^* : \mathfrak{P}(\Omega) \to \mathbb{R}_0^+$ durch

$$P^*[A] := \inf\left\{ \sum_{k=1}^{\infty} P[A_k] \;\middle|\; (A_k)_{k=1}^{\infty} \in \mathfrak{Z}^{\mathbb{N}}, \quad A \subseteq \bigcup_{k=1}^{\infty} A_k \right\}. \tag{A.24}$$

Es stellt sich heraus, dass die Restriktion $\tilde{P} = P^*\big|_{\mathfrak{A}(\mathfrak{Z})}$ von P^* auf $\mathfrak{A}(\mathfrak{Z})$ ein W-Maß bildet, das $P : \mathfrak{Z} \to \mathbb{R}_0^+$ von den Zylindermengen auf die von ihnen erzeugte σ-Algebra $\mathfrak{A}(\mathfrak{Z})$ fortsetzt – weswegen wir auch im Weiteren P statt $\tilde{P}$ schreiben. Genauer gilt Folgendes

Theorem A.2. *Ist $(\mathbb{R}, \mathcal{B}, P_x)_{x \in \mathbb{Z}^d}$ eine Familie von W-Borelmaßen auf $\mathbb{R}$, so gibt es genau ein W-Maß P auf $\left(\Omega = \mathbb{R}^{\mathbb{Z}^d}, \mathfrak{A}(\mathfrak{Z})\right)$, sodass*

$$P\left[\left(\times_{x \in \Lambda} A_x\right) \times \mathbb{R}^{\mathbb{Z}^d \setminus \Lambda}\right] = \prod_{x \in \Lambda} P_x[A_x] \tag{A.25}$$

für alle endlichen Teilmengen $\Lambda \in \mathfrak{P}_{\text{fin}}(\mathbb{Z}^d)$ und $A_x \in \mathcal{B}$, mit $x \in \Lambda$, gilt.

Statt eines Beweises beleuchten wir die physikalische Interpretation des Satzes A.2 im Lichte der klassischen statistischen Mechanik. Die Verbindung der statistischen Mechanik zur Stochastik wird über das *kanonische Ensemble* hergestellt: Allgemein wird ein physikalisches System durch einen Konfigurationsraum Ω dargestellt. Sind $E(\omega) \in \mathbb{R}$ die Energie einer Konfiguration $\omega \in \Omega$ und $\beta = (k_{\mathrm{B}} T)^{-1} > 0$ die inverse Temperatur[1] des Systems, so gibt $Z^{-1}\mathrm{e}^{-\beta\, E(\omega)}$ die Wahrscheinlichkeit an, mit der das System die Konfiguration annimmt. Dabei ist Z ein Normierungsfaktor, der in der Physik als *Zustandssumme*[2] bezeichnet wird. Das für große Energiewerte rasch abnehmende Gewicht $\mathrm{e}^{-\beta\, E(\omega)}$ trägt dem physikalischen Prinzip Rechnung, dass Konfigurationen mit großer Energie nur mit kleiner Wahrscheinlichkeit eingenommen werden (etwas platter formuliert, fallen die Dinge eben herunter und nicht herauf).

Stellen wir uns als konkretes Beispiel ein Atom am Raumpunkt x vor, dessen Zustände wir mit nur einer einzigen reellen Zahl $\varphi_x \in \mathbb{R}$ parametrisieren können, die als *Spinvariable* bezeichnet wird. (Hier bleibt die atomare Struktur mit Elektronen und Atomkern völlig unberücksichtigt.) Sei weiterhin die Energie des Atoms durch die HAMILTON*funktion* $v_x(\varphi_x) := (\varphi_x^2 - 1)^2$ gegeben, die in diesem Kontext *Selbstenergie* des Atoms genannt wird. Dann definiert

$$\mathrm{d}P_x(\varphi_x) := \frac{\exp[-\beta\, v_x(\varphi_x)]\, \mathrm{d}\varphi_x}{Z_x}, \quad \text{wobei} \quad Z_x := \int_{\mathbb{R}} \exp[-\beta\, v_x(\varphi_x)]\, \mathrm{d}\varphi_x, \tag{A.26}$$

ein W-Maß auf $\mathbb{R}$, das GIBBS-*Maß*, mit Dichte $Z_x^{-1} e^{-\beta\, v_x(\varphi_x)}$. Die Selbstenergie verschwindet bei $\varphi_x = \pm 1$ und ist sonst überall positiv. Die physikalisch wahrscheinlichsten Konfigurationen sind deshalb $\varphi_x = \pm 1$. Weiterhin ist die Selbstenergie invariant unter $\varphi_x \mapsto -\varphi_x$, d. h. es gibt also a priori keine Präferenz für eine positive oder eine negative Magnetisierung.

Nun stellen wir uns $\mathbb{Z}^d$ als d-dimensionales Kristallgitter vor. An jedem Gitterpunkt $x \in \mathbb{Z}^d$ sitzt ein Atom des obigen Typs, an das eine reelle Spinvariable $\varphi_x \in \mathbb{R}$ geheftet ist, die seine Magnetisierung parametrisiert. Somit ist $\Omega = \mathbb{R}^{\mathbb{Z}^d}$ die Menge der Spinkonfigurationen $\varphi = (\varphi_x)_{x \in \mathbb{Z}^d} \in \Omega$ auf dem Gitter. Eine HAMILTONfunktion $v_x \in C(\mathbb{R}; \mathbb{R}_0^+)$ (die wir der Einfachheit halber als stetig und nichtnegativ annehmen) gibt durch ihren Wert $v_x(\varphi_x)$ für jeden Gitterpunkt x den Beitrag der Spinvariablen φ_x zur Gesamtenergie an.

---

[1] d. h. $T > 0$ ist die uns vertraute absolute Temperatur, die in Kelvin gemessen wird und k_{B} ist eine Naturkonstante, die Boltzmannkonstante

[2] engl.: "Partition Function"

Für einen endlichen Teil des Kristallgitters $\Lambda \in \mathfrak{P}_{\text{fin}}(\mathbb{Z}^d)$ ist die Energie der Konfiguration $\varphi_\Lambda = (\varphi_x)_{x\in\Lambda} \in \mathbb{R}^\Lambda$ durch die HAMILTONfunktion

$$H_\Lambda[\varphi_\Lambda] = \sum_{x\in\Lambda} v_x(\varphi_x) \tag{A.27}$$

gegeben. Das zugehörige W-Maß bzw. die W-Verteilungsdichte für $(\varphi_x)_{x\in\Lambda}$ bei inverser Temperatur $\beta > 0$ ist somit gegeben durch

$$\mathrm{d}P_\Lambda[\varphi_\Lambda] = Z_\Lambda^{-1} \exp\big(-\beta\, H_\Lambda[\varphi_\Lambda]\big) \prod_{x\in\Lambda} \mathrm{d}\varphi_x = \prod_{x\in\Lambda} \mathrm{d}P_x(\varphi_x), \tag{A.28}$$

d. h. $P_\Lambda = \bigotimes_{x\in\Lambda} P_x$, wie in (A.15).

Analog zur Konstruktion von Produktmaßen mit unendlich vielen Faktoren stellt sich in der Physik die Frage, wie man Betrachtungen eines endlichen Teilstücks $\Lambda \in \mathfrak{P}_{\text{fin}}(\mathbb{Z}^d)$ des Kristallgitters auf ganz $\mathbb{Z}^d$ ausdehnt. Die Schwierigkeit, unendlich viele Faktoren in ein Produkt von Maßen einzubringen spiegelt sich in der Beobachtung wider, dass z. B. für von x unabhängige Selbstenergien $v_x(\varphi_x) = \big(\varphi_x^2 - 1\big)^2$ die formale HAMILTONfunktion

$$H\big[\varphi\big] = \sum_{x\in\mathbb{Z}^d} \big(\varphi_x^2 - 1\big)^2 \tag{A.29}$$

für beliebig herausgegriffene Spinkonfigurationen $\varphi = (\varphi_x)_{x\in\mathbb{Z}^d} \in \mathbb{R}^{\mathbb{Z}^d}$ fast immer divergiert und man demzufolge φ keine Energie zuordnen kann. Nach Satz A.2 wissen wir aber, dass es eine mathematisch vernünftige σ-Algebra $\mathfrak{A}(\mathfrak{Z})$ gibt, auf der ein W-Maß P definiert ist, das die Verteilung der Spinkonfigurationen von endlichen Teilen des Gitters $\Lambda \in \mathfrak{P}_{\text{fin}}(\mathbb{Z}^d)$ auf die Spinkonfigurationen auf ganz $\mathbb{Z}^d$ fortsetzt. Diese Fortsetzung mit Hilfe eines Grenzprozesses nennt man in der Physik den *thermodynamischen Limes*.

Freilich ist das so fortgesetzte Produktmaß physikalisch völlig uninteressant. Um dies einzusehen führen wir mit Hilfe des W-Maßes P den **Erwartungswert** $\mathbb{E}[u]$ einer Zufallsvariablen (hier synonym mit *Observablen*) $u \in L^1(\Omega, \mathrm{d}P)$ durch

$$\mathbb{E}[u] := \int_\Omega u(\varphi)\ \mathrm{d}P(\varphi) \tag{A.30}$$

ein, wobei $\varphi = (\varphi_x)_{x\in\mathbb{Z}^d} \in \Omega$. Speziell für $\Lambda \in \mathfrak{P}_{\text{fin}}(\mathbb{Z}^d)$ und das Produkt $u(\varphi) = \prod_{x\in\Lambda} u_x(\varphi_x)$ erhalten wir dann

$$\mathbb{E}\Big[\prod_{x\in\Lambda} u_x\Big] = \prod_{x\in\Lambda} \Big(\int_{\mathbb{R}} u_x(\varphi_x)\ \mathrm{d}P_x(\varphi_x)\Big) = \prod_{x\in\Lambda} \mathbb{E}[u_x], \tag{A.31}$$

was man als **Unabhängigkeit** der Zufallsvariablen $\big(\varphi \mapsto u_x(\varphi_x)\big)_{x\in\mathbb{Z}^d}$ bezeichnet. Die Bezeichnung „Unabhängigkeit“ ist sehr treffend, denn etwa für $u(\varphi) =$

$u_x(\varphi_x)u_y(\varphi_y)$ und $x \neq y$ ist $\mathbb{E}[u_x \cdot u_y] = \mathbb{E}[u_x] \cdot \mathbb{E}[u_y]$, d. h. die Spinvariable φ_x am Gitterpunkt x beeinflusst die Verteilung der Spinvariable φ_y am Gitterpunkt y überhaupt nicht – sie treten nicht in Wechselwirkung.

Es stellt sich die physikalische Frage, ob nichtwechselwirkende Spinsysteme wie in (A.27) die einzig möglichen sind bzw. stellt sich die mathematische Frage, ob sich die Konstruktion von W-Maßen auf $\mathbb{R}^{\mathbb{Z}^d}$ in dem in (A.15) vorgestellten Produktmaß mit unendlich vielen Faktoren erschöpft.

Die Erkenntnis, dass dem nicht so ist und dass im Gegenteil eine geradezu unüberschaubare Vielfalt an W-Maßen auf $\big(\mathbb{R}^{\mathbb{Z}^d}, \mathfrak{A}(\mathfrak{Z})\big)$ existiert, verdanken wir wesentlich dem russischen Mathematiker KOLMOGOROV. Dazu wiederholen wir ein Stück der anfänglichen Diskussion und betrachten eine Familie von W-Maßen $(P_\Lambda)_{\Lambda \in \mathfrak{P}_{\text{fin}}(\mathbb{Z}^d)}$, die durch die endlichen Teilmengen Λ des Gitters $\mathbb{Z}^d$ indiziert sind und jeweils auf dem Messraum $(\mathbb{R}^\Lambda, \otimes^\Lambda \mathcal{B})$ definiert sind. Damit diese W-Maße überhaupt etwas miteinander zu tun haben, müssen wir die **Konsistenzbedingung** (A.20),

$$P_\Gamma\big[A \times \mathbb{R}^{\Gamma \setminus \Lambda}\big] \;=\; P_\Lambda[A], \tag{A.32}$$

für alle $\Lambda, \Gamma \in \mathfrak{P}_{\text{fin}}(\mathbb{Z}^d)$ mit $\Lambda \subseteq \Gamma$ und alle $A \in \otimes_{x \in \Lambda} \mathcal{B}$ fordern, sodass zumindest die Wohldefiniertheit von $P : \mathfrak{Z} \to [0, 1]$,

$$P\big(\pi_\Lambda^{-1}[A]\big) \;:=\; P_\Lambda[A] \tag{A.33}$$

für Zylindermengen $\pi_\Lambda^{-1}[A]$ gesichert ist. KOLMOGOROV hat gezeigt, dass (A.32) auch die *einzige* Forderung ist, die man an die Familie $(P_\Lambda)_{\Lambda \in \mathfrak{P}_{\text{fin}}(\mathbb{Z}^d)}$ stellen muss.

Theorem A.3. *Ist* $(\mathbb{R}^\Lambda, \otimes^\Lambda \mathcal{B}, P_\Lambda)_{\Lambda \in \mathfrak{P}_{\text{fin}}(\mathbb{Z}^d)}$ *eine Familie von W-Borelmaßen, die der Konsistenzbedingung* (A.32) *genügt, so gibt es genau ein W-Maß P auf* $\big(\mathbb{R}^{\mathbb{Z}^d}, \mathfrak{A}(\mathfrak{Z})\big)$, *das* (A.33) *fortsetzt, d. h. sodass*

$$P\big(\pi_\Lambda^{-1}[A]\big) \;=\; P_\Lambda[A] \tag{A.34}$$

für alle endlichen Teilmengen $\Lambda \in \mathfrak{P}_{\text{fin}}(\mathbb{Z}^d)$ und $A \in \otimes^\Lambda \mathcal{B}$ gilt.

Satz A.3 stellt die Vielfalt der Möglichkeiten dar; er gibt aber noch keinen Hinweis auf die Konstruktion solcher konsistenter Familien $(P_\Lambda)_{\Lambda \in \mathfrak{P}_{\text{fin}}(\mathbb{Z}^d)}$ von W-Maßen. Der folgende Satz löst dieses Problem auf überraschend einfache Weise. Dazu notieren wir mit

$$\lim_{\Gamma \nearrow \mathbb{Z}^d} F(\Gamma) \;:=\; \lim_{\ell \to \infty} F(\Gamma_\ell), \tag{A.35}$$

wobei $\Gamma_\ell := \{-\ell, -\ell+1, \ldots, \ell-1, \ell\}^d \in \mathfrak{P}_{\text{fin}}(\mathbb{Z}^d)$ die um den Ursprung zentrierten Würfel der Kantenlänge $2\ell + 1$ bezeichnen und $\ell \in \mathbb{N}$ als genügend groß vorausgesetzt wird.

Theorem A.4. *Sei* $(\mathbb{R}^\Gamma, \otimes^\Gamma \mathcal{B}, \tilde{P}_\Gamma)_{\Gamma \in \mathfrak{P}_{\text{fin}}(\mathbb{Z}^d)}$ *eine Familie von W-Borelmaßen, sodass für alle endlichen Teilmengen $\Lambda \in \mathfrak{P}_{\text{fin}}(\mathbb{Z}^d)$ und $A \in \otimes^\Lambda \mathcal{B}$ der Limes*

$$P_\Lambda(A) \;:=\; \lim_{\Gamma \nearrow \mathbb{Z}^d} \tilde{P}_\Gamma(A \times \mathbb{R}^{\Gamma \setminus \Lambda}) \;\in\; [0, 1] \tag{A.36}$$

existiert. Dann definiert $(\mathbb{R}^\Lambda, \otimes^\Lambda \mathcal{B}, P_\Lambda)_{\Lambda \in \mathfrak{P}_{\text{fin}}(\mathbb{Z}^d)}$ *eine Familie von W-Borelmaßen, die der Konsistenzbedingung* (A.32) *genügt.*

Der Beweis des Satzes A.4 ist einfach: Sind $\Lambda, \tilde{\Lambda} \in \mathfrak{P}_{\text{fin}}(\mathbb{Z}^d)$ mit $\Lambda \subseteq \tilde{\Lambda}$ und $A \in \otimes_{x \in \Lambda} \mathcal{B}$, sowie $\ell \in \mathbb{N}$ so groß, dass $\Lambda \subseteq \tilde{\Lambda} \subseteq \Gamma_\ell$, so ist offensichtlich

$$\tilde{P}_{\Gamma_\ell}\Big[A \times \mathbb{R}^{\Gamma_\ell \setminus \Lambda}\Big] = \tilde{P}_{\Gamma_\ell}\Big[\big(A \times \mathbb{R}^{\tilde{\Lambda} \setminus \Lambda}\big) \times \mathbb{R}^{\Gamma_\ell \setminus \tilde{\Lambda}}\Big]. \tag{A.37}$$

Bilden wir auf beiden Seiten den Limes $\ell \to \infty$, so erhalten wir

$$\begin{aligned} P_\Lambda[A] = \lim_{\Gamma \nearrow \mathbb{Z}^d} \tilde{P}_\Gamma(A \times \mathbb{R}^{\Gamma \setminus \Lambda}) &= \lim_{\Gamma \nearrow \mathbb{Z}^d} \tilde{P}_{\Gamma_\ell}\Big[\big(A \times \mathbb{R}^{\tilde{\Lambda} \setminus \Lambda}\big) \times \mathbb{R}^{\Gamma_\ell \setminus \tilde{\Lambda}}\Big] \\ &= P_{\tilde{\Lambda}}\big[A \times \mathbb{R}^{\tilde{\Lambda} \setminus \Lambda}\big], \end{aligned} \tag{A.38}$$

also die behauptete Konsistenzbedingung.

Die Sätze A.3 und A.4 bilden die Grundlage der allgemeinen Theorie des thermodynamischen Limes in der statistischen Mechanik. Wir starten dazu von einer Familie $(H_\Lambda)_{\Lambda \in \mathfrak{P}_{\text{fin}}(\mathbb{Z}^d)}$ von HAMILTONfunktionen, wobei $H_\Lambda \in C\big(\mathbb{R}^\Lambda; \mathbb{R}_0^+\big)$ als stetig und genügend schnell wachsend angenommen wird, sodass

$$Z_\Lambda := \int_{\mathbb{R}^\Lambda} \exp(-\beta\, H_\Lambda[\varphi_\Lambda]) \prod_{x \in \Lambda} \mathrm{d}\varphi_x < \infty. \tag{A.39}$$

Analog zu (A.30) definieren wir den Erwartungswert einer beschränkten Zufallsvariablen $u_\Lambda \in L^\infty[\mathbb{R}^\Lambda]$ durch

$$\tilde{\mathbb{E}}_\Gamma[u_\Lambda] := Z_\Gamma^{-1} \int_{\mathbb{R}^\Gamma} u_\Lambda[\varphi_\Lambda] \exp\big(-\beta\, H_\Gamma[\varphi_\Lambda, \varphi_{\Gamma \setminus \Lambda}]\big) \prod_{x \in \Gamma} \mathrm{d}\varphi_x, \tag{A.40}$$

wobei $\Lambda, \Gamma \in \mathfrak{P}_{\text{fin}}(\mathbb{Z}^d)$ endlich sind und $\Lambda \subseteq \Gamma$ gilt. Die Existenz des Limes (A.36) ist offenbar äquivalent zur Existenz von

$$\mathbb{E}[u_\Lambda] := \lim_{\Gamma \nearrow \mathbb{Z}^d} \tilde{\mathbb{E}}_\Gamma[u_\Lambda] \tag{A.41}$$

für alle $\Lambda \in \mathfrak{P}_{\text{fin}}(\mathbb{Z}^d)$ und alle $u_\Lambda \in L^\infty[\mathbb{R}^\Lambda]$. Die Gleichungen (A.40) und (A.41) stellen also die Vorgehensweise zur Etablierung des thermodynamischen Limes klar: Aus physikalischen Überlegungen erhält man die HAMILTONfunktionen H_Γ für endliche Teile Γ des unendlich ausgedehnten Kristallgitters $\mathbb{Z}^d$, und zur Existenz des zugehörigen W-Maßes auf $\mathbb{R}^{\mathbb{Z}^d}$ muss also nur (A.40) gezeigt werden.

Wir wollen dies an Hand eines weiteren konkreten Beispiels, das selbst von großer Bedeutung ist, belegen, nämlich der **GAUSSschen W-Maße**. Seien $(A_\Lambda)_{\Lambda \in \mathfrak{P}_{\text{fin}}(\mathbb{Z}^d)}$ eine Familie reeller, symmetrischer, strikt positiv definiter $\Lambda \times \Lambda$-Matrizen. Mit anderen Worten, die Matrixelemente $A_\Lambda(x, y)$ erfüllen $A_\Lambda(x, y) = A_\Lambda(y, x) \in \mathbb{R}$, für alle $x, y \in \Lambda$, und alle Eigenwerte von A_Λ sind strikt positiv. Wir definieren die HAMILTONfunktion H_Λ durch die von A_Λ induzierte quadratische Form,

$$H_\Lambda[\varphi_\Lambda] := \langle \varphi_\Lambda \mid A_\Lambda \varphi_\Lambda \rangle := \sum_{x,y \in \Lambda} \varphi_x \, A_\Lambda(x,y) \, \varphi_y, \tag{A.42}$$

und anschließend den speziellen Erwartungswert

$$F_\Lambda[\xi] := Z_\Lambda^{-1} \int\limits_{\mathbb{R}^\Lambda} \exp\left(-\mathrm{i}\langle \pi_\Lambda(\xi) \mid \varphi_\Gamma \rangle\right) \exp\left(-\beta \langle \varphi_\Lambda \mid A_\Lambda \varphi_\Lambda \rangle\right) \prod_{x \in \Gamma} \mathrm{d}\varphi_x, \tag{A.43}$$

für alle $\xi \in \mathbb{R}^{\mathbb{Z}^d}$. Für diese W-Maße ist (A.36) bzw. (A.41) sogar schon äquivalent zur Existenz von

$$F[\xi] := \lim_{\Lambda \nearrow \mathbb{Z}^d} F_\Lambda[\xi] \tag{A.44}$$

für alle $\xi \in \mathbb{R}^{\mathbb{Z}^d}$, die nur endlich viele nichtverschwindende Komponenten besitzen. Die rechte Seite in (A.43) ist jedoch ein GAUSSsches Integral, das wir durch quadratische Ergänzung leicht lösen können,

$$\begin{aligned} F_\Lambda[\xi_\Lambda] &= \exp\left(-\frac{1}{4\beta} \langle \xi_\Lambda \mid A_\Lambda^{-1} \xi_\Lambda \rangle\right) \cdot \\ &\quad Z_\Lambda^{-1} \int\limits_{\mathbb{R}^\Lambda} \exp\left(-\left\langle \varphi_\Lambda - \frac{\mathrm{i}}{2}\beta^{-1} A_\Lambda^{-1} \xi_\Lambda \,\middle|\, \beta A_\Lambda \varphi_\Lambda - \frac{\mathrm{i}}{2} \xi_\Lambda \right\rangle\right) \prod_{x \in \Gamma} \mathrm{d}\varphi_x \\ &= \exp\left(-\frac{1}{4\beta} \langle \xi_\Lambda \mid A_\Lambda^{-1} \xi_\Lambda \rangle\right). \end{aligned} \tag{A.45}$$

Somit folgt (A.44) und damit (A.36) für solche Familien quadratischer HAMILTONfunktionen bereits aus der Existenz des Limes

$$\lim_{\Lambda \nearrow \mathbb{Z}^d} \langle \pi_\Lambda(\xi) \mid A_\Lambda^{-1} \pi_\Lambda(\xi) \rangle \tag{A.46}$$

für alle $\xi \in \mathbb{R}^{\mathbb{Z}^d}$, die nur endlich viele nichtverschwindende Komponenten besitzen. Man kann sich nun leicht davon überzeugen, dass (A.46) durch uniforme Positivität der Matrizen A_Λ, d. h. der Existenz einer Zahl $\mu > 0$, sodass $A_\Lambda \geq \mu \cdot \underline{1}$, und Konvergenz der Matrixelemente $A_{\mathbb{Z}^d}(x,y) := \lim_{\Lambda \nearrow \mathbb{Z}^d} A_\Lambda(x,y)$ für alle $x, y \in \mathbb{Z}^d$ gesichert ist.

Wir schließen mit der Bemerkung, dass die Existenz des thermodynamischen Limes und die Untersuchung seiner Eigenschaften hinsichtlich der Abhängigkeit von φ_x und φ_y für weit voneinander entfernte Gitterpunkte x und y schon für die Summe der HAMILTONfunktionen (A.29) und (A.42), etwa

$$H_\Lambda[\varphi_\Lambda] := \sum_{x \in \Lambda} \left(\varphi_x^2 - 1\right)^2 + J \sum_{x,y \in \Lambda; |x-y|=1} (\varphi_x - \varphi_y)^2, \tag{A.47}$$

mit $J > 0$, ein nicht mehr explizit lösbares, schwieriges und empfindlich von der Raumdimension d abhängiges Problem darstellt. Diese HAMILTONfunktion gehört zu den bekannten ISING-*Modellen* (für kontinuierliche Spins), die selbst schon eine große Vielfalt von Phänomenen beschreiben.

Literatur: [8, 62].

Literaturverzeichnis

1. R. Abraham, J.E. Marsden, T. Ratiu: *Manifolds, Tensor Analysis And Applications*, 2 Auflg. (Springer, New York 1988)
2. R. Abraham, J.E. Marsden, T. Ratiu: *Foundations of Mechanics* (Benjamin, New York 1978)
3. N.I. Achieser, I.M. Glasmann: *Theorie der linearen Operatoren im Hilbert-Raum* (Deutsch-Verlag, Frankfurt a. M. 1977)
4. I. Agricola, Th. Friedrich: *Globale Analysis – Differentialformen in Analysis, Geometrie und Physik* (Vieweg, Braunschweig 2001)
5. H.W. Alt: *Lineare Funktionalanalysis: Eine anwendungsorientierte Einführung*, 5. Auflg. (Springer, Berlin 2006)
6. W.O. Amrein: *Non-Relativistic Quantum Dynamics* (Reidel, Dordrecht 1981)
7. V.I. Arnold: *Mathematical Methods Of Classical Mechanics*, 2. Auflg. (Springer, New York 1989)
8. H. Bauer: *Wahrscheinlichkeitstheorie und Grundzüge der Maßtheorie*, 3. Auflg. (de Gruyter, Berlin 1978)
9. Ch. Bär: *Elementare Differentialgeometrie* (de Gruyter, Berlin 2001)
10. R.L. Bishop, S.I. Goldberg: *Tensor Analysis On Manifolds* (McMillan, New York 1968)
11. W.M. Boothby: *An Introduction to Differential Manifolds and Riemannian Geometry* (Academic Press, New York 1986)
12. O. Bratteli, D.W. Robinson: *Operator Algebras and Quantum Statistical Mechanics I, II*, 2. Auflg., (Springer, New York 1987/1996)
13. Th. Bröcker, K. Jänich: *Einführung in die Differentialtopologie* (Springer, Berlin 1973)
14. W.L. Burke: *Spacetime, Geometry, Cosmology* (Univ. Sci. Books, Mill Valley 1980)
15. M. Carmeli: *Classical Fields* (Wiley, New York 2002)
16. S. Carroll: *Spacetime and Geometry: An Introduction to General Relativity* (Addison-Wesley, San Francisco 2004)
17. H. Cartan: *Differentialformen* (BI, Mannheim 1974)
18. Y. Choquet-Bruhat, C. De Witt-Merette, M. Dillard-Bleck: *Analysis, Manifolds and Physics* (North Holland, Amsterdam 1977)
19. J.B. Conway: *A Course in Functional Analysis* (Springer, New York 1985)
20. W.D. Curtis, F.R. Miller: *Differential Manifolds and Theoretical Physics* (Academic Press, New York 1985)
21. W.F. Donoghue: *Distributions and Fourier Transforms* (Academic Press, New York 1969)
22. B.A. Dubrovin, A.T. Fomenko, S.P. Novikov: *Modern Geometry – Methods and Applications I, II, III* (Springer, New York 1984)
23. N. Dunford, J. Schwartz: *Linear Operators I* (Interscience, New York 1958)
24. N. Dunford, J. Schwartz: *Linear Operators II* (Interscience, New York 1969)
25. D.G.B. Edelen: *Applied Exterior Calculus* (Wiley, New York 1985)
26. G. Emch, C. Liu: *The logic of thermostatistical physics* (Springer, Berlin-Heidelberg 2002)

27. L.C. Evans, R.F. Gariepy: *Measure Theory and Fine Properties of Functions* (CRC Press, Boca Raton 1992)
28. W.G. Faris: *Selfadjoint Operators* (Springer, Berlin 1972)
29. B. Felsager: *Geometry, Particles and Fields* (Springer, New York 1998)
30. H. Flanders: *Differential Forms With Applications To The Physical Sciences* (Academic Press, New York 1963)
31. Th. Frankel: *The Geometry of Physics*, 2.Auflg. (Cambridge University Press, Cambridge 2004)
32. Th. Frankel: *Gravitational Curvature* (Freeman, San Francisco 1979)
33. I.M. Gelfand, G.E. Schilow: *Verallgemeinerte Funktionen (Distributionen) I: Verallgemeinerte Funktionen und das Rechnen mit ihnen*, 2. Auflg. (Dt. Verl. der Wissenschaften, Berlin 1967)
34. J. Glimm, A. Jaffe: *Quantum Physics: A Functional Integral Point of View* (Springer, New York 1987)
35. M. Göckeler, T. Schücker: *Differential Geometry, Gauge Theories and Gravity* (Cambridge Univ. Press, Cambridge 1997)
36. K.-H. Goldhorn, H.-P. Heinz: *Mathematik für Physiker*, 3 Bde. (Springer, Berlin 2007/2008)
37. V. Guillemin, A. Pollack: *Differential topology*, (Prentice-Hall, Englewood Cliffs, NJ 1974)
38. S.J. Gustafson, I.M. Sigal: *Mathematical Concepts of Quantum Mechanics* (Springer, Berlin 2003)
39. R. Haag: *Local Quantum Physics: Fields, Particles, Algebras* (Springer, Berlin 1996)
40. P.R. Halmos: *Measure Theory* (van Nostrand Reinhold, New York 1972)
41. G. Hellwig: *Differentialoperatoren der mathematischen Physik* (Springer, Berlin 1964)
42. N. Hicks: *Notes on Differential Geometry* (Van Nostrand)
43. M.W. Hirsch: *Differential Topology* (Springer, New York 1976)
44. F. Hirzebruch, W. Scharlau: *Einführung in die Funktionalanalysis* (BI, Mannheim 1971)
45. P. Hislop, I.M. Sigal: *Introduction to Spectral Theory. With Applications to Schrödinger Operators* (Springer, New York 1996)
46. H. Holmann, H. Rummler: *Alternierende Differentialformen*, 2. Auflg. (BI, Mannheim 1981)
47. K. Jänich: *Mathematik 2. Geschrieben für Physiker* (Springer 2002)
48. K. Jänich: *Vektoranalysis*, 5. Auflg. (Springer, Berlin 2005)
49. K. Jänich: *Topologie*, 8. Auflg. (Springer, Berlin 2005)
50. K. Jänich: *Lineare Algebra*, 11. Auflg. (Springer, Berlin 2008)
51. W. Jantscher: *Hilberträume* (Akadem. Verlagsges., Wiesbaden 1977)
52. W. Jantscher: *Distributionen* (de Gruyter, Berlin 1971)
53. J.M. Jauch: *Foundations of Quantum Mechanics* (Addison-Wesley, Redding 1968)
54. S. Kobayashi, K. Nomizu: *Foundations of Differential Geometry* (Wiley)
55. E. Kreyszig: *Introductory Functional Analysis with Applications* (Wiley, New York 1978)
56. W. Kühnel: *Differentialgeometrie: Kurven / Flächen / Mannigfaltigkeiten*, 4. Auflg. (Vieweg, Wiesbaden 2005)
57. S. Lang: *Differential Manifolds* (Addison-Wesley, Reading, Mass. 1972)
58. J.M. Lee: *Introduction to Smooth Manifolds* (Springer, New York 2003) (BI, Mannheim 1966)
59. E.H. Lieb, M. Loss: *Analysis* (AMS, Providence, Rhode Island 1997)
60. M.J. Lighthill: *Einführung in die Theorie der Fourier Analysis und verallgemeinerte Funktionen* (BI, Mannheim 1966)
61. G.W. Mackey: *Mathematical Foundations of Quantum Mechanics* (W.A. Benjamin, New York 1963)
62. R.A. Minlos: *Introduction to Mathematical Statistical Physics* (AMS, Providence, RI 2000)
63. C.W. Misner, K.S. Thorne, J.A. Wheeler: *Gravitation* (Freeman, San Francisco 1973)
64. G.L. Naber: *Topology, Geometry, and Gauge Fields I: Foundations* (Springer, New York 1997)
65. G.L. Naber: *Topology, Geometry, and Gauge Fields II: Interactions* (Springer, New York 2000)

66. M. Nakahara: *Geometry, Topology and Physics*, 2. Auflg. (Taylor&Francis, Boca Raton 2003)
67. R. Narasimhan: *Analysis on Real and Complex Manifolds* (North-Holland, New York 1968)
68. L.I. Nicolaescu: *Lectures on the Geometry of Manifolds* (World Scientific, Singapur 1999)
69. R. Oloff: *Geometrie der Raumzeit – Eine mathematische Einführung in die Relativitätstheorie*, 3. Auflg. (Vieweg, Wiesbaden, 2004)
70. B. O'Neill: *Semi-riemannian Geometry With Applications To Relativity*, 3. Auflg. (Academic Press, San Diego 1989)
71. E. Prugovečki: *Quantum Mechanics in Hilbert Space* (Academic Press, New York 1971)
72. Rauch, J.: *Partial Differential Equations* (Springer, New York 1991)
73. M. Reed, B. Simon: *Methods of Modern Mathematical Physics I: Functional Analysis*, 2. Auflg. (Academic Press, London 1980)
74. M. Reed, B. Simon: *Methods of Modern Mathematical Physics II: Fourier Analysis, Self-Adjointness* (Academic Press, London 1975)
75. M. Reed, B. Simon: *Methods of Modern Mathematical Physics III: Scattering Theory* (Academic Press, London 1979)
76. M. Reed, B. Simon: *Methods of Modern Mathematical Physics IV: Analysis of Operators* (Academic Press, London 1978)
77. R. Riesz, B. Nagy: *Vorlesungen über Funktionalanalysis* (Deutscher Verlag der Wiss., Berlin 1956)
78. W. Rudin: *Reelle und komplexe Analysis* (Oldenbourgh, München 1999)
79. W. Rudin: *Functional Analysis* (Tata-MacGraw Hill, New Delhi 1979)
80. R.K. Sachs, H. Wu: *General Relativity for Mathematicians* (Springer, New York 1977)
81. M. Schechter: *Operator Methods in Quantum Mechanics* (North Holland, New York 1981)
82. F. Scheck: *Theoretische Physik I*, 8. Auflg. (Springer, Berlin 2007)
83. F. Scheck: *Theoretische Physik II*, 2. Auflg. (Springer, Berlin 2006)
84. F. Scheck: *Theoretische Physik III*, 2. Auflg. (Springer, Berlin 2006)
85. F. Scheck: *Theoretische Physik IV*, 2. Auflg. (Springer, Berlin 2007)
86. B.F. Schutz: *Geometrical Methods of Mathematical Physics* (Cambridge Univ. Press, Cambridge 1980)
87. L. Schwartz: *Methoden der mathematischen Physik* (BI, Mannheim 1965)
88. G.L. Sewell: *Quantum Theory of Collective Phenomena* (Clarendon Press, Oxford 1986)
89. G.L. Sewell: *Quantum Mechanics and its Emergent Macrophysics* (Princeton Univ. Press, Princeton 2002)
90. I.M. Singer, J.A. Thorpe: *Lecture Notes on Elementary Topology and Geometry* (Springer)
91. M. Spivak: *Calculus On Manifolds: A Modern Approach To Classical Theorems Of Advanced Calculus* (Benjamin, New York 1965)
92. N. Straumann: *Allgemeine Relativitätstheorie und relativistische Astrophysik*, 2. Auflg. (Springer, Berlin 1988)
93. R.F. Streater, A.S. Wightman: *PCT, Spin, Statistics and All That* (Benjamin, New York 1974)
94. A.S. Svarc: *Topology for Physicists* (Springer, Berlin Heidelberg 1994)
95. W. Thirring: *Lehrbuch der mathematischen Physik I–IV* (Springer, Wien 1979)
96. H. Triebel: *Höhere Analysis* (V E B Deutscher Verlag der Wissenschaften, Berlin 1972)
97. V.S. Varadarajan: *Geometry of quantum theory*, 2. Auflg. (Springer, New York 1985)
98. J. von Neumann: *Mathematical Foundations of Quantum Mechanics*, 12. Auflg. (Princeton Univ. Press, Princeton, NJ 1996)
99. C. von Westenholz: *Differential Forms in Mathematical Physics* (North Holland, Amsterdam 1986)
100. R.M. Wald: *General Relativity* (Univ. of Chicago Press)
101. W. Walter: *Einführung in die Theorie der Distributionen* (BI, Mannheim 1974)
102. J. Weidmann: *Linear Operators in Hilbert Spaces* (Springer, New York 1980)
103. S. Weinberg: *Gravitation and Cosmology* (Wiley, New York 1972)
104. D. Werner: *Funktionalanalysis*, 6. Auflg. (Springer, Berlin 2007)
105. H. Weyl: *Raum, Zeit, Materie* (Springer, Berlin 1970)
106. K. Yosida: *Functional Analysis* (Springer, Berlin 1965)

Sachverzeichnis

L

M

N

O

P

Q

R

S

T

i, 36

$*$ 100

$\partial_{i,p}^{(h)} = v_p$ 25 (a) $\mathcal{D}_p^{(h)}$ 24 Koordinatenbasis

ΓTM Vektorfelder auf M 56

θ_L, ω_L 188

E Energie 189

π 168

$(q_1, \ldots, q_n, \dot{q}_1, \ldots, \dot{q}_n)$ 169

(q, p) 176, 170